镇江市西津渡文化旅游有限责任公司资助出版

西津图谱

第四卷

工业与文教卫生建筑遗产

祝瑞洪　杨恒网　张峥嵘　编著

同济大学出版社
TONGJI UNIVERSITY PRESS

图书在版编目（CIP）数据

西津图谱：一～四卷 / 祝瑞洪等编著. -- 上海：同济大学出版社, 2022.1

ISBN 978-7-5608-9671-7

Ⅰ. ①西… Ⅱ. ①祝… Ⅲ. ①古建筑－文物保护－镇江－文集 Ⅳ. ①TU-87

中国版本图书馆CIP数据核字（2021）第006071号

西津图谱（第四卷）·工业与文教卫生建筑遗产

编　　著　祝瑞洪　杨恒网　张峥嵘
责任编辑　姚烨铭
责任校对　徐逢乔
封面设计　六　如

出版发行　同济大学出版社　www.tongjipress.com.cn
（上海市四平路1239号　邮编 200092　电话 021-65985622）
经　　销　全国各地新华书店
印　　刷　深圳市国际彩印有限公司
开　　本　889mm×1194mm　1/16
印　　张　110.5
字　　数　3536000
版　　次　2022年1月第1版　2022年1月第1次印刷
书　　号　ISBN 978-7-5608-9671-7
定　　价　1960.00元（一 ～ 四卷）

中國古渡博物館

西津渡

羅哲文

《西津图谱》编撰委员会

本卷序

历史往往会突如其来地给我们一些机遇，比如西津渡。近现代历史上她已经有过两次机遇，第一次她被动地发展了贸易和服务产业；第二次她主动地发展了工业经济。第三次，世纪之交，她将要如何变形？

第一次是第二次鸦片战争后镇江被开放为通商港埠。看起来这个悲催的机遇带有受虐的性质。但是西津渡抓住这个机遇，以独特的地理位置优势，被动成为一个开放的港口，并部分地成为租界。洋人、洋货和洋房蜂拥而至，近代商业贸易在这个弹丸之地的繁华景象一直持续到20世纪30年代，甚至紧邻着西津渡带动并形成了一个新的街区——伯先路街区。小码头街—租界—伯先路，1km长的区域集聚了镇江近代商业经济最重要的元素：海关、洋行、会馆、商会、医院等。

第二次是在20世纪50年代以后，新中国的诞生催生了新兴的工业经济：借助铁路、码头的交通优势，港口工业在这里兴起；前进印刷厂、五金厂（滤清器厂）、农药厂等在街区陆续开工。到20世纪70—80年代，这些企业正进一步发展：前进印刷厂大兴土木扩大生产；五金厂转型为汽车配套的滤清器厂；农药厂产品供不应求，已经在江湾对面扩建了更大的生产车间，但随着经济转型，这里的工业区位优势快速丧失。城市建设和环境保护日益使这些城市中的工厂遭到批评。失去产业政策的支持，这些企业“退城进区”在世纪之交已经势在必行。

从19世纪后半叶开始的港口贸易带来的街区繁荣，到新中国工业经济带来的复兴，两次把街区命运推到了顶峰。但到了世纪之交，因为经济转型，街区的不少居民失去了体面的工作、体面的收入和像样的住房，甚至街区的学校、医院也日渐衰落而被废弃，航运小学因为码头的废弃生源锐减、小码头街小学因为招生不足甚至停办。20世纪80年代曾经扩建的第二人民医院也门可罗雀。西津渡街区逐渐淡出社会的视野，成为被人们遗忘的角落。

当西津渡以她深厚的历史文化积淀准备跻身新世纪文化盛宴的时候，带给那些破落的工厂的是无尽的忧伤：因其“退城进区”面临淘汰出局；因其破烂不堪将被拆除，曾经的工业文化遗产从此可能杳无踪迹。而缺少生源的学校和设施简陋的医院已经在街区规划中丧失了位置。2003年，最后一辆货运列车驶离了江边的码头之后，惨淡经营的铁路站房也随之成为城市的弃儿。

21世纪初，当我们接手西津渡保护任务的时候，就是这样一个前景预期：初步的设想是为了协调街区风貌而在拆除那些厂房后建造一些仿古民建，还可以因此筹措部分保护老街的资金，毕竟房地产当时在镇江刚刚开始起步，又与老街相邻，应该还是有良好的市场前景。

但是，新的机遇来了。于是我们最终选择了一条不同的路。

那时候，人们刚刚认识到，工业遗产——老厂房是时代的遗产，是历史的证物，是一个时代经济发展的载体。往大了说，也是人类文明的一个阶段性产物。在西津渡，不仅昭关石塔、救生会馆、铁柱宫、小山楼是历史遗产，租界建筑如领事馆、巡捕房、税务司、洋行是历史遗产，街区的工业、教育建筑和交通设施，也是街区的历史遗产。而国内外对工业遗产的保护方兴未艾：北京798工厂转化为文化区为我们提供了新鲜经验。这使我们改变了对老厂房的看法和保护思路。我们意识到，当初罗哲文先生为西津渡题词，称赞西津渡是“中国古渡博物馆”的时候，虽然不一定包括工业建筑和学校等，但是这些建筑的实际存在，应该也是“古渡之博”的题中之义。如果我们像北京798工厂那样保护了这些工业厂房并妥善利用，并且将这个经验扩大到学校、医院以及交通设施遗产的保护和利用，其结果就不仅仅是增加了建筑物的品类和文化意义那么简单。

仅仅思想上这么一个小小的拐弯，过往的西津渡工业和公共建筑区，成为我们今天可以徜徉于其中的宽敞街道，美食于其中的著名餐馆如镇江菜馆、镇江锅盖面品鉴馆、八分饱、周二小姐的厨房，娱乐于其中的尚清戏台、国画院、民间艺术馆，等等。当我们经过这些老厂房、老学校、老医院、老站房的时侯，那种对于生活的记忆、对于历史的回望，以及对于未来的憧憬交集冲撞、激荡起伏在一起的感受，会有点儿混沌悠远、有点儿朦胧亲切、有点儿忧伤的期盼，甚至有点茶、咖啡、老酒的味道。

十多年过去了。现在来看当初的思路和决策，经过时间和实践证明是正确的。公共建筑和工业建筑遗产的保护与利用是城市可持续发展的重要体现，也是转型并创新经济形态、延续城市活力因子的有效途径之一。保护与利用这些建筑遗产，不仅能够优化用地的空间和环境，改善城市的整体形象，在改善地区经济和生态环境等方面也具有积极的意义。从街区保护规划的角度看，这些工业和公共建筑大都在西津渡历史文化街区核心保护区划周边，属于风貌兼容协调区域；从街区保护成果的角度来看，这些工业和公共建筑的保护利用实际上扩大了历史文化街区保护的边界，因而形成了倍增效果，它使街区的规模大幅扩张，把一条小码头街扩展成了一整个西津渡街区。

工业和公共建筑在空间高度、跨度上较之以居住或商务或作坊为主要功能的传统建筑发生了质的变化。因而其结构也由传统的木结构转变为砖木混合结构或钢混结构。建筑的功能也决定了建筑的基本样式。例如工业建筑是按照产品的生产工艺和流程来规划和设计厂房，确定其结构形式以及厂区办公、宿舍、生活等附属设施的配套建设，其中印刷等轻工业工厂的厂房大多采用砖混多层的建筑形式；机械工业的厂房如滤清器厂则基本上按工艺流程大面积大体量联排设计，采用了当时的国家标准为钢木结构简易结构。而公共设施如医院、学校基本上是多层或高层钢混结构，例如镇江市第二人民医院的门诊部大楼、小码头小学的教学楼等。这些建筑式样独特，有的保存完好，很有保护再利用价值。

本卷在介绍街区内工业和公共建筑概况和特征的基础上，着重记录了对其保护与再利用的具体技术措施和方法，以期为类似建筑遗产的保护与再利用提供借鉴。在这些遗产的保护实践中，镇江市西津渡文化旅游有限责任公司（以下简称西津渡公司）同镇江市规划局密切合作，并在东南大学建筑学院董卫教授的指导下，对这些工业和公共建筑，坚持按照“修旧如旧、修旧如故”的保护原则去修缮和利用，对部分具有历史和艺术价值的，保存其外立面或结构特征的完整性（如滤清器厂连跨厂房），避免破坏其原来的风貌。在此基础上，我们借鉴外地保护更新的经验，实施如下三大改造。

风貌改造。主要是对过高的建筑实施降层和外立面修整，使之与西津渡街区风貌相协调，即在保持原有建筑可读性的同时，注重协调工业和公共建筑与街区历史文化建筑之间的关系，使工业和公共建筑融入街区，实现多元建筑之间的和谐对话。这包括对前进印刷厂的职工宿舍、滤清器厂和农药厂的办公楼、医院的住院大楼等实施降层改造和全部建筑的立面整理。

结构改造。主要是实施结构加固和局部改造，使之提高结构安全等级。特别是对20世纪50—60年代建造的厂房实施了全面的改造升级，确保再利用过程中的安全可靠。

功能改造。强化水电气等基础设施的配套建设，使这些建筑遗产适宜文化服务企业入住，有效吸引了十多家具有一定规模的创意文化企业和现代服务业包括特色餐饮和商务酒店入驻，成为镇江市第一家创意文化产业园。

卓有成效的保护工作使街区工业和公共建筑成为西津渡历史文化街区的一道靓丽的风景线，她被授予江苏省现代服务业示范基地和创意文化产业基地称号，成为西津渡文化旅游产业中兴的重要基础和前卫阵地。

祝瑞洪 张峥嵘

于西津渡屠家骅公馆

2019.9.28

修缮方案，确定修缮性质，并按以下五种情况进行分类：

（1）小修。即小修小补。主要包括墙壁挖补、补漏、一般门窗修理及排瓦等。

（2）中修。即较大部分屋面、墙壁或柱梁撤换重新砌筑、制作。

（3）大修。即屋架落地、全面整修。主要包括危险建筑或建筑结构主要部分损坏，以及失去使用功能的建筑。

（4）复建。即只有遗址但原有建筑状态明确或完全失去使用功能且存在严重安全隐患的建筑，采取按原样、尽可能采用原有材料或相似相近材料复修建筑。

（5）重建或新建。根据史志记载或诗文传唱的有关遗迹、逸事建造的纪念性建筑或仿建建筑。

3. 修缮责任表（载明修缮工程的主要责任人和责任单位及修缮时间）。

4. 施工图。主要包括建筑物或构筑物的主要图纸，按总平面图、平面图、立面图、屋面图和剖面图或细节图排列。

三、摄影图片和建筑图纸的编号。本图谱的图片与图纸分别编辑序号，两类五码四级：图A–B–C–D–E。图A为分类码，包括“图P”和 “图D”，“图P”表示摄影图片（照片），“图D”表示建筑工程图纸； B为卷序码；C为章序码；D为节序码；E为图序码。例如“图P–2–1–3–5”，表示为照片–第2卷–第1章–第3节–第5幅照片；又如“图D–3–2–1–2”， 表示为图纸–第3卷–第2章–第1节–第2张图纸。摄影图片和建筑图纸的编号和文字，标注于图片或图纸的下方中央。个别章节以建筑群作为编辑单位的，设六码五级：例如“图P–2–1–3–5–1”则第四位数字“5”表示建筑物编号为5号楼，第五位数字“1”为第一张图片序列标号，余类推；图D亦是如此。

四、建筑设计或施工图的标注。总平面图以轴线为定位点。图集中，建筑标高以米（m）为单位，总平面尺寸以米（m）为单位，其他尺寸除注明外均以毫米（mm）为单位。

五、本图谱未详尽部分，包括文史研究的深化、规划设计和建筑设计施工的全部技术资料，可以访问我们的官方网站查询。

本卷13处建筑在环云台山景区的位置

1.原镇江市前进印刷厂厂房（现雅狮酒店）

2.原镇江市农药厂厂房（现镇江菜馆）

3.原镇江市滤清器厂厂房（现镇江锅盖面品鉴馆等）

4.镇江市第二人民医院旧址（现镇江民间艺术馆等）

5.镇江市小码头街小学旧址（现西津雅苑）

6.原镇江工人疗养院旧址（现桔子酒店）

7.银山门北楼（仿古建筑—棚户区改造）

8.银山门南楼（仿古建筑—棚户区改造）

9.南星巷精品酒店（仿古建筑—棚户区改造）

10.云台山养老中心（现雅阁璞邸酒店—棚户区改造）

11.西津音乐厅（原镇江市航运小学旧址）

12.西津剧场（原工人影剧院）

13.原招商局大楼（迁建建筑——原天祥酱园旧址）

凡例

一、编著范围。本图谱编撰、汇集了自1986年以来30多年，主要是2000年以来的20年，西津渡历史文化街区保护修缮和更新利用的主要规划和建设资料。包括西津渡文化历史街区、环云台山景区保护和修缮的规划修编方案，建筑物、构筑物的历史资料和图片，修缮更新的设计方案和重要图纸。

二、本图谱共分7卷，分别为：

第一卷 镇江市历史文化街区保护规划；

第二卷 中式文物建筑；

第三卷 西式文物建筑和民国文物建筑；

第四卷 工业与文教卫生建筑遗产；

第五卷 传统民居；

第六卷 园林景观；

第七卷 基础设施。

上述第二卷至第七卷，按建筑物和构筑物的建筑形式或功能分类。其中每栋建筑物或构筑物的编撰，分为四个部分。

1. 主要是该建筑物或构筑物的文字说明，通常包括：

（1）建筑形态，即建筑物或构筑物的地理方位数据（街巷、方位、长、宽、高和面积）。

（2）历史沿革概要。

（3）建筑遗存状况。

（4）考古发现（如有）增加考古成果的说明。

2. 修缮技术措施或方案。历史建筑，包括文物建筑，应根据该建筑损坏的程度或遗存状态及

目录

第一章
原镇江市前进印刷厂厂房

原镇江市前进印刷厂位于原镇江英租界内，这里历史上曾有一座镇江著名的饭店——大华饭店。原大华饭店坐西朝东，外部是二层楼的西洋建筑，内部有阳台、浴间、抽水厕所、会议室等设施，为当时镇江设备最为豪华、档次最高的饭店之一。当时的社会名流、政商显要经常出入，政府的许多高层会议常在此召开。

1937年11月22日，国民党江苏省政府主席顾祝同等高级将领，秘密在大华饭店召开军事会议，由于泄密，汉奸发出情报，日本的12架飞机气势汹汹地前来袭击，敌机投弹4枚，命中2枚，大华饭店遂被炸毁。

这里也曾是一座具有辉煌革命历史的工厂——镇江前进印刷厂。它成立于抗日战争时期，原为新四军印刷厂。1949年后，镇江市军管会接管了《江苏省报》《东南晨报》《新江苏报》《苏报》和江苏文化股份有限公司五家单位的各种机器设备，建立“《前进日报》印刷厂”。该厂除先后承印《前进日报》《前进》党刊、《大众日报》和机关文件外，于1950年向社会承接印刷业务。1952年改名为“地方国营前进印刷厂”。1956年年初，镇江21户私营印刷业业主实行全行业公私合营，全部并入前进印刷厂。“文革”期间，它还是江南地区印制《毛泽东选集》的主要工厂之一，现存的一些厂房即为20世纪60—70年代突击印刷《毛泽东选集》而扩建。当时的前进印刷厂是江苏省内书刊印刷主要基地之一，工厂逐年进行了改造和创新，拥有电子分色机、凸版凹版印刷机、六开四开胶印机、海德堡印刷机、骑马联动机等各种设备，形成全能综合印刷企业（图P-4-1-0-1）。

改革开放后，前进印刷厂原有的计划经济模式不适应市场的需要，逐渐走入困境，濒临破产。

2003年，西津渡公司收购了该厂，并对该厂进行了保护与再利用。当时该厂占地面积12947m^2，建筑面积17110m^2。共有7栋楼：2栋办公楼即原税务司公馆及附房和办公楼；4栋生产车间和库房；1栋门市房兼宿舍楼（沿迎江路）。2007年，西津渡公司对其厂房进行了改造，保留了该组建筑整体外貌和内部基本结构，增加了

图P-4-1-0-1 修缮后航拍前进印刷厂全景（谢戎 摄）

Yazz

文化办公或酒店客房餐饮设施。其中原税务司公馆成为餐馆、办公楼成为镇江市国画院，其余5栋楼成为外商租赁经营的雅狮商务酒店。

第一节 原镇江市前进印刷厂办公楼（现镇江市美术馆）

一、概述

1. 建筑形态。原镇江市前进印刷厂办公楼位于亚细亚火油公司旧址东侧（图

图P-4-1-1-1 修缮后镇江画院（现镇江市美术馆）

P-4-1-1-1）。该建筑坐南朝北，总占地面积435.3m^2，总建筑面积938m^2。整体建筑长40.53m、宽10.74m、高10.6m，共两层。修缮后为镇江市美术馆办公楼兼展厅（图P-4-1-1-2）。

2．历史沿革。该建筑建于20世纪60年代末，为印刷车间，后改为办公室，2007年改造为镇江市国画院。

3．遗存状态。原为镇江市前进印刷厂办公楼，建筑平面呈“一”字形，结构形式为钢筋混凝土内框架混合结构，南北立面为清水黏土红砖墙（图P-4-1-1-3），东西山墙为白石砂浆粉刷饰面。建筑物四周均开设门窗，南北立面清水红砖柱凸

图P-4-1-1-2 镇江市美术馆

出，屋面为歇山顶，开设老虎窗通风。一层层高为4.1m，二层层高为3.15m，屋面为单跨钢结构屋架承重体系，内设钢筋混凝土楼梯。

二、主要修缮技术方案

中修。2007年，西津渡公司对该建筑进行了修缮。维修前，邀请有关专家对修缮方案进行评估、论证。专家建议在保持原有外貌形状的基础上，增加抗震构造措施和生活配套设施。主要修缮内容为：加固结构、修补墙体、增加和完善水电气管道设施。墙体修补主要采取剔凿挖补、拆安归位、零星添配、打点刷浆、旧墙面墁干活、局部整修、局部拆砌等方法。该楼修缮后焕然一新。2008年镇江画院搬迁入住后，成为街区一著名的文化景点。

图P-4-1-1-3 修缮中的镇江画院（现镇江市美术馆）南立面

三、建筑物修缮责任表

建设单位：镇江市西津渡建设发展有限责任公司

项目负责人：杨恒网 黄裕

测绘、设计修缮单位：北京构易建筑设计有限责任公司

设计人员：董卫 杜孝民 陈录如

监理单位：镇江建科工程监理有限公司

监理人员：江跃 曾建志

施工单位：江苏新润建筑安装工程有限公司

项目经理：高祥兆

施工时间：2007.7.3—2007.8.15

四、施工图

如图D-4-1-1-1 ~ 图D-4-1-1-4所示。

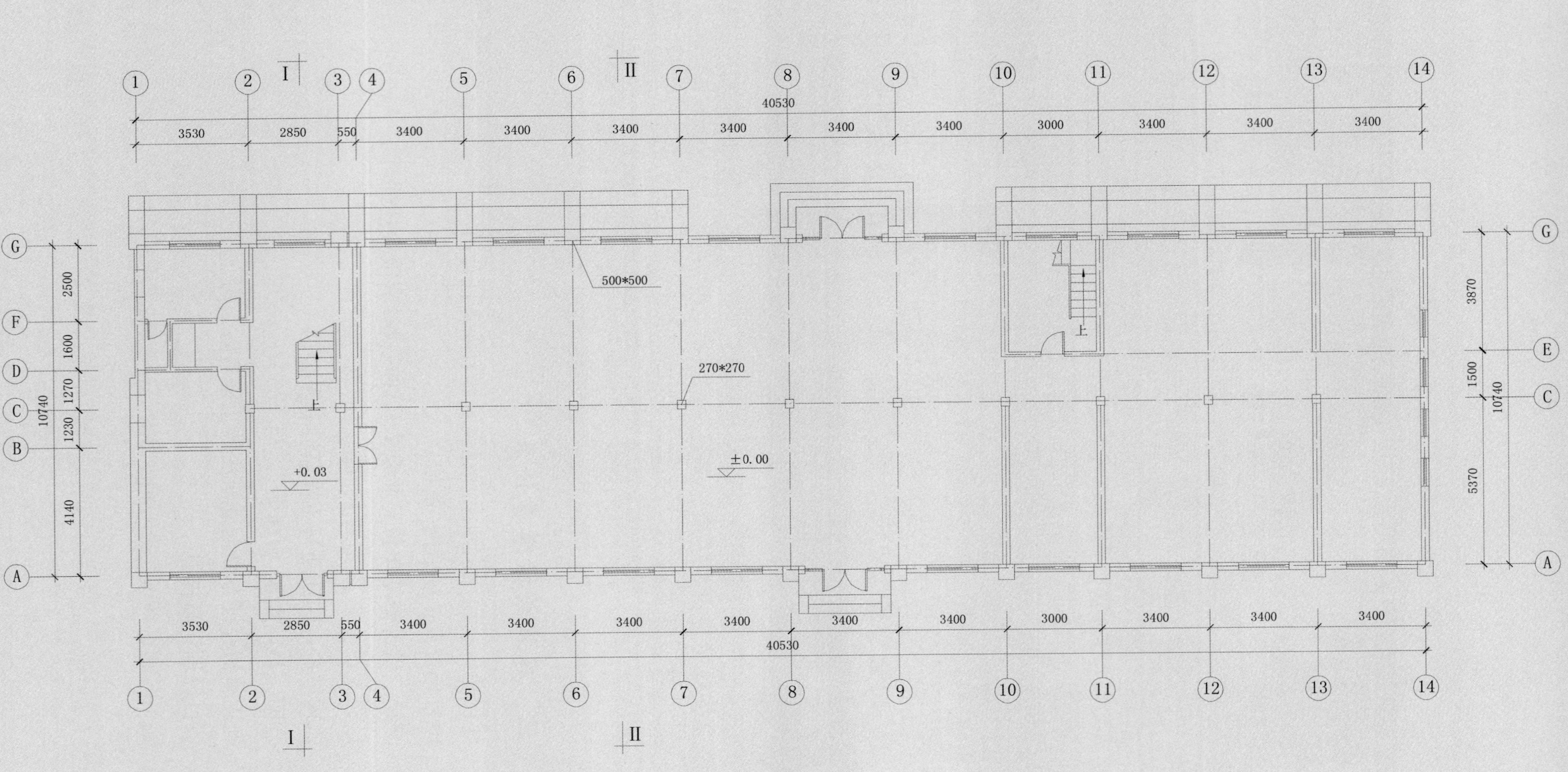

图D-4-1-1-1 原前进印刷厂办公楼（现镇江画院）一层平面图

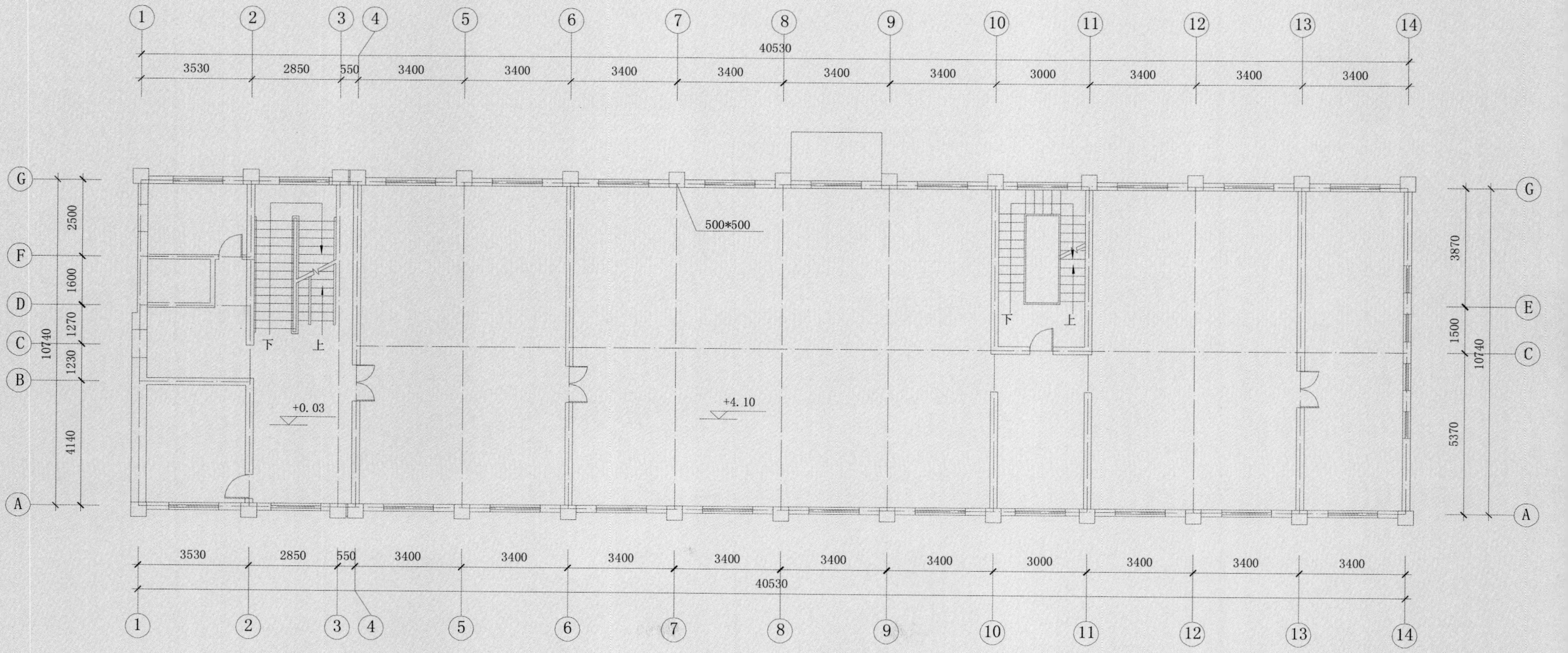

图D-4-1-1-2 原前进印刷厂办公楼（现镇江画院）二层平面图

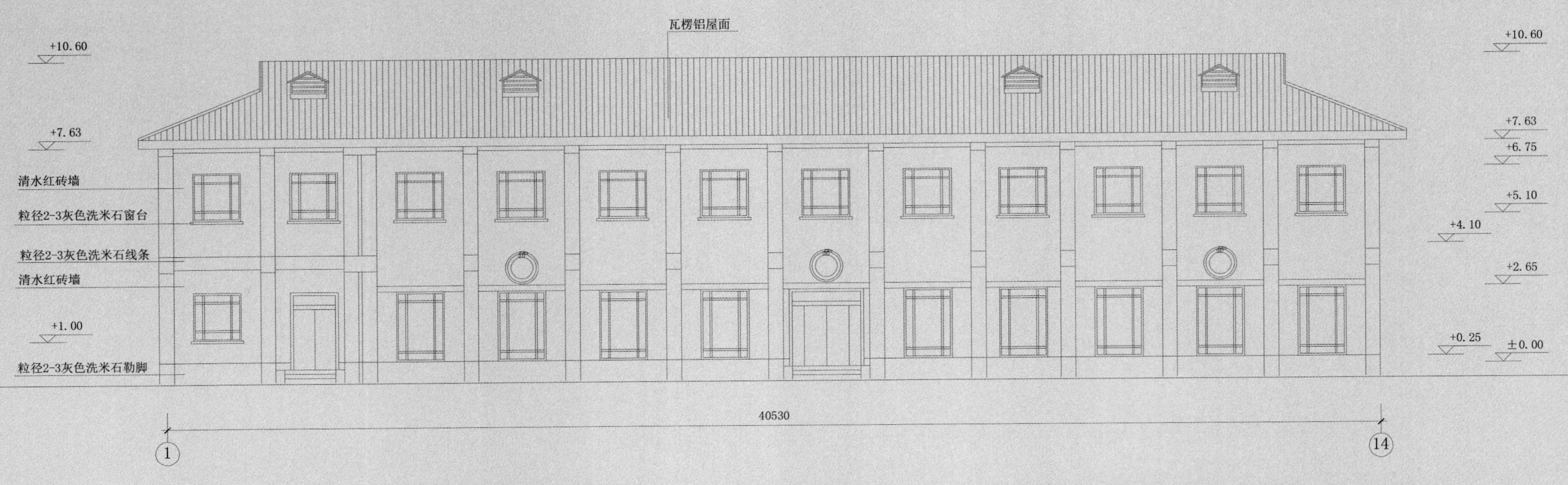

图D-4-1-1-3 原前进印刷厂办公楼（现镇江画院）立面图

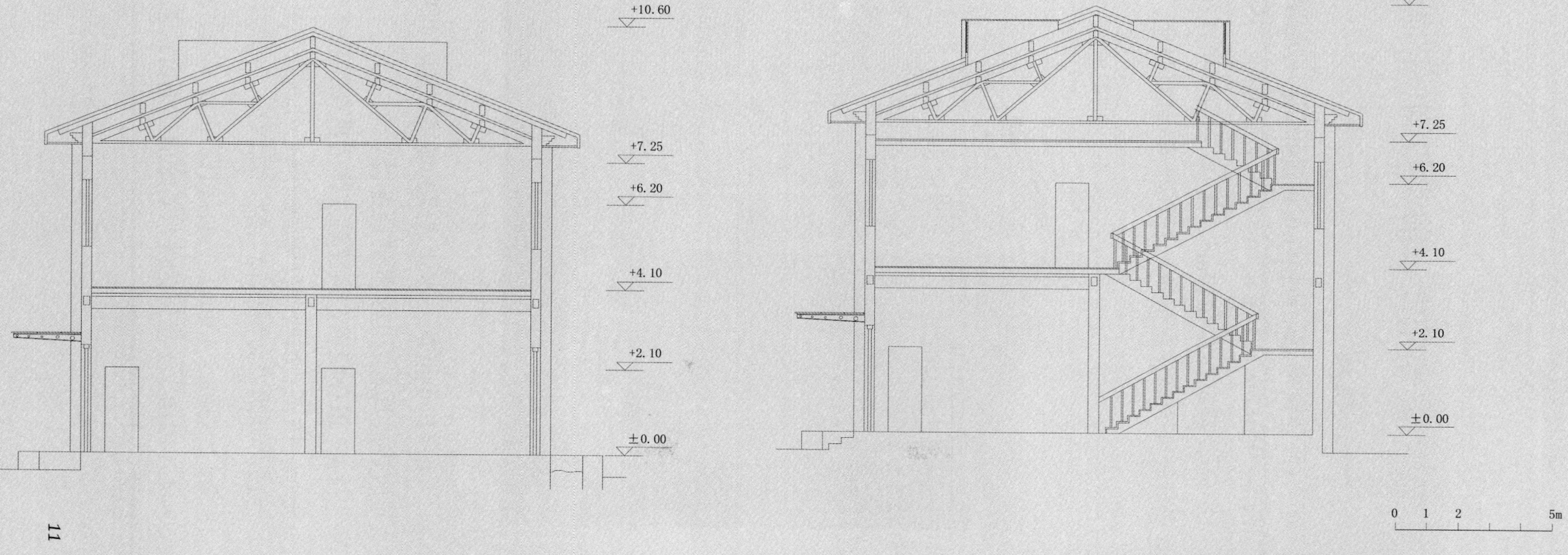

图D-4-1-1-4 原前进印刷厂办公楼（现镇江画院）剖面图

第二节 原镇江市前进印刷厂排版车间（现雅狮酒店1号楼）

一、概述

1. 建筑形态。原镇江市前进印刷厂排版车间（现雅狮酒店1号楼）位于迎江路43号（图P-4-1-2-1）。该建筑坐北朝南，长28m、宽12m、高20.87m，占地面积336m^2，建筑面积1440m^2，共4层。原为镇江市前进印刷厂排版车间，维修加固改造后转变为商住旅馆——镇江雅狮饭店1号楼。

图P-4-1-2-1 修缮后的原前进印刷厂排版车间（现雅狮饭店1号楼）

2. 历史沿革。该建筑原为前进印刷厂排版车间，建于20世纪60年代末。2007年改造成具有酒店功能的商务楼。

3. 遗存状态。该建筑主体为框架结构多层厂房（图P-4-1-2-2）。结构基本完好，墙体、屋面部分破损渗漏。外设安全楼梯组织交通（图P-4-1-2-3），经改造后，外部设疏散楼梯一部。高四层，层窗一、二、三、四层层高分别为4.6m，4.1m，4.0m，4.6m。立面砖柱凸出，分隔红墙贴面，门窗相间，设有气窗（图P-4-1-2-4）。窗下为洗米石饰面，通窗铁艺栏杆，沿口混凝土装饰线条，上人平屋面，铁艺栏杆围护。

图P-4-1-2-2 原前进印刷厂排版车间大楼

二、主要修缮技术方案

中修。2009年，西津渡公司对该建筑进行了修缮，维修前，邀请了有关专家对修缮方案进行评估论证，专家建议增加抗震构造措施，完善生活设施。主要修缮内容为：结构加固、外墙装饰、功能配套等。特别主要的是外部的装饰修缮，为保证该幢建筑与其他建筑风貌相协调，屋面增设了宝瓶栏杆（图P-4-1-2-5）。墙体外部改为清水红砖贴面墙。在修缮外部墙体时采用以下办法：

图P-4-1-2-3 修缮前的原前进印刷厂排版车间大楼外设楼梯

（1）剔除外墙面水泥砂浆；

（2）修缮加固整体结构（例如增加钢筋混凝土圈梁、铺钢筋网等）；

（3）用水泥砂浆重新罩面；

（4）选用厚1cm的红砖砖面进行贴面，对面砖缝用鸭嘴将掺灰泥或灰“喂”入缝内，然后反复按压平实；

（5）对于外部每间间隔以及外墙窗下沿用水泥砂浆粉刷，形成有规则的粉刷线条（图P-4-1-2-6、图P-4-1-2-7）。

图P-4-1-2-4 修缮中的原前进印刷厂排版车间

图P-4-1-2-5 原前进印刷厂排版车间屋顶宝瓶栏杆

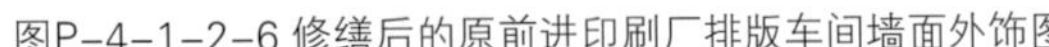

图P-4-1-2-6 修缮后的原前进印刷厂排版车间墙面外饰图

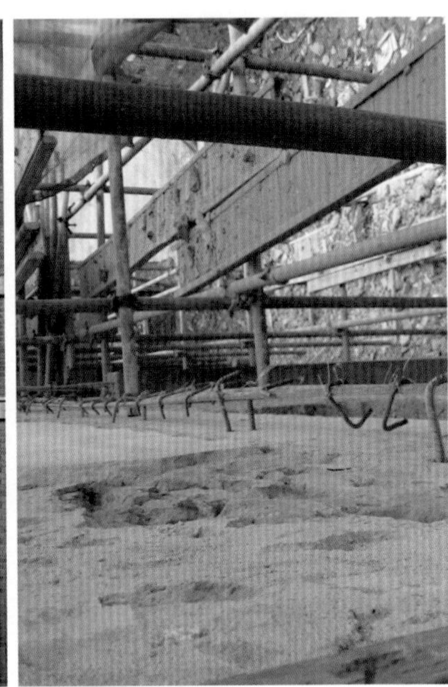

图P-4-1-2-7 修缮中的雅狮A楼细节

三、建筑物修缮责任表

建设单位：镇江市西津渡建设发展有限责任公司

项目负责人：杨恒网 黄裕

测绘、设计修缮单位：镇江市地景园林规划设计有限公司

设计人员：孙凌统

监理单位：镇江建科工程监理有限公司

监理人员：范谦

施工单位：镇江市四达装饰有限公司

项目经理：庄润辉

施工时间：2009.3.12—2009.5.3

四、施工图

如图D-4-1-2-1 ~ D-4-1-2-8所示。

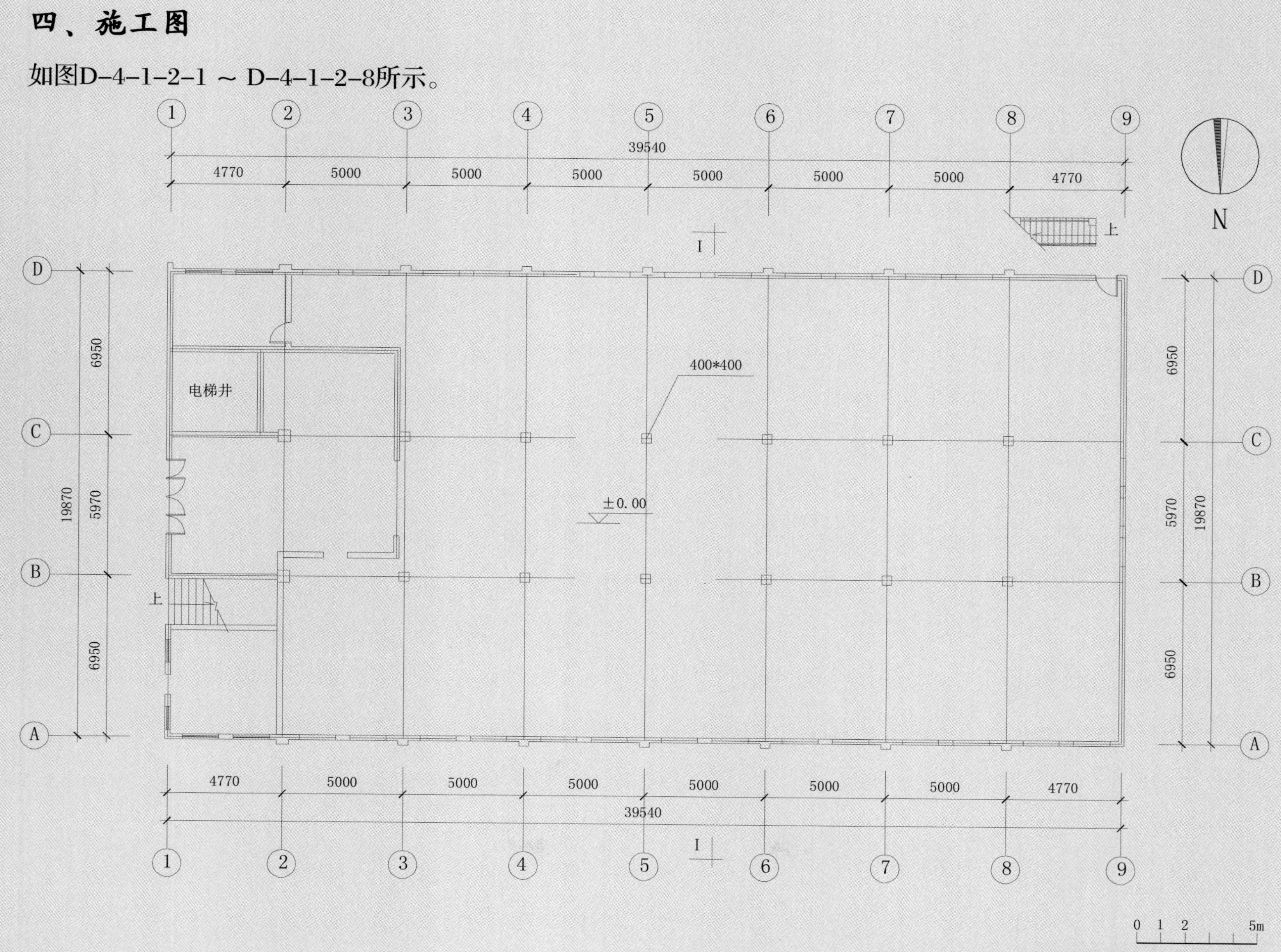

图D-4-1-2-1 原前进印刷厂排版车间1号楼一层平面图

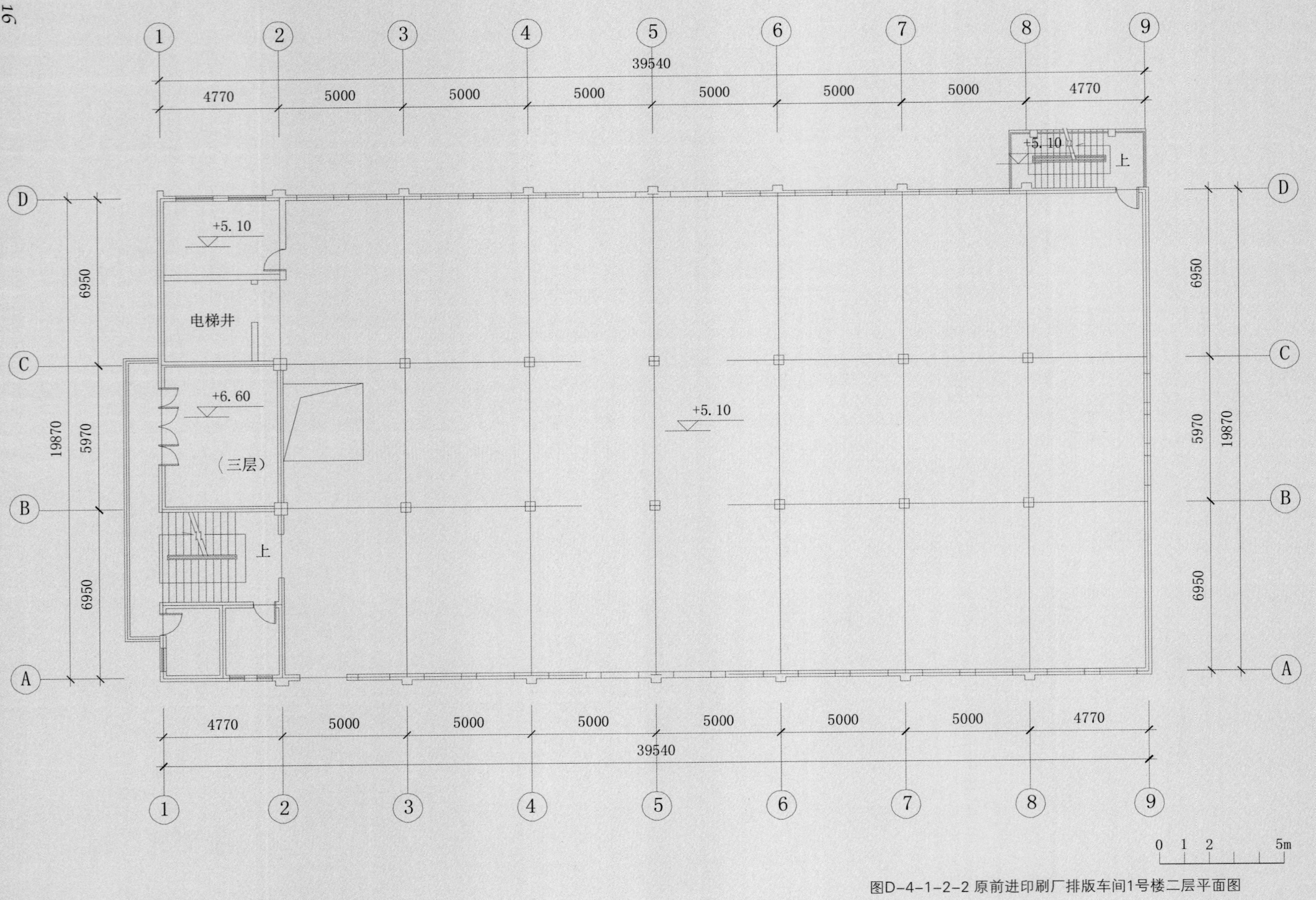

图D-4-1-2-2 原前进印刷厂排版车间1号楼二层平面图

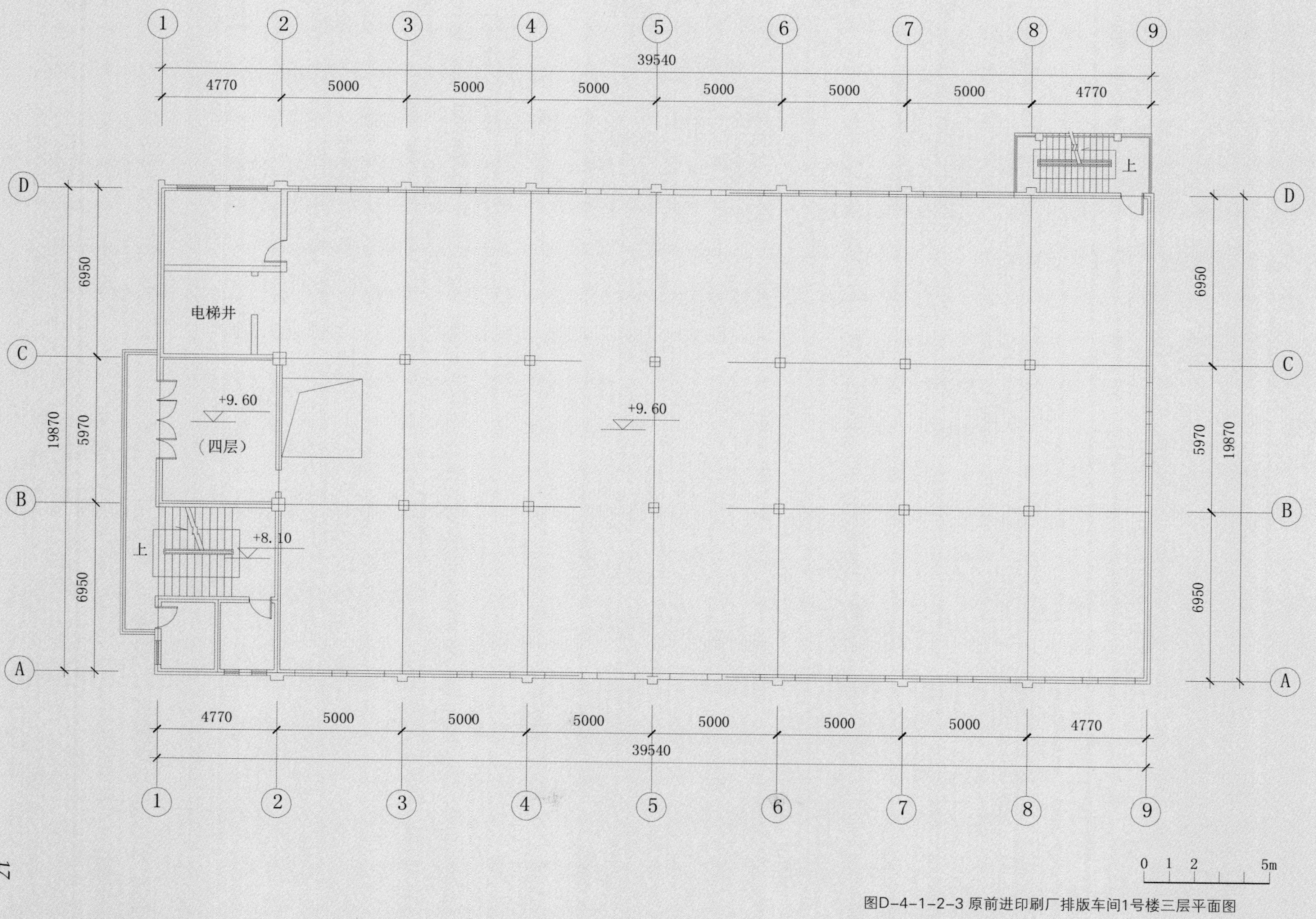

图D-4-1-2-3 原前进印刷厂排版车间1号楼三层平面图

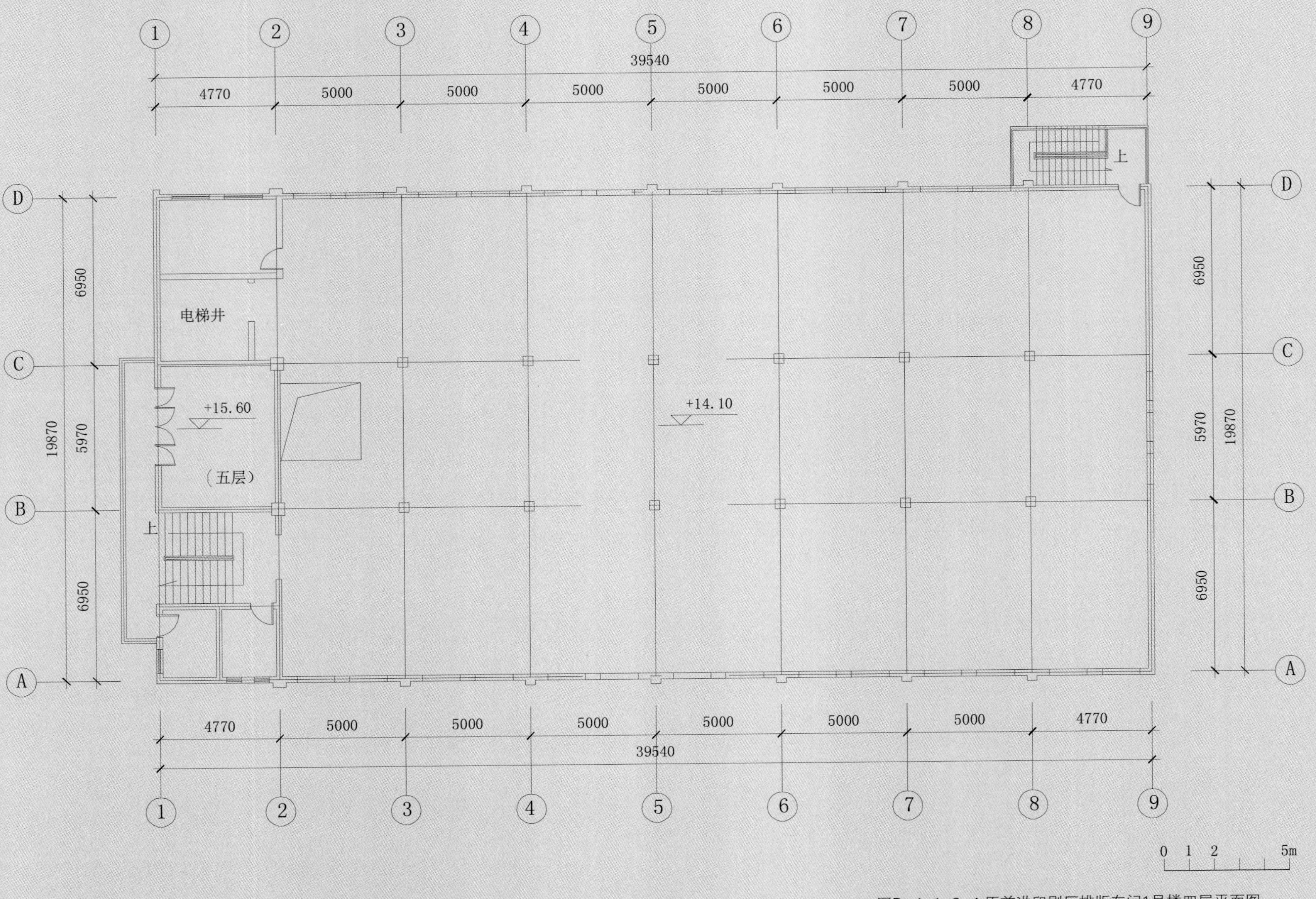

图D-4-1-2-4 原前进印刷厂排版车间1号楼四层平面图

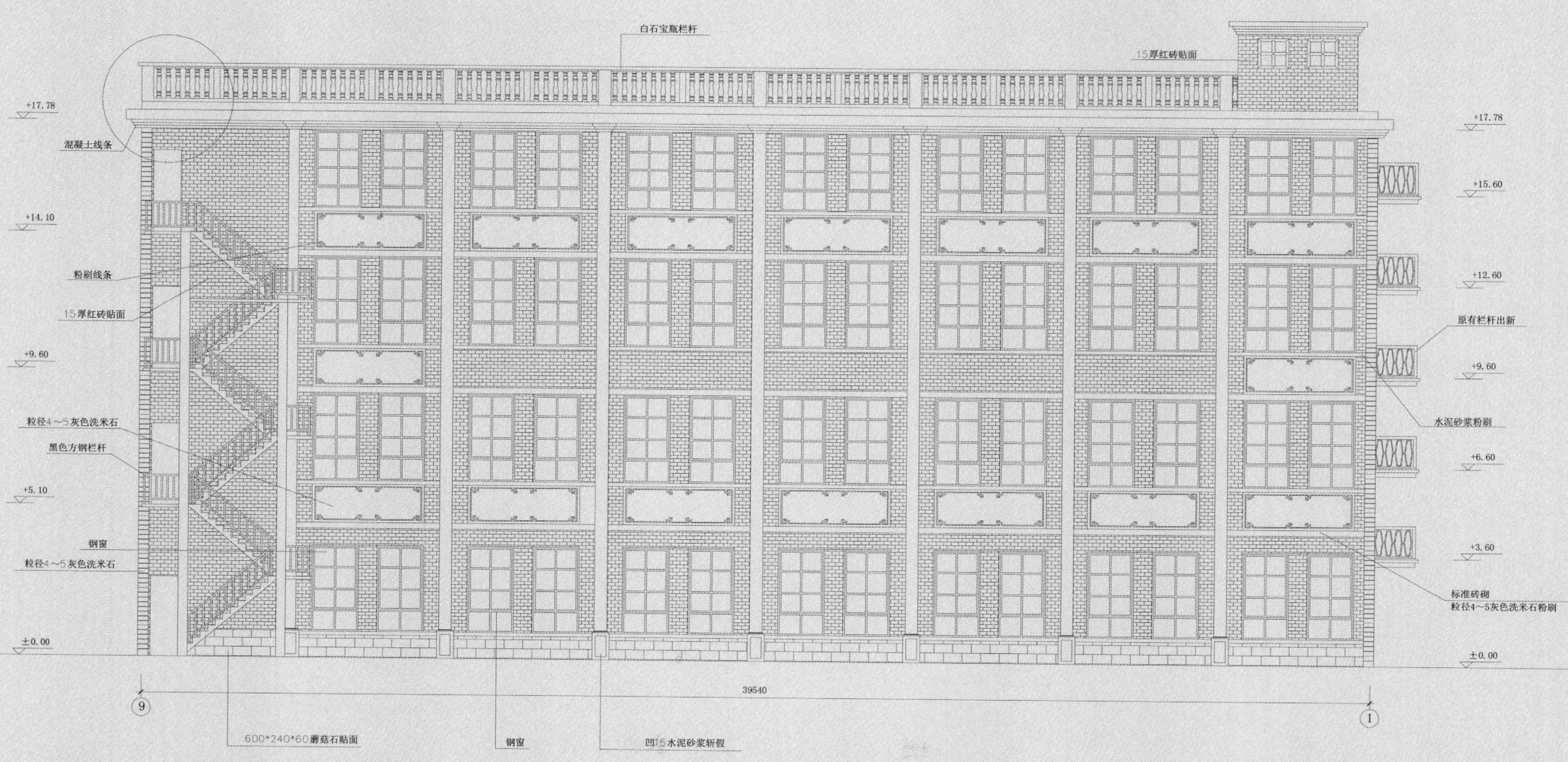

图D-4-1-2-5 原前进印刷厂排版车间北立面图

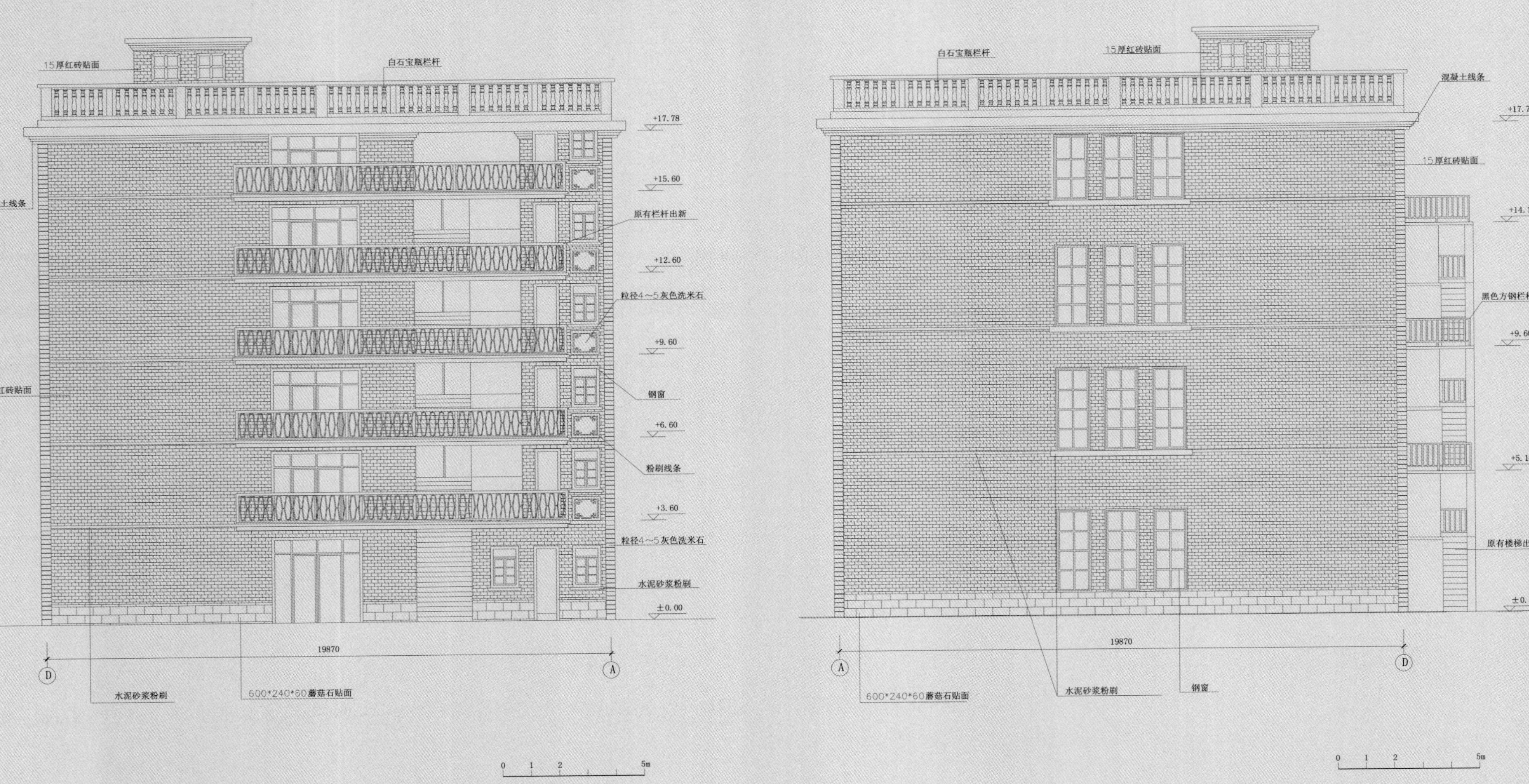

图D-4-1-2-6 原前进印刷厂排版车间东立面图

图D-4-1-2-7 原前进印刷厂排版车间西立面图

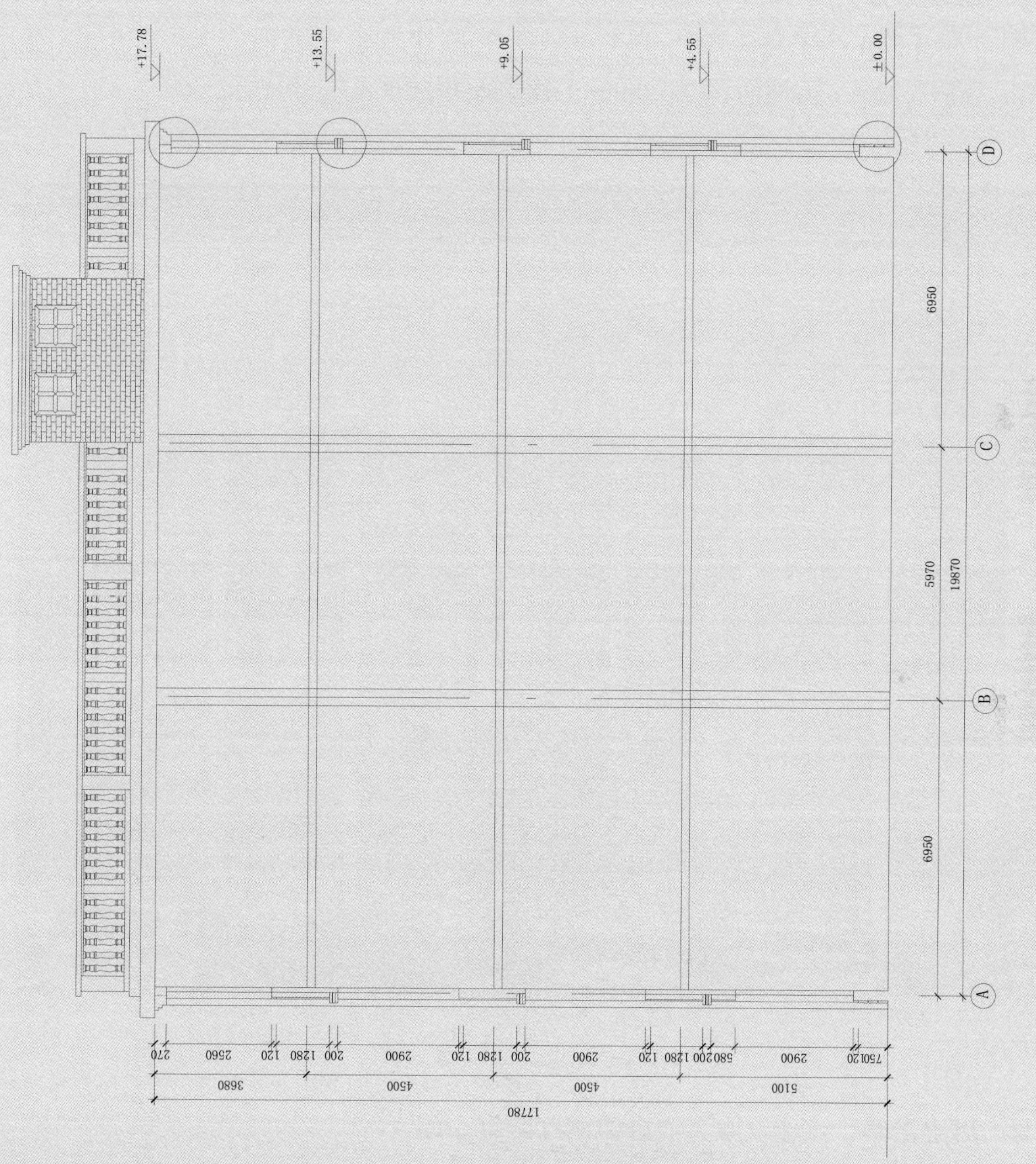

图D-4-1-2-8 原前进印刷厂排版车间剖面图

第三节 原镇江市前进印刷厂装订车间（现雅狮酒店2号楼）

一、概述

1. 建筑形态。原镇江市前进印刷厂装订车间（雅狮酒店2号楼）位于迎江路西侧，迎江路43号E座（图P-4-1-3-1）。该建筑坐东朝西，长39.54m、宽19.87m、高17.78m，占地面积785.66m^2，建筑面积3200m^2，共4层。

图P-4-1-3-1 修缮后的前进印刷厂装订车间（现雅狮饭店2号楼）

2. 历史沿革。该建筑原为前进印刷厂装订车间。

3. 遗存状态。该建筑为四层框架结构，基本完好。原建筑墙体、屋面部分破损渗漏（图P-4-1-3-2）。内设楼梯、电梯和室外楼梯各一部，南北外墙砖柱装饰凸出，墙面红砖饰面，立面小窗分隔，窗台下设洗米台和红砖饰面相间。东侧设阳台和入口，西侧为中间窗，两侧大面积红砖饰面，窗台设洗米石分割腰线、彩

图P-4-1-3-2 修缮前的前进印刷厂装订车间大楼

图P-4-1-3-3 修缮后的原前进印刷厂装订车间

图P-4-1-3-4 修缮后的雅狮2号楼西立面

铝窗。上为平屋面，屋面四周设白石宝瓶栏杆（图P-4-1-3-3）。加固改造后转变为商住旅馆——镇江雅狮饭店2号楼（客房部）（图P-4-1-3-4）。

二、主要修缮技术方案

中修。2008年，西津渡公司对该建筑进行了修缮（图P-4-1-3-5），维修前，邀请了有关专家对修缮方案进行了评估、论证，专家建议增加抗震构造措施和生活

图P-4-1-3-5 修缮中的雅狮饭店2号楼

图P-4-1-3-6 雅狮2号楼顶层屋面

配套设施。主要修缮内容为：结构加固、内部装饰、重整功能等。

该楼维修时墙面处理同原排版车间楼。屋面采用1.5mm厚氯化聚乙烯橡胶卷材以标准工艺做防水处理（图P-4-1-3-6）。

三、建筑物修缮责任表

建设单位：镇江市西津渡建设发展有限责任公司

项目负责人：杨恒网 黄裕

测绘、设计修缮单位：镇江市地景园林规划设计有限公司

设计人员：陈俊

监理单位：镇江建科工程监理有限公司

监理人员：范谦

施工单位：镇江市锦华古典园林有限公司

项目经理：高林华

施工时间：2008.9.28—2008.11.15

四、施工图

如图D-4-1-3-1 ~ D-4-1-3-6所示。

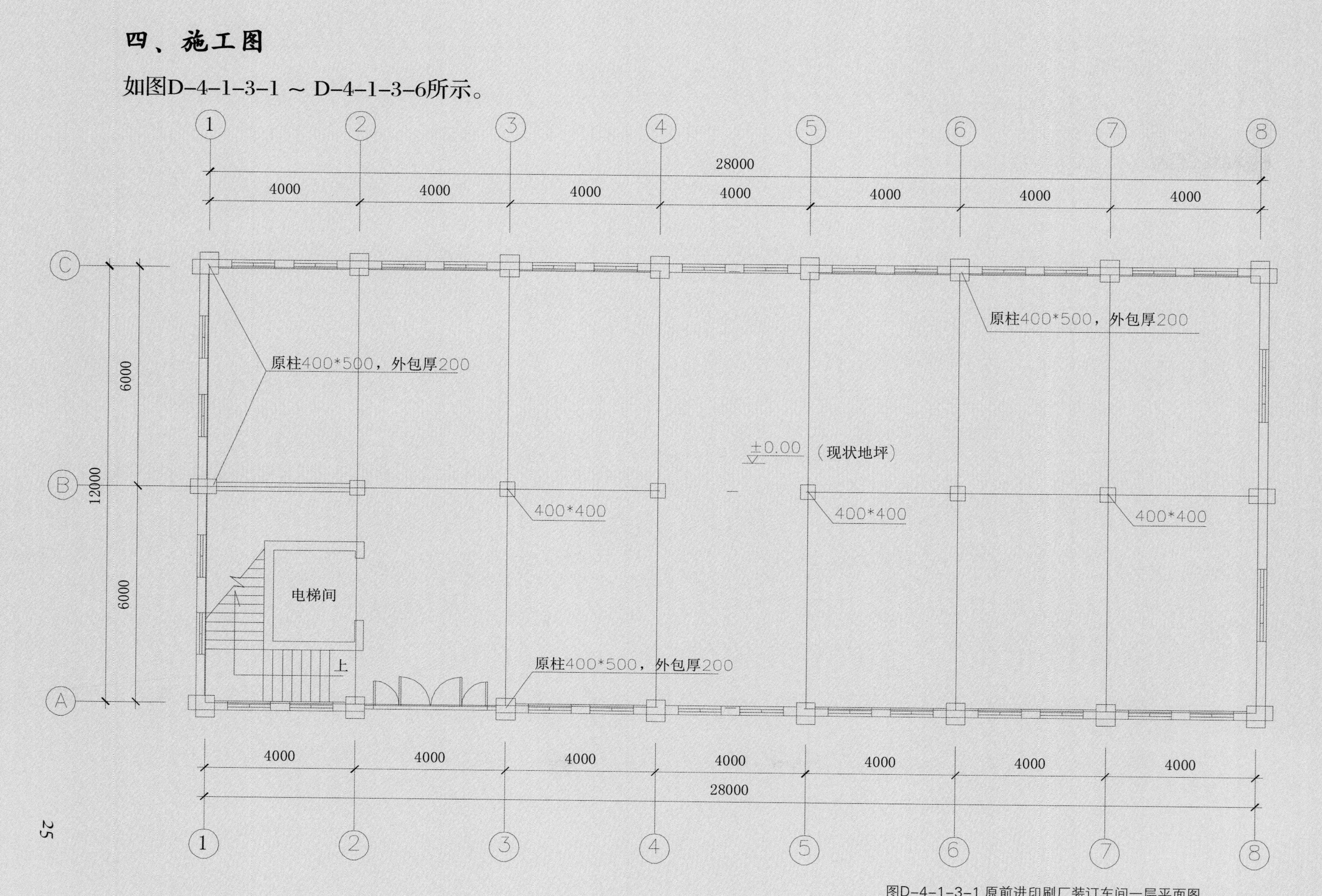

图D-4-1-3-1 原前进印刷厂装订车间一层平面图

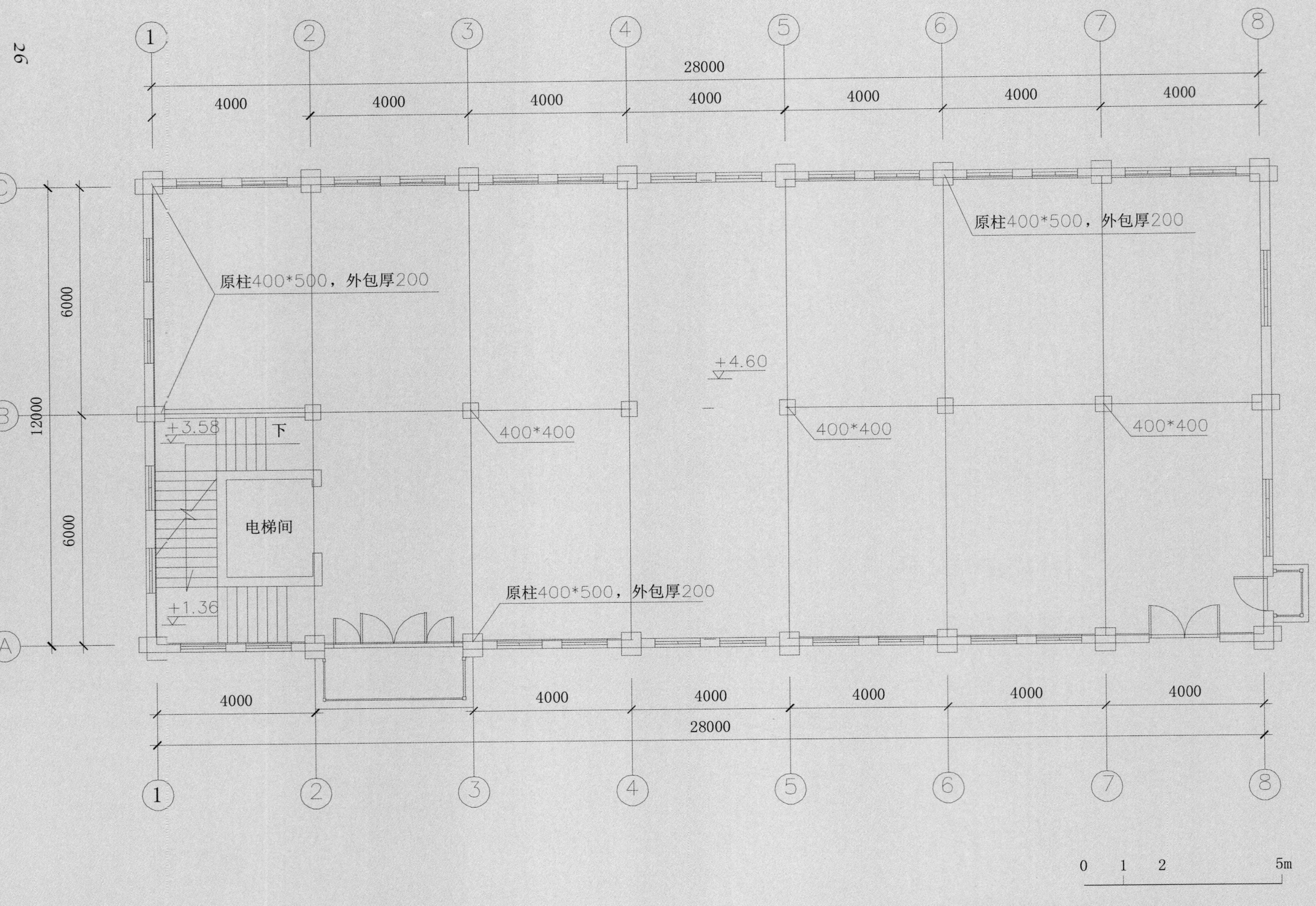

图D-4-1-3-2 原前进印刷厂装订车间二层平面图

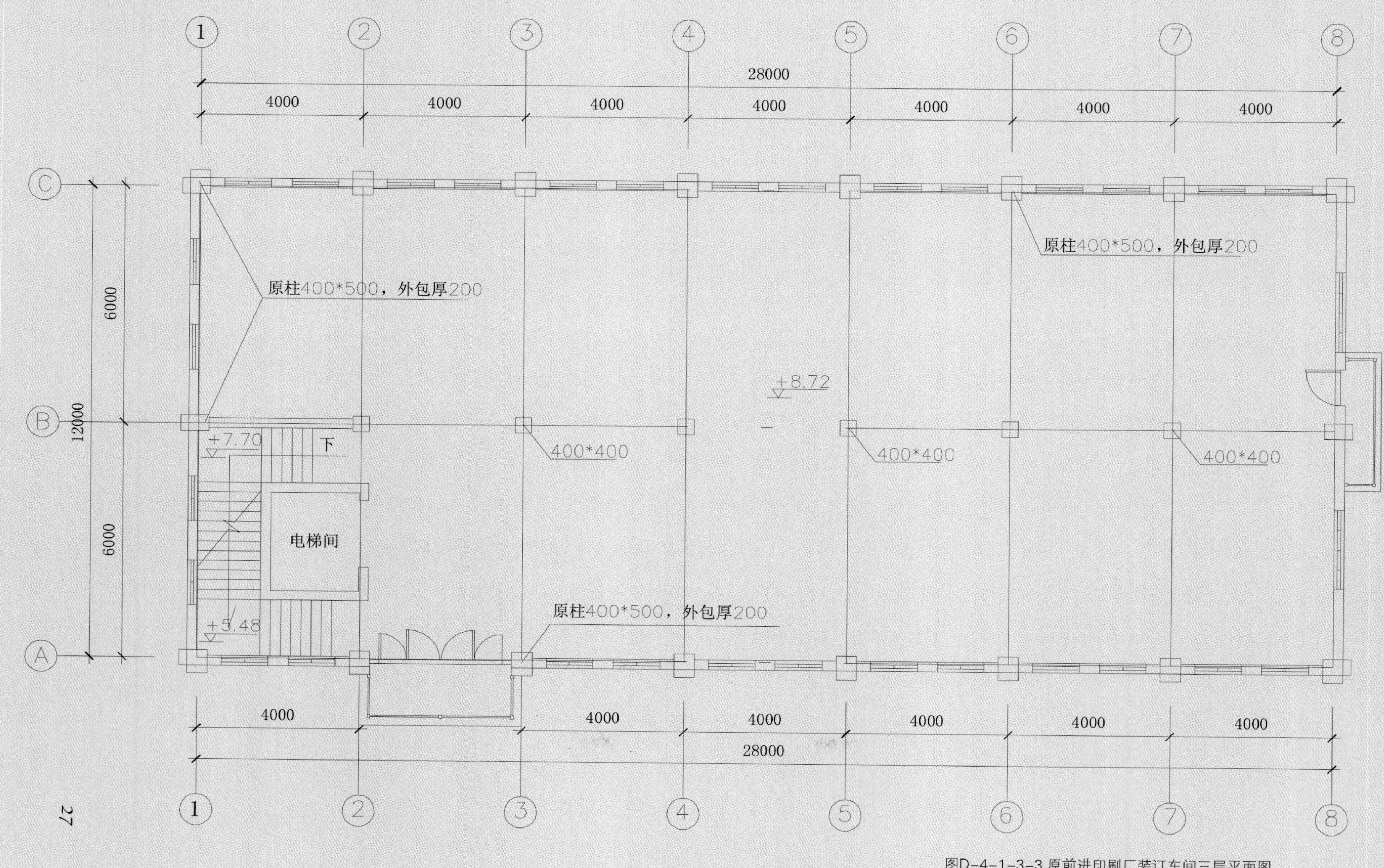

图D-4-1-3-3 原前进印刷厂装订车间三层平面图

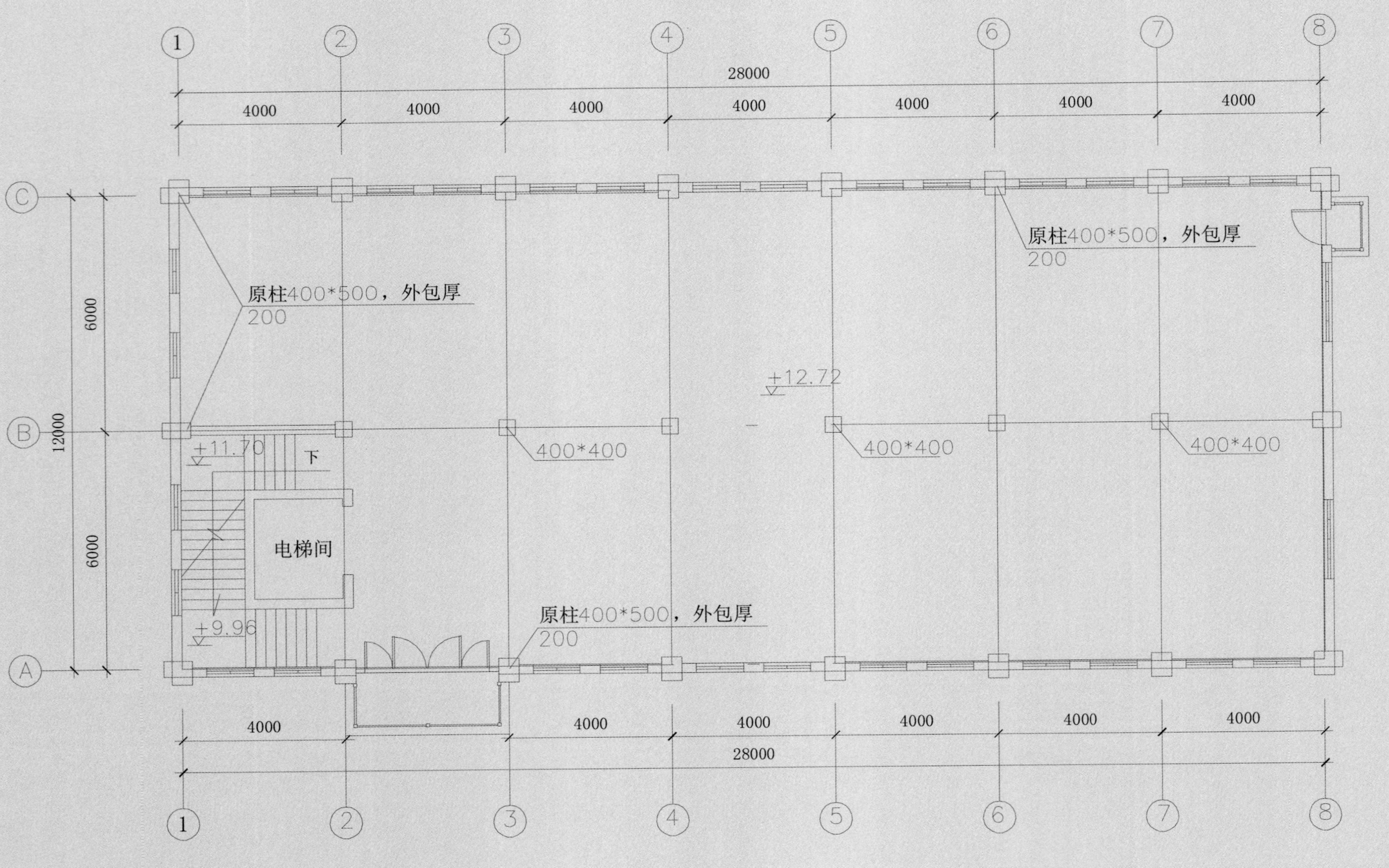

图D-4-1-3-4 原前进印刷厂装订车间四层平面图

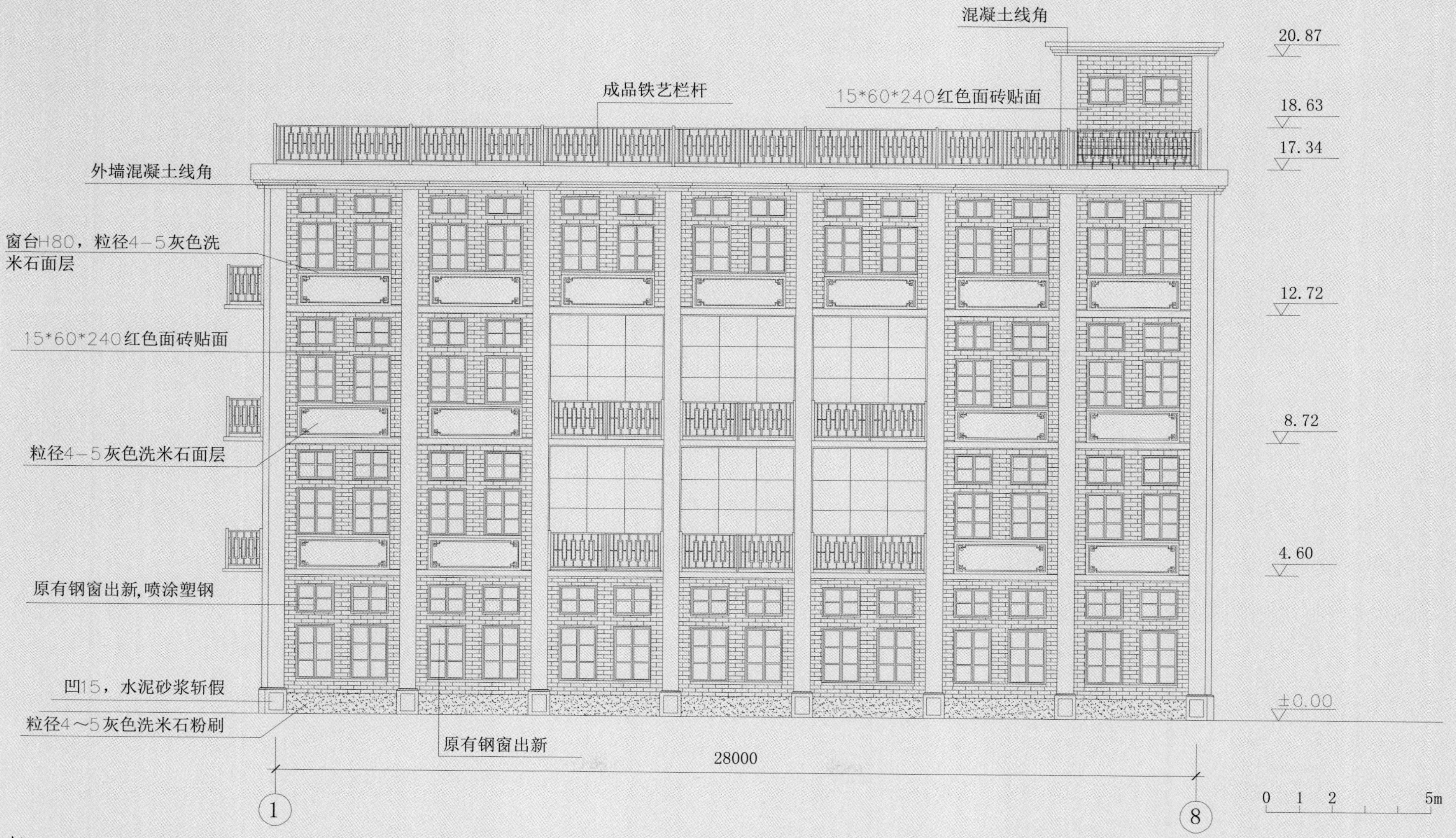

图D-4-1-3-5 原前进印刷厂装订车间东立面图

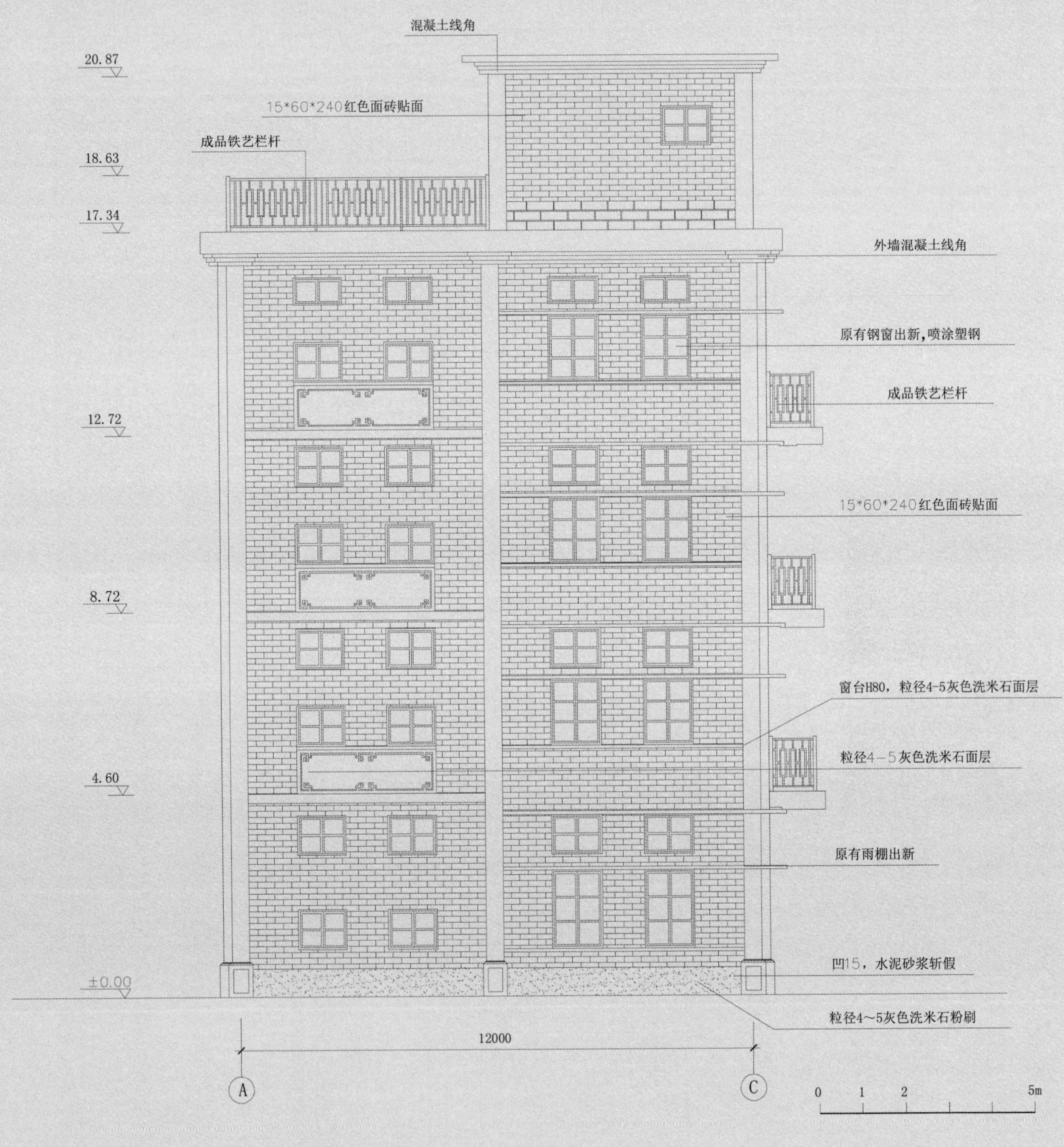

图D-4-1-3-6 原前进印刷厂装订车间北立面图

第四节 原镇江市前进印刷厂印刷车间（现雅狮酒店3号楼）

一、概述

1．建筑形态。原镇江市前进印刷厂印刷车间位于雅狮饭店2号楼西南侧，迎江路43号F座（图P–4–1–4–1）。该建筑坐南朝北，长40m、宽14.44m、高13m，占地面积577.6m^2，建筑面积1180m^2，共2层，坡屋顶。

图P–4–1–4–1 修缮后的原前进印刷厂印刷车间（现雅狮饭店3号楼）

2．历史沿革。该建筑原为前进印刷厂印刷车间。

3．遗存状态。该建筑平面呈条状，原为镇江市前进印刷厂印刷车间，基本结构完好（图P–4–1–4–2）。该建筑结构形式为内框架，砖混围护体系。南北立面砖柱凸出，红色砖饰面，立面小窗分隔设洗米台窗楣和柱腰，屋面为双坡悬山粘土平瓦屋面。高二层，一层为二跨内框架，二层为钢筋混凝土预制组合屋架排架体系。一、二层层高分别为4.2m、4.8m。外设楼梯，组织交通。

该建筑原墙体、屋面部分破损渗漏。经维修加固改造后外立面风格简洁，转变为商住旅馆的洗浴中心——镇江雅狮饭店3号楼（清水湾·温泉CEO会所）（图P–4–1–4–3）。

图P-4-1-4-2 修缮中的原前进印刷厂印刷车间南侧墙体

图P-4-1-4-3 修缮后的原前进印刷厂印刷车间楼

图P-4-1-4-4 修缮中的原前进印刷厂印刷车间楼

二、主要修缮技术方案

中修。2008年，西津渡公司对该建筑进行了修缮，维修前，邀请了有关专家，对修缮方案进行了评估论证，专家建议增加抗震构造措施和生活配套设施。主要修缮内容为：结构加固、墙面修整、重整功能等。

该建筑结构加固、墙体维修技术方案同前。屋面增设防水层，盖粘土平瓦，更换为铝合金门窗。（图P-4-1-4-4）。

该建筑的南立面外设公共走道。为了美化环境，外砌筑了一道由200mm×200mm工字钢焊接框架的展示墙，由墙体展示与空心景墙间隔连接而成。墙体展示部分宽1.35m，高2.5m，下部为各式砖墙示范，上部注明该砖墙名称，空心景墙宽2.25m，底部由高30cm清水青砖砌筑，上花岗岩压顶，镂空部分由细竹编排遮挡。该展示墙用通俗的各色墙体的展现，阐述了我国传统建筑的实用性、多样性与艺术性。既达到改进环境的目标，又为南部走道创造了丰富多彩的景观，使游客感到既有公共走道的舒展，又有局部的细腻，并感受到不同的景观魅力（图P-4-1-4-5、图P-4-1-4-6）。

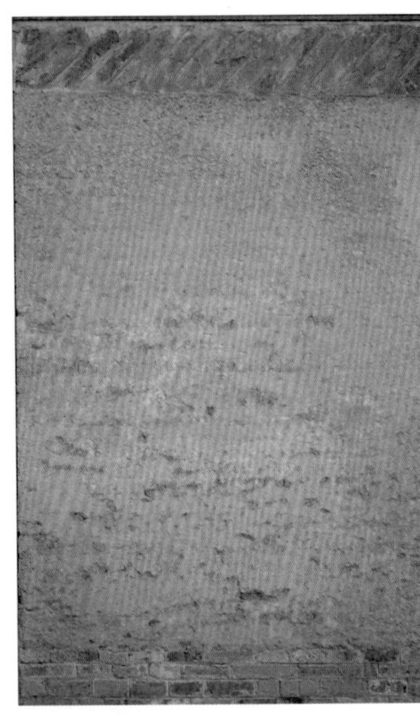

图P-4-1-4-5 修缮后的原前进印刷厂印刷车间楼南立面和墙体式景观墙

图P-4-1-4-6 修缮后的原前进印刷厂印刷车间楼南立面和墙体样式景观墙

三、建筑物修缮责任表

建设单位：镇江市西津渡建设发展有限责任公司

项目负责人：杨恒网 黄裕

测绘、设计修缮单位：镇江市地景园林规划设计有限公司

设计人员：骆雁

监理单位：镇江建科工程监理有限公司

监理人员：范谦

施工单位：镇江市锦华古典园林有限公司

项目经理：高林华

施工时间：2008.10.28—2008.12.12

四、施工图

如图D-4-1-4-1 ~ 图D-4-1-4-6所示。

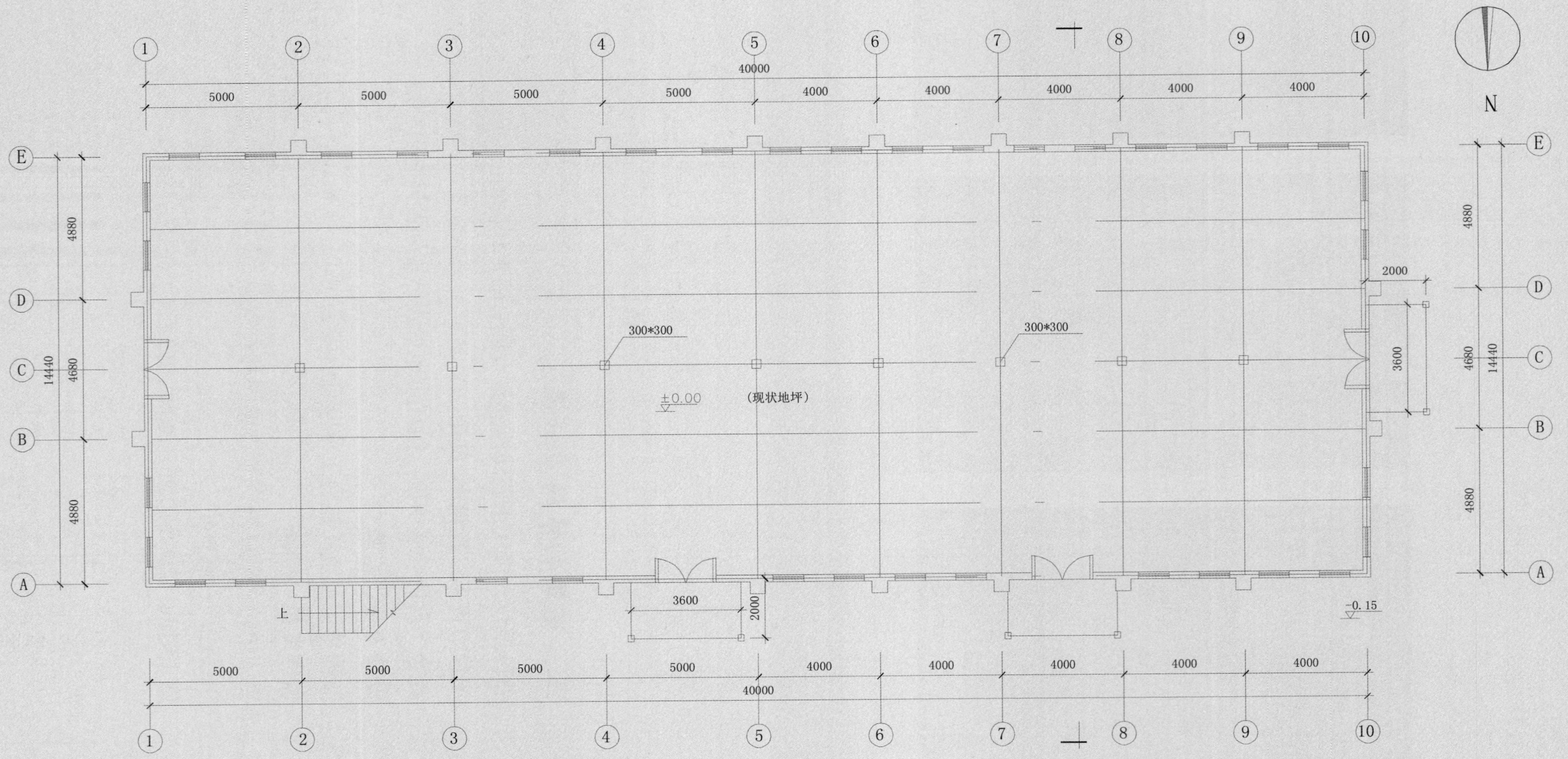

图D-4-1-4-1 原前进印刷厂印刷车间楼一层平面图

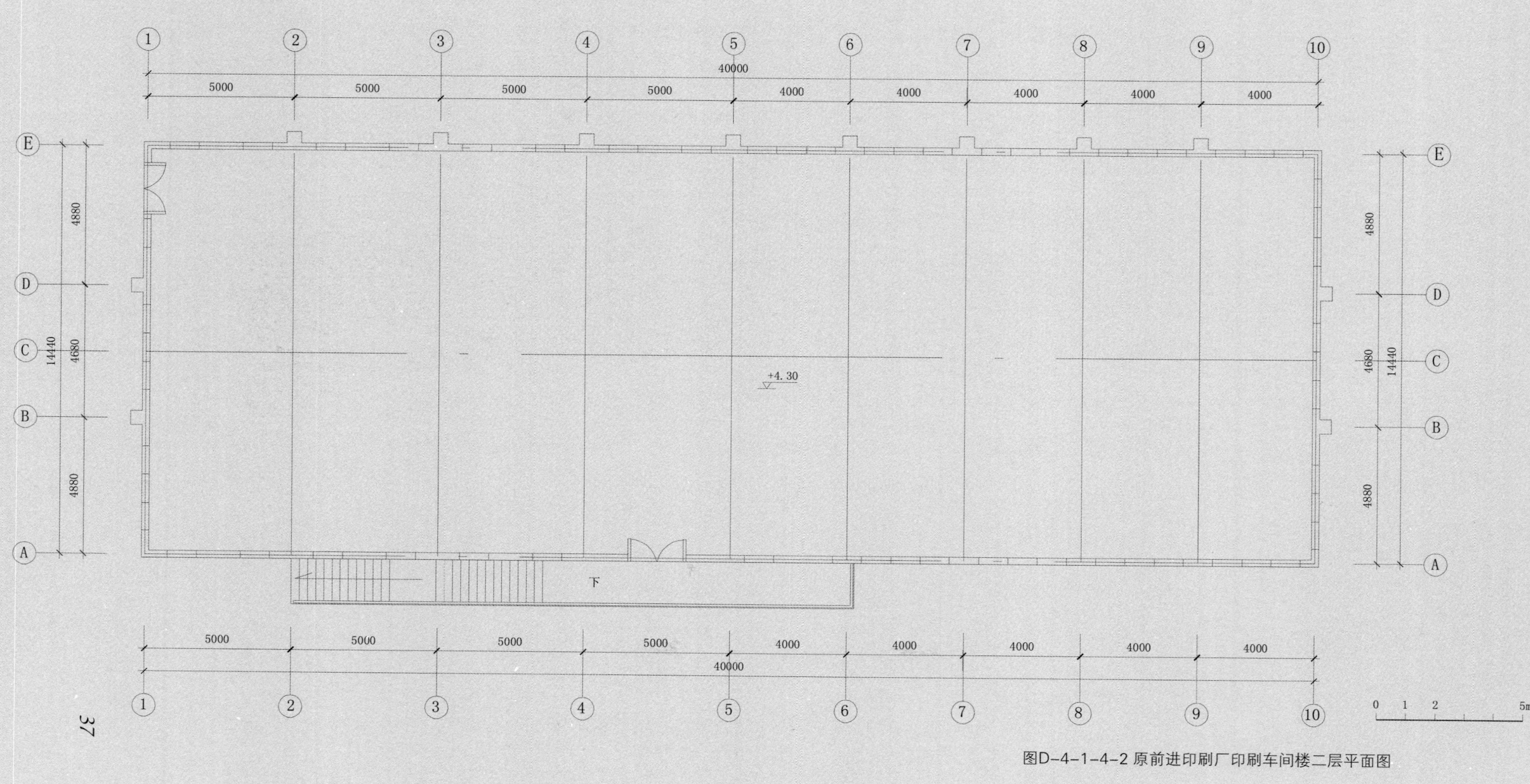

图D-4-1-4-2 原前进印刷厂印刷车间楼二层平面图

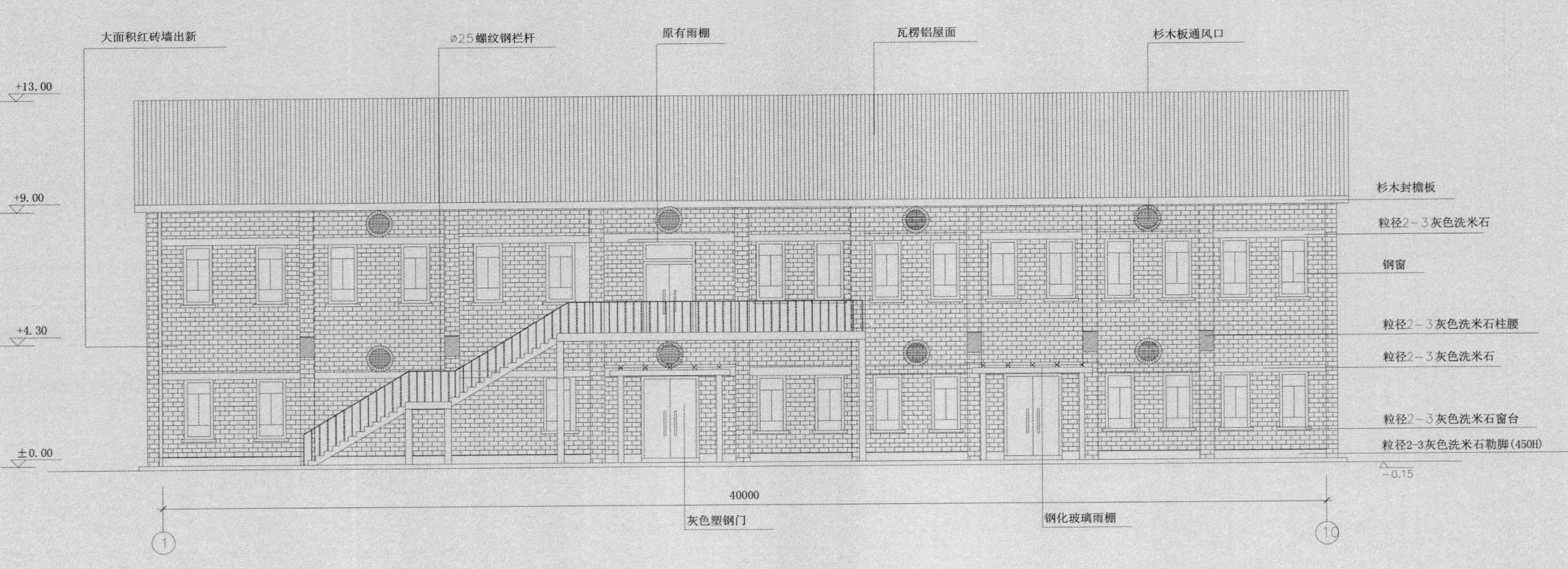

图D-4-1-4-3 原前进印刷厂印刷车间楼北立面图

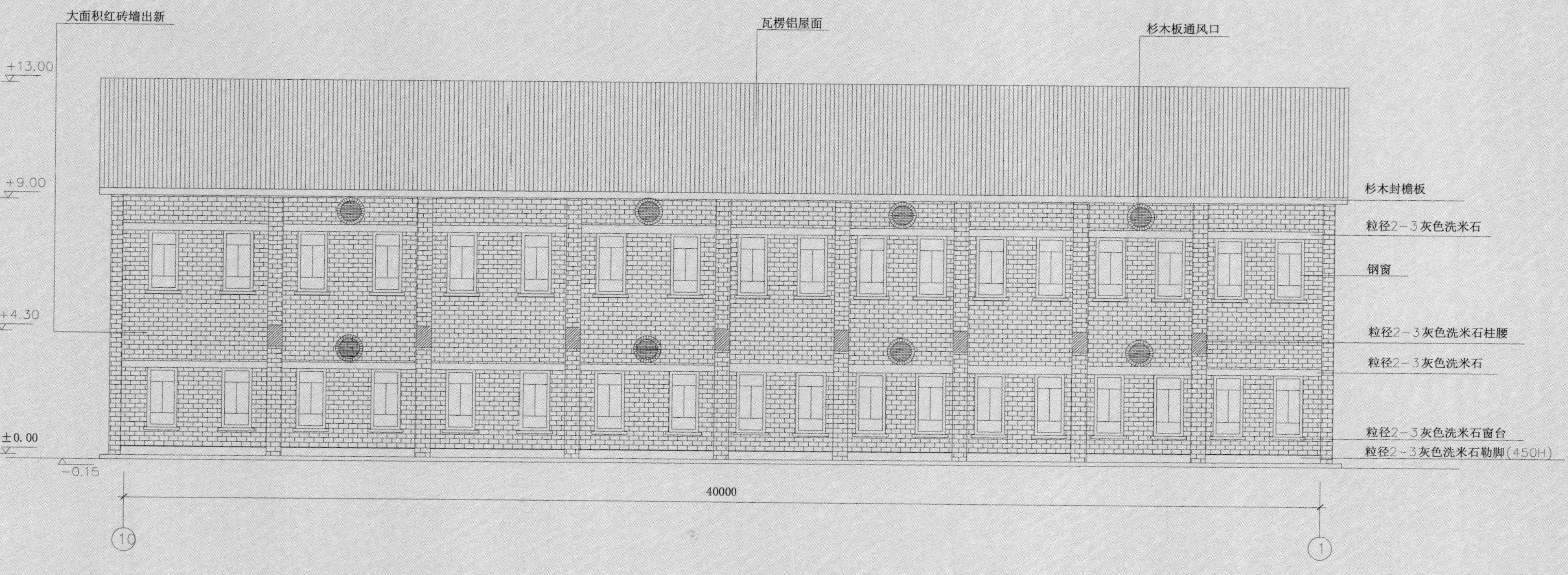

图D-4-1-4-4 原前进印刷厂印刷车间楼南立面图

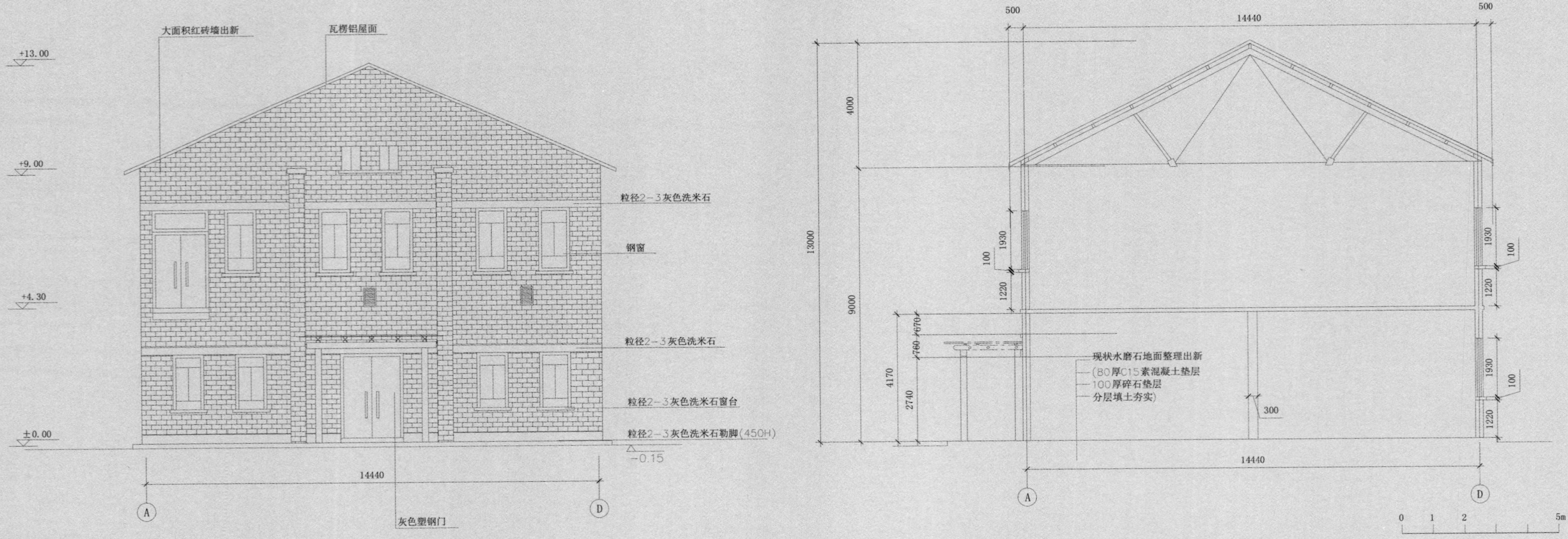

图D-4-1-4-5 原前进印刷厂印刷车间楼东立面图

图D-4-1-4-6 原前进印刷厂印刷车间楼剖面图

第五节 原镇江市前进印刷厂仓库（现雅狮酒店4号楼）

一、概述

1．建筑形态。原前进印刷厂仓库位于雅狮饭店A楼与税务司公馆之间，迎江路43号C座（图P-4-1-5-1）。该建筑坐东朝西，长28.06m、宽10.04m、高10.82m，占地面积281.73m^2，建筑面积580m^2，共2层，坡屋顶。

图P-4-1-5-1 修缮后的原前进印刷厂仓库（现雅狮酒店4号楼）

图P-4-1-5-2 修缮中的原前进印刷厂仓库

2．历史沿革。该建筑原为前进印刷厂仓库。

3．遗存状态。该建筑为二层框架库房，屋盖为钢筋混凝土墙面，每开间设窗，结构基本完好（图P-4-1-5-2）。墙面为红砖饰面和透气砖洞，东西两侧设室外楼梯。但年久失修，门窗破损严重，墙体屋面损坏渗漏较重。

维修加固改造后转变为商住旅馆——镇江雅狮饭店4号楼（会议接待与仓库）（图P-4-1-5-3、图P-4-1-5-4）。

二、主要修缮技术方案

中修。2008年，西津渡公司对该建筑进行了修缮。维修前邀请有关专家，对修缮方案进行评估论证，专家建议实施抗震改造措施、增加生活配套设施。主要修缮内容为：结构加固、墙面修整、功能重整等。

该建筑加固处理方案如下：

（1）根据改建方案并考虑屋架的整体牢固性，增加屋架上弦和下弦通长系杆。

（2）对未和主体结构连接的墙体采取增设构造柱及拉筋连接措施加固，保证可靠连接。

（3）拆除原有附属的、不协调的建筑，对原有建筑墙体设置拉墙筋与排架柱连接。

（4）屋架上弦预埋件锈蚀的进行除锈后重新涂防锈漆；锈蚀严重的进行加固或更换。

（5）屋架与排架柱、屋面梁与排架柱连接节点处的预埋件及系杆与屋架的连接角钢已经锈蚀，进行了除锈并重新涂防锈漆；加固或更换锈蚀严重的部件。

（6）围护墙顶部圈梁、山墙卧梁与屋架没有设置连接处的，增加构造连接，并做加固处理。

图P-4-1-5-3 修缮后的原前进印刷厂仓库东立面（左）、西立面（右）

三、建筑物修缮责任表

建设单位：镇江市西津渡建设发展有限责任公司

项目负责人：杨恒网 黄裕

测绘、设计修缮单位：镇江市地景园林规划设计有限公司

设计人员：陈俊

监理单位：镇江建科工程监理有限公司

监理人员：范谦

施工单位：镇江市锦华古典园林有限公司

项目经理：高林华

施工时间：2008.9.30—2008.11.15

图P-4-1-5-4 修缮后的前进印刷厂仓库墙面（局部）

四、施工图

如图D-4-1-5-1 ~ 图D-4-1-5-6所示。

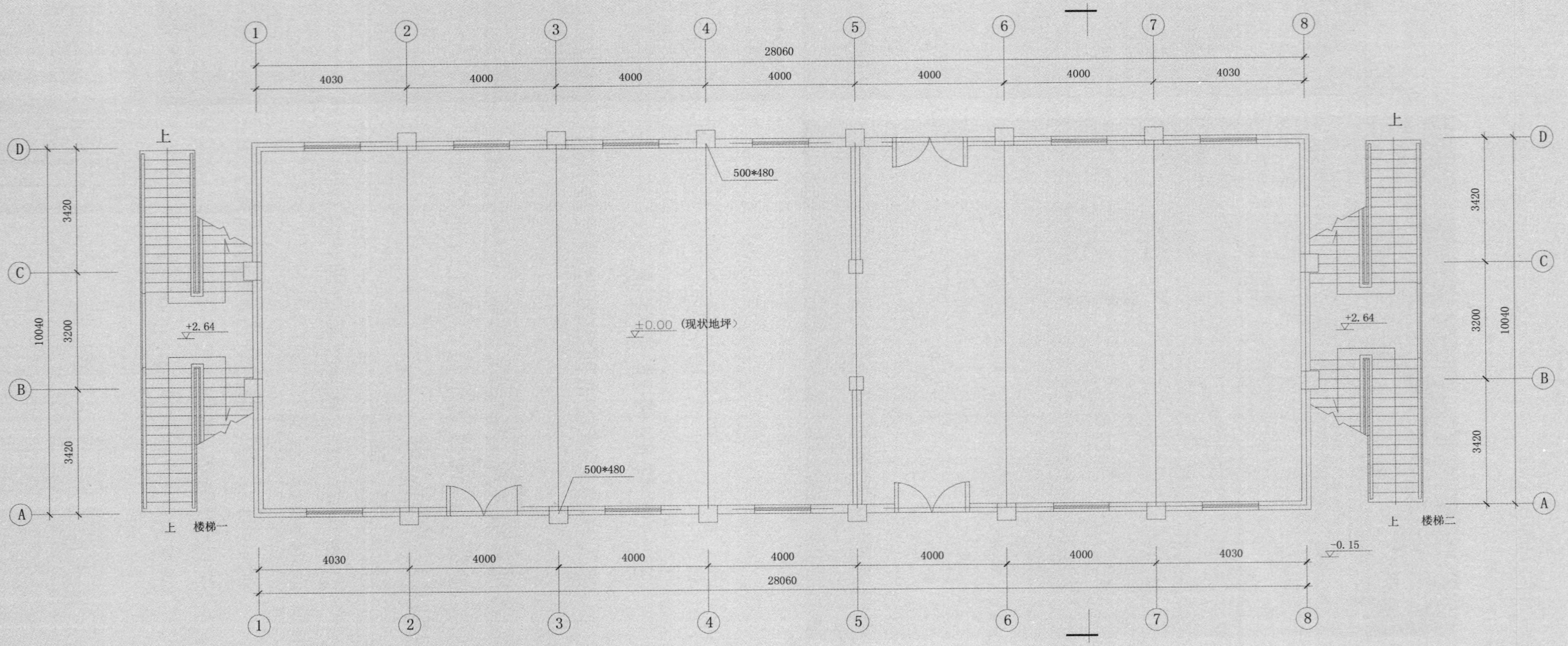

图D-4-1-5-1 原前进印刷厂仓库一层平面图

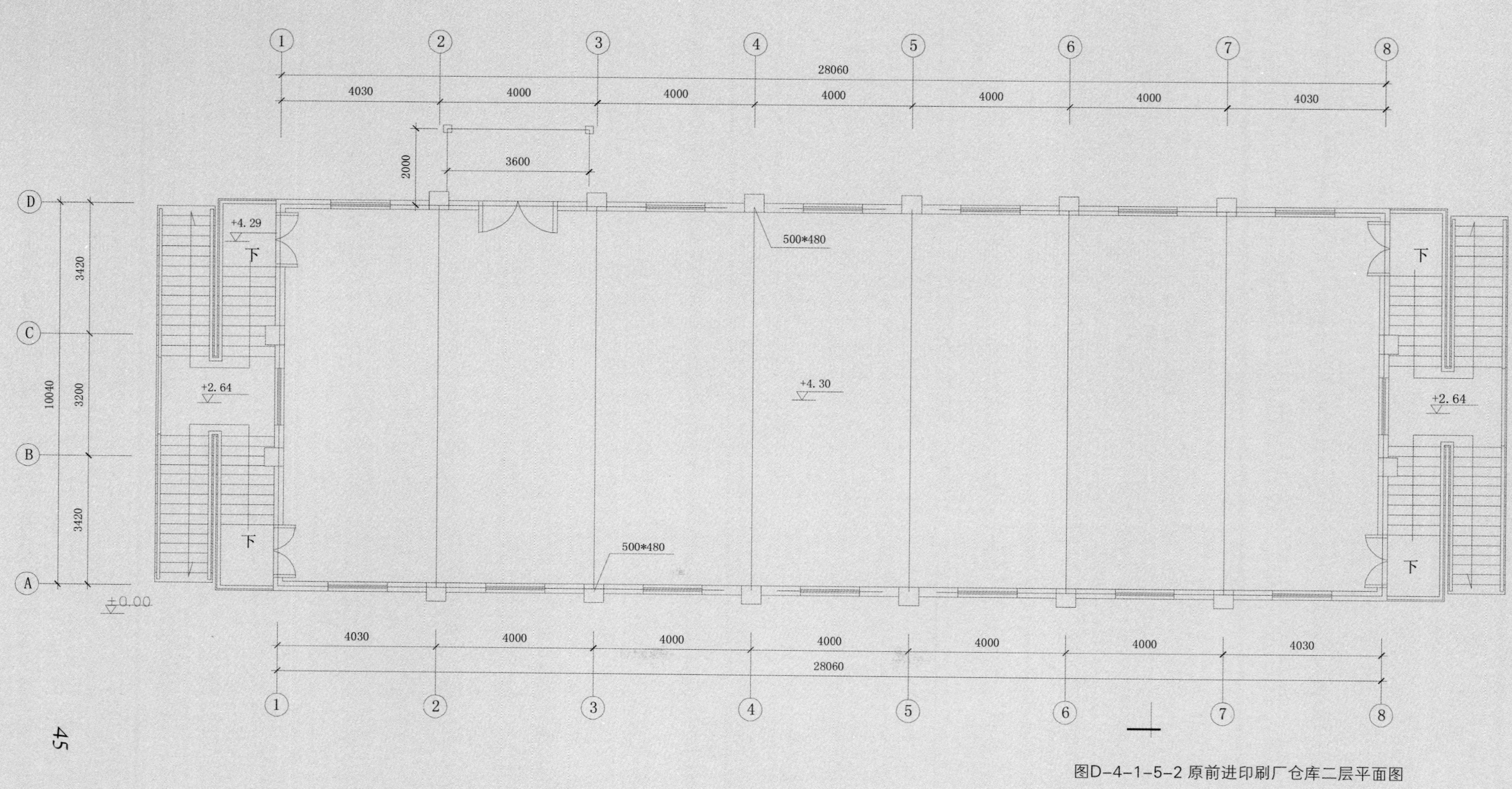

图D-4-1-5-2 原前进印刷厂仓库二层平面图

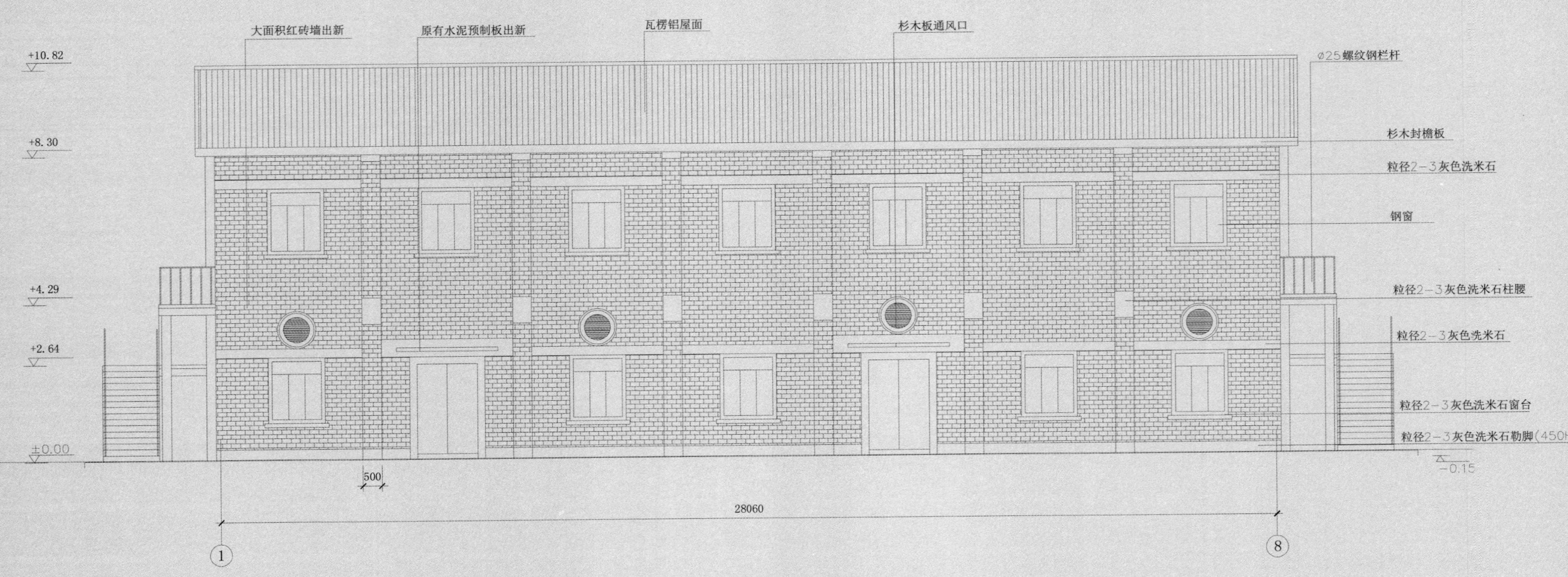

图D-4-1-5-3 原前进印刷厂仓库北立面图

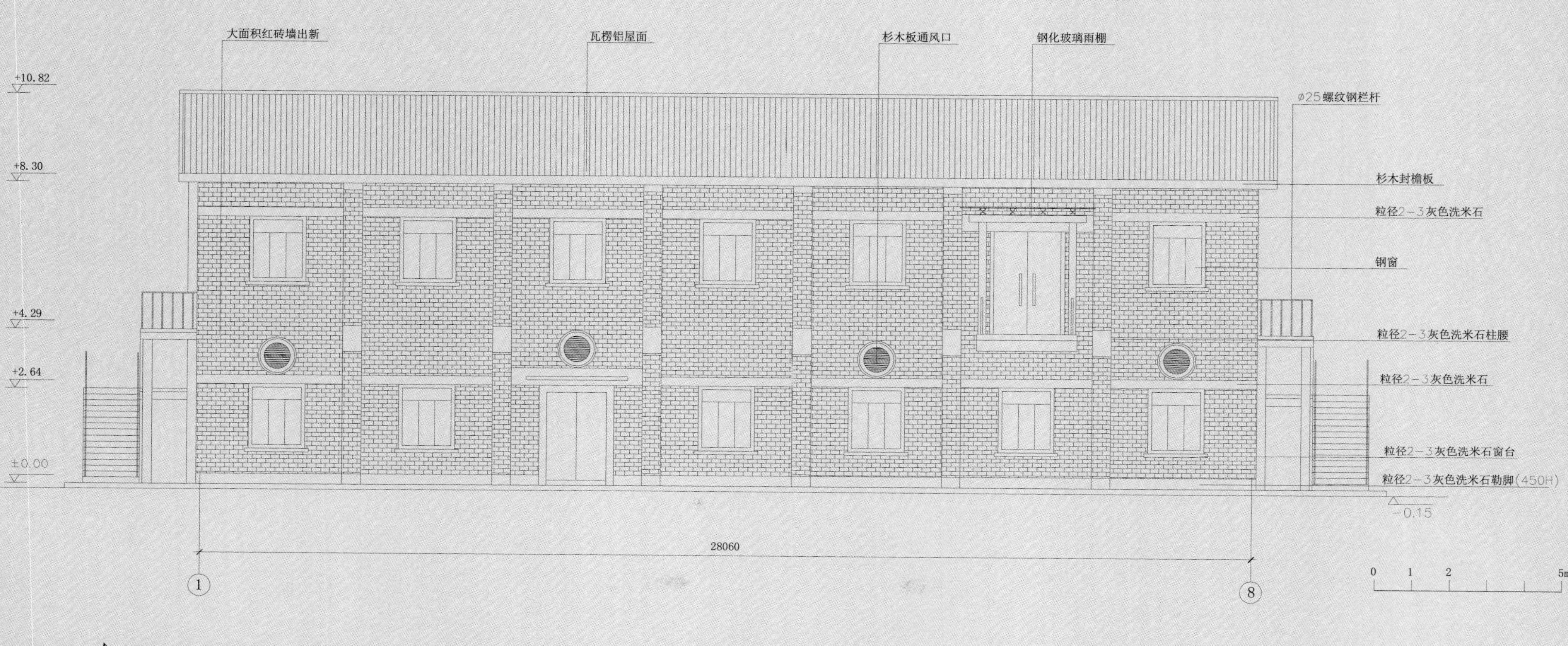

图D-4-1-5-4 原前进印刷厂仓库东立面图

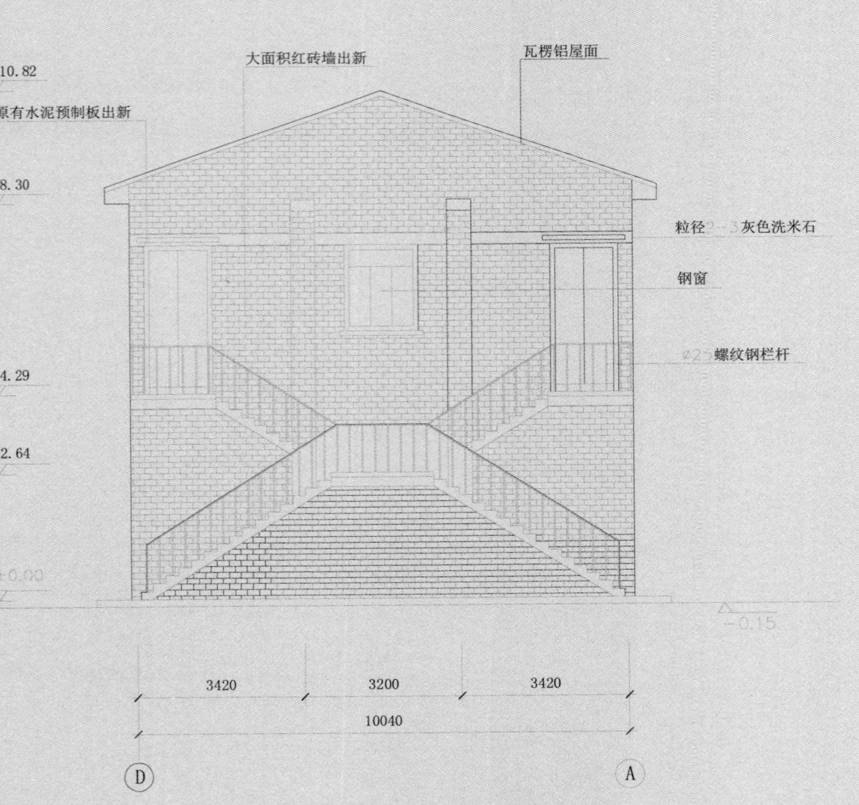

图D-4-1-5-5 原前进印刷厂仓库南立面图

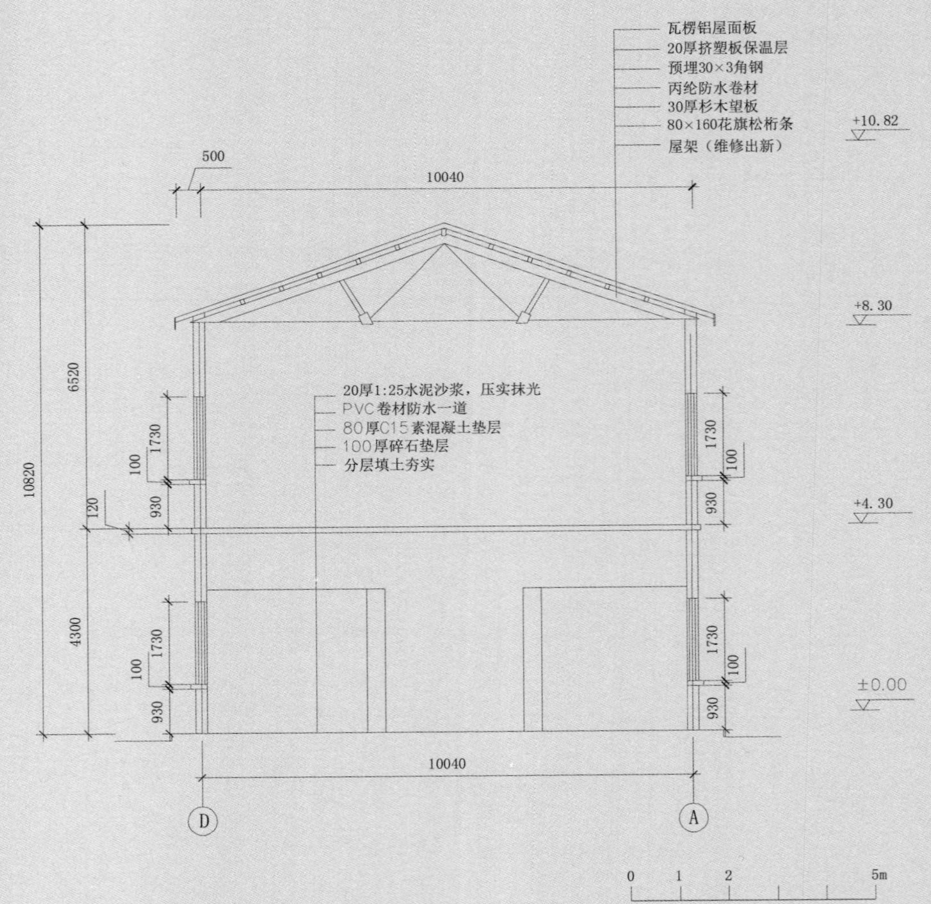

图D-4-1-5-6 原前进印刷厂仓库剖面图

第六节 原镇江市前进印刷厂商住混合楼（现雅狮酒店大城小爱城市餐厅）

一、概述

1. 建筑形态。原镇江市前进印刷厂商住混合楼位于迎江路与长江路交界处，迎江路43号A座。该建筑坐南朝北，占地面积1296m^2，建筑面积5409m^2；南北长72m、宽18m、高19.41m，共四层局部五层（阁楼）（图P-4-1-6-1）。

图P-4-1-6-1 修缮后原前进印刷厂商住楼（现雅狮酒店大城小爱城市餐厅）东北立面

图P-4-1-6-2 修缮前的原前进印刷厂商住楼西立面（左）、北立面（右）

图P-4-1-6-3 修缮后的原前进印刷厂商住楼（现雅狮酒店)东立面

2. 历史沿革。该建筑原为前进印刷厂商住楼。该建筑原为20世纪90年代建设的七层商住混合型楼房，其中一、二层为框架结构，商业门店；三到七层是砖混结构，为职工住宅（图P-4-1-6-2）。2007年西津渡公司对原前进印刷厂实施破产收购以后，搬迁了居民和底层商户，和原前进印刷厂厂房同步制定维修方案，并于2010年实施降层、加固和配套改造。

图P-4-1-6-4 修缮后的原前进印刷厂商住楼（现雅狮酒店）一楼电梯厅

图P-4-1-6-5 修缮后的原前进印刷厂商住楼（现雅狮酒店大城小爱餐厅）南立面

3．遗存状态。原为镇江市前进印刷厂宿舍楼，降层、加固改造后转变为具有餐厅商业功能的饭店——大城小爱城市餐厅，隶属雅狮酒店。

二、主要修缮技术方案

大修。2010年，西津渡公司委托东南大学建筑设计院对该建筑降层加固改造制定了技术方案，并邀请有关专家，对修缮方案进行了评估论证。专家同意该方案对原建筑实施降层改造，以适应景区风貌对建筑物高度限制的要求，满足在西津渡滨江绿地能够无遮挡看到云台山及原英美领事馆建筑的视觉效果，改善原建筑过高对西侧建筑的日照影响。增加抗震构造措施，对原三到七层住宅砖混结构部分降改为四层局部五层（阁楼）钢混框架结构，以适应结构安全需要。对外墙面实施改造以适应街区风貌建筑要求。对整栋建筑实施生活设施配套，以满足使用要求。主要改造内容为：降层，即将原七层建筑改为四层、局部五层；一、二层原结构加固，三到五层砖混结构改为钢棍框架结构重建；墙面修整、重整功能等。

该建筑降层改造后为四层、局部五层钢混框架结构。一至四层设三个楼梯和三部电梯（图P-4-1-6-4），一、二层为餐饮，三、四层为客房。屋面有平层面和灰色瓦坡屋面（带阁楼），东西里面底层为通窗，二层为通窗、小窗及青砖墙饰相间，间隔设有西侧内阳台、坡屋面，高低错落，虚实相嵌。窗设竖向铝合金装饰条，北侧立面为幕墙及通窗，南立面青砖饰面、幕墙分隔（图P-4-1-6-5），东西两侧立面为青砖饰面和窗。

三、建筑物修缮责任表

建设单位：镇江市西津渡建设发展有限责任公司

项目负责人：史美依

测绘、设计修缮单位：江苏中森建筑设计有限公司

设计人员：张振宇

监理单位：镇江建科工程监理有限公司

监理人员：刘晓瑞 景宝富

施工单位：江苏五星建设集团有限公司

项目经理：董国华

施工时间：2010.7

四、施工图

如图D-4-1-6-1 ~ 图D-4-1-6-8所示。

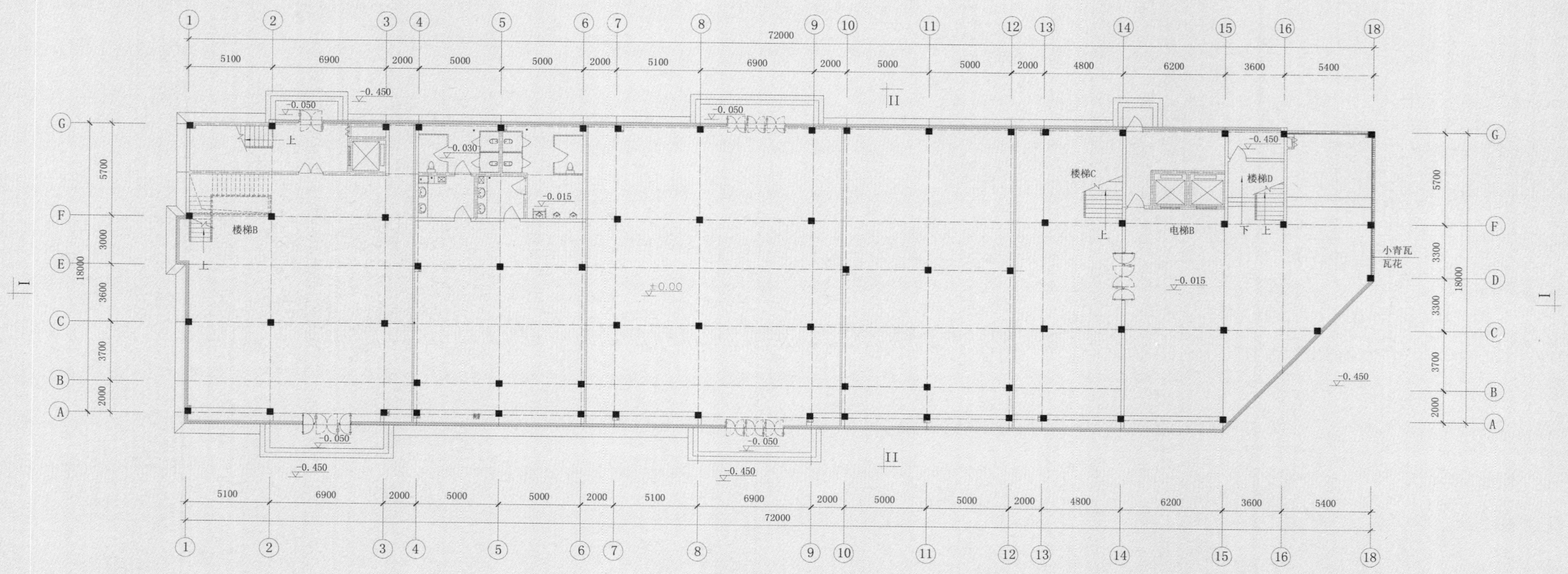

图D-4-1-6-1 原前进印刷厂商住楼一层平面图

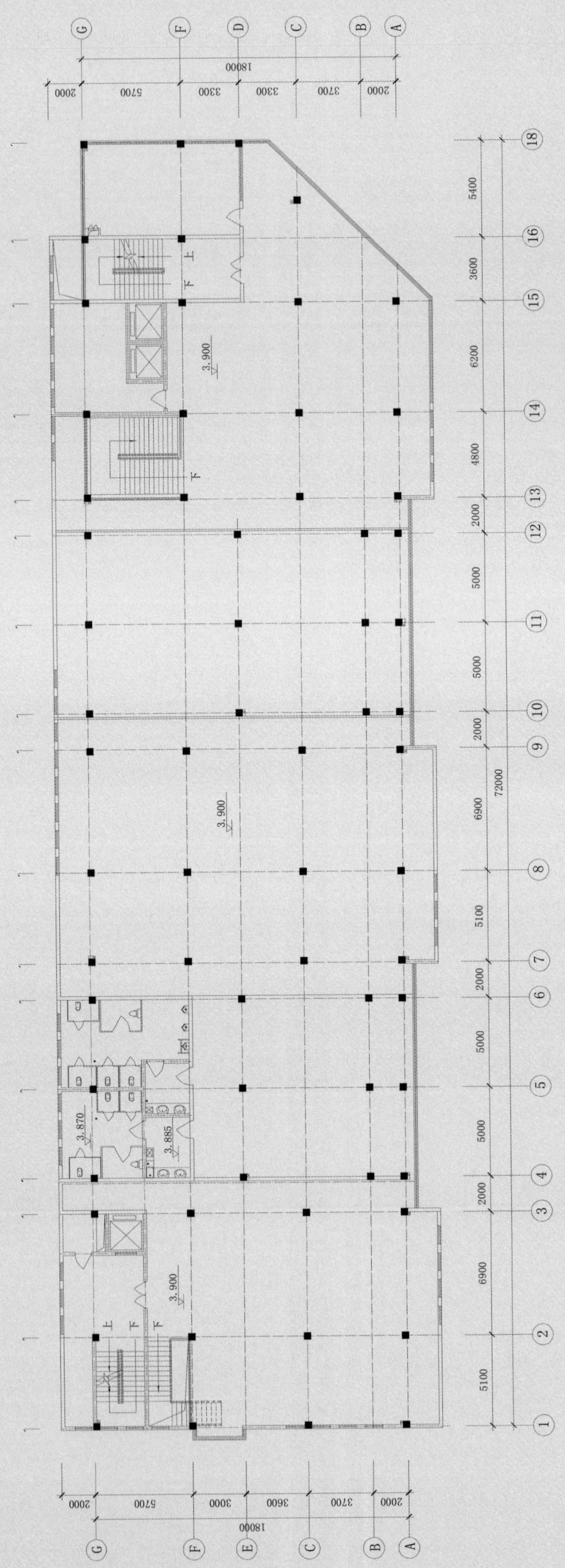

图D-4-1-6-2 原前进印刷厂商住楼二层平面图

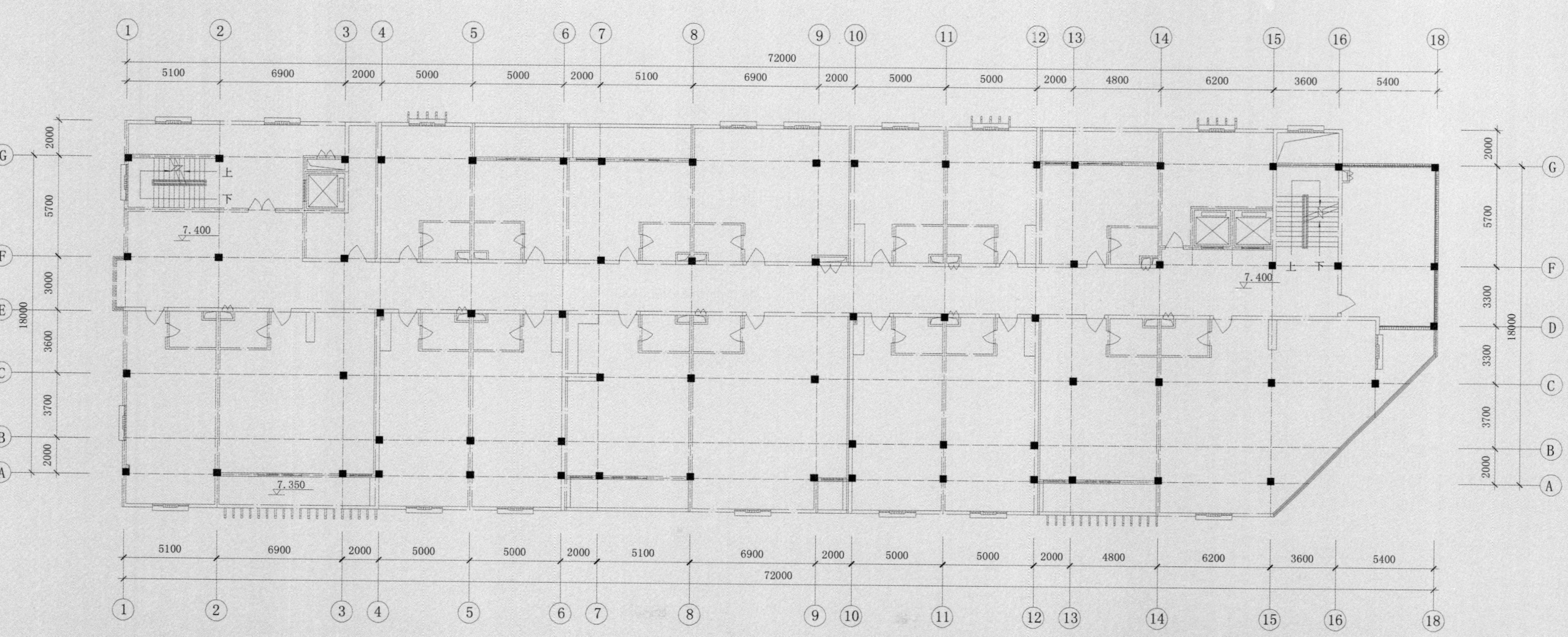

图D-4-1-6-3 原前进印刷厂商住楼三层平面图

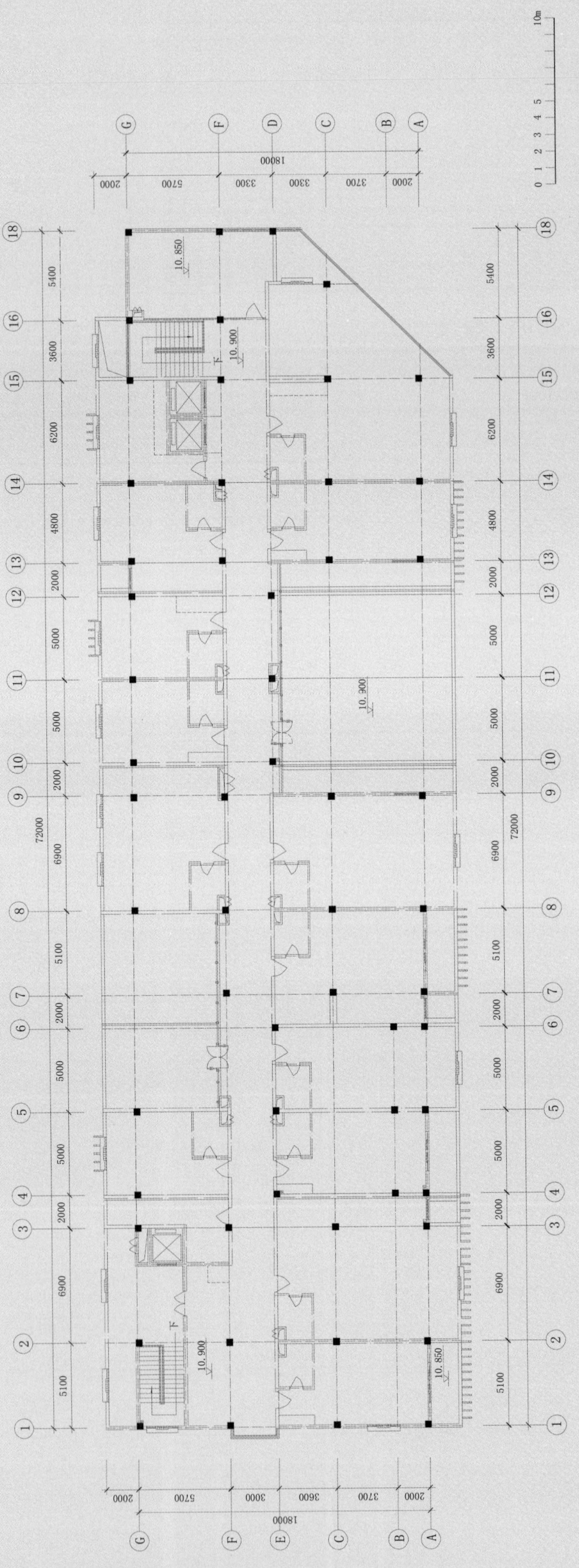

图D-4-1-6-4原前进印刷厂商住楼四层平面图

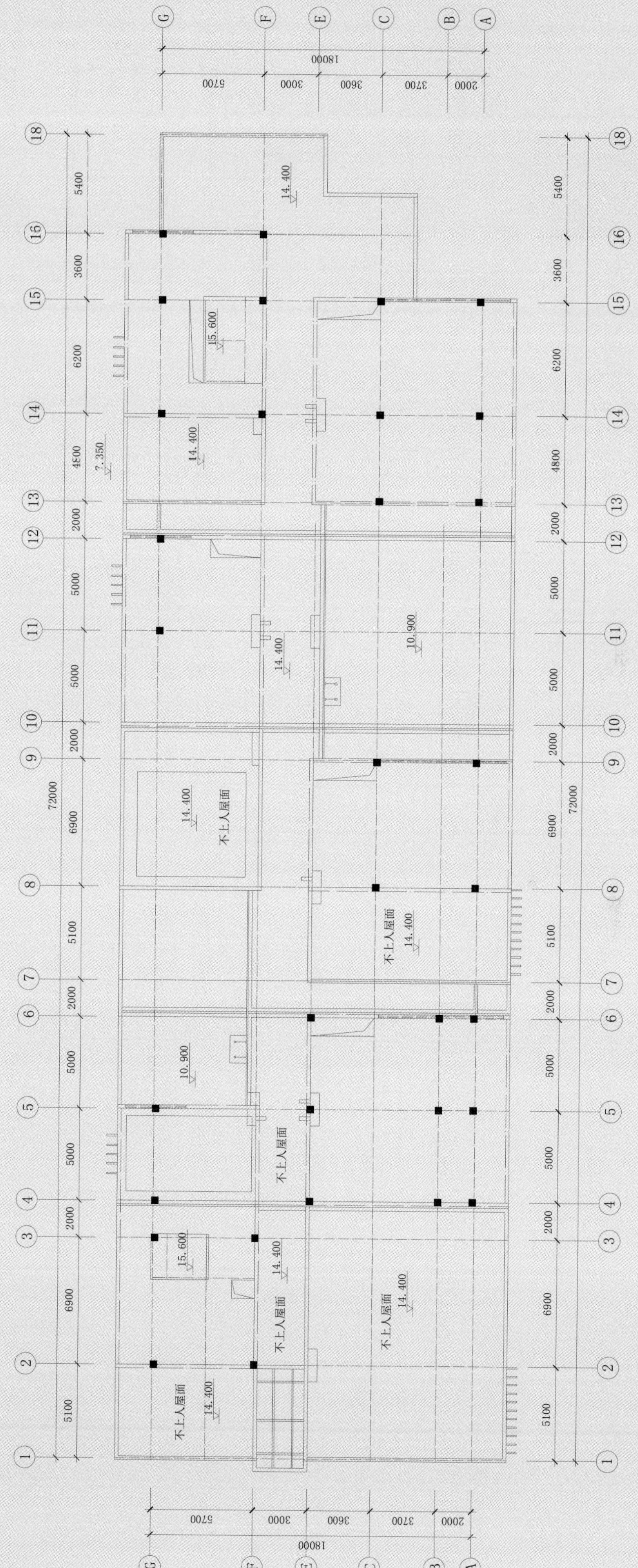

图D-4-1-6-5 原前进印刷厂商住楼阁楼平面图

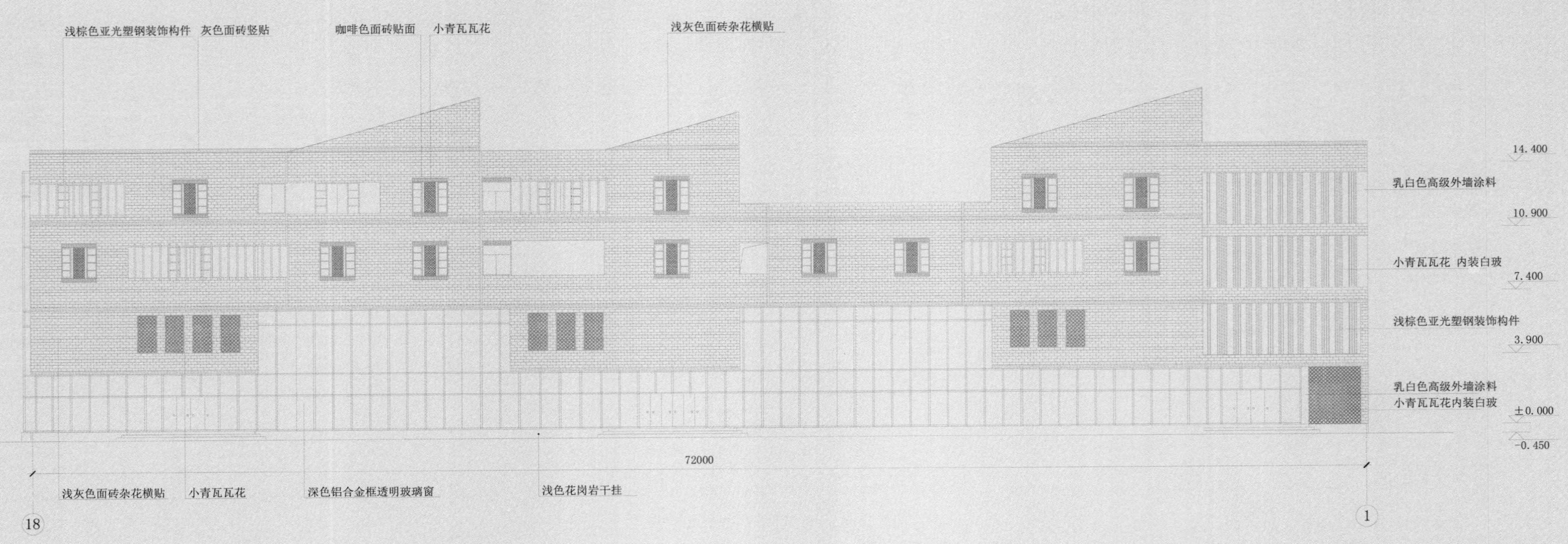

图D-4-1-6-6 原前进印刷厂商住楼东立面图

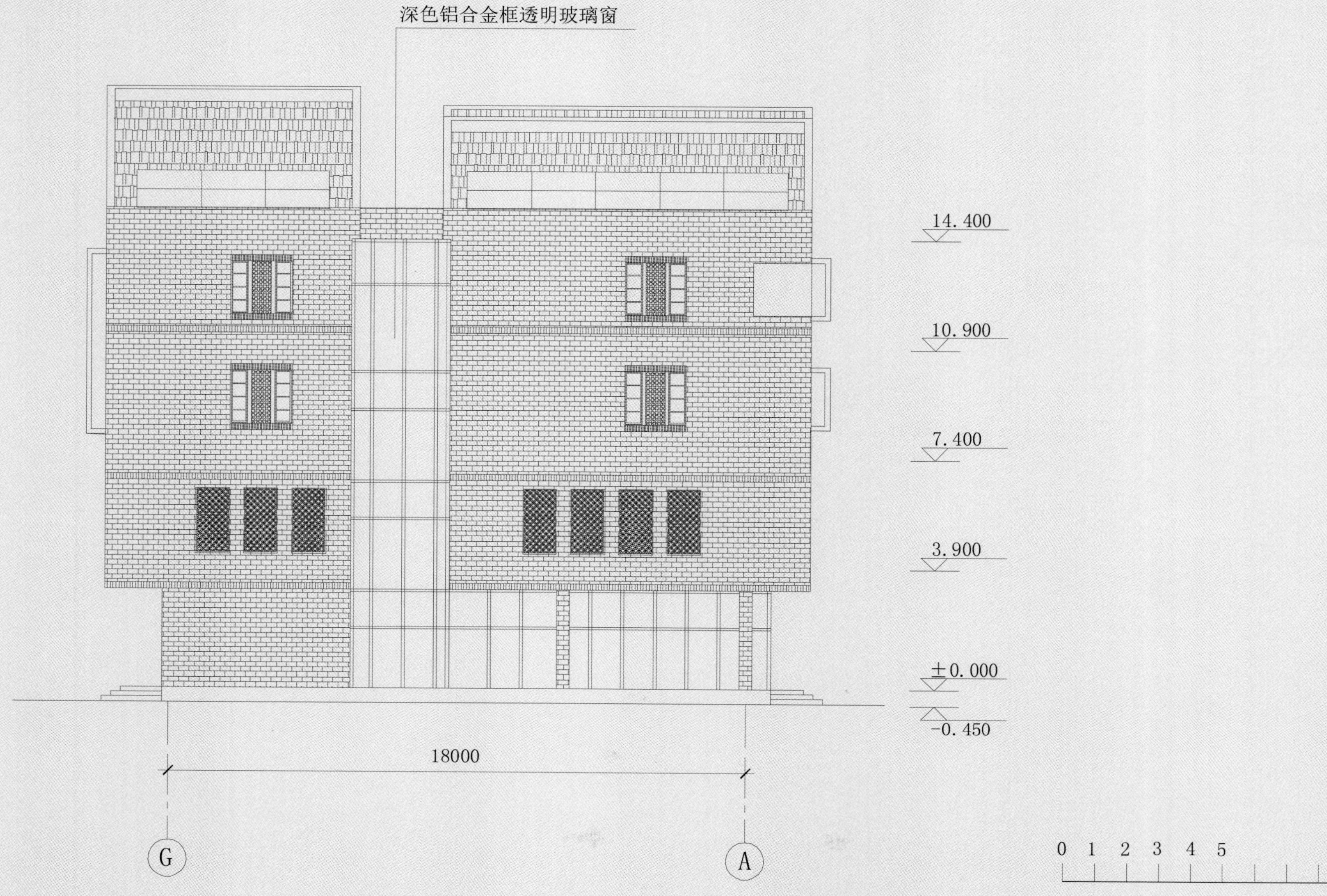

图D-4-1-6-7 原前进印刷厂商住楼南立面图

图D-4-1-6-8 原前进印刷厂商住楼剖面图

第二章
原镇江市农药厂厂房和原江苏省储运站二库

原镇江市农药厂前身是成立于民国二十五年（1936年）的私营大新石粉厂。1949年后，该厂于1952年试产DDT粉。1954年实行公私合营，定名为镇江农药厂，并受农业部和全国供销合作总社委托，成为定点生产加工农药的专业厂。1955年，该厂转为以大批量加工生产粉剂农药为主。1958年后粉剂农药车间发展至三个，年生产能力由2万多吨上升至5万多吨；1973年共生产农药9万多吨，占全国农药总产量的十分之一。1978年划转部分车间成立江南化工厂，专门生产草甘膦除草剂。

1983年我国停止使用高毒、高残留农药，在镇江农药中占较大比重的“六六六”“苏化203”等产品先后停产；1984年农村实行家庭承包责任制，用药量和储备减少，国内农药市场不景气，使该厂农药生产受到很大影响。2002年底改制为镇江农药厂有限公司，公司因环境污染、城市建设需要，实施“退城进区”，在镇江新区化工区建立新厂。原厂房在长江路拓宽改造工程中大部拆除，仅存厂部办公楼。

第一节 原镇江市农药厂办公楼（现镇江菜馆）

一、概述

1．建筑形态。**原镇江市农药厂办公楼（现镇江菜馆）**位于长江路215号西津渡历史文化街区长江江路入口处（图P-4-2-1-1）。该建筑坐南朝北，长39.6m、宽14.6m、高9.29m，占地面积578.16m^2，建筑面积1140m^2。现建筑平面布局为条状，由三组传统建筑并列而成，维修改造后转变为具有餐厅商业功能的饭店——镇江菜馆（图P-4-2-1-2）。

2．历史沿革和遗存状态。该建筑大约建于20世纪70—80年代，原为镇江农药厂办公楼旧址。原建筑为砖混六层，每层楼面中间设走廊，两边为办公室，平屋面。后根据西津渡保护规划，降层改造，调整为两层仿古建筑，内部结构保留了原有建筑格局。2009年，西津渡公司在该楼开办了西津渡街区第一家餐饮企业——镇江菜馆，专营镇江地方特色餐饮。

二、主要修缮技术方案

大修。2008年，西津渡公司对该建筑进行了修缮。维修前，由镇江市规划局、规划院根据西津渡保护规划提出指导意见，镇江市地景园林设计有限公司提出维修方案，邀请了文物、考古、建设等专家，对修缮方案进行了评估论证。专家同意该方案对原建筑实施降层改造，以适应景区风貌对建筑物高度限制的要

求，满足在长江路及滨江绿地能够无遮挡看到云台山及原英美领事馆建筑的视觉效果。增加抗震构造措施，对原一到二层砖混结构改造为钢混框架结构，以适应结构安全需要，但需要保持原内部结构形式。对外立面实施仿古建改造以适应街区风貌建筑要求。对整栋建筑实施生活设施配套，以满足使用要求。主要改造内容为：降层，即将原六层建筑改为二层；一、二层在保持原结构形式不变的基础上实施结构加固，改为钢棍框架结构；立面仿古建，分隔为三个单元组合，中式风格。西单元三间北立面突出一架、一层中间开门对外，中单元三间设置南北对

图P-4-2-1-1 修缮后的原镇江市农药厂办公楼（现镇江菜馆）北立面

图P-4-2-1-2 修缮后的原镇江市农药厂办公楼（现镇江菜馆）南立面

图P-4-2-1-3 修缮后的原镇江市农药厂办公楼（现镇江菜馆）东南立面清水青砖墙

开大门、细砖门券，东单元五间一层设廊道，木格花窗。增设水电气设施，重整功能等。

该建筑主体为砖混结构，经加固处理，钢筋混凝土框架、钢管、木作组合结构，木排山屋架形式。外立面为清水青砖砌筑，山墙立面为清水青砖马头墙（图P-4-2-1-3）。前后檐墙立面局部设廊，并开通长开间的落地花格门窗（图P-4-2-1-4），二层四周立面开小尺度门窗，变化丰富。屋顶为悬山与马头墙两坡顶并联方式（图P-4-2-1-5），坡顶之间有玻璃平屋面过渡（图P-4-2-1-5）；通过磨砖门、窗楣、窗台体现细部特征（图P-4-2-1-6、图P-4-2-1-7）。二楼西侧餐厅为解决因跨度太大木过梁强度不足问题，采取了大口径无缝钢管热处理后做漆仿木梁和木结构混合的钢木结构人字梁（图P-4-2-1-8）。

图P-4-2-1-4 修缮后的原镇江市农药厂办公楼（现镇江菜馆）花格门窗

图P-4-2-1-5 修缮后的原镇江市农药厂办公楼（现镇江菜馆）二楼玻璃窗屋面结构

图P-4-2-1-6 修缮后的原镇江市农药厂办公楼（现镇江菜馆）大门(磨砖门)

图P-4-2-1-7 镇江菜馆餐厅（银山厅）

图P-4-2-1-8 镇江菜馆二楼餐厅钢质仿木横梁

三、建筑物修缮责任表

建设单位：镇江市西津渡建设发展有限责任公司

项目负责人：杨恒网

测绘、设计修缮单位：镇江市地景园林设计有限公司

设计人员：许忠东

监理单位：镇江建科工程监理有限公司

监理人员：范谦

施工单位：江苏新润建筑安装工程有限公司

项目经理：王明森

施工时间：2009.3.16—2009.6.2

四、施工图

如图D-4-2-1-1 ~ 图D-4-2-1-4所示。

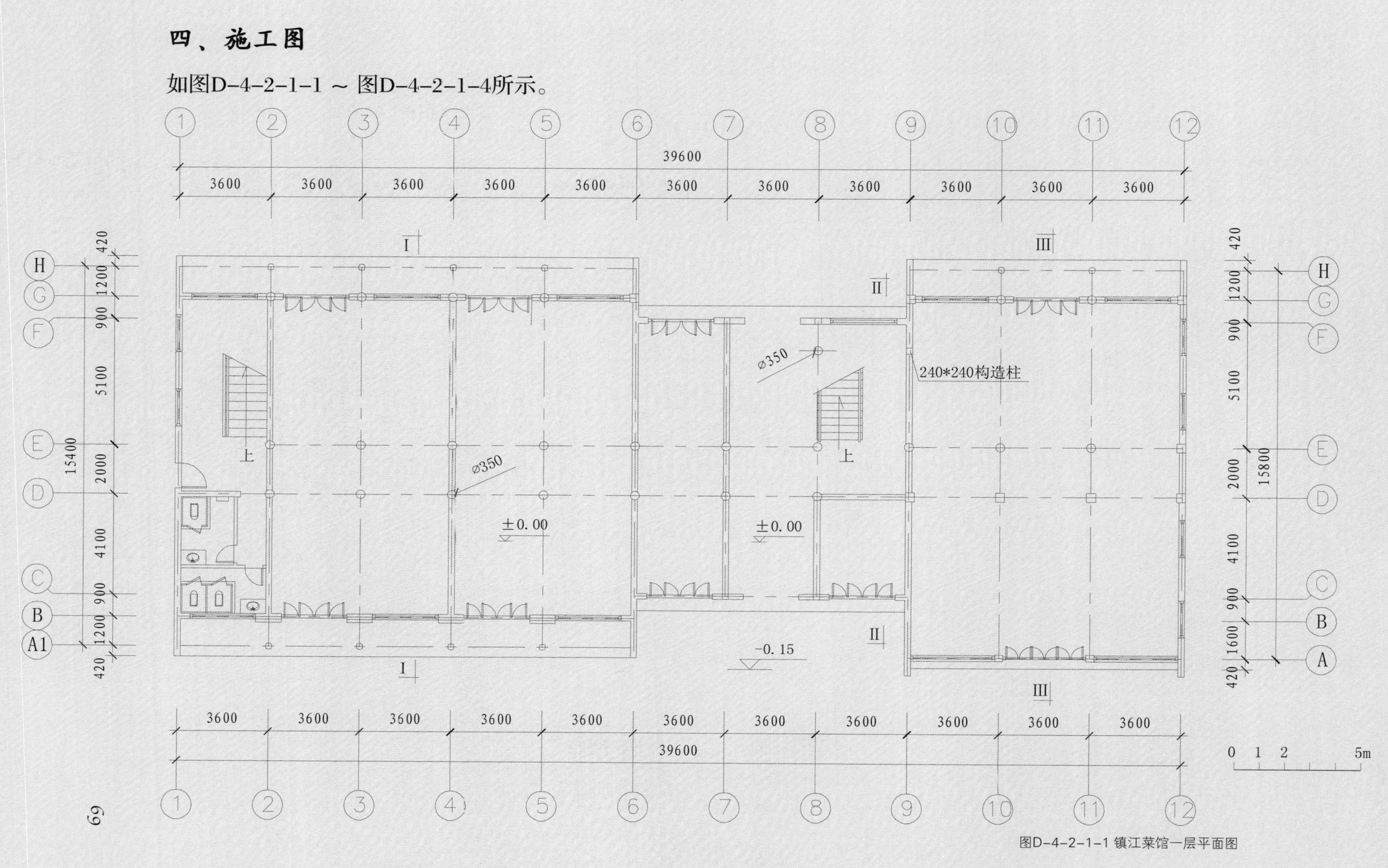

图D-4-2-1-1 镇江菜馆一层平面图

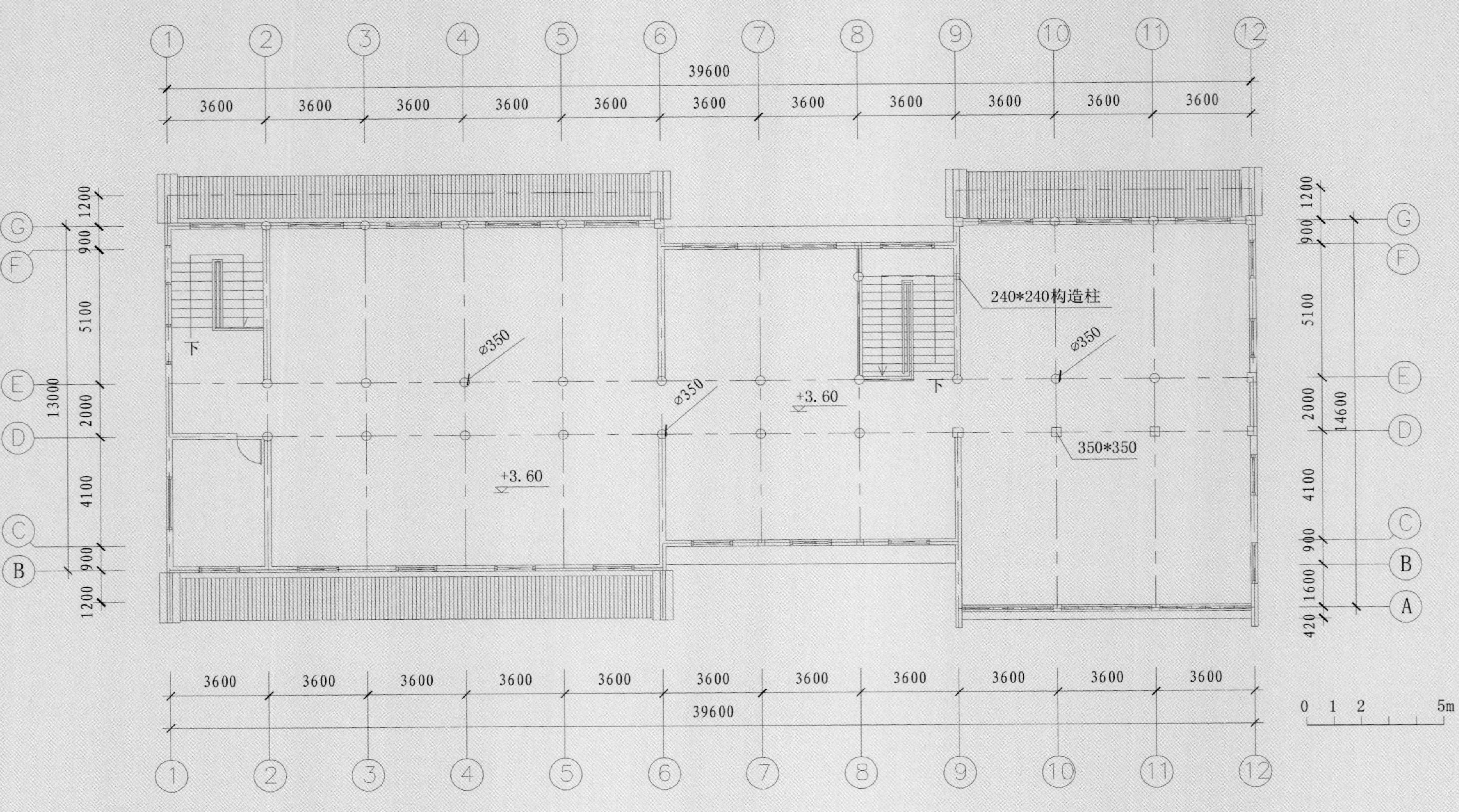

图D-4-2-1-2 镇江菜馆二层平面图

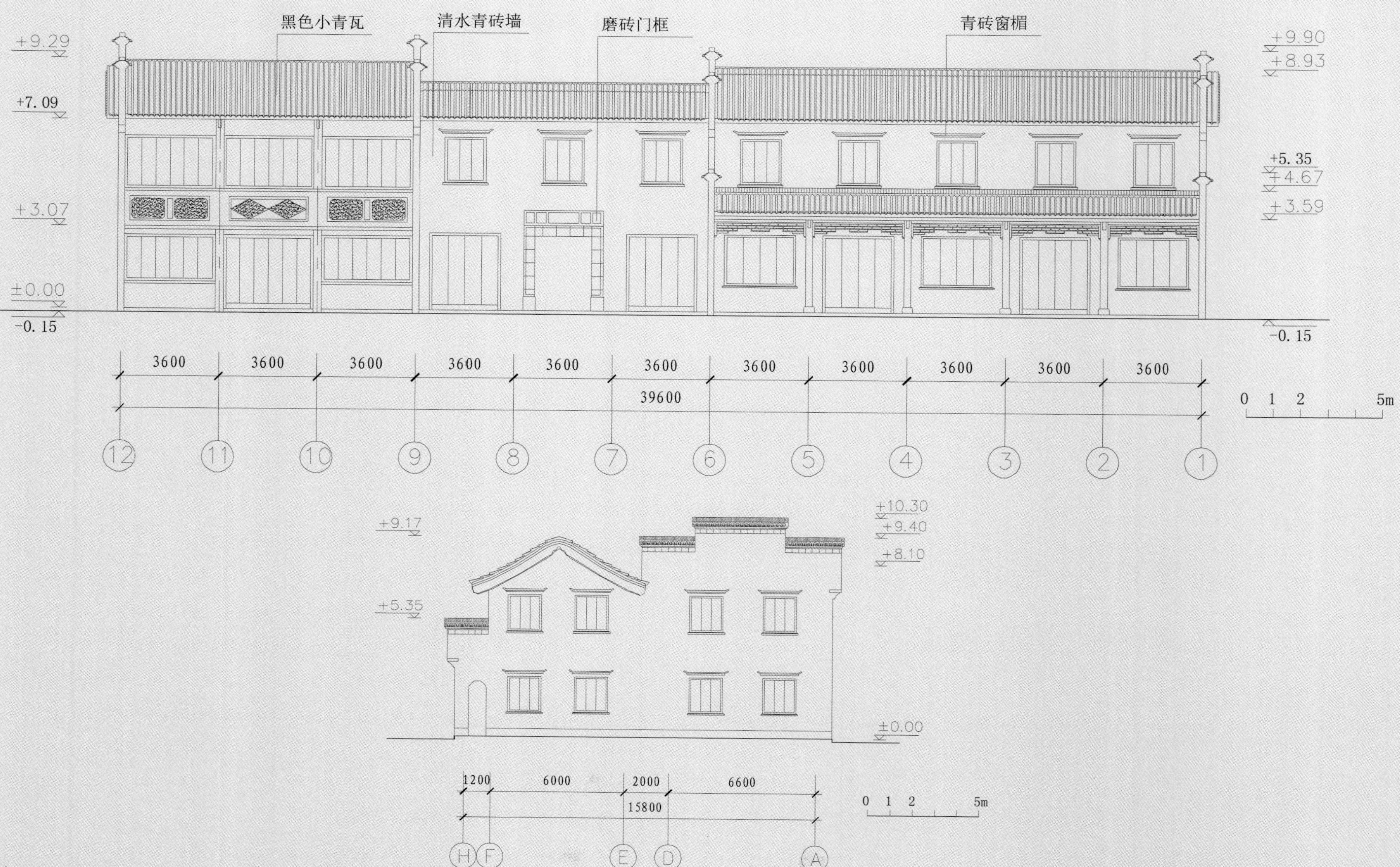

图D-4-2-1-3 镇江莱馆东、南立面图

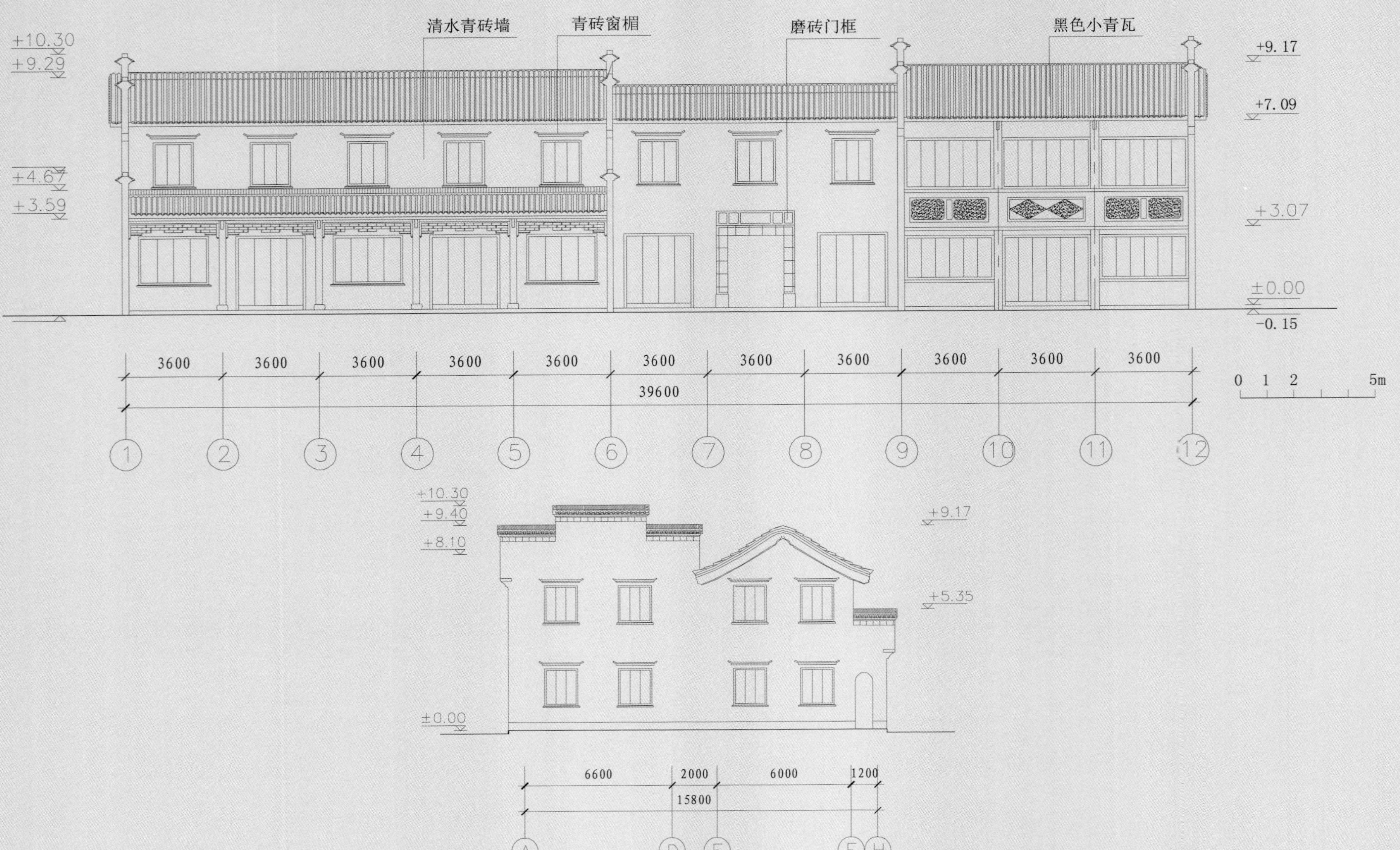

图D-4-2-1-4 镇江菜馆西、北立面图

第二节 原江苏省储运站二库（蒜山西）地块（现味园饭店）

一、概述

1. 建筑形态。蒜山西地块建筑位于长江路南侧、蒜山游园西侧（图P–4–2–2–1），坐南朝北，原建筑为一层库房，重建后为二层庭院式中式建筑，长38.5m、宽27.25m、高8.31m，占地面积947.92m²，建筑面积2541m²。

图P–4–2–2–1 修缮后的蒜山西建筑（北立面）

2. 历史沿革。该建筑原址为镇江市储运站二库库房、利群巷巷道与部分民居。原建筑杂乱无章，建筑结构和外貌极差。部分民居也是低矮简易建筑。2009年拆除后东侧一部分成为蒜山游园用地，其余辟为工棚。2013年重新规划重建传统中式庭院建筑。2018年为“味园”饭店租赁使用（图P–4–2–2–2、图P–4–2–2–3）。

图P-4-2-2-2 修缮后的蒜山西建筑 （杨宪华 摄）

图P-4-2-2-3 修缮后的蒜山西建筑西立面（陈大经 摄）

二、主要修缮技术方案

重建。2013年年底，西津渡公司对该地块按规划实施风貌改造。改造前，镇江市规划局明确了改造目的和规划要求；西津渡公司委托江苏中森建筑设计有限公司制定了改造方案、规划设计和施工图；邀请有关专家，对改造方案进行了评估论证。根据该地块紧邻蒜山游园和西津渡街区，该建筑采取中式庭院建筑形式，有利于与游园和老街区风格协调。通过高度控制，保证在小码头街向北侧的视觉通道不受该楼阻滞，在长江路及滨江地带到云台山的视觉通道畅通；实施功能配套，按照酒店业服务设施配备水电气等设施，满足重建后的再利用需要。

该建筑属于两层围合式四合院建筑，极具大户人家品位。面宽五间半，东西两单元分设内庭院，中部一层中通连接东西庭院。框架结构与青砖墙面咬合；立面风格按高墙深院风貌要求为清水青砖墙、马头墙、青砖叠挑；北立面一层设有檐廊；东、南、西三立面为高墙；内设宽敞中庭，内庭院设有骑马廊、木栏杆、楼层木裙板；全木屋架；铝合金仿木纹断桥Low-E隔热玻璃窗（图P-4-2-2-4）。

图P-4-2-2-4 修缮后的蒜山西建筑门廊

三、建筑物修缮责任表

建设单位：镇江市西津渡文化旅游有限公司

项目负责人：张颀科

设计单位：江苏中森建筑设计有限公司

设计人员：姚庆武 郭云飞

监理单位：镇江建科工程管理有限公司

监理人员：刘晓瑞 景宝富

施工单位：江苏广泽建设工程有限公司

项目经理：陈志祥

施工时间：2014.9.20—2015.5.30

四、施工图

如图D-4-2-2-1 ~ 图D-4-2-2-11所示。

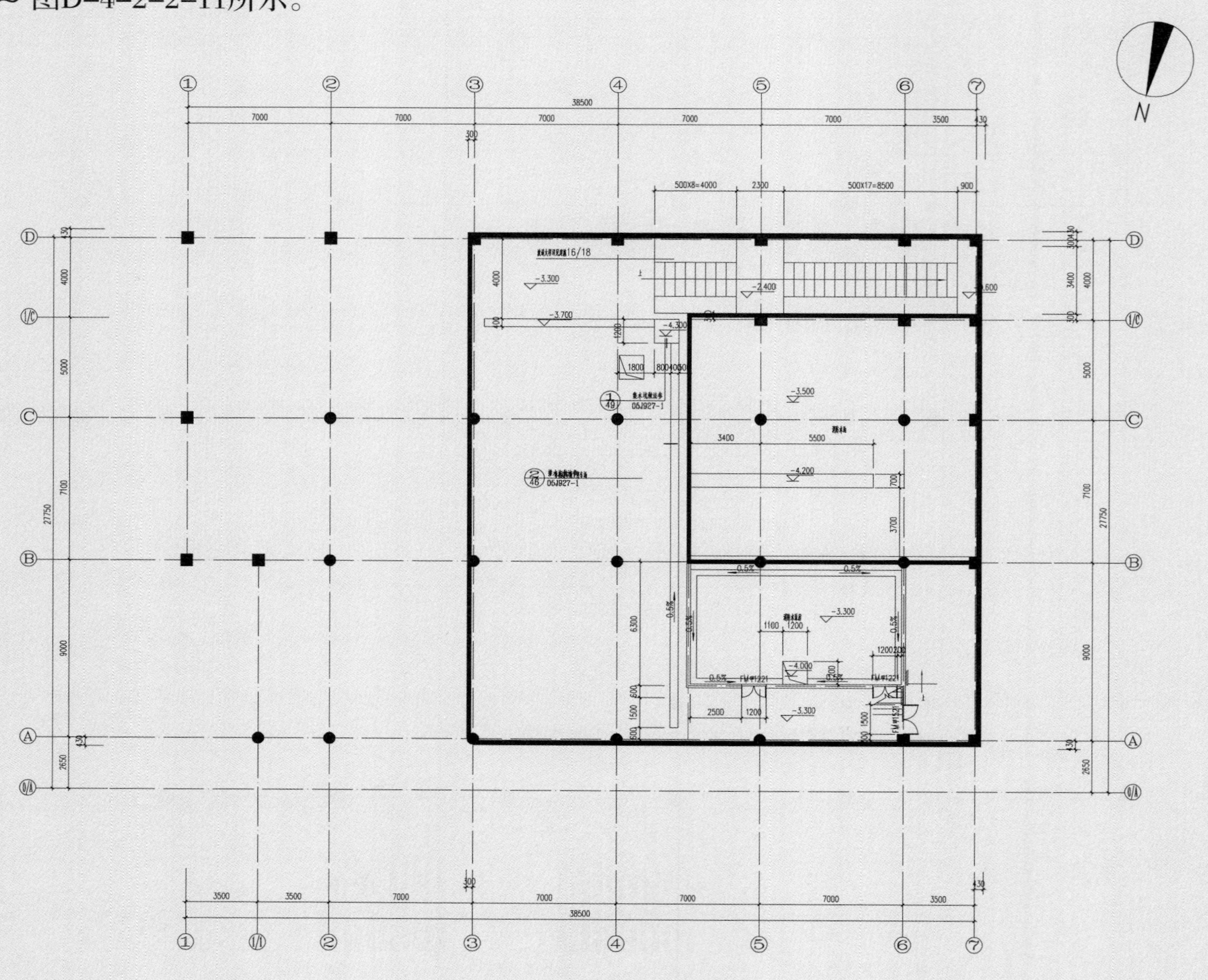

图D-4-2-2-1 蒜山西建筑（现味园饭店）地下层平面图

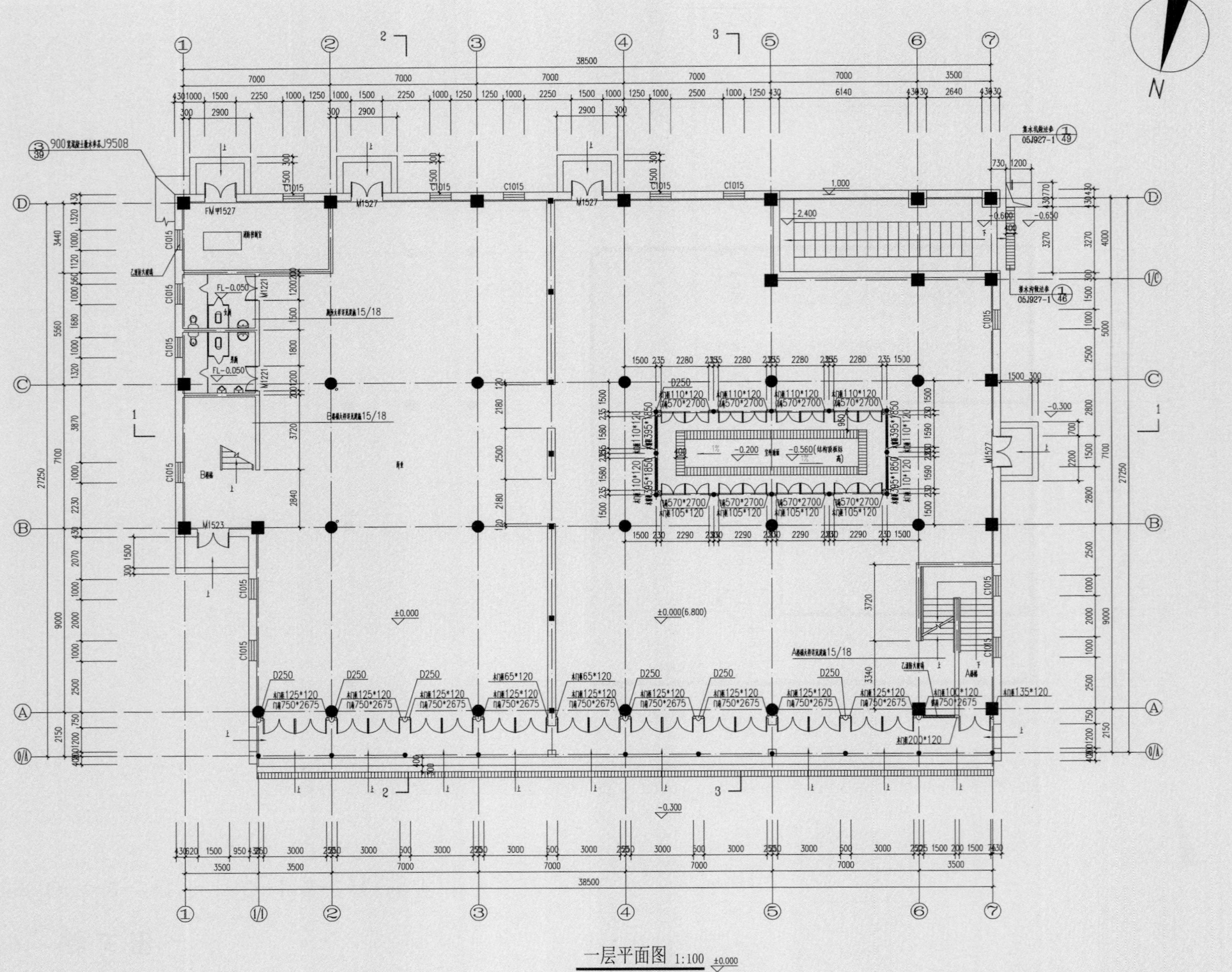

图D-4-2-2-2 蒜山西建筑（现味园饭店）一层平面图

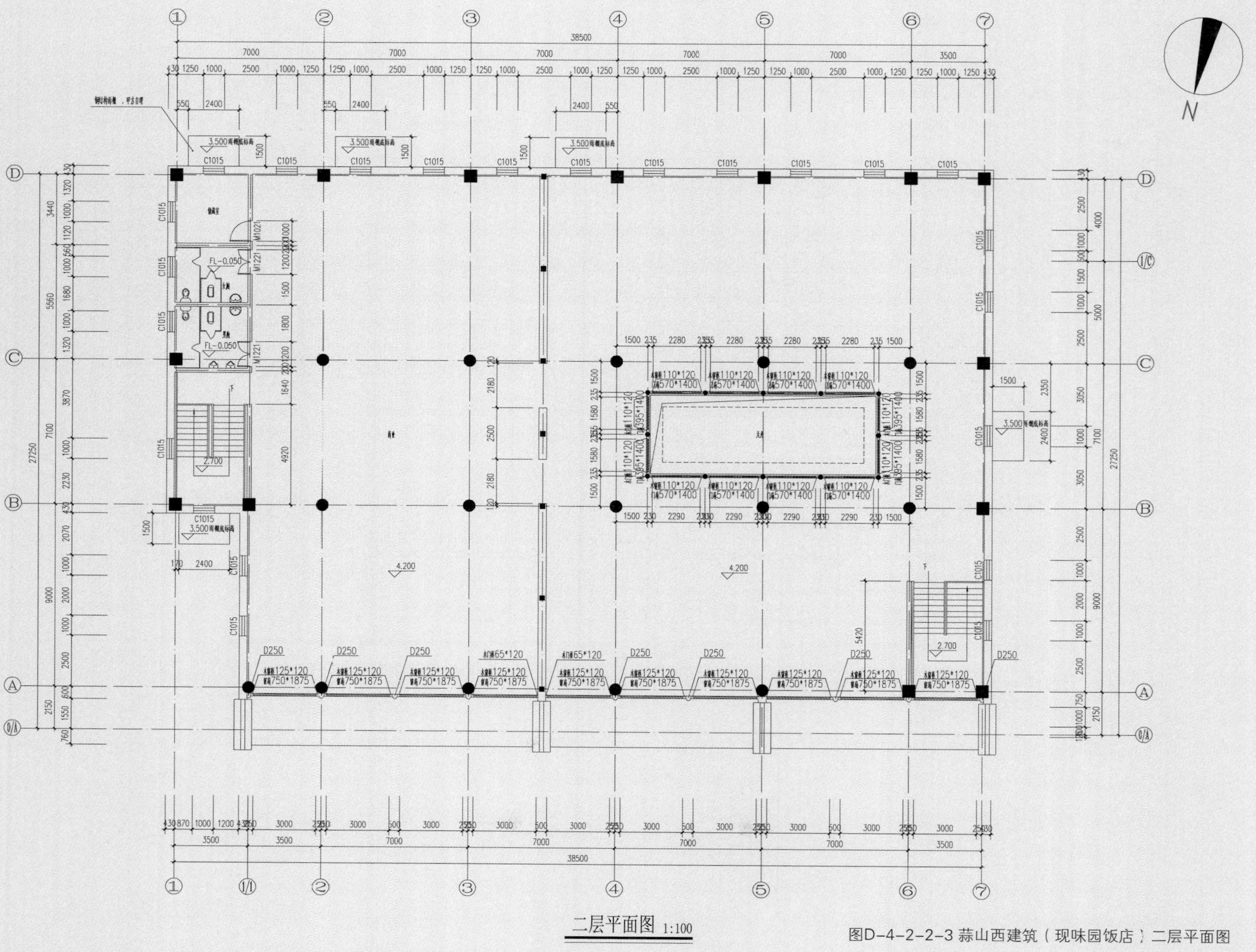

图D-4-2-2-3 蒜山西建筑（现味园饭店）二层平面图

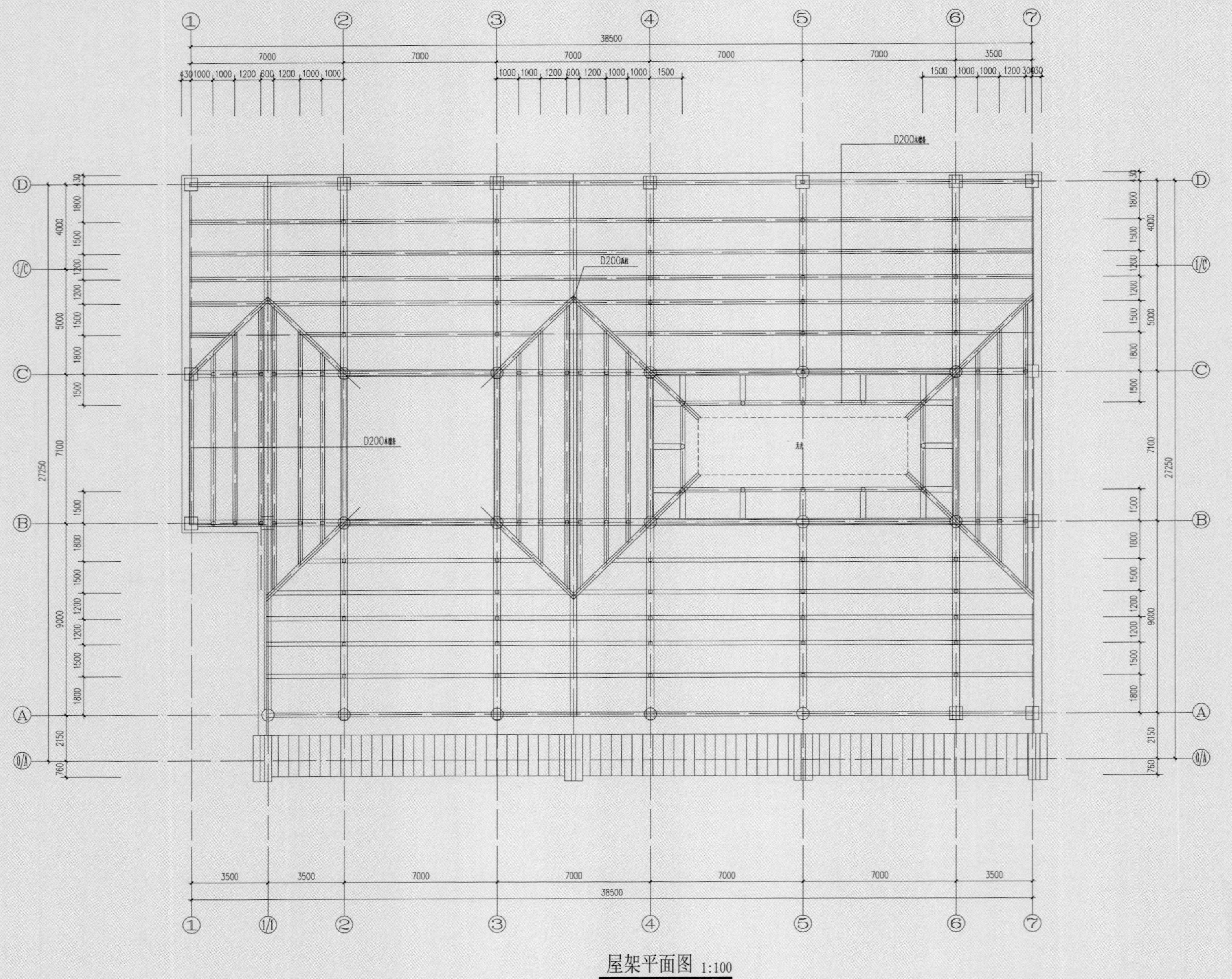

图D-4-2-2-4 蒜山西建筑（现味园饭店）木屋架平面图

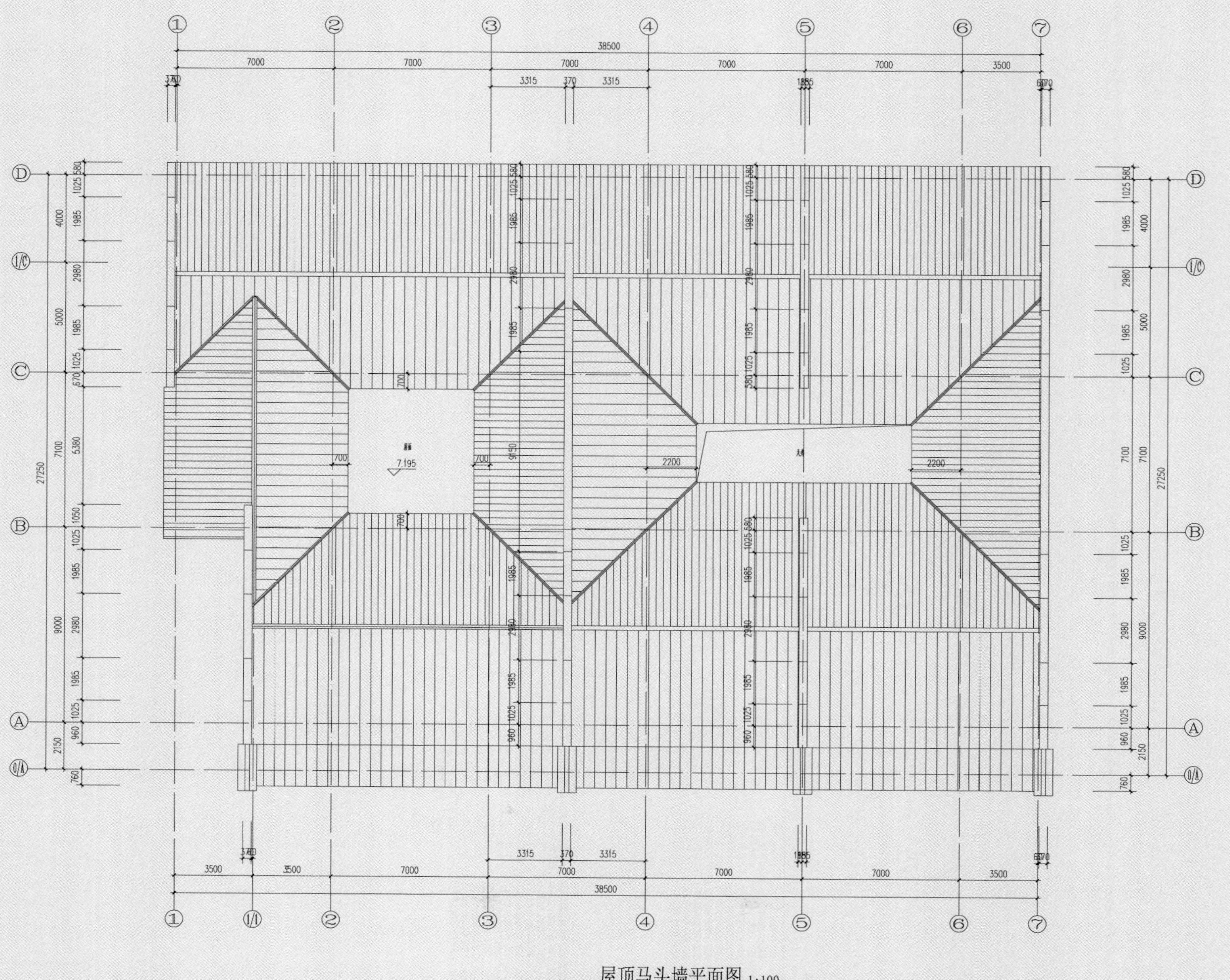

图D-4-2-2-5 蒜山西建筑（现味园饭店）屋架马头墙平面图

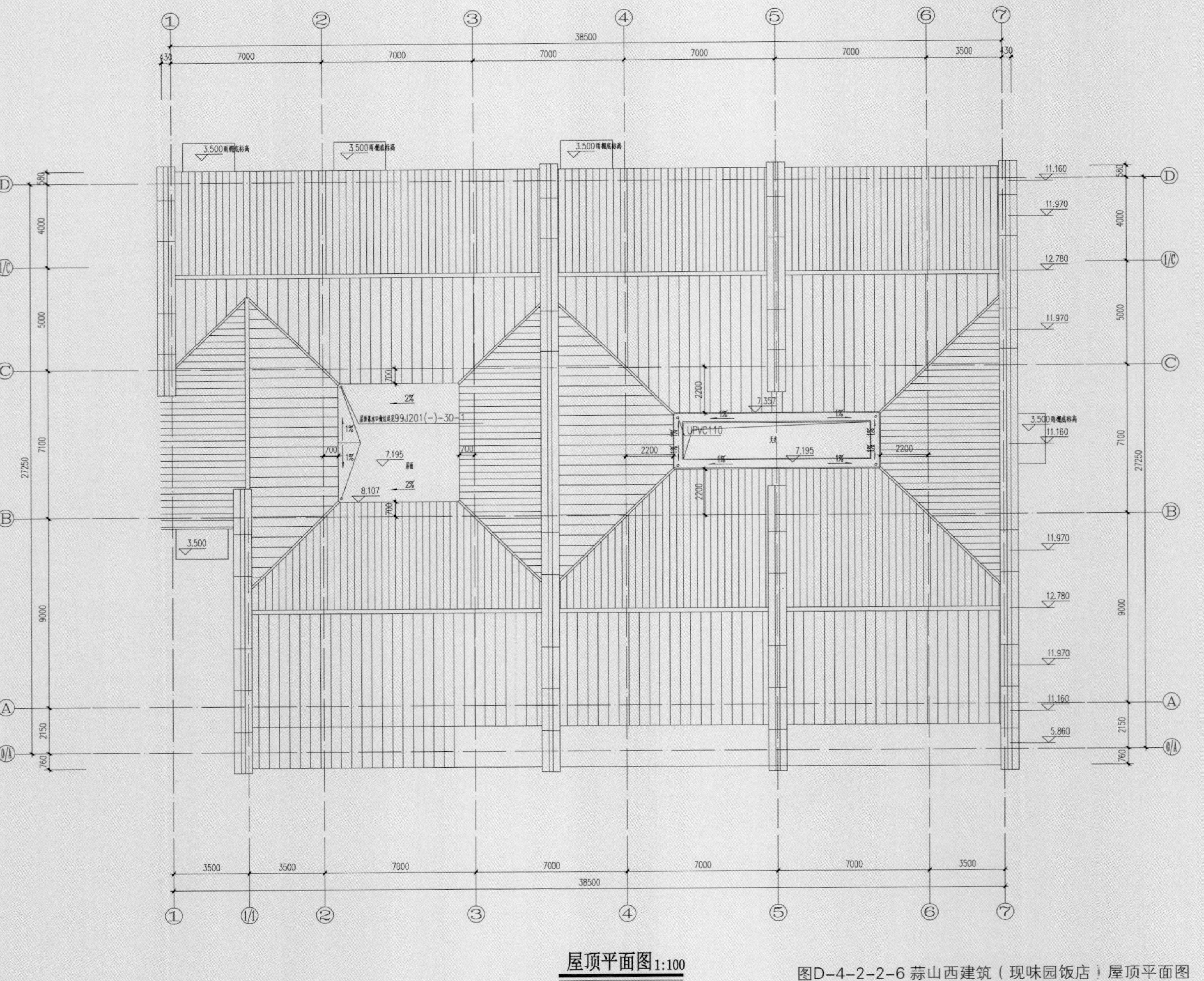

图D-4-2-2-6 蒜山西建筑（现味园饭店）屋顶平面图

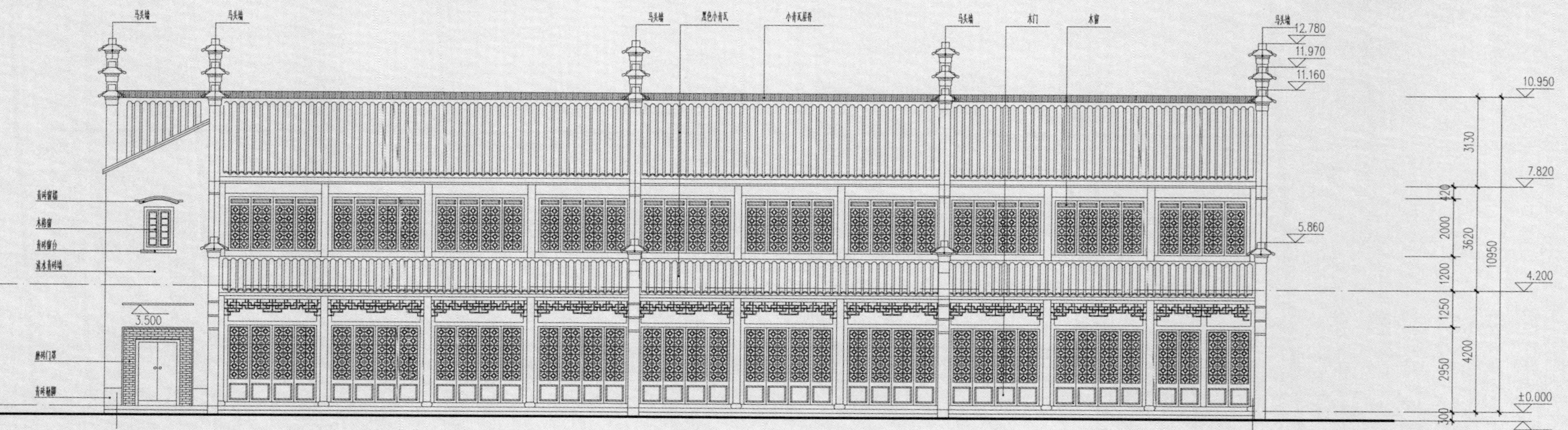

图D-4-2-2-7 蒜山西建筑（现味园饭店）北立面图

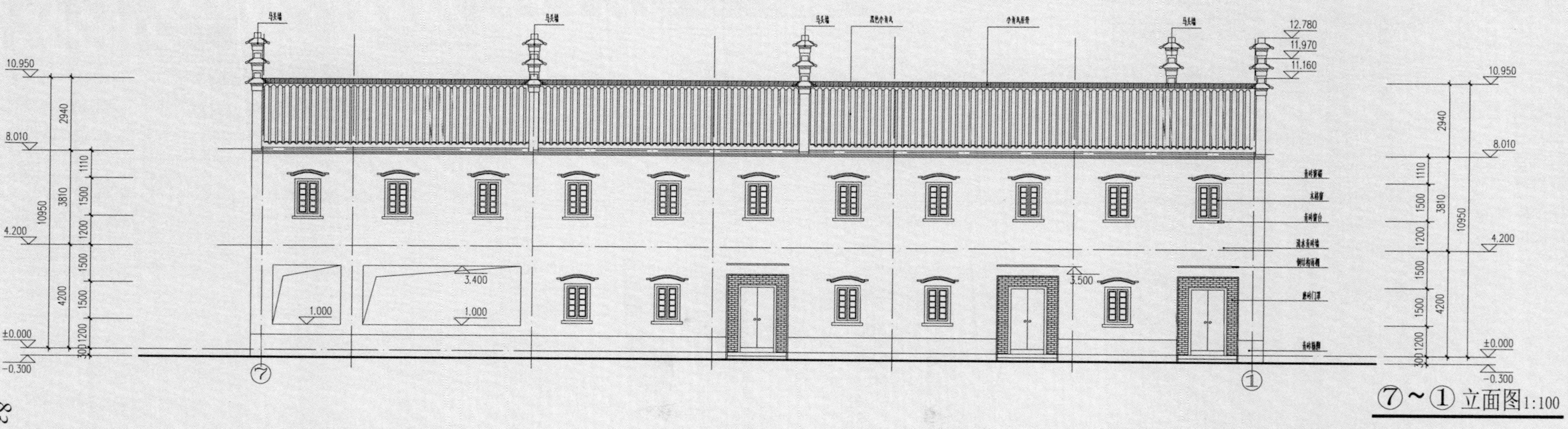

图D-4-2-2-8 蒜山西建筑（现味园饭店）南立面图

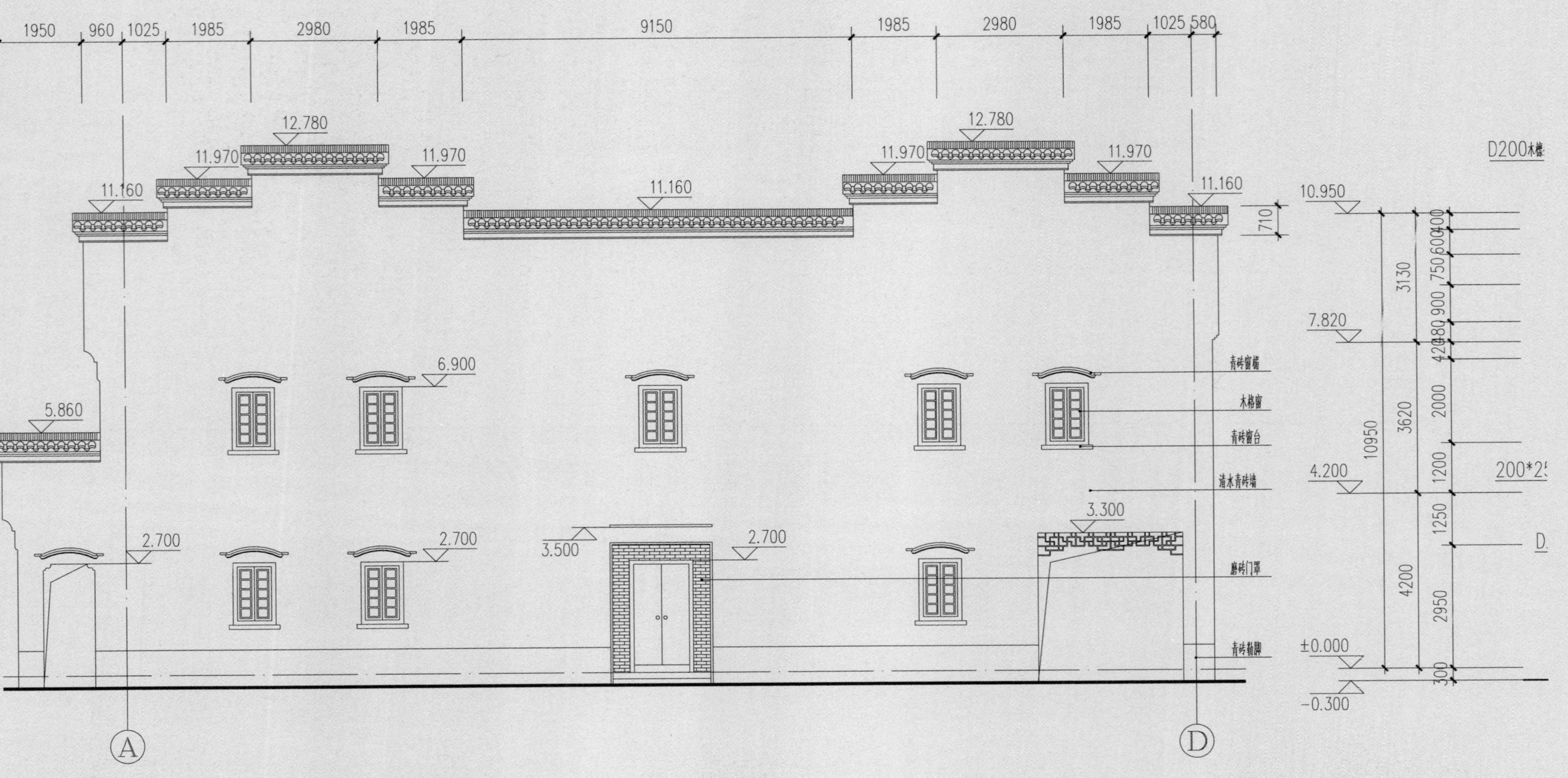

图D-4-2-2-9蒜山西建筑（现味园饭店）西立面图

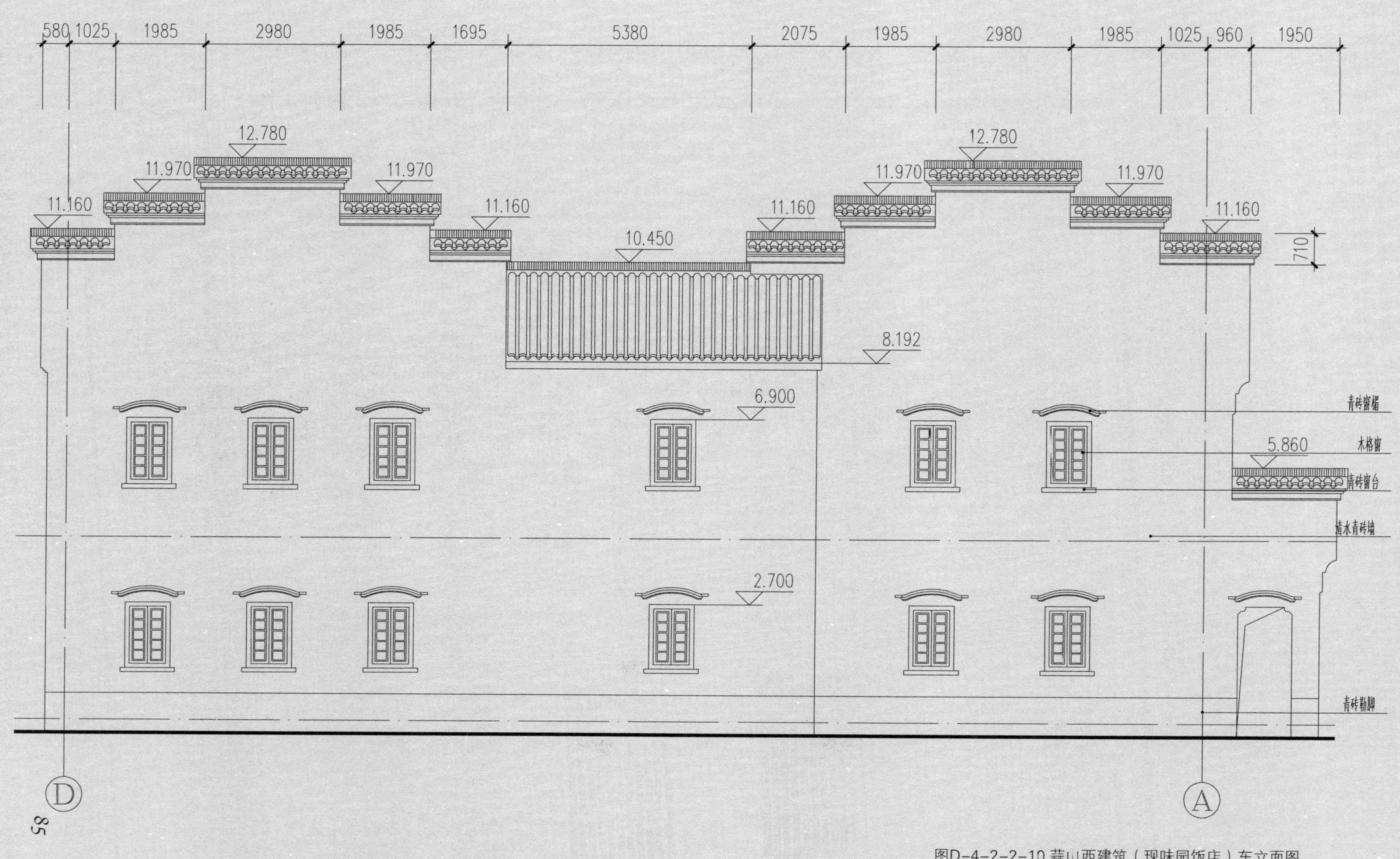

图D-4-2-2-10 蒜山西建筑（现味园饭店）东立面图

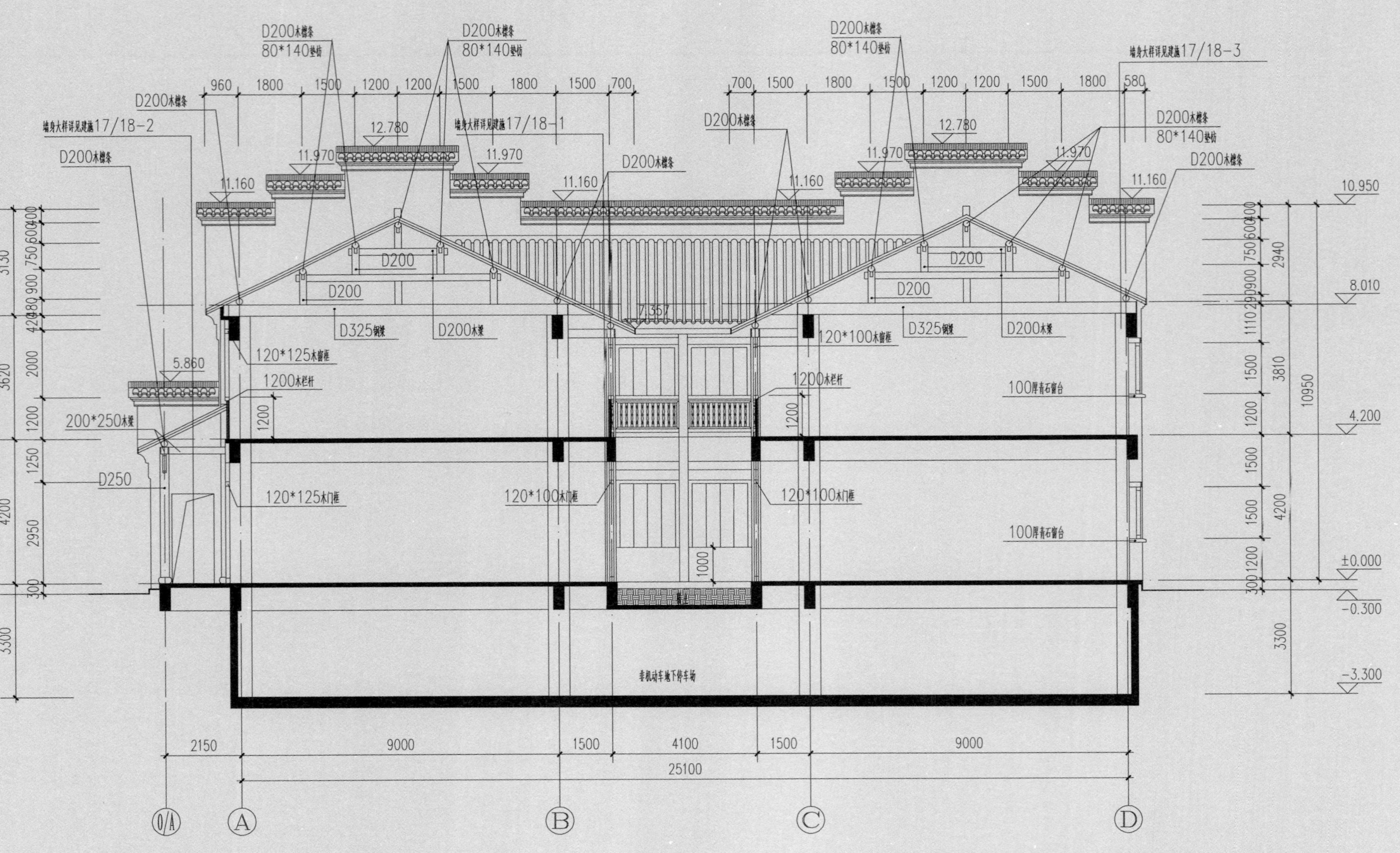

图D-4-2-2-11 蒜山西建筑（现味园饭店）剖面图

第三章
原镇江市滤清器厂厂房

原镇江市滤清器厂位于长江路南侧、西津渡街区义渡局支巷东侧。它的前身是镇江市五金机械厂，成立于20世纪50年代。1966年年初，为了配合南京汽车制造厂（简称南汽）的汽车生产，该厂试制出南汽跃进牌机油粗、细滤清器和空气滤清器等产品，获得省汽车配件公司投资13万元，添置了7台精密度较高的新设备，专门为南汽配套生产滤清器。同年7月，工厂改名为镇江汽车滤清器厂，成为南汽的协作定点厂，专业生产机油与空气两大系列滤清器。70年代初，工厂购置新设备建成产品制造车间，形成并扩大了专业生产能力。1974年又获南汽投资22.8万元，扩建厂房1200m^2，后因生产规模进一步扩大，三排厂房之间又搭建简易厂房，形成连跨厂房。到1985年，该厂主要产品涵盖机油、空气、燃油三大类63个品种，职工500多人，年产值510万元。改革开放后，国内汽车工业技术更新升级加快，滤清器厂的产品销路迟滞，陷入困境，濒临破产。2003年，西津渡公司收购了该厂。该厂占地面积8441m^2，建筑面积6350m^2，共有7栋厂房。沿街面为办公楼、油漆车间，另外5栋为连跨厂房。经改造后成为西津渡老码头文化园（图P-4-3-0-1）。

图P-4-3-0-1 修缮后的原镇江市滤清器厂厂房全景 （谢戎 航拍）

第一节 原镇江市滤清器厂办公楼（现西津会）

一、概况

1. 建筑形态。原镇江市滤清器厂办公楼（现西津会）位于镇江菜馆东侧，长江路213号A座（图P-4-3-1-1）。该建筑坐南朝北，长44.84m、宽约16m、高9.54m。原建筑四层，降层改造为二层，每层层高4.2m，一、二层空间通过室内外楼梯组织交通，占地面积717.44m^2，建筑面积1240m^2。建筑平面布局为L形，维修改造后转变为具有餐厅商业功能的饭店——西津会（八分饱餐厅）（图P-4-3-1-2）。

图P-4-3-1-1 修缮后的原镇江市滤清器厂办公楼（现西津会）北立面

2. 历史沿革和遗存状态。该建筑原为镇江市滤清器厂办公楼。原建筑为砖混四层平顶建筑，是工厂办公大楼。建筑风格与街区风貌不相符且结构标准低。通过对建筑实体检测，原钢筋混凝土楼面不符合现行国家、行业规范和使用要求。2007年，根据西津渡保护规划降层改造为两层仿古建筑。2010年出租成为西津会（八分饱餐厅）。

二、主要修缮技术方案

大修。2007年，西津渡公司对该建筑进行了修缮。维修前，由镇江市规划局、

图P-4-3-1-2 修缮后的原镇江市滤清器厂办公楼（现西津会）南立面

规划院根据西津渡保护规划提出指导意见，镇江市地景园林设计有限公司提出维修方案，邀请了文物、考古、建设等专家，对修缮方案进行了评估论证。专家同意该方案对原建筑实施降层改造，以适应景区风貌对建筑物高度限制的要求，满足在长江路及滨江绿地能够无遮挡看到云台山及其原英美领事馆建筑的视觉效果。增加抗震构造措施，对原一到二层砖混结构改造为钢混框架结构，以适应结构安全需要，但需要保持原内部结构形式。对外立面实施仿古建改造以适应街区风貌建筑要求。对整栋建筑实施生活设施配套，以满足使用要求。主要改造内容为：降层，即将原四层建筑改为二层；一、二层在保持原结构形式不变的基础上实施结构加固，改为钢混框架结构；立面仿古建贴青砖饰面，改平屋面为仿古坡屋面。原窗型改为仿古木质花窗。北立面一楼中间开大门，设凸出钢制玻璃门楼，南立面一楼设阳光房以丰富立面形式，阳光房外侧设小园景与阳光房配套。增设水电气设施，重整功能等。

维修时首先实施降层拆除（图P-4-3-1-3），并进行了结构加固的处理，使其适应建筑安全的需要。

图P-4-3-1-3 经降层拆除后的原镇江市滤清器厂办公楼南立面

加固措施如下：采取了将四层楼降层至二楼，对原钢筋混凝土大梁柱加固。梁下靠内墙增加钢筋混凝土内柱。①轴—⑧轴、D轴—G轴、⑩轴—⑪轴、A—G轴、⑧轴—⑩轴为楼梯间、厕所。转角处柱梁用L100×8角钢，80×6扁钢，螺栓加固。

新砌120青砖清水外墙与原墙采用构造连接，用钢筋混凝土加固扩大原基础增加地梁，植钢筋与原钢筋混凝土地梁连接。二层楼面及二层墙顶处增设两道钢筋混凝土圈梁。用钢筋混凝土加固原墙体，每平方米新砌120清水黏土砖清水墙。用不少于5块的丁砖与原墙连接，用水泥砂浆填实。内墙面清除原粉刷层，剔除原砖墙粉刷砂浆，用高标号水泥浆勾缝，ϕ4@300双向钢筋网和ϕ6@600梅花状错固钢筋需设在钢筋网交点上，纵横间距均为600mm，钢筋深入墙内与ϕ4@300钢筋网锚结，用1∶2水泥砂浆分层粉刷加厚，加固内墙。

钢筋网穿楼板时在楼板处每间隔1000mm设一个ϕ32孔，内插ϕ12钢筋伸过楼板，上下各500mm用结构胶与原有结构黏结形成整体。

原有钢筋混凝土大梁加固，用∟100×8角钢，上下各两根，中间用80×6扁钢腰筋连接。在支座柱与梁处一面用∟100×8角钢化学螺栓与钢筋混凝土柱连接，一面与梁腰扁钢80×6焊接，花兰梁挑耳根两侧用2根80×6扁钢，40×4扁钢做扁箍，@200加密区@100包钢筋混凝土大梁。原钢筋混凝土预制板缝处伸ϕ12箍巾包花兰梁上部，下部与加固扁钢箍焊接@400穿楼板缝，再用钢丝网高标号砂浆粉平不少于3cm。

墙角楼梯钢筋混凝土柱用∟100×8角钢包箍再锚入钢筋混凝土基础，钢筋混凝土柱、墙平面用80×6扁钢。M8化学螺栓对拉加固。角钢与扁钢压条焊接，∟100×8角钢，80×6扁钢伸入后加钢筋混凝土柱内，加固梁、柱角钢、扁钢表面加钢丝网防裂，用1∶2高强水泥砂浆分层粉刷3cm。

在①—⑩轴，D—G轴，平顶改为和街区风貌协调的小青瓦人字坡屋面，在二层顶大梁上绕捣钢筋混凝土人字三角梁，砌筑240黏土砖墙，在240砖墙上开拱形孔洞，又减轻荷载。为便于屋顶内检修，在斜梁上做三角墩。预埋钢筋于上部木梁连接，室内D—G轴，木梁上满铺3cm原杉木望板，做丙纶卷材防水层，钢丝网水泥砂系保护层，盖传统小青瓦。前后沿口出挑。木梁上做ϕ8@220杉木荷叶椽子，做清水望砖，上做钢丝网水泥砂系保护层，做丙纶防水层，盖传统小青瓦。

外墙四周砌120清水砖墙。①轴、④轴、⑥轴、⑩轴、D—G轴，按街区传统建筑形制设双面清水青砖、小青瓦屋顶、马头墙。⑩—⑪轴，A–G轴，做平顶上人屋面，用双面清水青砖磨砖砌筑拼花镂空砖墙，水磨方砖压顶（图P–4–3–1–4）。

一层外立面为水磨方砖门套，传统古式长窗，二层传统古式短窗，在D轴南面，①轴—②轴增设钢结构外楼梯，保留A轴南面，⑩轴—⑪轴钢筋混凝土水磨石粉刷的外楼梯，满足消防规范的要求。

南、北外立面清水青砖砌筑，山墙立面为清水青砖马头墙，四周立面开小尺度门窗，屋顶为两坡顶与平屋面组合方式，通过青砖门窗楣、窗台及柱式体现细部特征。

图P-4-3-1-4 修缮后的原镇江市滤清器厂办公楼（现西津会）东立面镂空花墙

三、建筑物修缮责任表

建设单位：镇江市西津渡建设发展有限责任公司

项目负责人：邵浜 雍宝栋

测绘、设计修缮单位：镇江市地景园林设计有限公司

设计人员：许忠东

监理单位：镇江建科工程监理有限公司

监理人员：刘晓瑞 范谦 孔庆安 曾建志

施工单位：金坛市建筑安装工程公司

项目经理：何广模

施工时间：2007.9

四、施工图

如图D-4-3-1-1 ~ 图D-4-3-1-8所示。

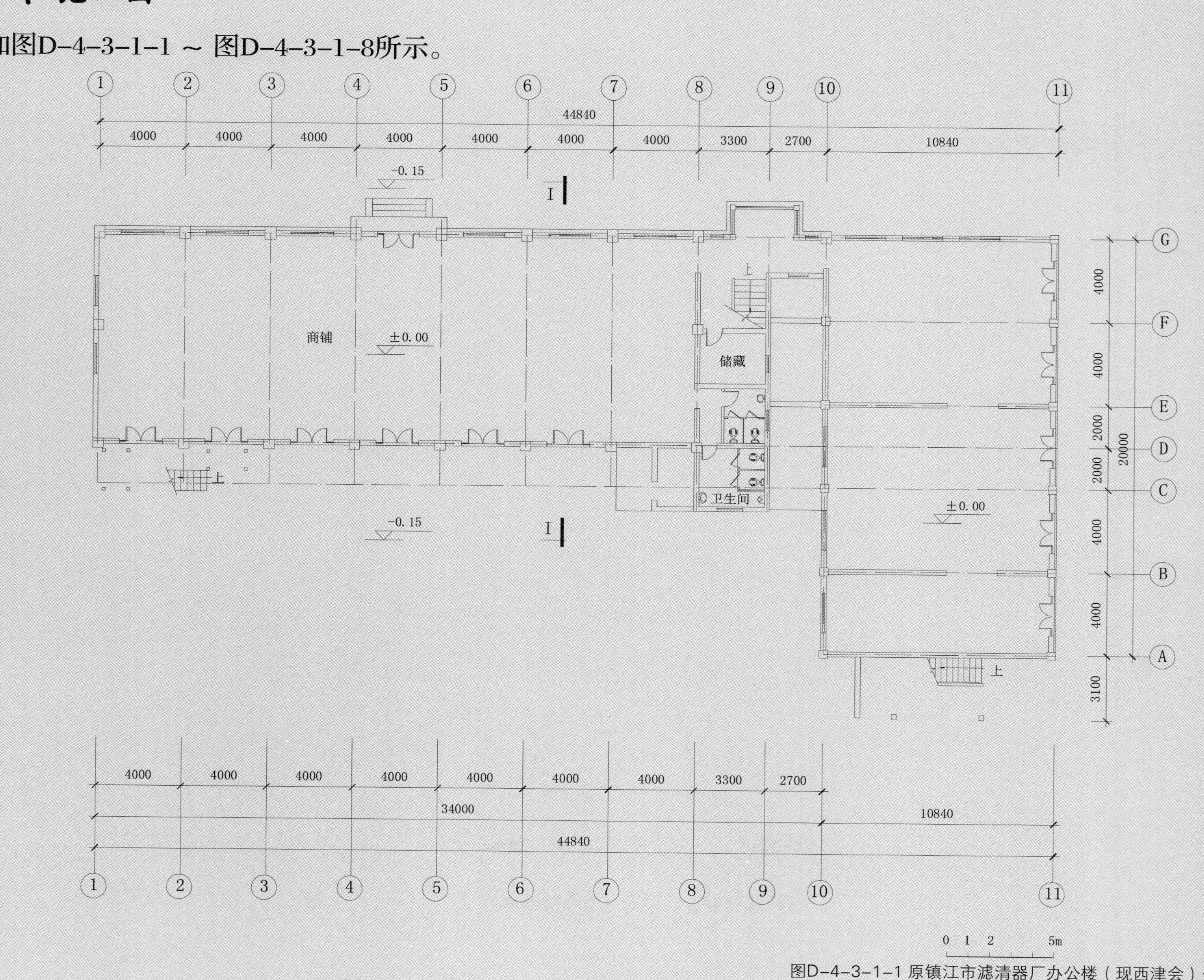

图D-4-3-1-1 原镇江市滤清器厂办公楼（现西津会）一层平面图

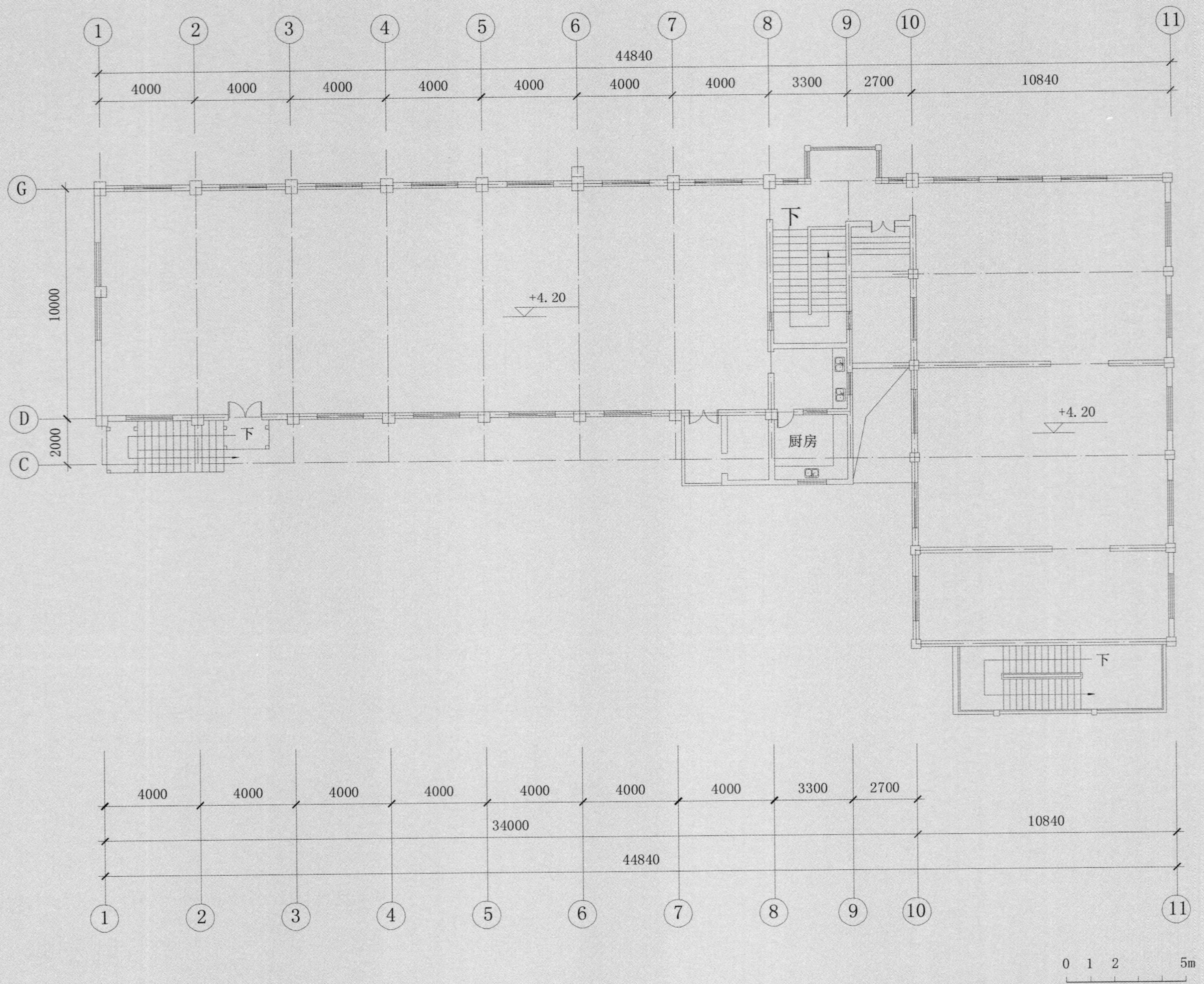

图D-4-3-1-2 修缮后的镇江市滤清器厂办公楼（现西津会）二层平面图

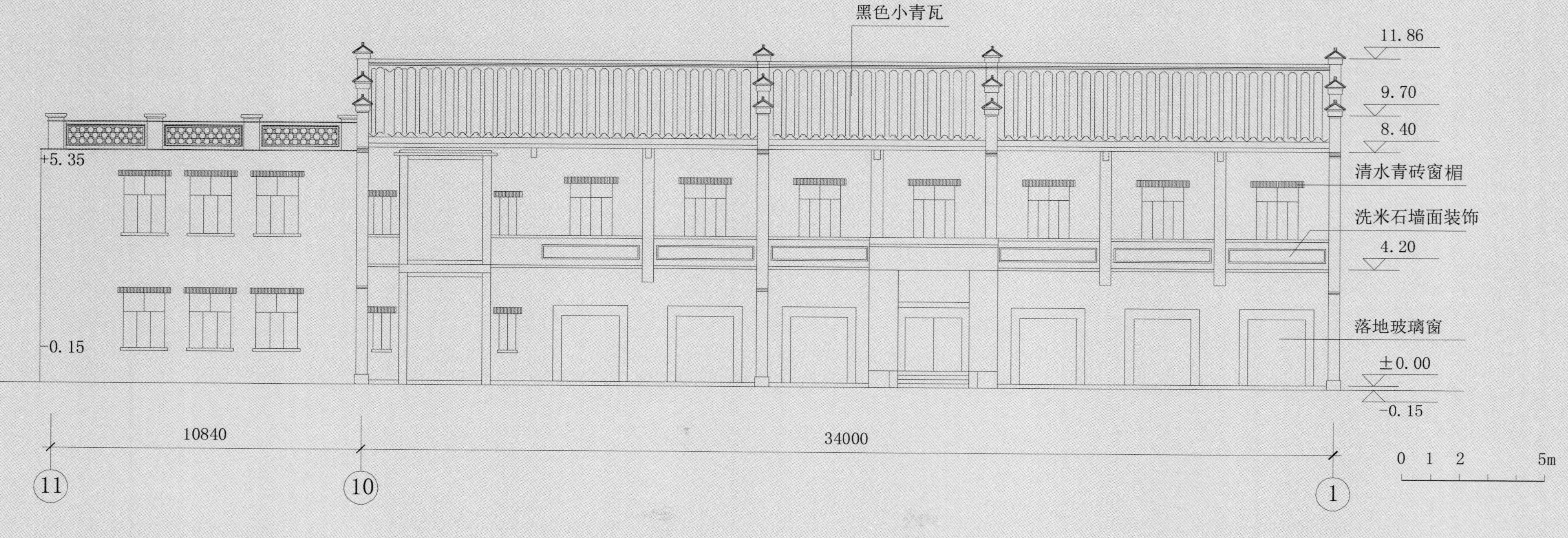

图D-4-3-1-3 修缮后的镇江市滤清器厂办公楼（现西津会）北立面图

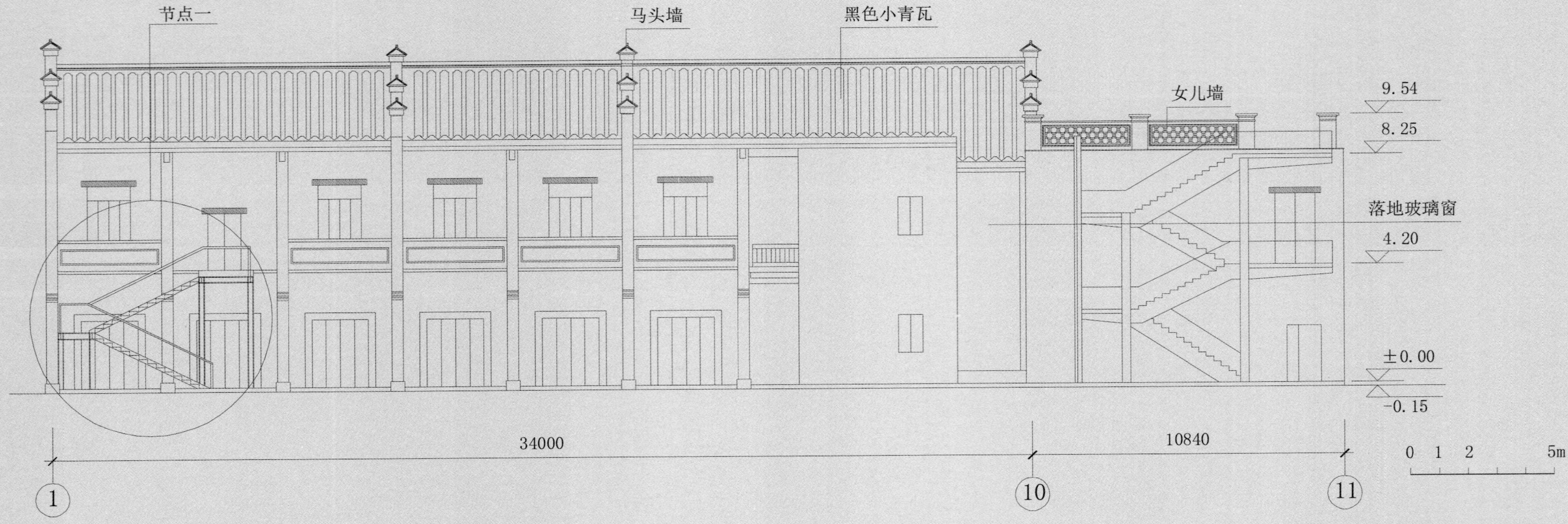

图D-4-3-1-4 修缮后的镇江市滤清器厂办公楼（现西津会）南立面图

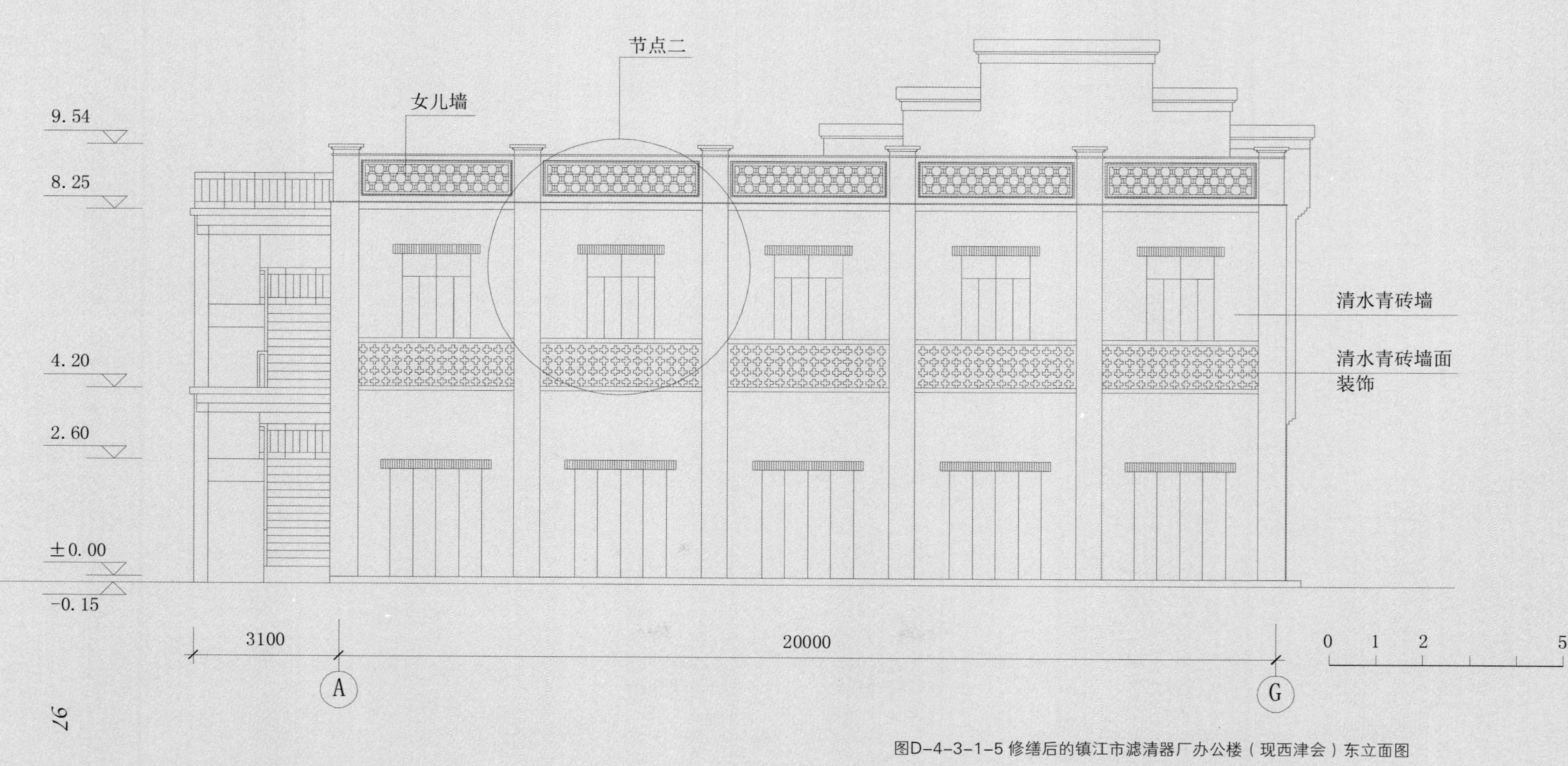

图D-4-3-1-5 修缮后的镇江市滤清器厂办公楼（现西津会）东立面图

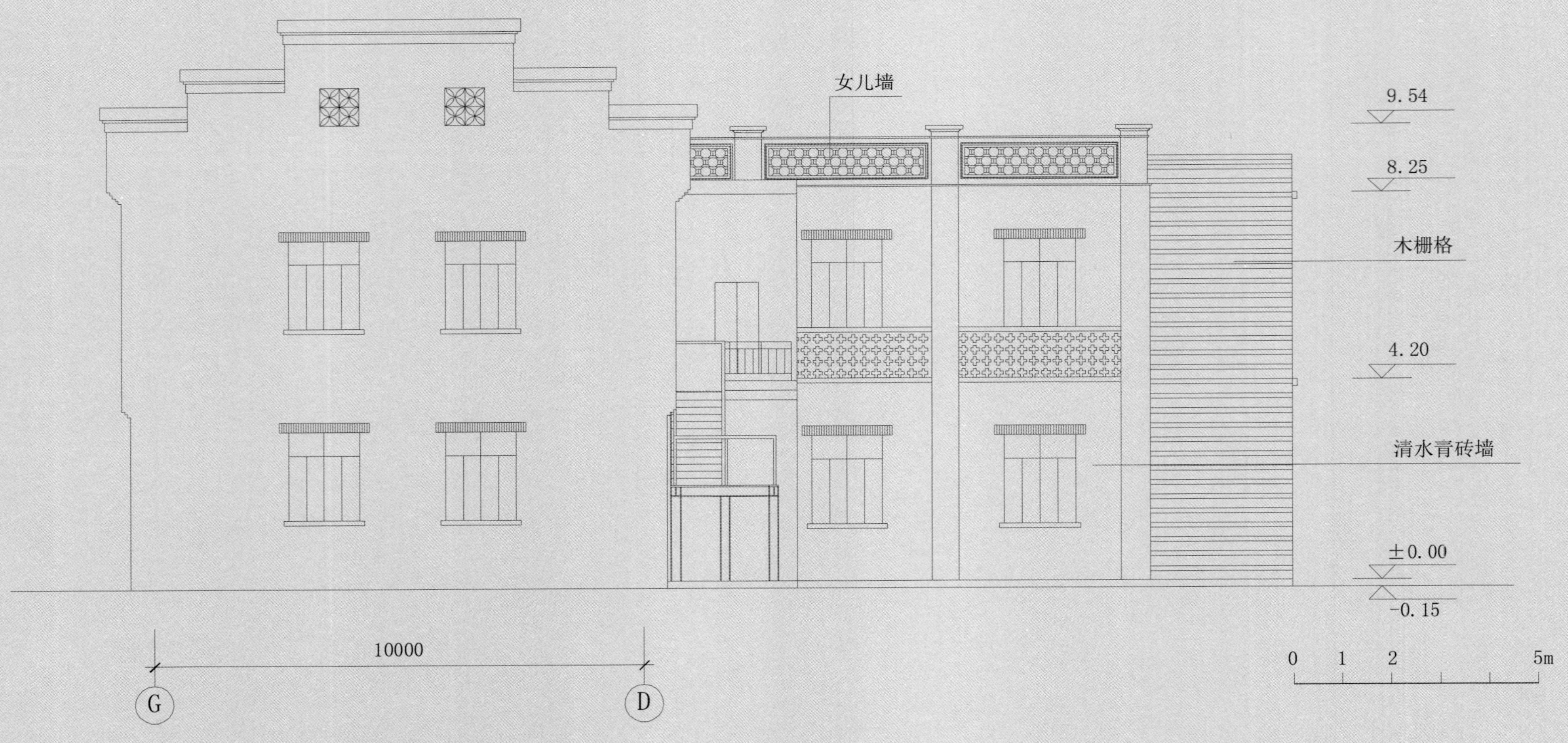

图D-4-3-1-6 修缮后的镇江市滤清器厂办公楼（现西津会）西立面图

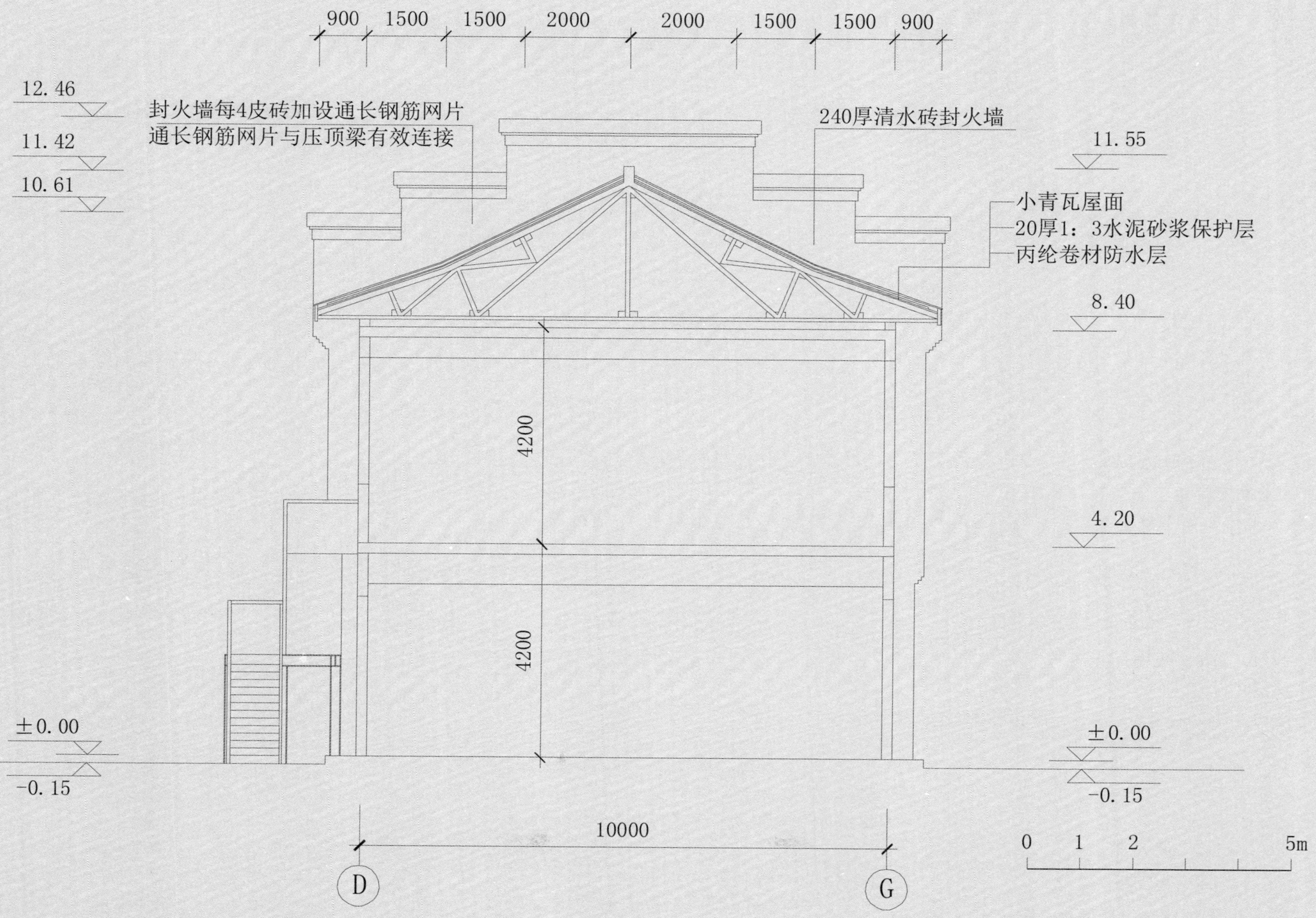

图D-4-3-1-7 修缮后的镇江市滤清器厂办公楼（现西津会）剖面图

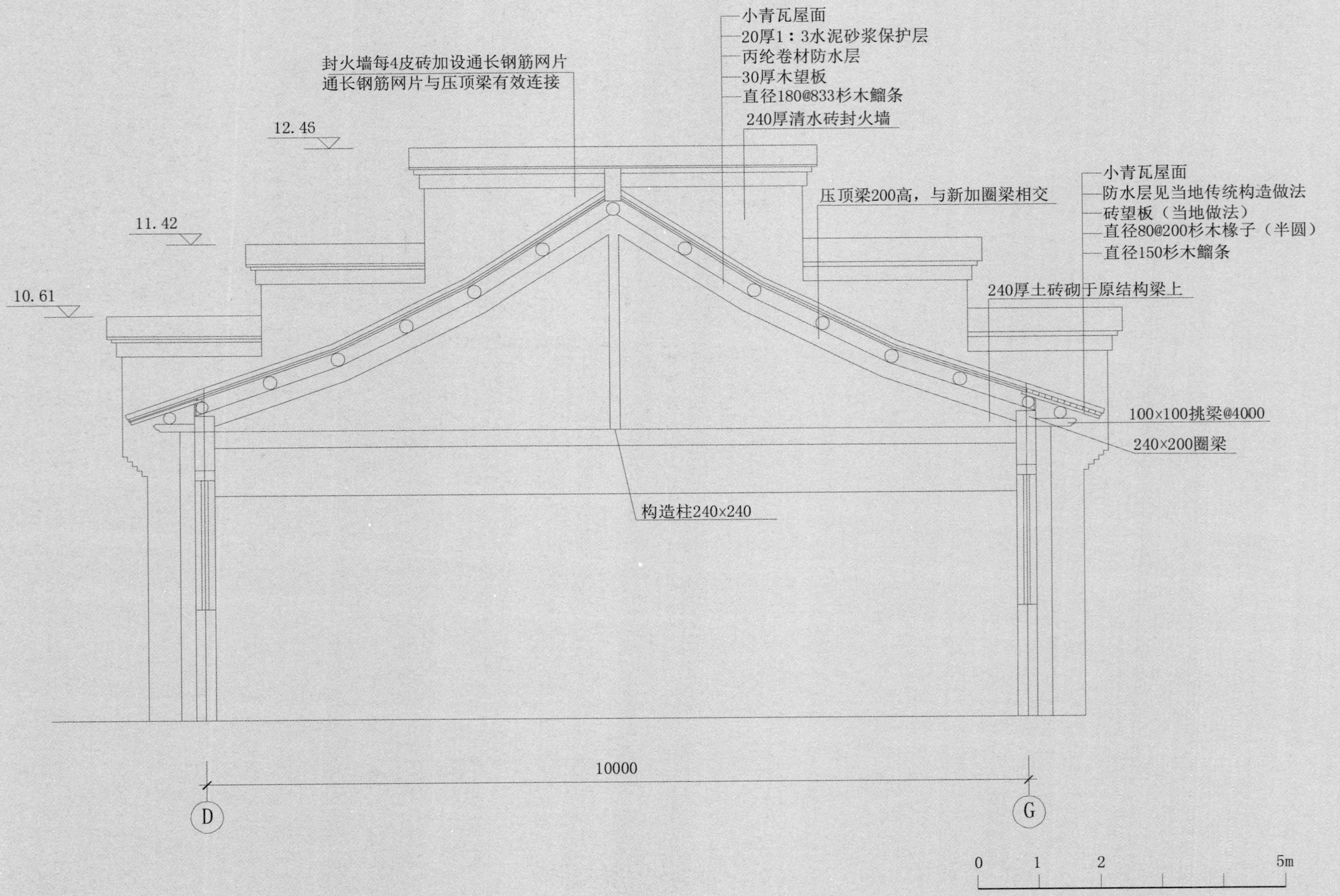

图D-4-3-1-8 修缮后的镇江市滤清器厂办公楼（现西津会）封火墙大样图

第二节 原镇江市滤清器厂总装车间（现镇江锅盖面品鉴馆等）

一、概述

1. 建筑形态。原镇江市滤清器厂总装车间（现镇江锅盖面品鉴馆等）位于长江路南侧，建筑平面布局为“一”字形单跨厂房，由长江路213号B、C、D、E、F座五个单体相连，又称连跨厂房（图P-4-3-2-1）。该建筑坐南朝北，长68.5m、宽36m、高9.8m，占地面积2466m^2，建筑面积3204m^2。这是西津渡历史文化街区单体占地面积最大的工业遗产。

图P-4-3-2-1 修缮后的原镇江市滤清器厂总装车间（连跨厂房）（谢戎 航拍）

图P-4-3-2-2 修缮后的原镇江市滤清器厂总装车间北立面（现镇江锅盖面品鉴馆大门）

图P-4-3-2-3 修缮后的原镇江市滤清器厂总装车间南立面

现经加固改造为集餐厅娱乐功能一体的旅游服务设施；B座现为镇江锅盖面品鉴馆（图P-4-3-2-2）；C、D座现为伍豪Disc（喜欢里）、迷你影院；E、F座为滤清器厂1966餐厅（图P-4-3-2-3）、周家二小姐的菜等。C、E座经过结构加固改造，增设钢结构夹层，将空间一分为二，既增强了结构强度，又增加了使用面积，又保持了原有建筑外形和风貌。

2. 历史沿革。该建筑原为镇江市滤清器厂总装车间，初建于20世纪60年代中期，后经数次扩建，成为连跨厂房。保留并修缮保护该厂房，对于丰富街区建筑种类、研究镇江市工业经济发展历史具有重要意义。

3. 遗存状态。总装车间由5栋各自独立的建筑单体通过门洞相连形成整体。该厂房为5跨单层砖混结构，第一、三、五跨为16m木屋架。第二、四跨为10.0m钢筋混凝土屋架、钢筋混凝土单肋屋面板，砖柱排架。砖柱排架并设有行车梁柱牛腿、平面尺寸，宽36m，长71m。第一、三、五跨沿口高度为5.6m。第二、四跨沿口高度为8m。

5栋建筑均为人字头双坡屋面（图P-4-3-2-4），五跨山墙为红砖与青砖间隔而成（图P-4-3-2-5），由北向南山墙分别为B座为青砖、C座为红砖、D座为青砖、E座为红砖、F座为青砖墙面，都是清水砖墙。屋面为木架屋（图P-4-3-2-6）、钢木屋架。结构形式为砖柱排架结构7开间房。总体评估是根据当时国家标准建设的简易结构厂房。因年久失修，屋架锈蚀、屋面漏雨、墙体破损等，属于危旧房屋。

图P-4-3-2-4 修缮后的原镇江市滤清器厂总装车间（西侧南立面）

图P-4-3-2-5 修缮中的原镇江市滤清器厂总装车间（西立面）

图P-4-3-2-6 修缮中的原镇江市滤清器厂总装车间木屋架

二、主要修缮技术方案

大修。2008年，西津渡公司对该建筑进行了修缮。维修前，邀请了文物、考古、建设等专家，对修缮方案进行评估论证。专家建议完整保持原有厂房外貌形状，增加抗震构造措施。主要修缮内容为：结构加固、墙面修整、内部装饰、功能重整等。主要是对厂房墙体、屋架等进行加固改造，屋面增设防水层、铺设瓦楞铝。整治墙体外立面（图P-4-3-2-7）。为了协调总装车间与其东侧原租界建筑历史风貌，在厂房建筑东立面增设了西式券廊，使其与租界建筑风貌一致。第二跨东面设西式花岗石柱、券门门廊门厅（图P-4-3-2-8）。

图P-4-3-2-7 修缮后的原镇江市滤清器厂总装车间西立面

图P-4-3-2-8 西式券廊——修缮后的原镇江市滤清器厂总装车间东立面

E、F栋增设二层结构，增加了建筑使用面积。利用原厂房层高特点，提高该建筑利用率，增加钢结构夹层，原木屋架加固维修，每榀屋架测量、检查、用原材料更换损坏部分，增设木剪刀支撑和木水平支撑。钢螺栓、拉杆保养修理、换垫块、片、钢螺帽。

将原屋面黏土平瓦改为木屋架桁条上设30mm厚木望板，丙纶软性防水卷材，1∶2水泥系钢筋网找平屋，预埋40mm×40mm镀锌角钢，设挤塑板保温层，瓦楞铝屋面。

B、D、F三栋厂房的砖墙内侧，三角木屋架支座下设钢筋混凝土构造柱，200mm×400mm，圈梁320mm×250mm，伸入120mm，突出墙外200mm。外墙内侧负300mm以下设钢筋混凝土，250×250ϕ14ϕ8@200拉筋地梁。增设钢筋混凝土水平腰梁。新增钢结构夹层边梁采用拉筋与腰梁连接。

C栋为三角形钢筋混凝土屋架。上铺钢筋混凝土预制单肋层面板，为提高抗震等级，增加钢筋混凝土预制单肋屋面板在屋架上弦处支座宽度，采用角钢，扁铁加包箍的形式置在屋架上弦。增加了屋面板钢筋混凝土与屋架上弦的连接。对屋架下弦的拉结钢筋进行补强。原屋架预应力钢筋不变，在支座(砖柱)处，设槽钢顶撑屋架下弦，用两根ϕ20的钢筋保险加固，整体提高了层盖的结构性能。

鉴于该跨厂房檐口较高，并形成新的轻钢结构平台，作为吊顶部分原组成，解决后续装修改造的难题，增加配套设备摆放的位置，充分利用原有结构形态，将建筑功能发挥到极致。

D栋，夹层钢结构，D轴—J轴，⑩轴—ϕ轴，部分的木楼盖体系改造为压型钢板钢筋混凝土楼盖，提高了原结构的耐火等级，实现了建筑功能多样性、可变性。

E栋，增设二楼结构，改造成小型影院，保留原有木三角屋架，屋面木基层同其他几跨。原钢筋混凝土组合屋架损坏严重拆除，屋面修建为木组合三角屋架。木桁条木望板等同其他几跨。增设二楼结构，改造成两层，可以做餐厅或酒吧；前沿增设钢筋混凝土柱梁，包青砖。12mm玻璃壁窗兼观光墙面，增设钢结构玻璃门厅。

如图P-4-3-2-9 ~ 图P-4-3-2-11所示。

图P-4-3-2-9 修缮后的原镇江市滤清器厂总装车间（西立面）

图P-4-3-2-10 B栋镇江锅盖面品鉴馆内部装饰（一）

图P-4-3-2-10 B栋镇江锅盖面品鉴馆内部装饰（二）

图P-4-3-2-10 B栋镇江锅盖面品鉴馆内部装饰（三）

图P-4-3-2-11 F栋周家二小姐的菜餐馆内部

三、建筑物修缮责任表

建设单位：镇江市西津渡建设发展有限责任公司

项目负责人：王敏松

测绘、设计修缮单位：镇江市地景园林设计有限公司

设计人员：许忠东

监理单位：镇江建科工程监理有限公司

监理人员：范谦 孔庆安

施工单位：镇江市光大建筑安装工程公司

项目经理：潘浩平

施工时间：2008.9.10—2008.11.10

四、施工图

如D-4-3-2-1 ~ D-4-3-2-6所示。

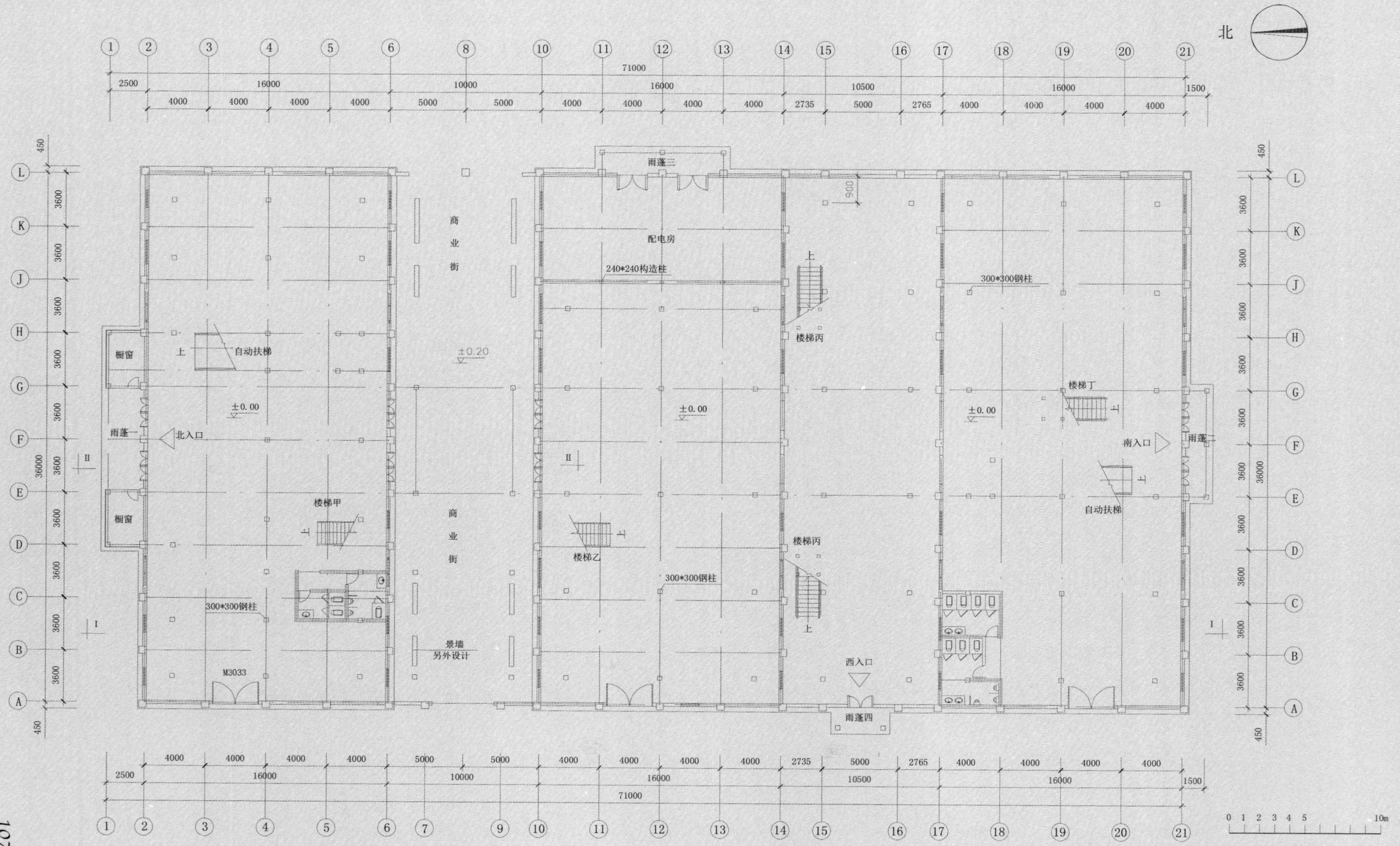

图D-4-3-2-1 原镇江市滤清器厂总装车间一层平面图

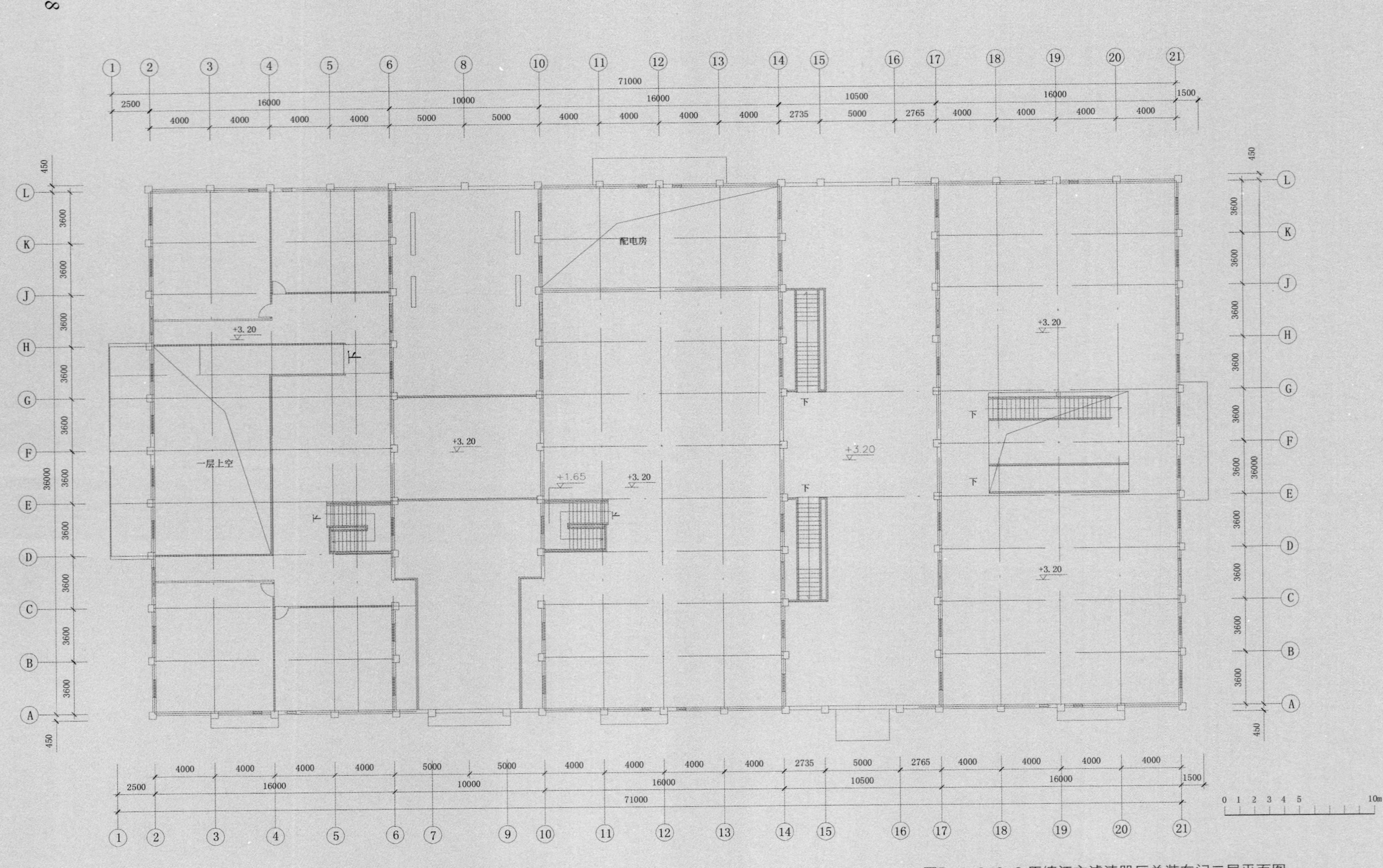

图D-4-3-2-2 原镇江市滤清器厂总装车间二层平面图

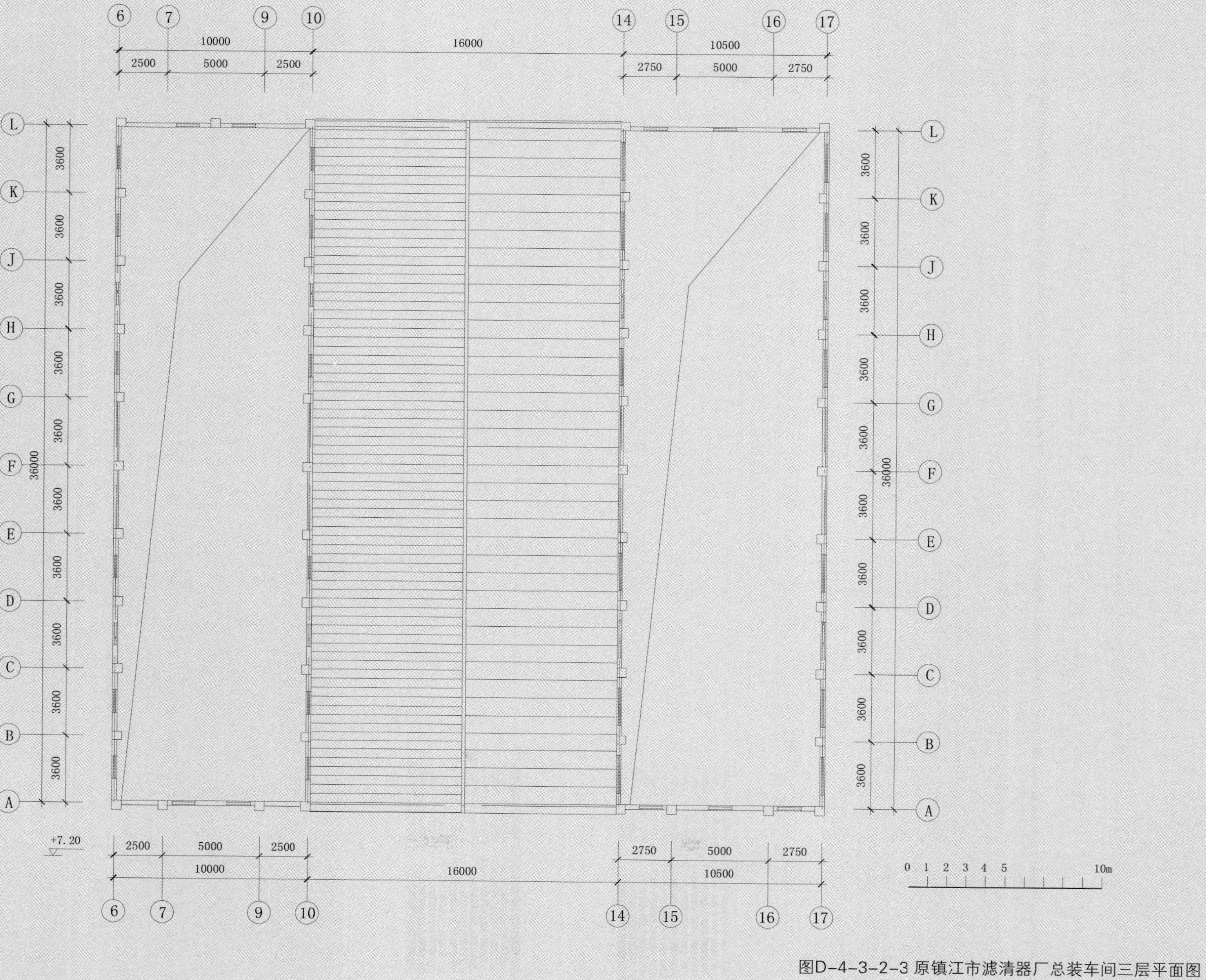

图D-4-3-2-3 原镇江市滤清器厂总装车间三层平面图

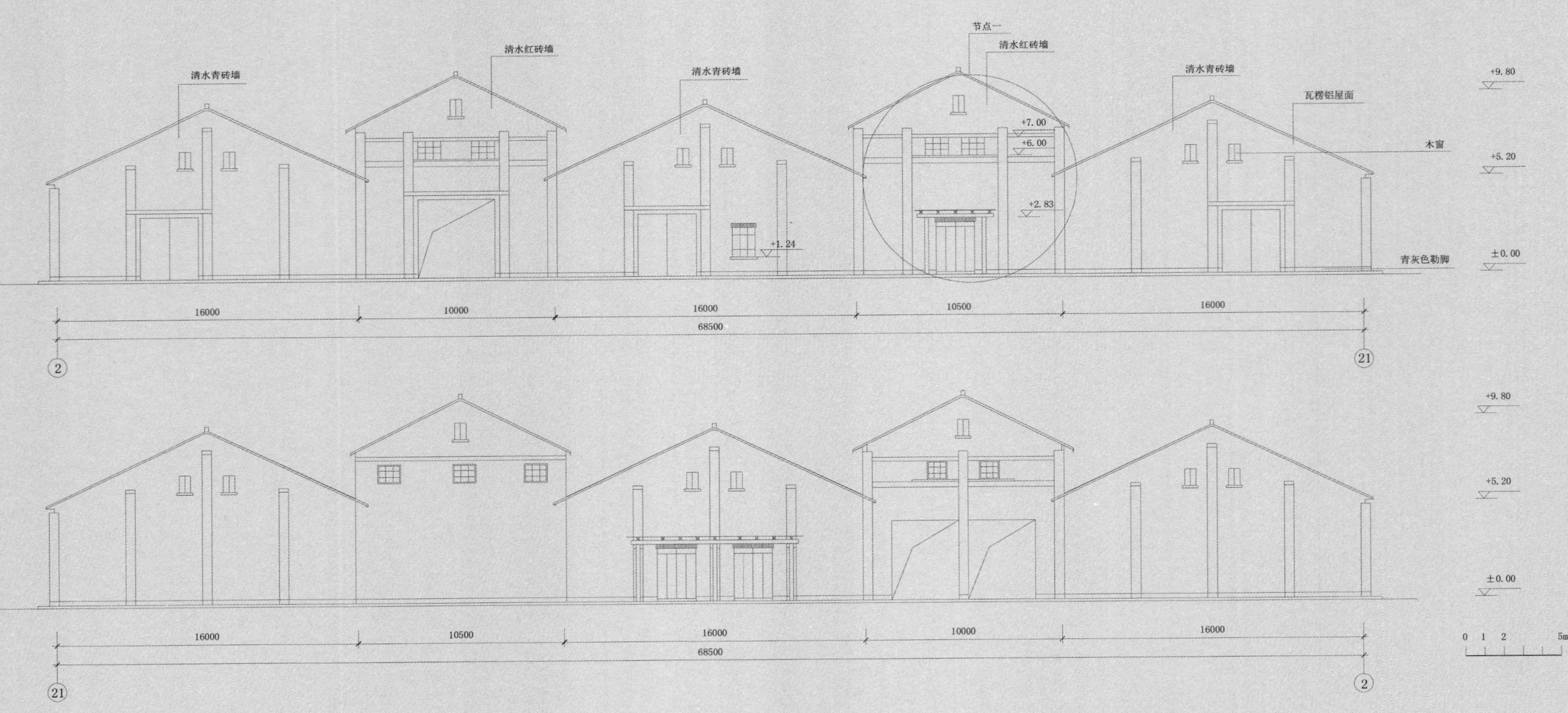

图D-4-3-2-4 原镇江市滤清器厂总装车间东、西立面图

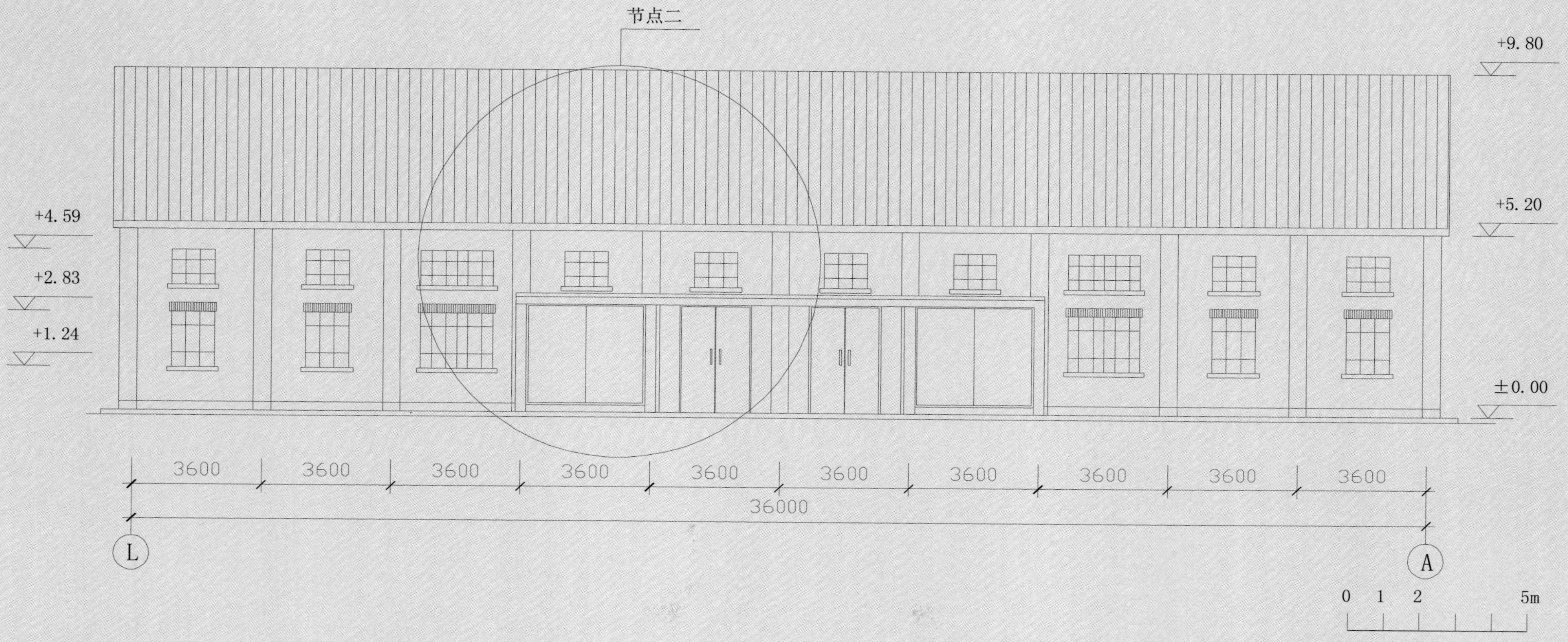

节点二

+9.80

+5.20

+4.59

+2.83

+1.24

±0.00

3600 3600 3600 3600 3600 3600 3600 3600 3600 3600

36000

L

A

0 1 2 5m

图D-4-3-2-5 原镇江市滤清器厂总装车间北立面图

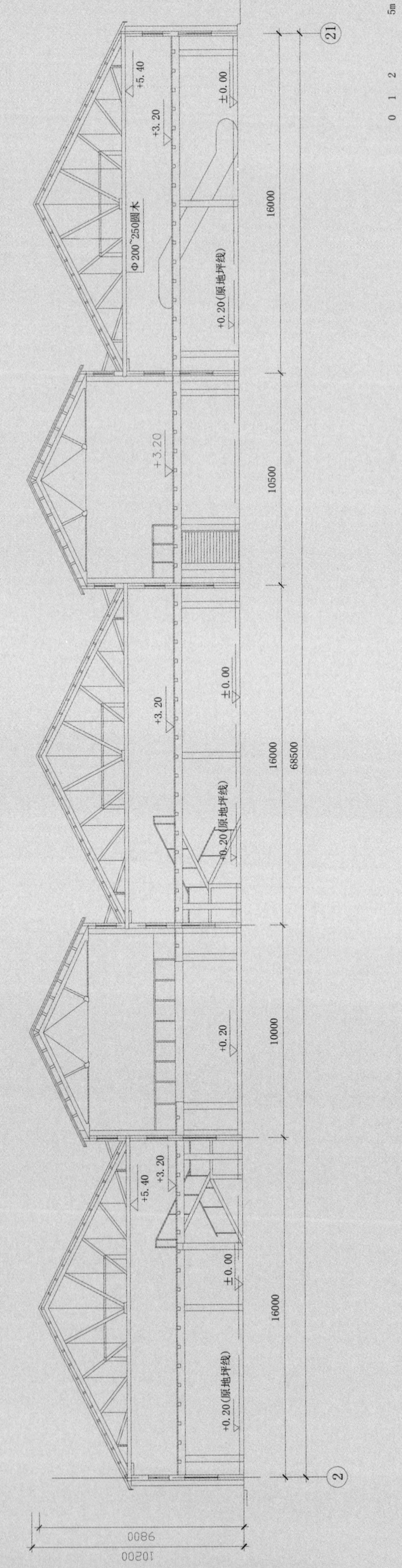

图D-4-3-2-6 原镇江市滤清器厂总装车间剖面图

第三节 原镇江市滤清器厂油漆车间（现西津画院）

一、概述

1. 建筑形态。原镇江市滤清器厂油漆车间（现西津画院）位于现西津会餐馆南侧，尚清戏台北侧（图P-4-3-3-1、图P-4-3-3-2），坐南朝北，一层大通间。长36m、宽16m、高11.11m，占地面积576m^2，建筑面积620m^2。

图P-4-3-3-1 修缮后的原镇江市滤清器厂油漆车间北立面（现西津画院）

图P-4-3-3-2 修缮后的原镇江市滤清器厂油漆车间（现西津画院）南立面与尚清戏台

图P-4-3-3-3 修缮后的原镇江市滤清器厂油漆车间内龙门吊行车轨道的立柱

图P-4-3-3-4 修缮后的原镇江市滤清器厂油漆车间木屋架

图P-4-3-3-5 修缮前的原镇江市原滤清器厂油漆车间

2. 历史沿革。该建筑原为镇江市五金厂车床车间，后改为滤清器厂油漆车间。2008年，西津渡公司对该建筑进行了修缮，后辟为西津画院，成为西津渡街区书画摄影展览和各种文化艺术展览活动的重要场馆。

3. 遗存状态。该建筑为一层挑高十开间大通间。清水青砖墙，南北两侧墙面原设有内部行车，残存有龙门吊行车轨道的立柱（图P-4-3-3-3）。北立面第三第八开间设门，东立面中间设门。该建筑屋顶为木人字架（图P-4-3-3-4），木桁条，屋面望板，油毡铺面，挂瓦条，上铺平瓦；大屋顶上架空升高一小人字架屋顶，木桁条；原盖石棉瓦。原建筑按20世纪50年代工业厂房建设标准修建。20世纪80年代以后因经营不景气，厂房年久失修。屋面破损严重，屋架部分锈蚀，石棉瓦破损。总体结构完好、墙体、屋面、窗户损毁锈蚀严重（图P-4-3-3-5）。

二、主要修缮技术方案

大修。西津渡公司委托镇江市地景园林规划设计有限公司按规划制定了维修方案，并邀请有关专家对该方案进行了评估论证。专家同意按照“修旧如故”原则，修缮时保持该建筑原有结构和整体形态，增加抗震构造措施的维修方案。主要修缮内容为：结构加固、墙面修整、屋面重建、增设水电消防设施等（图P-4-3-3-6）。

结构加固的具体做法如下。

（1）在墙体内部四周±0以下，-300mm增加地梁，地梁规格为250mm×300mm，主筋4根直径为14mm的螺纹钢，箍筋直径8mm，间距200mm，南立面地梁在原残留柱之间植筋直径为14mm钢筋，4根连接，同时地梁在厂房±0以上300mm处浇灌（图P-4-3-3-7）。

图P-4-3-3-6 修缮中的原镇江市原滤清器厂油漆车间北立面

（2）南北立面屋架下口，增加构造柱，规格为400mm×200mm，主筋8根直径为14mm的螺纹钢，箍筋直径8mm，间距200mm，另在大梁下口水泥垫块处植筋直径为8mm的钢筋4根，厂房内墙四角增设200mm×200mm构造柱，主筋为4根直径为14mm的钢筋，箍筋直径8mm，间距200mm，南立面构造柱在原残留柱上植筋4根螺纹钢直径为14mm，另在原柱与墙面间隙200mm之间浇混凝土配筋4根螺纹钢直径为14mm，地面植筋为直径14mm，4根钢筋，残留柱以上至大梁下口为

图P-4-3-3-7 修缮中的原镇江市滤清器厂油漆车间加固地梁

400mm×200mm构造柱，配筋同北立面构造柱。

（3）为增加山墙人字坡圈梁的抗震强度，墙体四周檐口以下，将采取嵌入方法，增加圈梁。另外两樘大门也各增加250mm×250mm构造柱与圈梁。

（4）为增加墙体与构造柱结合牢固，在墙体外砖柱每间距800mm增加直径为12mmU字形钢筋，由外向内与构造柱连接。所有结构所用混凝土均为C25

图P-4-3-3-8 西津画苑配电柜生态花房和车夫雕塑

钢筋混凝土。

该建筑在修缮时还实施了地源热泵和自然通风技术，该技术在镇江市非物质文化展示中心的应用研究与示范项目中，获得2010年江苏省镇江市技术进步三等奖。该项目通过墙体保温技术、屋面保温技术、节能门窗及密封技术的综合运用以降低建筑空调冷热负荷，地源热泵室外地下管道埋设在尚清戏台水池底部。通过采用热温独立处理的空调系统减小送风量和空调能耗需求。通过上述技术的集成运用，本工程达到节能50%的标准。

西立面山墙外置有电力变压器设备，外部南、西、北三面用传统小瓦砌成花格围墙，墙的根部种有攀墙植物，会沿着花格围墙攀附而上，最终覆盖整个墙面而形成生态绿化墙。生态花房北侧设小码头街道车夫雕塑和巷道车辙印痕铝板画，既美化了电房，又为新设立的西津画苑增添了艺术氛围（图P–4–3–3–8）。

三、建筑物修缮责任表

建设单位：镇江市西津渡建设发展有限责任公司

项目负责人：杨恒网

测绘、设计修缮单位：镇江市地景园林规划设计有限公司

设计人员：许忠东 王欢欢 骆雁

监理单位：镇江建科工程监理有限公司

监理人员：刘晓瑞 范谦 曾建志

施工单位：金坛市建筑安装工程公司

项目经理：袁小洪

施工时间：2008.6.20—2008.7.30

四、施工图

如图D-4-3-3-1 ~ 图D-4-3-3-5所示。

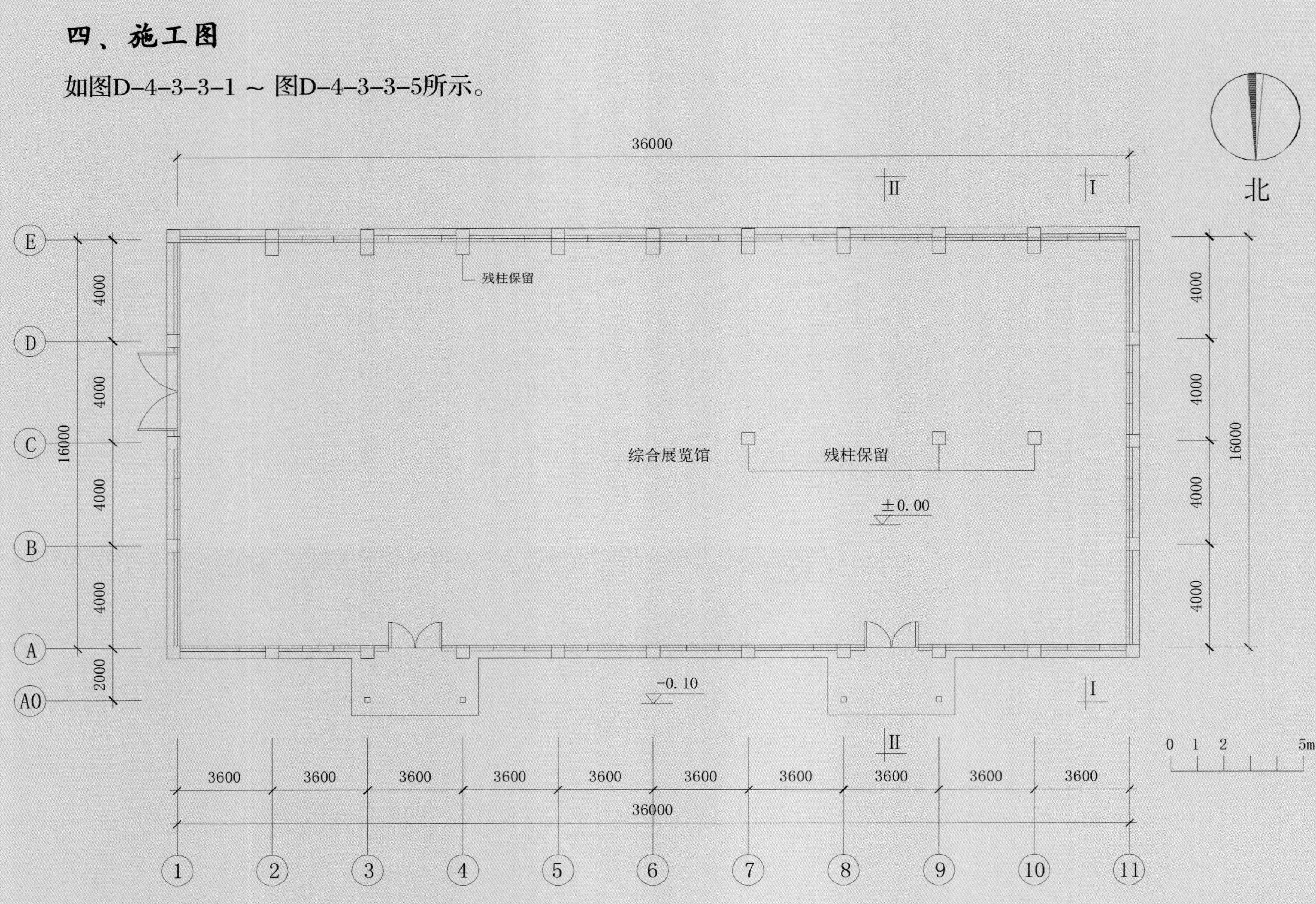

图D-4-3-3-1 原镇江市滤清器厂油漆车间（现西津画苑）平面图

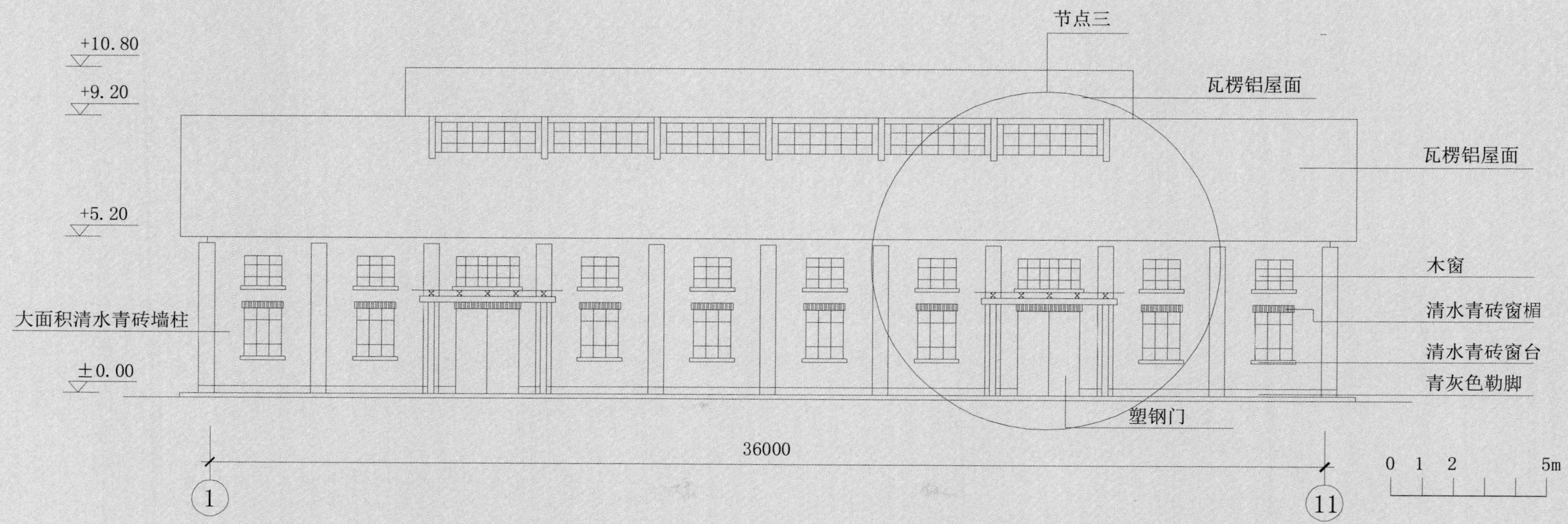

图D-4-3-3-2 原镇江市滤清器厂油漆车间（现西津画苑）北立面图

图D-4-3-3-3 原镇江市滤清器厂油漆车间（现西津画苑）东立面图

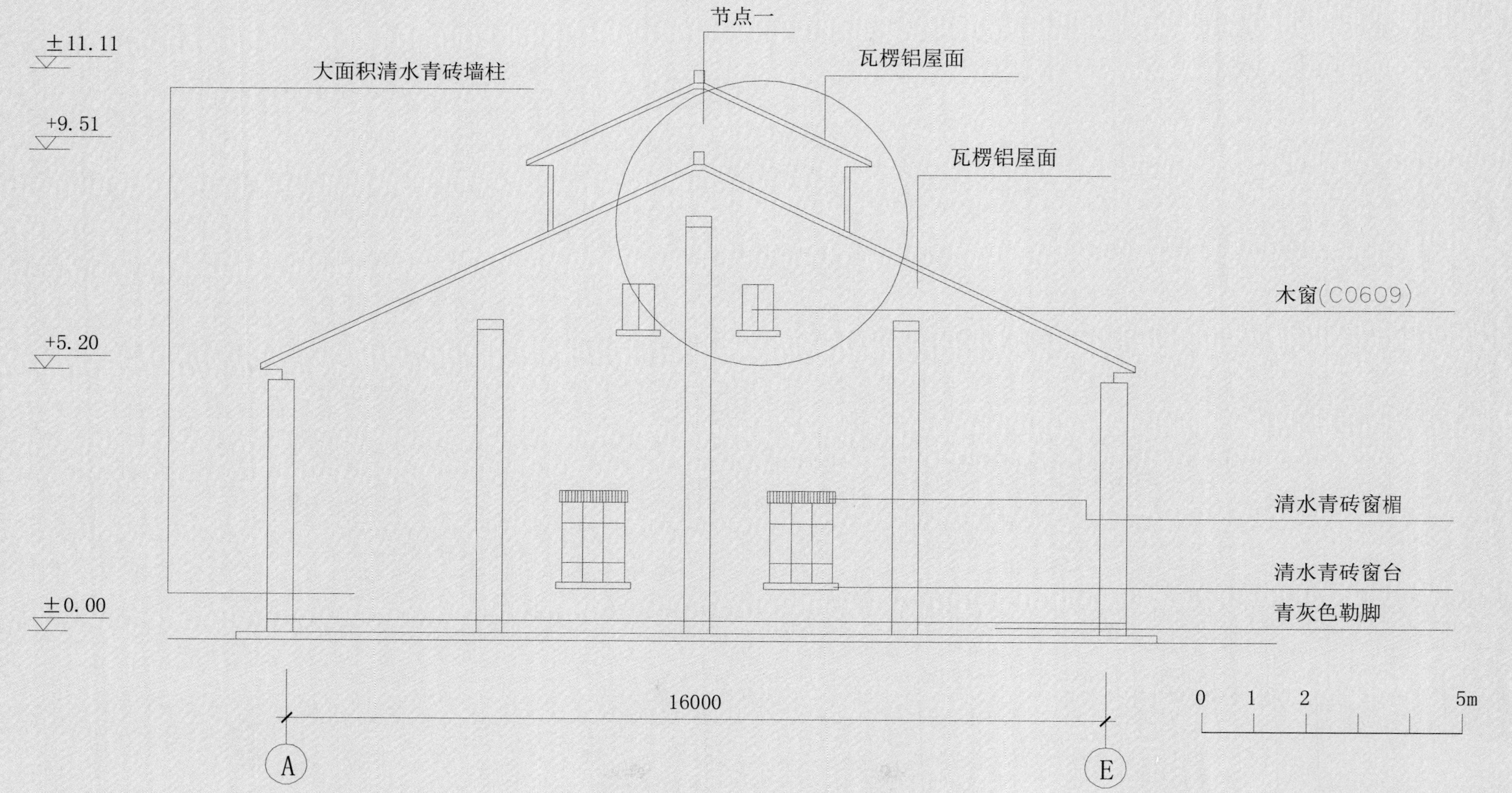

图D-4-3-3-4 原镇江市滤清器厂油漆车间（现西津画苑）西立面图

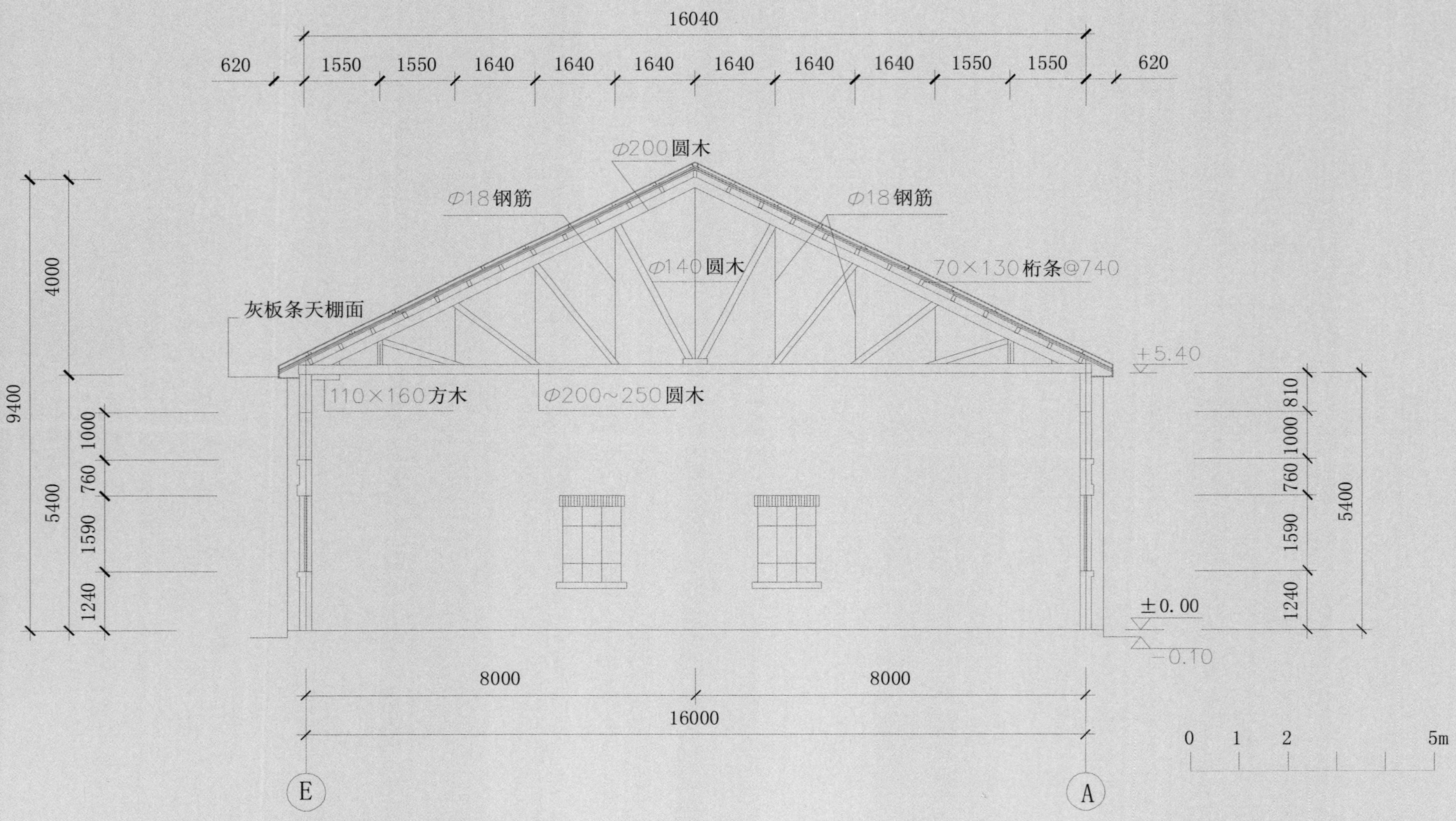

图D-4-3-3-5 原镇江市滤清器厂油漆车间（现西津画苑）剖面图

第四节 原镇江市滤清器厂仓库（现西津渡多功能会议厅）

一、概述

1. 建筑形态。西津渡会议厅位于原滤清器厂连跨厂房南侧、尚清戏台西侧（图P-4-3-4-1），坐南朝北，建筑风格为一层仿西式建筑，以与云台山东麓原英国领事馆和山下原租界建筑风貌协调。该建筑长54m、宽18m、高7.2m，总占地面积972m²，总建筑面积800m²。东立面、北立面青砖饰面，通高立柱，设红砖砌筑半圆券大落地窗，设对开铜门，平屋面。西侧设开放式公共卫生间。

图P-4-3-4-1 西津渡多功能会议厅北立面

图P-4-3-4-2 西津渡多功能会议厅东立面（五十三坡北侧）

图P-4-3-4-3 西津渡多功能会议厅东门、北门及卫生间

2．历史沿革和遗存状态。该建筑旧址原是镇江市滤清器厂空地，后搭建了一些简易平房，成为滤清器厂仓库。2009年，根据该区域保护更新规划，拆除原有建筑，改建并辟为西津渡会议厅，成为镇江市及西津渡各种艺术文化活动会议场地（图P-4-3-4-2、图P-4-3-4-3）。

二、主要修缮技术方案

重建。

按施工图规范施工（略）。

三、建筑物修缮责任表

建设单位：镇江市西津渡建设发展有限责任公司

项目负责人：杨恒网 邵浜 徐波云

测绘、设计修缮单位：镇江八一四勘察测绘有限公司

设计单位：东南大学建筑设计研究院

设计人员：董卫 冷嘉伟

监理单位：镇江建科工程监理有限公司

监理人员：刘晓瑞

施工单位：江苏五星建设集团有限公司

项目经理：董科 董峰

施工时间：2009.10.25—2009.12.25

四、施工图

如图D-4-3-4-1 ~ 图D-4-3-4-7所示。

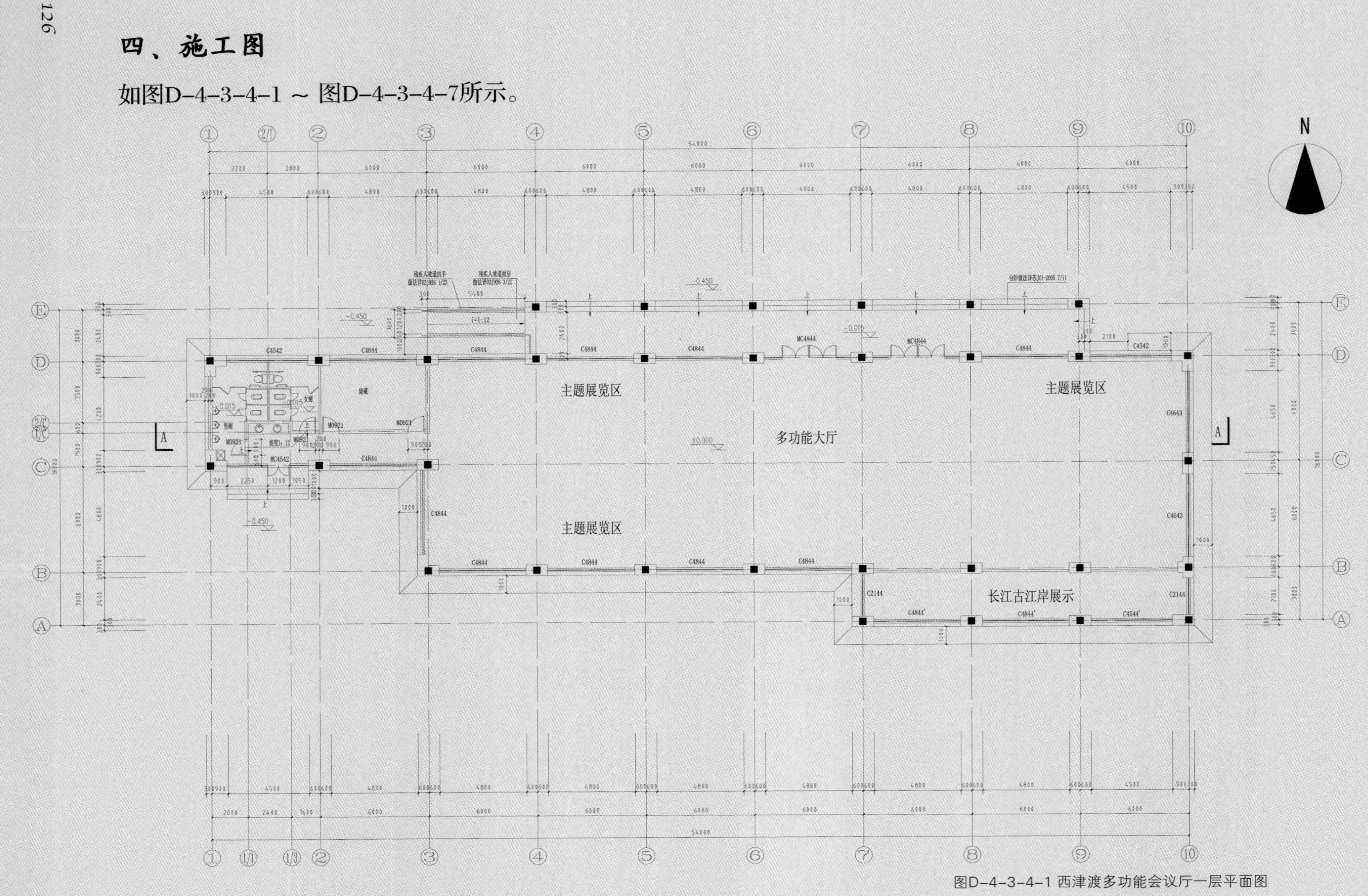

图D-4-3-4-1 西津渡多功能会议厅一层平面图

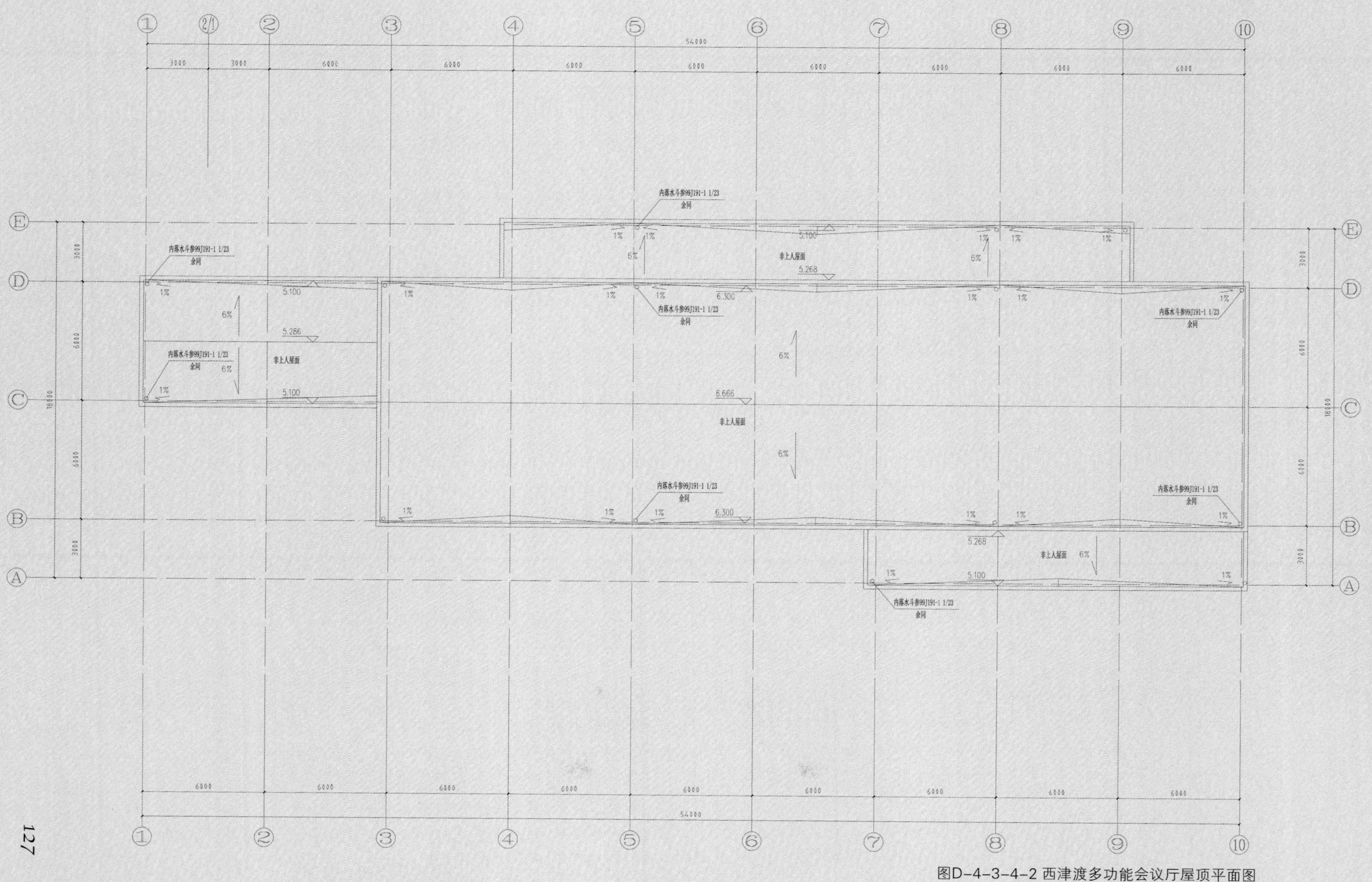

图D-4-3-4-2 西津渡多功能会议厅屋顶平面图

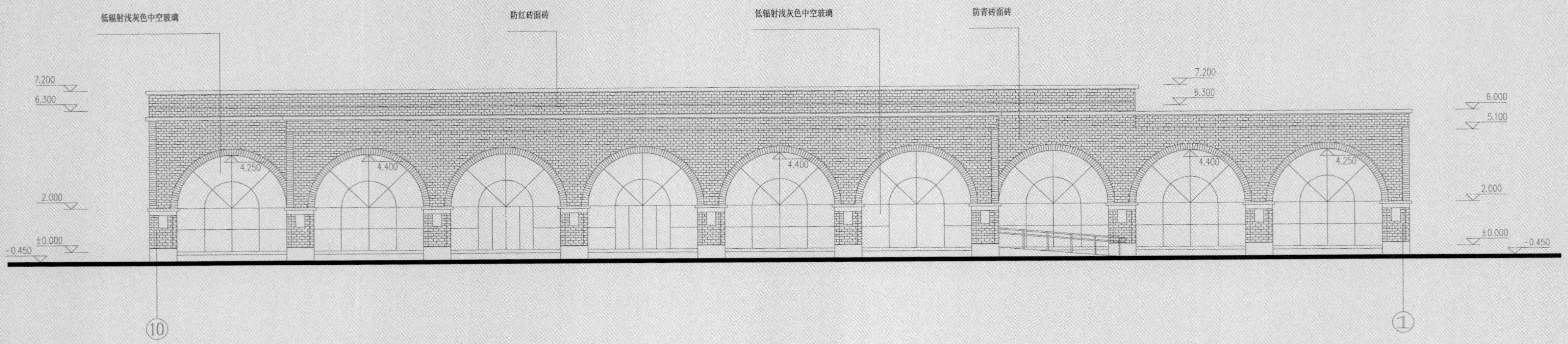

低辐射浅灰色中空玻璃
防红砖面砖
低辐射浅灰色中空玻璃
防青砖面砖

7.200
6.300
2.000
±0.000
-0.450
4.250
4.400
4.400
4.400
4.250
7.200
6.300
6.000
5.100
2.000
±0.000
-0.450
⑩
①

图D-4-3-4-3 西津渡多功能会议厅北立面图

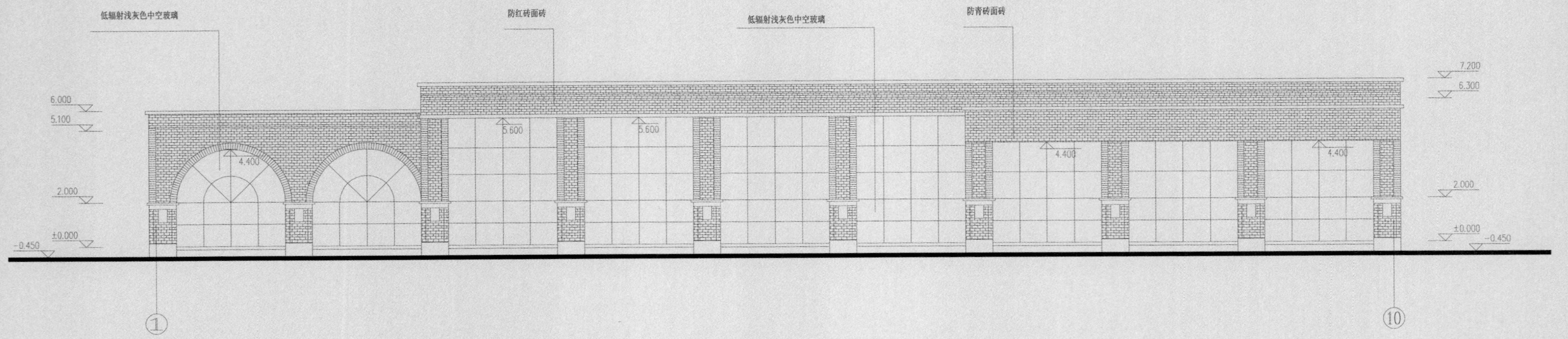

低辐射浅灰色中空玻璃
防红砖面砖
低辐射浅灰色中空玻璃
防青砖面砖

6.000
5.100
2.000
±0.000
-0.450
4.400
5.600
5.600
4.400
4.400
7.200
6.300
2.000
±0.000
-0.450
①
⑩

图D-4-3-4-4 西津渡多功能会议厅南立面图

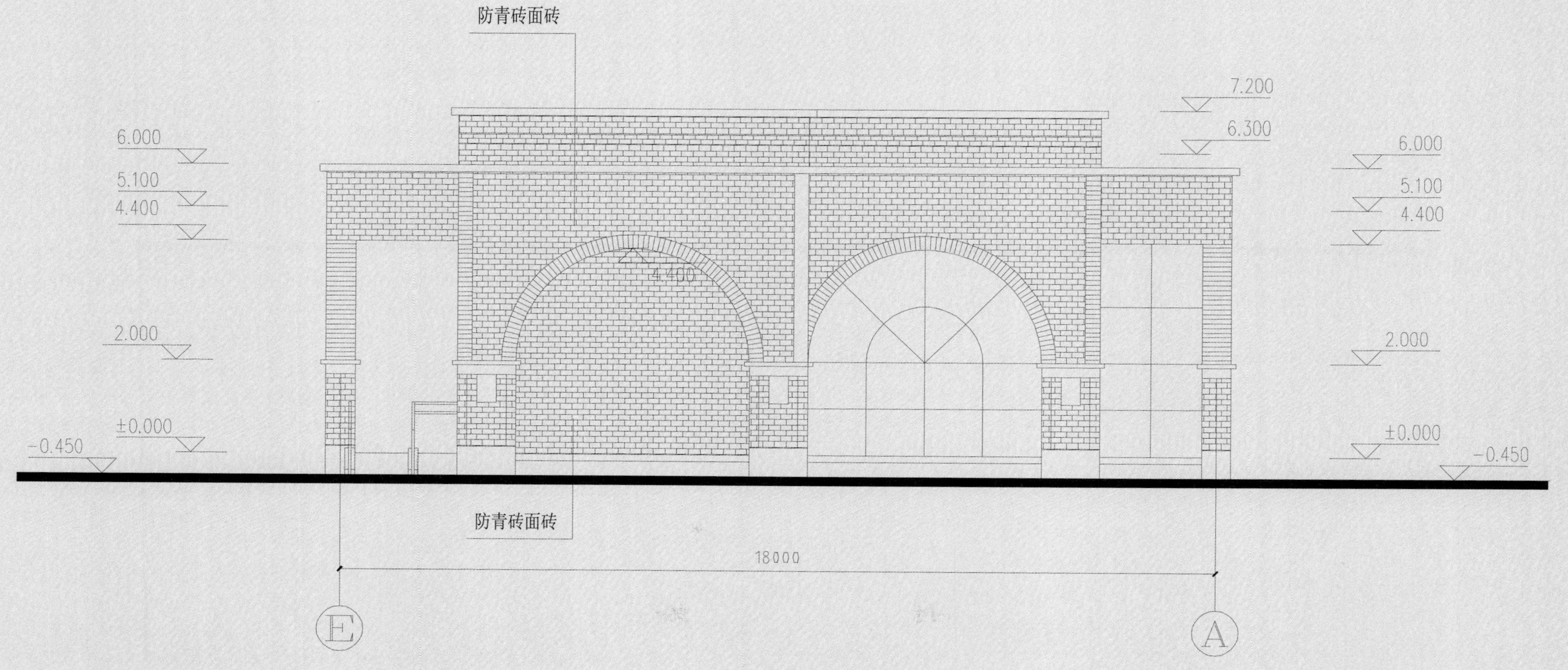

防青砖面砖
7.200
6.300
6.000
5.100
4.400
4.400
2.000
±0.000
-0.450
6.000
5.100
4.400
2.000
±0.000
-0.450
防青砖面砖
18000
E
A

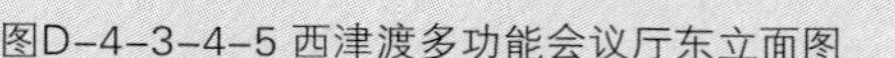

图D-4-3-4-5 西津渡多功能会议厅东立面图

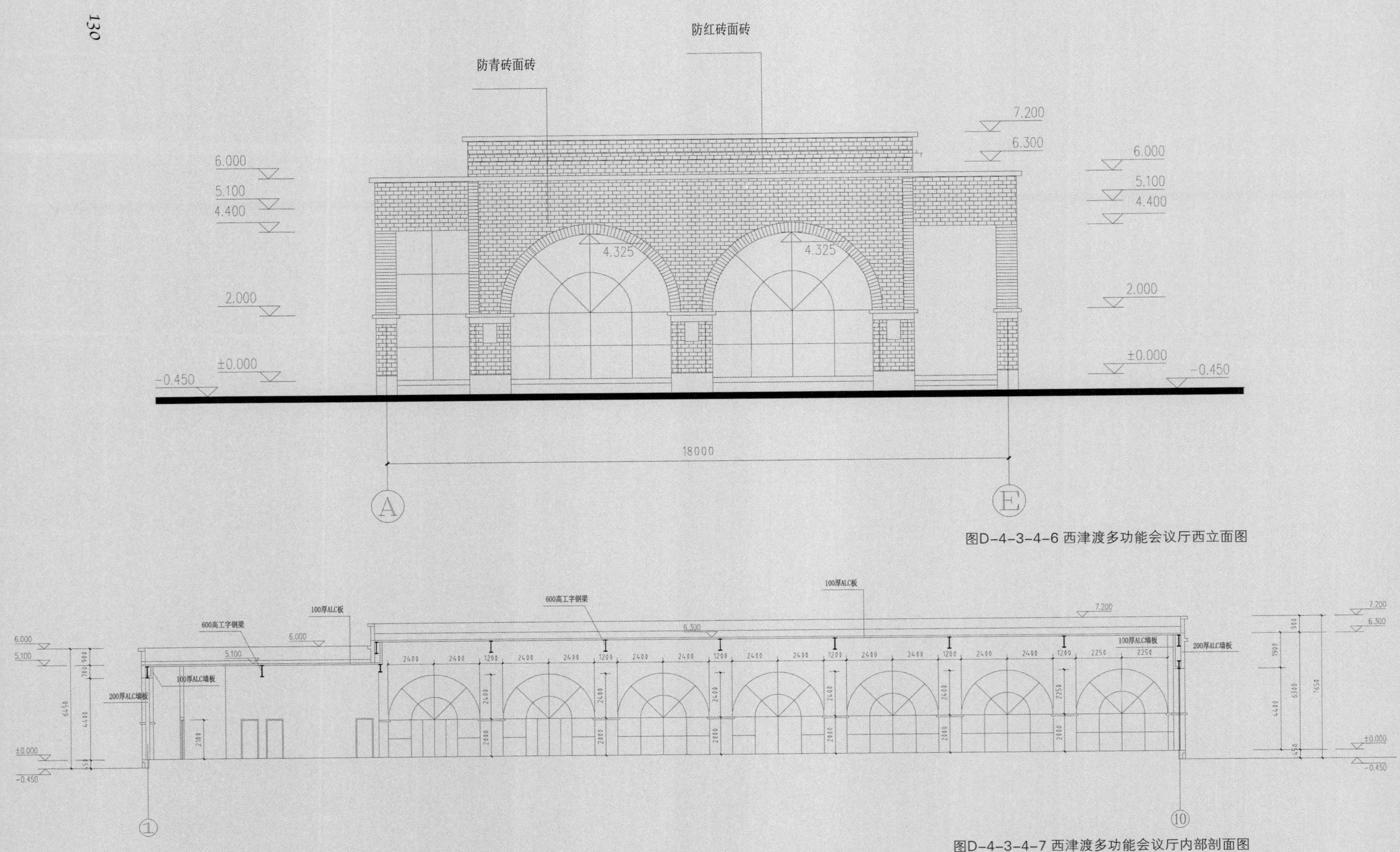

图D-4-3-4-6 西津渡多功能会议厅西立面图

图D-4-3-4-7 西津渡多功能会议厅内部剖面图

第四章 原镇江市第二人民医院

镇江市第二人民医院前身是江苏省立医院，成立于1929年7月，院址在镇江市江边马路原海关职员宿舍的旧址，有两幢二层楼房（图P-4-4-0-1）作为主要业务用房。1929年，民国政府江苏省会迁至镇江，在原海关宿舍旧址的基础上建成了江苏省立医院，1929年7月1日落成开业，设有内科、外科、妇产科、五官科、牙科等临床科室及药房、电疗、细菌化验等辅助科室。分门诊和住院两个部，设有病房27间、病床54张，是当时镇江唯一的公立医院。院长兼外科主任汪元臣、妇产科主任医师汪黄瑛，原是表兄妹，仪征人。两人在柏林大学医学院读书期间结为夫妻。博士毕业后，到镇江创办了江苏省立医院，所以当时该院的外科与产科，颇为人所称道。特别是汪黄瑛，是中国

图P-4-4-0-1 原江苏省立医院旧貌（原海关宿舍楼）

图P-4-4-0-2 原镇江市第二人民医院旧址（南立面）

图P-4-4-0-3 修缮后的原镇江市第二人民医院旧址全景（谢戎 摄）

第一代妇产科专家，她编著的《妇产学》是当时妇产学校的必读教材。1931年，江苏省民政厅创立江苏省立助产学校，学制2年，校址设在省立医院西侧，聘请省立医院妇产科主任医师黄瑛兼任校长，自1931年建校至1936年，有五届毕业生共273人。1937年因战争而停办。全面抗战期间，医院迁往重庆。抗战胜利后又搬回镇江，汪元臣仍兼院长，同年5月因脑溢血去世。1947年，江苏省立医院改名江苏省立镇江医院。1949年4月改组为苏南公立镇江医院。1954年1月，更名为镇江市人民医院。1971年12月起更名为镇江市第二人民医院（图P-4-4-0-2）。海关宿舍旧址作为镇江市第二人民医院的办公用房一直沿用至2013年5月（图P-4-4-0-3）。

随着医院事业发展，原地及周边先后扩建了门诊楼、住院部和附属医技用房、员工宿舍楼等多栋建筑。由于城市东进南移，医院经营渐入困境。2010年，为协调西津渡街区建筑风貌，合理布局医疗资源，经市政府批准，镇江市城投集团承担镇江市第二人民医院搬迁任务，并于同年在南徐新城选址建设镇江市第二人民医院新楼。2012年，镇江市第二人民医院顺利搬迁新址。西津渡公司根据街区保护规划，委托镇江市地景园林设计公司规划设计并报规划部门批准，实施第二人民医院区域风貌改造（图P-4-4-0-4）。

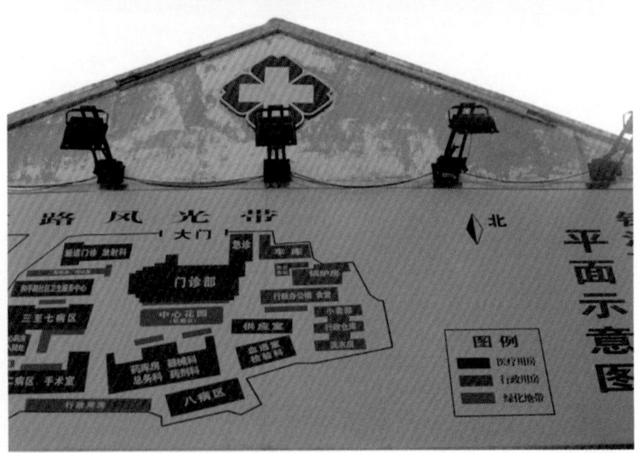

图P-4-4-0-4 原镇江市第二人民医院旧址平面示意图和局部

第一节 原镇江市第二人民医院门诊楼

一、概述

1. 建筑形态。原镇江市第二人民医院门诊部大楼由主楼、南楼与附属楼三部分组成（图P-4-4-1-1、图P-4-4-1-2），该建筑坐南朝北，长43.6m、宽26m，总占地面积1133.6m^2；总建筑面积4800m^2。原建筑为七层，改造后为四层，总高19.1m（图P-4-4-1-3）。

图P-4-4-1-1 修缮后的原镇江市第二人民医院门诊楼旧址北立面（1）

2. 历史沿革和遗存状态。该建筑建于20世纪80年代初，由东南大学著名设计师启康设计。原楼高7层，外墙贴白瓷砖，外貌与街区环境极不协调。2013年根据街区保护规划制定并实施改造方案。

图P-4-4-1-2 修缮后的原镇江市第二人民医院门诊楼旧址北立面（2）

图P-4-4-1-3 修缮后的原镇江市第二人民医院门诊楼旧址西立面

二、主要修缮技术方案

大修。2013年，西津渡公司对该建筑实施改造。维修前，镇江市规划局提出了改造方案，明确了改造目的和规划要求；镇江市地景园林规划设计有限公司制定了规划设计和施工图方案；西津渡公司邀请有关专家，对改造方案进行了评估论证。鉴于该建筑南侧为文保建筑原海员俱乐部旧址，为西式建筑。根据专家评审和规划审批的方案，为适应该文保建筑风格，该楼立面按伯先路中西合璧式民国建筑风格实施风貌改造，使与之相协调；实施结构改造，使之与现行国家安全标准相一致；实施功能改造，将医院功能改造为商务酒店功能。主要改造内容为：实施降层改造，将原七层主体结构降层为四层，高度降低15m左右，以适应街区建筑物高度控制目标，保证在小码头街向北侧的视觉通道不受该楼阻滞，在长江路及滨江地带到云台山的视觉通道畅通；实施结构加固，满足现行国家抗震安全标准；实施立面风貌改造，对墙面按街区传统风貌要求改白瓷砖饰面为清水青砖饰面，屋面在降层后仍采取原建筑屋面形式并在色彩上与街区风格协调；实施功能配套，按照酒店业服务设施配备水电气等设施，满足改造后的再利用需要（图P–4–4–1–4、图P–4–4–1–5）。

图P–4–4–1–4 修缮后的原镇江市第二人民医院门诊楼旧址南立面

图P-4-4-1-5 修缮后的原镇江市第二人民医院门诊楼旧址廊檐

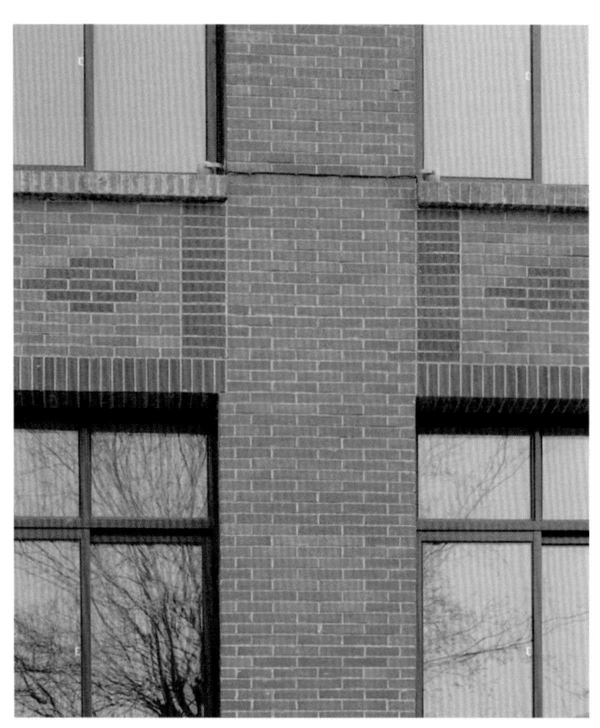

图P-4-4-1-6 修缮后的原镇江市第二人民医院门诊楼旧址外墙面砖

门诊部主楼原为平顶，顶层四周有栏杆，后改用坡屋面，墙面用青砖贴面。

整体结构除降层外，框架柱整体保留，新增加外廊部分。一至四层部分窗洞取消，改落地窗，仿木纹彩铝门窗。内部结构保留，以后根据功能需要，再进行分隔。外部立面用仿古青面砖砌贴（图P-4-4-1-6）。

三、建筑物修缮责任表

建设单位：镇江市西津渡建设发展有限责任公司

项目负责人：邵浜 史美侬

测绘、设计修缮单位：镇江市地景园林规划设计有限公司

设计人员：骆雁 纪伟力

监理单位：镇江建科工程监理有限公司

监理人员：刘晓瑞 景宝富

施工单位：江苏五星建设集团有限公司

项目经理：张武春

施工时间：2013.10.8—2013.12.27

四、施工图

如图D-4-4-1-1 ～ 图D-4-4-1-10所示。

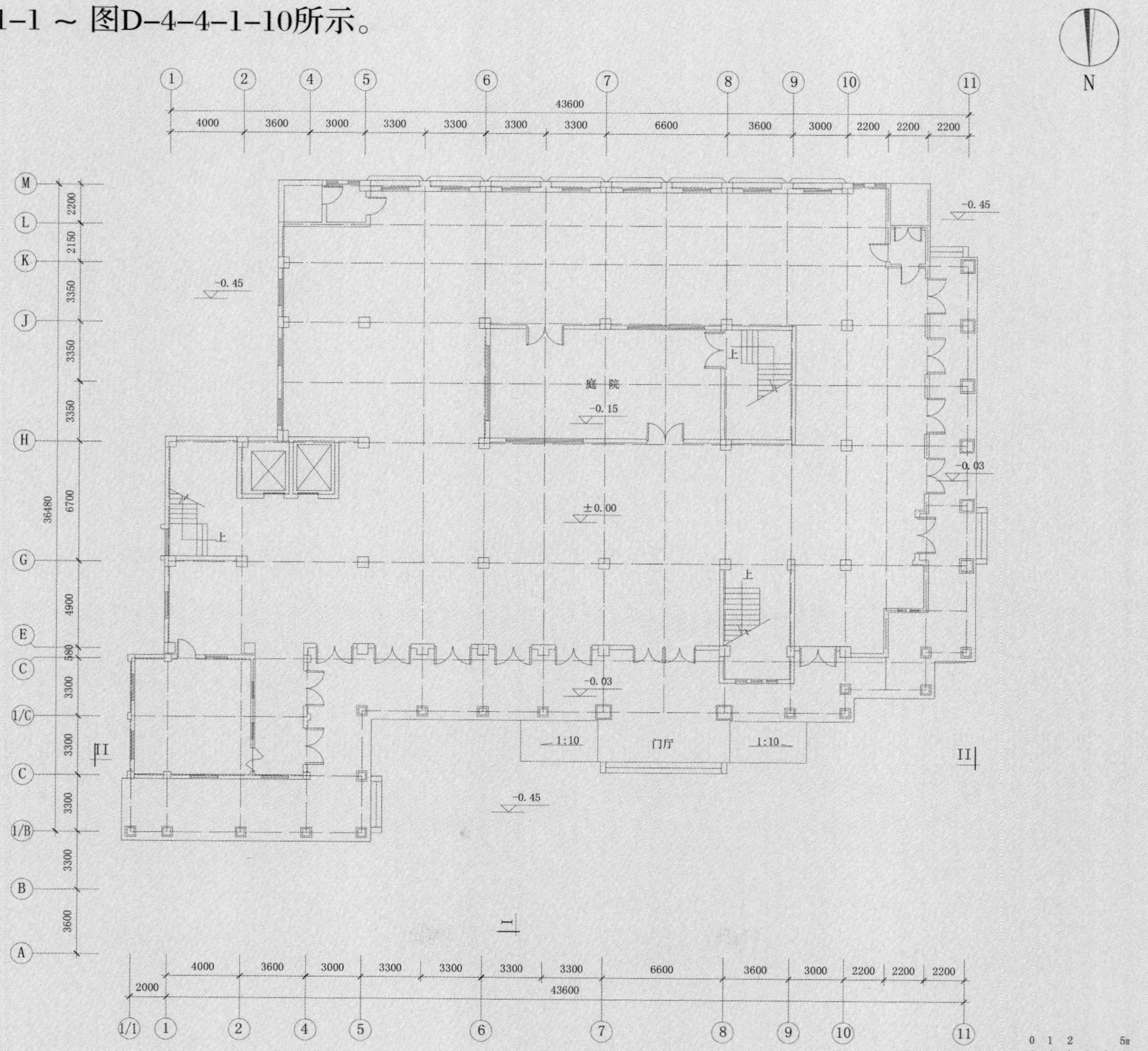

图D-4-4-1-1 原镇江市第二人民医院门诊楼旧址一层平面图

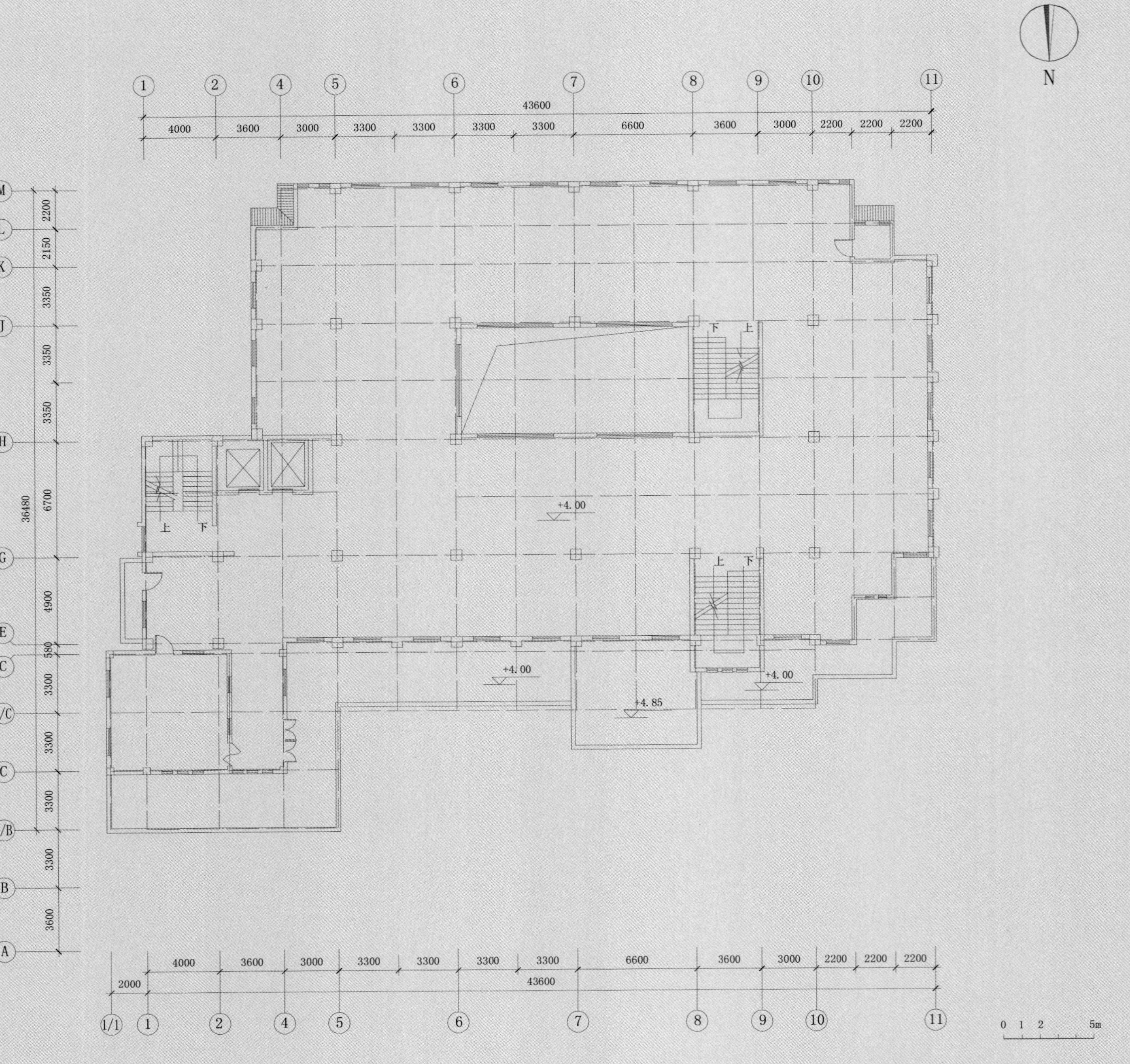

图D-4-4-1-2 原镇江市第二人民医院门诊楼旧址二层平面图

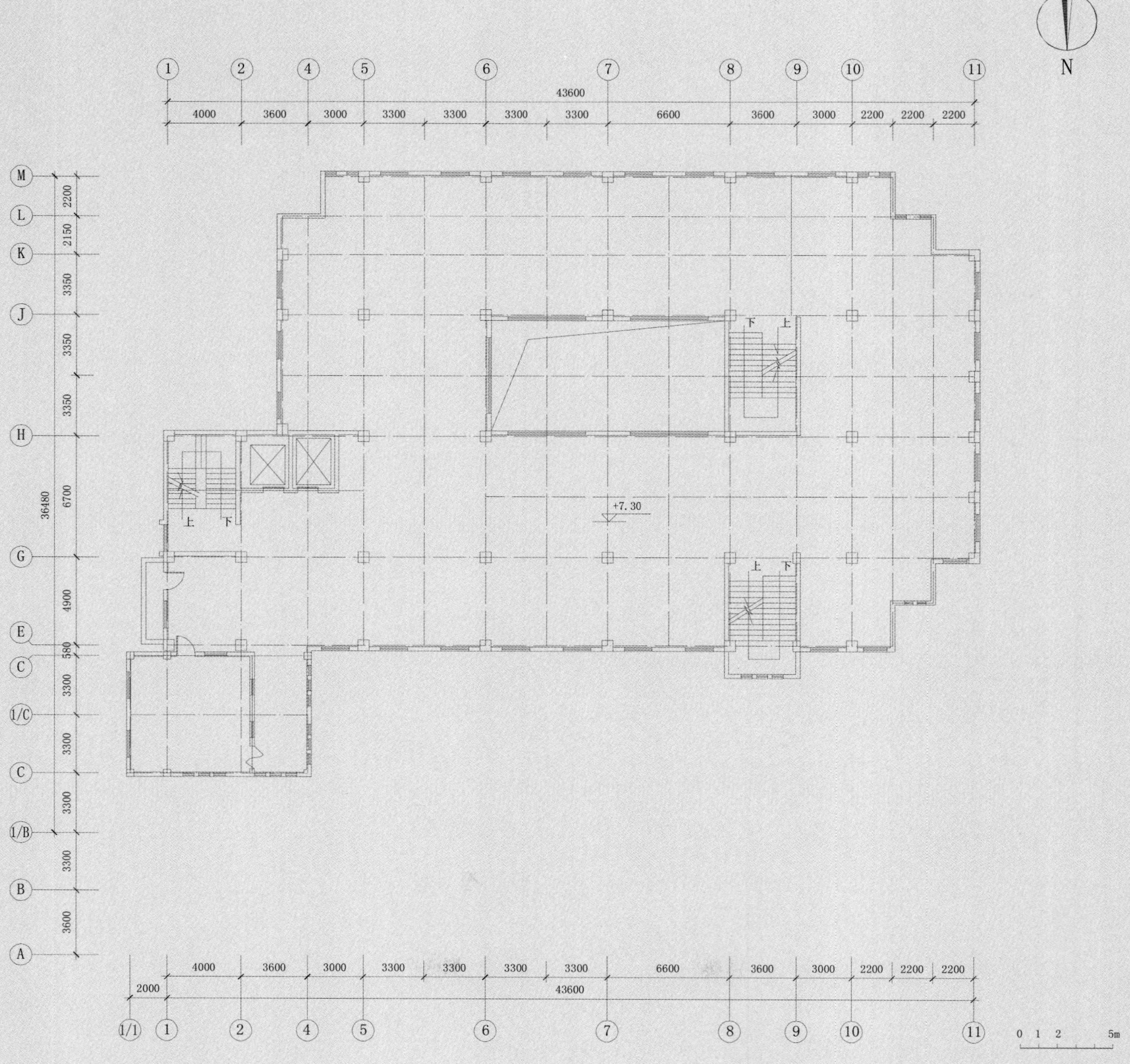

图D-4-4-1-3 原镇江市第二人民医院门诊楼旧址三层平面图

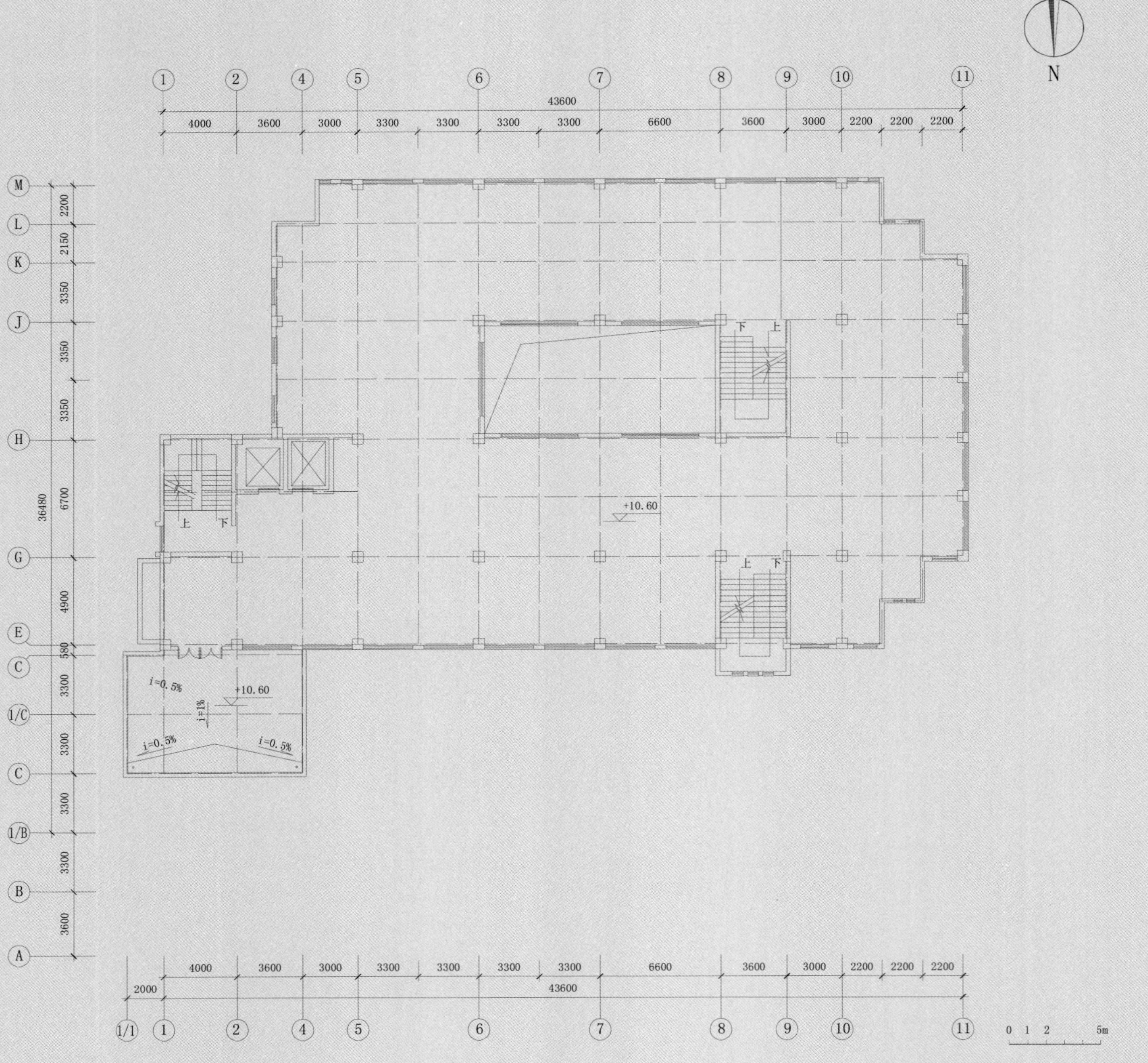

图D-4-4-1-4 原镇江市第二人民医院门诊楼旧址四层平面图

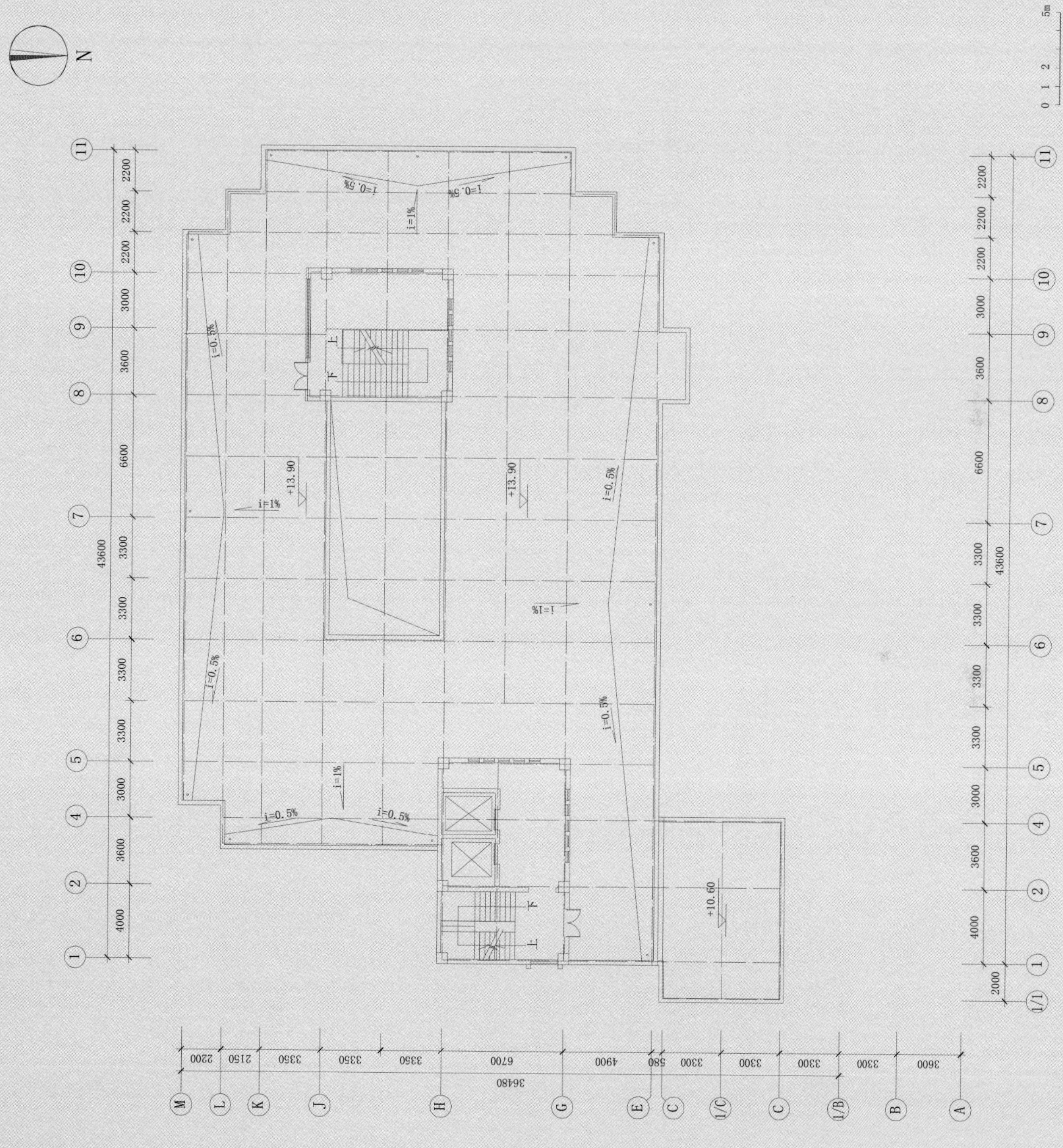

图D-4-4-1-5 原镇江市第二人民医院门诊楼旧址五层平面图

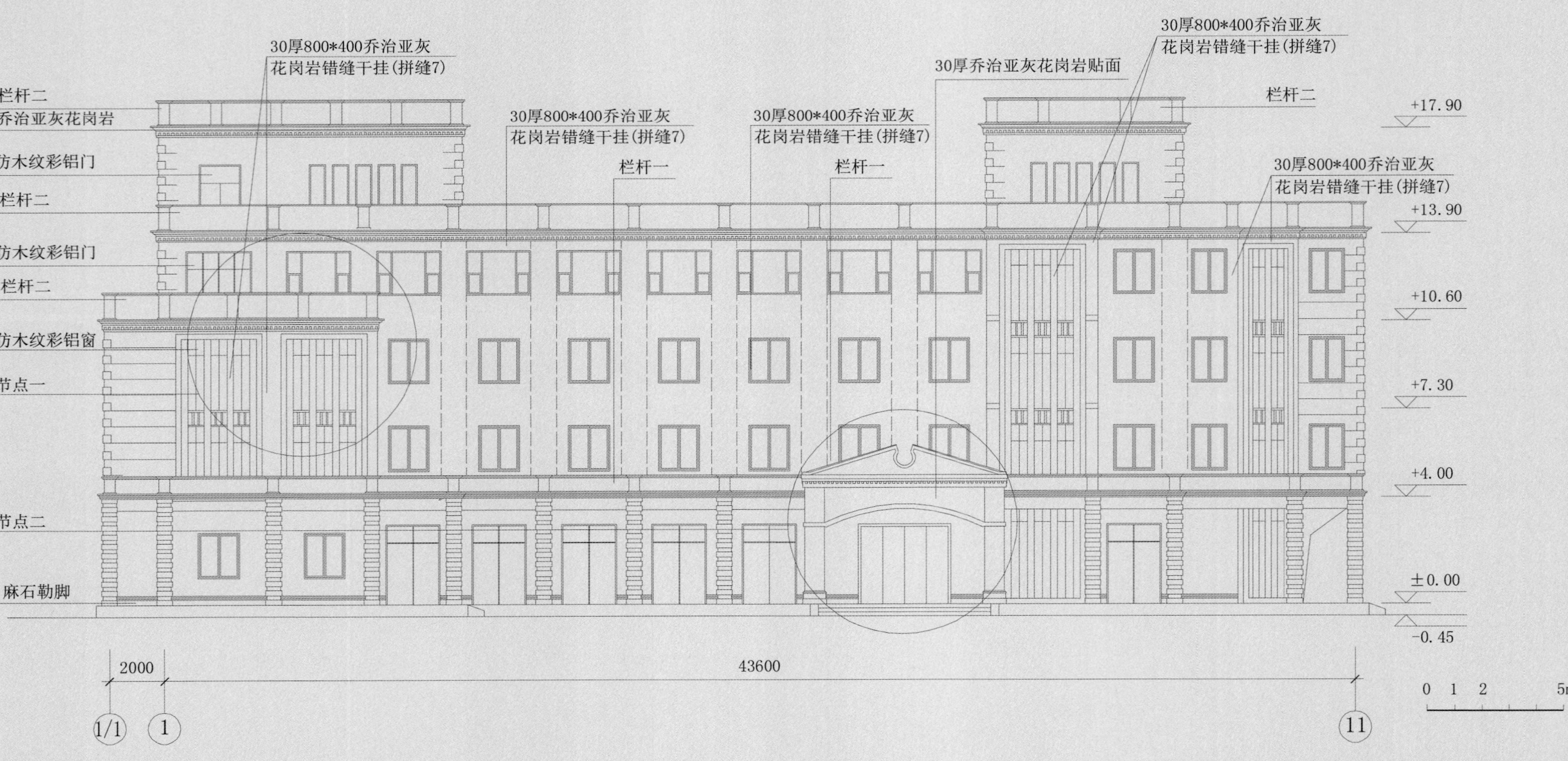

图D-4-4-1-6 原镇江市第二人民医院门诊楼旧址北立面图

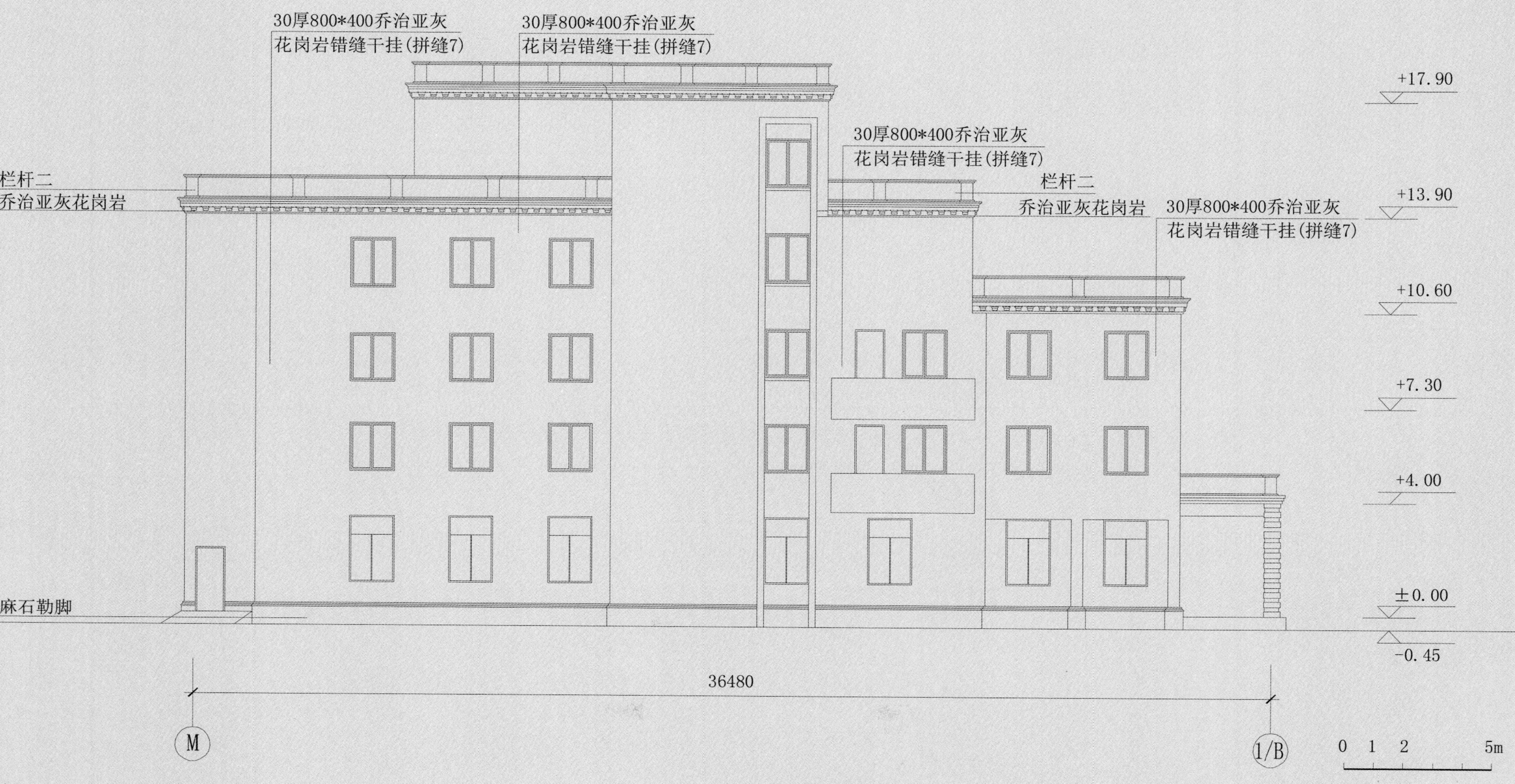

图D-4-4-1-7 原镇江市第二人民医院门诊楼旧址东立面图

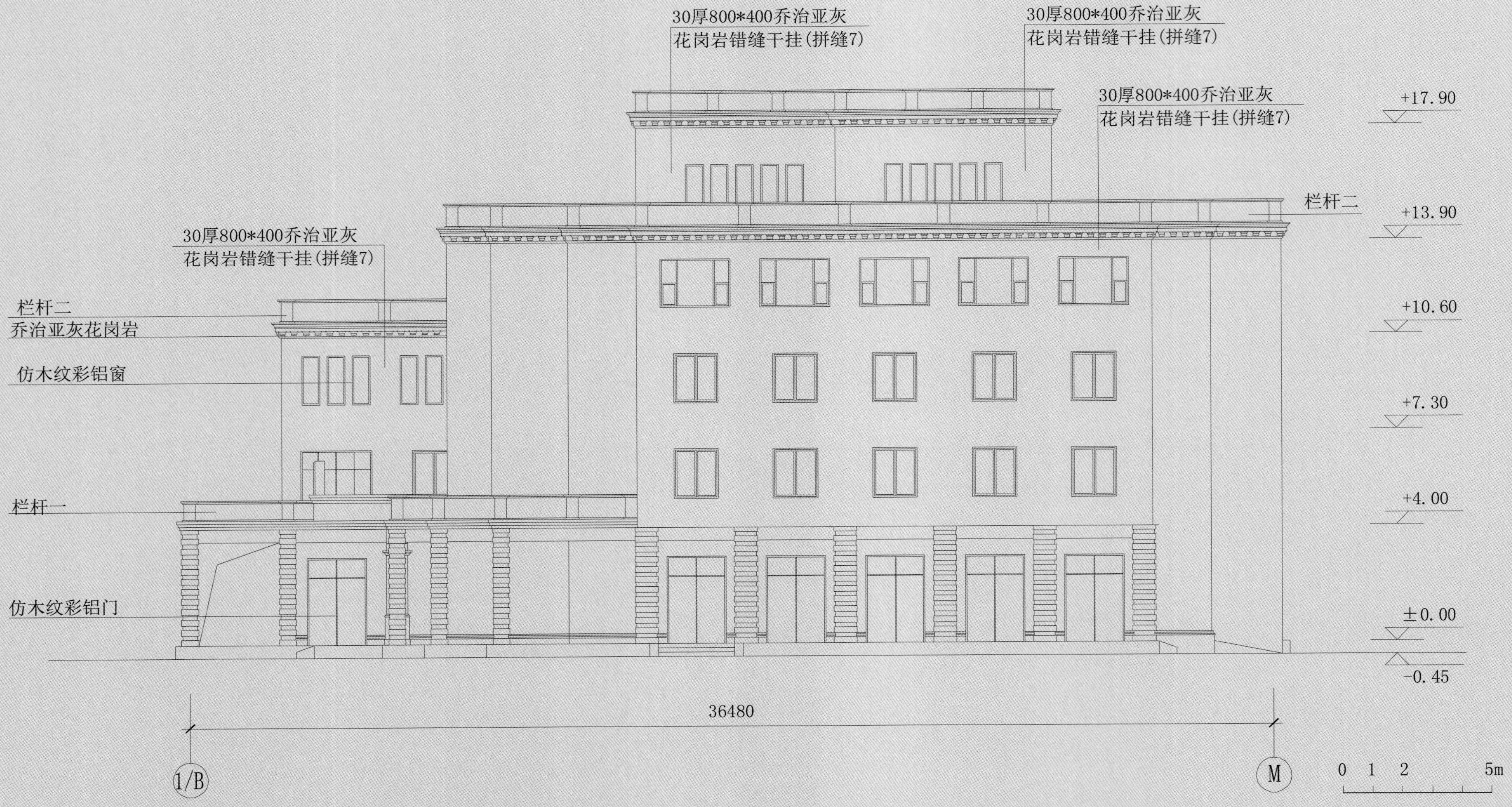

图D-4-4-1-8 原镇江市第二人民医院门诊楼旧址西立面图

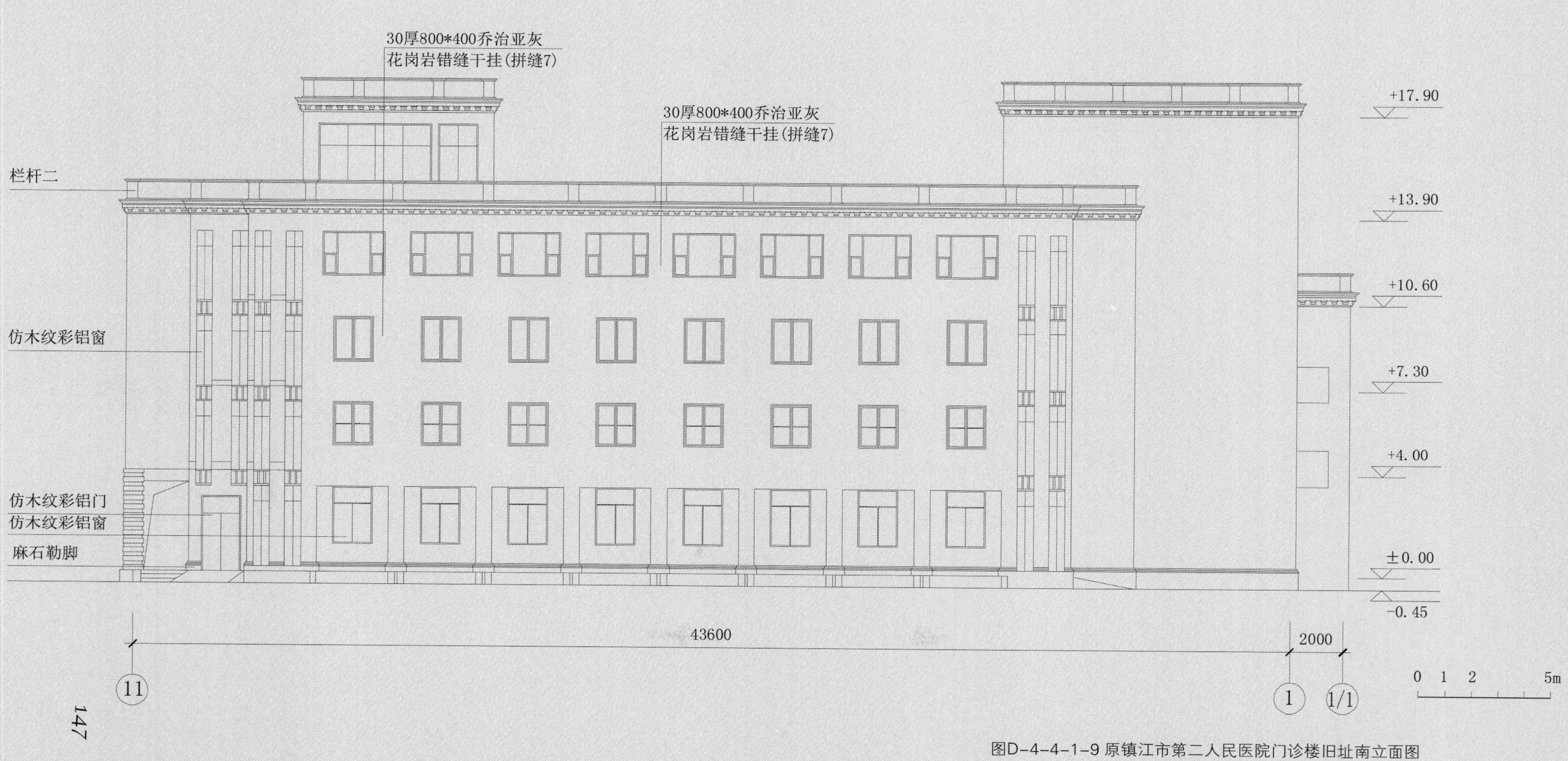

图D-4-4-1-9 原镇江市第二人民医院门诊楼旧址南立面图

图D-4-4-1-10 原镇江市第二人民医院门诊楼旧址剖面图

第二节 原镇江市第二人民医院住院部

一、概述

1. **建筑形态**。住院部大楼位于长江路南侧老火车站站房东侧，原镇江市第二人民医院门诊楼的西南侧（图P-4-4-2-1），该建筑坐西朝东，总占地面积1031.4m^2，总建筑面积3600m^2，长39.6m，东端宽33.9m，西端宽19.5m，改造后高17.1m，共4层局部6层（图P-4-4-2-2）。

图P-4-4-2-1修缮后的原镇江市第二人民医院住院部旧址北立面

图P-4-4-2-2 修缮后的原镇江市第二人民医院住院部旧址西北立面

图P-4-4-2-3 原镇江市第二人民医院住院部旧址（白色楼）

2. 历史沿革和遗存状态。原住院部建筑整体三层，局部四层，朝门处局部五楼，一层层高3.6m，二至四层层高3.3m，局部四层、五层层高3.6m。为防潮湿，该建筑离地45cm为建筑±0。该楼四层东南方有一平台，长15.2m，宽10.8m，面积为164.16m²，为住院部阳台（图P-4-4-2-3）。由于建造于20世纪80年代，该建筑抗震标准较低。修缮后主体结构保留了原建筑结构形式。

二、主要修缮技术方案

大修。2013年，西津渡公司对该建筑进行了修缮。维修前，镇江市规划局提出了改造方案，明确了改造目的和规划要求；镇江市地景园林规划设计有限公司制定了规划设计和施工图方案；西津渡公司邀请有关专家，对改造方案进行了评估论证。鉴于该建筑南侧为文保建筑原海员俱乐部旧址，为西式建筑。根据专家评审和规划审批的方案，为适应该文保建筑风格，该楼立面按伯先路中西合璧式民国建筑风格实施风貌改造，使与之相协调；实施结构改造，使之与现行国家安全标准相一致；实施功能改造，将医院功能改造为商务酒店功能。根据这一要求，原住院部大楼主要修缮内容为：结构加固、墙面屋面风貌改造、内部功能重整等（图P-4-4-2-4、图P-4-4-2-5）。

图P-4-4-2-4 修缮后的原镇江市第二人民医院住院部旧址西立面

图P-4-4-2-5 修缮后的原镇江市第二人民医院住院部旧址东立面

图P-4-4-2-6 修缮后的原镇江市第二人民医院住院部旧址屋面处理

图P-4-4-2-7 修缮后的原镇江市第二人民医院住院部旧址窗户

为了提高该建筑的抗震强度，修缮中对该建筑进行了详细可行的加固措施，对该建筑的基柱和梁进行浇筑钢筋混凝土构件的加固等工作，使该建筑抗震标准提高到建筑安全等级二级，同时建立了安全信息档案。

该楼北立面一楼开设大门，门两侧设廊。二层设有弧形阳台；门楼、门廊、阳台栏杆均用米白色花岗岩装饰。东立面一楼同样设门楼，用米白色花岗岩门套装饰。屋面改原平顶为坡顶屋面（图P-4-4-2-6）；墙面仿青面砖贴面。一楼西立面设拱形仿木门窗（图P-4-4-2-7）。

三、建筑物修缮责任表

建设单位：镇江市西津渡建设发展有限责任公司

项目负责人：邵浜 史美侬

测绘、设计修缮单位：镇江市地景园林规划设计有限公司

设计人员：骆雁 纪伟力

监理单位：镇江建科工程监理有限公司

监理人员：刘晓瑞 景宝富

施工单位：江苏五星建设集团有限公司

项目经理：张武春

施工时间：2013.10.8 — 2013.12.27

四、施工图

如图D-4-4-2-1 ~ 图D-4-4-2-9所示。

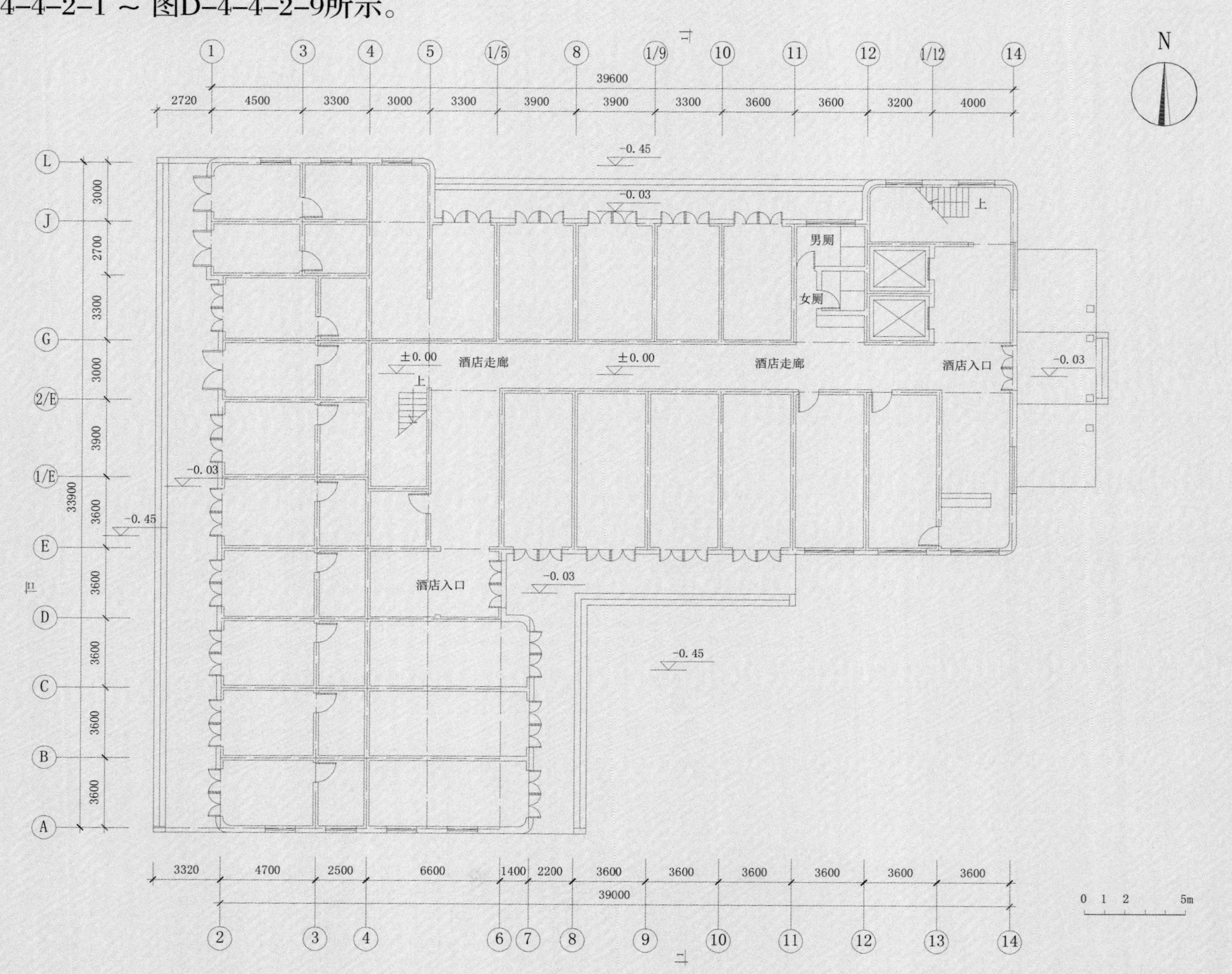

图D-4-4-2-1 原镇江市第二人民医院住院部旧址一层平面图

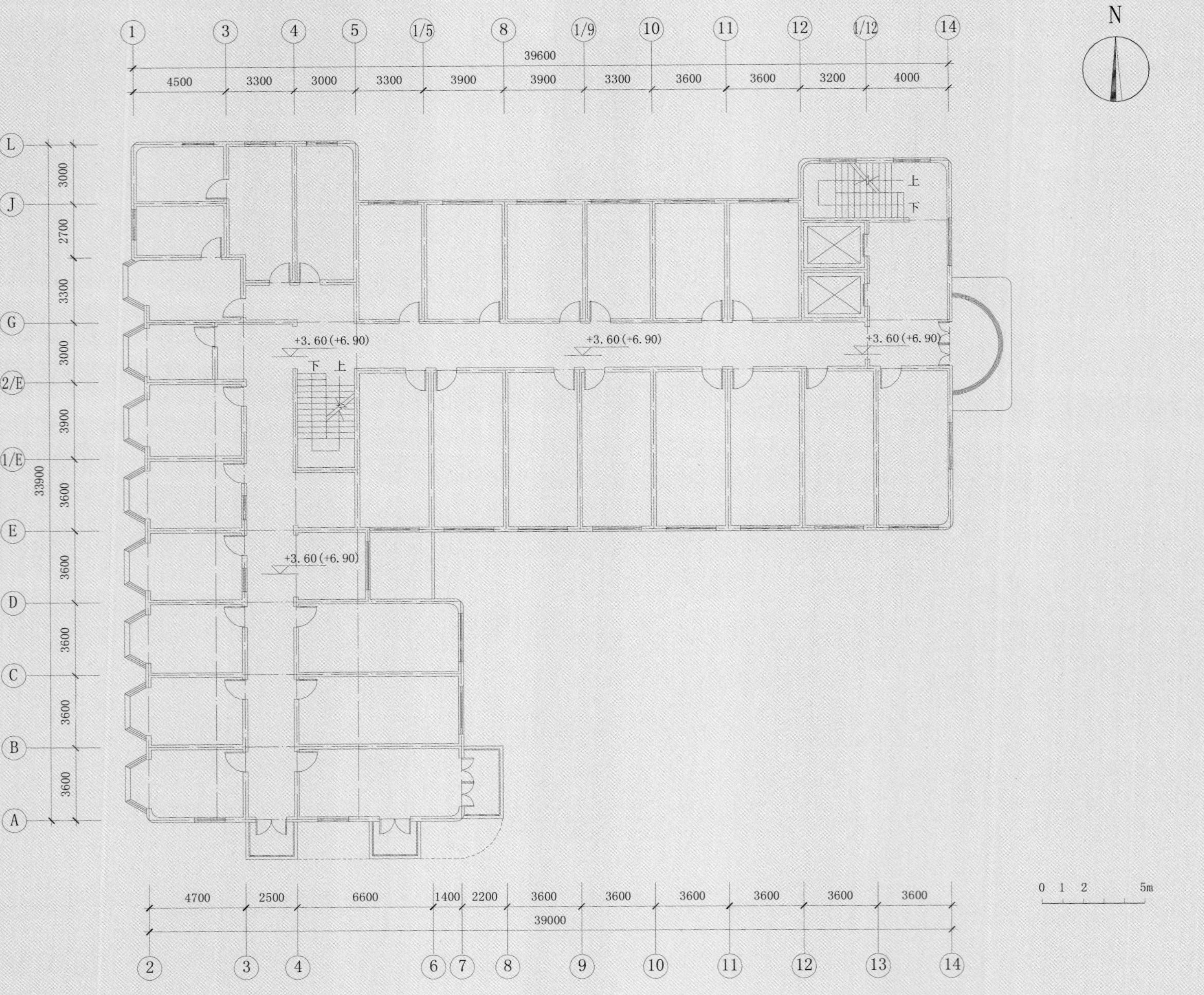

图D-4-4-2-2 原镇江市第二人民医院住院部旧址二三层平面图

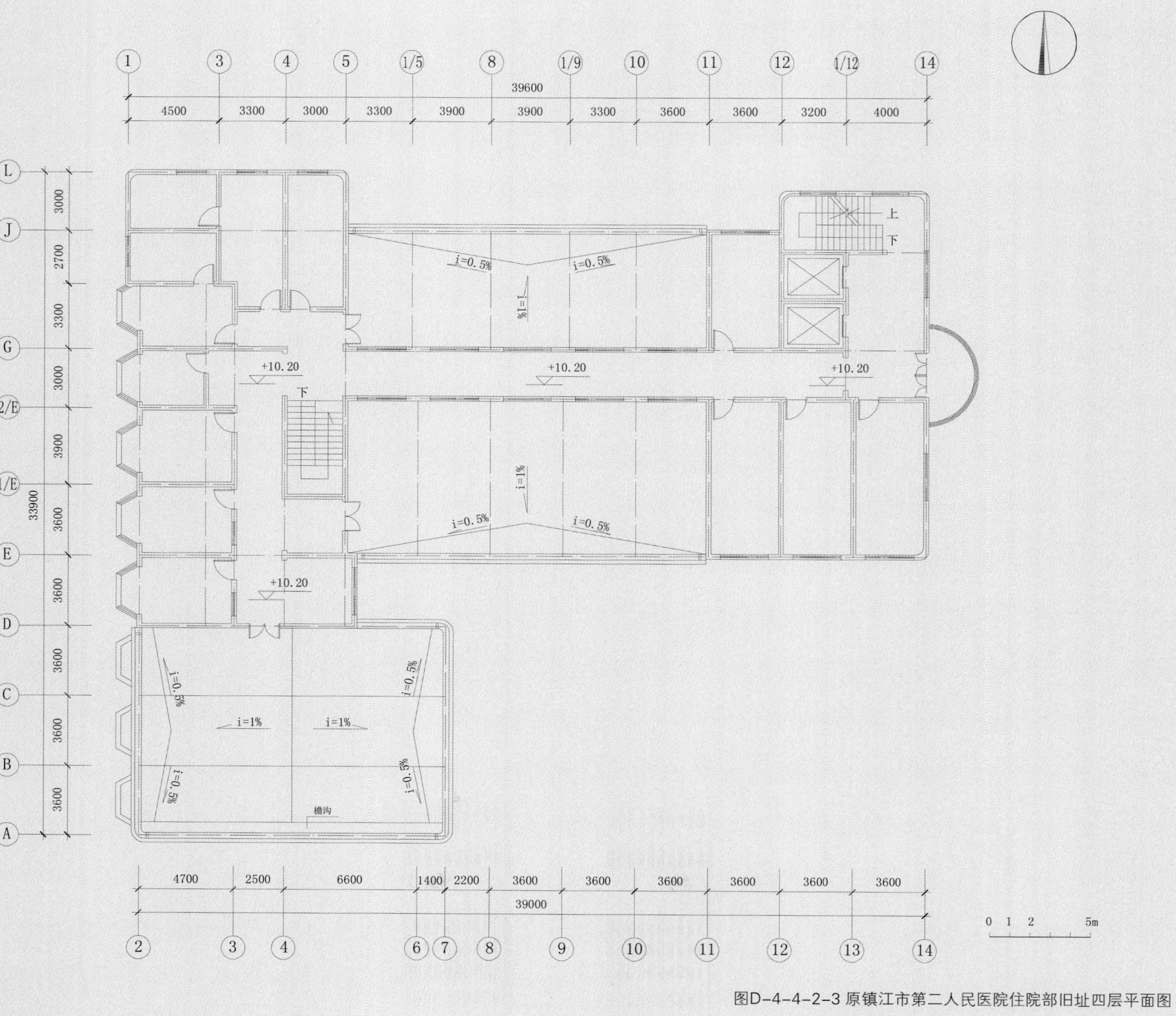

图D-4-4-2-3 原镇江市第二人民医院住院部旧址四层平面图

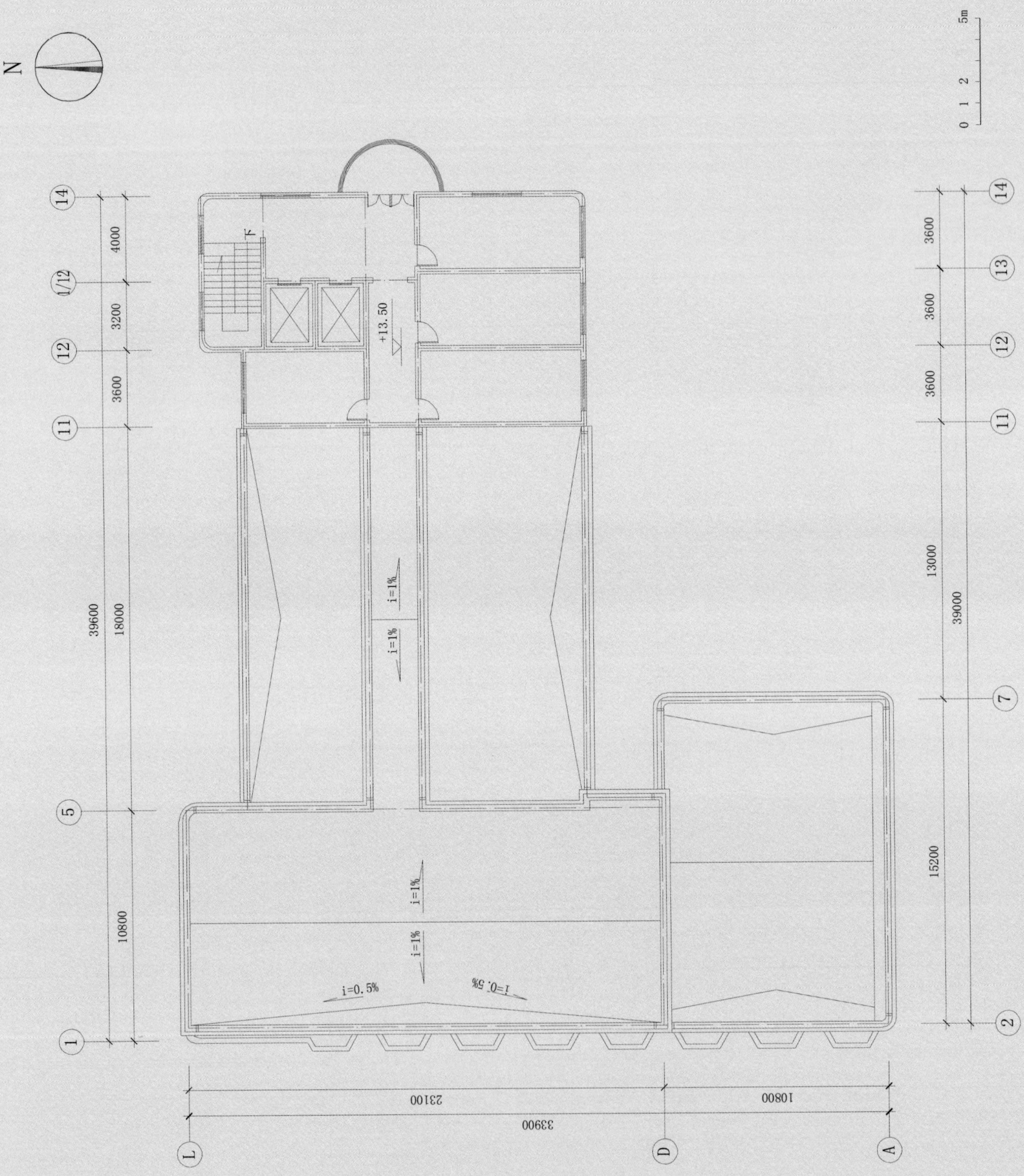

图D-4-4-2-4 原镇江市第二人民医院住院部旧址五层平面图

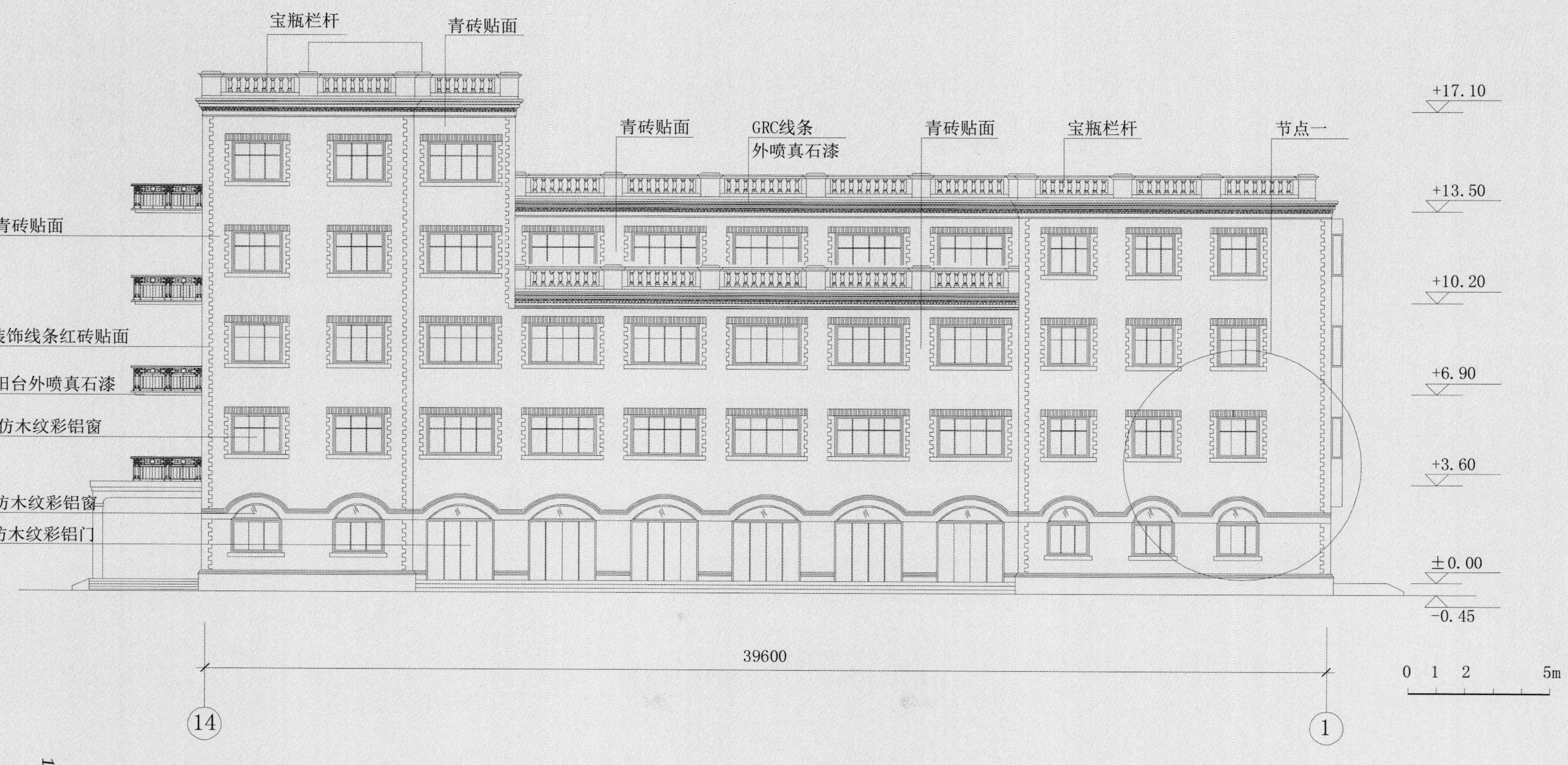

图D-4-4-2-5 原镇江市第二人民医院住院部旧址北立面图

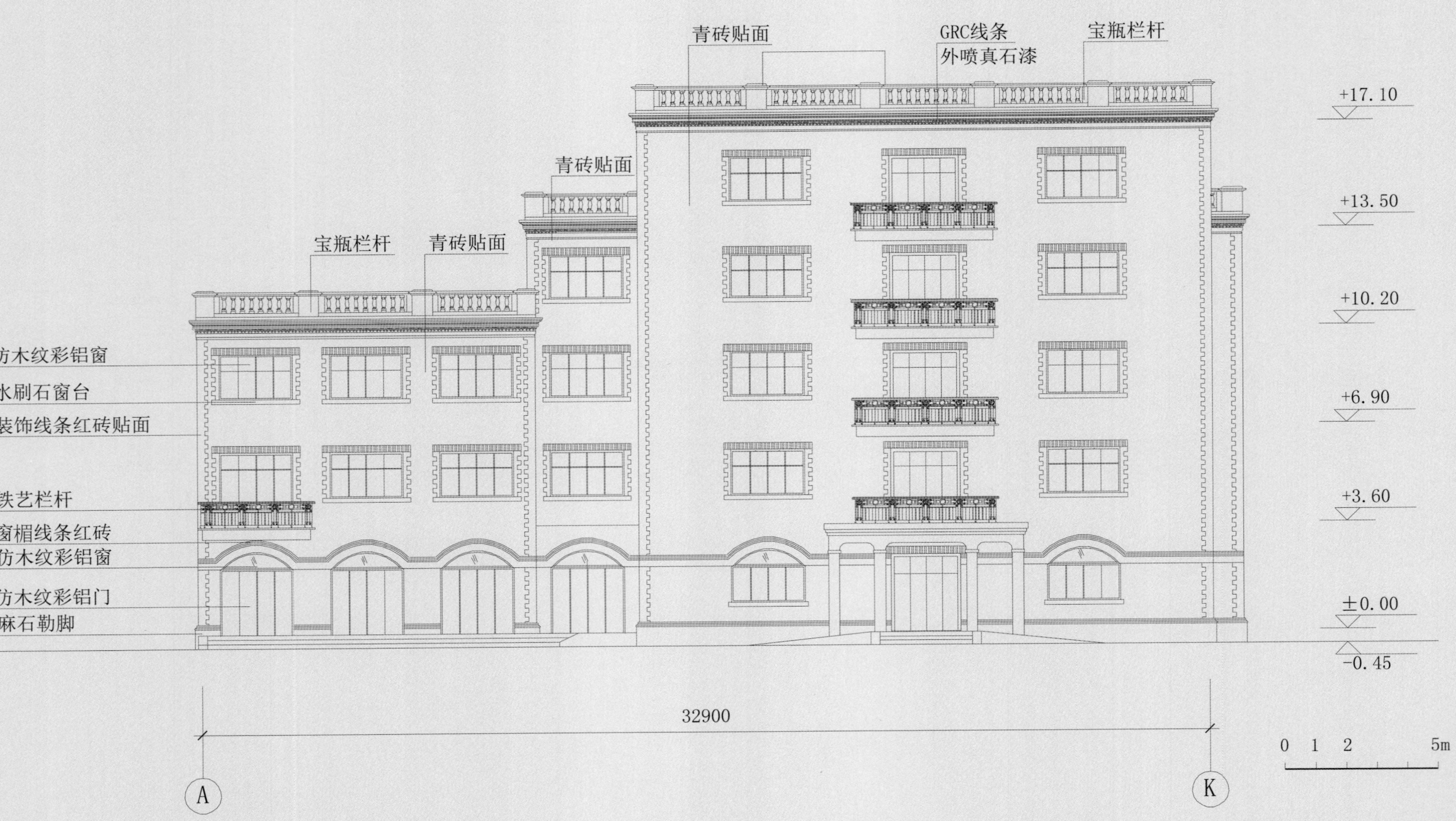

图D-4-4-2-6 原镇江市第二人民医院住院部旧址东立面图

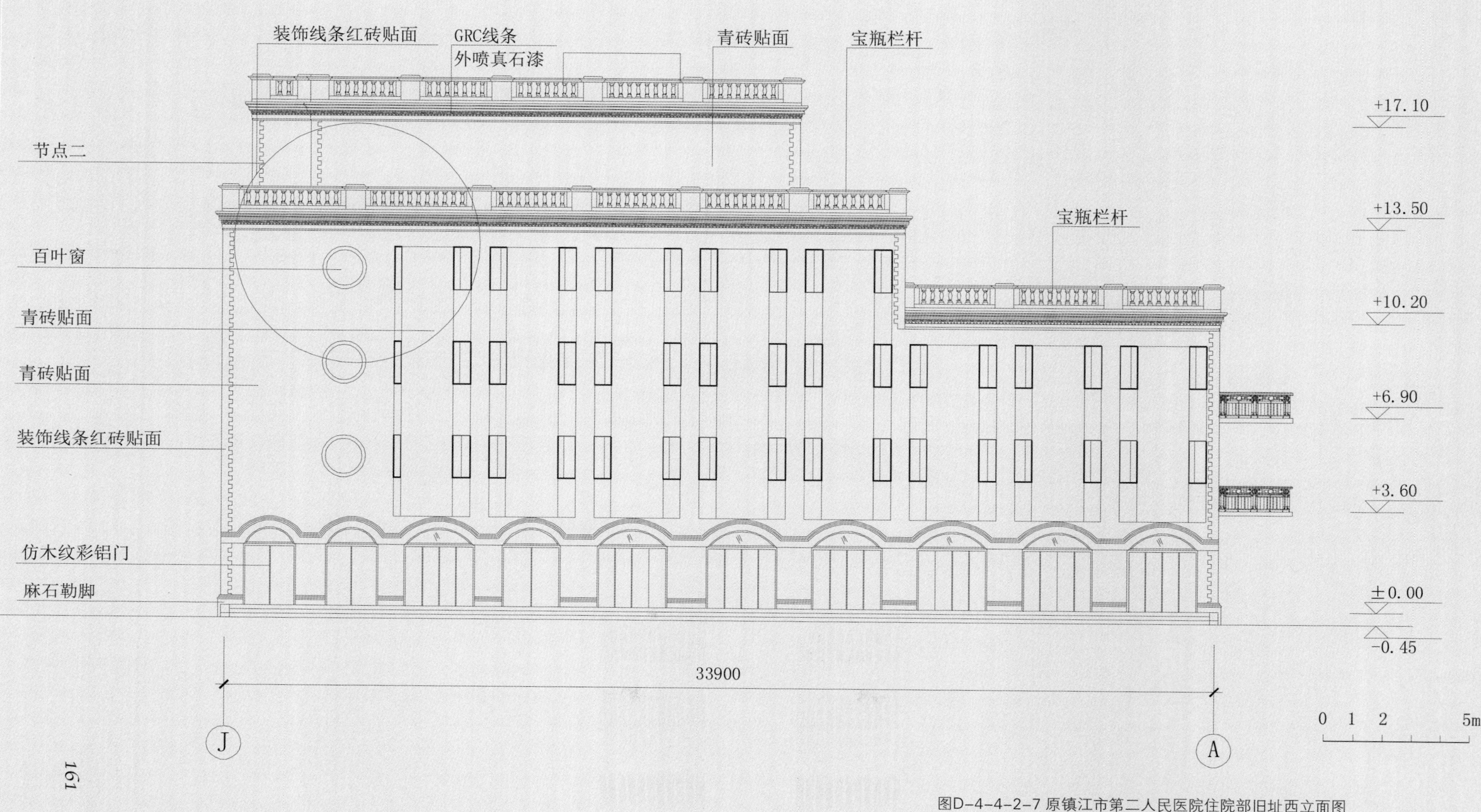

图D-4-4-2-7 原镇江市第二人民医院住院部旧址西立面图

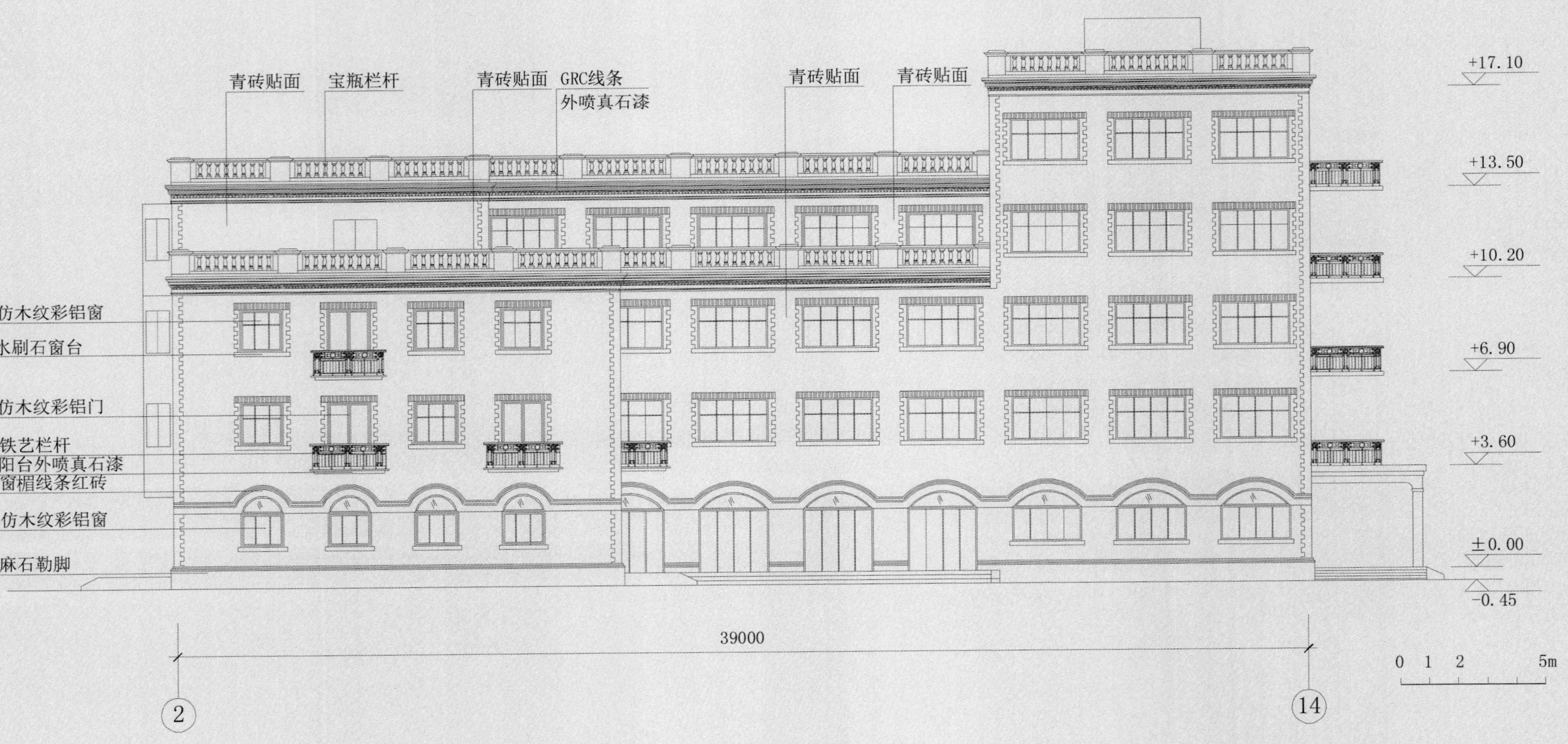

图D-4-4-2-8 原镇江市第二人民医院住院部旧址南立面图

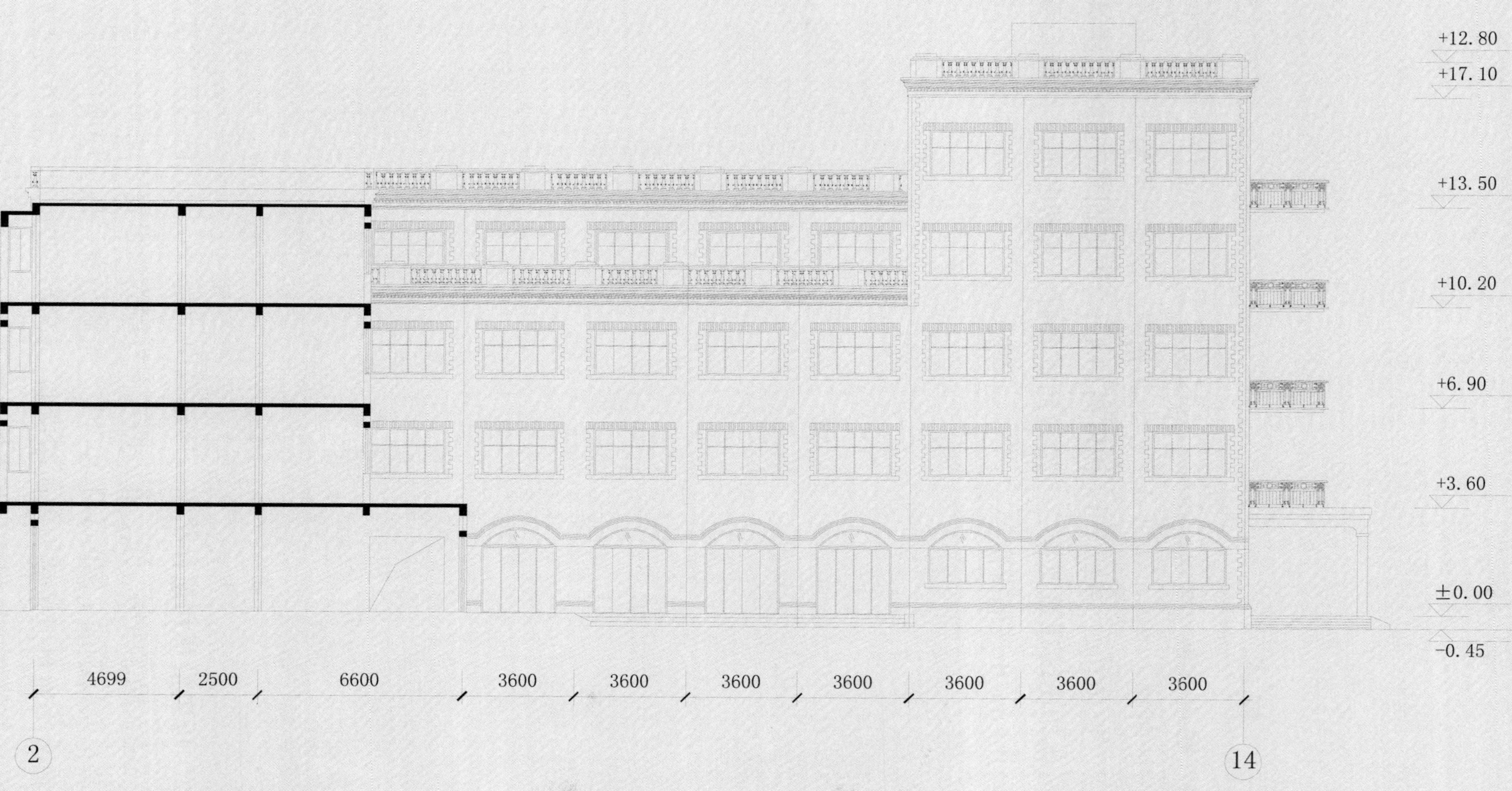

图D-4-4-2-9 原镇江市第二人民医院住院部旧址剖面图

第三节 原镇江市第二人民医院手术楼（现镇江市民间文化艺术馆）

一、概述

1．建筑形态。原镇江市第二人民医院手术楼旧址位于该院西南角、原海员俱乐部旧址西侧（图P–4–4–3–1），坐北朝南。该建筑原高三层，局部四层，改造后高三层，长40.6m、宽17.7m、檐口高13.4m，占地面积768m^2，建筑面积2426m^2。建筑风格仿民国建筑风格，一楼设西式券廊，青砖贴面、红砖起券，仿古铝合金断桥隔热Low–E玻璃排窗。

图P–4–4–3–1 修缮后的原镇江市第二人民医院手术楼旧址西南立面

2．历史沿革和遗存状态。该建筑原址是一、二病区及手术室及部分空地。原建筑三层，局部四层。东、北、西三面外墙为白色瓷砖贴面（图P–4–4–3–2），朝南为黄色涂料刷墙（图P–4–4–3–3）。东侧另有一栋三层楼为医院行政办公用房，后拆掉改为海员俱乐部大街西端道路。经过重新规划、拆并调整后组合为现有建筑。2018年镇江市民间文化艺术馆从原亚细亚石油公司旧址迁到现址，该建筑始成为镇江市民间文化艺术展示和活动场所及民间文化艺术资料库（图P–4–4–3–4）。

图P-4-4-3-2 修缮前的原镇江市第二人民医院手术楼北立面

图P-4-4-3-3 修缮前的原镇江市第二人民医院手术楼南立面（左）、西立面（右）

二、主要修缮技术方案

重建。2013年，西津渡公司对该建筑实施改造。维修前，镇江市规划局提出了改造方案，明确了改造目的和规划要求；江苏中森建筑设计有限公司制定了规划设计和施工图方案；西津渡公司邀请有关专家，对改造方案进行了评估论证。为适应该建筑东侧为文保建筑（原海员俱乐部旧址）的西式建筑风格，根据专家评审和规划审批的方案，该楼立面按伯先路中西合璧式民国时期建筑风格实施风貌改造，使与之相协调；实施降层和结构调整，原四层降为三层，并使之与现行国家安全标准相一致；实施功能调整，将医院功能改造为商务酒店功能。实施立面风貌改造，对墙面按街区传统风貌要求改白瓷砖饰面为清水青砖饰面，屋面在降层后仍采取原建筑屋面形式并在色彩上与街区风格协调；实施功能配套，按照酒店业服务设施配备水电气等设施，采用楼梯与电梯的通行形式，满足改造后的再利用需要。

图P-4-4-3-4 镇江市民间文化艺术馆门楼门廊

三、建筑物修缮责任表

建设单位：镇江市西津渡文化旅游有限责任公司

项目负责人：张颀科

设计单位：江苏中森建筑设计有限公司

设计人员：姚庆武 郭云飞

监理单位：镇江建科工程管理有限公司

监理人员：刘晓瑞 景宝富

施工单位：镇江锦华古典园林工程有限公司

项目经理：黎金虎

施工时间：2014.9.20—2015.4.28

四、施工图

如图D-4-4-3-1 ~ 图D-4-4-3-11所示。

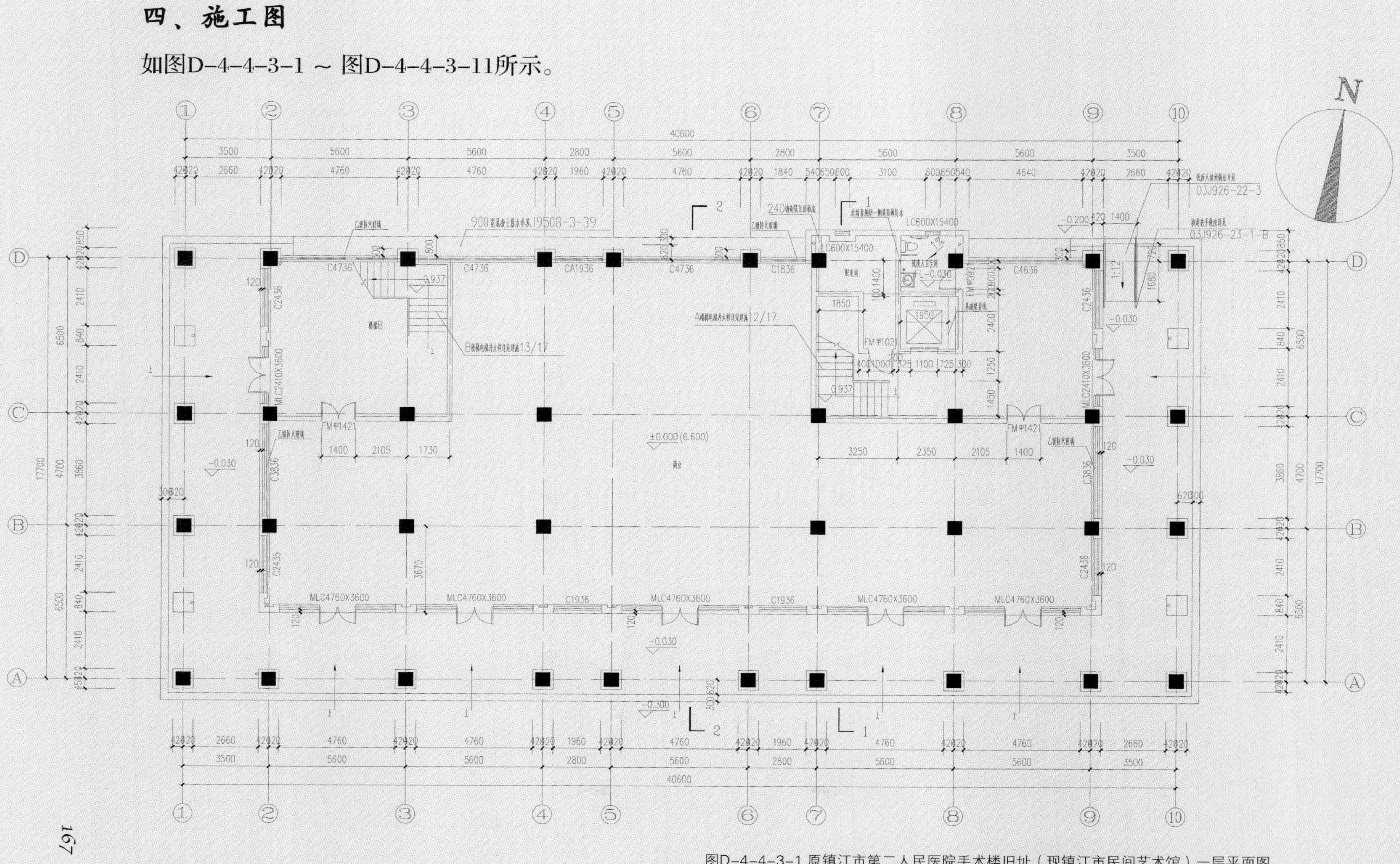

图D-4-4-3-1 原镇江市第二人民医院手术楼旧址（现镇江市民间艺术馆）一层平面图

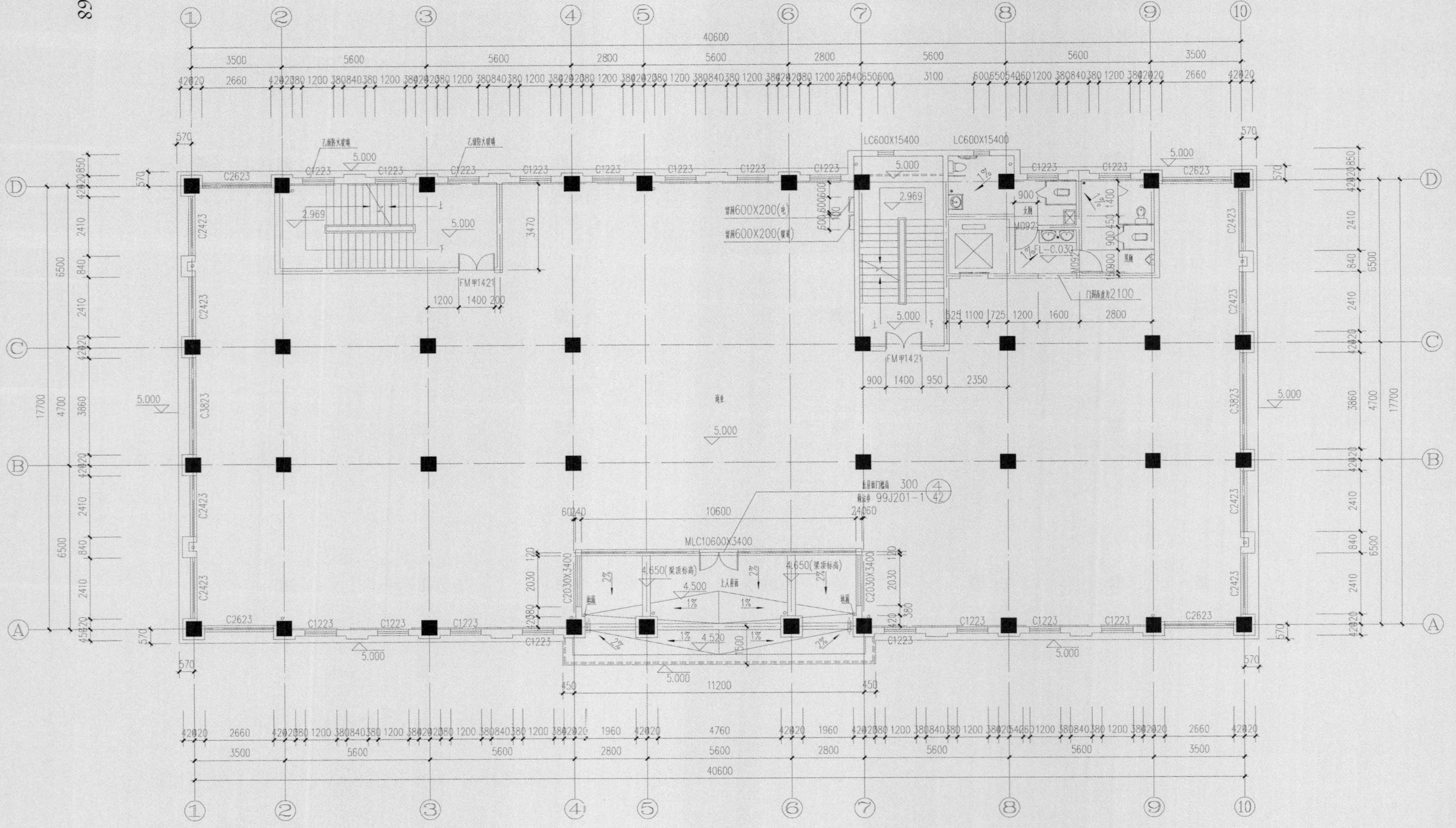

图D-4-4-3-2 原镇江市第二人民医院手术楼旧址（现镇江市民间艺术馆）二层平面图

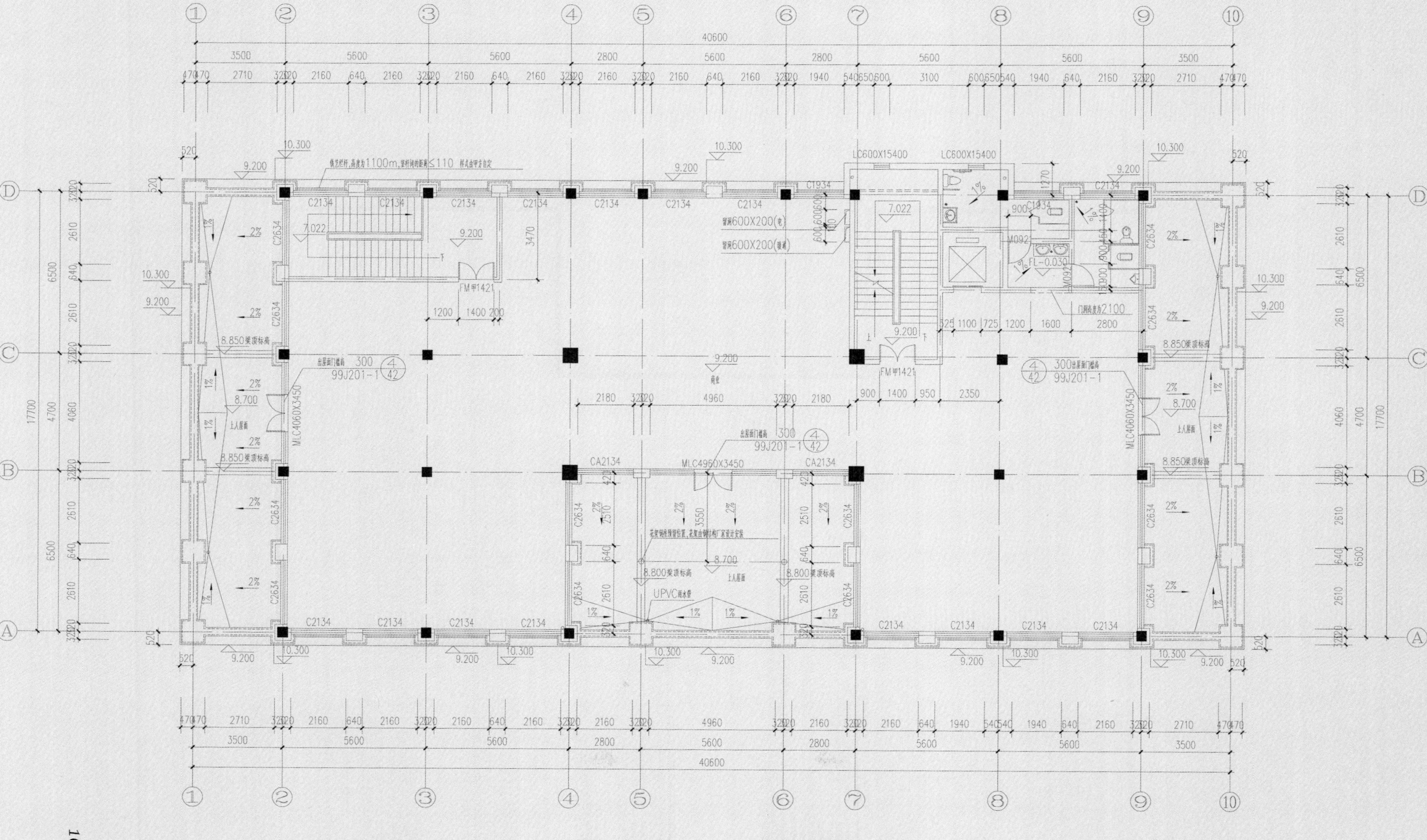

图D-4-4-3-3 原镇江市第二人民医院手术楼旧址（现镇江市民间艺术馆）三层平面图

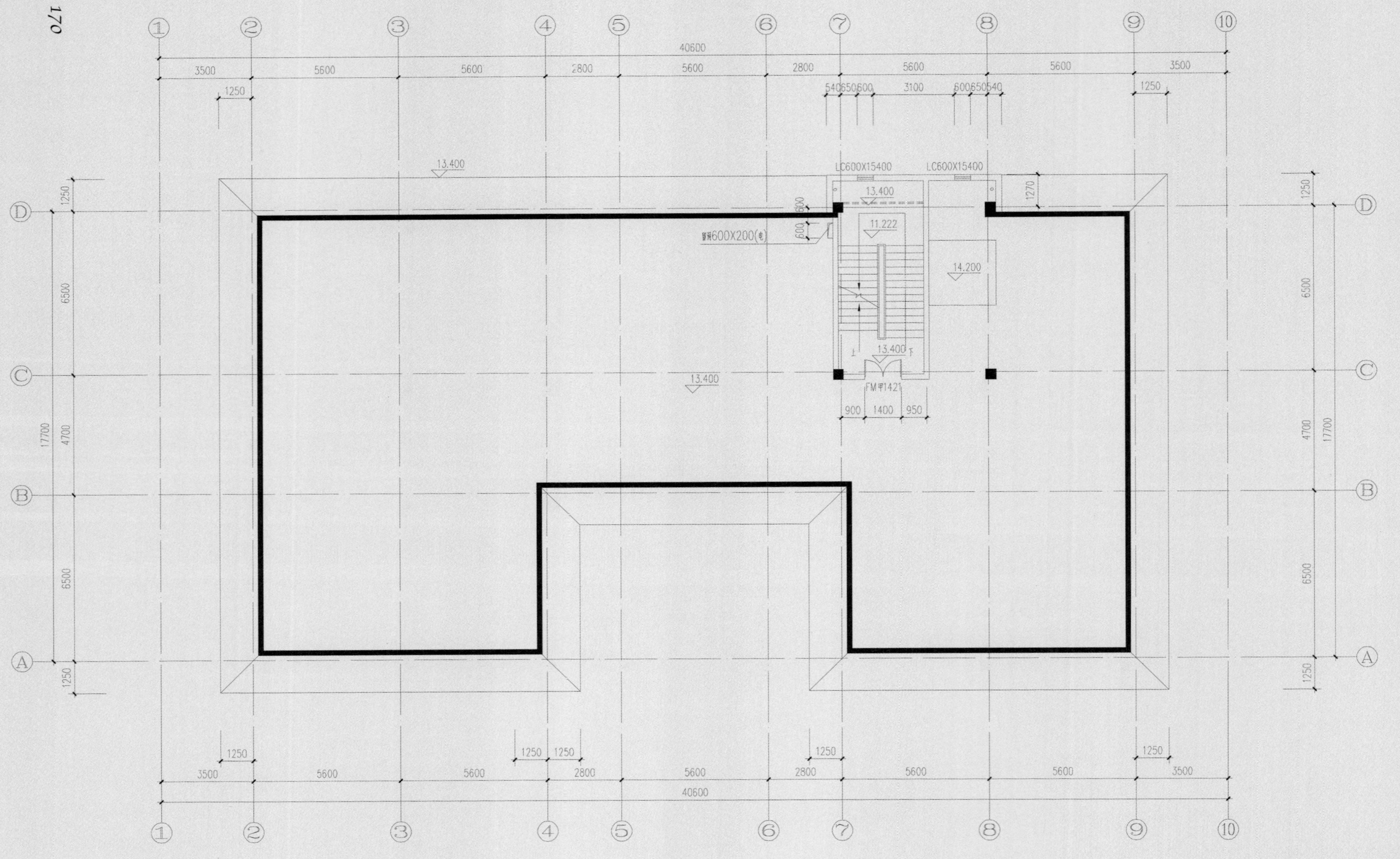

图D-4-4-3-4 原镇江市第二人民医院手术楼旧址（现镇江市民间艺术馆）夹层平面图

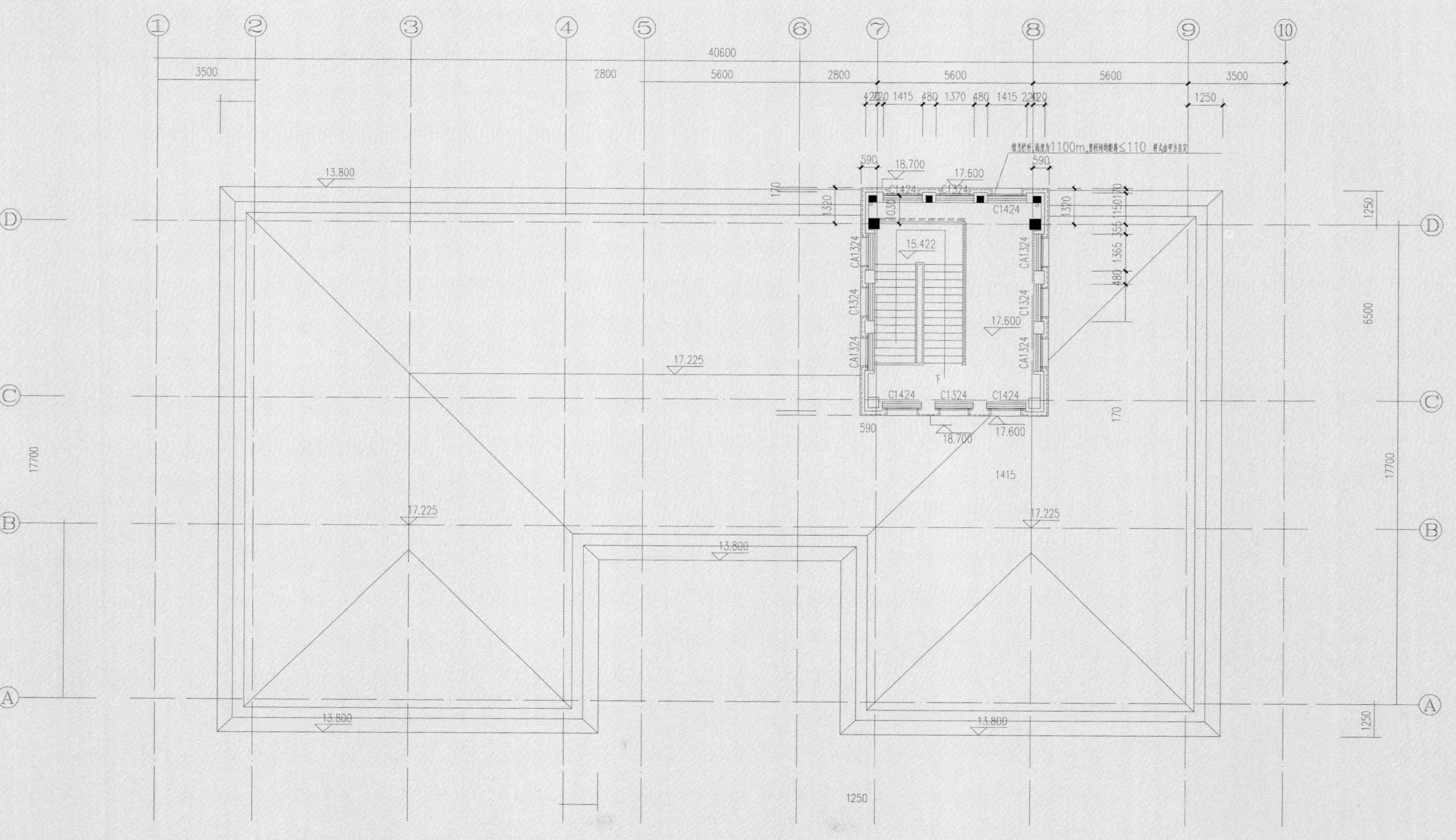

图D-4-4-3-5 原镇江市第二人民医院手术楼旧址（现镇江市民间艺术馆）顶层楼梯平面图

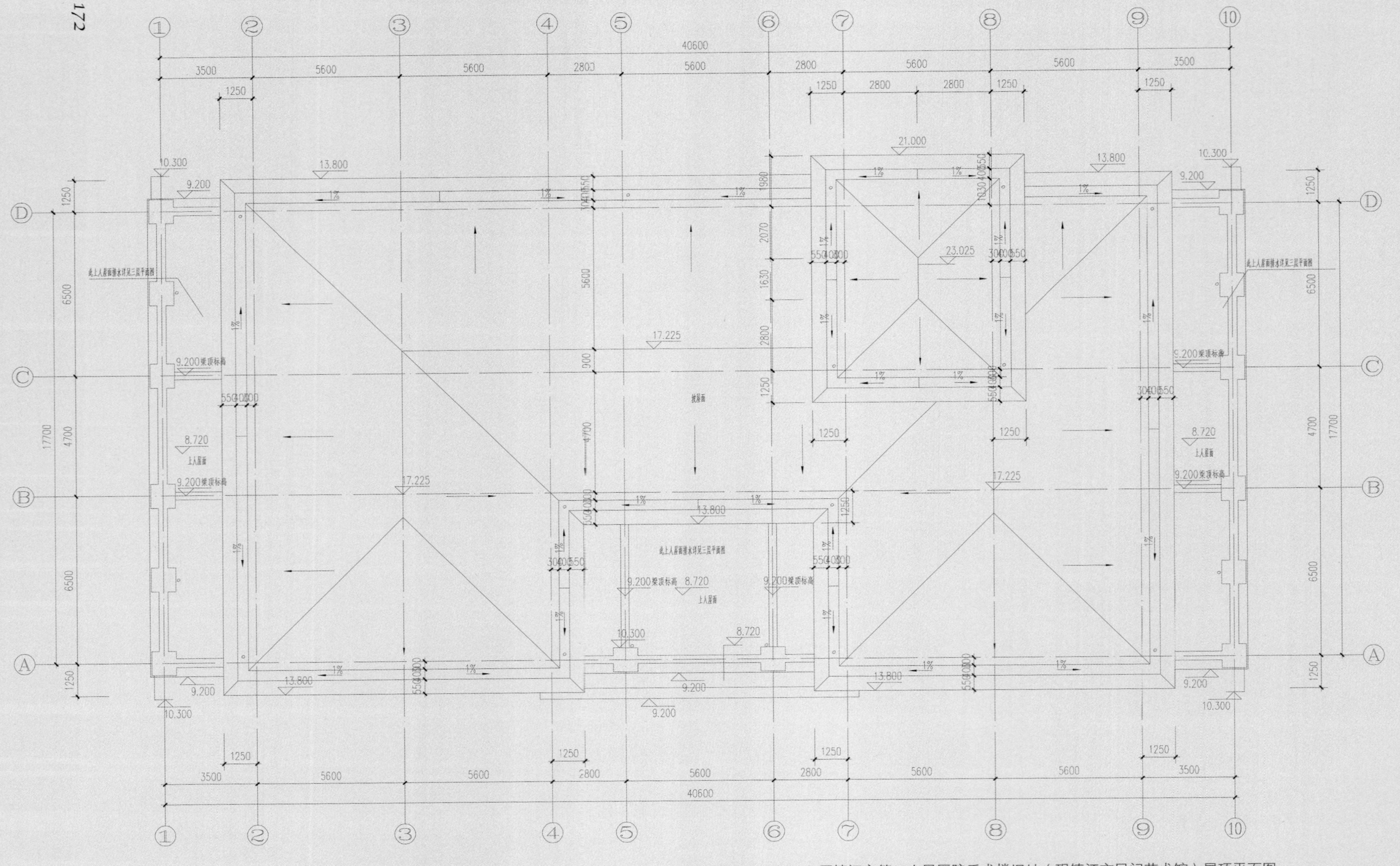

图D-4-4-3-6 原镇江市第二人民医院手术楼旧址（现镇江市民间艺术馆）屋顶平面图

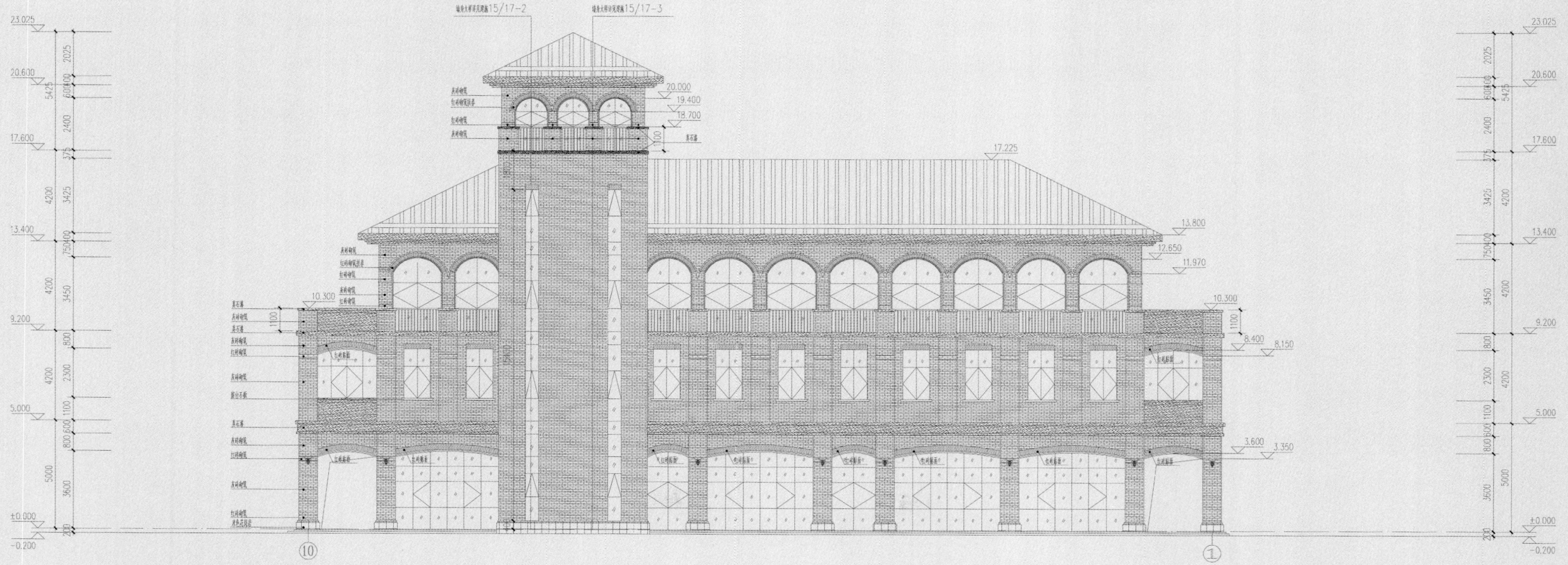

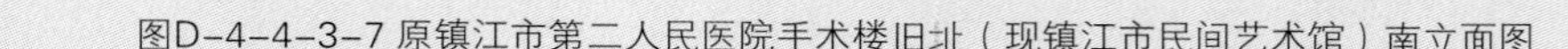

图D-4-4-3-7 原镇江市第二人民医院手术楼旧址（现镇江市民间艺术馆）南立面图

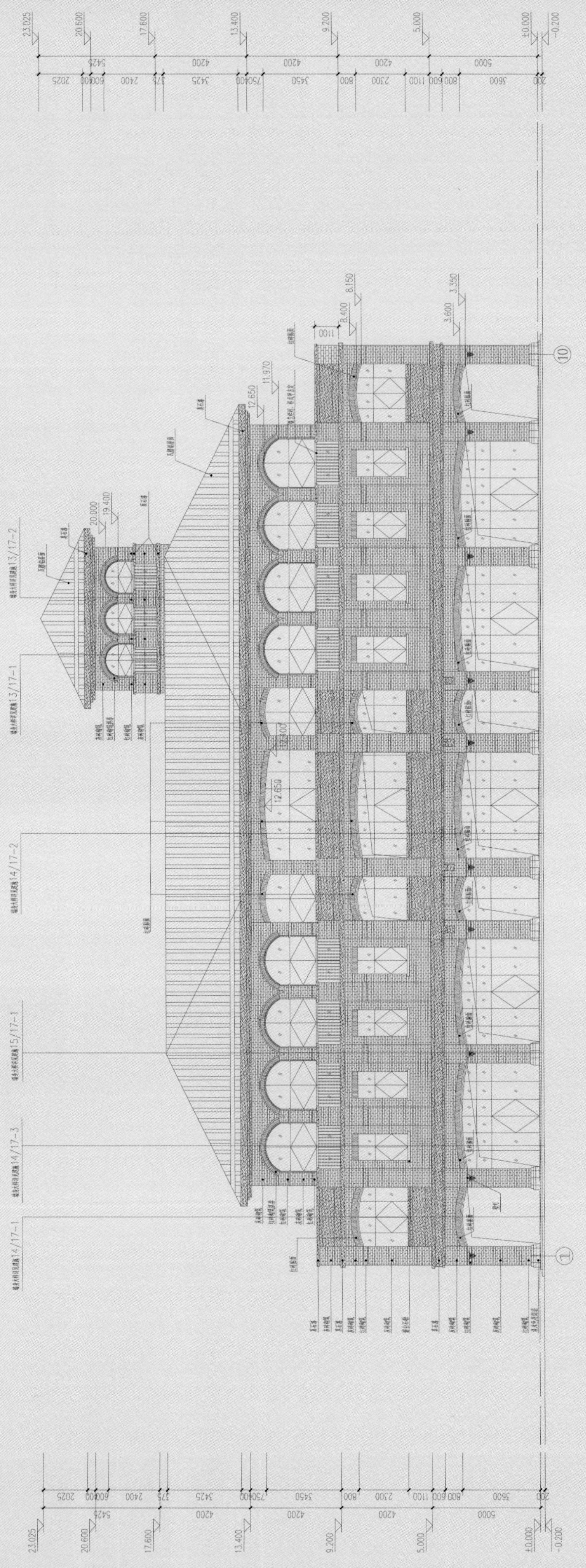

图D-4-4-3-8 原镇江市第二人民医院手术楼旧址（现镇江市民间艺术馆）北立面图

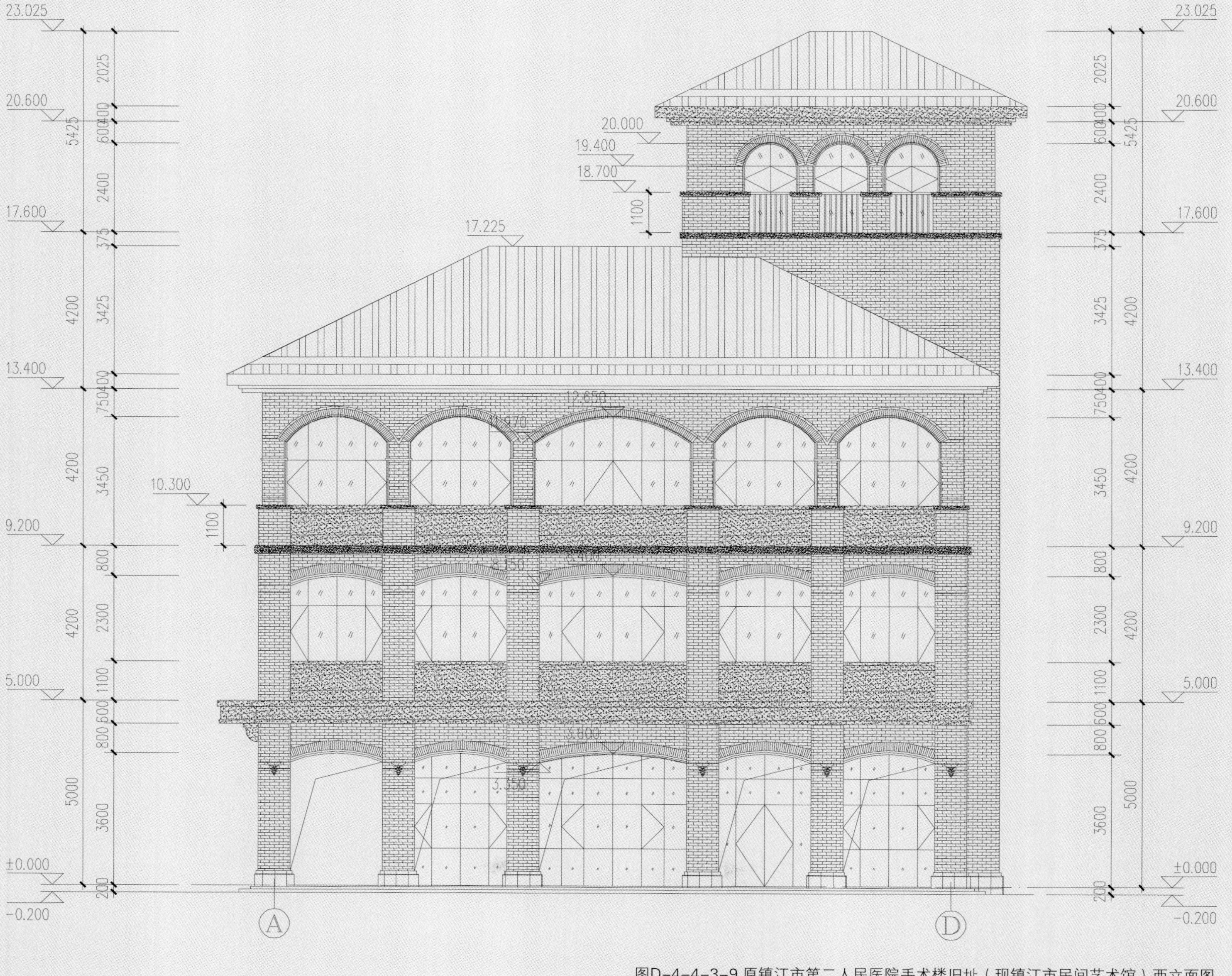

图D-4-4-3-9 原镇江市第二人民医院手术楼旧址（现镇江市民间艺术馆）西立面图

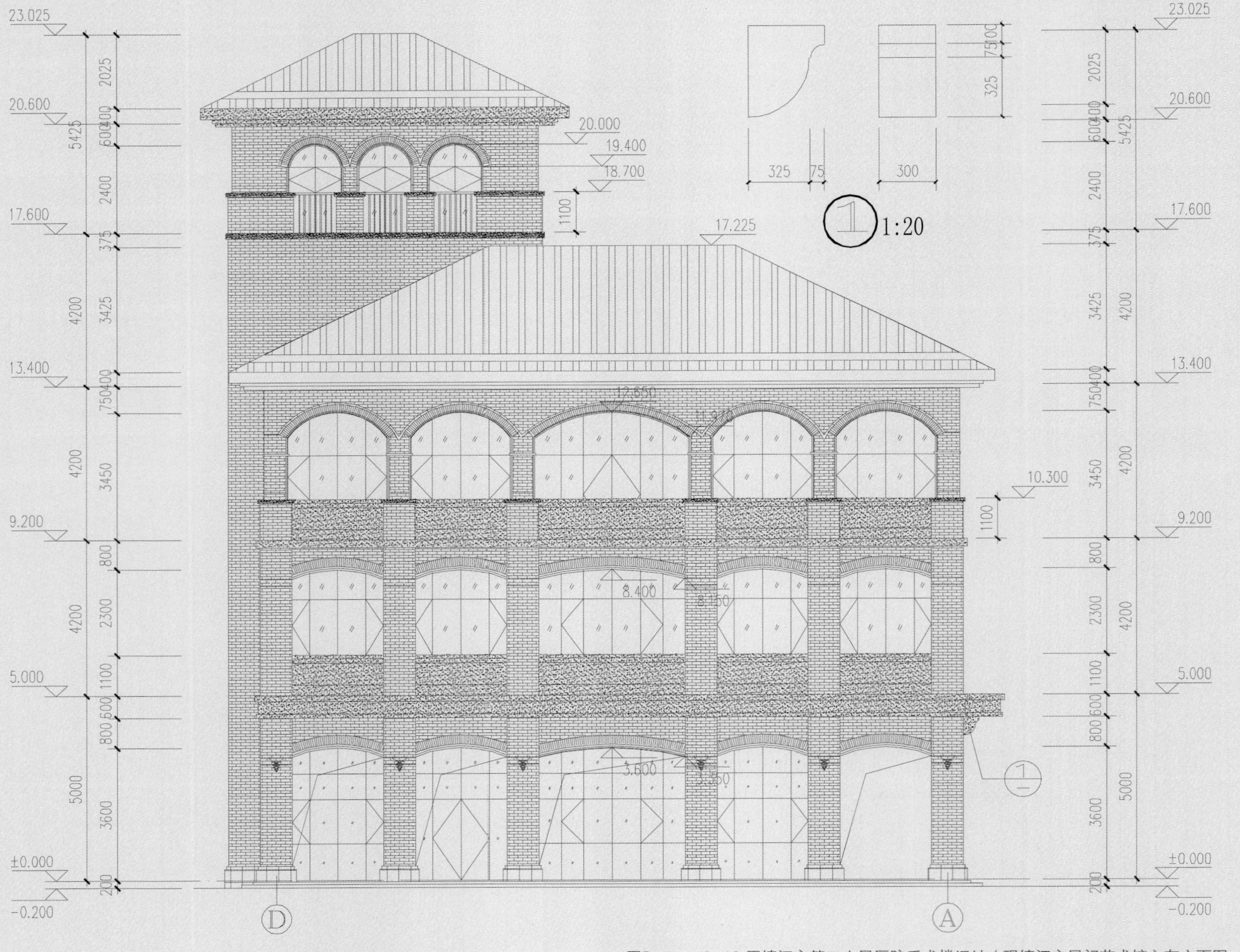

图D-4-4-3-10 原镇江市第二人民医院手术楼旧址（现镇江市民间艺术馆）东立面图

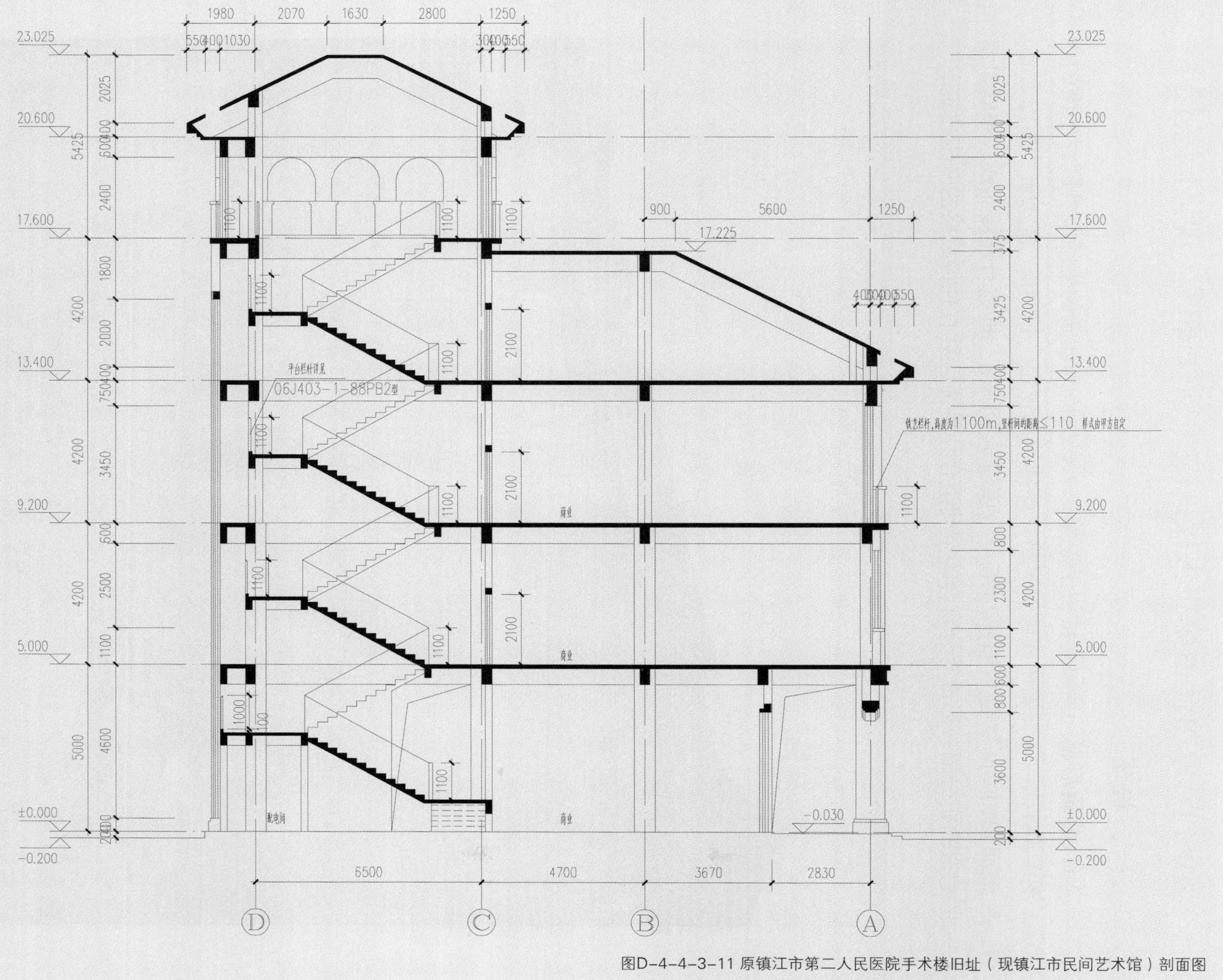

图D-4-4-3-11 原镇江市第二人民医院手术楼旧址（现镇江市民间艺术馆）剖面图

第四节 原镇江市第二人民医院生活保障区（现诺园茶楼）

一、概述

1．建筑形态。诺园茶楼位于原第二人民医院东北角的生活服务区，坐南朝北（图P-4-4-4-1），新中式建筑风格。该建筑高三层，长34m、宽32m、高12.3m，占地面积1088m²，建筑面积2596m²。该建筑实际由三栋建筑连接而成，中间以南北巷道曲折分隔，形成有分有合的空间组合，是街区具有独特风格的一组建筑。

图P-4-4-4-1 诺园茶楼北立面

图P-4-4-4-2 修缮前的原镇江市第二人民医院行政办公室与食堂（左）停车库和配电房（右）

图P-4-4-4-3 诺园茶楼东立面（局部）（陈大经 摄）

2. 历史沿革和遗存状态。该建筑原址位于第二人民医院东北角，临长江路为供电局配电房，配电房西南侧均为原第二人民医院生活保障区，为自行车、电瓶车车棚，南侧东为锅炉房、西为“热交换站房”，紧邻医院行政办公楼及医院食堂（图P-4-4-4-2）。整个区域建筑杂乱无章、建筑质量极差，影响街区整体建筑

图P-4-4-4-4 诺园茶楼内部布局组图

风貌。第二人民医院搬迁后，2012年对该地区按规划重新布局，拆除原有配电房、锅炉房及车棚等破旧废弃建筑，重建旅游配套服务建筑。2018年该建筑东楼为诺园茶楼租用（图P-4-4-4-3、图P-4-4-4-4），西北楼为“杨婆婆”餐饮租用（图P-4-4-4- 5），西南楼为ROBAM老板电器租用，见图P-4-4-4-6。

图P-4-4-4-5 诺园茶楼北立面（局部）（陈大经 摄）

二、主要修缮技术方案

重建。新中式建筑。2014年9月，西津渡公司对该地块按规划实施风貌改造。改造前，镇江市规划局明确了改造目的和规划要求；西津渡公司委托江苏中森建筑设计有限公司制定了改造方案、规划设计和施工图；西津渡公司邀请有关专家，对改造方案进行了评估论证。根据该地块紧邻西津渡街区，原来的破旧建筑呈现的组合形态，该组建筑采取新中式组合建筑立面形式，既保持原有肌理，又有利于与东南侧老街区风格协调，也可以与西侧原海员俱乐部西式建筑风格协调。通过高度控制，保证在小码头街向北侧的视觉通道不受该楼阻滞，在长江路及滨江地带到云台山的视觉通道畅通；立面风貌按街区传统风貌要求改白瓷砖饰面为清水青砖饰面，实施功能配套，按照酒店业服务设施配备水电气等设施，满足改造后的再利用需要。

图P-4-4-4-6 诺园茶楼西南立面（ROBAM老板）（局部）

三、建筑物修缮责任表

建设单位：镇江市西津渡文化旅游责任有限公司

项目负责人：张頎科

设计单位：江苏中森建筑设计有限公司

设计人员：姚庆武 郭云飞

监理单位：镇江建科工程管理有限公司

监理人员：刘晓瑞 景宝富

施工单位：江苏广泽建设工程有限公司

项目经理：陈志祥

施工时间：2014.9.20 — 2015.5.30四、施工图

四、施工图

如图D-4-4-4-1 ~ 图D-4-4-4-8所示。

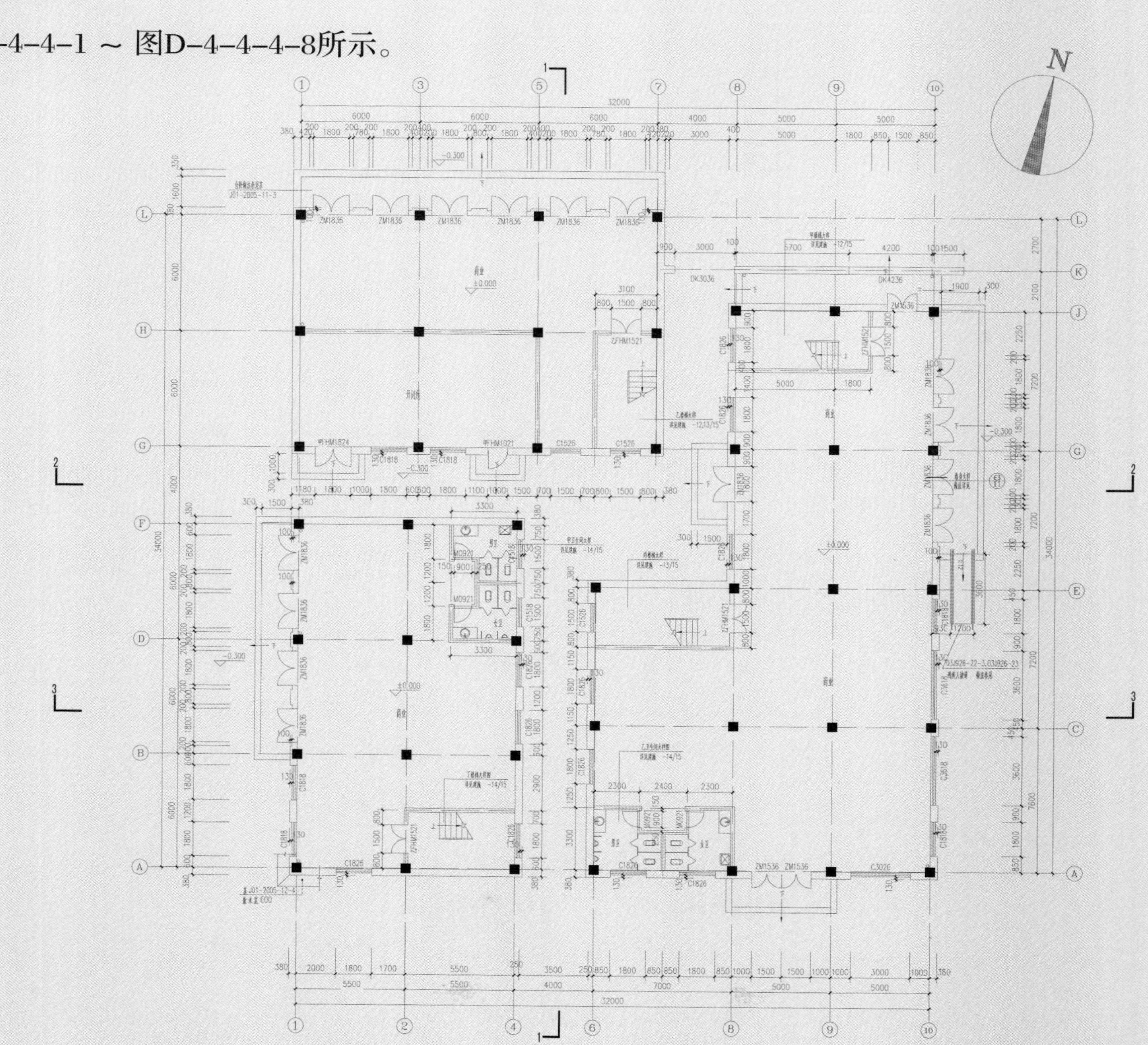

图D-4-4-4-1 原镇江市第二人民医院生活保障区（现诺园茶楼）一层平面图

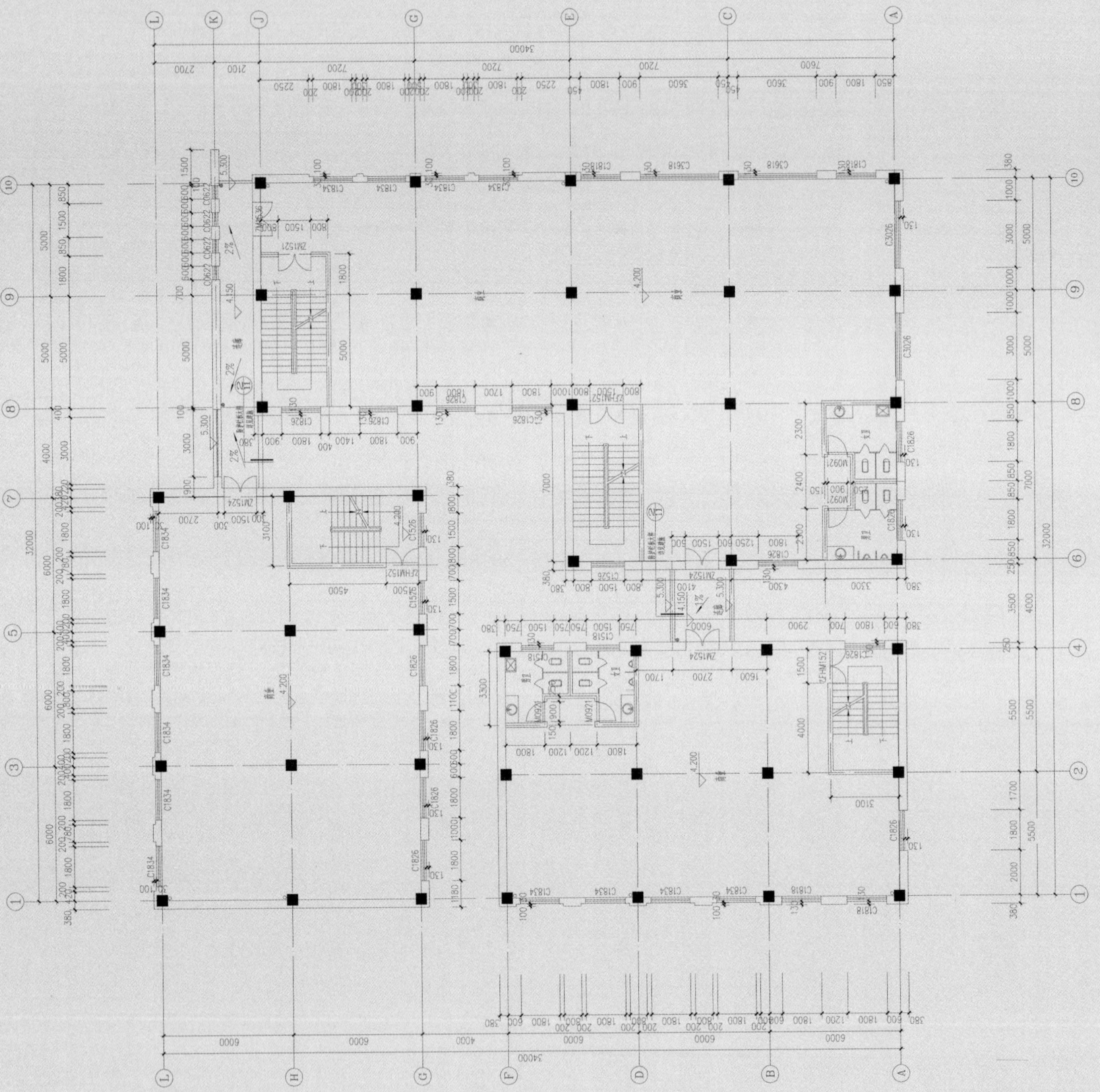

图D-4-4-4-2 原镇江市第二人民医院生活保障区（现诺园茶楼）二层平面图

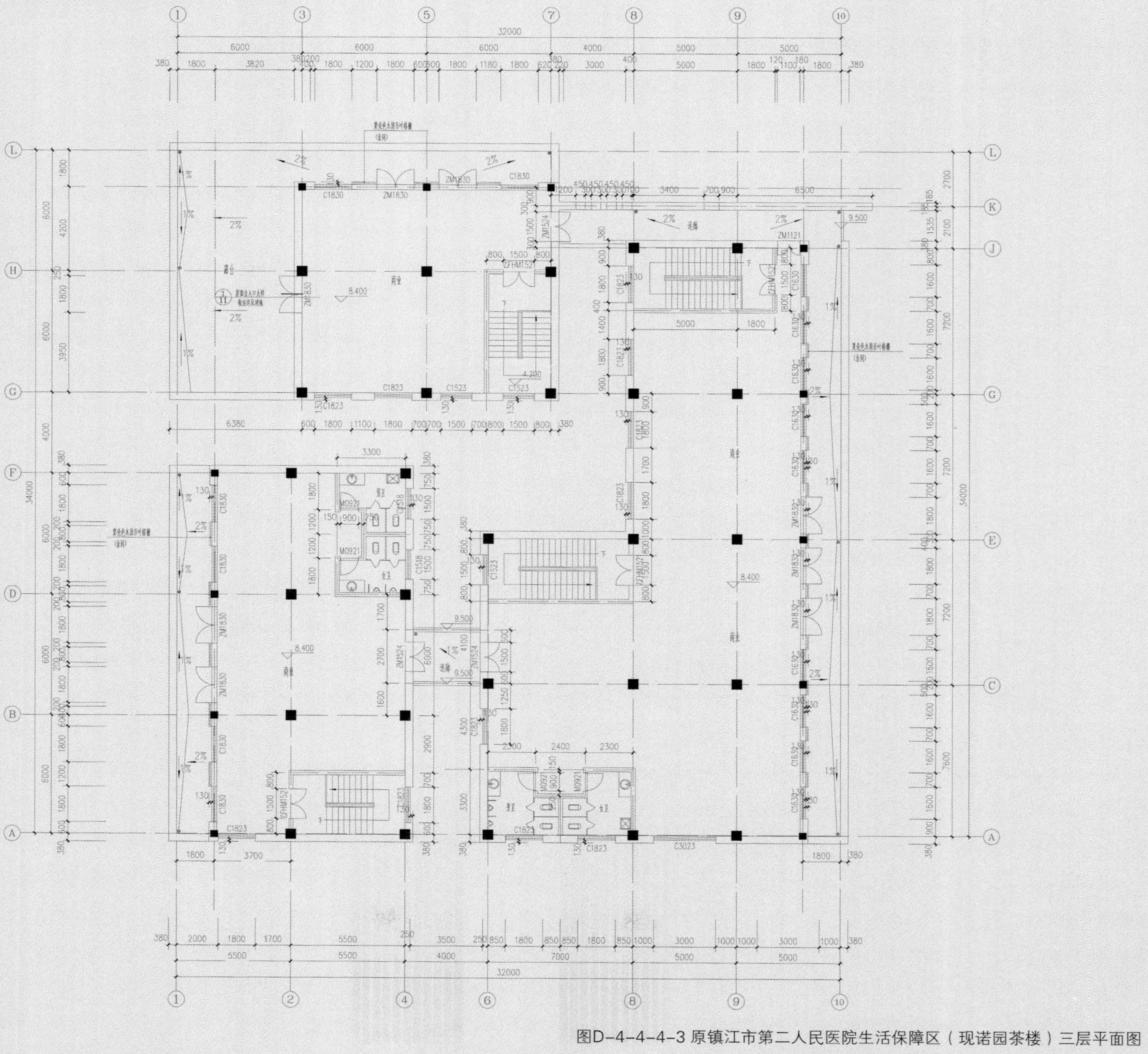

图D-4-4-4-3 原镇江市第二人民医院生活保障区（现诺园茶楼）三层平面图

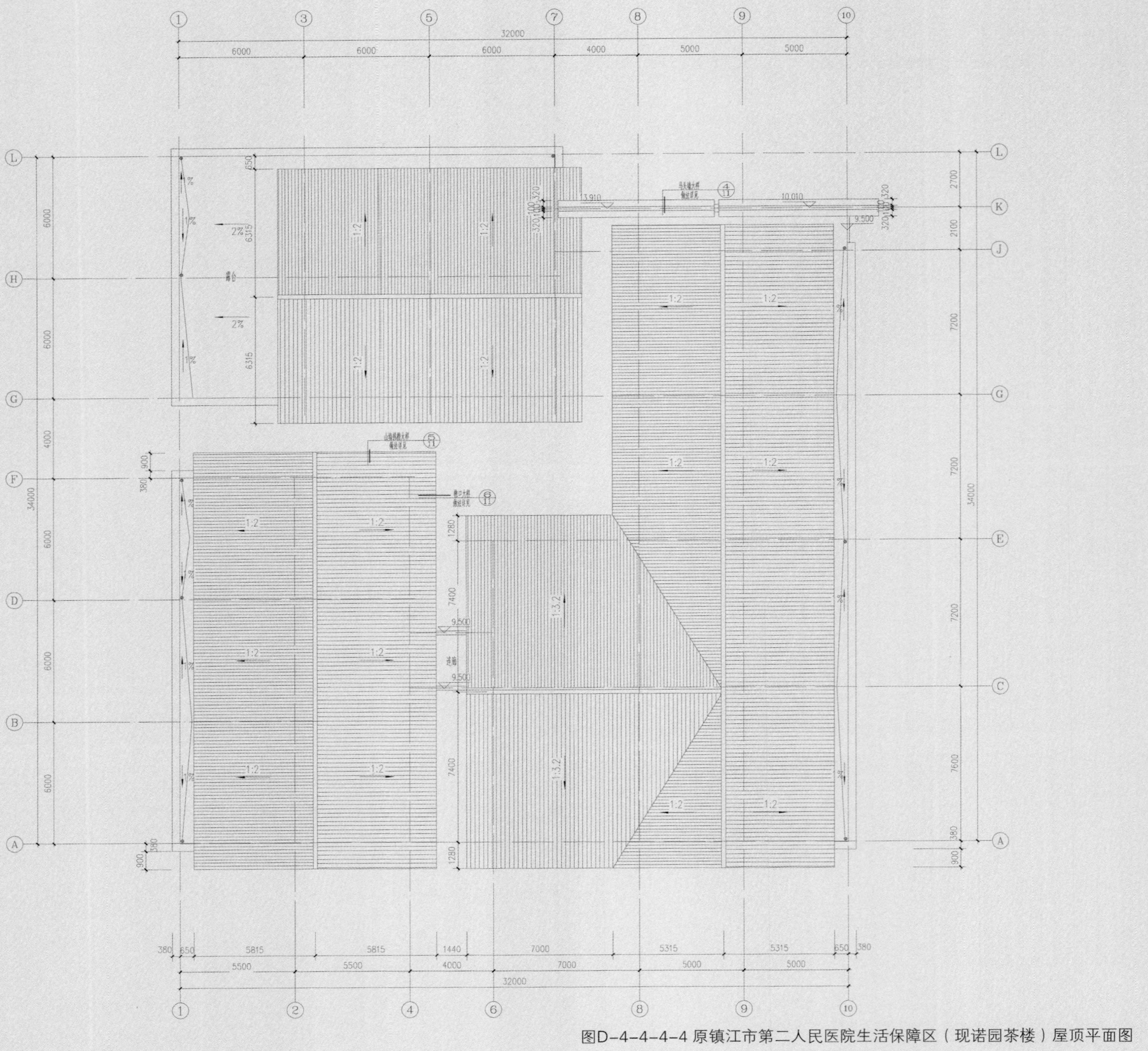

图D-4-4-4-4 原镇江市第二人民医院生活保障区（现诺园茶楼）屋顶平面图

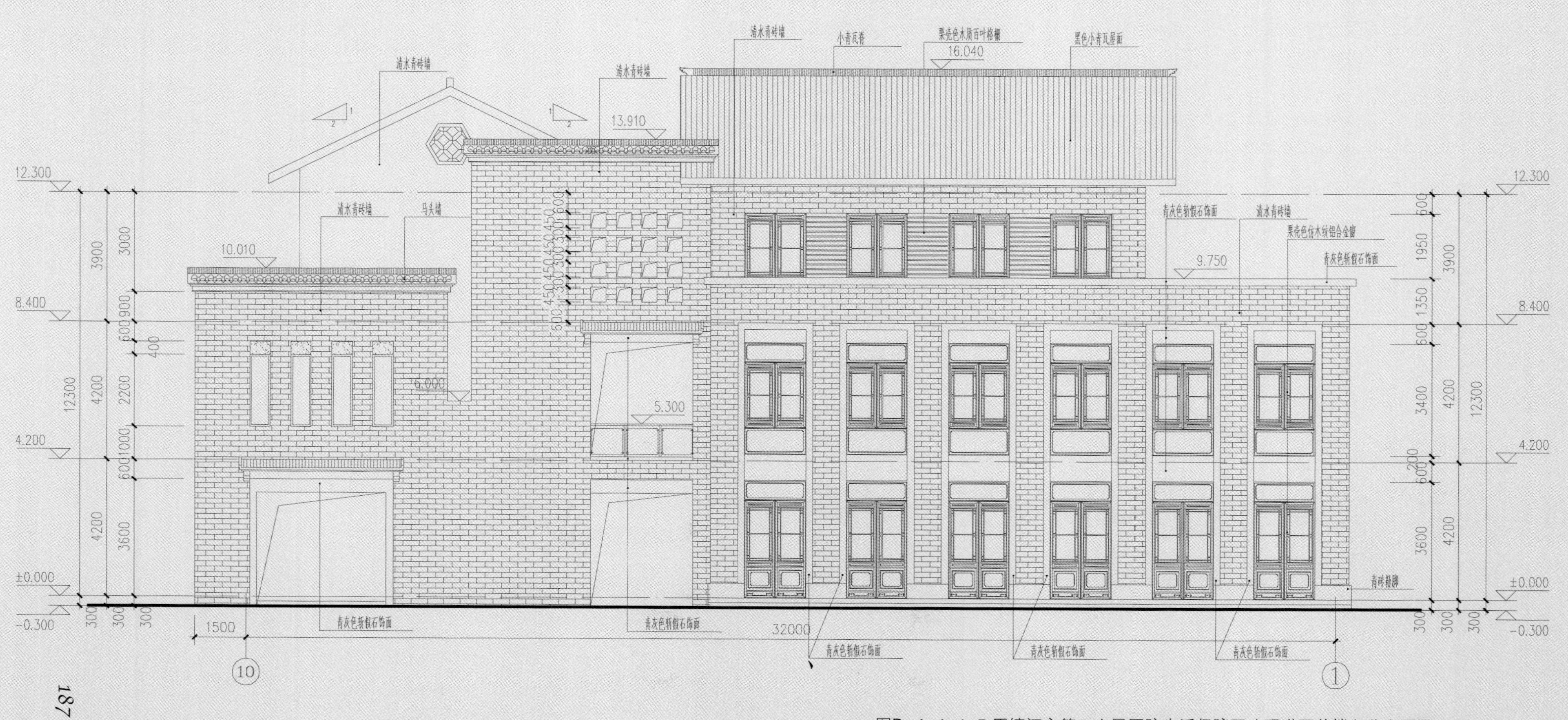

图D-4-4-4-5 原镇江市第二人民医院生活保障区（现诺园茶楼）北立面图

图D-4-4-4-6 原镇江市第二人民医院生活保障区（现诺园茶楼）南立面图

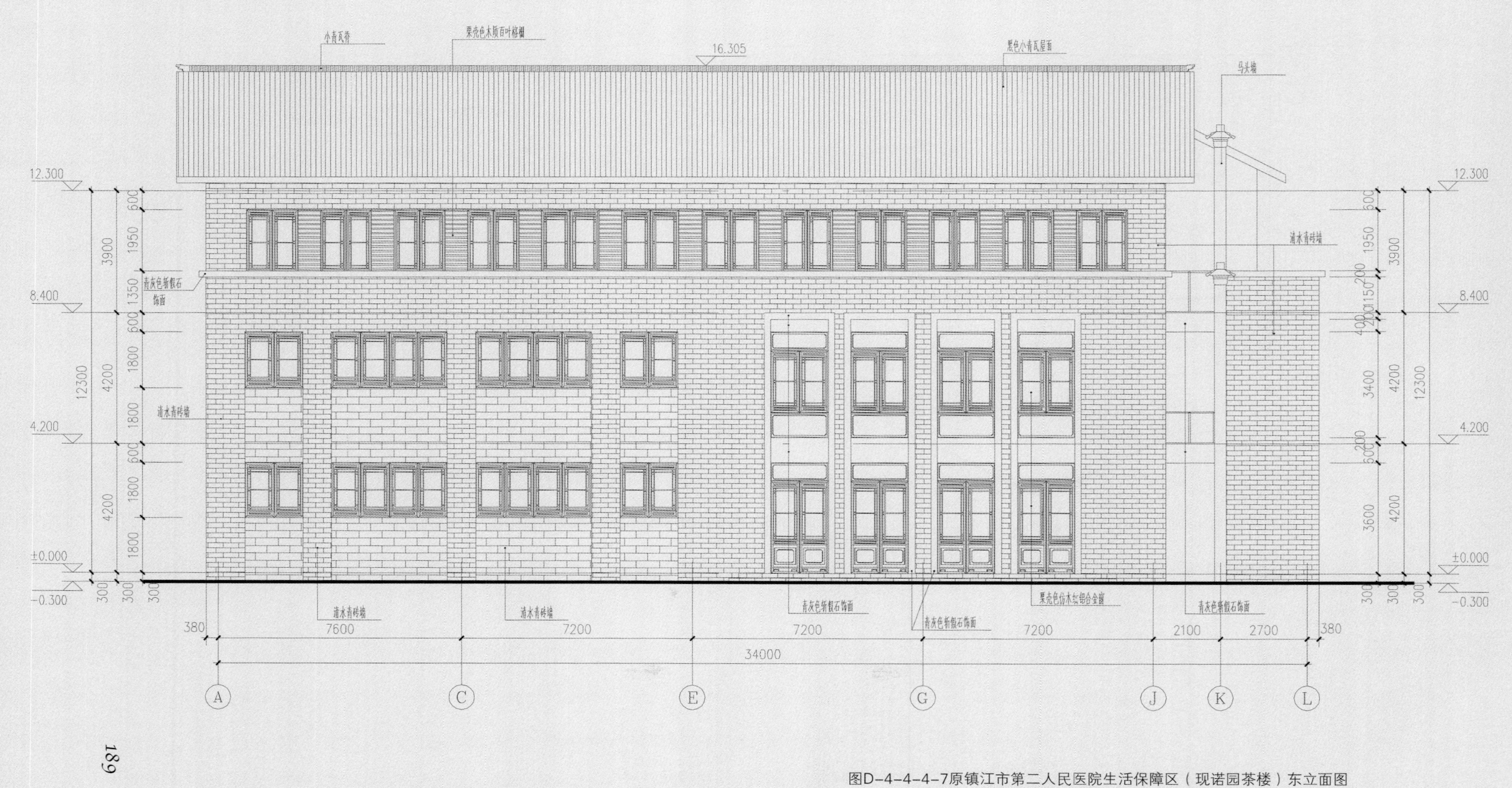

图D-4-4-7原镇江市第二人民医院生活保障区（现诺园茶楼）东立面图

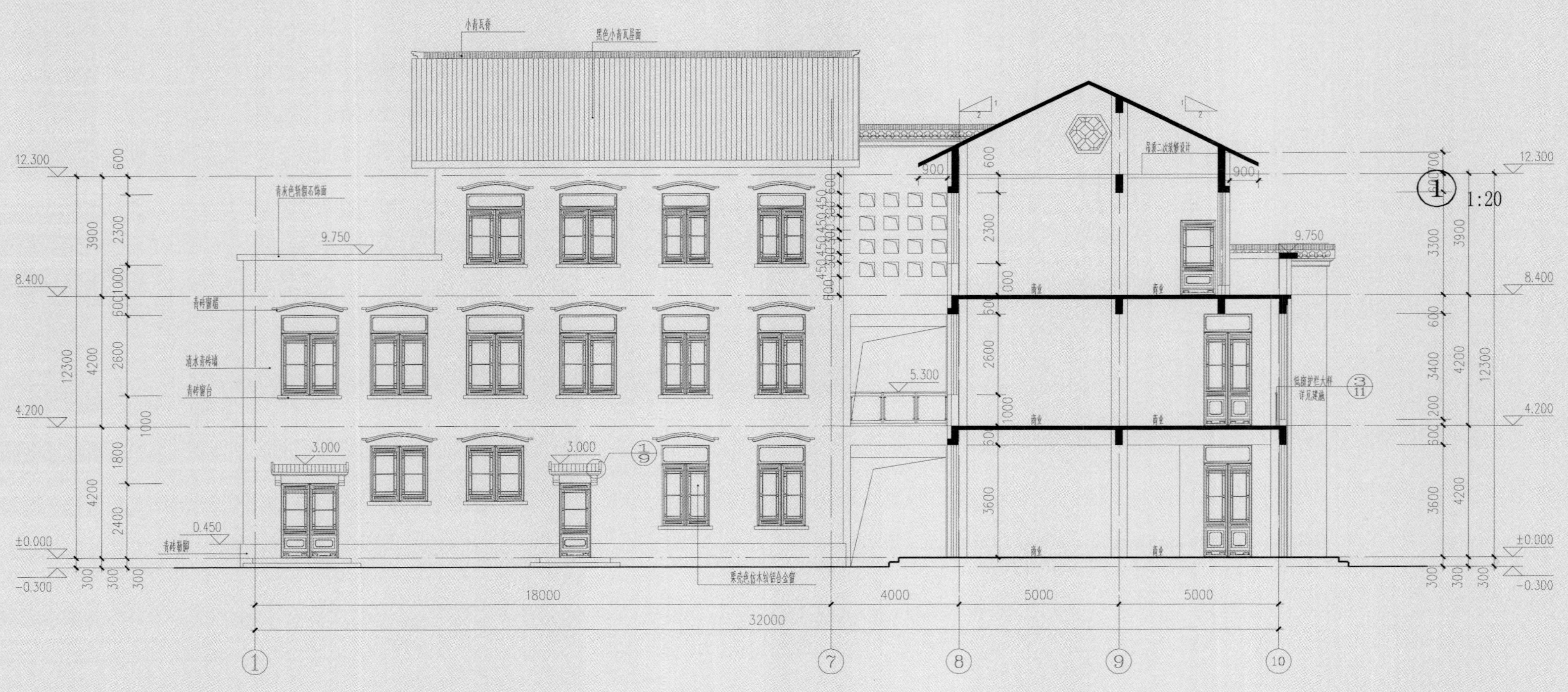

图D-4-4-4-8 原镇江市第二人民医院生活保障区（现诺园茶楼）剖面图

第五节 原镇江市第二人民医院检验楼

一、概述

1. **建筑形态**。该建筑位于第二人民医院东南角，西邻原海员俱乐部，东邻西津雅苑（原小码头街小学）坐西朝东，新中式建筑。高三层，长37.2m、宽37.2m、高12.3m，占地面积1383.84m^2，建筑面积2236m^2。南立面墙面形式丰富多变（图P-4-4-5-1、图P-4-4-5-2）。

图P-4-4-5-1 修缮后的原镇江市第二人民医院检验楼南立面

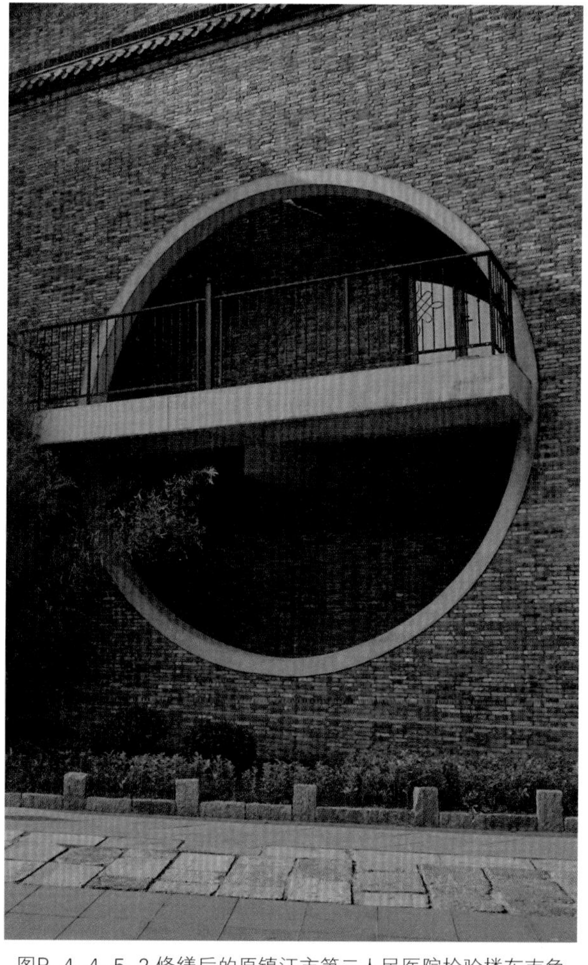

图P-4-4-5-2 修缮后的原镇江市第二人民医院检验楼东南角

2. **历史沿革和遗存状态**。该建筑原址南部为镇江市第二人民医院高四层的原4号楼检验科大楼和血透室，整体二层、局部三层的八病区组成，西侧北部为供应室；东侧为医院生活保障用房，从北往南，分别是小卖部、行政仓库及洗衣房（图P-4-4-5-3）。原有建筑杂乱无章，年久失修，建筑质量除4号楼外较差。2014年重新规划改造后辟为多功能商务旅游用房，成为西津渡商用服务场地（图P-4-4-5-4）。

图P-4-4-5-3原镇江市第二人民医院检验大楼和八病区原状（局部）

图P-4-4-5-4 修缮后的原镇江市第二人民医院检验楼东立面

二、主要修缮技术方案

重建。2014年9月，西津渡公司对该建筑按规划实施拆除重建。西津渡公司委托江苏中森建筑设计有限公司制定了规划设计方案和施工图；邀请有关专家，对重建方案进行了评估论证。根据该地块紧邻西津渡街区，原来的破旧建筑呈现的组合形态，该建筑采取新中式建筑立面形式，既有利于与东南侧老街区风格协调，也可以与西侧原海员俱乐部西式建筑风格协调。通过高度控制，保证在小码头街向北侧的视觉通道不受该楼阻滞，在长江路及滨江地带到云台山的视觉通道畅通。建筑平面组合成一组异形建筑，通过二层平台连接两个建筑、坡屋面形式。南立面采取局部玻璃幕墙、方圆几何图形、退层分隔等多种样式，使立面错落有致，形式活泼、变化丰富，从视角上打破了大体量立面的压迫感。立面风貌按街区传统风貌要求改白瓷砖饰面为清水青砖饰面，青灰勾缝，青石窗台，马头墙；外门窗采用仿木纹铝合金断桥隔热Low-E玻璃窗。

实施功能配套，按照酒店业服务设施配备水电气等设施，满足改造后的再利用需要。

三、建筑物修缮责任表

建设单位：镇江市西津渡文化旅游有限责任公司

项目负责人：张颀科

设计单位：江苏中森建筑设计有限公司

设计人员：姚庆武 郭云飞

监理单位：镇江建科工程管理有限公司

监理人员：刘晓瑞 景宝富

施工单位：江苏广泽建设工程有限公司

项目经理：陈志祥

施工时间：2014.9.20—2015.5.30

四、施工图

如图D-4-4-5-1 ~ 图D-4-4-5-9所示。

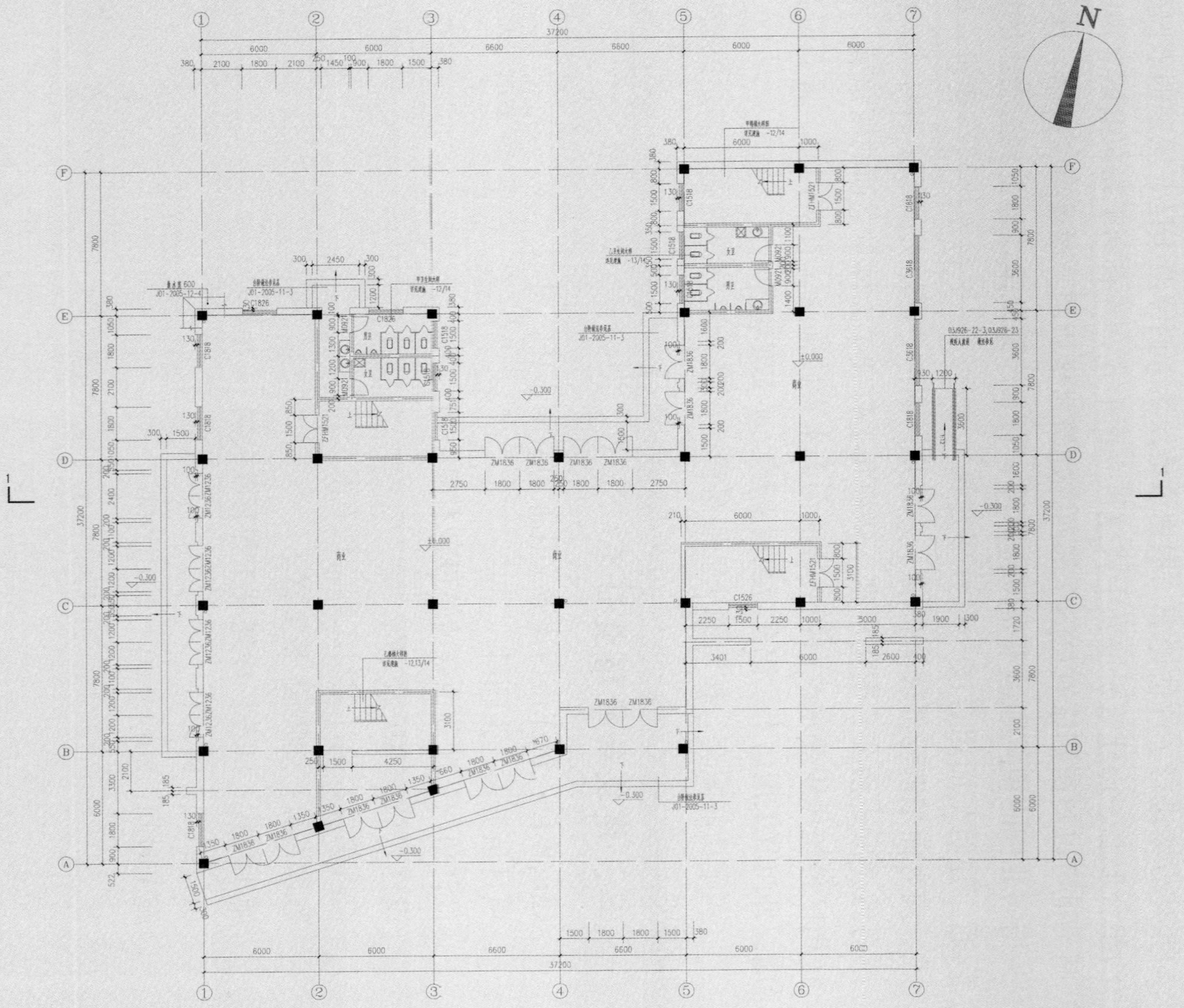

图D-4-4-5-1 原镇江市第二人民医院检验楼一层平面图

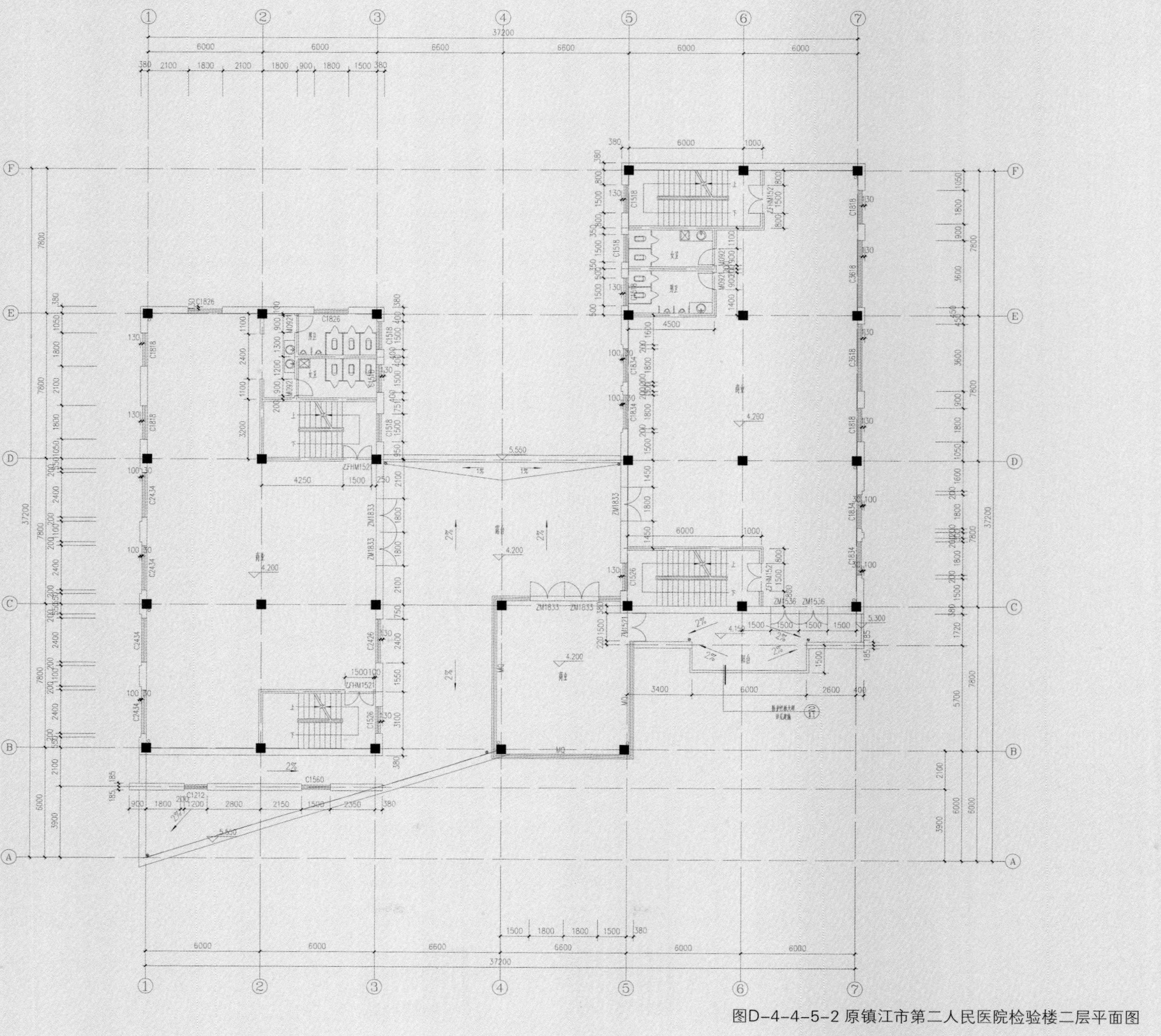

图D-4-4-5-2 原镇江市第二人民医院检验楼二层平面图

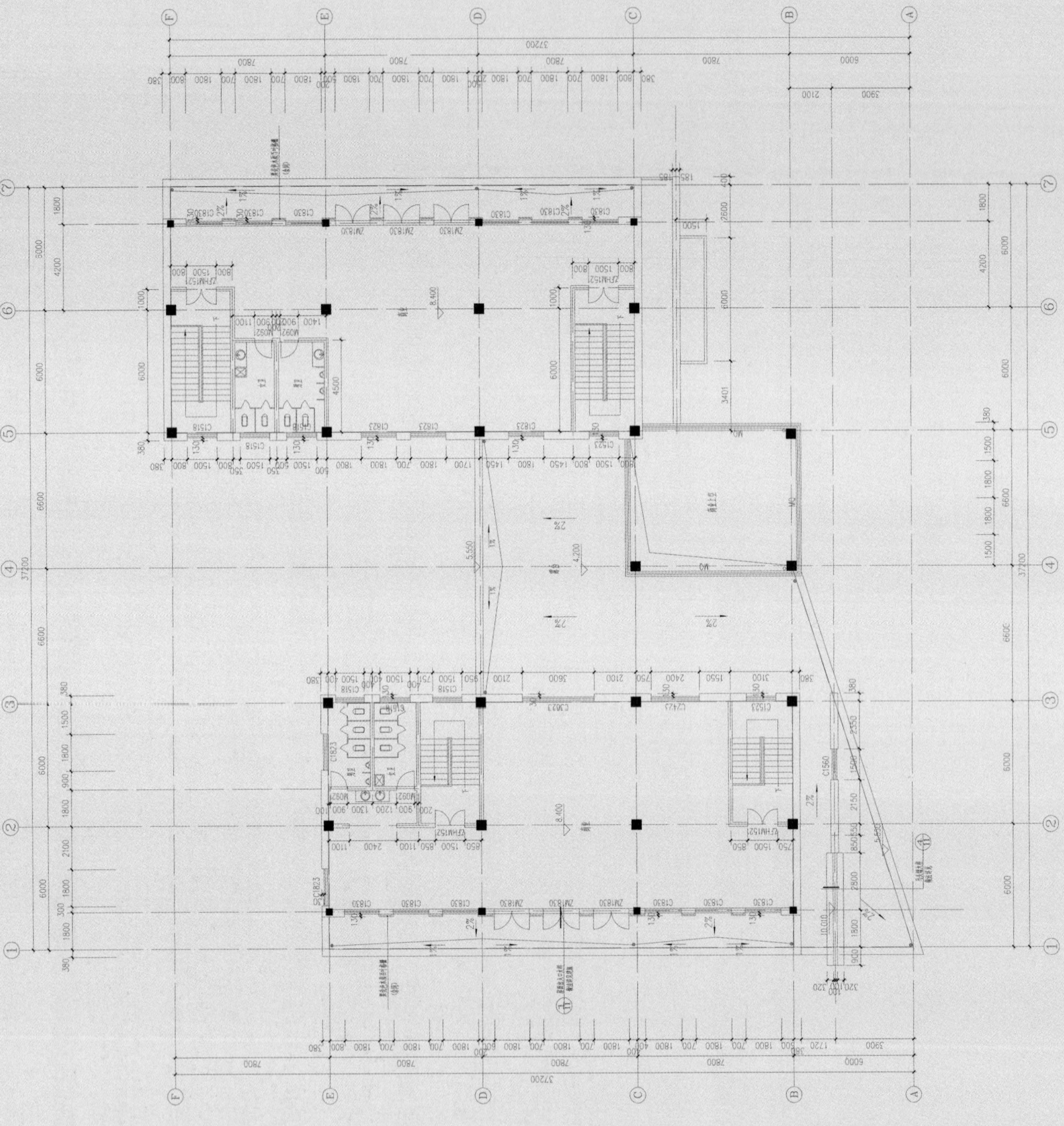

图D-4-4-5-3 原镇江市第二人民医院检验楼三层平面图

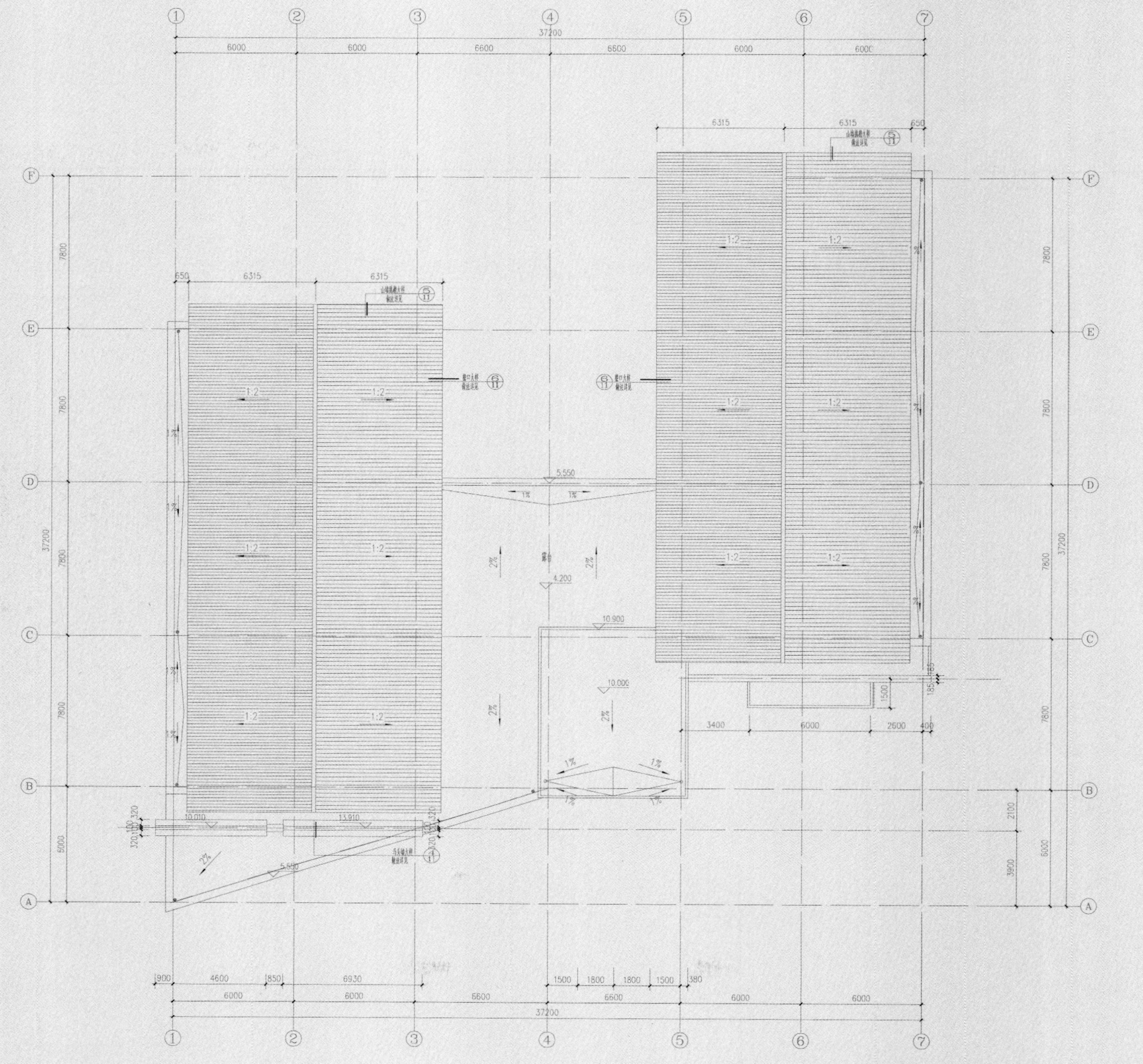

图D-4-4-5-4 原镇江市第二人民医院检验楼屋顶平面图

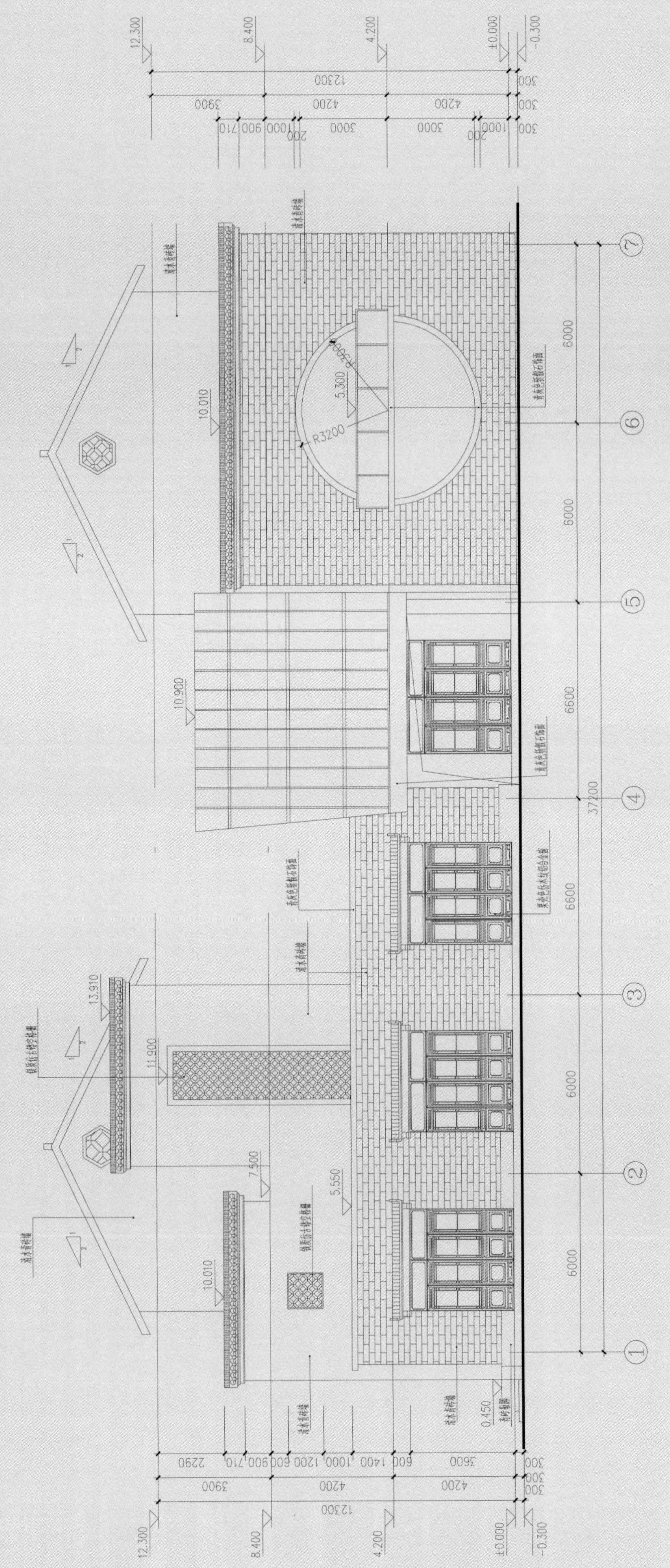

图D-4-4-5-5 原镇江市第二人民医院检验楼南立面（主立面）图

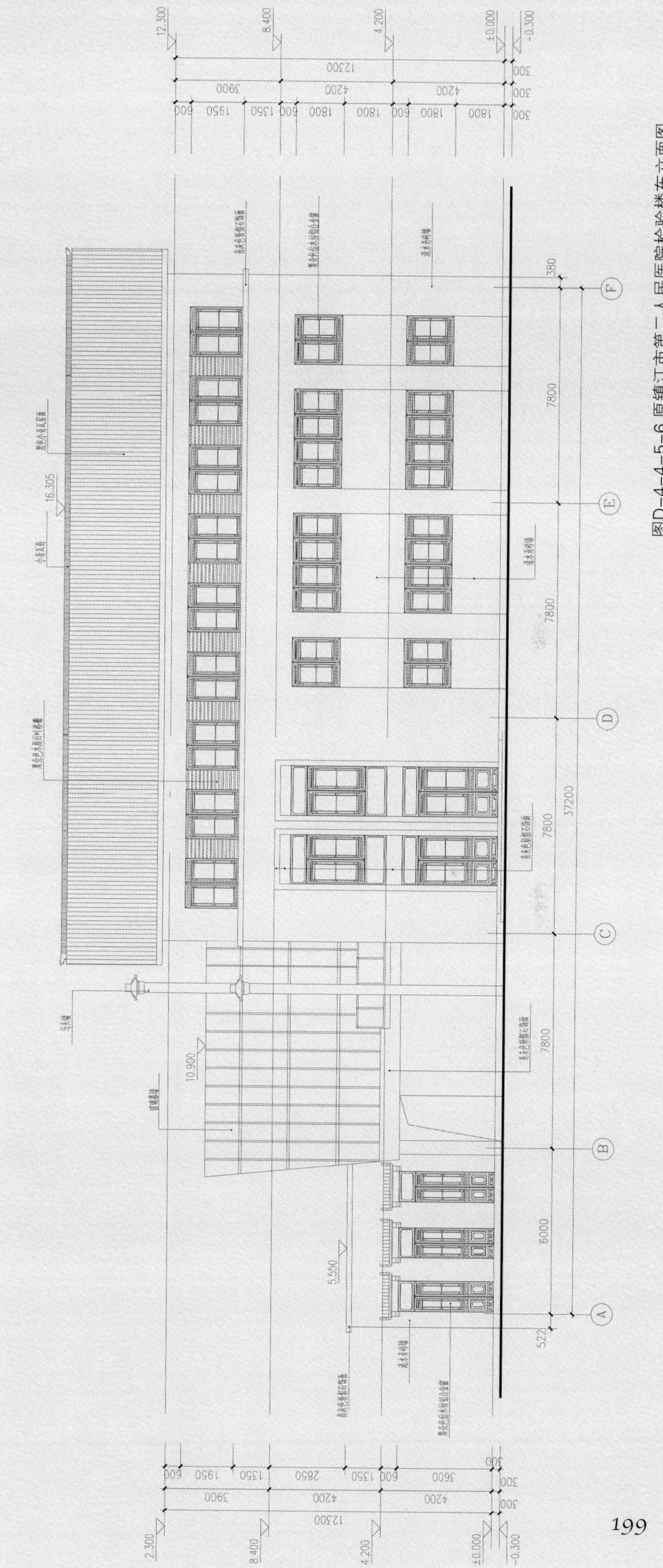

图D-4-4-5-6 原镇江市第二人民医院检验楼东立面图

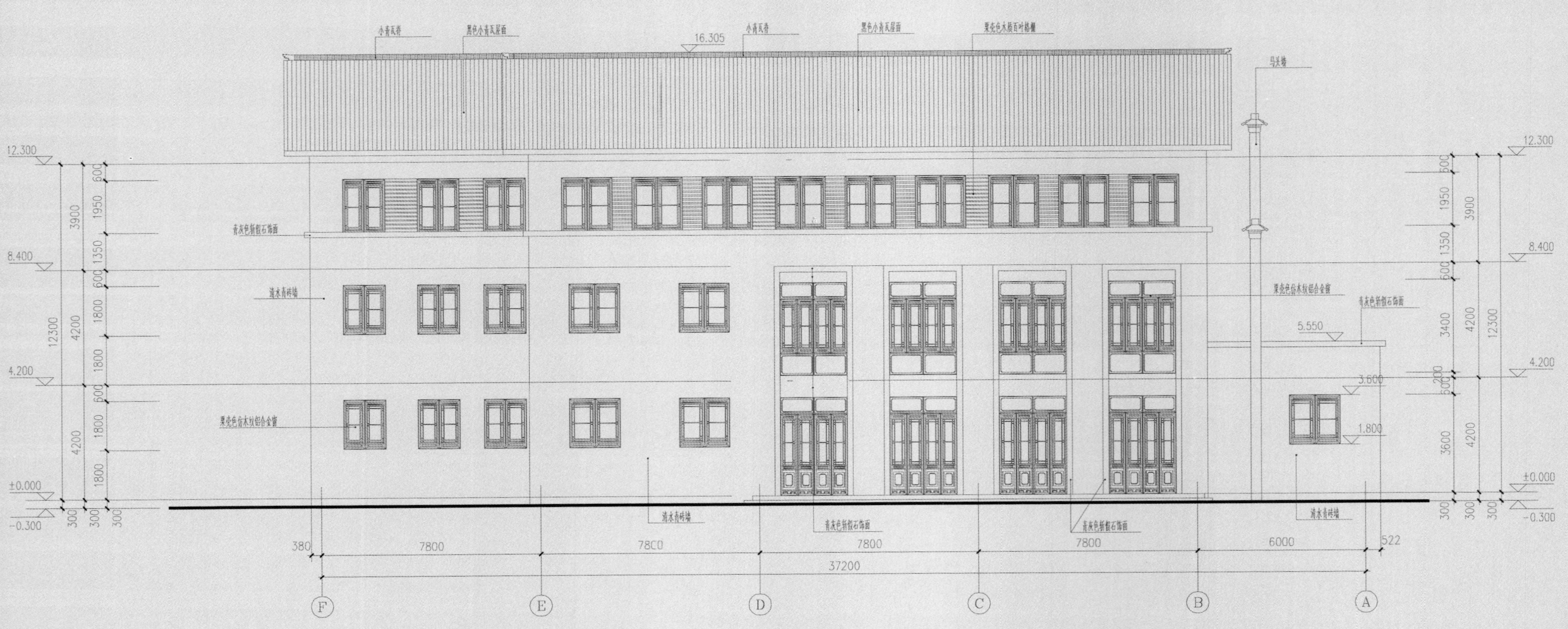

图D-4-4-5-7 原镇江市第二人民医院检验楼西立面图

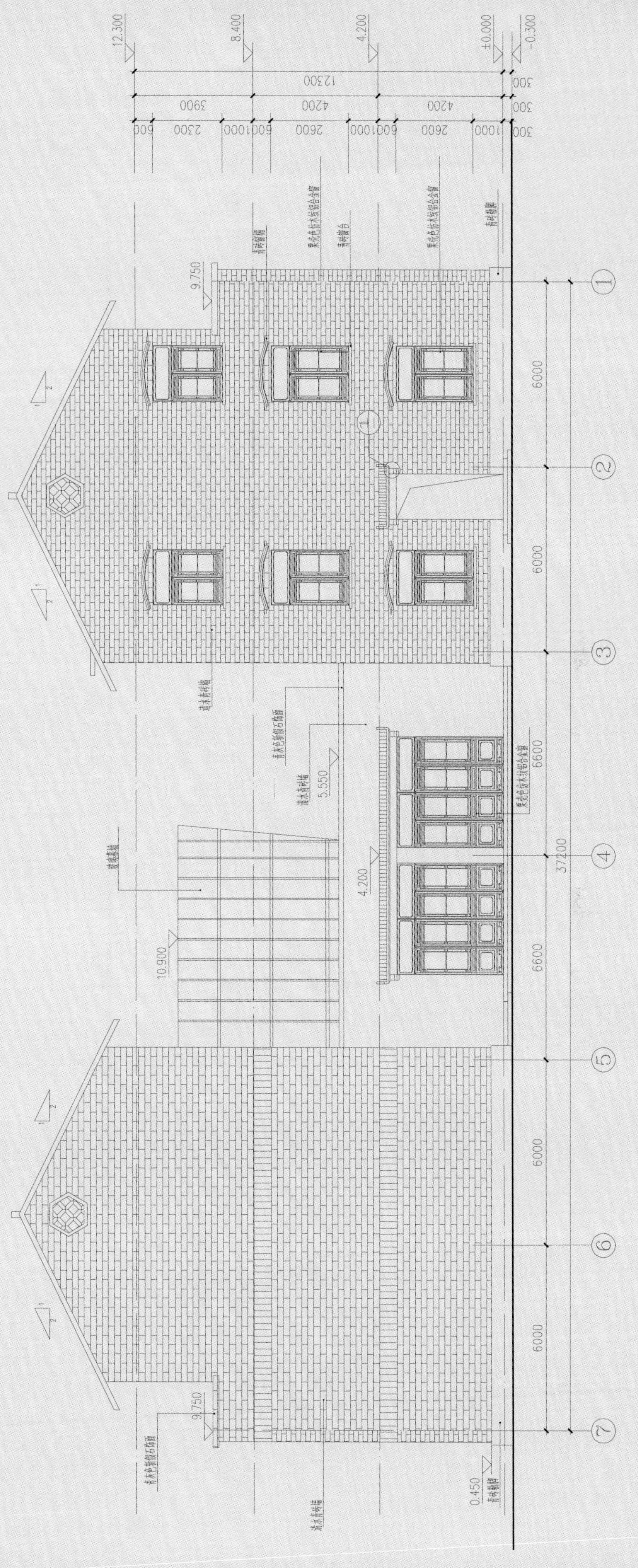

图D-4-4-5-8 原镇江市第二人民医院检验楼北立面图

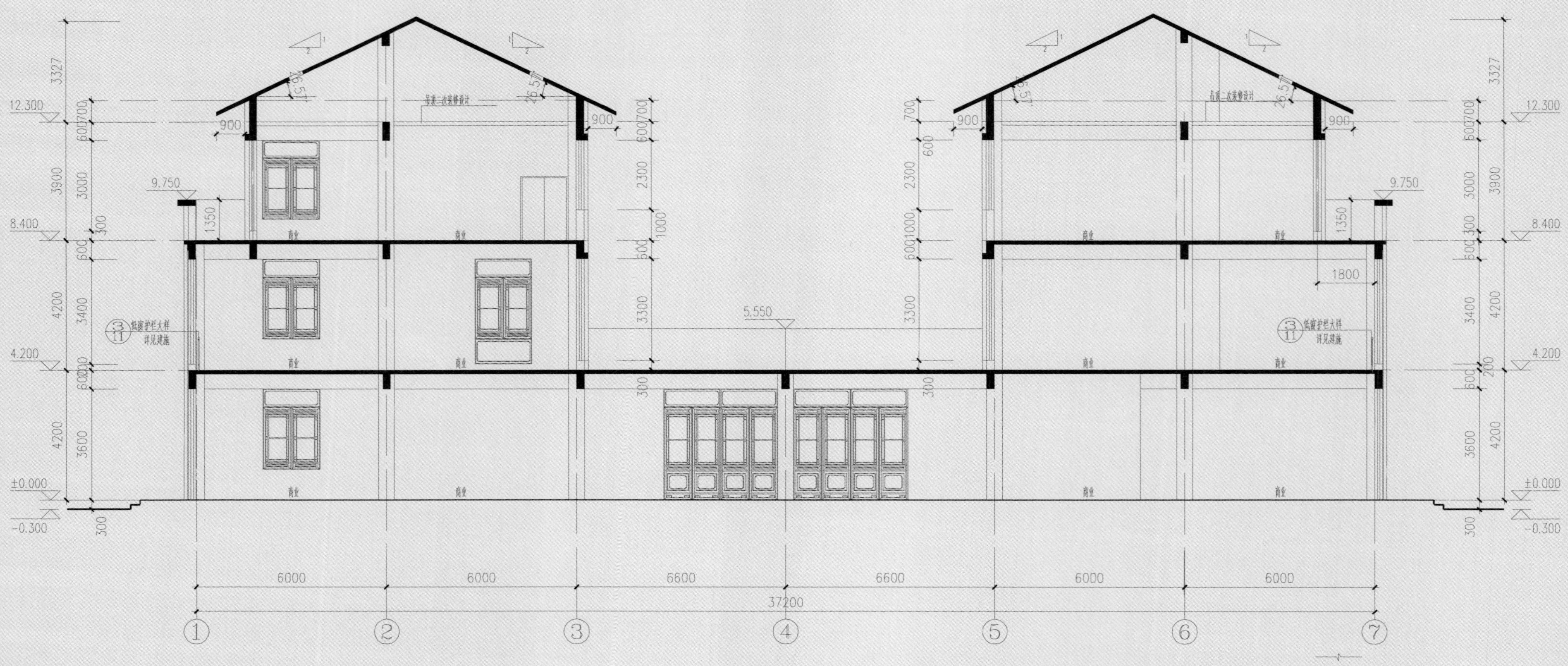

图D-4-4-5-9 原镇江市第二人民医院检验楼剖面图

第五章
原镇江市小码头小学（现西津雅苑）

原镇江市小码头小学旧址位于西津渡街区小码头街北侧、利群巷西侧、利商街南侧、第二人民医院旧址东侧，原属于润州区教育局（图P-4-5-0-1）。该校创立于民国十九年（1930年），为县立初级小学，原址在南侧南星巷内云台山下，徐渭初首任校长。民国三十六年（1947年）改为中心国民学校。20世纪50年代恢复小码头小学名，为中心小学。下辖伯先路小学、私立广肇小学、私立航业小学。1953年有9班456名学生、教职员工15人。1969年增设初中班，1978年恢复中心小学建制，1982年有11班487名学生。1997年合并和平路小学，2002年与长江路小学合并，仍在小码头学校内。50年代后历任校长为郭一娟、丁毓征、王克明、陶文麟、刘素薇、符文采、周明人、曹邦舜、潘光平、王翔、曹茂文。该校一直以古街传统教育学生，“逛古街、知古街、颂古街、爱古街”，是该校常规教育

图P-4-5-0-1 修缮后的原小码头小学旧址（谢戎 航拍）

图P-4-5-0-2 原镇江市小码头小学操场和流丹阁后门“上善”古井

活动之一，曾被评为全国少先队最佳活动方案（图P-4-5-0-2）。2005年小码头小学整体并入金山小学。2006年西津渡公司为整治街区风貌，收购了该学校校舍。其南侧至小码头街的民居，2001年由西津渡保护领导小组办公室实施搬迁。两址合并实施风貌改造为小型园林建筑“西津雅苑”。整个基地面积约1790m^2（其中建筑占地总面积1161.54m^2），建筑总面积3880m^2；由三栋建筑组成：自南向北依次为“鎏丹阁”、修缮后的原小码头小学教学楼旧址（现集雅斋）、修缮后的原小码头小学北楼北楼旧址（现三友堂）。

第一节 原卓翼堂公馆（现鎏丹阁）

一、概况

1．建筑形态。鎏丹阁南临小码头街、东临利群巷，为庭院式回廊古建筑。该建筑总占地面积409.5m²，建筑面积820m²；长22.5m、宽18.2m、高11.07m,一、二层层高分别为3.8m，3.1m（图P-4-5-1-1、图P-4-5-1-2），前后两进，均为大空间房间，通过回廊连接（图P-4-5-1-3）。

图P-4-5-1-1 鎏丹阁沿街立面（南立面）

图P-4-5-1-2 鎏丹阁东立面

图P-4-5-1-3 鎏丹阁一楼门厅及内天井回廊结构

2. 历史沿革和遗存状态。鎏丹阁旧址在清代原是救生会附属房“觉修堂”，清末为卓翼堂购买后建公馆，系广东客商卓翼堂居家宅第。民国时为警察分所。20世纪50年代后成为市医药公司仓库和家属住房。原址建筑遗存原来都是平房，内部结构简陋，外部风化损坏严重，疑为损毁后卓氏重建。该遗存与历史街区建筑极不协调，没有任何保存价值（图P-4-5-1-4）。2001年经西津渡保护领导小组办公室同意由民间出资搬迁居民后拆除，2005年西津渡公司在补偿出资人后收回该地块，规划重建。重建后为二层四合院式仿古建筑，沿街木质外立面枣红色油漆，依小码头街券门“飞阁流丹”之意命名为“鎏丹阁”。

图P-4-5-1-4 原址破旧民居建筑旧貌

二、主要修缮技术方案

重建。根据2003年西津渡小码头街保护规划，该地段原拟建一古玩市场。2006年，西津渡公司对该地块按街区保护规划委托东南大学建筑设计院进行规划设计，并邀请有关专家对重建方案进行了评估论证，报请规划部门审查批准。

新建建筑为仿古街老建筑，整体风格与街区邻近其他建筑相协调。主体钢筋混凝土框架结构、砖木装饰，清水青砖墙、蝴蝶瓦；沿街（南）立面为主面悬山屋面出挑；一楼满排花格式木门，二楼花格木窗、挂枋、雕花木栏杆（内设木板）。东立面一楼南侧设有边门和门厅，北侧满开门为门面房；二楼局部设花格窗和清水青砖墙与窗套，墙顶设有马头墙。北立面通门通窗，窗间墙分隔，出檐屋面相间，层次错落丰富；屋面为悬山两坡顶围合。内天井一、二楼分设通廊木质栏杆，两部楼梯沟通内部交通。

三、建筑物修缮责任表

建设单位：镇江市西津渡建设发展有限责任公司

项目负责人：杨恒网

测绘、设计修缮单位：东南大学建筑设计研究院

设计人员：丁宏伟 李岚

监理单位：镇江建科工程监理有限公司

监理人员：刘晓瑞 景宝富

施工单位：镇江市光大建筑工程有限公司

项目经理：高川川

施工时间：2005年

四、施工图

如D-4-5-1-1 ~ D-4-5-1-6所示。

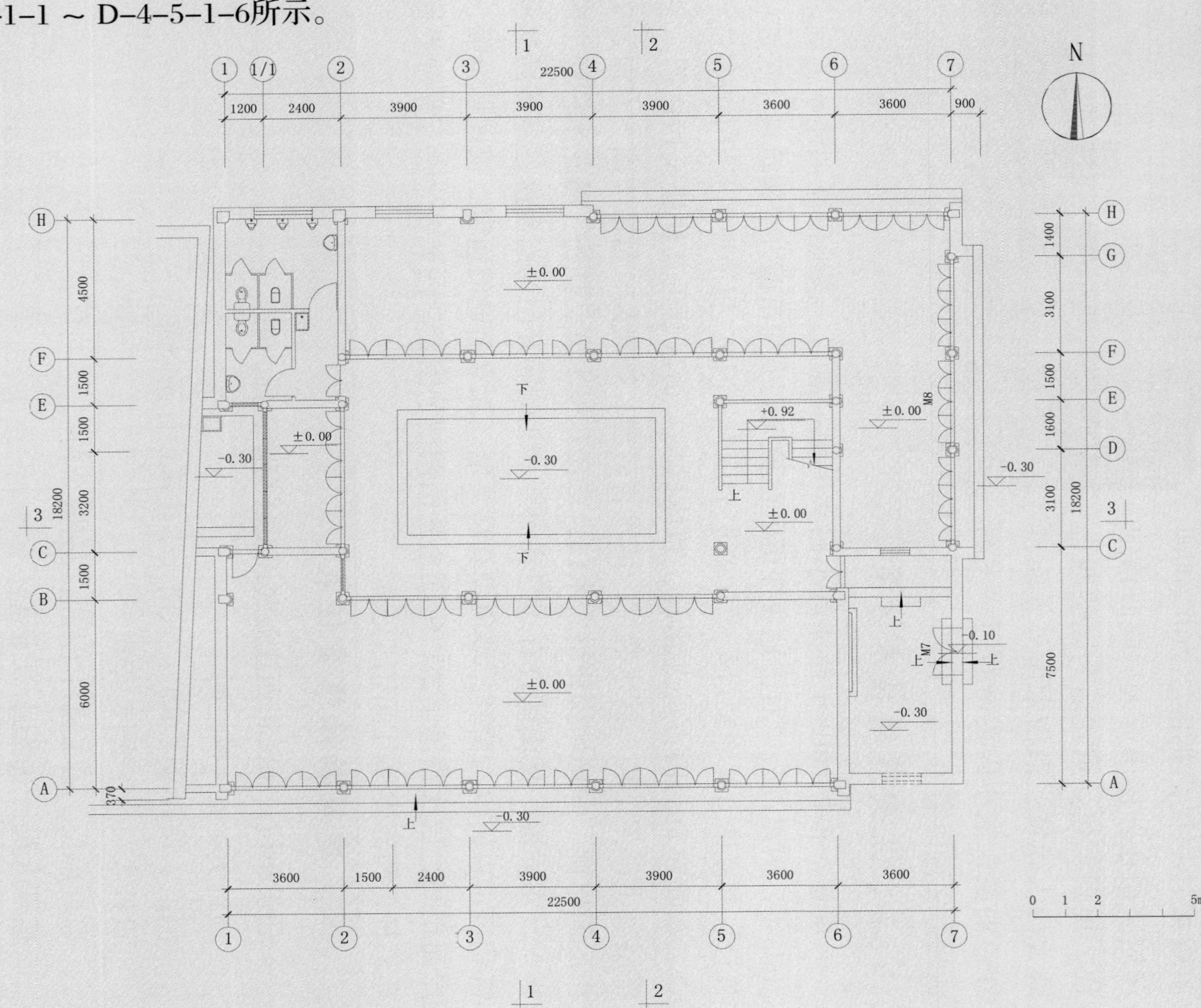

图D-4-5-1-1 鎏丹阁一层平面图

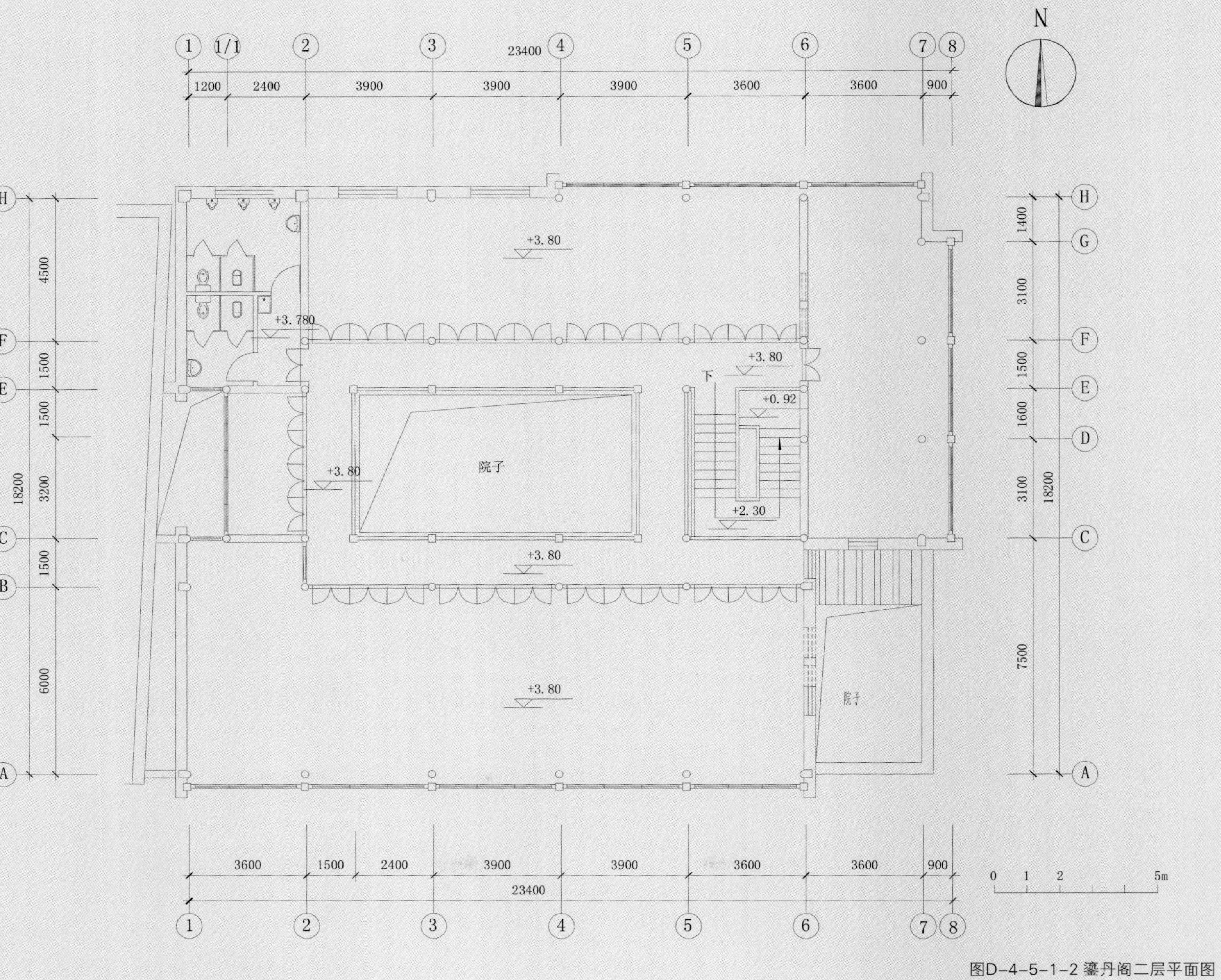

图D-4-5-1-2 鎏丹阁二层平面图

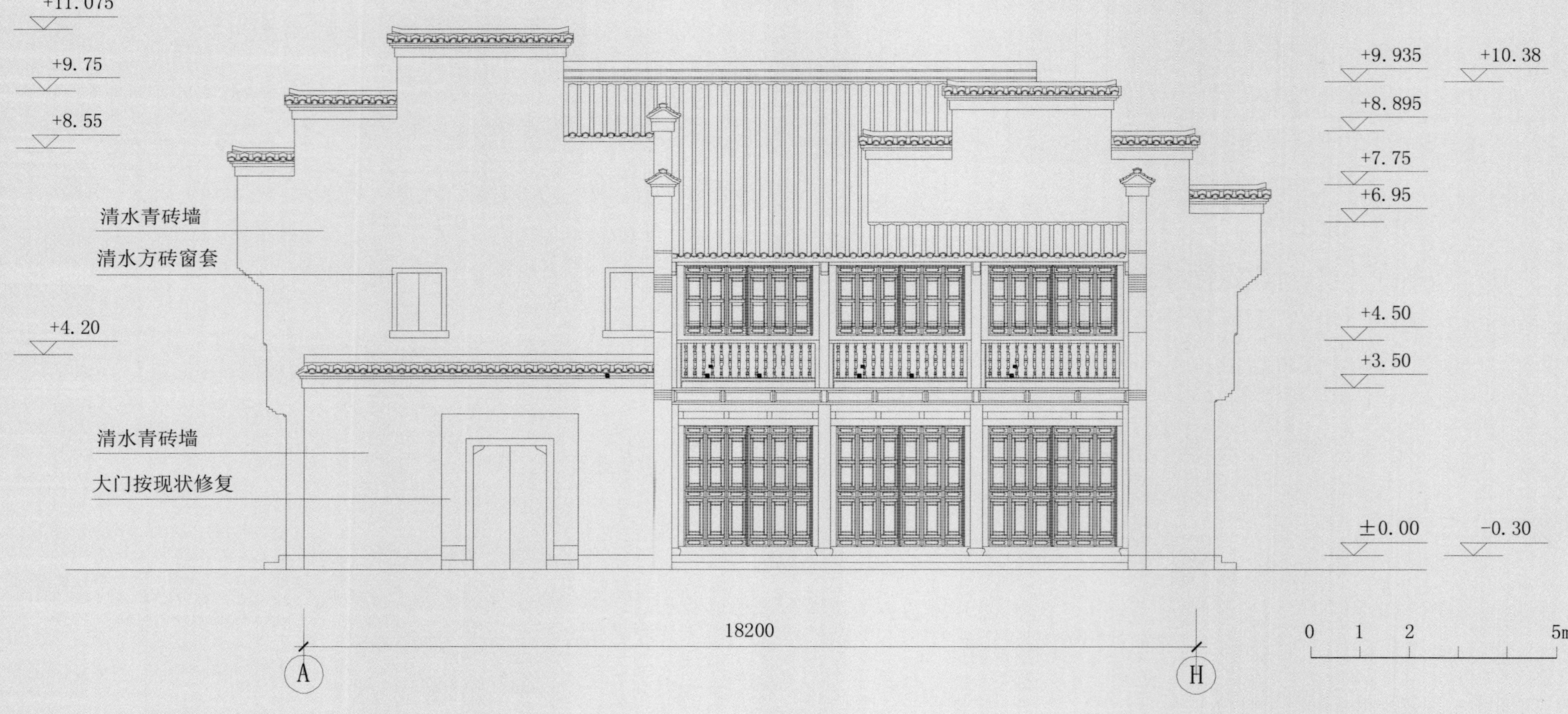

图D-4-5-1-3 鎏丹阁东立面图

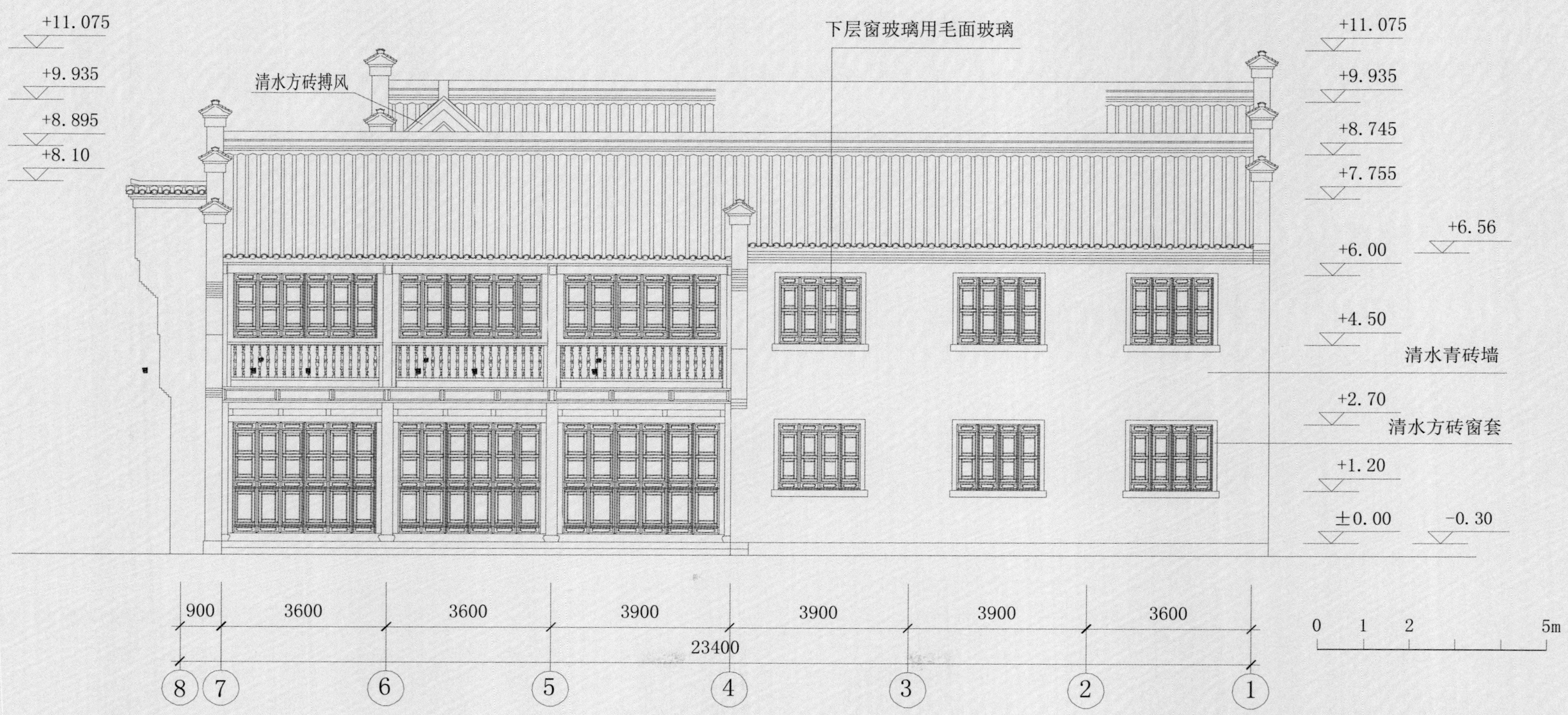

图D-4-5-1-4 鎏丹阁北立面图

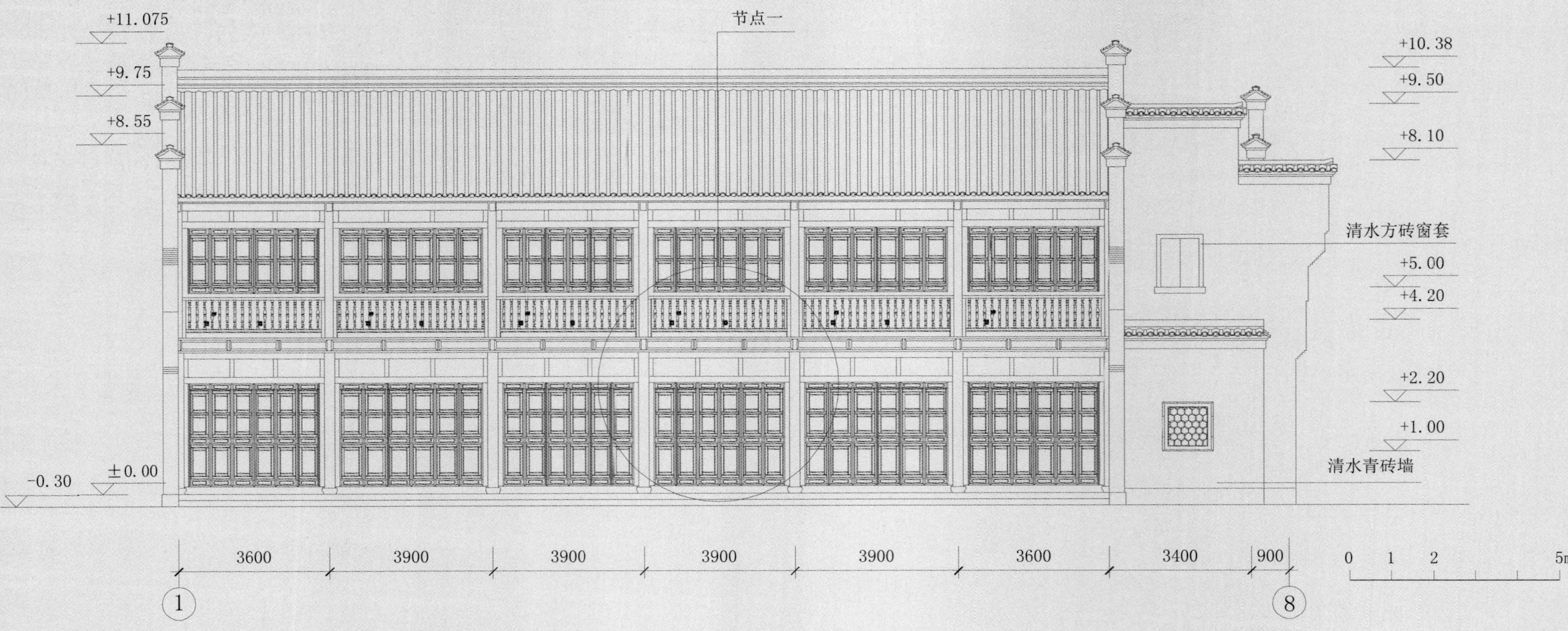

图D-4-5-1-5 鎏丹阁南立面图

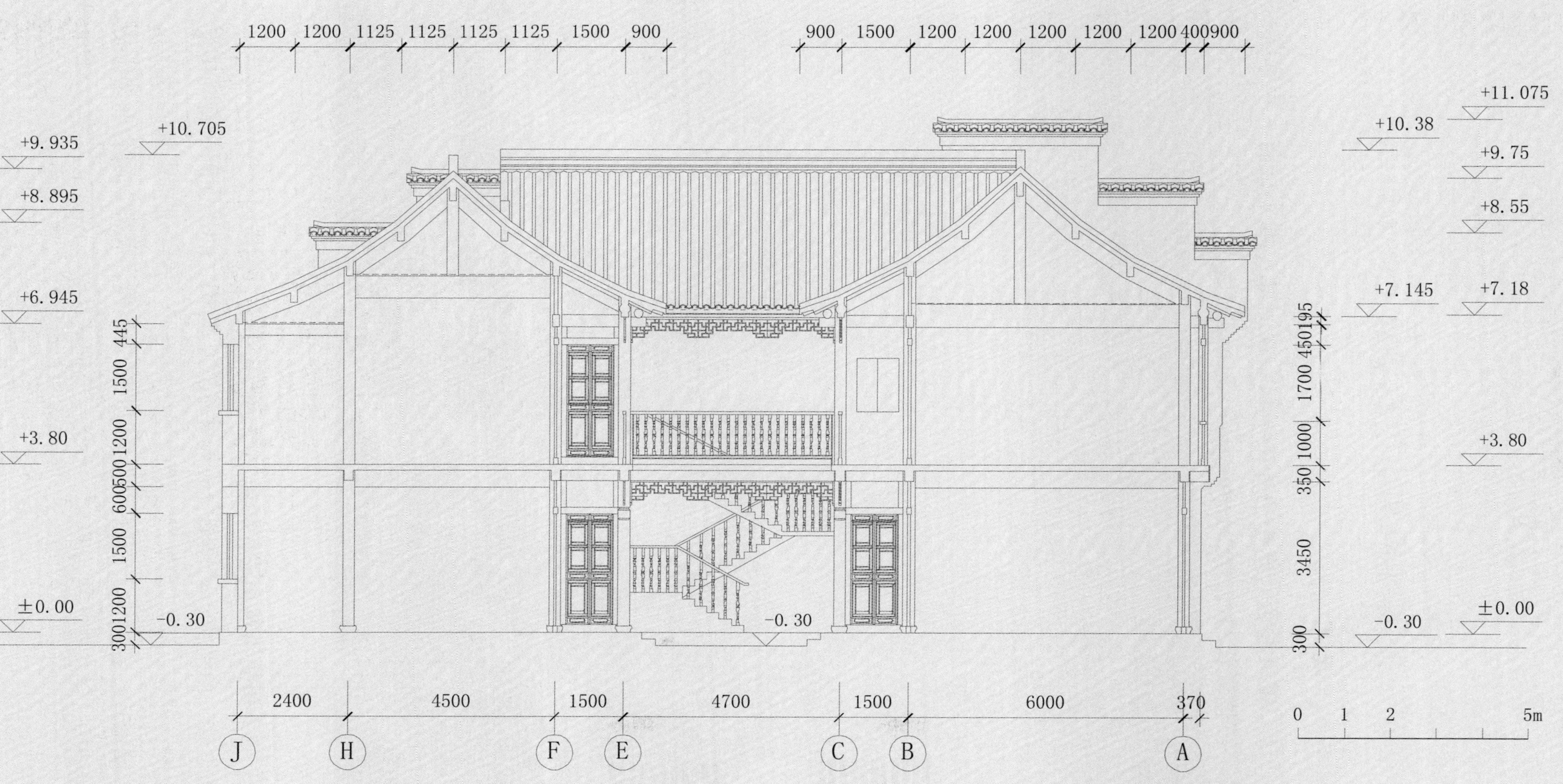
1200 1200 1125 1125 1125 1125 1500 900
900 1500 1200 1200 1200 1200 1200 400 900
+11.075
+10.705
+10.38
+9.935
+9.75
+8.895
+8.55
+7.145
+7.18
+6.945
+3.80
+3.80
±0.00
±0.00
-0.30
-0.30
-0.30
445 1500 1200 500 600 1500 1200 300
195 450 1700 1000 350 3450 300
2400 4500 1500 4700 1500 6000 370
J H F E C B A
0 1 2 5m

图D-4-5-1-6 鎏丹阁剖面图

第二节 原小码头小学教学楼（现集雅斋）

一、概况

1. 建筑形态。原小码头小学教学楼旧址（现集雅斋）为庭院式回廊仿古建筑。该建筑长24m、宽24.9m、高14.71m,共3层（一、二、三层层高分别为3.3m，3.3m，3.6m），占地面积597.6m^2，建筑面积1740m^2（图P-4-5-2-1）。

图P-4-5-2-1 原小码头小学教学楼旧址（现集雅斋）

2. 历史沿革和遗存状态。原小码头小学教学楼因学校停办废弃。原建筑为三层教学楼，由老楼、新楼围合成天井形式，两楼之间设连廊成跑马楼形式。老楼位于北侧，建于20世纪70年代，为砖混结构类型，曾经过抗震加固处理，外墙为清水红砖墙形式。新楼位于南侧，建于20世纪80年代，局部二层为框架结构，大部分为砖混结构，结构基本安全稳定，外墙原为面砖装饰（图P-4-5-2-2、图P-4-5-2-3）。

图P-4-5-2-2 修缮前的原小码头小学教学楼旧址（老楼南、北立面）

图P-4-5-2-3 修缮后的原小码头小学教学楼旧址（现集雅斋）南、北立面

三、主要修缮技术方案

大修。2006年，西津渡公司对该建筑进行了修缮。维修前，委托镇江市地景园林规划设计有限公司制定了修缮方案，并邀请有关专家对修缮方案进行评估论证。该修缮方案确定保留建筑原结构形式，对其立面实施风貌改造，同时增加抗震构造措施。主要修缮内容为：结构加固、屋面重建、墙体修缮、内部装饰、功能重整等。

在立面造型上，所有山墙部分砌筑成马头墙形式，朝外的三面墙砌筑为清水

青砖墙（图P-4-5-2-4），其他建筑墙面贴粘土面砖；通道门入口为门罩或门头砖雕形式；雕花楼的回廊一周的建筑门窗均通长满开处理，设计成仿古式木长窗、短窗，设雀替、梁下花板、挂落细部装饰，雕花楼的二层外廊封闭以求变化（图P-4-5-2-5）；三楼连廊设观景平台（图P-4-5-2-6）。

图P-4-5-2-4 修缮后的原小码头小学教学楼旧址（现集雅斋）南楼东立面

图P-4-5-2-5 原小码头小学教学楼旧址（现集雅斋）内庭及其三层廊道

图P-4-5-2-6 修缮后的原小码头小学教学楼旧址（现集雅斋）三层观景平台

屋面处理以清式常用的举折手法，使屋面具有反宇效果，并考虑老椽、飞椽、挑檐枋的细部，增加建筑的精致性。屋面防水处理后铺设蝴蝶瓦。

门窗洞口采用白石板窗台，磨砖门窗楣及门头砖雕（图P-4-5-2-7）；门窗采用杉木材质，刷红棕色油漆。增设550mm高的清水青砖砌筑凸出2cm勒脚，形式为简化须弥座，局部采用出气口石雕文脉符号，增强建筑的古朴感。楼梯青石面层，栏杆为木质清式风格。

东立面小花格窗、青砖窗楣、白石窗台门楣及清水墙面、高低错落，虚实相映，层次丰富。西立面花格窗点缀大面积墙面、马头墙及瓦屋面。南北立面花格窗、悬山屋面出檐，楼层砖线条叠挑，南侧门砖花，北侧门楼坡廊，屋面为平屋面及坡屋面围合形成内天井，木屋架，小青瓦木檩条屋面。仿古回廊连接南北两楼，每层设两部楼梯。楼梯直通天井，与回廊共同构成内部通道（图P-4-5-2-8）。

图P-4-5-2-7 修缮后的原小码头小学教学楼旧址（现集雅斋）南门及东门砖雕

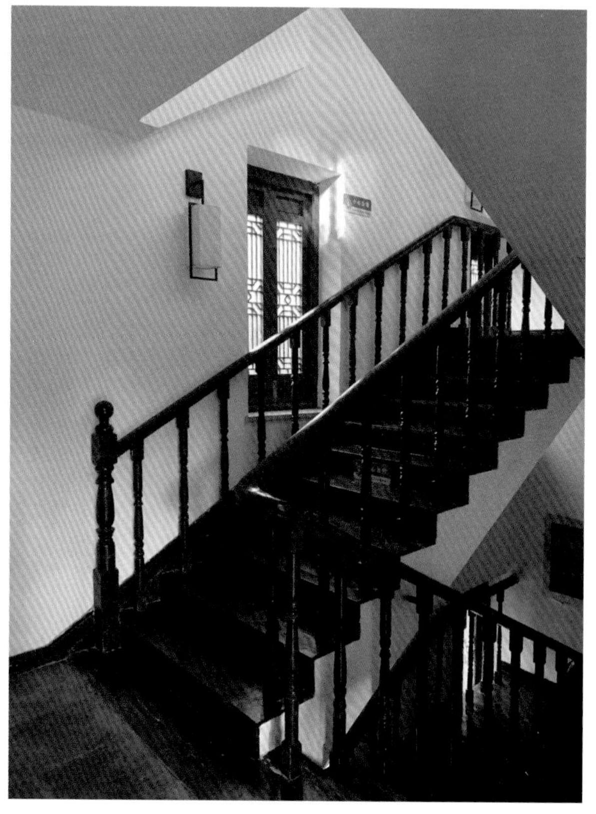

图P-4-5-2-8 原小码头小学教学楼旧址（现集雅斋）内庭小花园和内楼梯

三、建筑物修缮责任表

建设单位：镇江市西津渡建设发展有限责任公司

项目负责人：杨恒网

测绘、设计修缮单位：东南大学建筑设计研究院

设计人员：丁宏伟 李岚

监理单位：镇江建科工程监理有限公司

监理人员：刘晓瑞 景宝富

施工单位：常熟古建园林建设集团有限公司南京办事处

项目施工负责人：顾建龙

施工时间：2005年

四、施工图

如图D-4-5-2-1 ~ 图D-4-5-2-9所示。

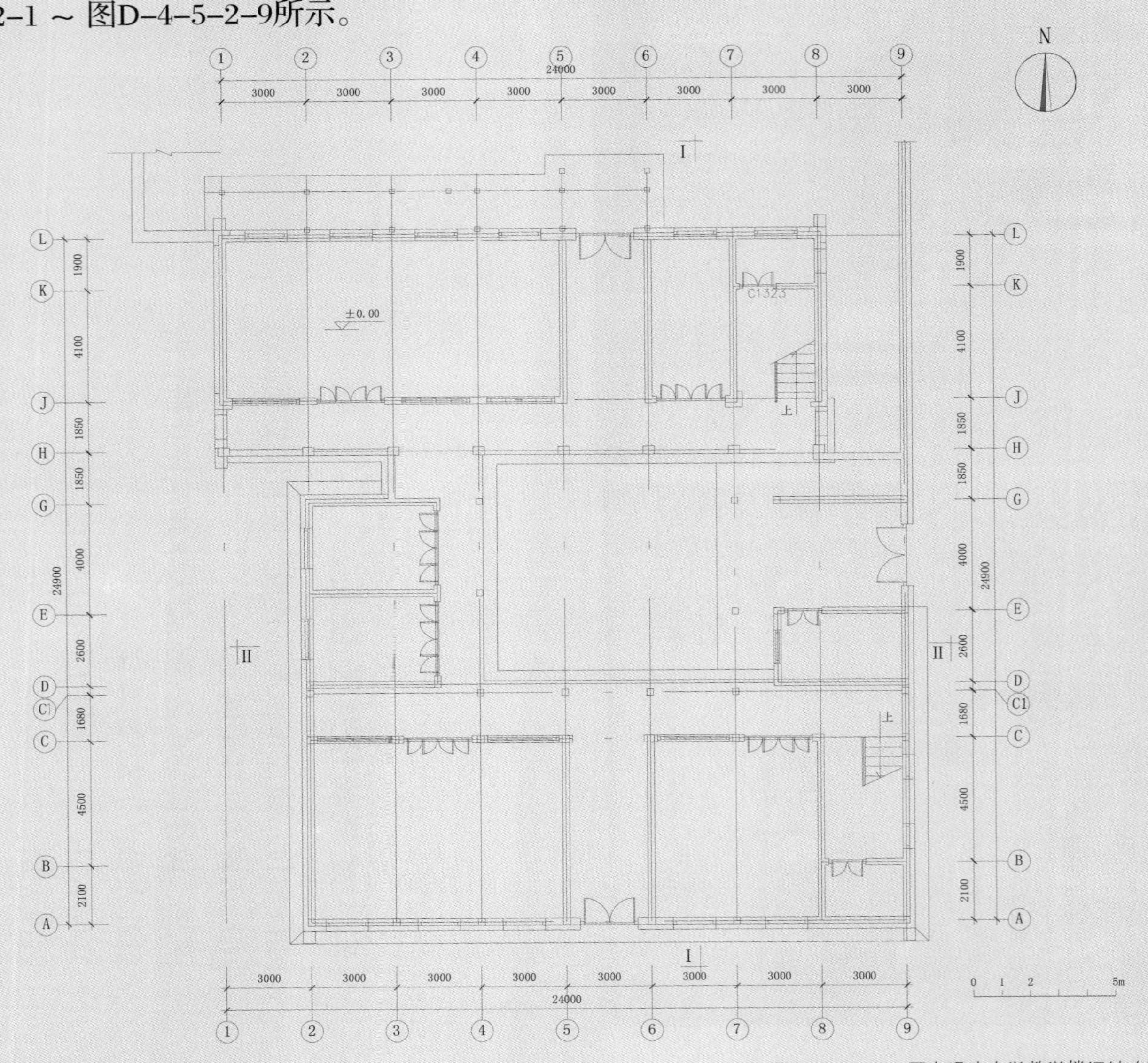

图D-4-5-2-1 原小码头小学教学楼旧址（现集雅斋）一层平面图

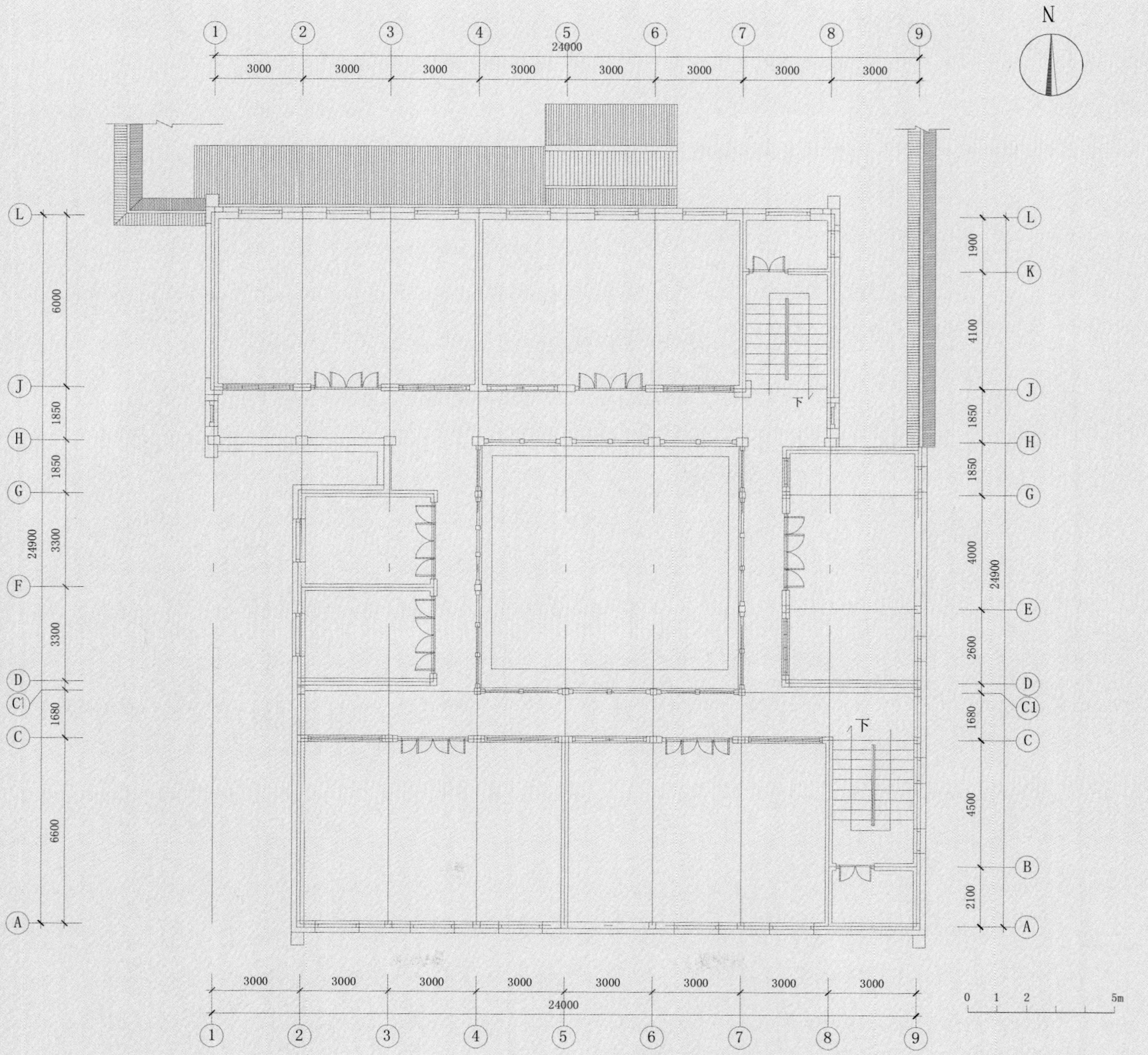

图D-4-5-2-2 原小码头小学教学楼旧址（现集雅斋）二层平面图

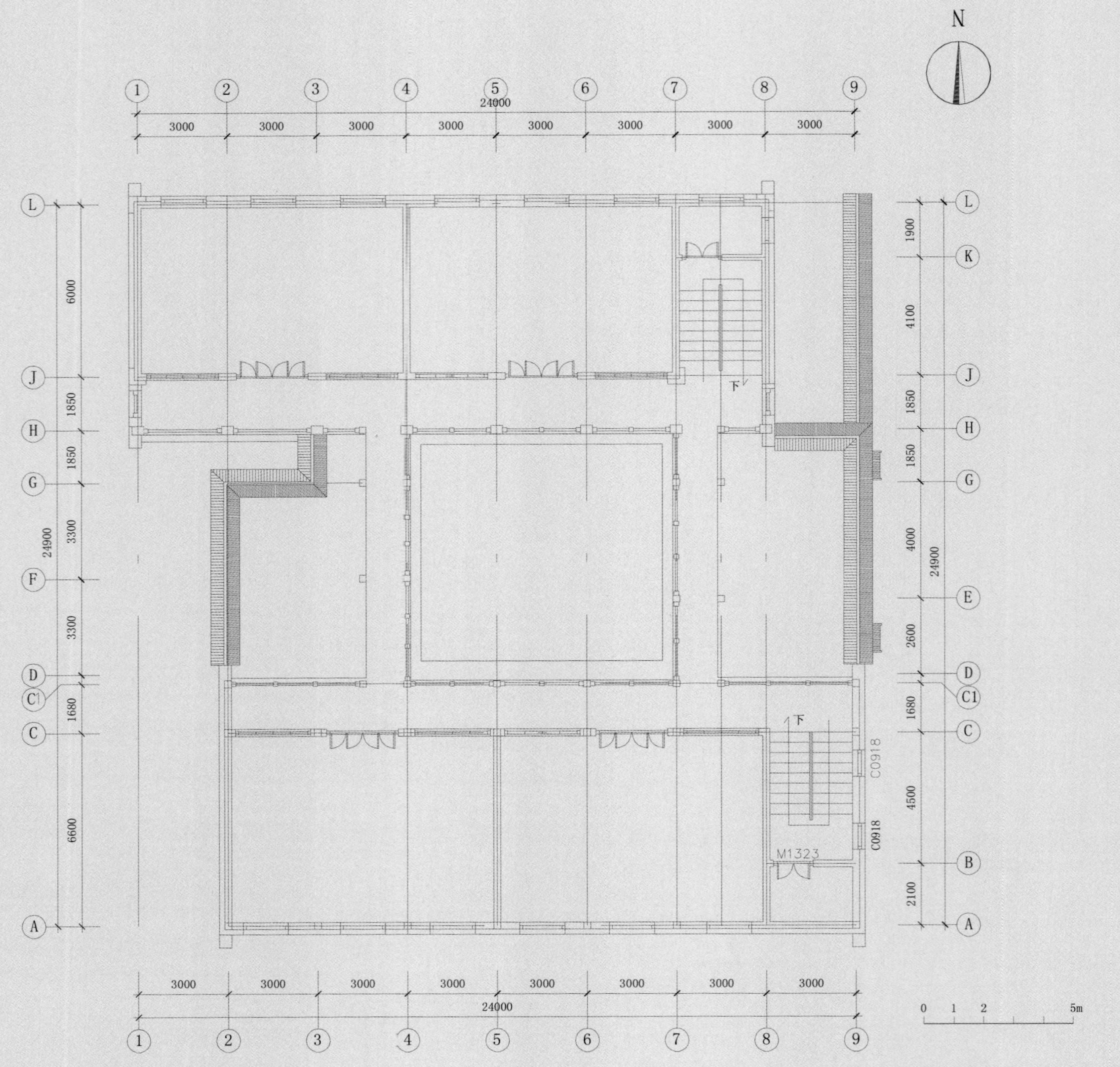

图D-4-5-2-3 原小码头小学教学楼旧址（现集雅斋）三层平面图

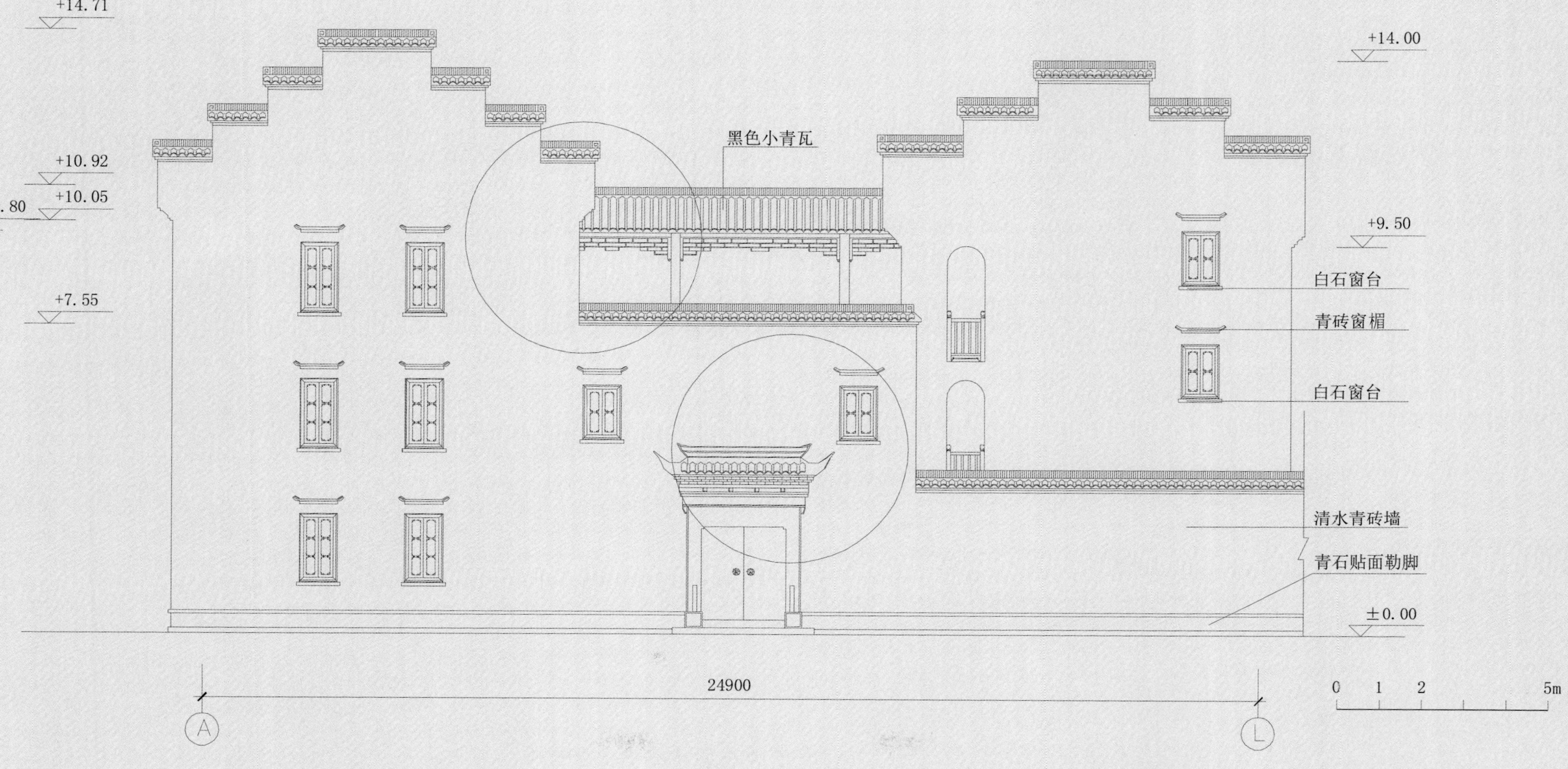

图D-4-5-2-4 原小码头小学教学楼旧址（现集雅斋）东立面图

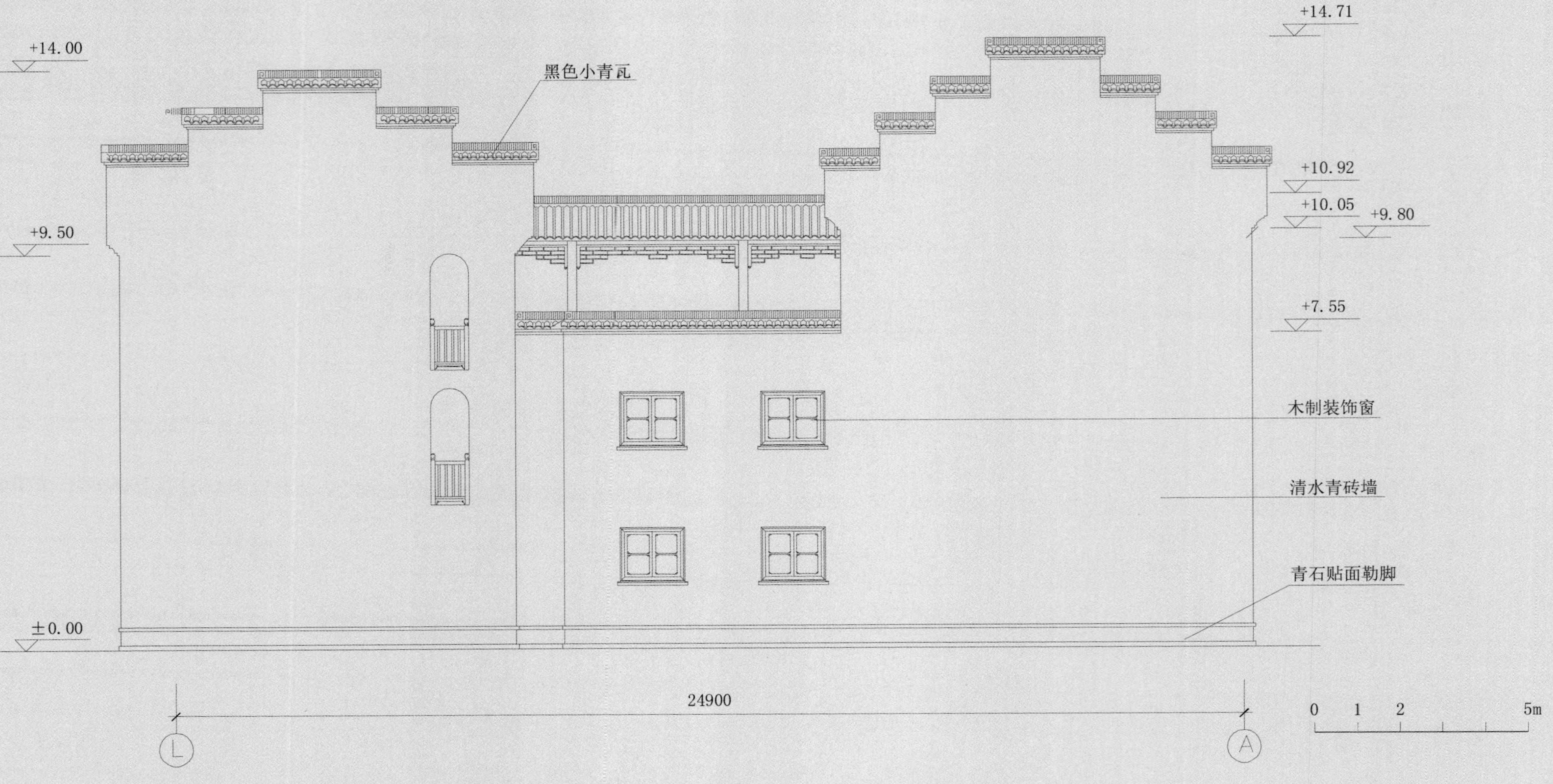

图D-4-5-2-5 原小码头小学教学楼旧址（现集雅斋）西立面图

+14.00
+13.10
+9.80
+6.55
±0.00
-0.15
3000
21000
9
8
1
0 1 2 5m

图D-4-5-2-6 原小码头小学教学楼旧址（现集雅斋）北立面图

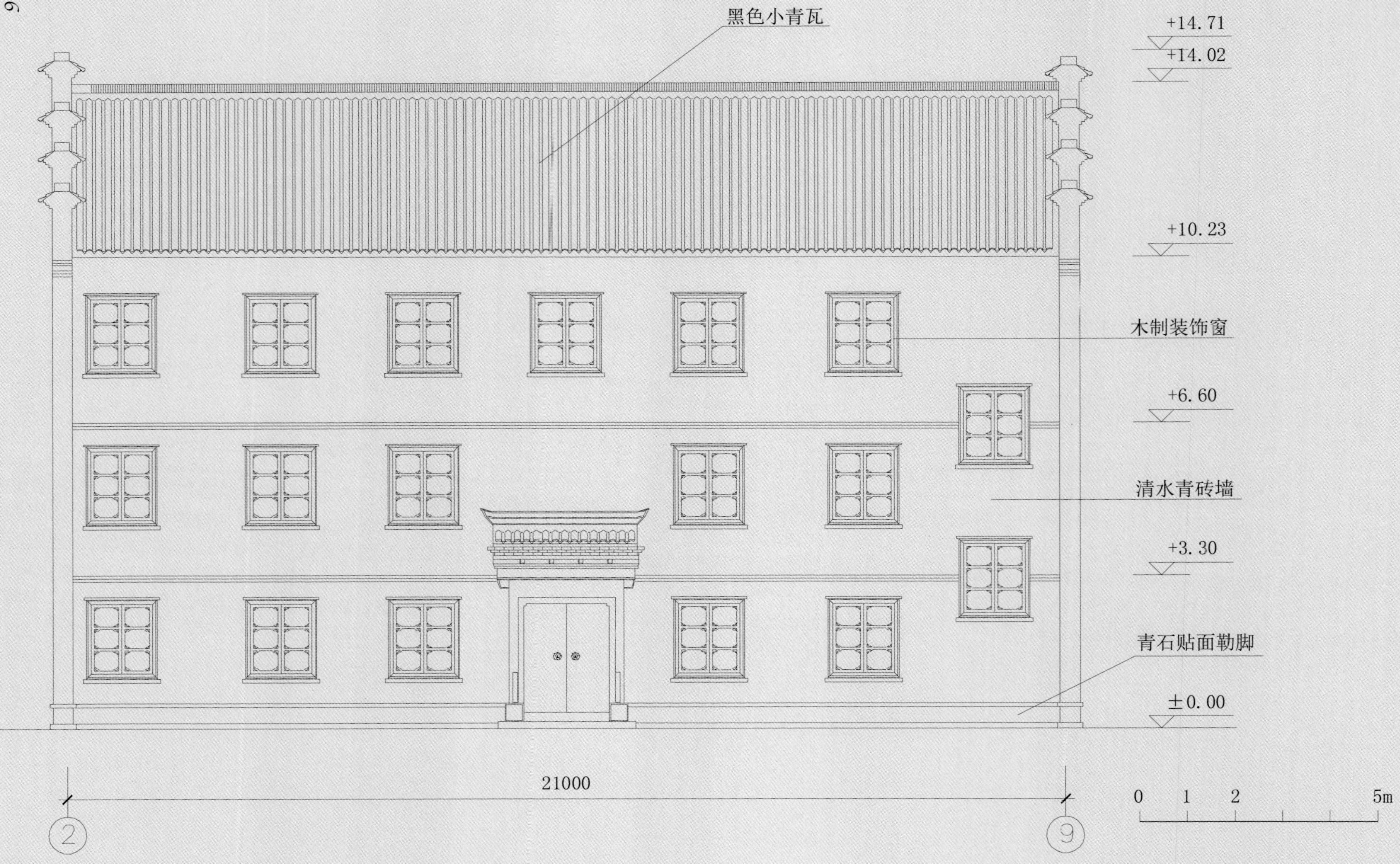

图D-4-5-2-7 原小码头小学教学楼旧址（现集雅斋）南立面图

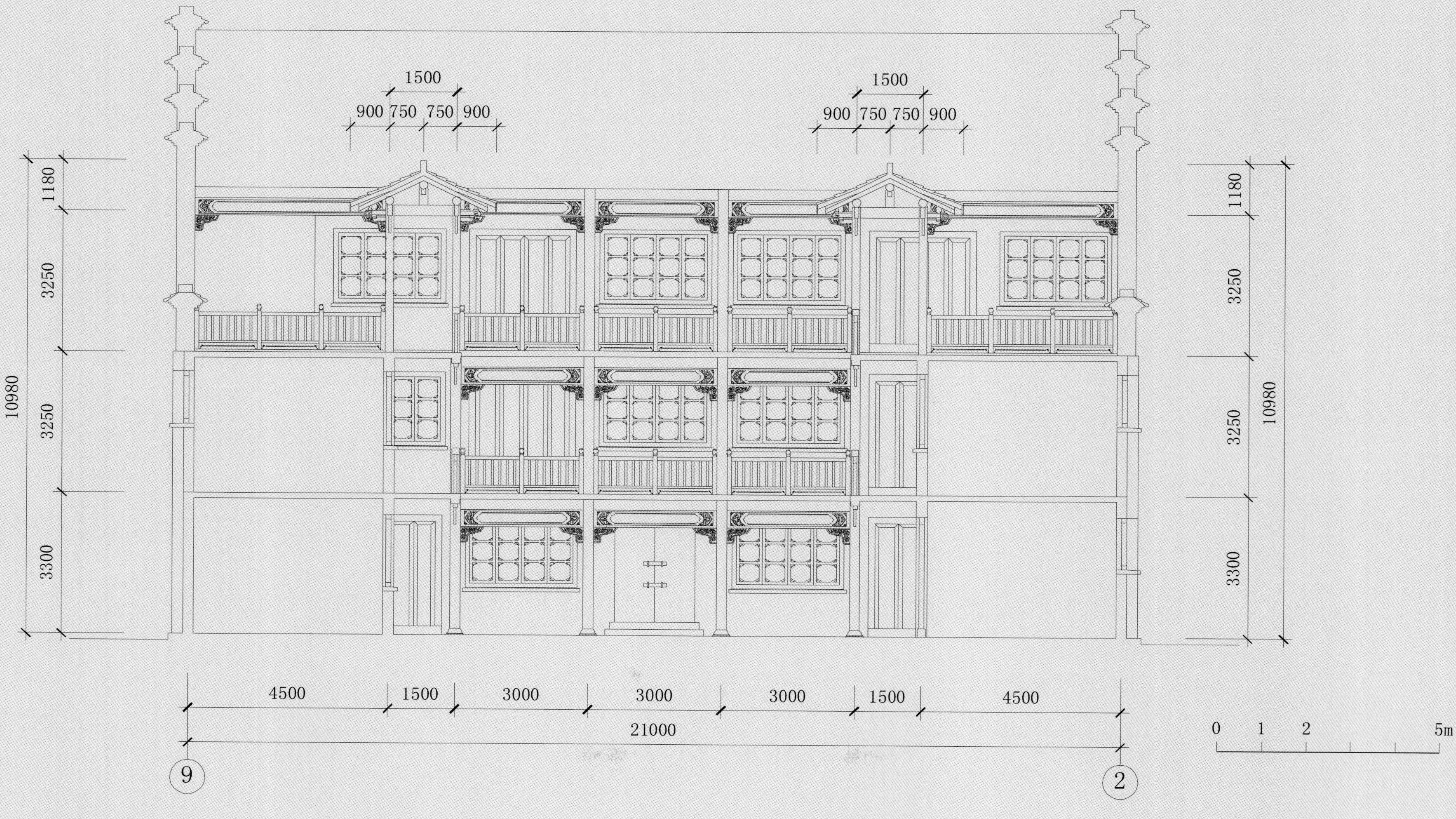

图D-4-5-2-8 原小码头小学教学楼旧址（现集雅斋）剖面图

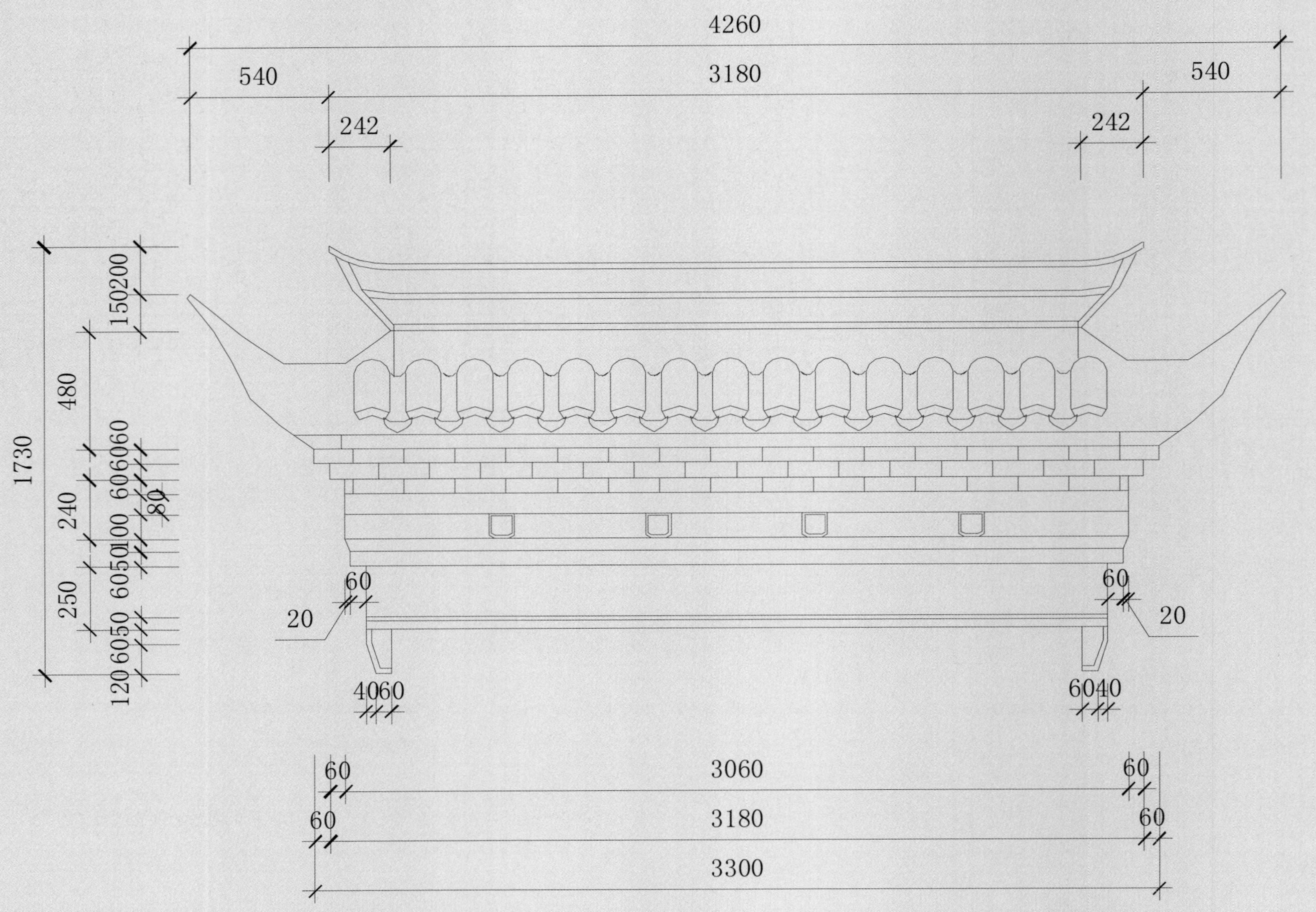

图D-4-5-2-9 原小码头小学教学楼旧址（现集雅斋）大门砖雕大样图

第三节 原小码头小学北楼（现三友堂）

一、概况

1. **建筑形态**。原小码头小学北楼旧址（现三友堂）位于利商街北侧、利群巷西侧。该建筑为二层砖混结构，南侧设有外廊。总占地面积154.44m^2，总建筑面积320m^2，该建筑长19.8m、宽7.8m、高10.7m，共2层（一、二层层高分别为3.45m和3.2m）（图P-4-5-3-1）。

图P-4-5-3-1 修缮后的原小码头小学北楼旧址（现三友堂）

2. **历史沿革和遗存状态**。原小码头小学北楼旧址（现三友堂）原为办公楼，简易砖木结构（图P-4-5-3-2）。因年久失修，屋面多处渗漏，内饰损毁严重。两幢教学楼之间原为学校操场，有两棵大雪松和一排小乔木，用地面积约630m^2，修缮后栽植梅花、翠竹，形成松竹梅共生一园景观，因以“三友堂”为北楼楼名（参见第六卷园林景观有关内容）。

图P-4-5-3-2 原小码头小学北楼旧址和简易结构屋面

图P-4-5-3-3 原小码头小学北楼旧址（现三友堂）二楼门廊内景

二、主要修缮技术方案

大修。2006年，西津渡公司对该建筑进行了修缮。维修前，邀请了文物、考古、建设等专家，对修缮方案进行评选、论证，专家建议在保留原结构形式基础上实施风貌改造，增加抗震构造措施。主要修缮内容为：结构加固、屋面重建、墙面装饰、内部装饰、重整功能等。

山墙部分处理成马头墙形式，朝外的三面墙处理为清水青砖墙。南立面保持原建筑走廊形式，满开花格窗，花格门、挂落、花板（图P-4-5-3-3）。北立面小型花格窗，通道门入口为门套砖雕门头，门头匾额砖刻“西津雅苑”（图P-4-5-3-4、图P-4-5-3-5、图P-4-5-3-6）；东西两侧设马头墙、旋山双坡屋面、木屋架、木长窗、短窗、檩条、小青瓦。

图P-4-5-3-4 原小码头小学北楼旧址北立面

图P-4-5-3-5 利商街入口北立面效果图

图P-4-5-3-6 原小码头小学北楼旧址（现三友堂）北立面砖雕门楼

三、建筑物修缮责任表

建设单位：镇江市西津渡建设发展有限责任公司

项目负责人：杨恒网

测绘、设计修缮单位：镇江市地景园林规划设计（所）有限公司

设计人员：孙荣华

监理单位：镇江建科工程建设监理公司

监理人员：曾建志

施工单位：镇江市新润建筑安装公司

施工时间：2005年

项目施工负责人：高祥兆

四、施工图

如图D-4-5-3-1 ~ 图D-4-5-3-7所示。

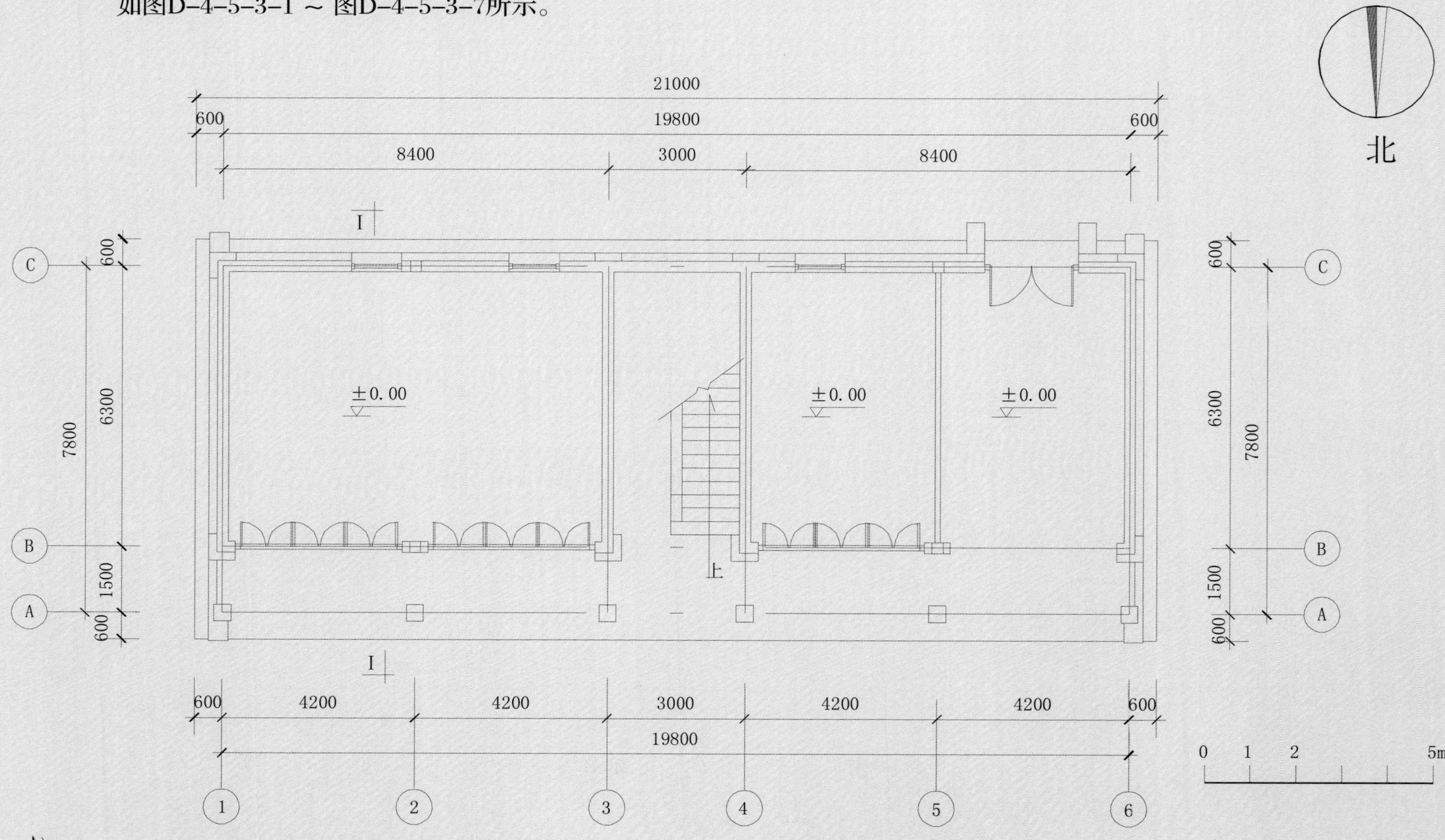

图D-4-5-3-1 原小码头小学北楼旧址一层平面图

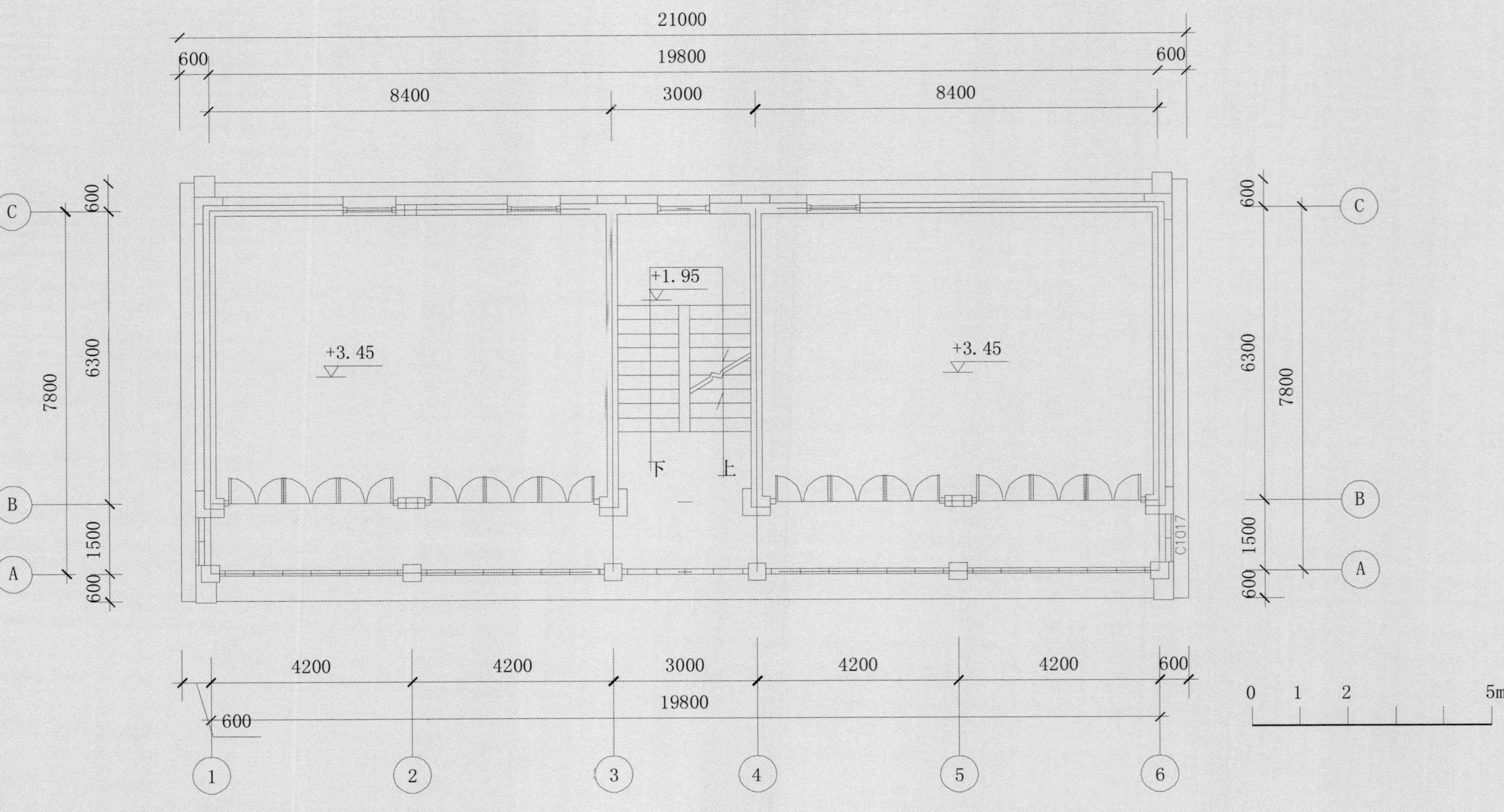

图D-4-5-3-2 原小码头小学北楼旧址二层平面图

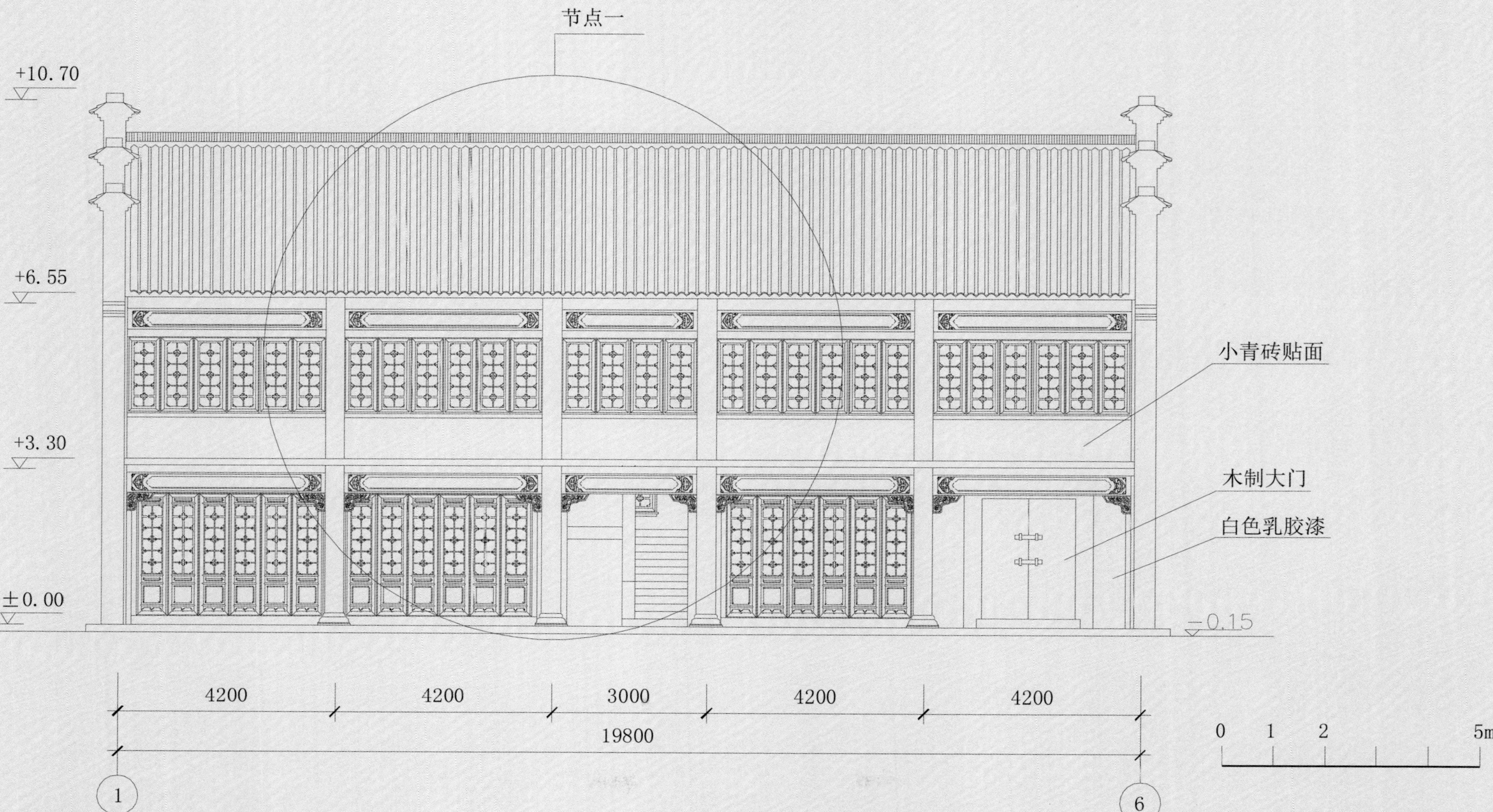

图D-4-5-3-3 原小码头小学北楼旧址南立面图

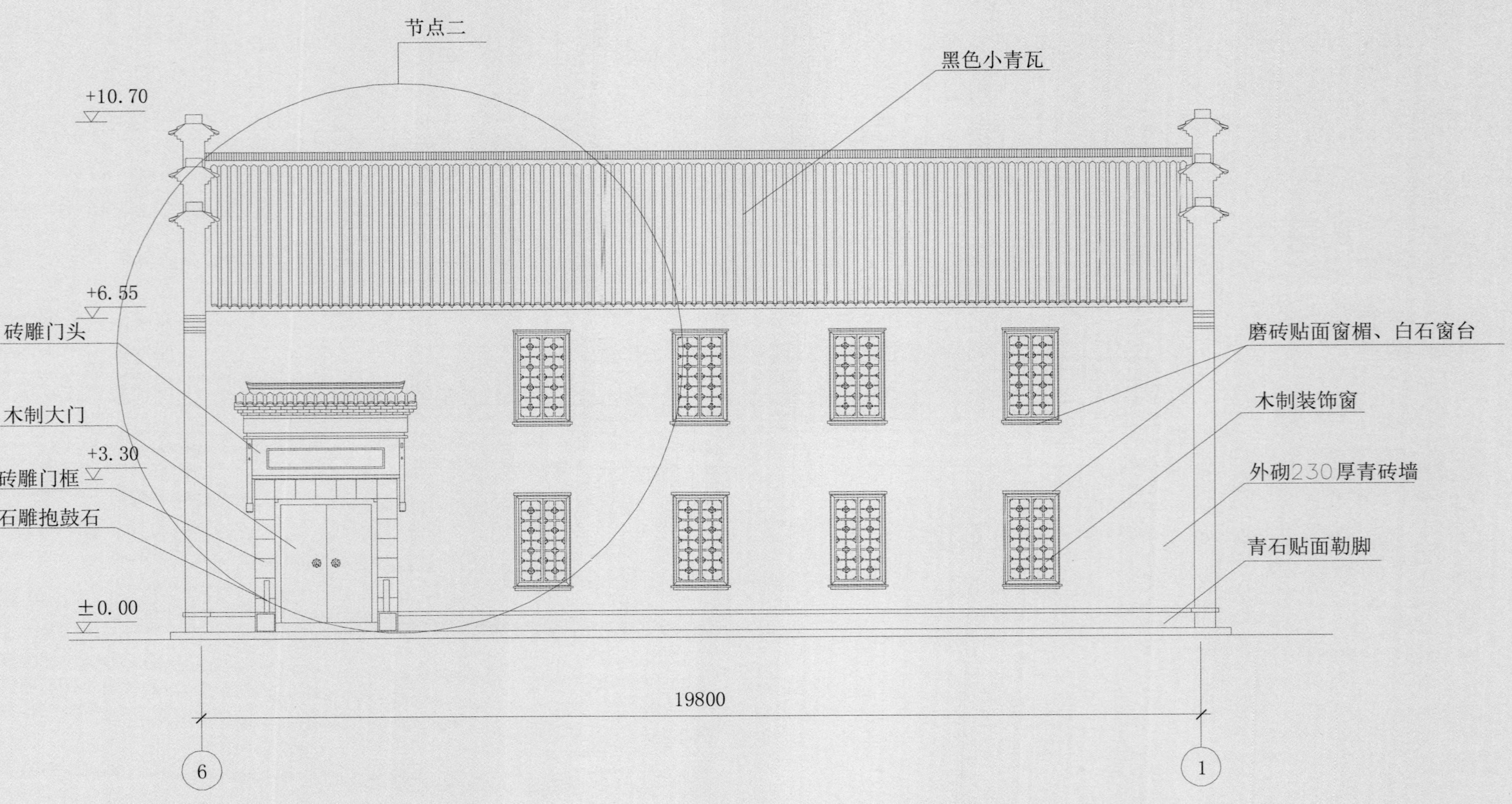

图D-4-5-3-4 原小码头小学北楼旧址北立面图

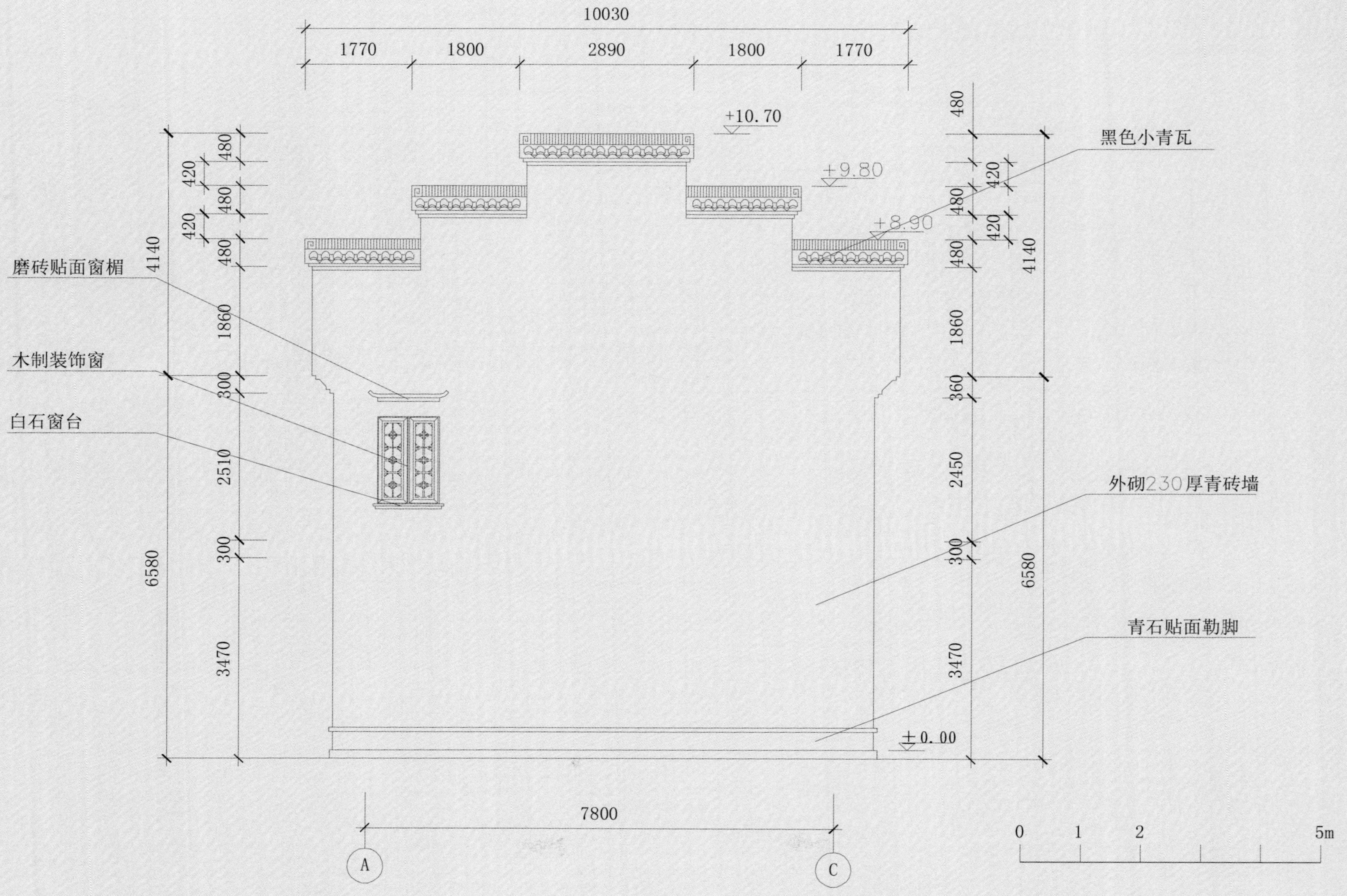

图D-4-5-3-5 原小码头小学北楼旧址东立面图

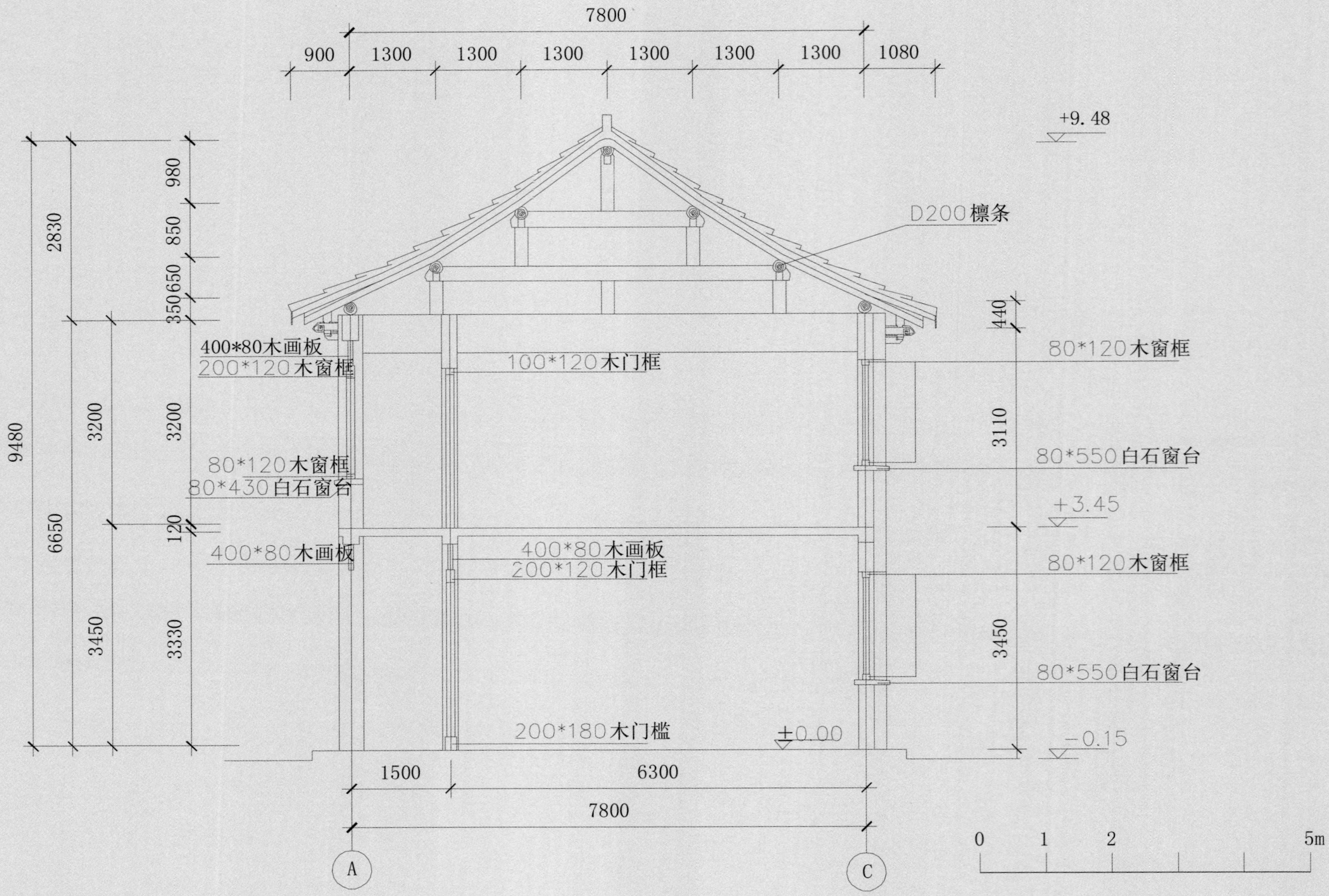

图D-4-5-3-6 原小码头小学北楼旧址剖面图

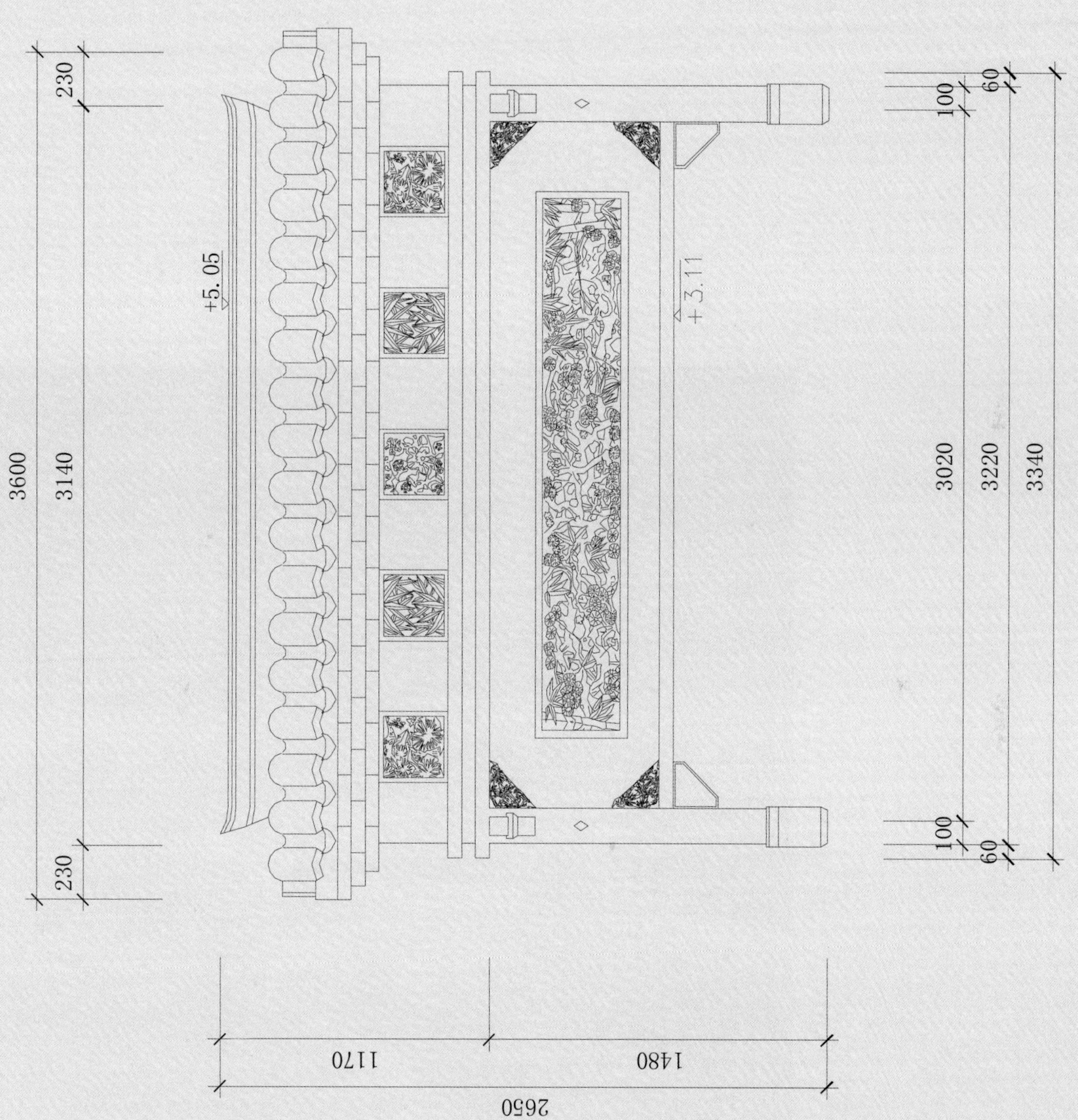

图D-4-5-3-7 原小码头小学北楼旧址砖雕大门大样图

第六章
原镇江工人疗养院(现桔子酒店)

原镇江工人疗养院，后改名为江苏省镇江工人疗养院，位于江苏省镇江市润州区伯先路公园山1号（现伯先路37号）。根据“1987年江苏境内疗养院基本情况一览表”显示，该院由江苏省总工会于1959年在云台山东南麓成立，计有2栋建

图P-4-6-0-1 原镇江工人疗养院旧址(现桔子酒店)（谢 戎 航拍）

筑，建筑面积2101.89m²。1987年时，计有床位数100张，医务人员14人，工作人员27人。后疗养院进行了扩建，增设了服务中心及其附设用房。1996年疗养院停办疗养业务，由个人承包经营，改为“沪润山庄”旅馆酒店。2010年，镇江市总工会因建设南徐新城工人大厦筹措资金需要，西津渡公司因环云台山景观改造需要，两家达成一致协议，由西津渡公司收购原镇江市疗养院并进行风貌改造，至2015年主体建筑修缮完毕，分别为1至8号建筑及接待中心和服务中心，共计9栋建筑（图P-4-6-0-1、图D-4-6-0-1）。

为了做好旅游的接待工作，加快打造西津渡文化旅游产业的发展，2015年西津渡公司与国内著名的桔子酒店进行联合开发经营，在此开设桔子酒店镇江西津渡分店。

桔子酒店由吴海于2006年在北京创立，是国内首家设计师团队设计的中国连锁酒店。他们将每一间酒店当成是艺术品来打造，每家酒店均有不同的风格，从“后现代”到“Pop Culture”再到地中海复兴建筑风格等，并连续三届获得“中国最佳设计师酒店”与“中国最佳精品酒店”大奖。

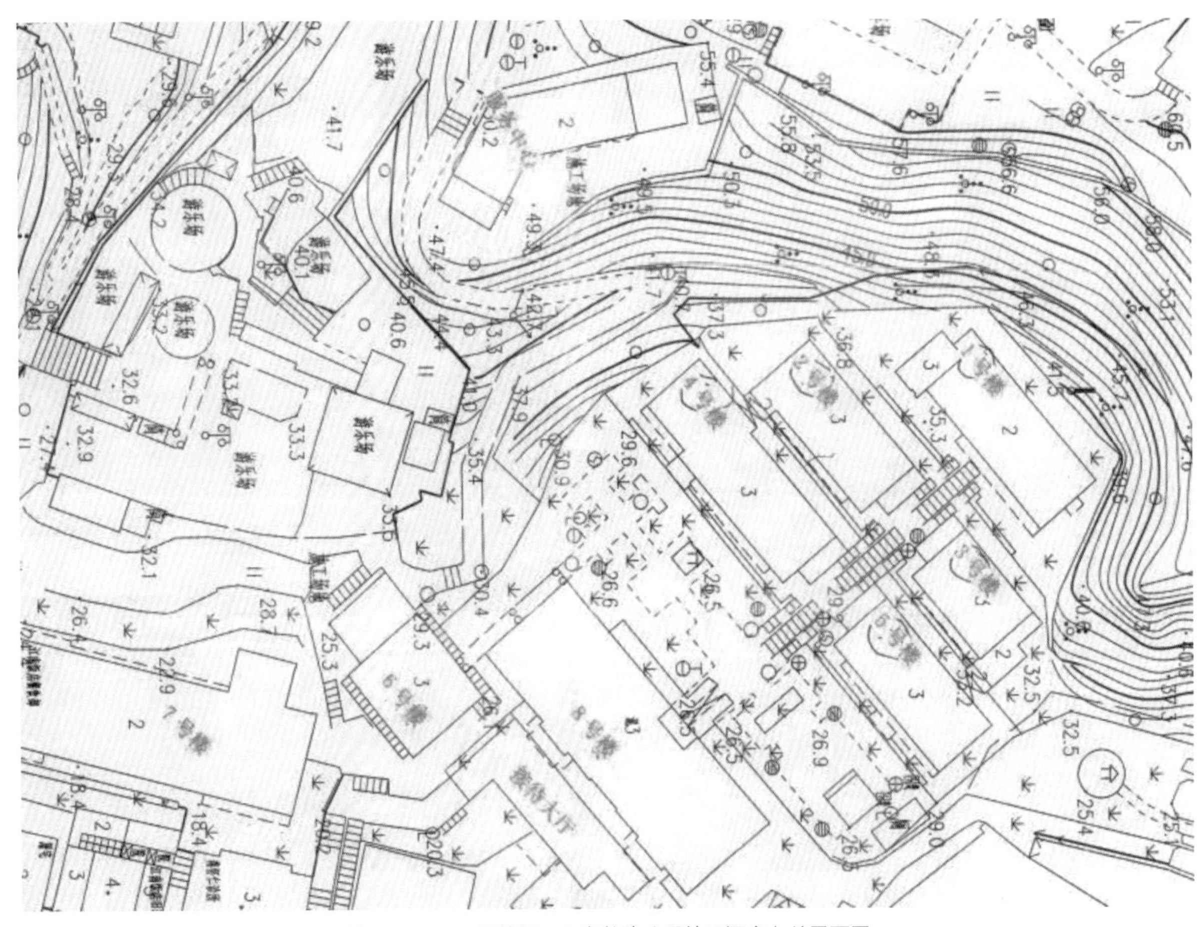

图D-4-6-0-1原镇江工人疗养院（现桔子酒店）总平面图

第一节 原镇江工人疗养院客房部建筑群（现桔子酒店1~5、8号楼）

一、概况

1．建筑形态。原镇江工人疗养院客房部旧址建筑群为仿民国风格建筑，共7栋楼，分别编号为1、2、3、4、5、8号楼和接待大厅（图D-4-6-1-1）。建筑群平面布局为梯级分布，依云台山东麓山坡建设，层高二至三层不等。建筑总用地面积3019.83m^2，总建筑面积8927.97m^2。

各栋建筑的具体指标见表B-4-6-1-1、表B-4-6-1-2。

表B-4-6-1-1 原工人疗养院客房部用房主要规划指标

序号	名称	单位	数量
1	总用地面积	m^2	2114.38
2	建筑占地面积	m^2	6016.57
5	容积率	%	1.03
6	建筑密度	%	42.93
7	绿地率	%	26.19

表B-4-6-1-2 云台山疗养院客房部建筑群主要指标参考表

项目地址和名称	基地面积（m^2）	建筑面积（m^2）	建筑层数	建筑高度（m）	备注
1号楼	306.6	668.34	2	7.8	主体二层，局部三层
2号楼	255.83	688.98	3	10.8	三层
3号楼	205.03	577.01	3	10.8	三层
4号楼	344.38	995.02	3	10.8	三层
5号楼	255.98	729.86	3	10.8	三层
8号楼	508.56	1881.36	3	10.2	三层
接待大厅	238	476	2	6.5	二层
合计	2114.38	6016.57			

2. 历史沿革和遗存状态。 原镇江市工人疗养院客房部主体建筑主要是在8号楼位置，为砖混结构建筑（图P-4-6-1-1）。其他位置均为简易建筑结构，且年久失修，破漏严重（图P-4-6-1-2）。西津渡公司收购后，对原来8号楼进行了修缮改造，在其东侧下坡增设接待大厅，并对后侧其他简易房屋实施拆除重建。

图P-4-6-1-1 原镇江工人疗养院8号楼及山下停车场

图P-4-6-1-2 原镇江工人疗养院8号楼上山坡道（左上）蒋怀仁诊所东上山坡道（右上）

二、主要修缮技术方案

大修、复建。工人疗养院客房部建筑共计有7幢，分别标为1~5号楼、8号楼、接待大厅，建筑层高分别为二层、三层不等，其中8号楼为大修建筑，其余配套建筑为复建。开工前，西津渡公司委托东南大学建筑设计研究院设计了维修及复建方案。东大方案充分考虑到伯先路建筑民国风格特色和山体建筑风格的协调性，确定了仿民国建筑风格为该组建筑的主要风格。此后，西津渡公司委托镇江市规划建筑设计研究院对东大建筑设计方案进行了深化设计，委托镇江市地景园林规划设计有限公司对该建筑群的景观配套提出设计方案，并邀请了文物、考古、建设等专家，对原址建筑遗存进行了考察，对维修及其部分复建建筑建设方案和景观方案进行了论证，并报经有关主管部门批准了维修和部分复建方案。

该组团建筑在采取现代钢混框架结构标准基础上，外立面采用青砖清水墙面砖，局部红色墙面砖分色，以体现民国建筑形制特点。仿古铝合金系统门窗。

屋面为二坡顶和四坡顶的盖瓦楞铝瓦；室外楼梯栏杆采用西洋花式铁艺栏杆。

由于该建筑依山退台而建，从伯先路上山坡道和楼宇之间的交通组织主要通

P-4-6-1-3 原镇江工人疗养院（现桔子酒店）1~5号楼中间自动扶梯

图P-4-6-1-4 原镇江工人疗养院（现桔子酒店）上山电扶梯

过台阶上下。根据便捷使用的原则，在恢复性维修、更新过程中，第一次采用8部自动扶梯，连接各楼上下交通并直通伯先路，大大提高了竖向交通能力（图P-4-6-1-3、图P-4-6-1-4）。该工程四周均留有消防通道，并设有自动火警灭火系统。

三、建筑物修缮责任表

建设单位：镇江市西津渡文化旅游有限责任公司

项目负责人：于啸 季桦

测绘、修缮设计单位：东南大学建筑设计研究院

镇江市规划建筑设计研究院

镇江市地景园林规划设计有限公司

设计人员：董卫 等

监理单位：镇江建科工程监理有限公司

图P-4-6-1-5 修缮后的原镇江工人疗养院（现桔子酒店）1号楼南立面图

监理人员：刘晓瑞 景宝富

施工单位：南京市第六建筑工程有限公司

项目经理：包信才

施工时间：2011.05 — 2012.12

四、原工人疗养院（现桔子酒店）1～5号楼、8号楼概况和施工图

1. 原镇江工人疗养院（现桔子酒店）1号楼

原镇江工人疗养院位于云台山东麓，整个建筑群依山而建，呈梯级状态。该建筑群半山腰有一平台，系疗养院内部花园。以花园为中点，整个建筑群分上下两个部分。上部建筑分为三个平台，1号楼位于上部第一层，除了山顶的服务大楼之外，1号楼位于本建筑群的最高处（图P-4-6-1-5）。

本建筑坐西朝东，长29.7m、宽11.5m，高二层，层高7.8m，局部三层，层高12.3m，占地面积306.6m^2，建筑面积668.34m^2。

1号楼南北七开间，北端四开间高二层，坡顶瓦屋面，为客房房间；南端第一开间为楼梯间，设有电梯与应急通道楼梯，高三层，平顶，朝北隔墙有通向凉台的门；南二、三开间高二层，底层为进入大楼的大厅，二层为客房房间，三层为平顶凉台，东西两侧有栏杆。

2. 原镇江工人疗养院（现桔子酒店）1号楼图纸

如图D-4-6-1-1 ~ 图D-4-6-1-9所示。

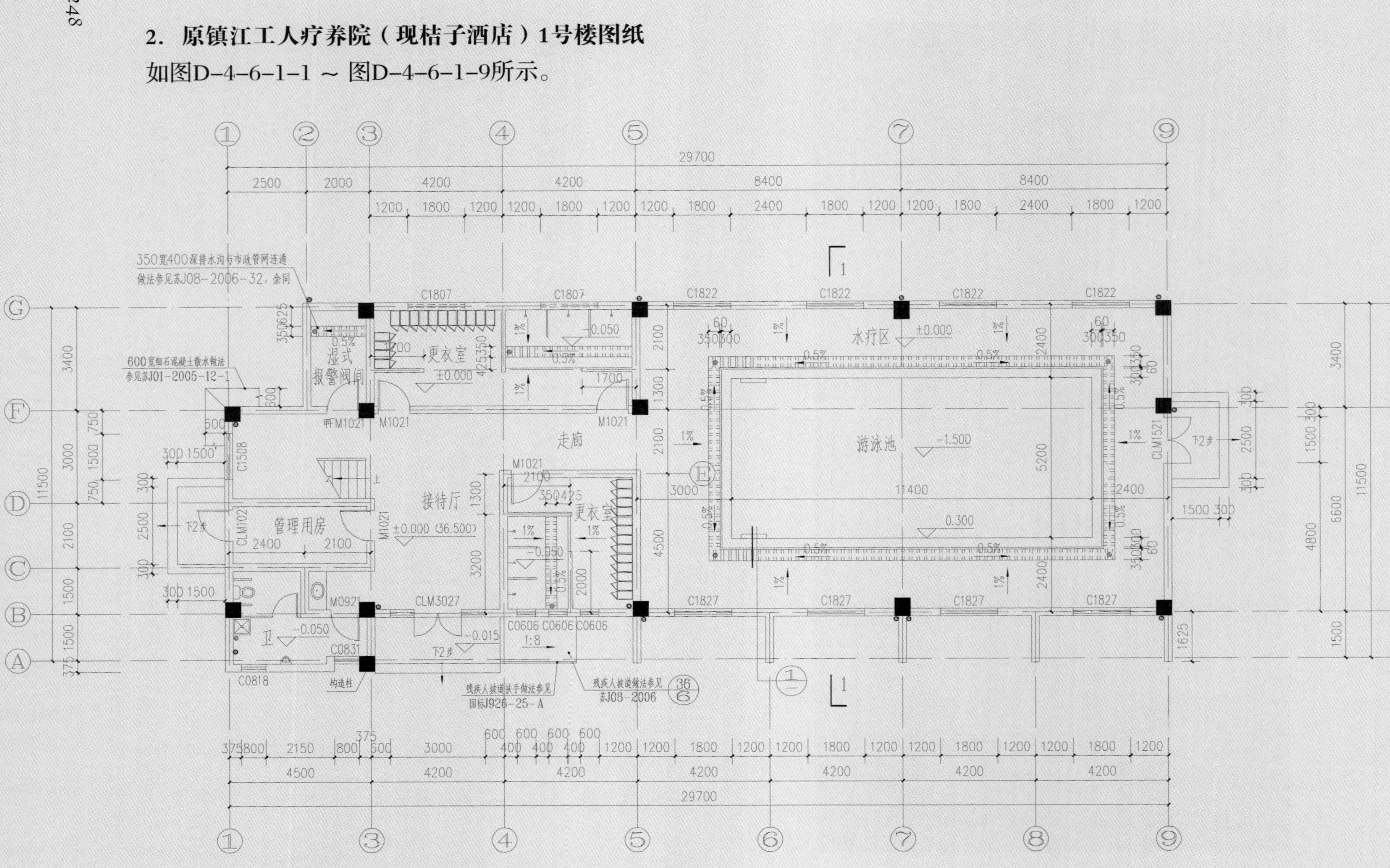

图D-4-6-1-1 原镇江工人疗养院（现桔子酒店）1号楼一层平面图

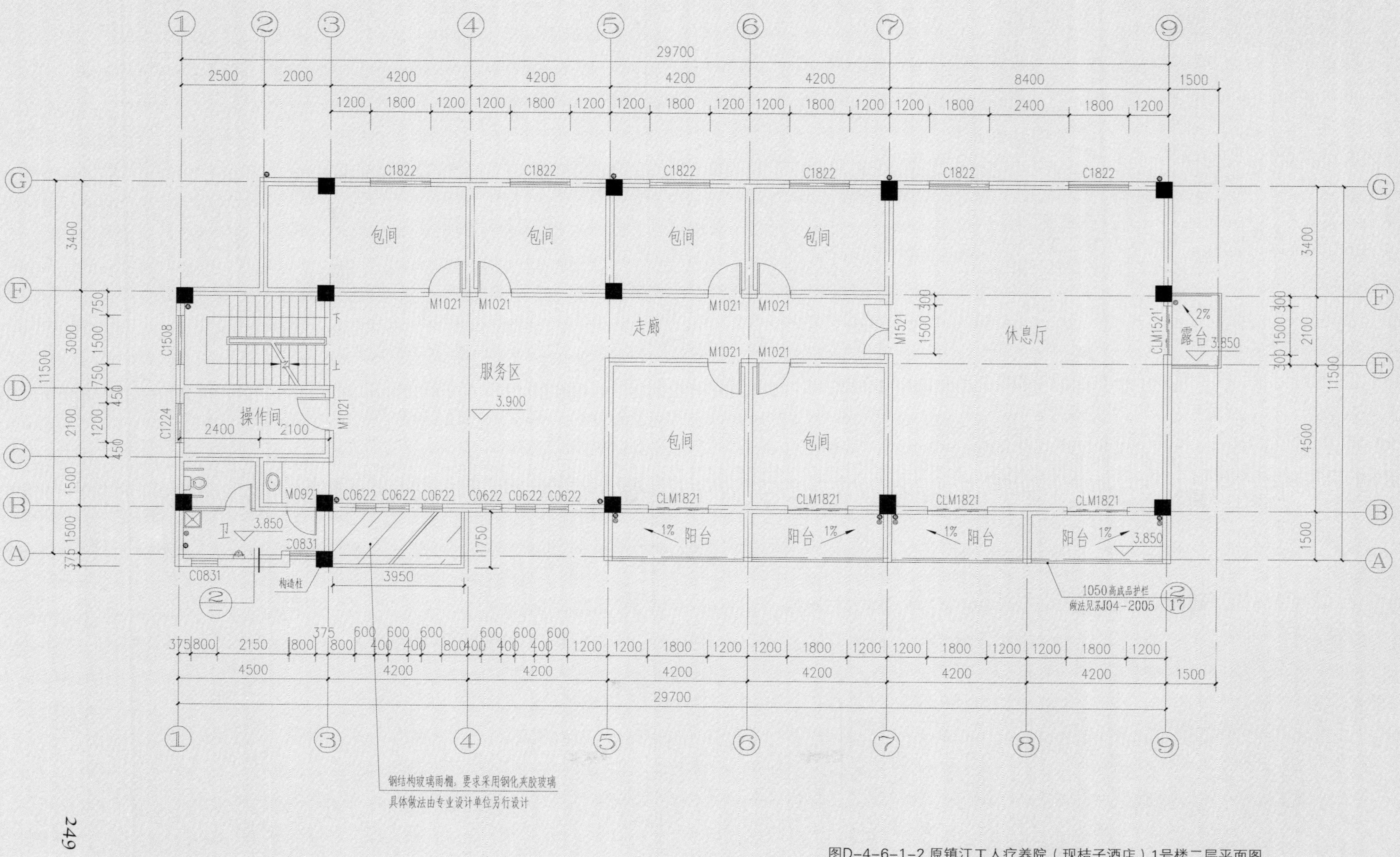

图D-4-6-1-2 原镇江工人疗养院（现桔子酒店）1号楼二层平面图

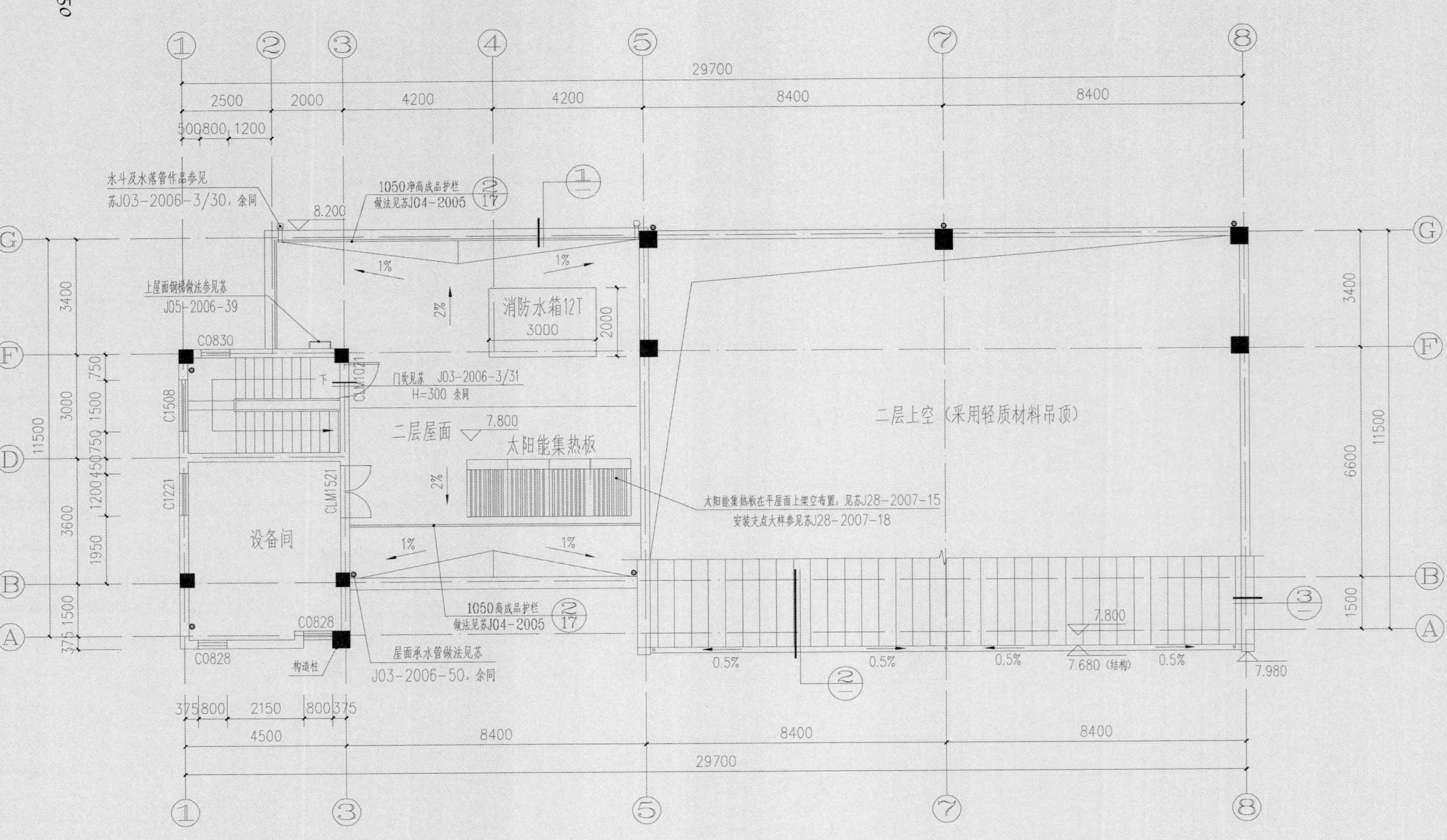

图D-4-6-1-3 原镇江工人疗养院（现桔子酒店）1号楼三层平面图

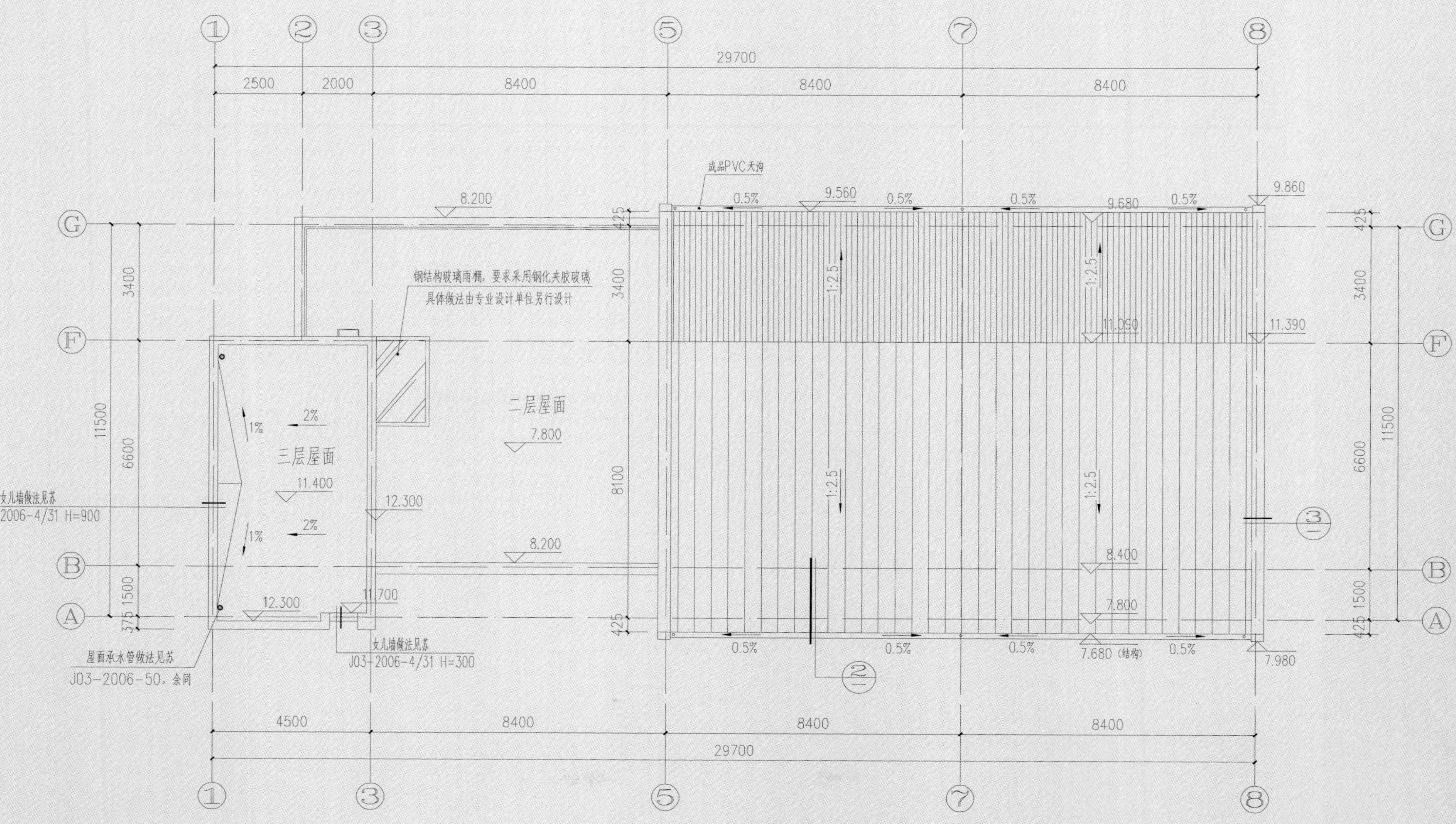

图D-4-6-1-4 原镇江工人疗养院（现桔子酒店）1号楼屋顶平面图

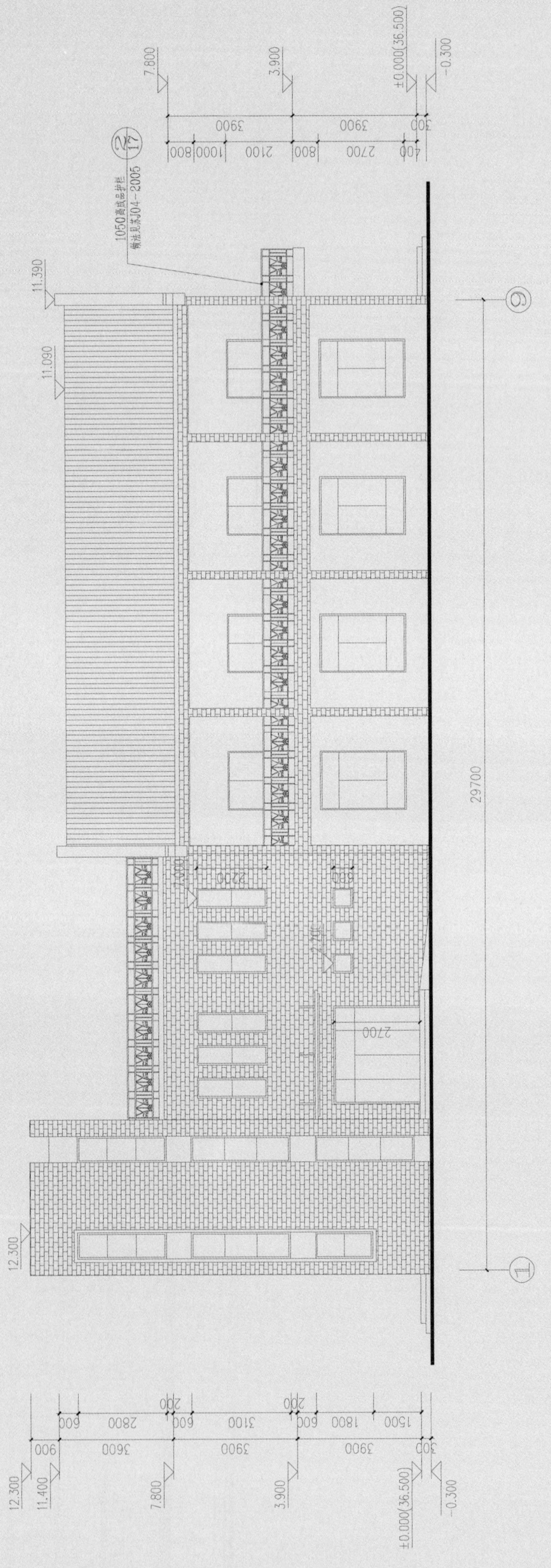

图D-4-6-1-5 原镇江工人疗养院（现桔子酒店）1号楼东立面图

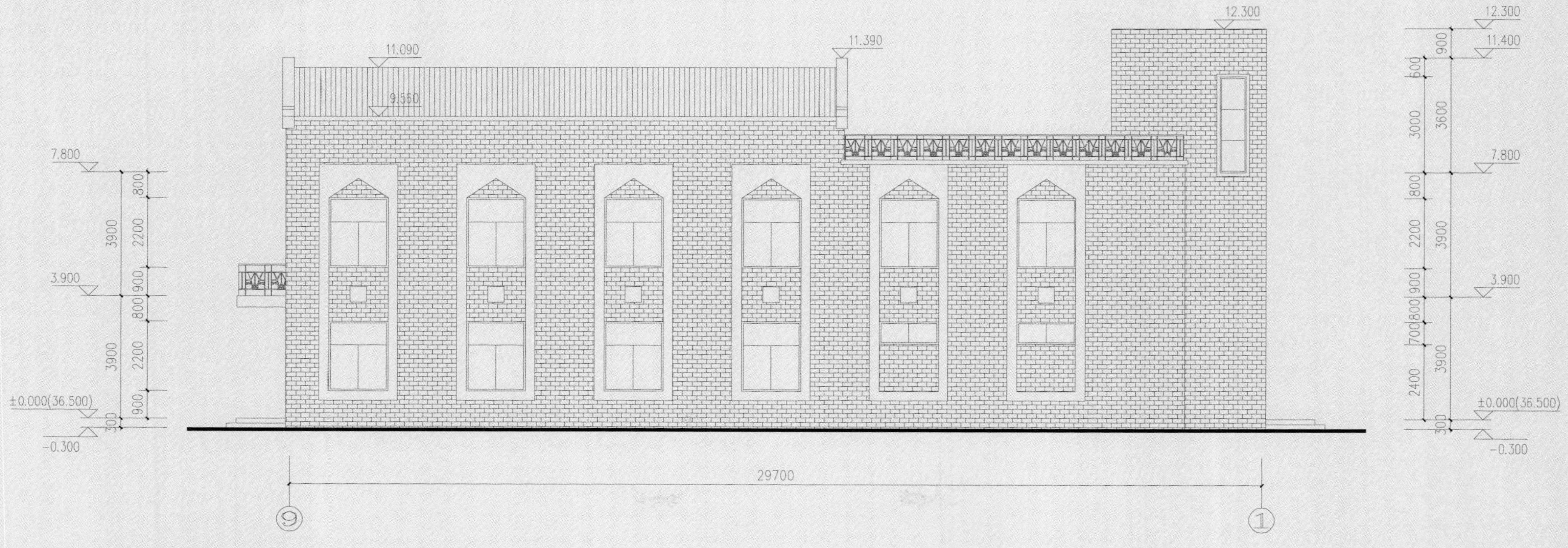

图D-4-6-1-6 原镇江工人疗养院（现桔子酒店）1号楼西立面图

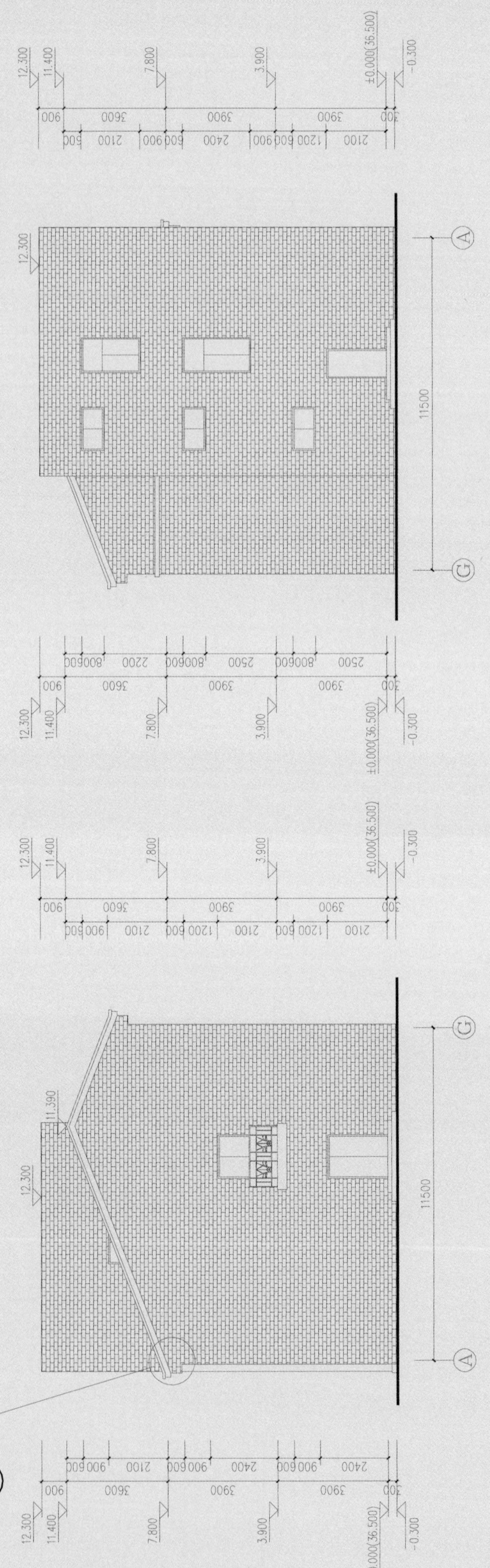

图D-4-6-1-7 原镇江工人疗养院（现桔子酒店）1号楼南立面图

图D-4-6-1-8 原镇江工人疗养院（现桔子酒店）1号楼北立面图

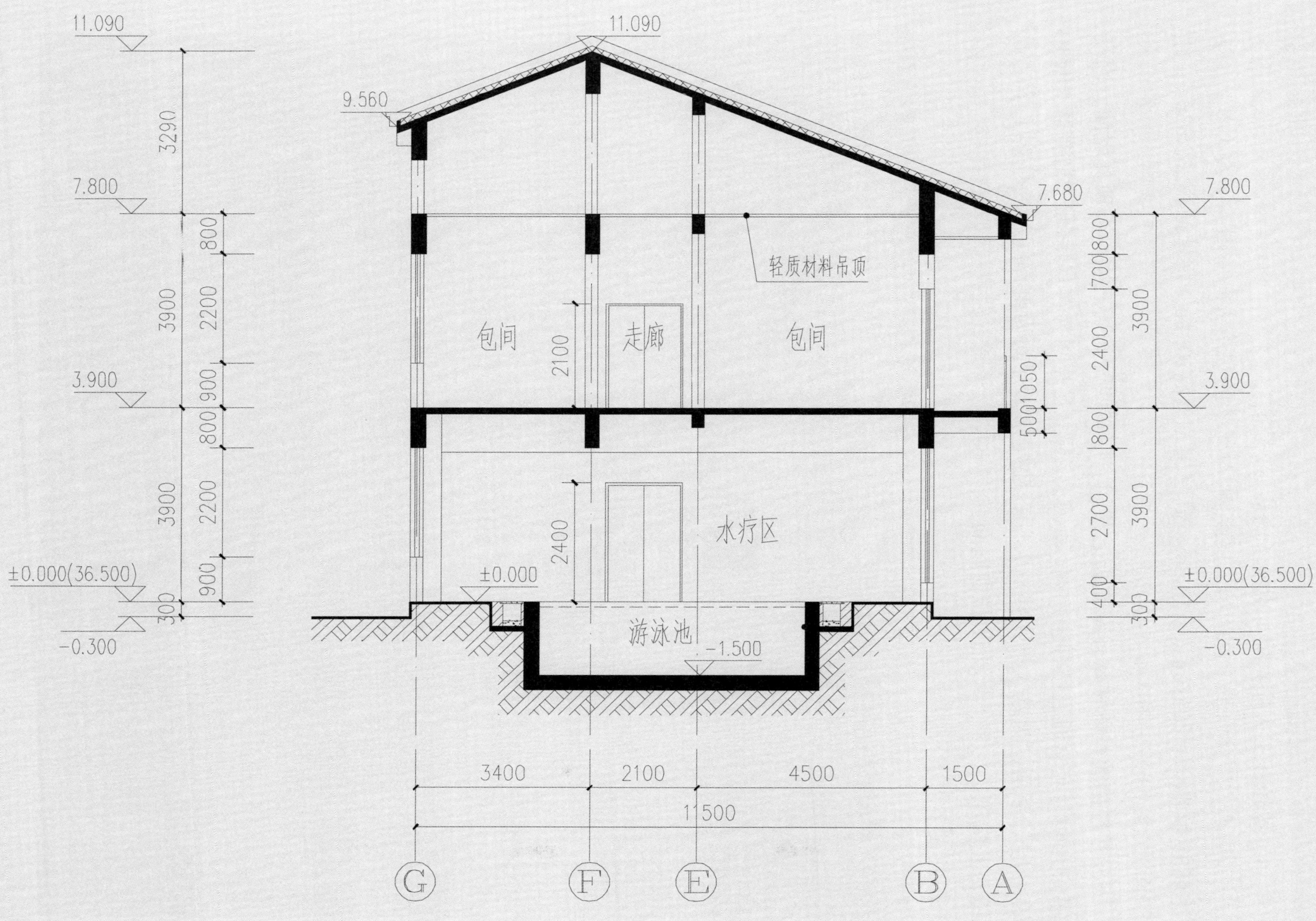

图D-4-6-1-9 原镇江工人疗养院（现桔子酒店）1号楼剖面图

3. 原镇江工人疗养院（现桔子酒店）2号楼

2号楼位于建筑群上部的第二层南侧，1号楼的东南方向（图P-4-6-1-6）。本建筑坐西朝东，长25.5m、宽10.8m、高三层，檐高10.8m，占地面积255.83m^2，建筑面积688.98m^2（图P-4-6-1-7）。

2号楼南北呈阶梯状，南北长七开间。南端四开间高三层，坡顶瓦屋面，南端第一开间为应急通道楼梯间，南二、三、四、五开间为客房房间；北端第一开间高一层，平顶，为进入该大楼的大厅；北端第二开间为电梯间，为住客上下之通道，北端第二、三开间上为平顶屋面。

图P-4-6-1-6 原镇江工人疗养院(现桔子酒店)2号楼东立面

图P-4-6-1-7 原镇江工人疗养院(现桔子酒店)2号楼北立面

4. 原工人疗养院（现桔子酒店）2号楼图纸

如图D-4-6-1-10 ~ D-4-6-1-15所示。

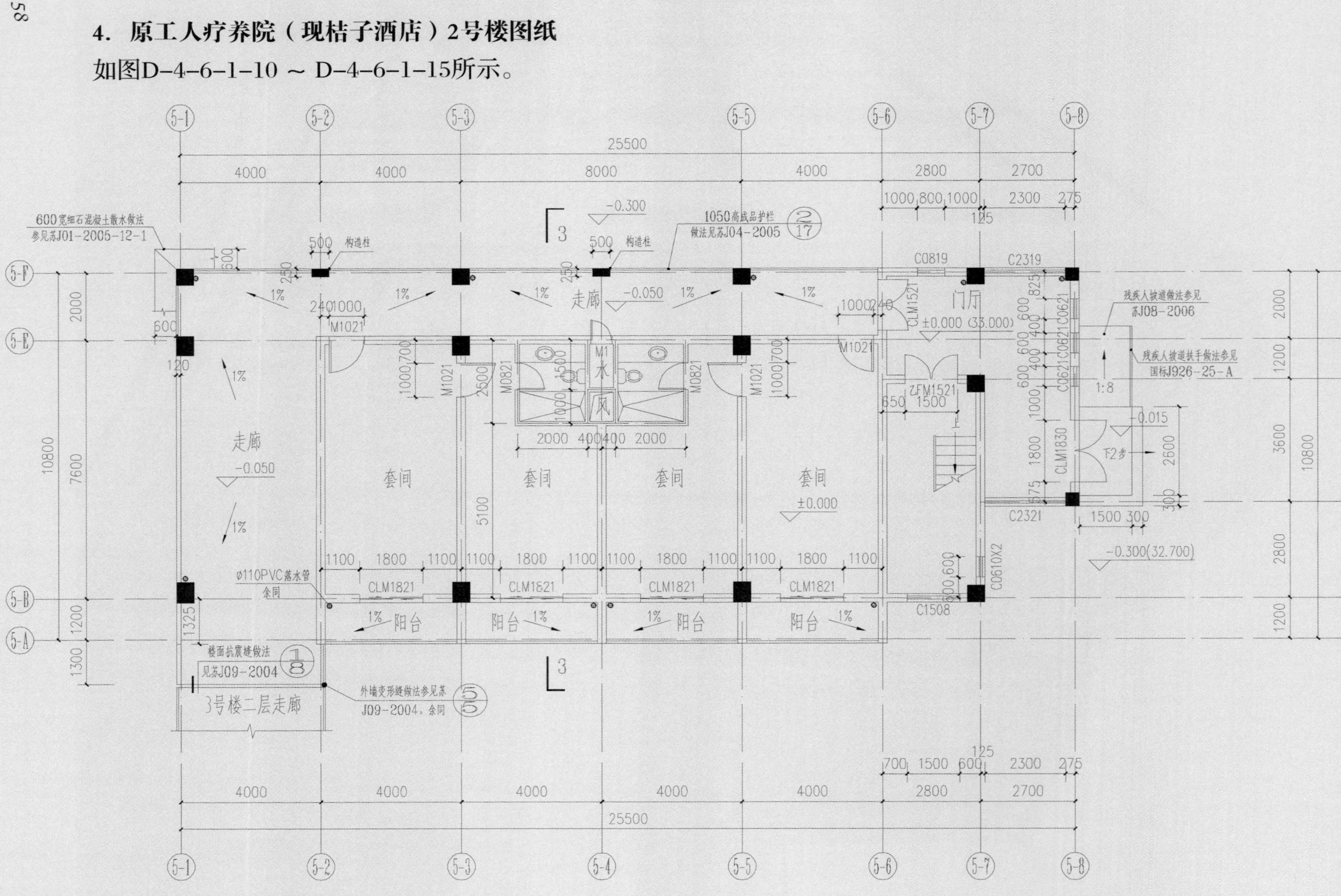

图D-4-6-1-10 原镇江工人疗养院（现桔子酒店）2号楼一层平面图

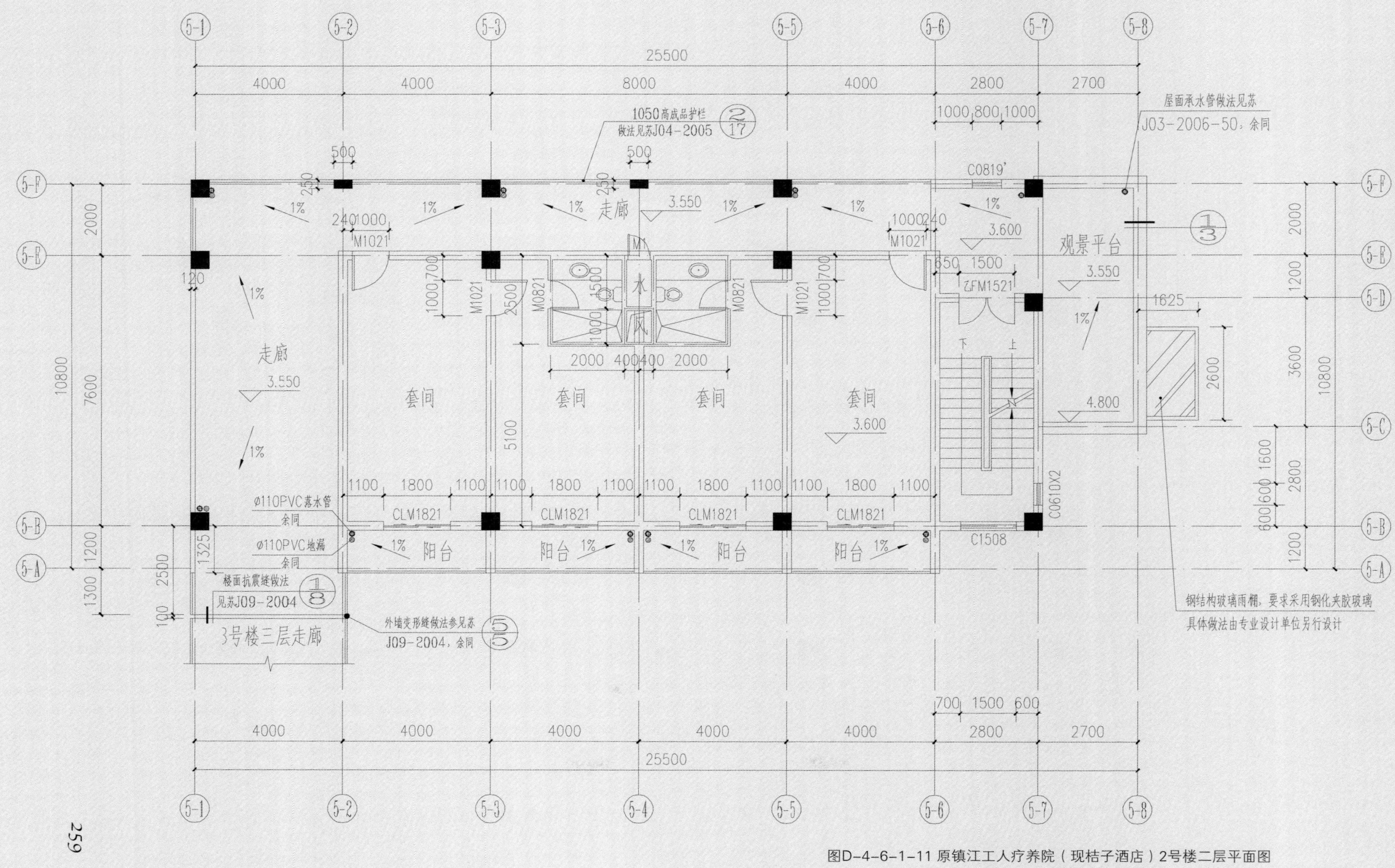

图D-4-6-1-11 原镇江工人疗养院（现桔子酒店）2号楼二层平面图

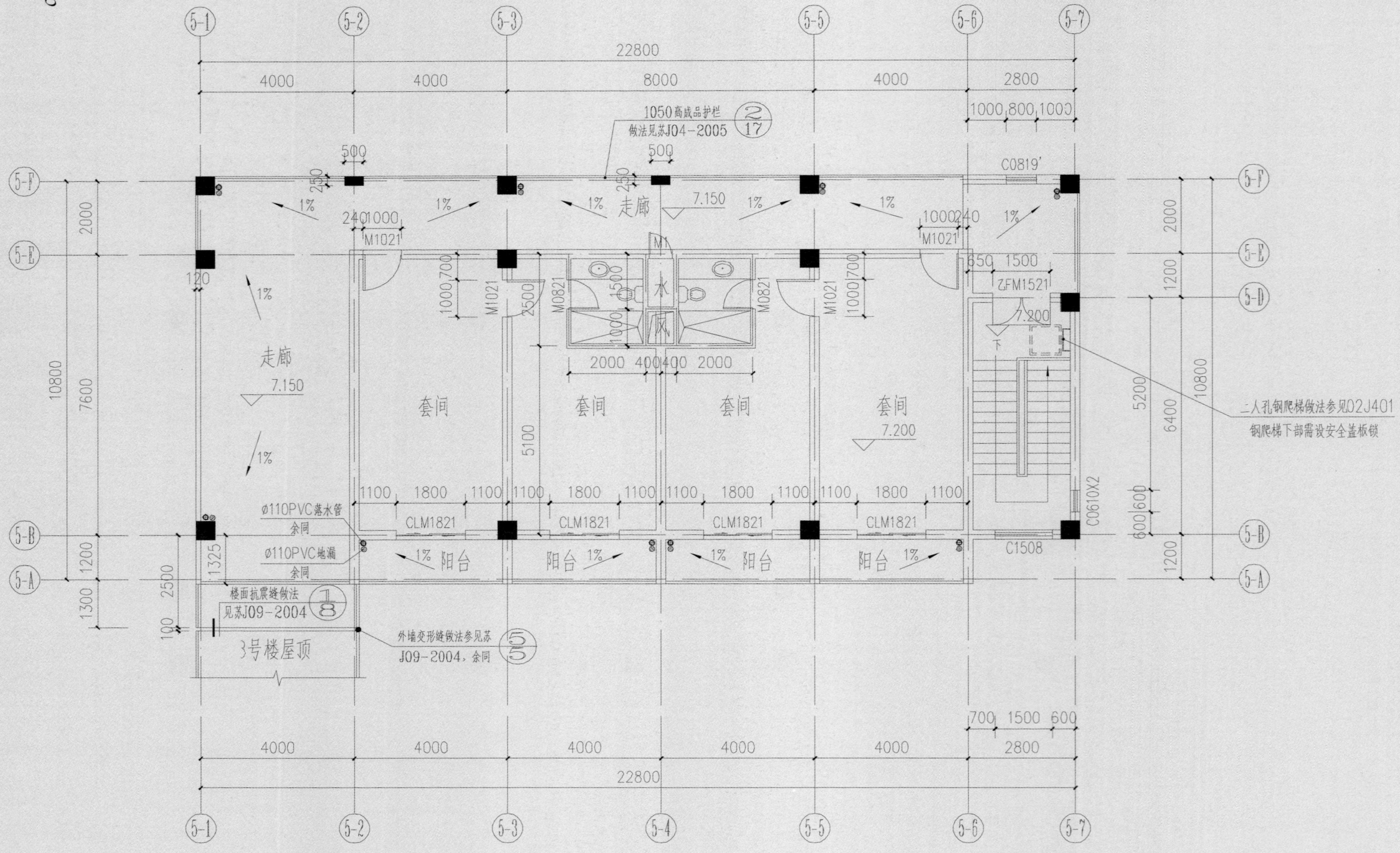

图D-4-6-1-12 原镇江工人疗养院（现桔子酒店）2号楼三层平面图

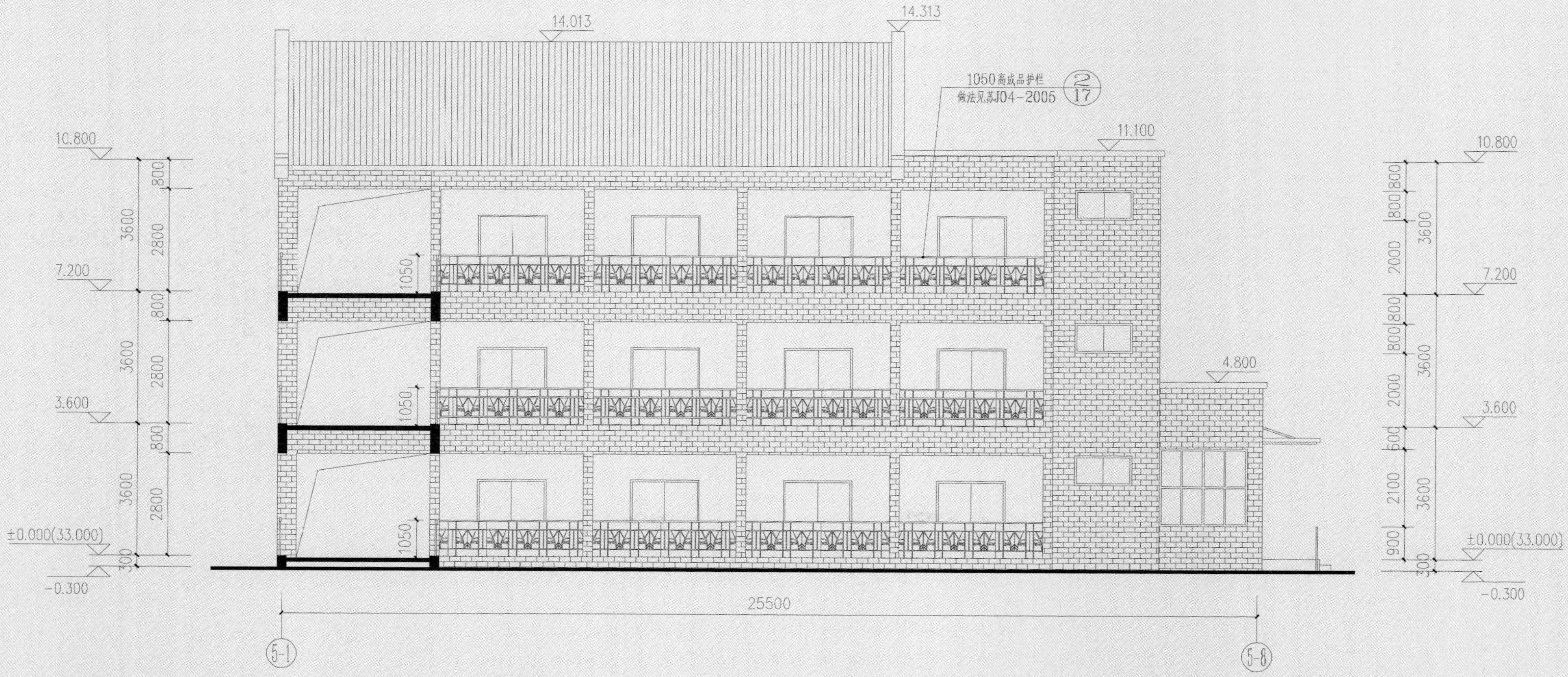

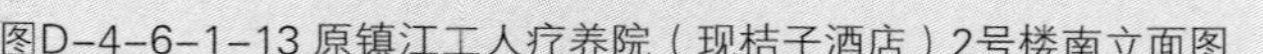

图D-4-6-1-13 原镇江工人疗养院（现桔子酒店）2号楼南立面图

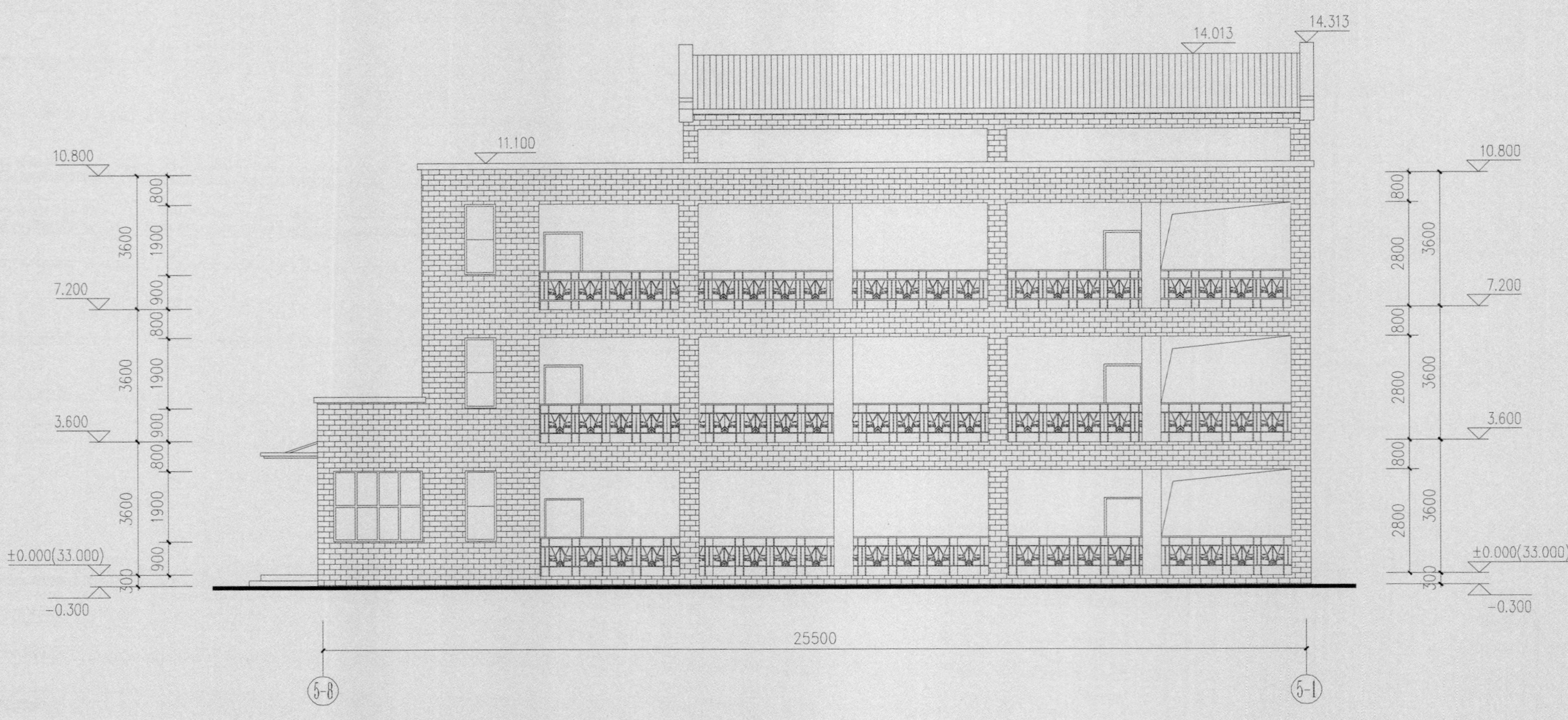

图D-4-6-1-14 原镇江工人疗养院（现桔子酒店）2号楼北立面图

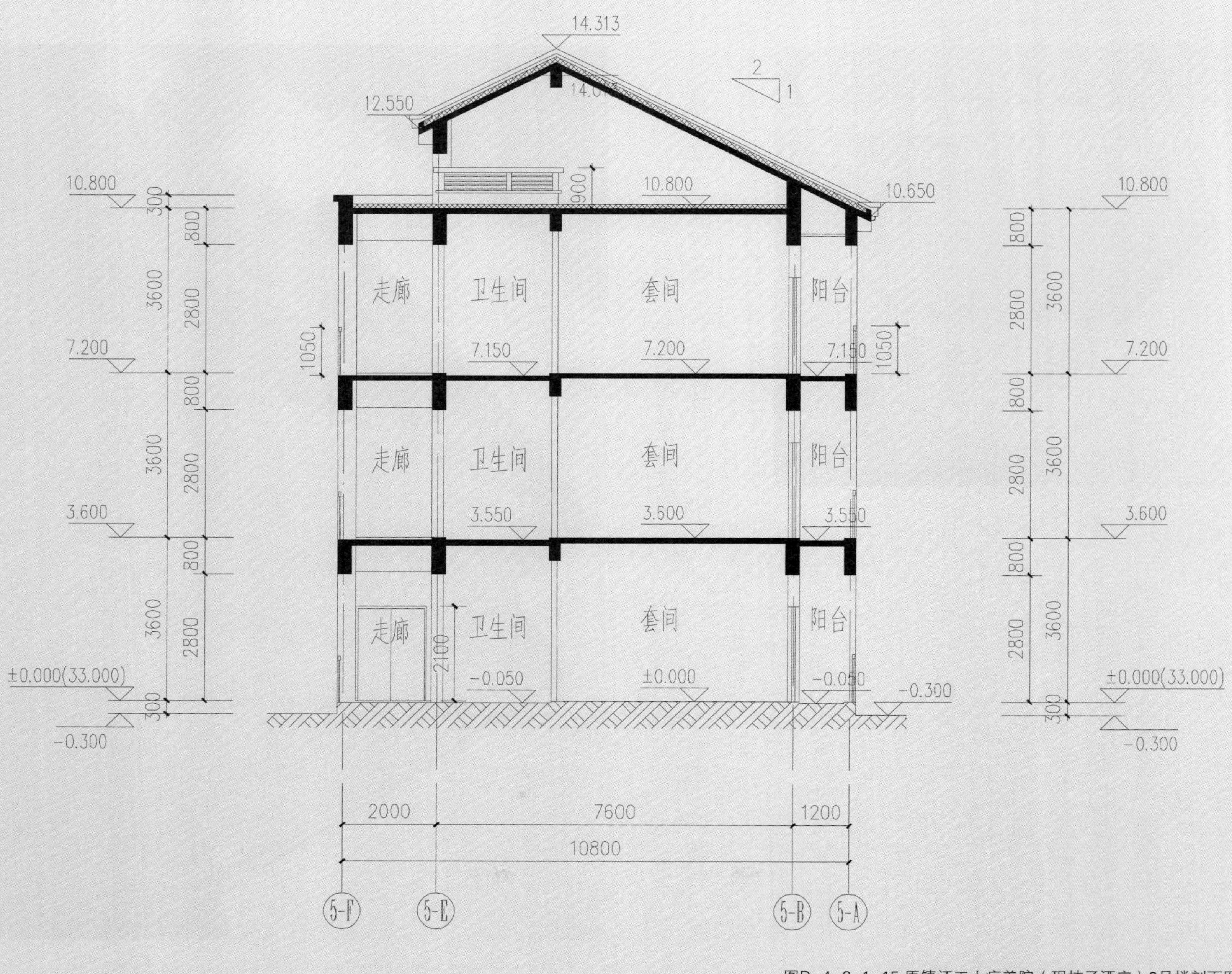

图D-4-6-1-15 原镇江工人疗养院（现桔子酒店）2号楼剖面图

5. 原镇江工人疗养院（现桔子酒店）3号楼

原镇江工人疗养院（现桔子酒店）3号楼位于建筑群上部的第二层北侧，1号楼的东北方向（图P-4-6-1-8）。本建筑坐西朝东，长21.5m、宽10.8m、高三层，檐高10.8m，占地面积205.03m²，建筑面积577.01m²（图P-4-6-1-9）。

图P-4-6-1-8 原镇江工人疗养院（现桔子酒店）3号楼南立面

3号楼南北呈阶梯状，南北长七开间。南端四开间高三层，坡顶瓦屋面，南端第一开间为应急通道楼梯间，南二、三、四、五开间为客房房间；北端第一开间高一层，平顶，为进入该大楼的大厅；北端第二开间为电梯间，为住客上下之通道，北端第二、三开间上为平顶屋面。

图P-4-6-1-9 原镇江工人疗养院(现桔子酒店)3号楼西立面

6. 原镇江工人疗养院（现桔子酒店）3号楼图纸

如图D-4-6-1-16 ~ 图D-4-6-1-24所示。

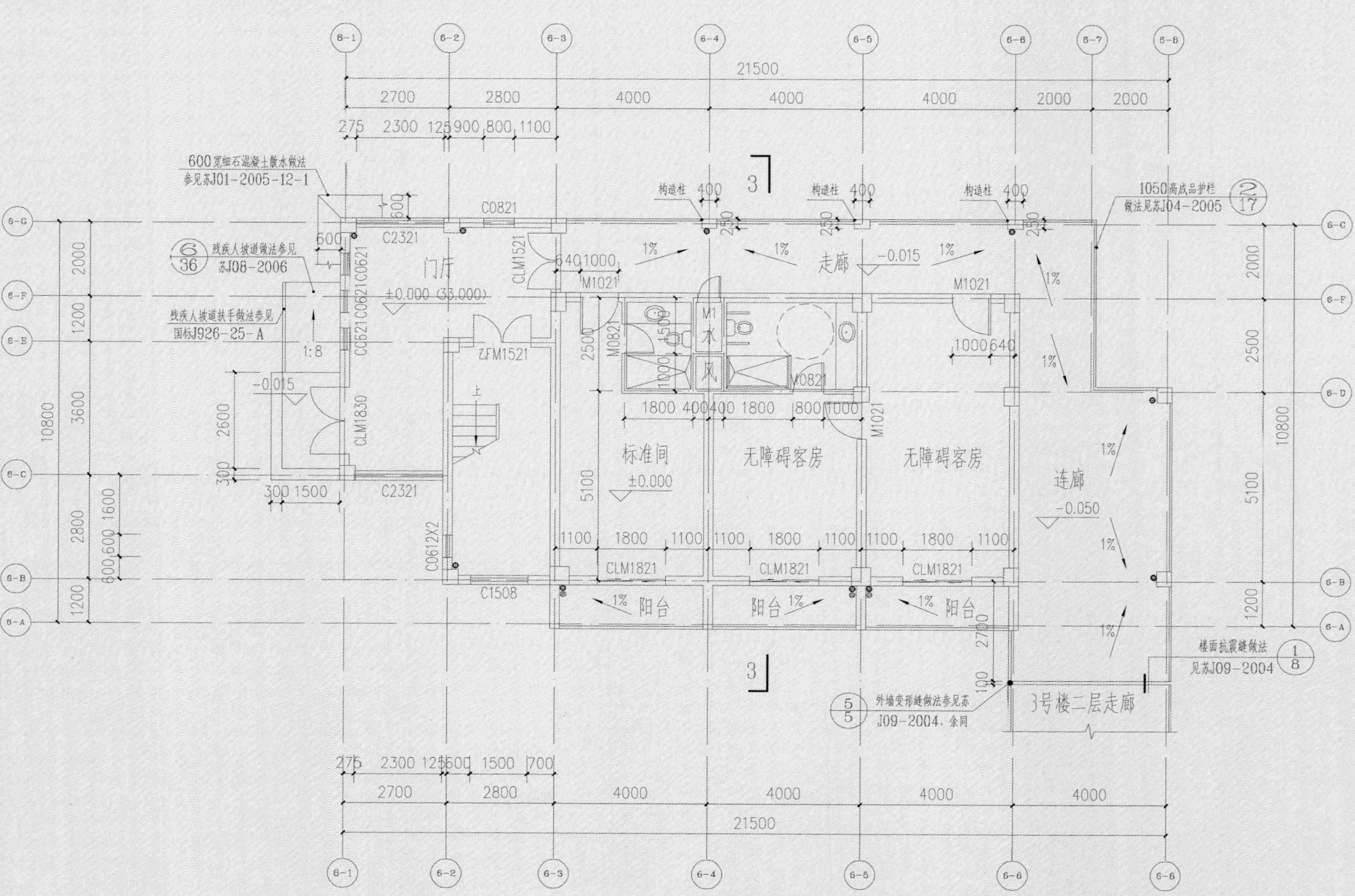

图D-4-6-1-16 原镇江工人疗养院（现桔子酒店）3号楼一层平面图

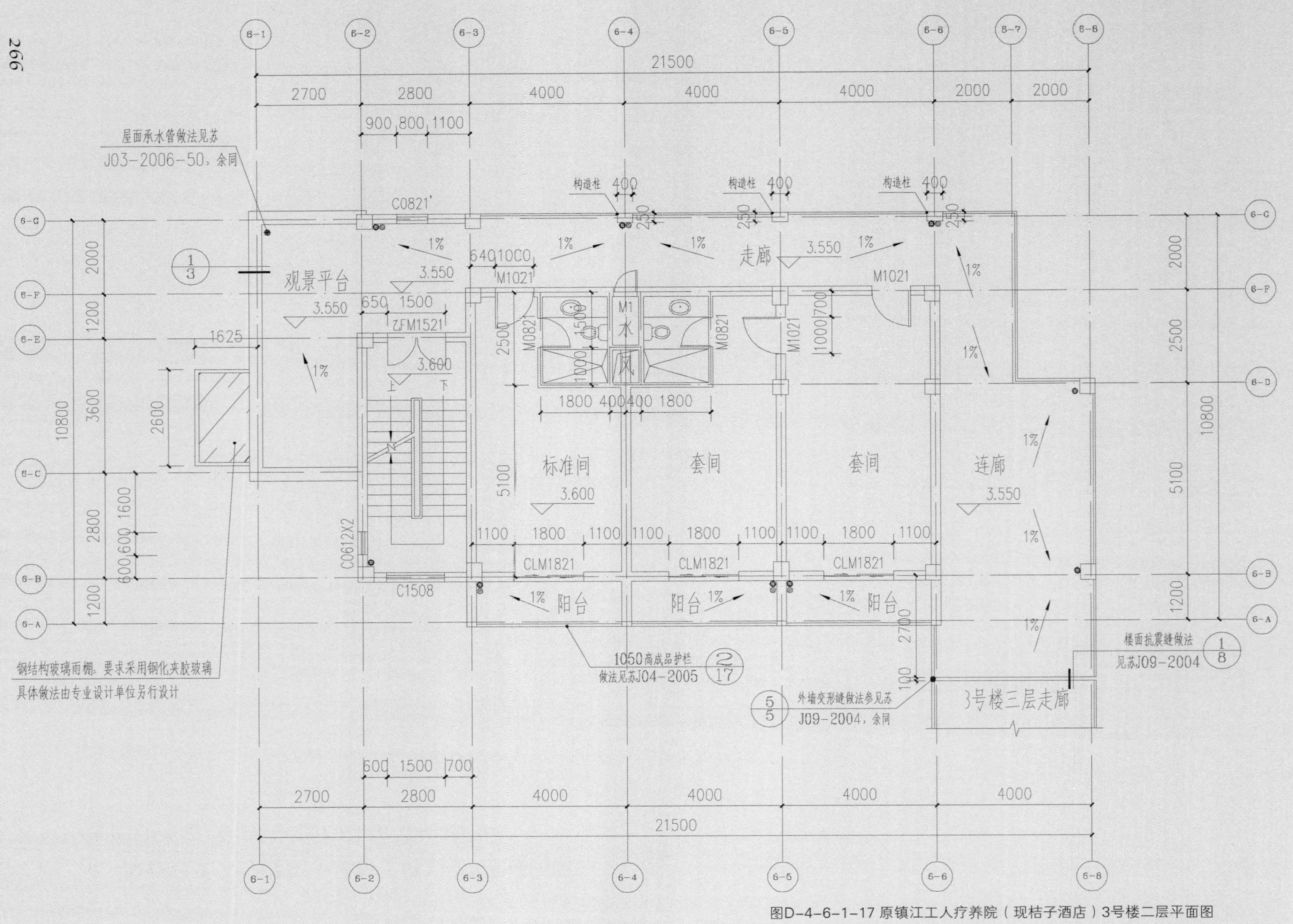

图D-4-6-1-17 原镇江工人疗养院（现桔子酒店）3号楼二层平面图

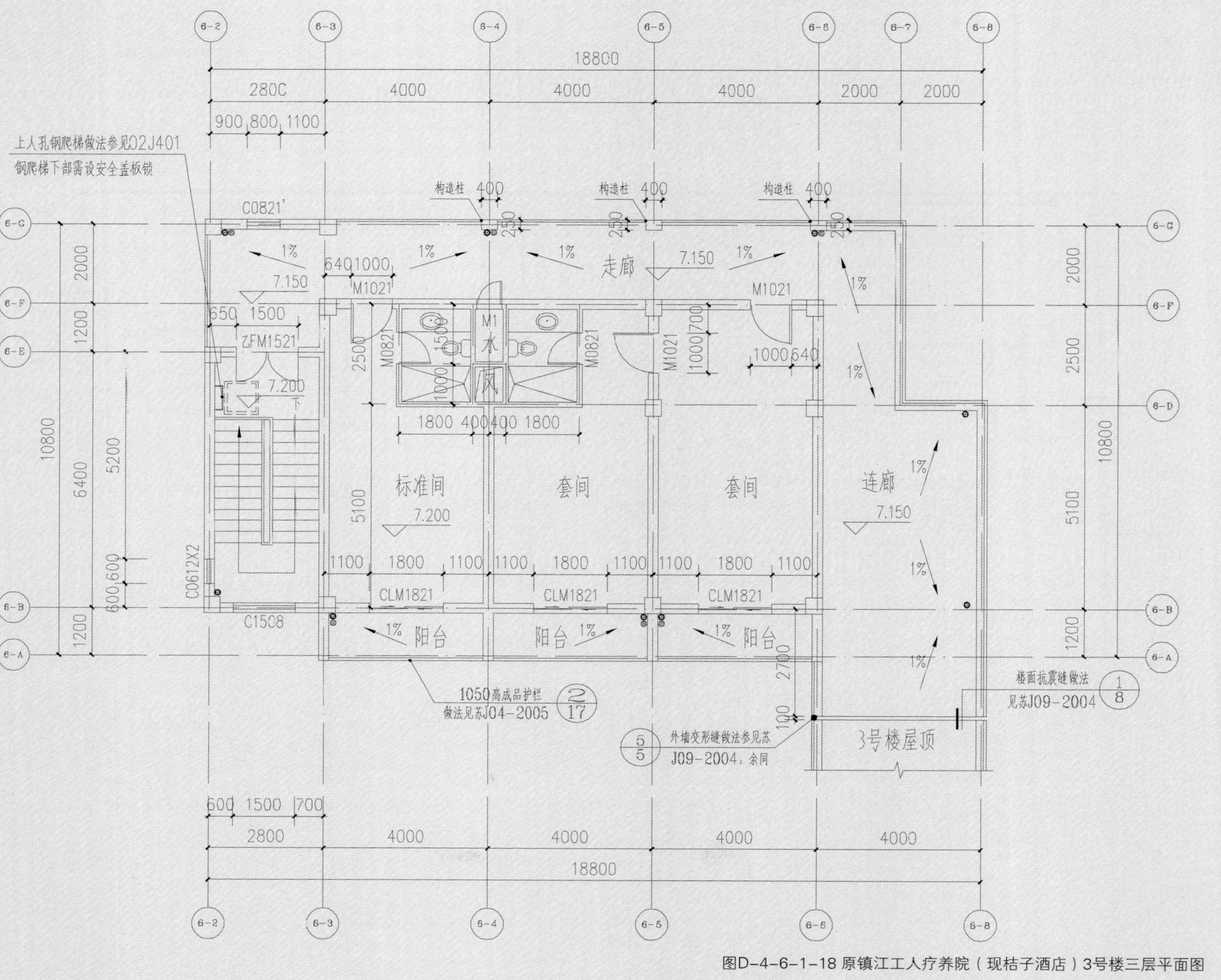

图D-4-6-1-18 原镇江工人疗养院（现桔子酒店）3号楼三层平面图

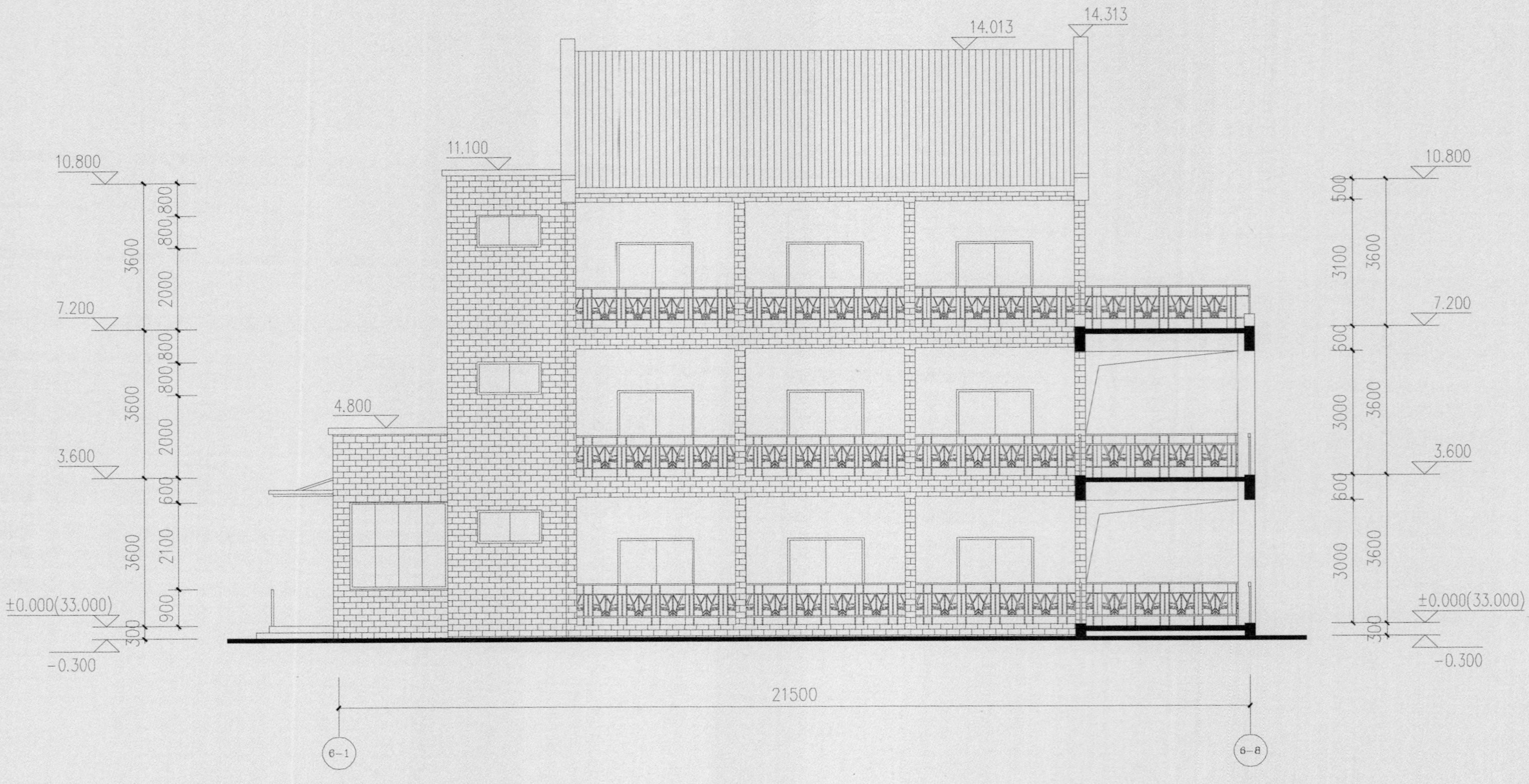

图D-4-6-1-19 原镇江工人疗养院（现桔子酒店）3号楼南立面图

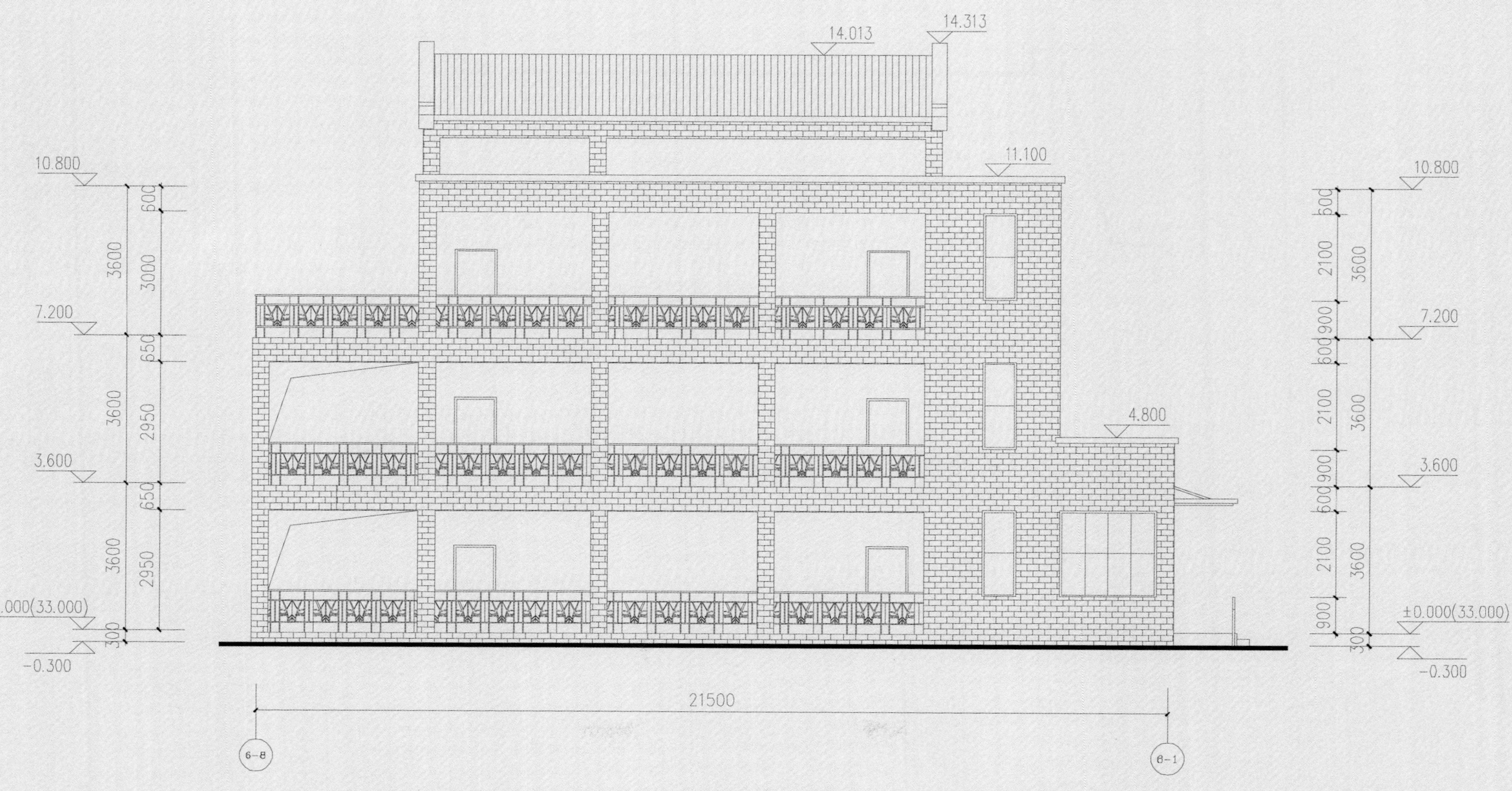

图D-4-6-1-20 原镇江工人疗养院（现桔子酒店）3号楼北立面图

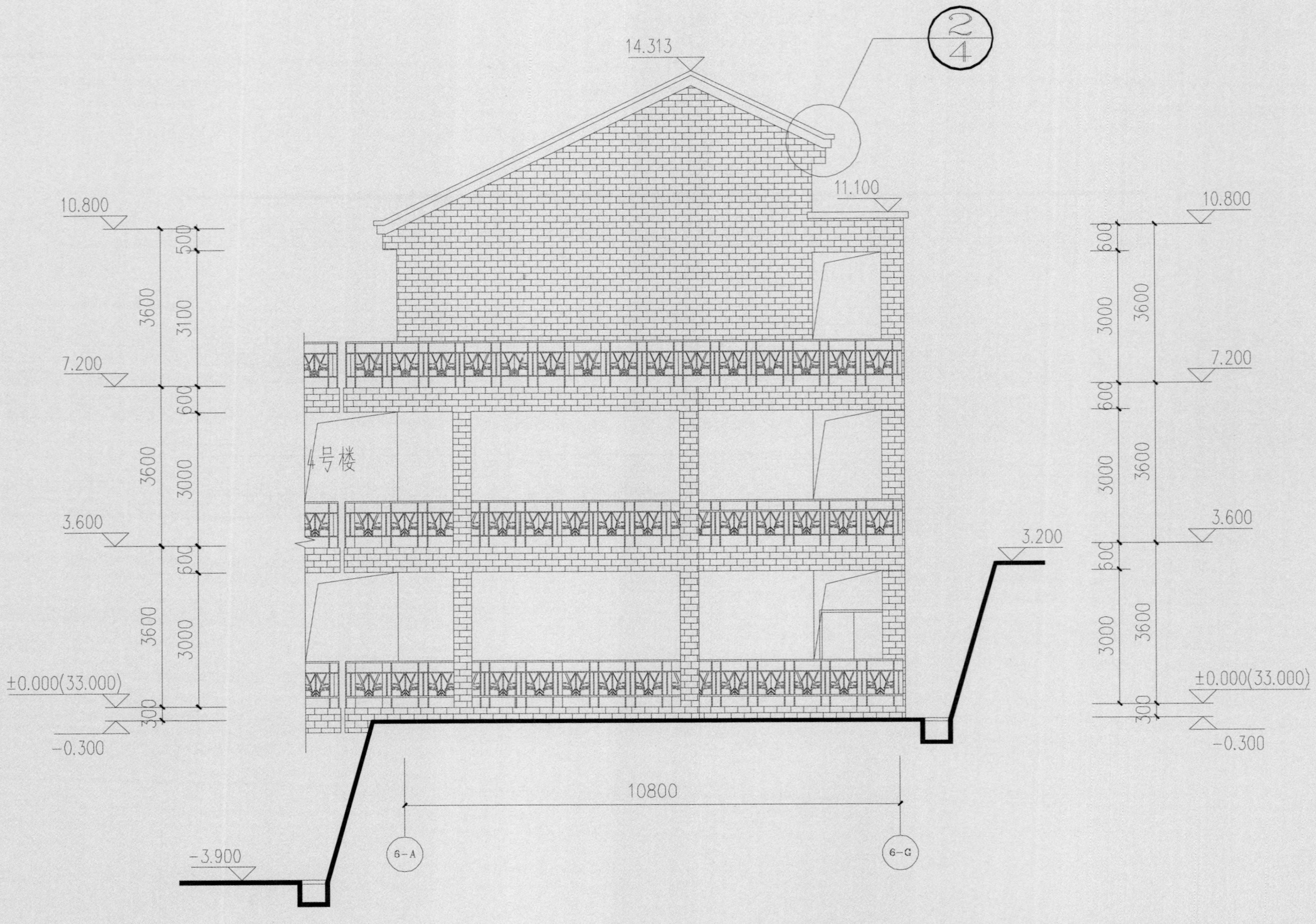

图D-4-6-1-21 原镇江工人疗养院（现桔子酒店）3号楼东立面图

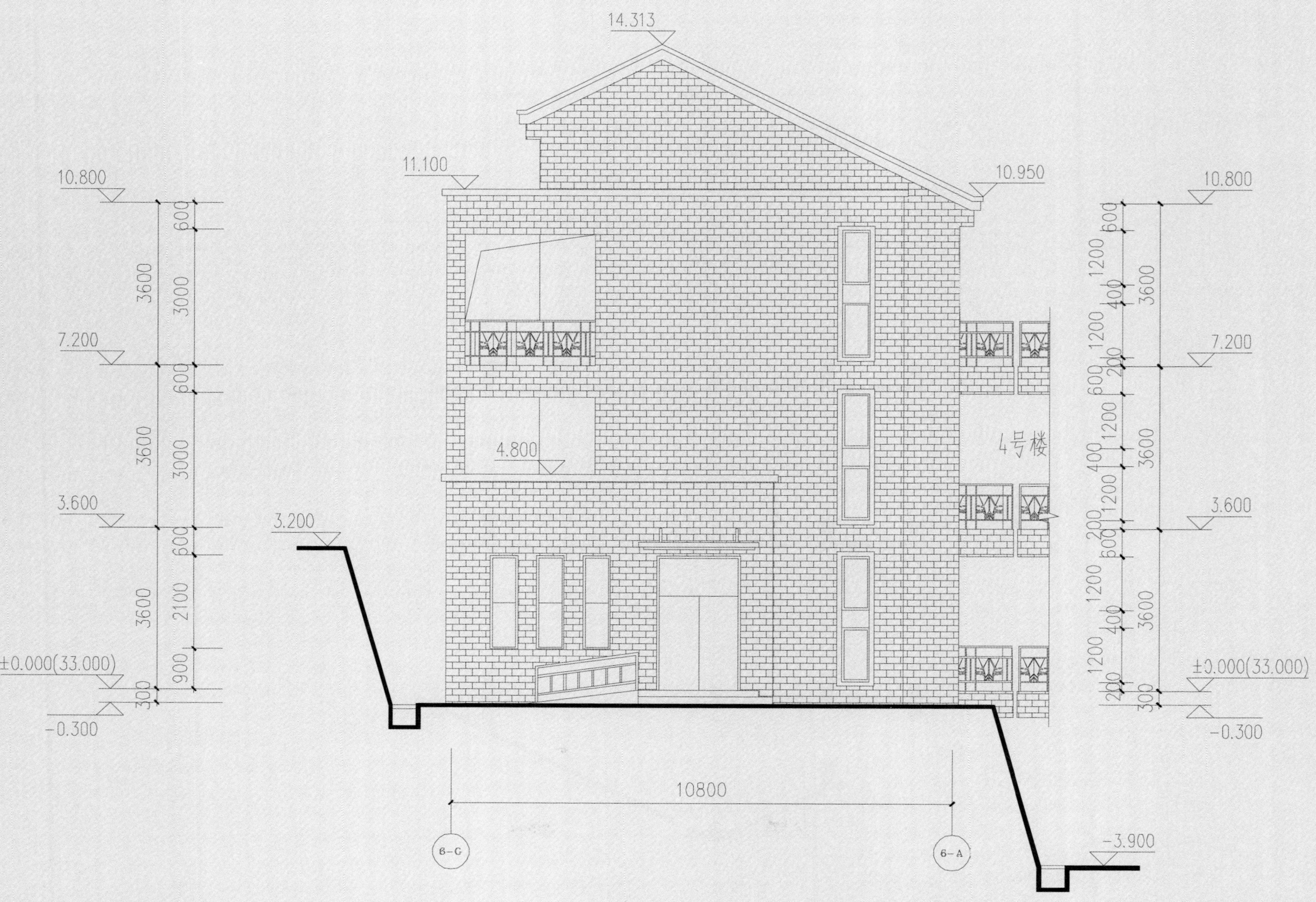

图D-4-6-1-22 原镇江工人疗养院（现桔子酒店）3号楼西立面图

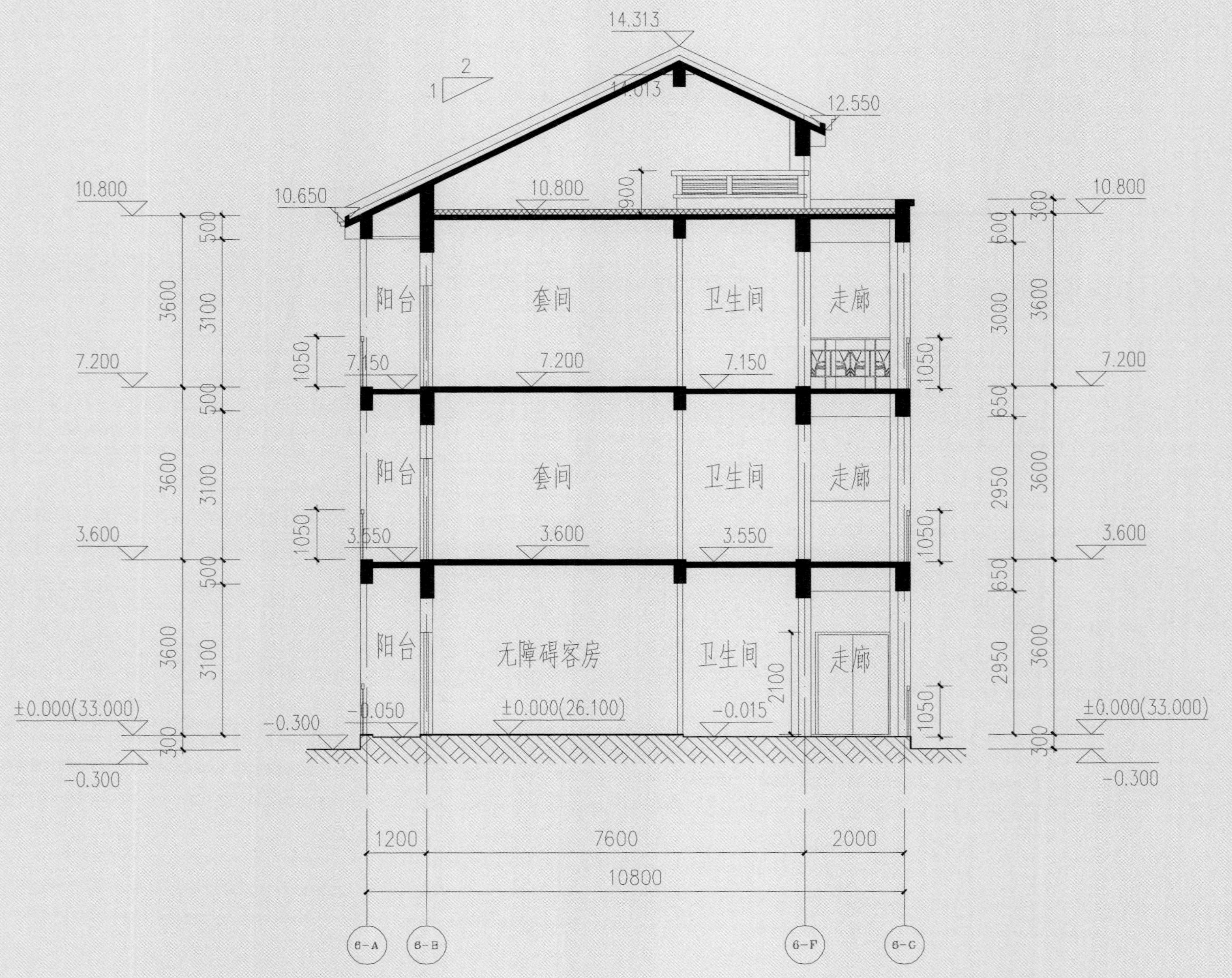

图D-4-6-1-23 原镇江工人疗养院（现桔子酒店）3号楼剖面图

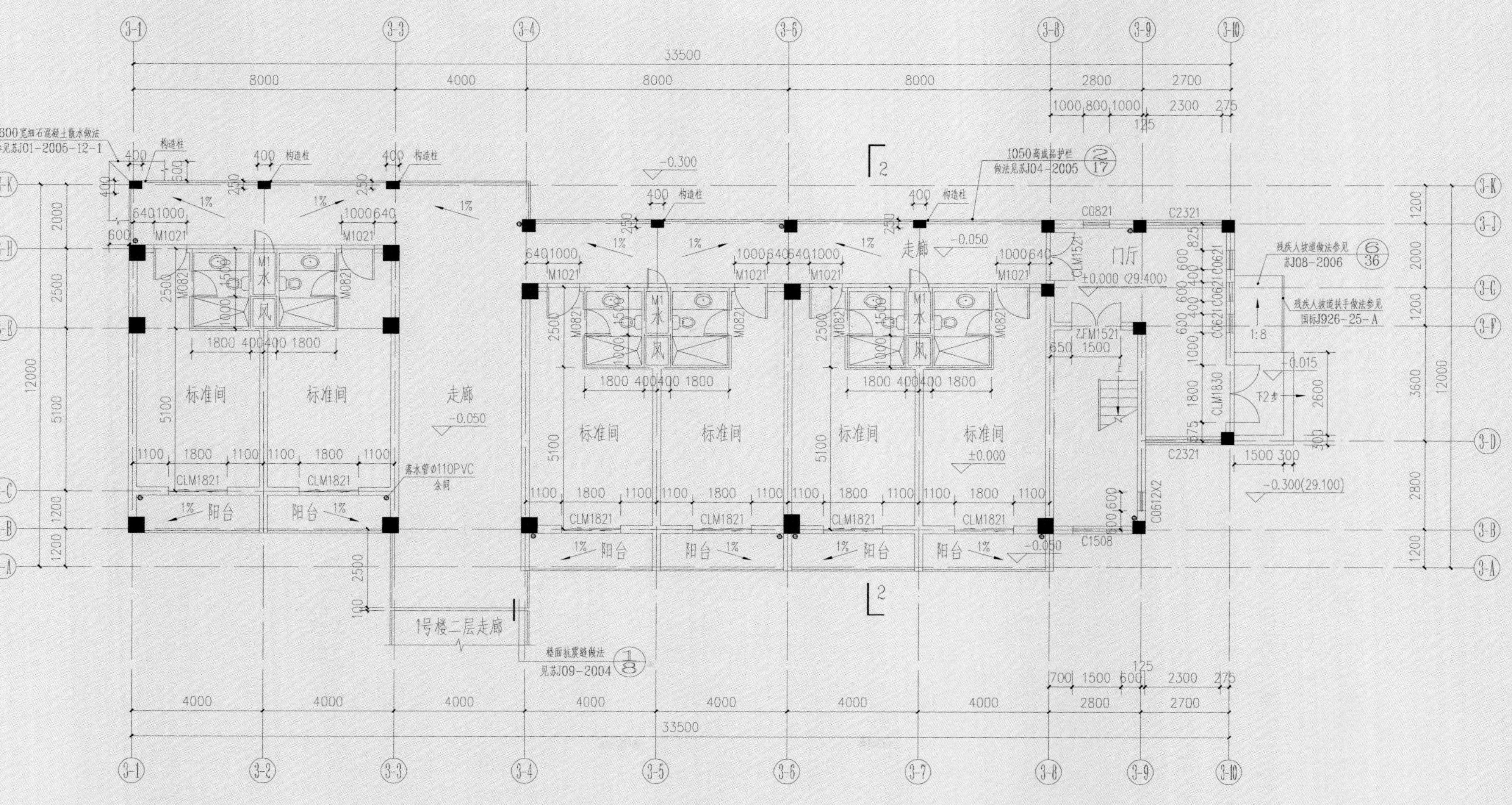

图D-4-6-1-24 原镇江工人疗养院（现桔子酒店）4号楼一层平面图

7. 原镇江工人疗养院（现桔子酒店）4号楼

原镇江工人疗养院（现桔子酒店）4号楼位于建筑群上部的最下一层北侧，2号楼的东侧，5号楼的南侧（图P-4-6-1-10）。4号楼建筑坐西朝东，长33.5m、宽12m、高三层，檐高10.8m，占地面积344.38m^2，建筑面积995.02m^2（图P-4-6-1-11）。

4号楼南北长九开间。屋顶分二部分：南端第一、二、三开间为斜坡屋顶，北端一、二、三、四、五开间为平顶凉台。南端第一、二开间为客房，南端第三开间为应急通道楼梯间，南四、五、六、七开间也是客房房间；北端呈阶梯状，北端第一开间高一层，平顶，为进入该大楼的大厅；北端第二开间为电梯间，为住客上下之通道。

图P-4-6-1-10 原镇江工人疗养院（现桔子酒店）4号楼东立面

图P-4-6-1-11 原镇江工人疗养院（现桔子酒店）4号楼南立面

8. 原镇江工人疗养院（现桔子酒店）4号楼图纸

如图D-4-6-1-25 ~ D-4-6-1-30所示。

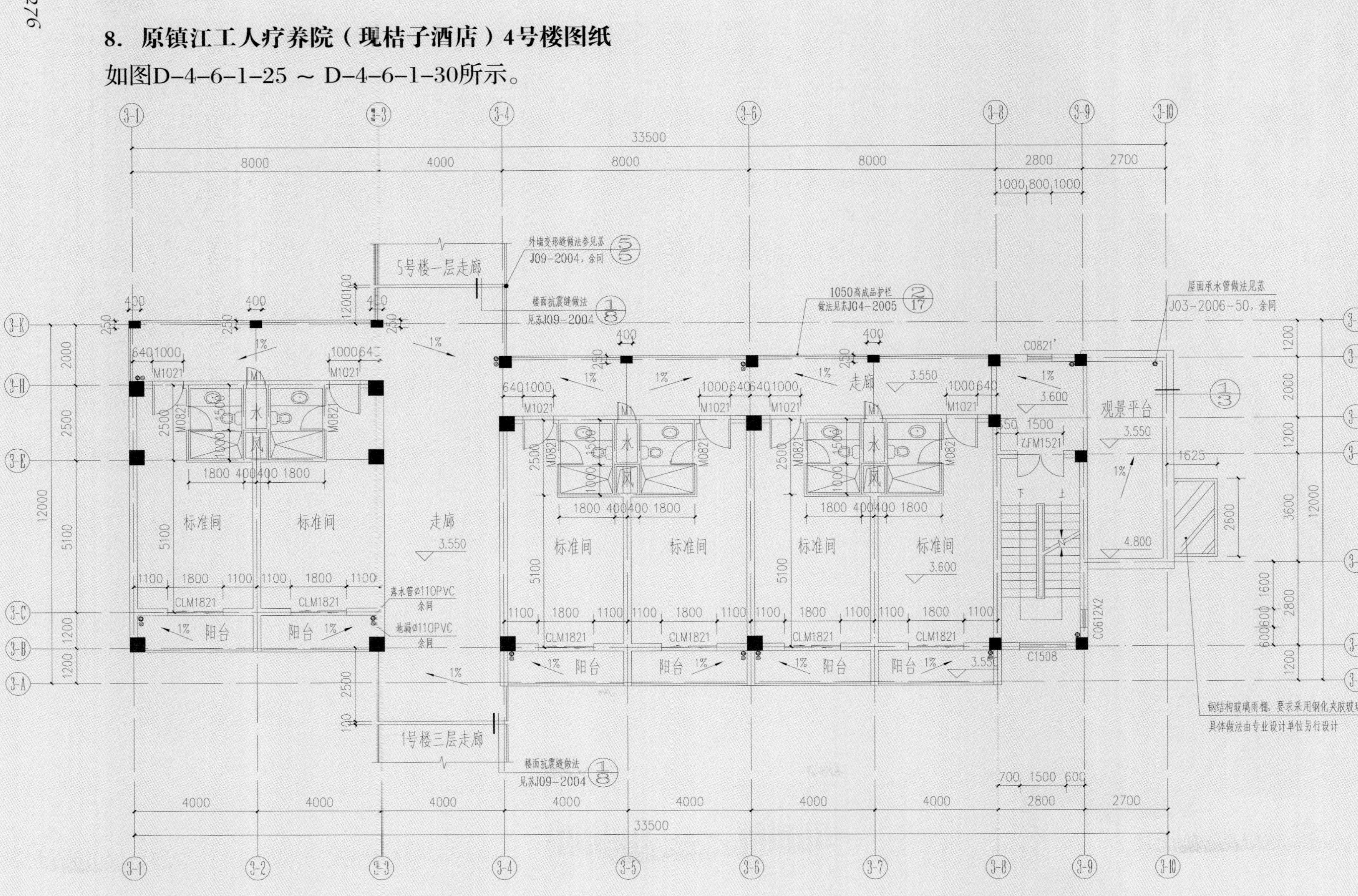

图D-4-6-1-25 原镇江工人疗养院（现桔子酒店）4号楼二层平面图

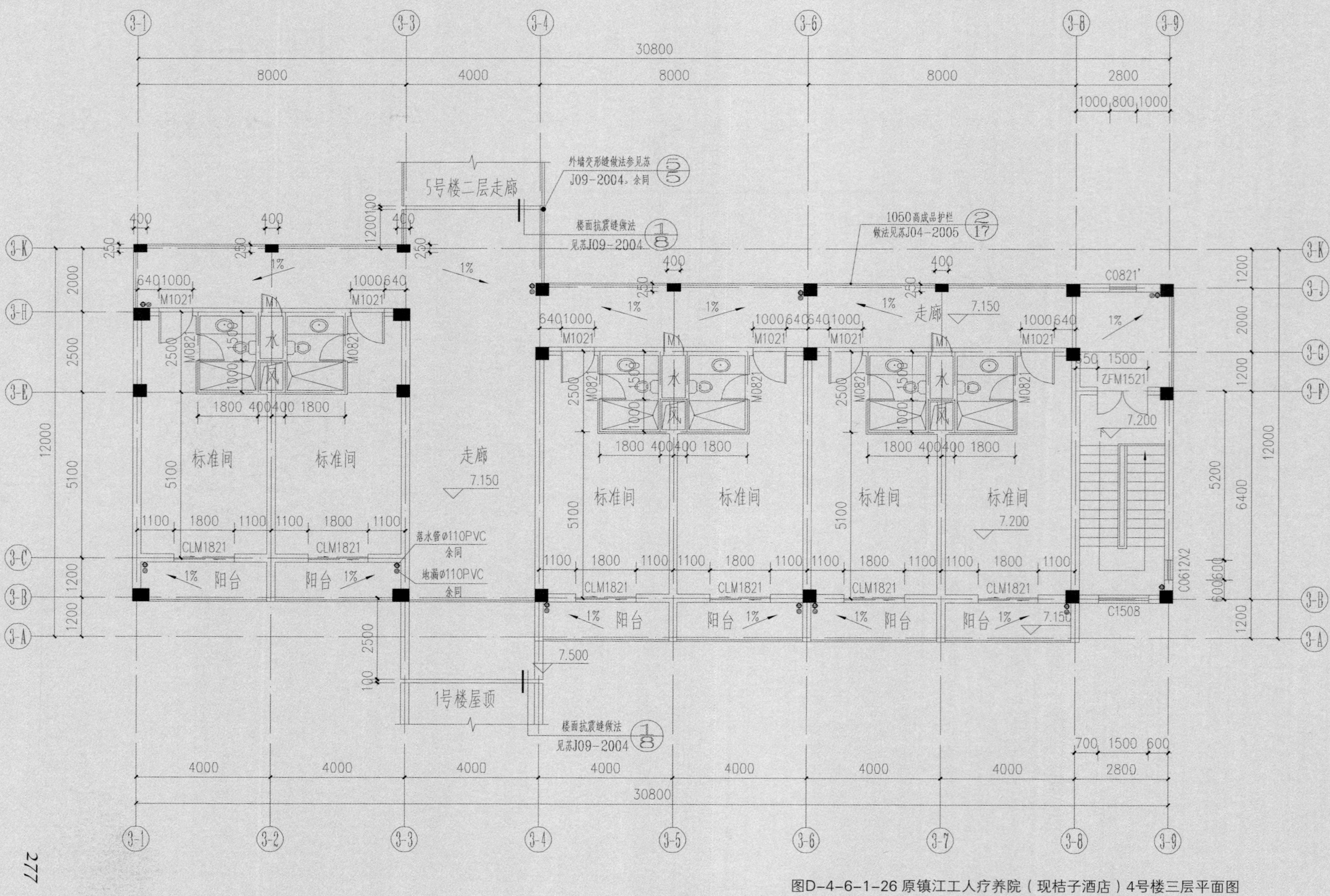

图D-4-6-1-26 原镇江工人疗养院（现桔子酒店）4号楼三层平面图

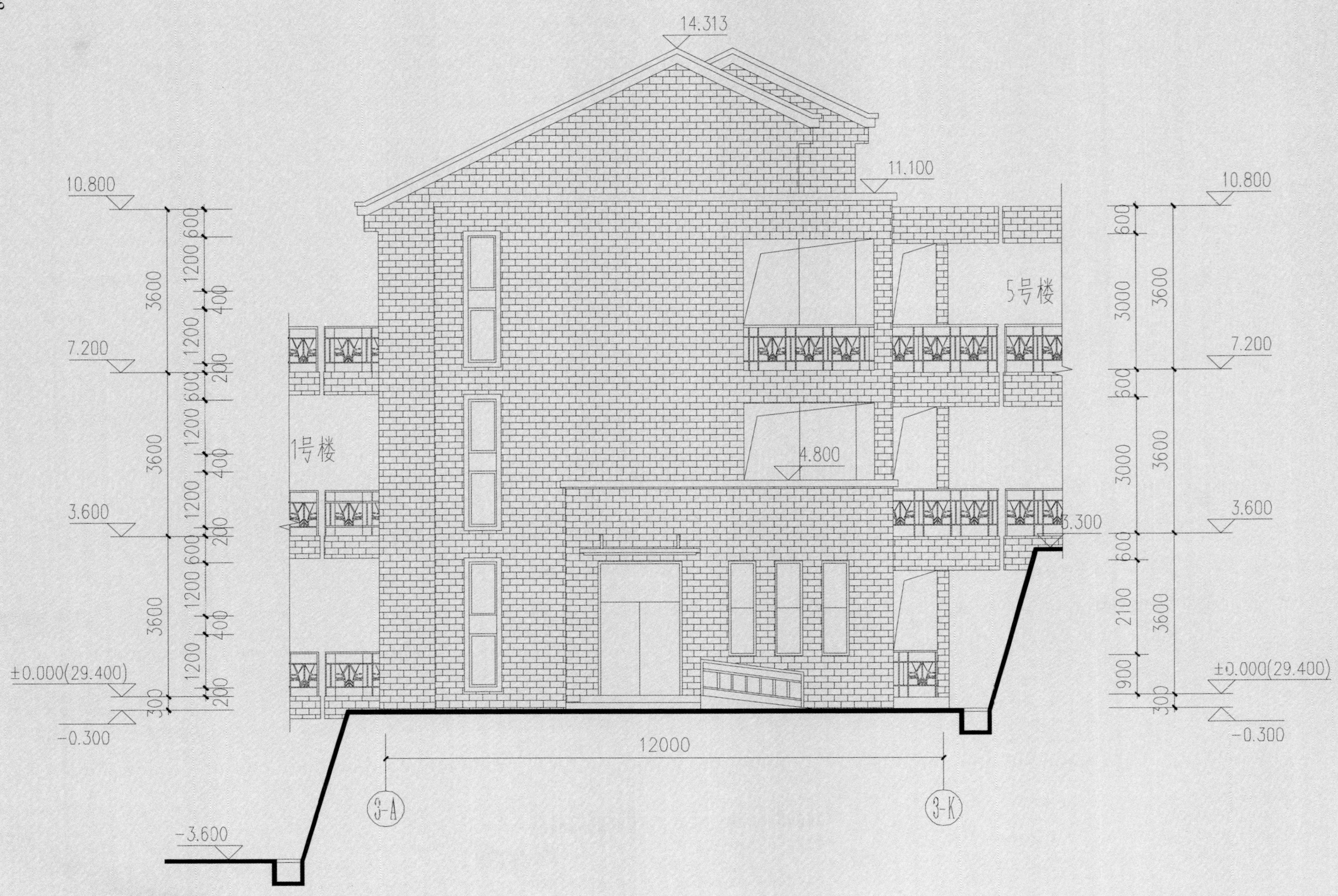

图D-4-6-1-27 原镇江工人疗养院（现桔子酒店）4号楼东立面图

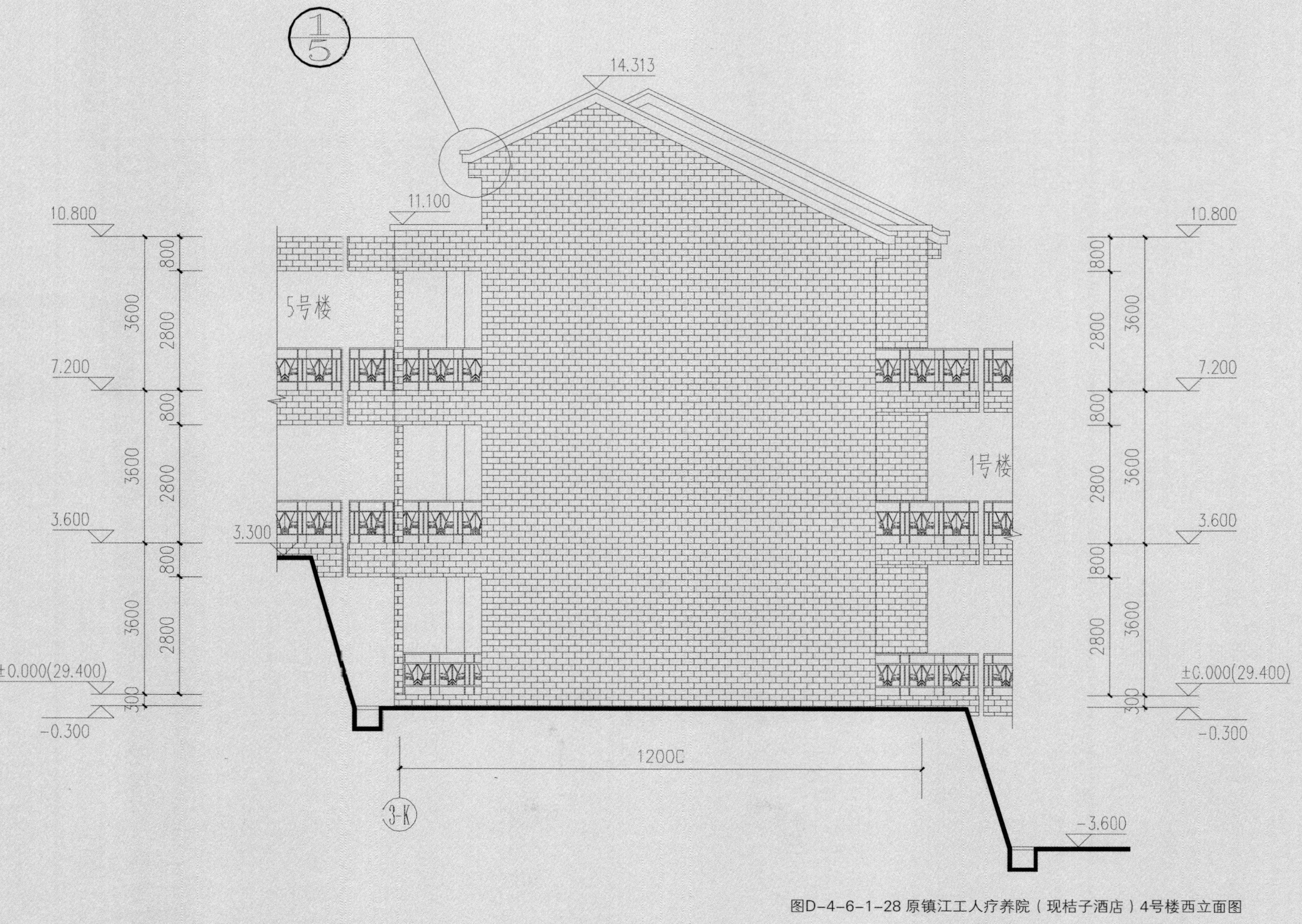

图D-4-6-1-28 原镇江工人疗养院（现桔子酒店）4号楼西立面图

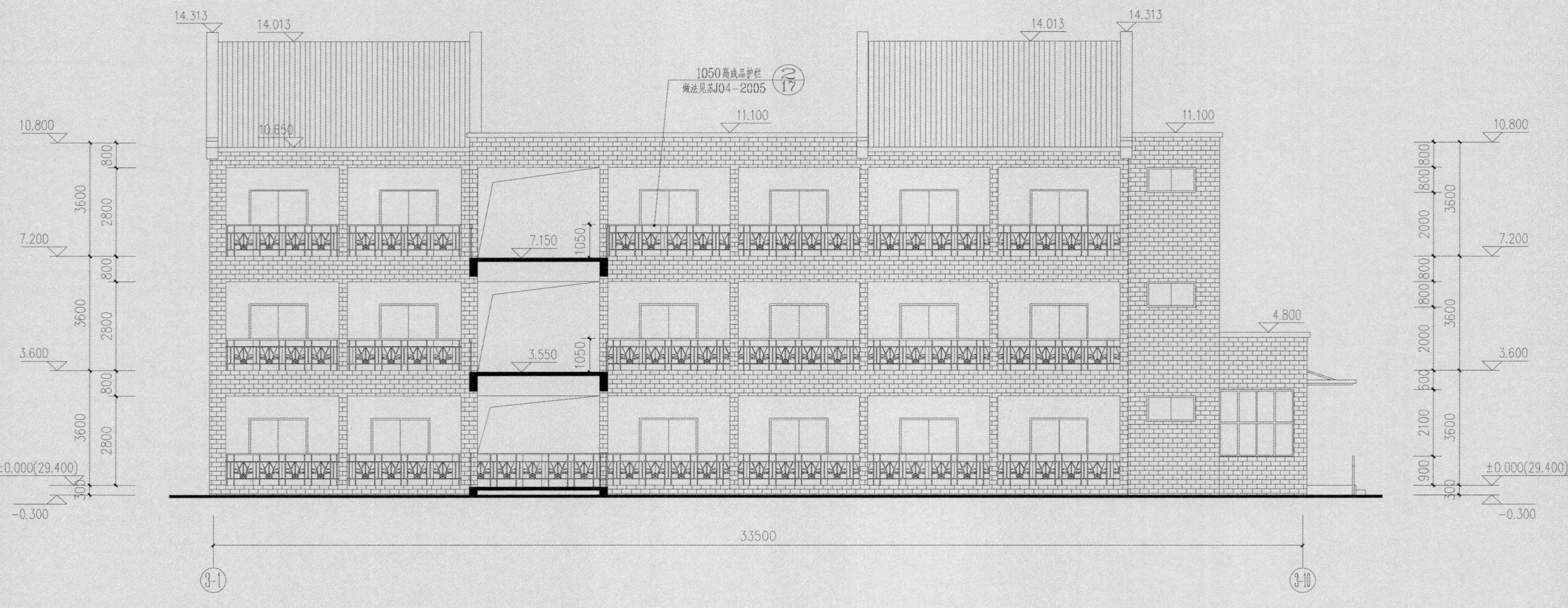

图D-4-6-1-29 原镇江工人疗养院（现桔子酒店）4号楼南立面图

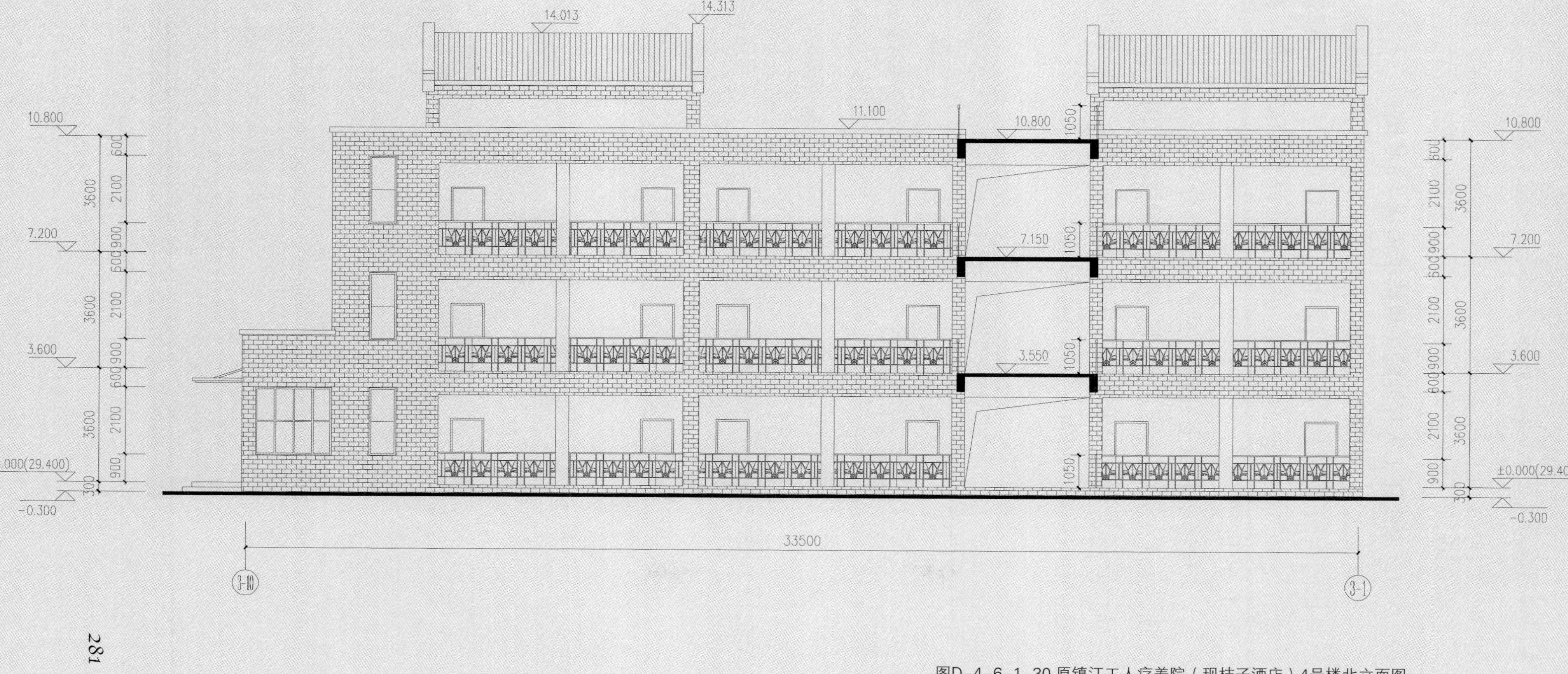

图D-4-6-1-30 原镇江工人疗养院（现桔子酒店）4号楼北立面图

9. 原镇江工人疗养院（现桔子酒店）5号楼

原镇江工人疗养院（现桔子酒店）5号楼位于建筑群上部的最下一层北侧，3号楼的东侧，4号楼的北侧（图P-4-6-1-12）。5号楼建筑坐西朝东，长25.5m、宽10.8m、高三层，檐高10.8m，占地面积255.98m^2，建筑面积729.86m^2（图P-4-6-1-13）。

5号楼南北长七开间。屋顶分二部分：北端第一、二、四、五开间为斜坡屋顶，上下三层均为客房房间。南端呈阶梯状，南一、二、五为平顶。南第一开间高一层，平顶，为进入该大楼的大厅;南端第二开间为电梯间，为住客上下之通道；南端第五开间为应急通道楼梯间。

图P-4-6-1-12 原镇江工人疗养院（现桔子酒店）5号楼东立面

图P-4-6-1-13 原镇江工人疗养院（现桔子酒店）5号楼西北立面

10. 原工人疗养院（现桔子酒店）5号楼图纸

如图D-4-6-1-31 ～ 图D-4-6-1-38所示。

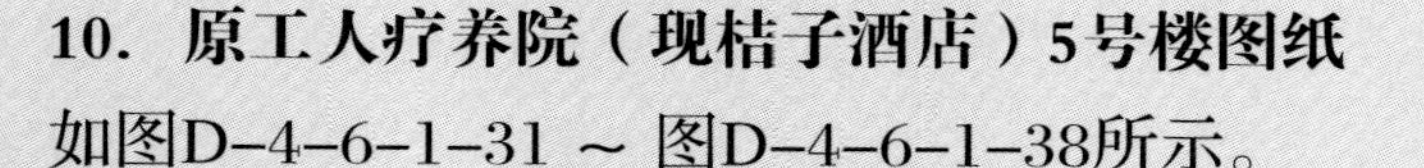

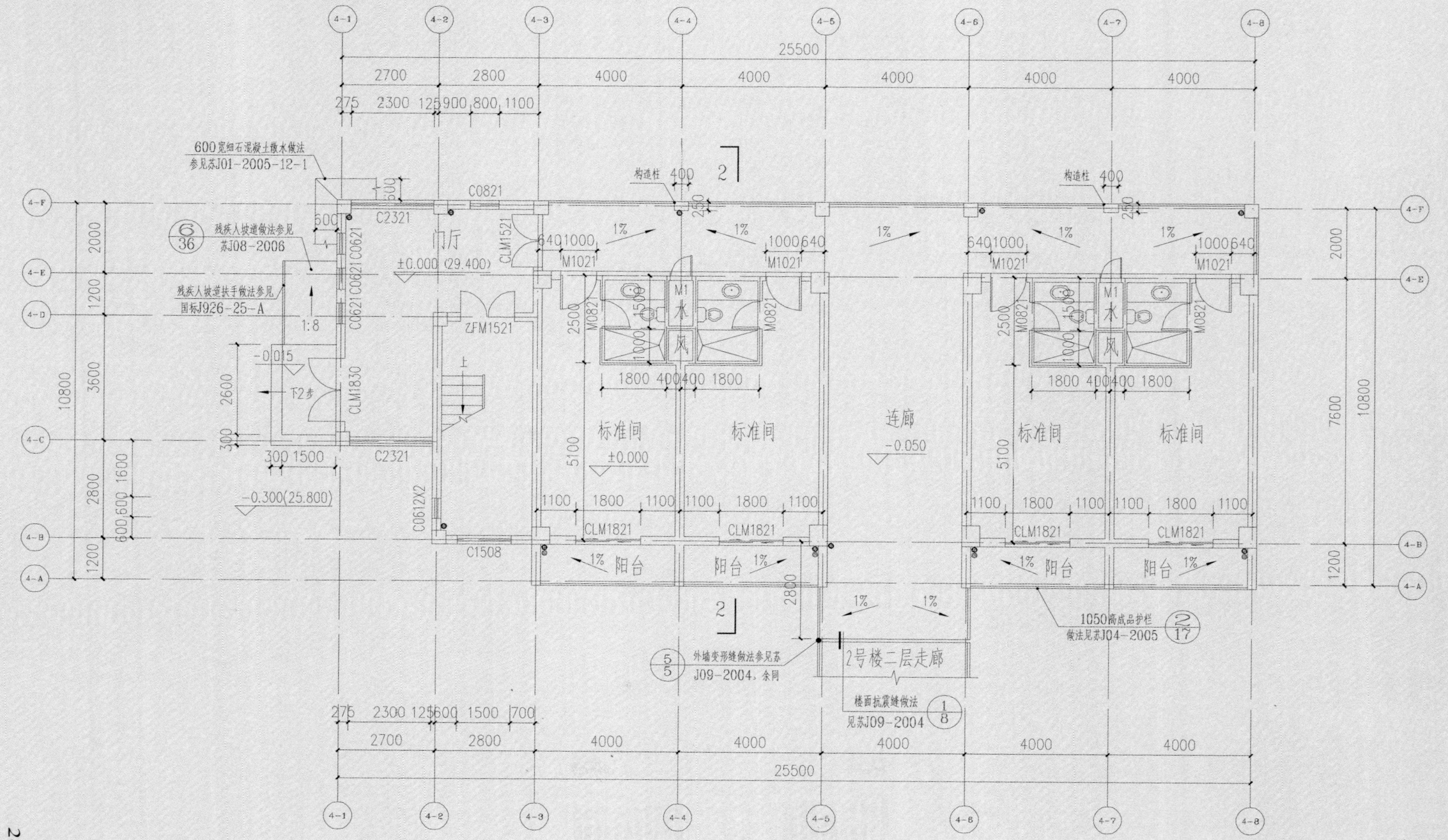

图D-4-6-1-31 原镇江工人疗养院（现桔子酒店）5号楼一层平面图

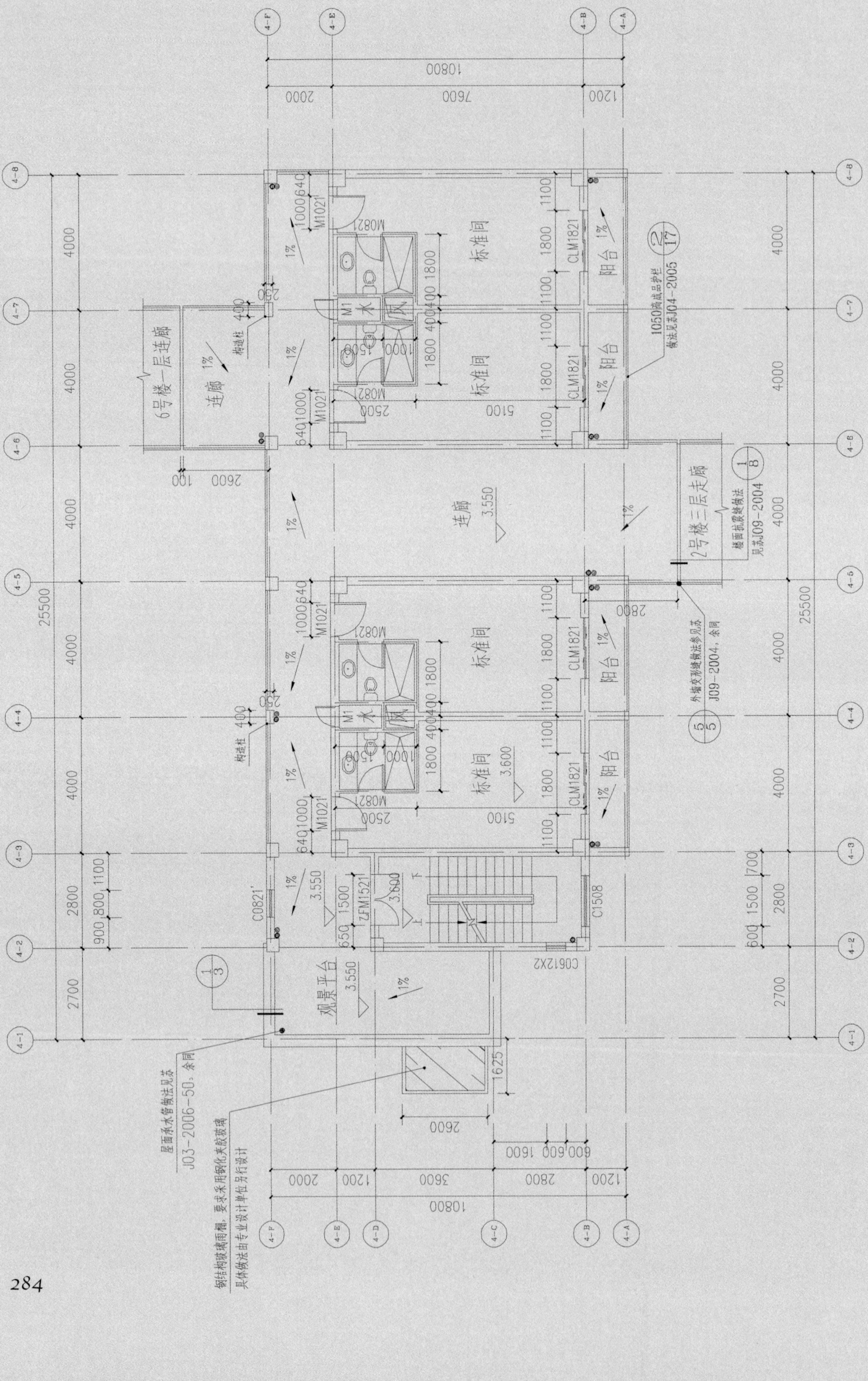

屋面承水管做法见苏J03-2006-50，余同

钢结构玻璃雨棚，要求采用钢化夹胶玻璃
具体做法由专业设计单位另行设计

6号楼一层连廊

2号楼三层走廊

外墙变形缝做法参见苏J09-2004，余同

楼面抗震缝做法见苏J09-2004

1050高成品护栏做法见苏J04-2005

观景平台

连廊

标准间

阳台

图D-4-6-1-32 原镇江工人疗养院（现桔子酒店）5号楼二层平面图

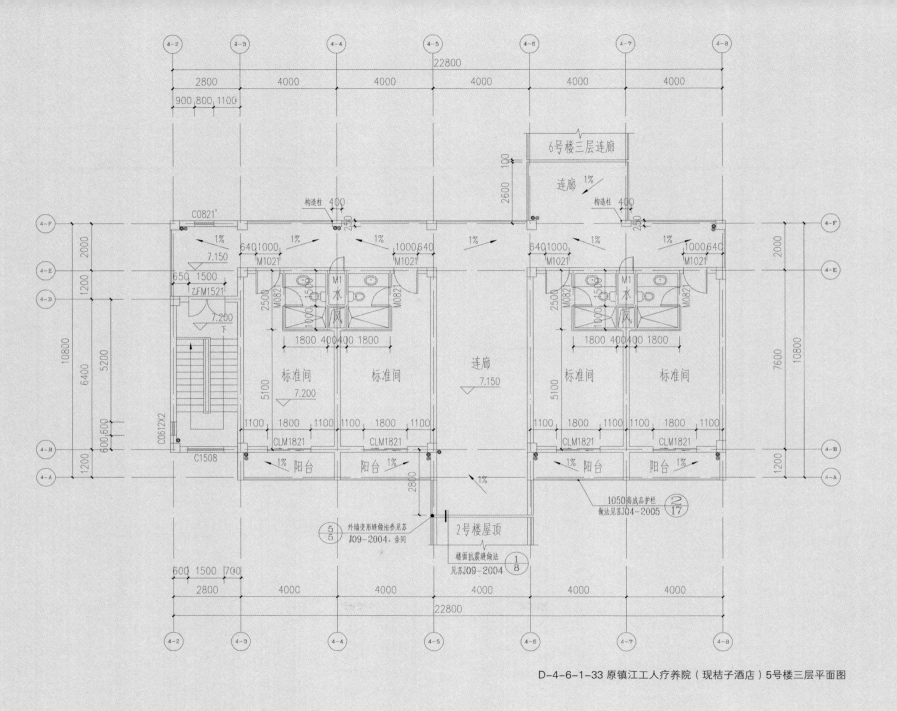

D-4-6-1-33 原镇江工人疗养院（现桔子酒店）5号楼三层平面图

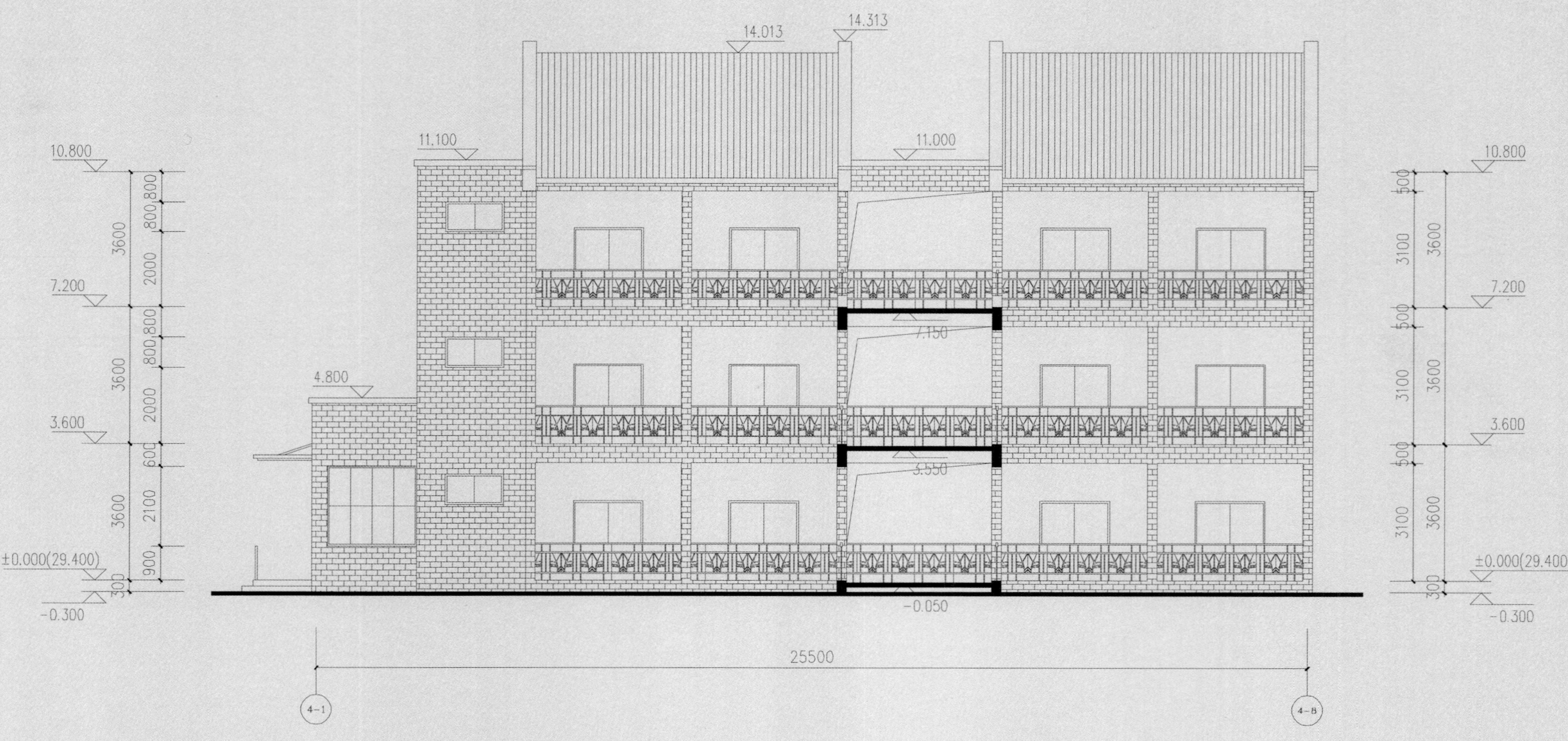

图D-4-6-1-34 原镇江工人疗养院（现桔子酒店）5号楼南立面图

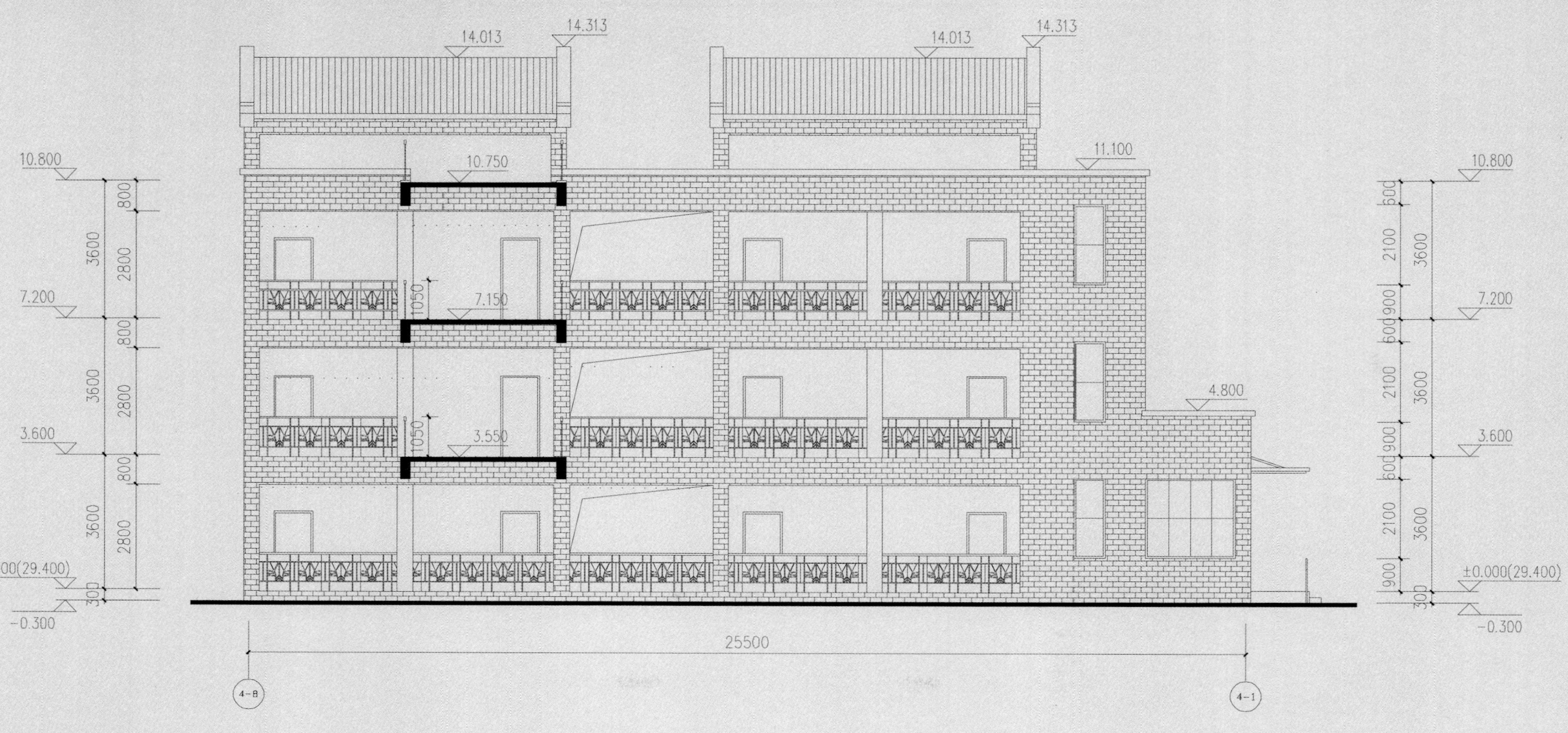

图D-4-6-1-35 原镇江工人疗养院（现桔子酒店）5号楼北立面图

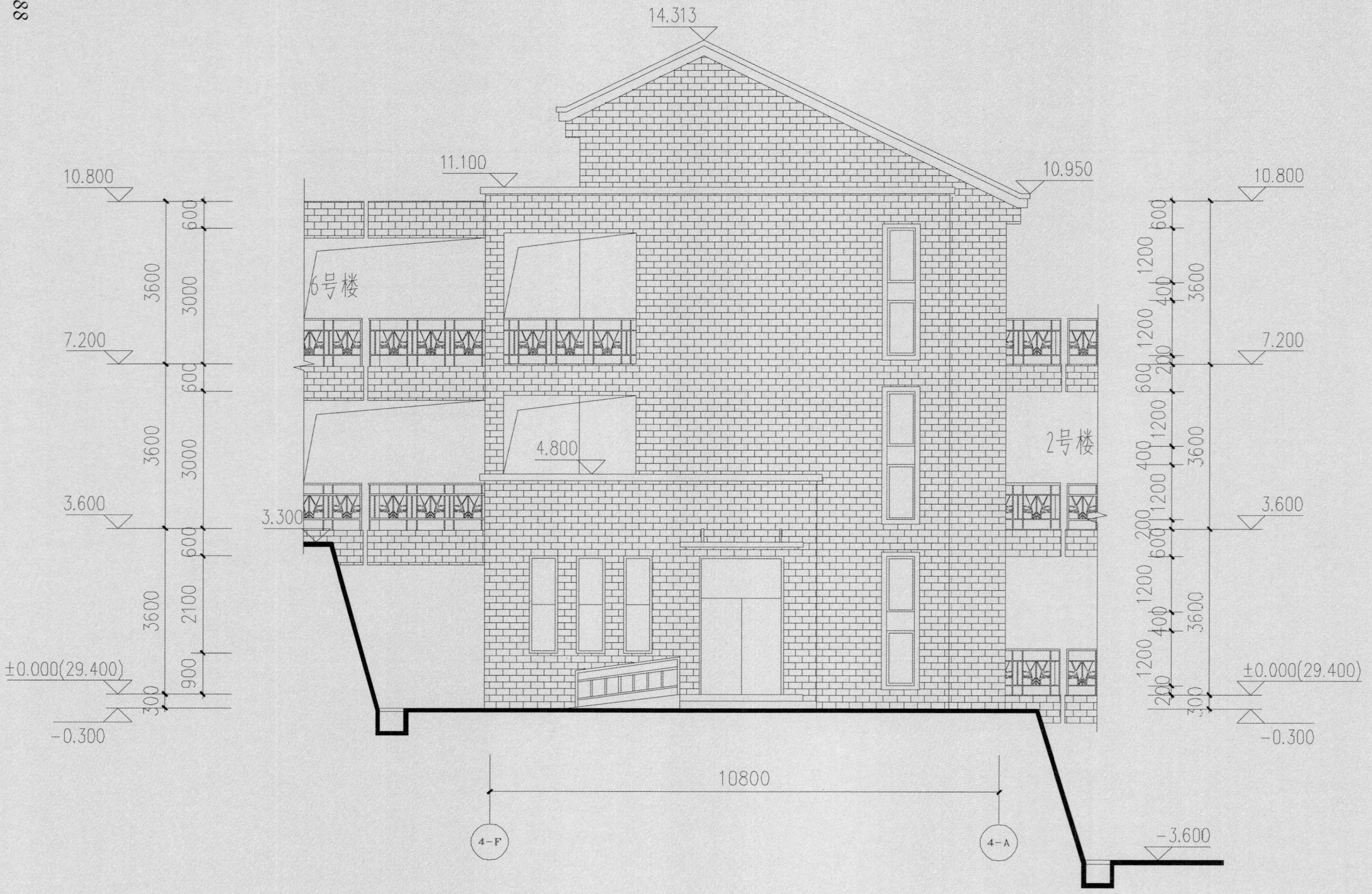

图D-4-6-1-36 原镇江工人疗养院（现桔子酒店）5号楼西立面图

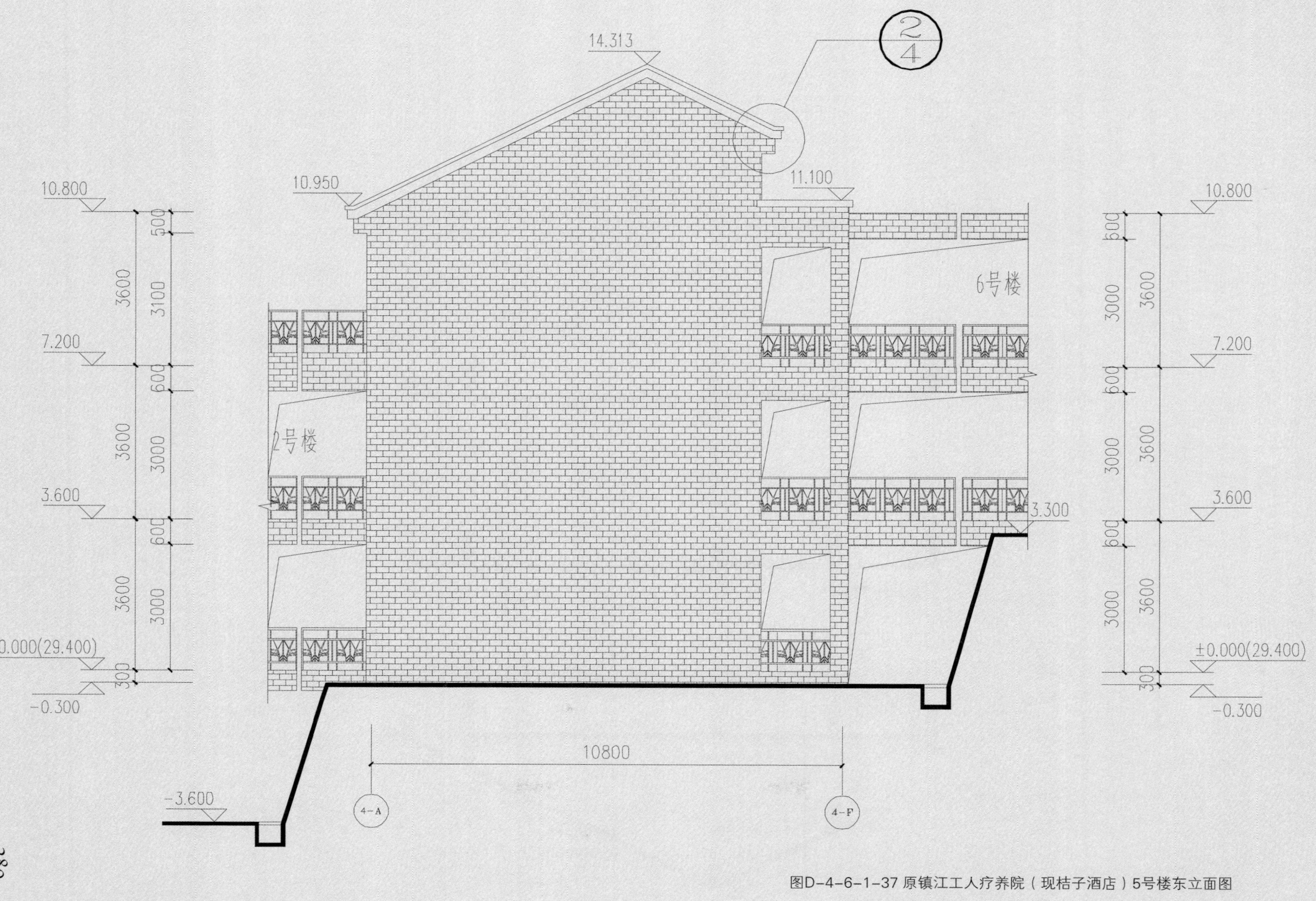

图D-4-6-1-37 原镇江工人疗养院（现桔子酒店）5号楼东立面图

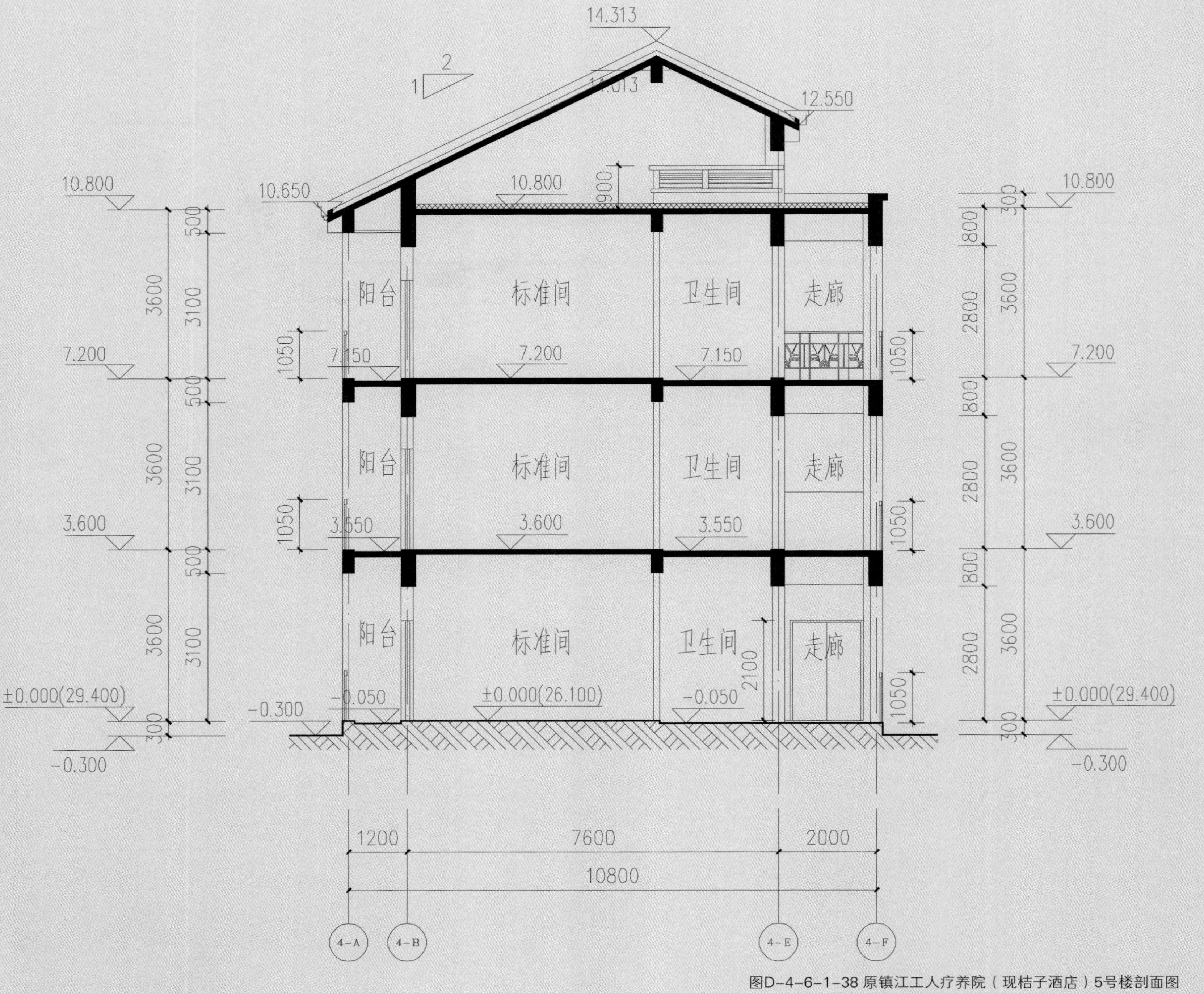

图D-4-6-1-38 原镇江工人疗养院（现桔子酒店）5号楼剖面图

11. 原镇江工人疗养院（现桔子酒店）8号楼

原镇江工人疗养院（现桔子酒店）8号楼该建筑群半山腰有一平台，系疗养院内部花园。8号楼位于花园东侧下部，接待大厅的西侧上部，是下部最高建筑（图P-4-6-1-14）。8号楼建筑坐西朝东，高三层，最底一层位于云台山东麓山坡，南北只有8开间，长32.6m、宽15.6m，第二、三层北、西、南三面露出山体，南面长出三开间，计11开间，长45.6 m、宽15.6m，檐高10.2m，占地面积508.56m^2，建筑面积1881.36m^2（图P-4-6-1-15~图P-4-6-1-17）。

8号楼二、三层南北长11开间。屋顶为西式马尾屋架，整个屋架分三部分；南端六开间为一个四坡顶，北端四开间为一个四坡顶，中间为东西向斜坡顶连接。

从8号楼东立面看，南端四、五开间，北端二、三开间凸出2m，二层楼面这二部分再凸出1.5m的凉台，三面有栏杆。8号楼二、三层除了大厅宽6m外，其余宽3.8m。除了南端第一开间西侧为安全通道楼梯外，均为客房。8号楼二层大厅有电梯直通接待大厅，向西可进入酒店花园广场，向东可进入8号楼客房部，向下可到接待大厅，并由接待大厅乘电扶梯下山。

图P-4-6-1-14原镇江工人疗养院改作沪润山庄时8号楼东立面与大坡台

图P-4-6-1-15 原镇江工人疗养院（现桔子酒店）8号楼附接待大厅东立面

图P-4-6-1-16 原镇江工人疗养院（现桔子酒店）8号楼西立面（无卷棚）

图P-4-6-1-17 原镇江工人疗养院（现桔子酒店）8号楼西立面局部（有卷棚）

12．原镇江工人疗养院（现桔子酒店）8号楼图纸

如图D–4–6–1–39 ~ 图D–4–6–1–45所示。

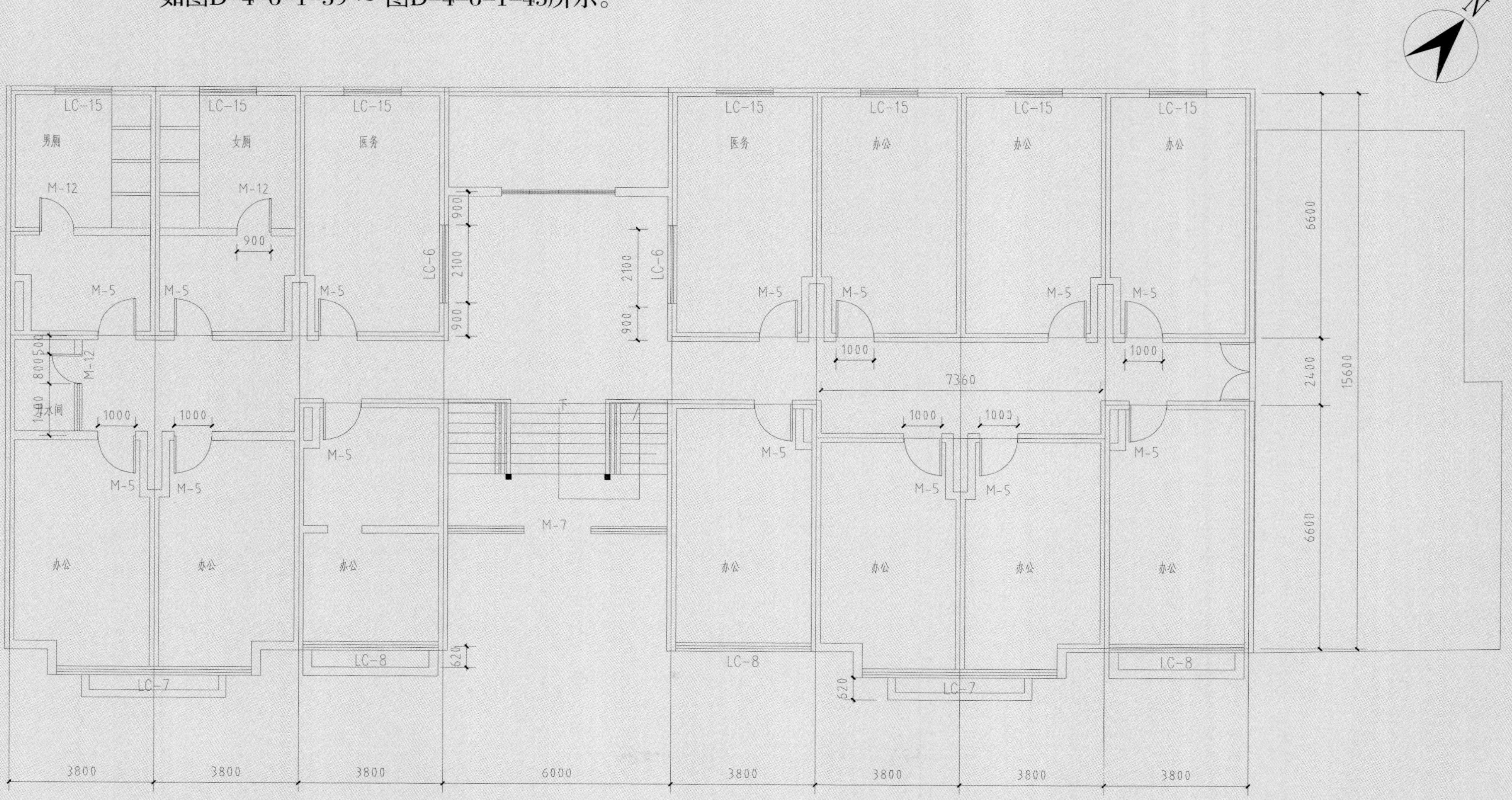

图D–4–6–1–39 原镇江工人疗养院（现桔子酒店）8号楼一层平面图

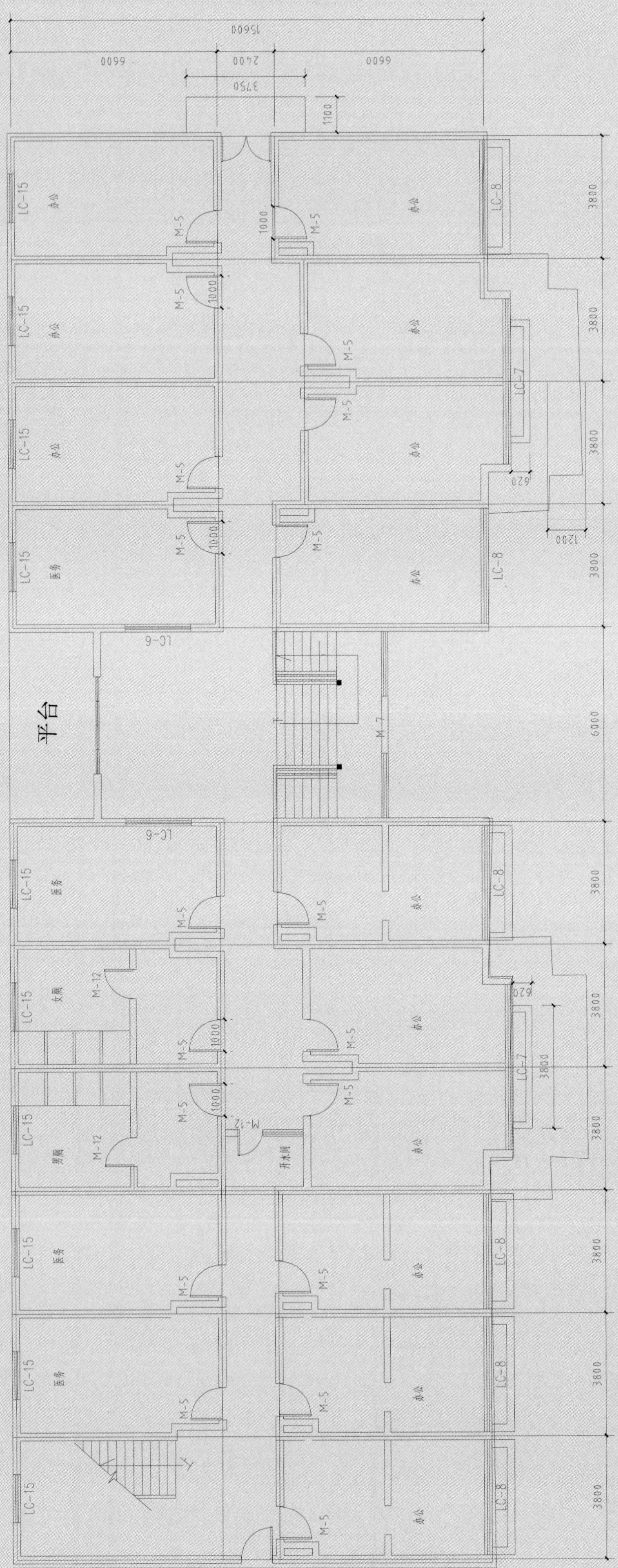

图D-4-6-1-40 原镇江工人疗养院（现桔子酒店）8号楼二层平面图

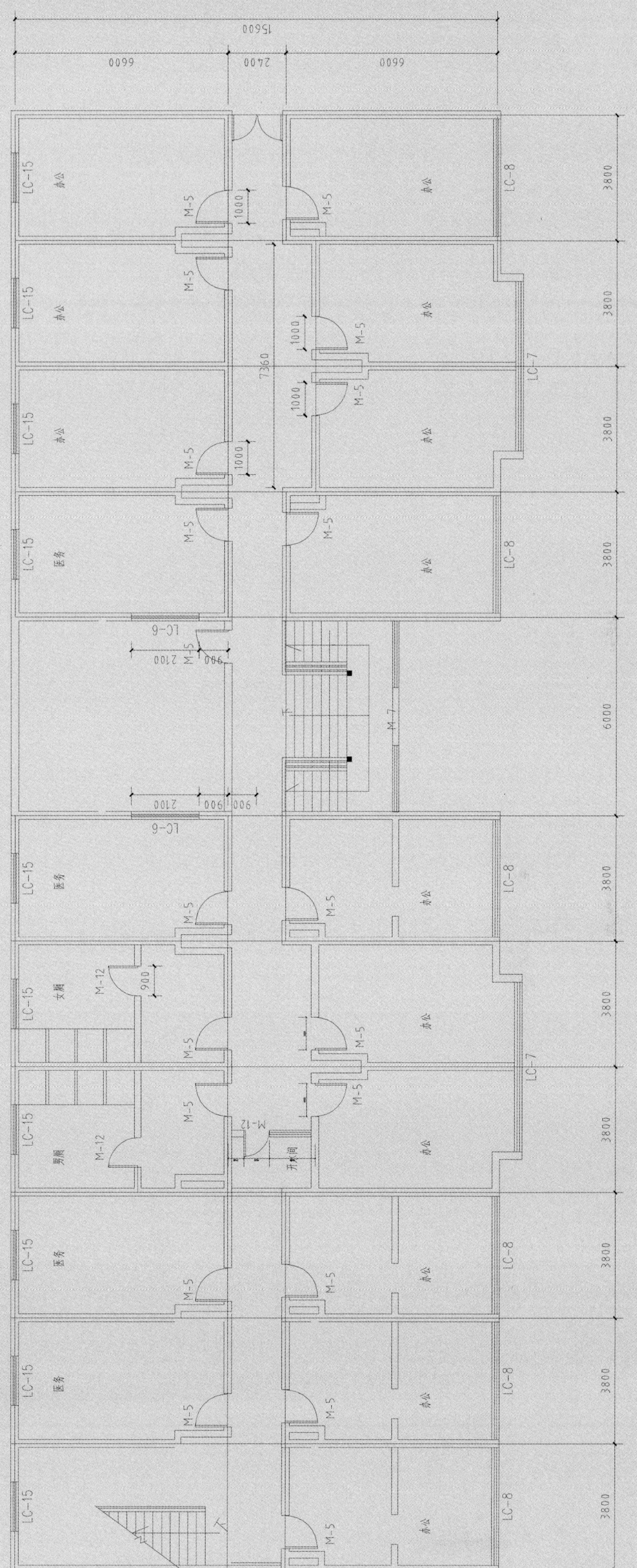

图D-4-6-1-41 原镇江工人疗养院（现桔子酒店）8号楼三层平面图

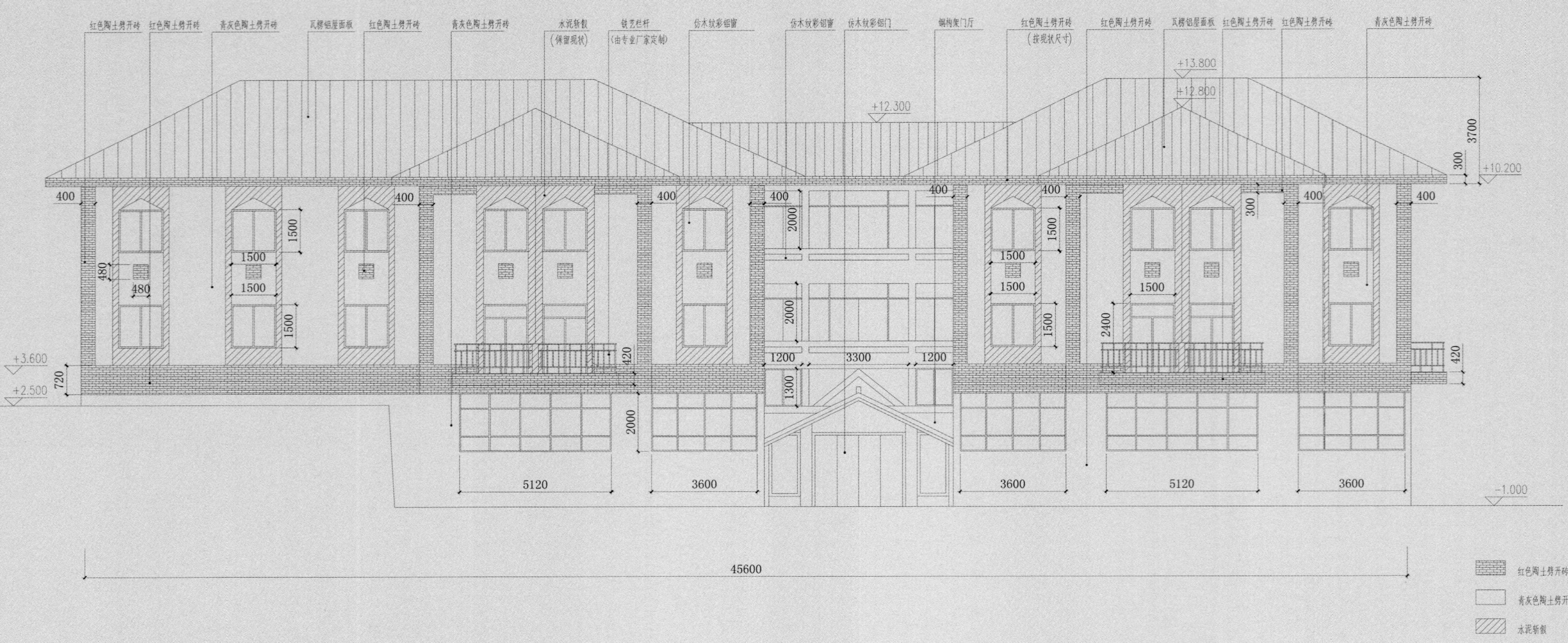

图D-4-6-1-42 原镇江工人疗养院（现桔子酒店）8号楼东立面图

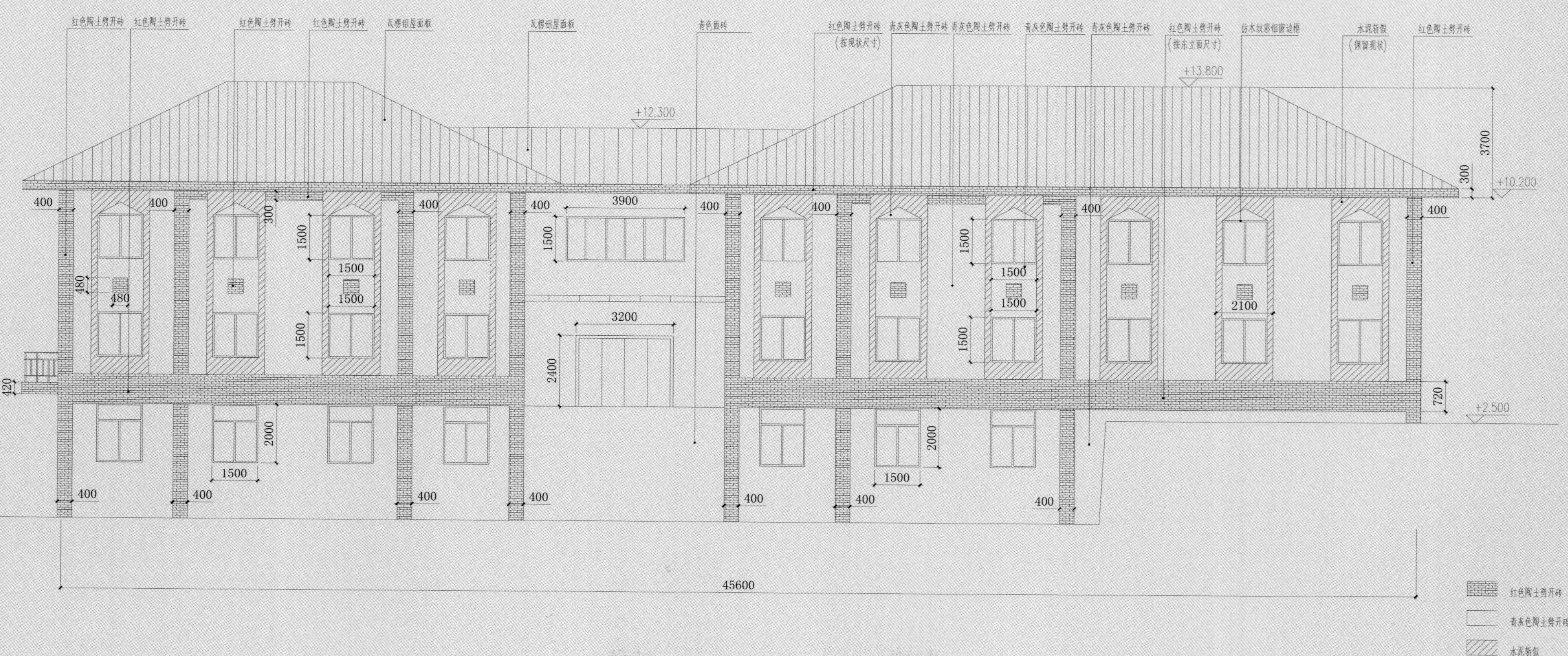

图D-4-6-1-43 原镇江工人疗养院（现桔子酒店）8号楼西立面图

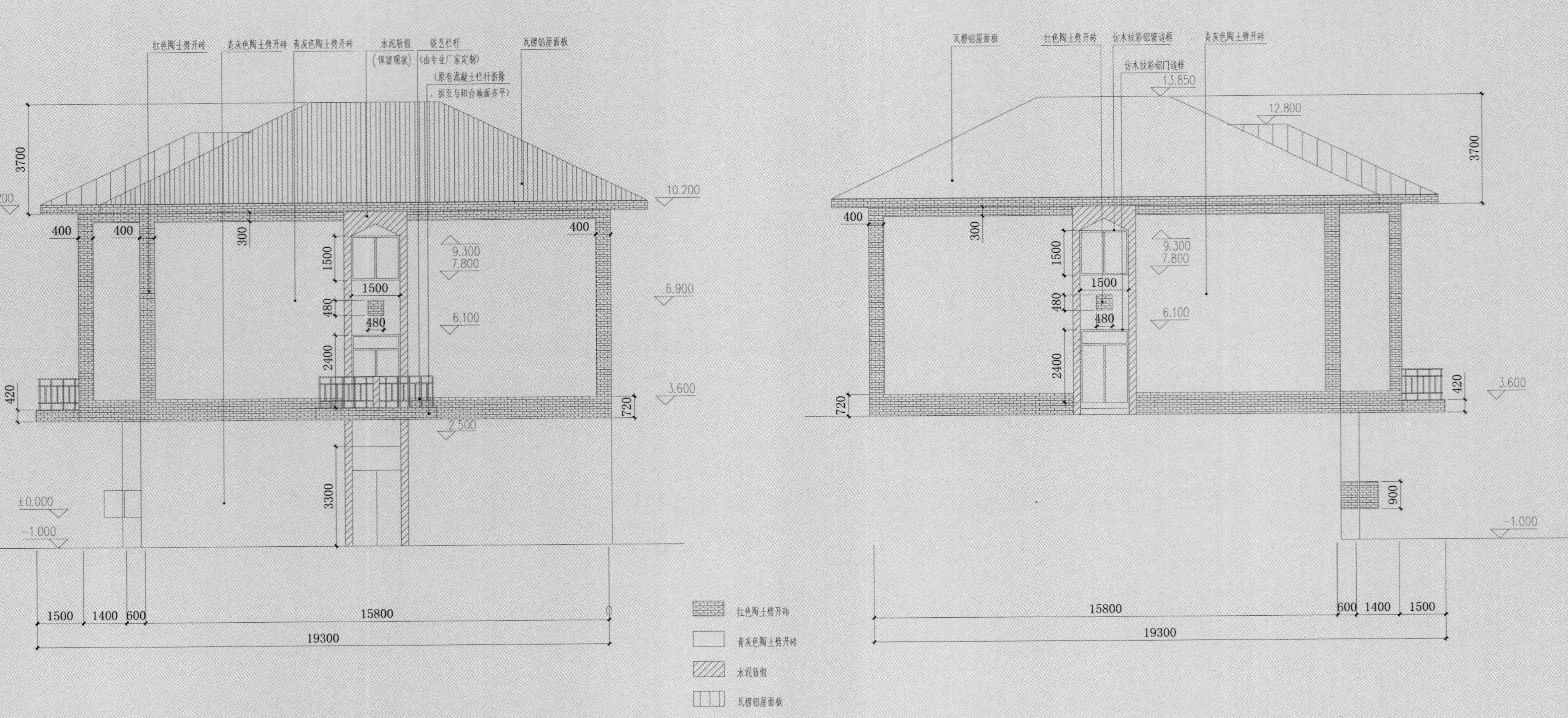

图D-4-6-1-44 原镇江工人疗养院（现桔子酒店）8号楼北立面图

图D-4-6-1-45 原镇江工人疗养院（现桔子酒店）8号楼南立面图

13. 桔子酒店服务大厅楼（8号楼附属建筑）

桔子酒店服务大厅是附属于8号楼的新建建筑，内设有接待前台，是旅客住宿登记办理的主要场所（图P-4-6-1-18）。服务大厅楼位于花园东侧下部，8号楼的下部东立面，8号楼的底层与接待大厅相连，是山下往上第一眼看到的建筑（图P-4-6-1-19）。

服务大厅楼建筑坐西朝东，高二层，一层大部分在云台山地下，主要接待功能在二楼。该建筑长26.45m、宽13.7m，檐高6.5m，占地面积238m^2，建筑面积476m^2（图P-4-6-1-20）。

接待大厅楼二层南北长五开间。屋顶为西式马尾屋架，整个屋架分为两部分：南端第一开间为一个四坡顶，北端四开间为一个四坡顶与南开间连接。

从接待楼东立面看，南端第一开间比主题建筑向东凸出4.5m，连接山外，是进入接待大厅的主要通道，二层楼面北2开间再凸出3m的露天凉台，宽4.5m，三面有栏杆。北端第二开间连通8号楼底层，有电梯直通8号楼、花园及山上客房部。

图P-4-6-1-18 桔子酒店接待大厅柜台

图P-4-6-1-19 桔子酒店接待大厅东立面

图P-4-6-1-20 桔子酒店接待大厅东北立面

图P-4-6-1-21 桔子酒店接待大厅

图P-4-6-1-23 桔子酒店大堂装饰墙通道

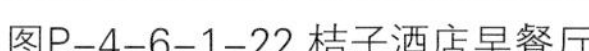

图P-4-6-1-22 桔子酒店早餐厅

图P-4-6-1-24 桔子酒店大堂皮箱墙装饰

桔子酒店大堂整体色调以自然色系为主，背景墙的设计是以叶子肌理为主题的背景，天花的设计则是以烟雾状的元素营造一种虚幻感（图P-4-6-1-21）。电梯厅一幅以“马”为原型的镂空发光装饰墙面，与主题相切合，随着灯光的变化而律动。早餐厅区域与大堂的风格相统一，以自然的色调为主，色调清新简约。位于二层的水晶早餐厅，则是以较沉稳的色调为主。优雅、复古的用餐环境，也是酒店传达给客人的心灵感受（图P-4-6-1-22）。酒品以民国历史变迁留下的物质和精神文化为依托，采用中国古代以马作为主要交通工具的表达意象，在大堂入口左侧以一幅以马为主题的装饰画作为给客人进入酒店的第一印象（图P-4-6-1-23）。皮箱墙的装饰设计与旅行也密不可分（图P-4-6-1-24）。

14. 桔子酒店接待大厅图纸

如图D-4-6-1-46 ~ 图D-4-6-1-50所示。

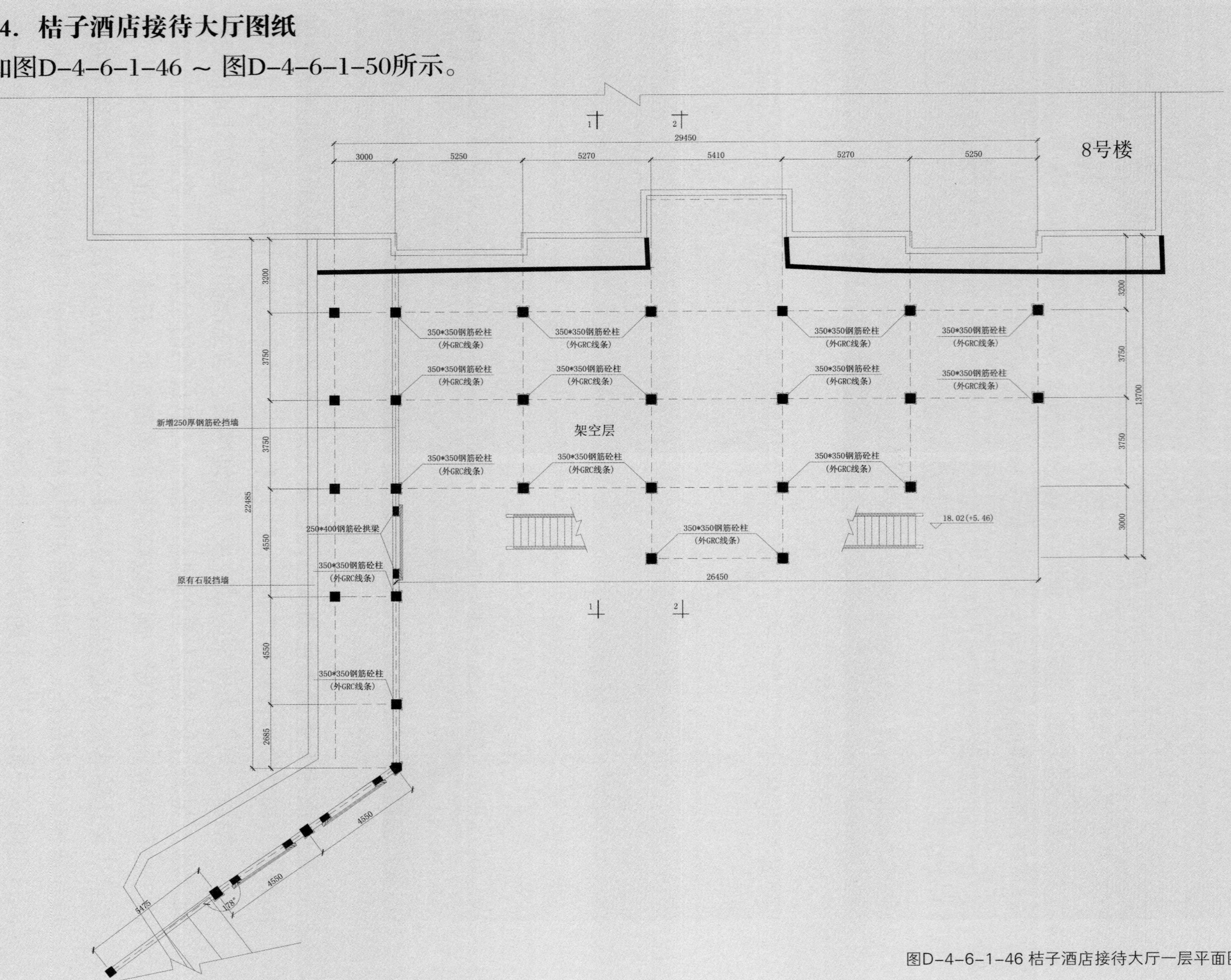

图D-4-6-1-46 桔子酒店接待大厅一层平面图

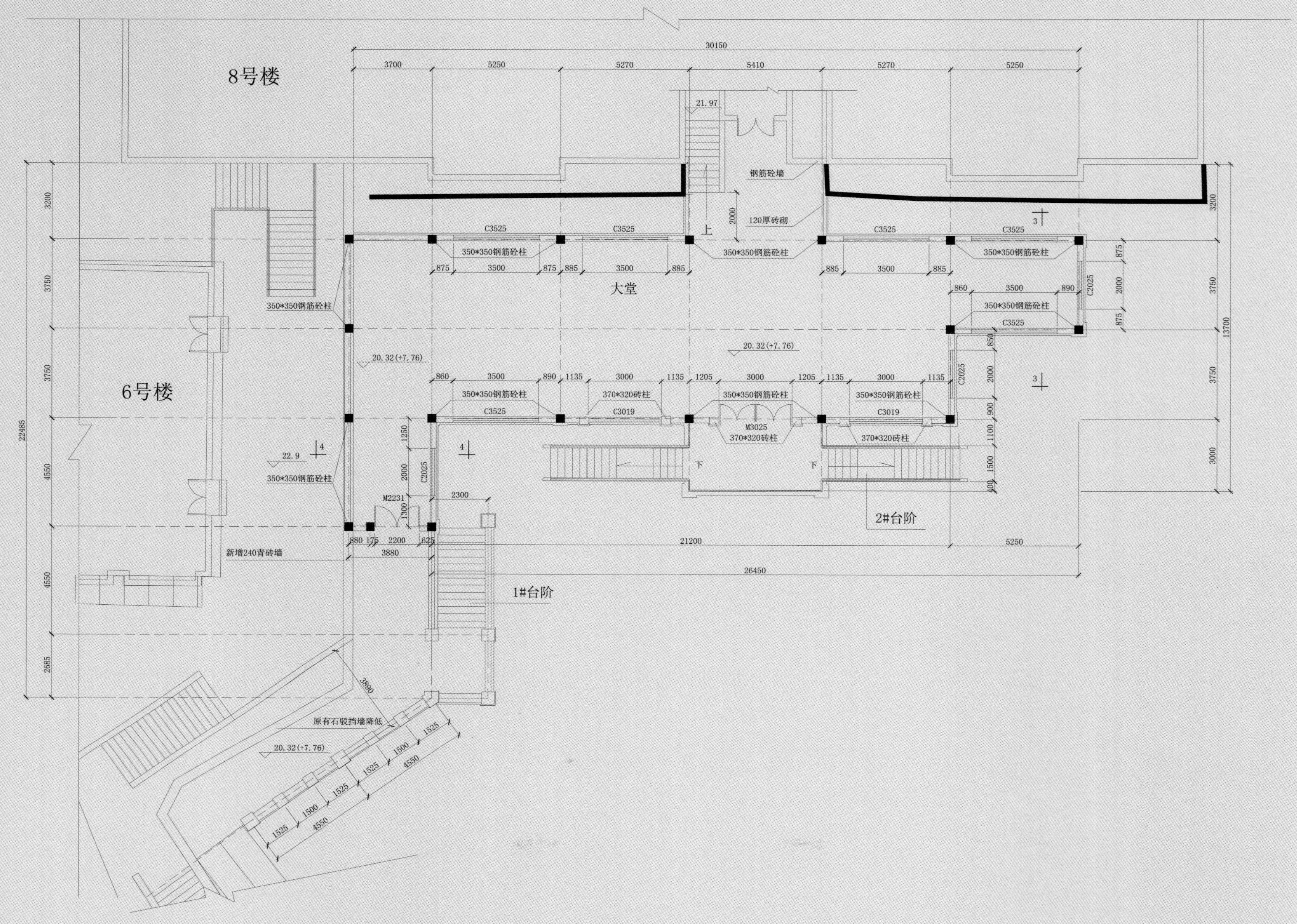

图D-4-6-1-47 桔子酒店接待大厅二层平面图

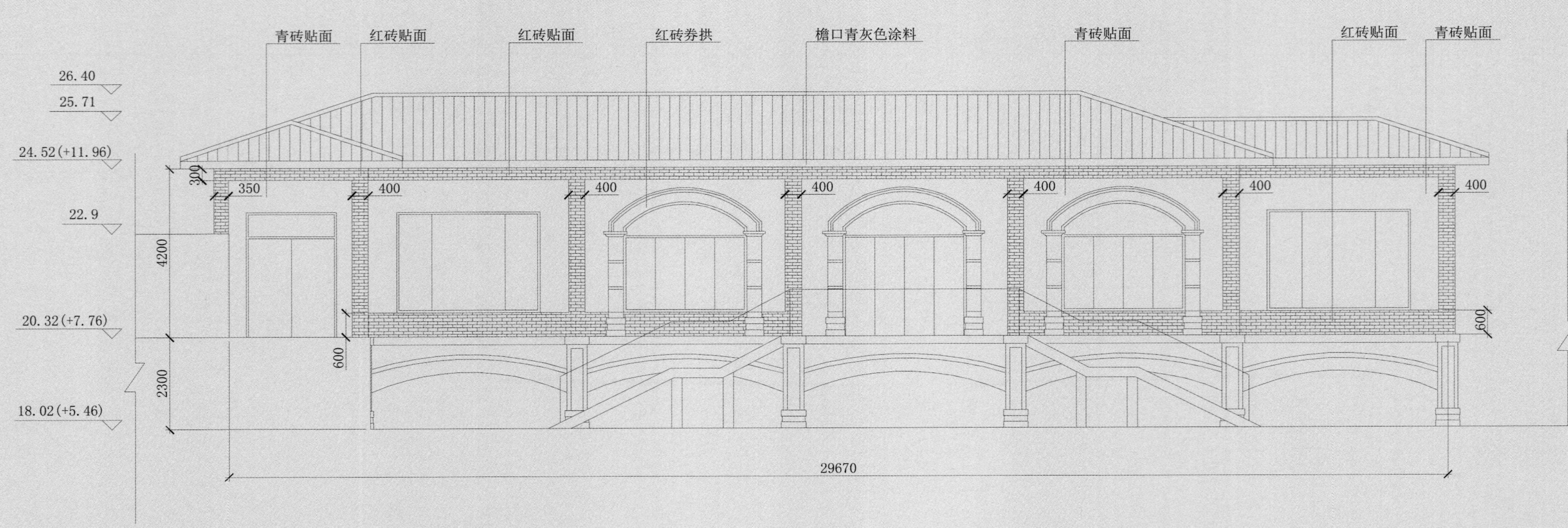

图D-4-6-1-48 桔子酒店接待大厅南立面图

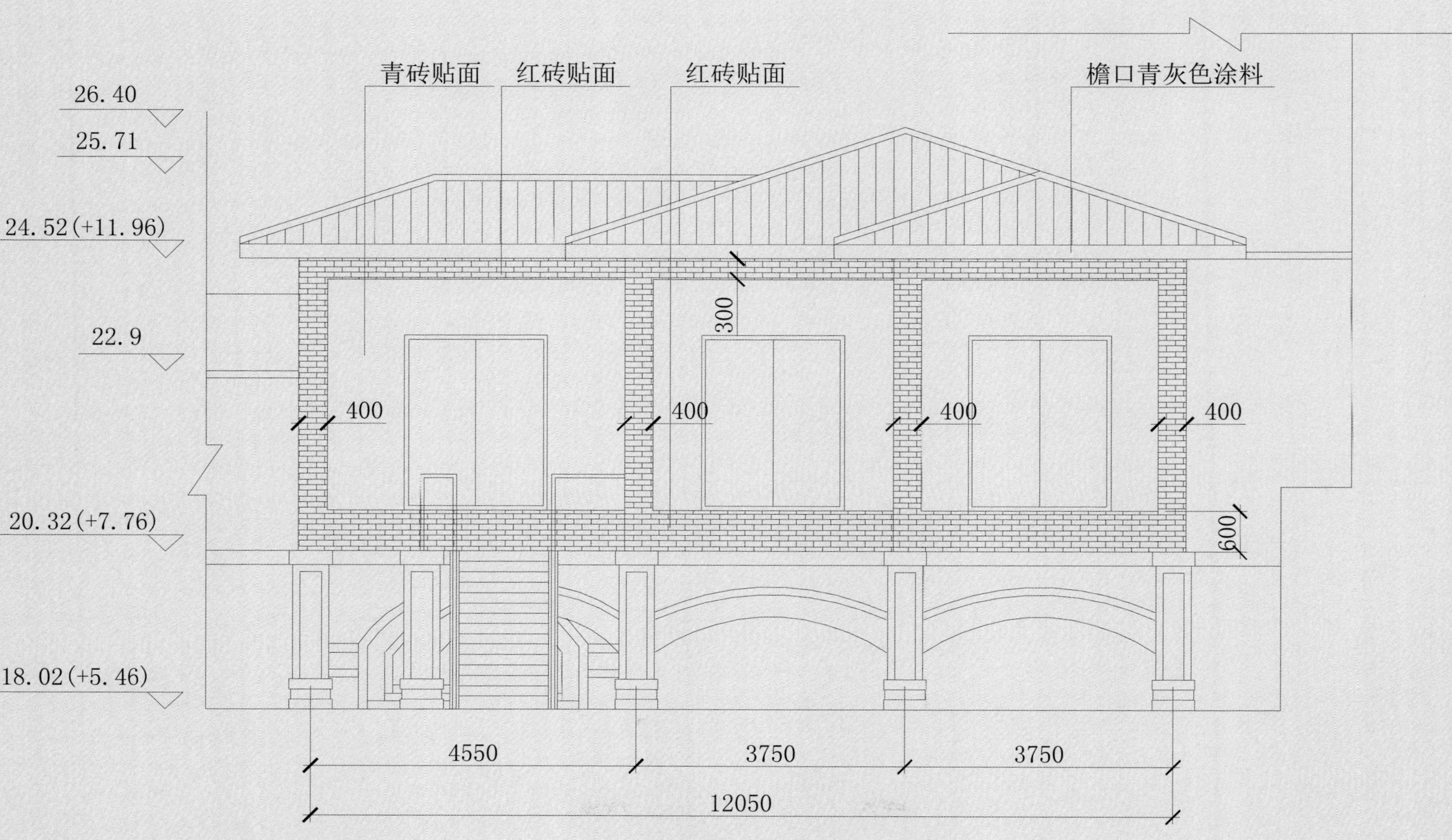

图D-4-6-1-49 桔子酒店接待大厅东立面图

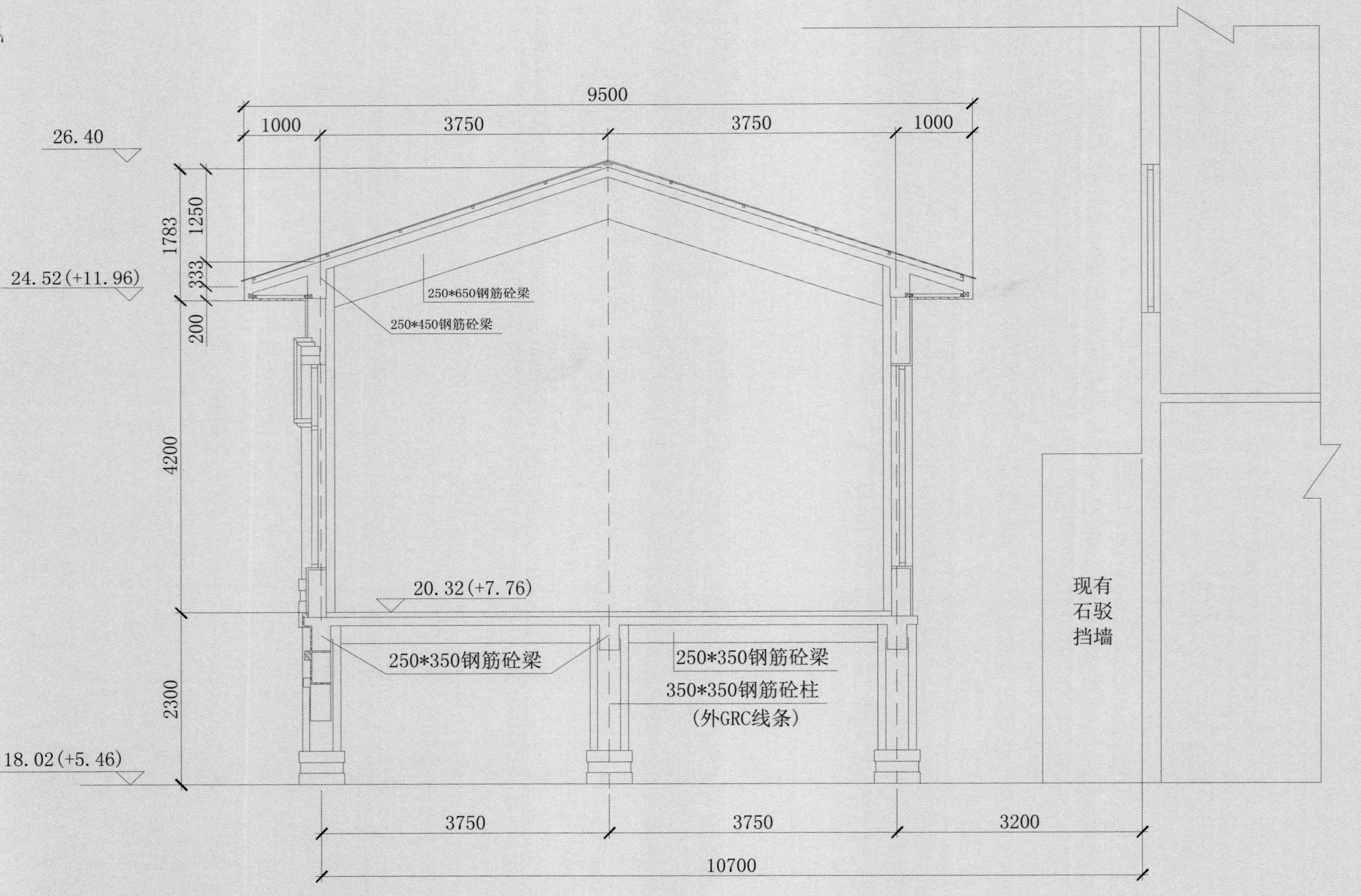

图D-4-6-1-50 桔子酒店接待大厅剖面图

第二节 原镇江工人疗养院附属用房（现桔子酒店6、7号楼和办公楼）

一、概况

1. 建筑形态：原镇江工人疗养院附属用房包括现6号楼、7号楼和办公楼（原服务中心）。其中6号楼位于8号楼东南侧，三层结构；7号楼位于6号楼南侧，屠家骅公馆旧址后侧山坡，三层结构；办公楼（服务中心）位于山顶栈道下方，客房部西南方向50m处。均为仿民国风格建筑。具体建筑设计经济指标见表B-4-6-2-1、表B-4-6-2-2。

表B-4-6-2-1 原工人疗养院附属用房主要规划指标

序号	名 称	单位	数量
1	总用地面积	m^2	1467.63
2	建筑占地面积	m^2	3841.19
5	容积率	%	1.03
6	建筑密度	%	42.93
7	绿地率	%	26.19

表B-4-6-2-2 云台山疗养院建筑群附属用房具体指标

项目地址和名称	基地面积（m^2）	建筑面积（m^2）	建筑层数	建筑高度（m）	备注
6号楼	270.49	639.38	3	6.8	主体二层，局部地下室
7号楼	872.96	2618.88	3	13.2	三层
服务中心	324.18	582.93	3	6.2	主体二层，局部地下室
合计	1467.63	3841.19			

2. 历史沿革和遗存状态。原镇江市工人疗养院配套建筑主要是6号楼、7号楼和服务中心等3栋楼，其中6号楼为餐厅（图P-4-6-2-1）、7号楼为库房、服务中心楼为办公楼（图P-4-6-2-2），均为砖混结构建筑，且年久失修，破漏严重。西津渡公司收购后，对6号楼和服务中心进行了修缮改造，对7号楼简易房屋实施拆除复建。改造后6号楼为桔子酒店餐厅，服务中心楼为桔子酒店办公楼和后勤服务。7号楼为桔子酒店二期拓展用房。

二、主要修缮技术方案

大修、复建。工人疗养院服务配套建筑共计有3幢楼，建筑层高分别为二层、三层不等，其中6号楼和服务中心楼为大修建筑，7号楼为复建。开工前，西津渡公司委托东南大学建筑设计研究院设计了维修及复建方案。东大方案充分考虑到伯先路建筑民国风格特色和山体建筑风格的协调性，确定了仿民国建筑风格为该组建筑的主要风格。此后，西津渡公司委托镇江市规划建筑设计研究院对东大建筑设计方案进行了深化设计，委托镇江市地景园林规划设计有限公司对该建筑群的景观配套提出设计方案，并邀请了文物、考古、建设等专家，对原址建筑遗存进行了考察，对维修及其部分复建建筑建设方案和景观方案进行了论证，并报有关主管部门批准了维修和部分复建方案。

图P-4-6-2-1 原镇江工人疗养院6号楼旧址

图P-4-6-2-2 原镇江市工人疗养院服务中心楼和山下临时搭建工棚

三栋建筑在采取现代钢混框架结构标准基础上，外立面采用清水青砖墙面砖，局部红色墙面砖分色，以体现民国建筑形制特点。仿古铝合金系统门窗。

屋面为二坡顶和四坡顶的盖瓦楞铝瓦；室外楼梯栏杆采用西洋花式铁艺栏杆。

三、建筑物修缮责任表

建设单位：镇江市西津渡文化旅游有限责任公司

项目负责人：于啸 季桦

测绘、修缮设计单位：东南大学建筑设计研究院

镇江市规划建筑设计研究院

镇江市地景园林规划设计有限公司

设计人员：董卫 等

监理单位：镇江建科工程监理有限公司
监理人员：刘晓瑞 景宝富
施工单位：南京市第六建筑工程有限公司
项目经理：包信才
施工时间：2011.05—2012.12

四、原镇江工人疗养院（现桔子酒店）6、7号楼及服务中心楼概况和施工图

1. 原镇江工人疗养院（现桔子酒店）6号楼

原镇江工人疗养院位于云台山东麓，整个建筑群依山而建，呈梯级状态。该建筑群半山腰有一平台，系疗养院内部花园。以花园为中点，整个建筑群分上下两个部分。6号楼位于下部、接待大厅的南侧（图P-4-6-2-3）。

图P-4-6-2-3 原镇江工人疗养院（现桔子酒店）6号楼东立面

图P-4-6-2-4 原镇江工人疗养院（现桔子酒店）6号楼航拍

本建筑坐南朝北，有一座高三层的主体建筑与一座高一层的平台相连接。主体建筑长15.3m、宽13.12m，高三层，高10.15 m；南部平台长9m、宽7.75m，高一层，连同局部地下室，层高6.8m。整个建筑占地面积270.49m^2，建筑面积639.38m^2（图P-4-6-2-4）。

6号楼为附属用房，屋面为西式四面马尾坡屋面；南部有一座三开间的平房，层高一层，与6号楼二层齐平；主楼东立面外墙有露天楼梯，为6号楼应急安全通道。底层依山而建，只有局部建筑，为地下室，供储藏室之用。6号楼内部设有监控室、工程部、洗衣房等部门。

2. 原镇江工人疗养院（现桔子酒店）6号楼图纸

如图D-4-6-2-1 ～ 图D-4-6-2-7所示。

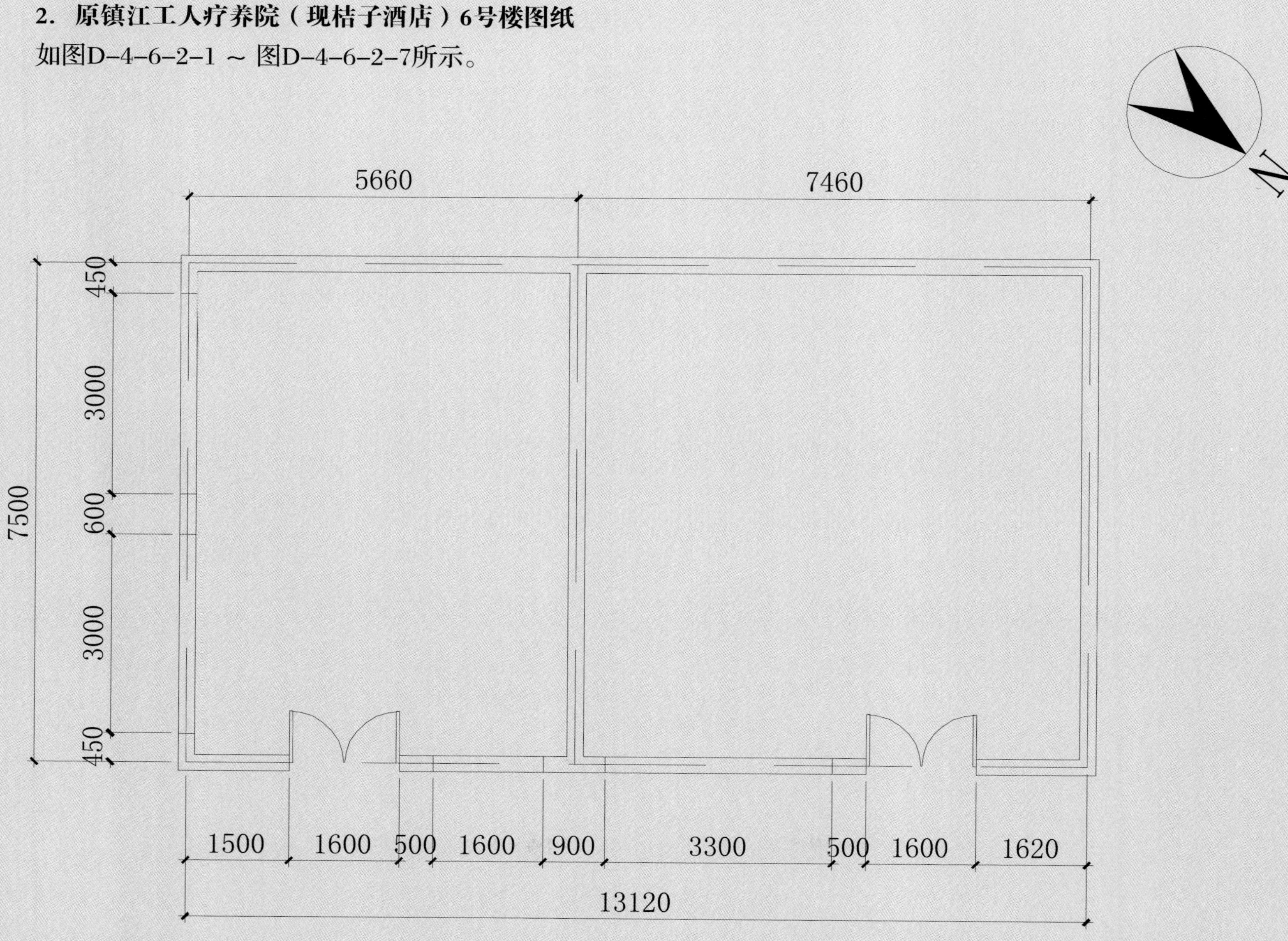

图D-4-6-2-1 原镇江工人疗养院（现桔子酒店）6号楼负一层平面图

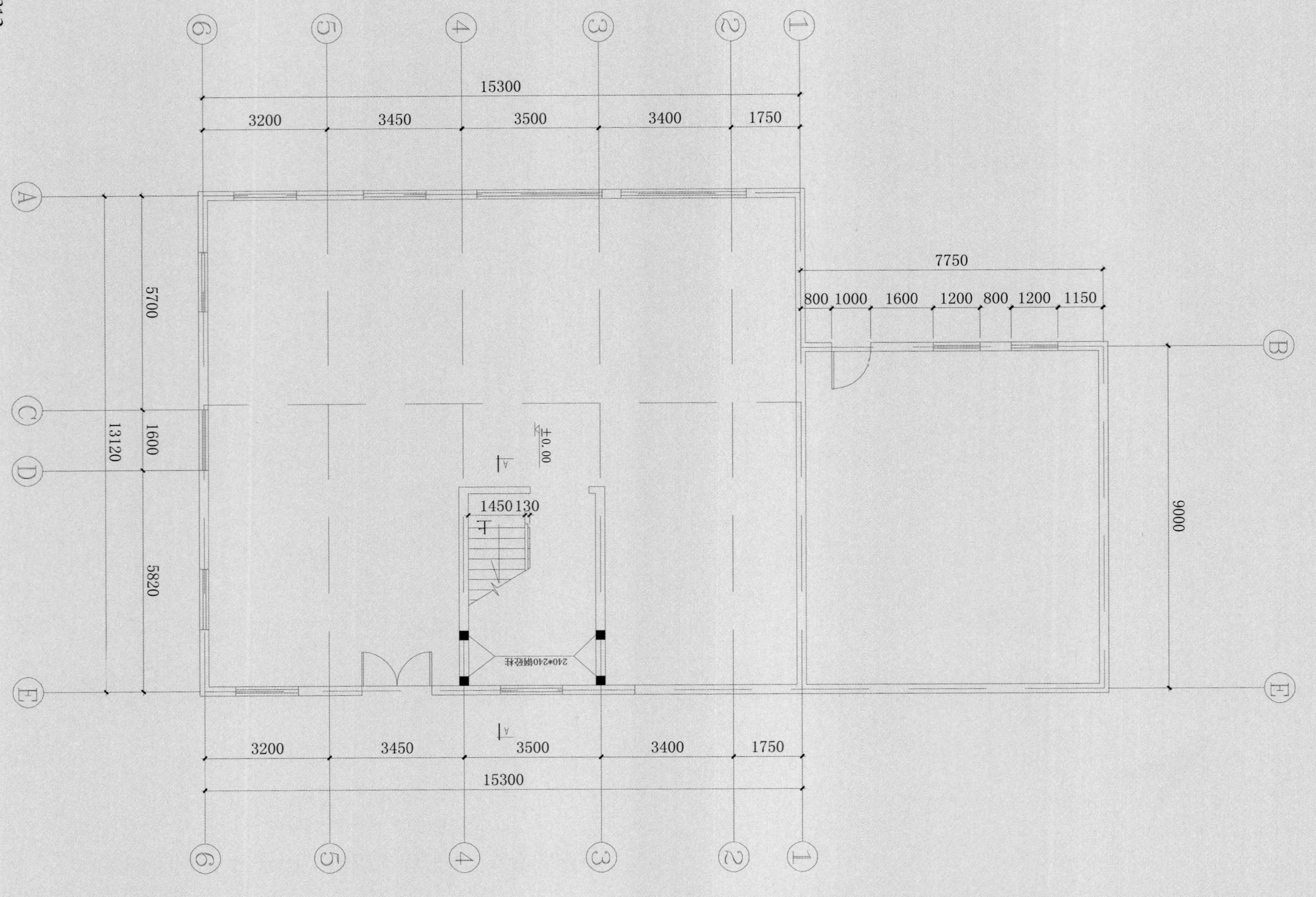

图D-4-6-2-2 原镇江工人疗养院（现桔子酒店）6号楼一层平面图

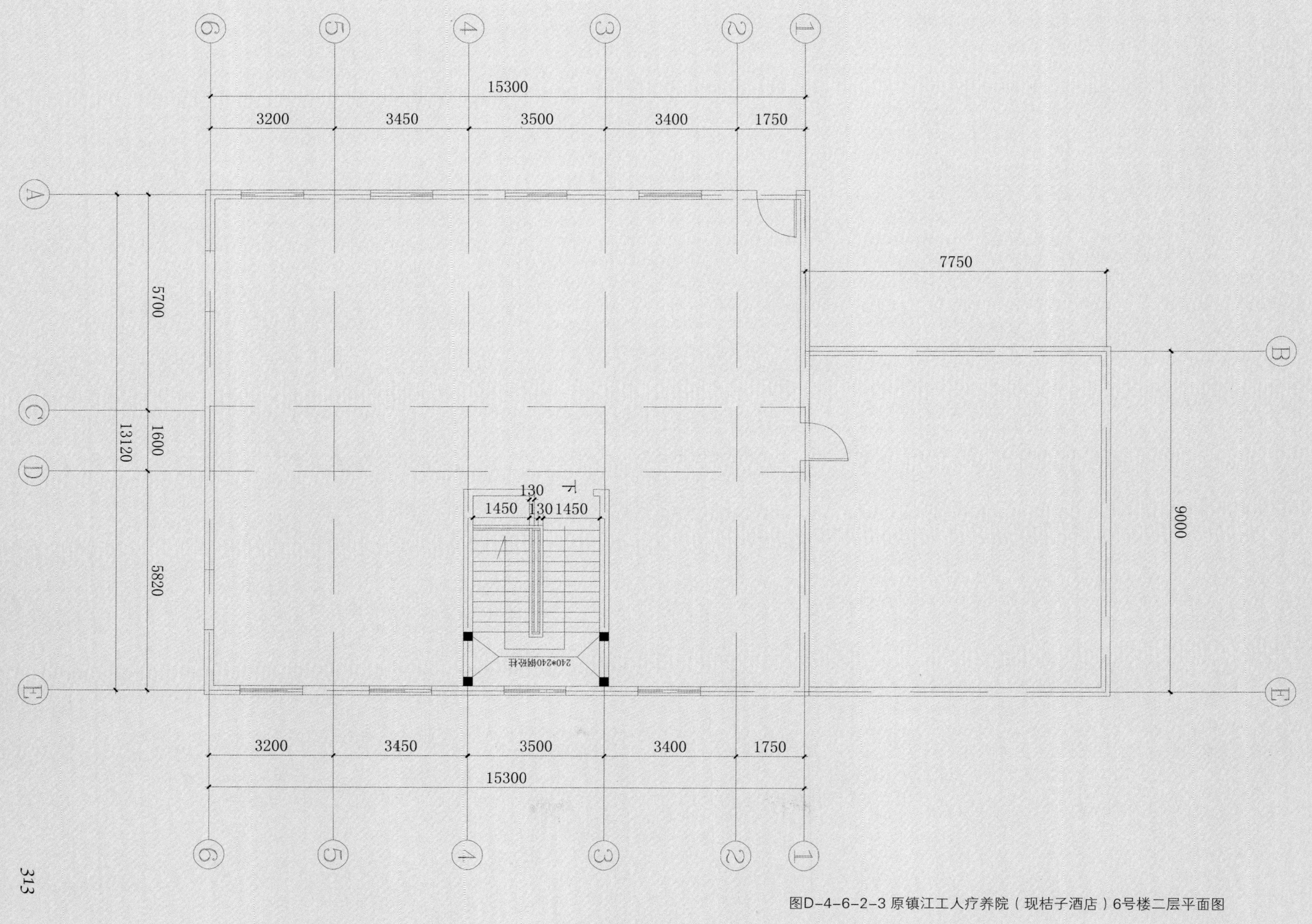

图D-4-6-2-3 原镇江工人疗养院（现桔子酒店）6号楼二层平面图

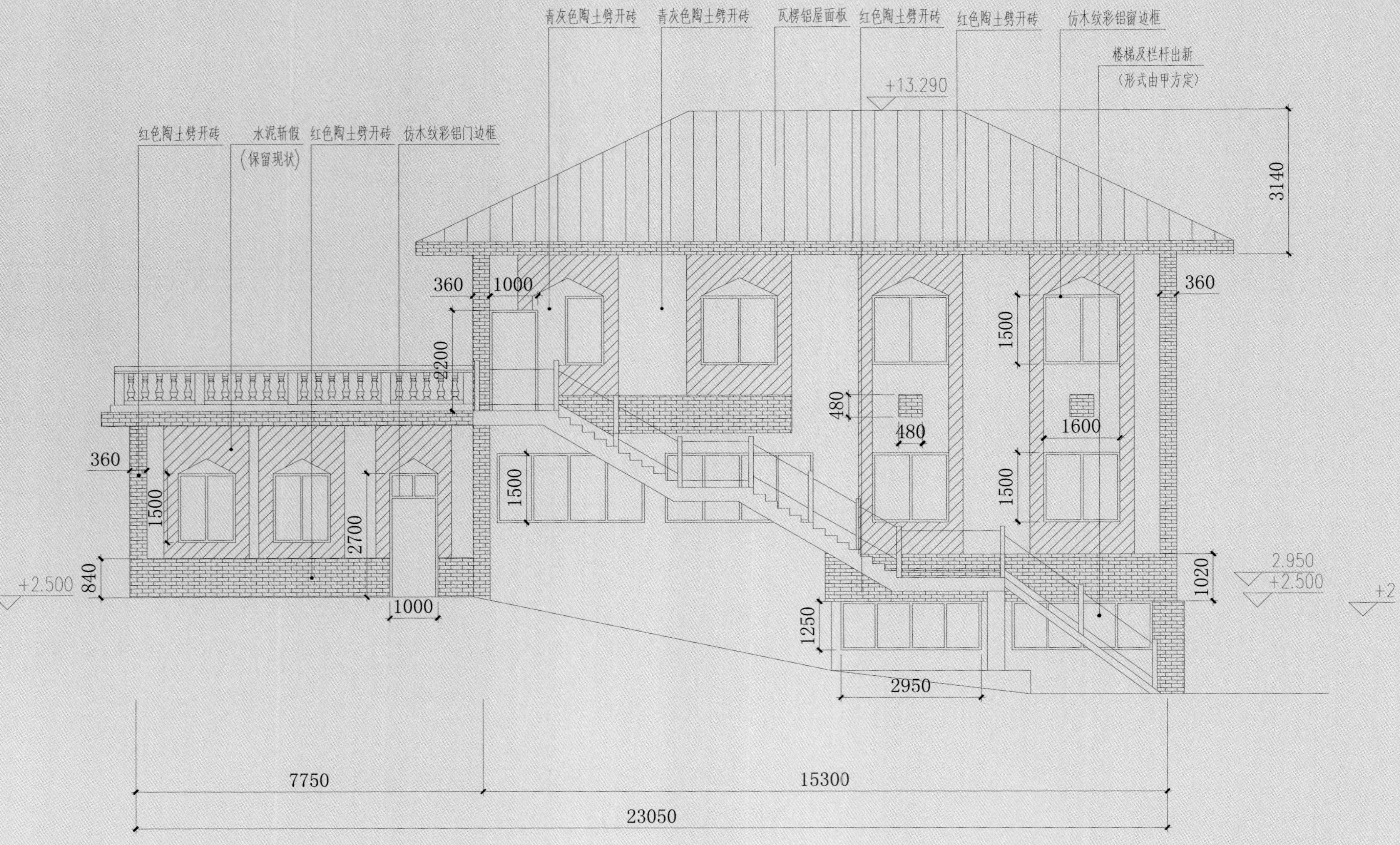

图D-4-6-2-4 原镇江工人疗养院（现桔子酒店）6号楼东立面图

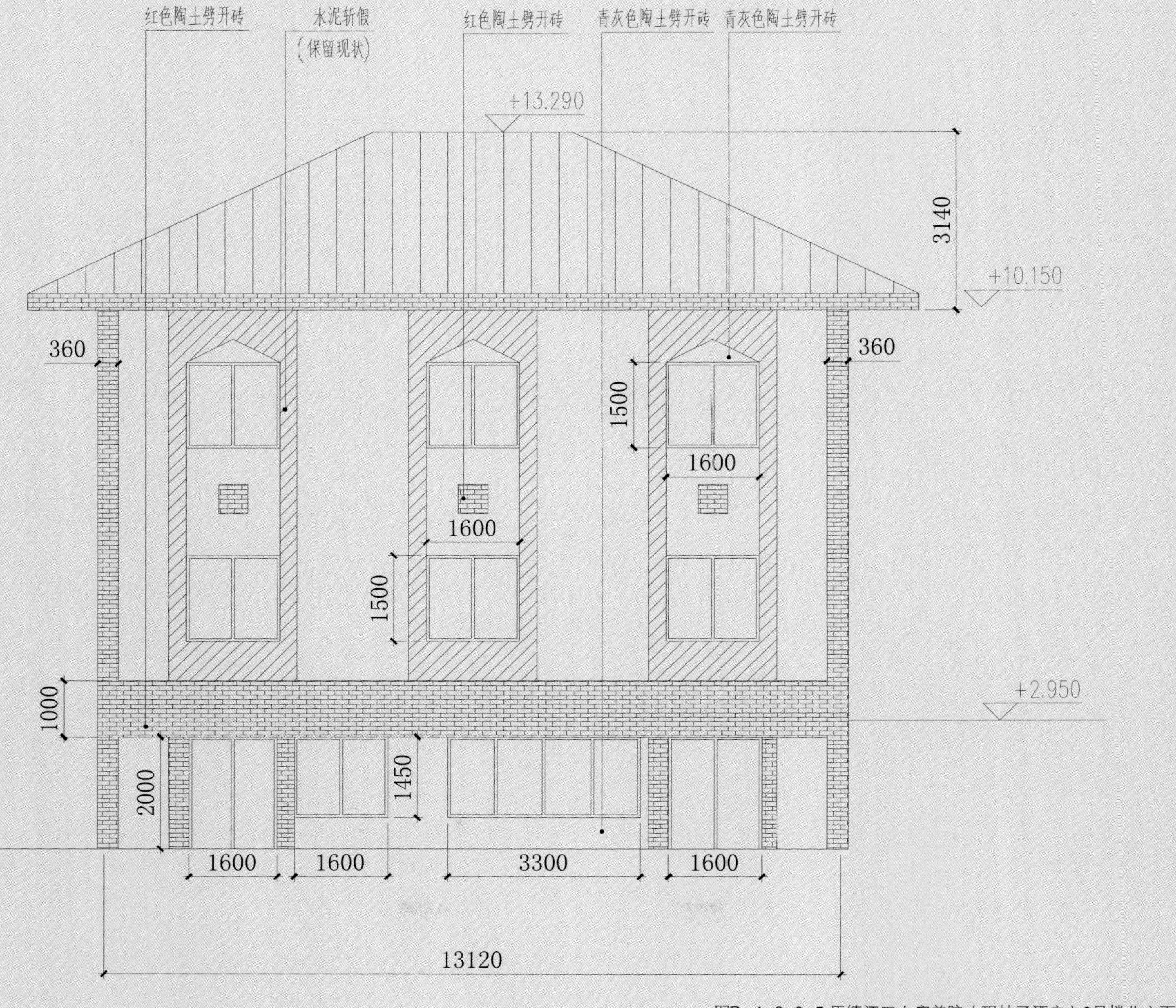

图D-4-6-2-5 原镇江工人疗养院（现桔子酒店）6号楼北立面图

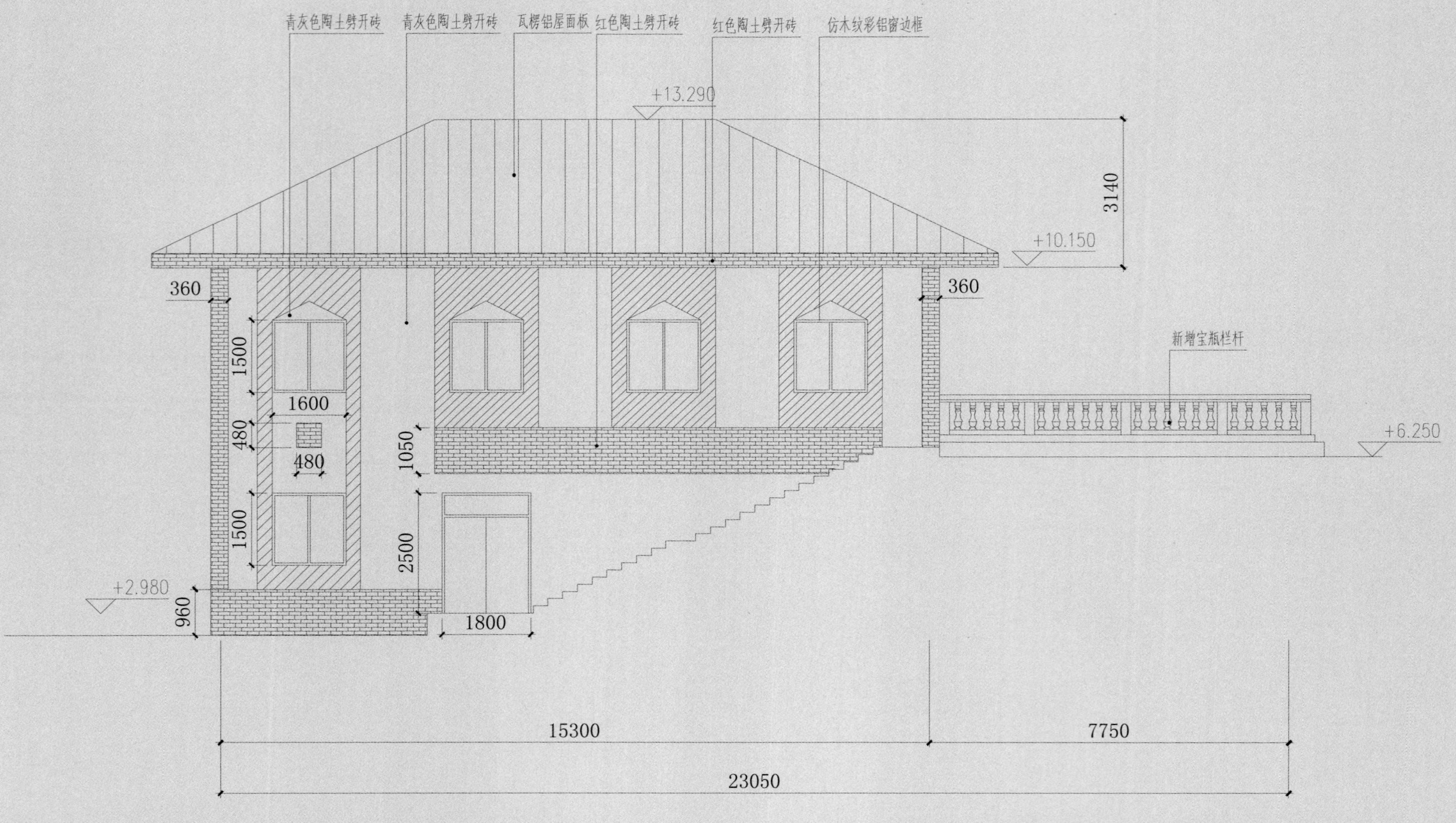

图D-4-6-2-6 原镇江工人疗养院（现桔子酒店）6号楼西立面图

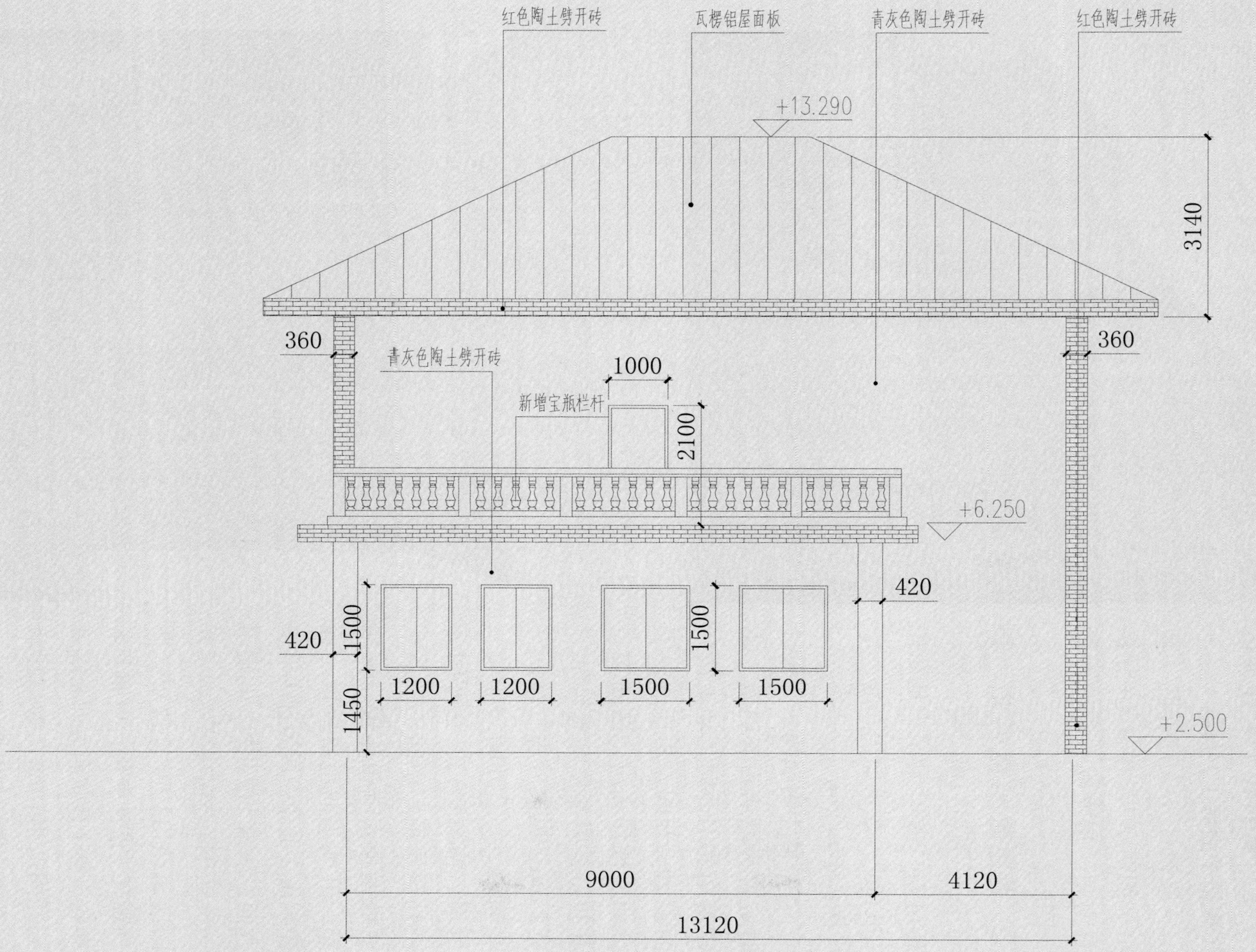

图D-4-6-2-7 原镇江工人疗养院（现桔子酒店）6号楼南立面图

3．原镇江工人疗养院（现桔子酒店）7号楼

原镇江工人疗养院（现桔子酒店）7号楼位于6号楼东南角、屠家骅公馆的西侧（图P-4-6-2-5）。

本建筑坐南朝北，长54.7m、宽20.1m，高三层，高14.5m。整个建筑占地面积790.6m^2，建筑面积2536.5m^2（图P-4-6-2-6）。

7号楼为附属用房，设计时定位为酒店用餐建筑。本建筑南北七开间，加上南立面多出一开间，用作应急安全通道楼梯之用，实际为八开间，多出部分占地长7m，宽4.5m；屋面分为三部分，北端第一、二开间为一马尾屋顶，南端第二、三开间为一马尾屋顶，中间三间系东西坡屋顶二端相连接，南端第一开间为向南斜屋顶。该建筑东立面第一层为直线平整立面，从第二层开始，北端第一、二开间与南端第二、三开间向东凸出1.5m，使东立面外观有了层次变化，更加丰富多彩。整个建筑西立面北端第二开间凸出4.6m，为该建筑安全应急楼梯与电梯之用。

图P-4-6-2-5 原镇江工人疗养院（现桔子酒店）7号楼东立面

图P-4-6-2-6 原镇江工人疗养院（现桔子酒店）7号楼北立面

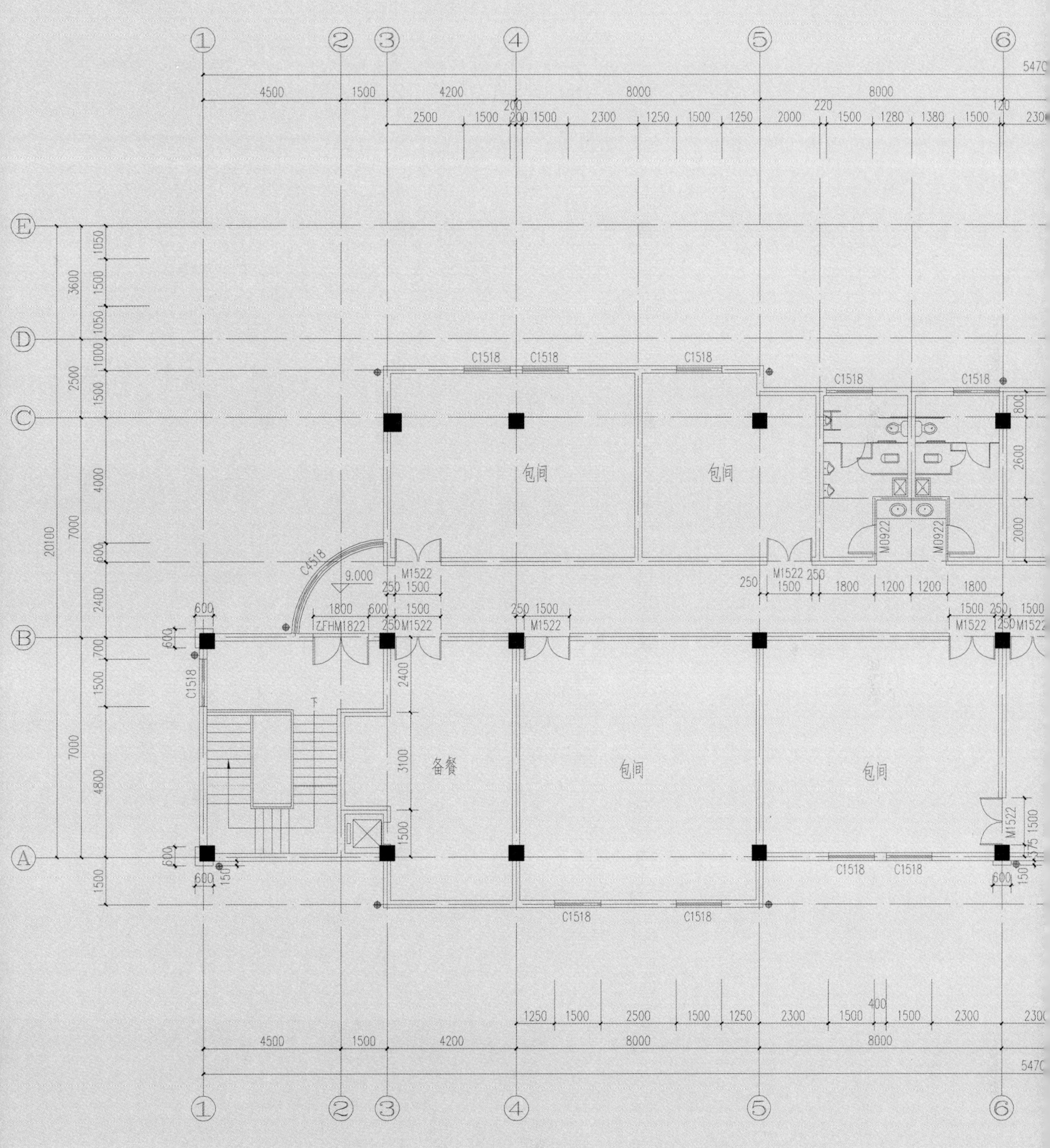

包间
包间
备餐
包间
包间

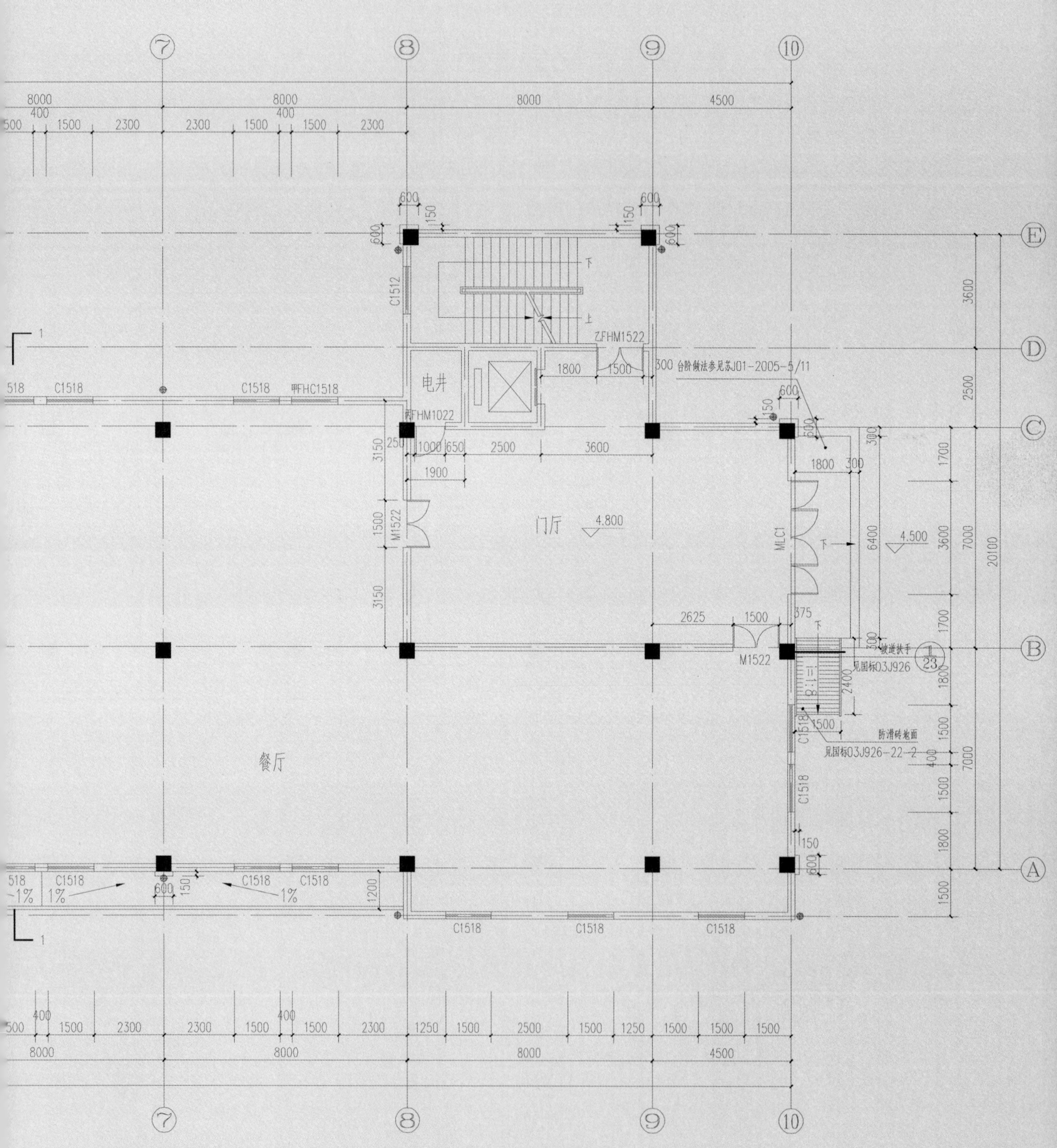

图D-4-6-2-8 原镇江工人疗养院（现桔子酒店）7号楼一层平面图

4. 原镇江工人疗养院（现桔子酒店）7号楼图纸

如图D-4-6-2-8 ~ 图D-4-6-2-15所示。

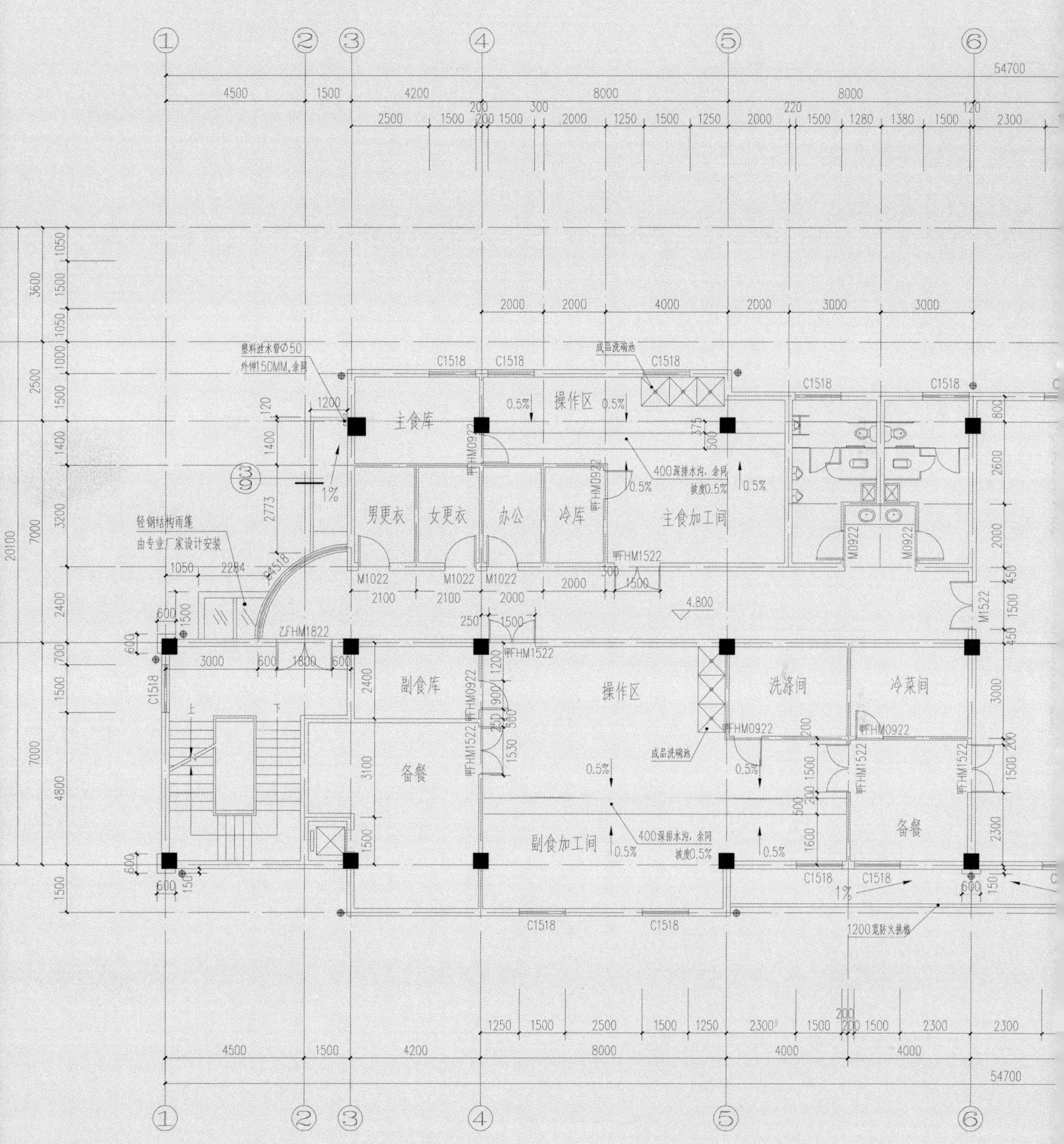

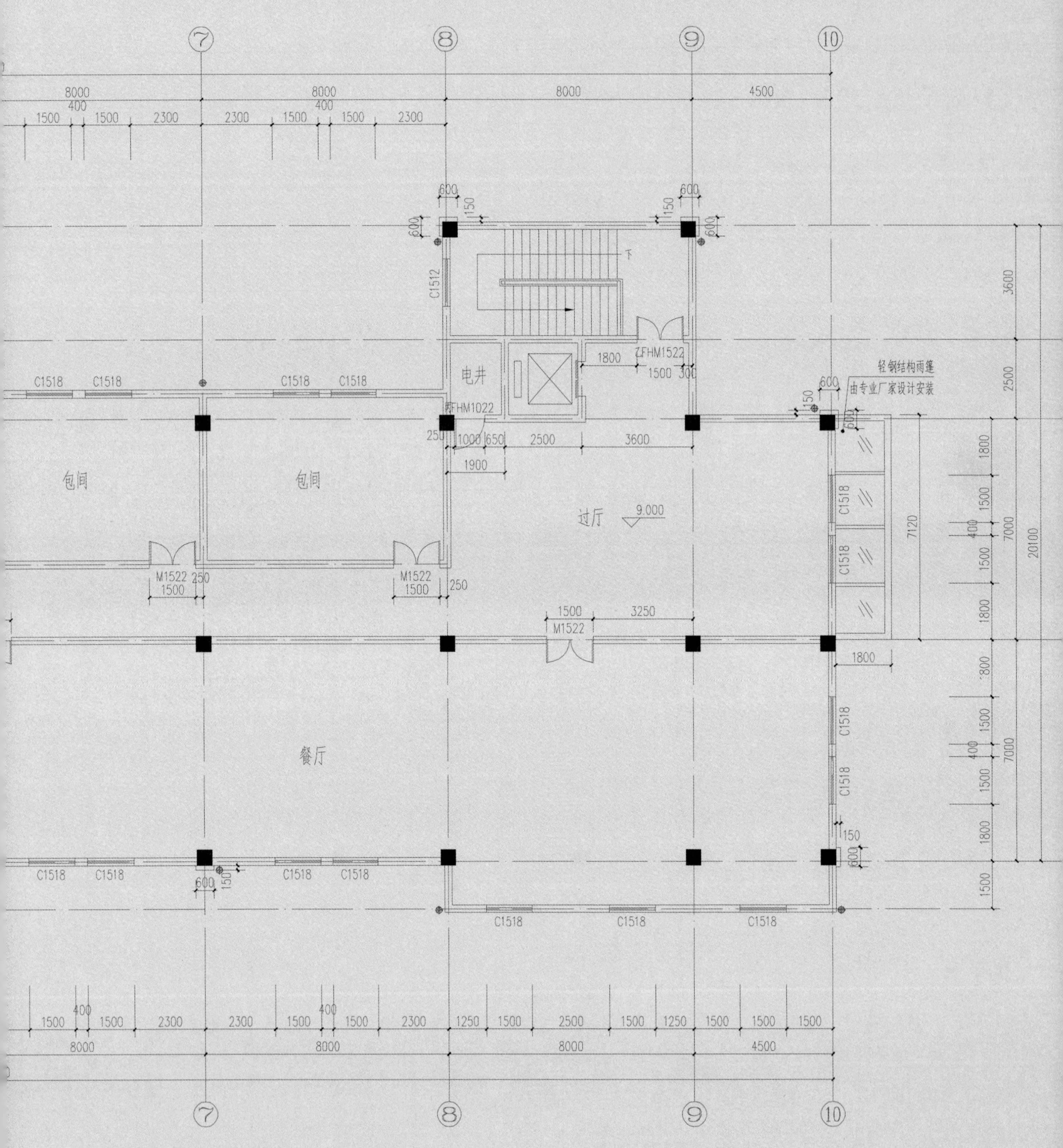

图D-4-6-2-9 原镇江工人疗养院（现桔子酒店）7号楼二层平面图

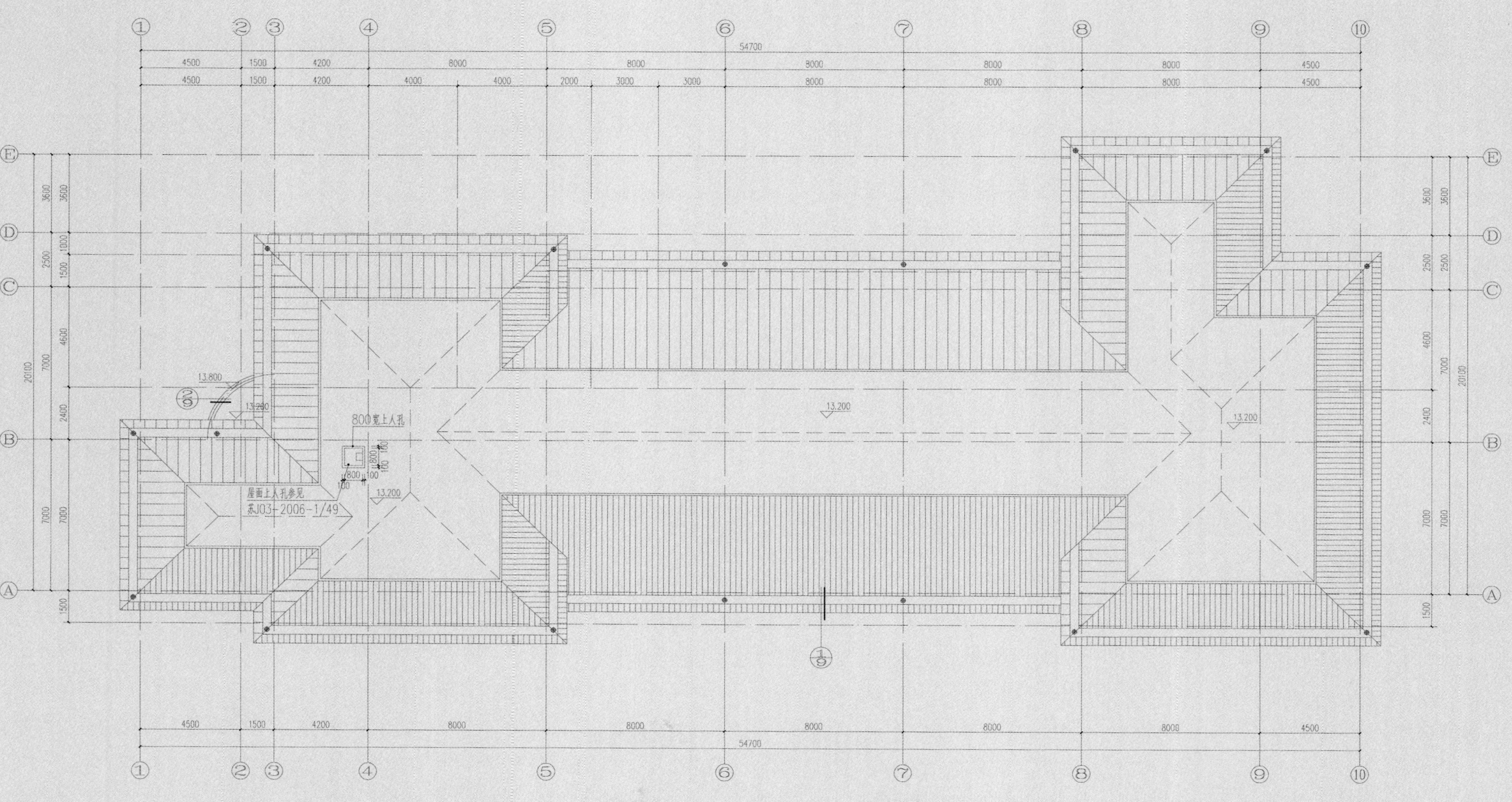

图D-4-6-2-10 原镇江工人疗养院（现桔子酒店）7号楼阁楼平面图

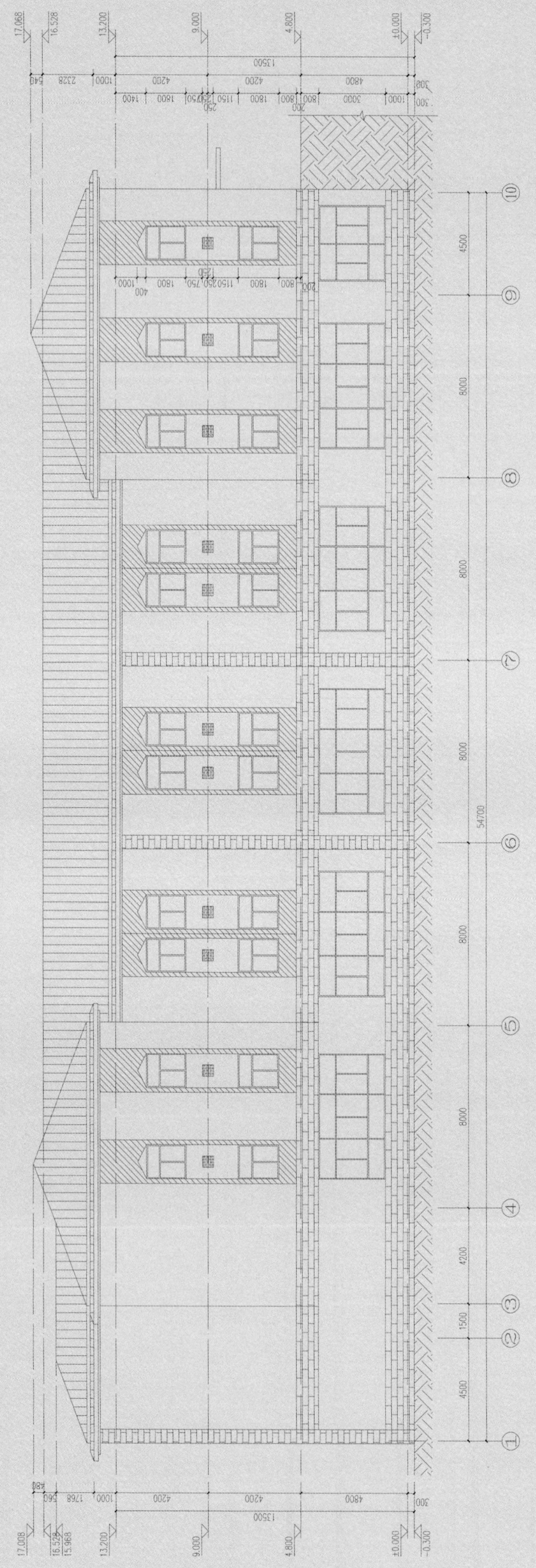

图D-4-6-2-11 原镇江工人疗养院（现桔子酒店）7号楼东立面图

图D-4-6-2-12 原镇江工人疗养院（现桔子酒店）7号楼西立面图

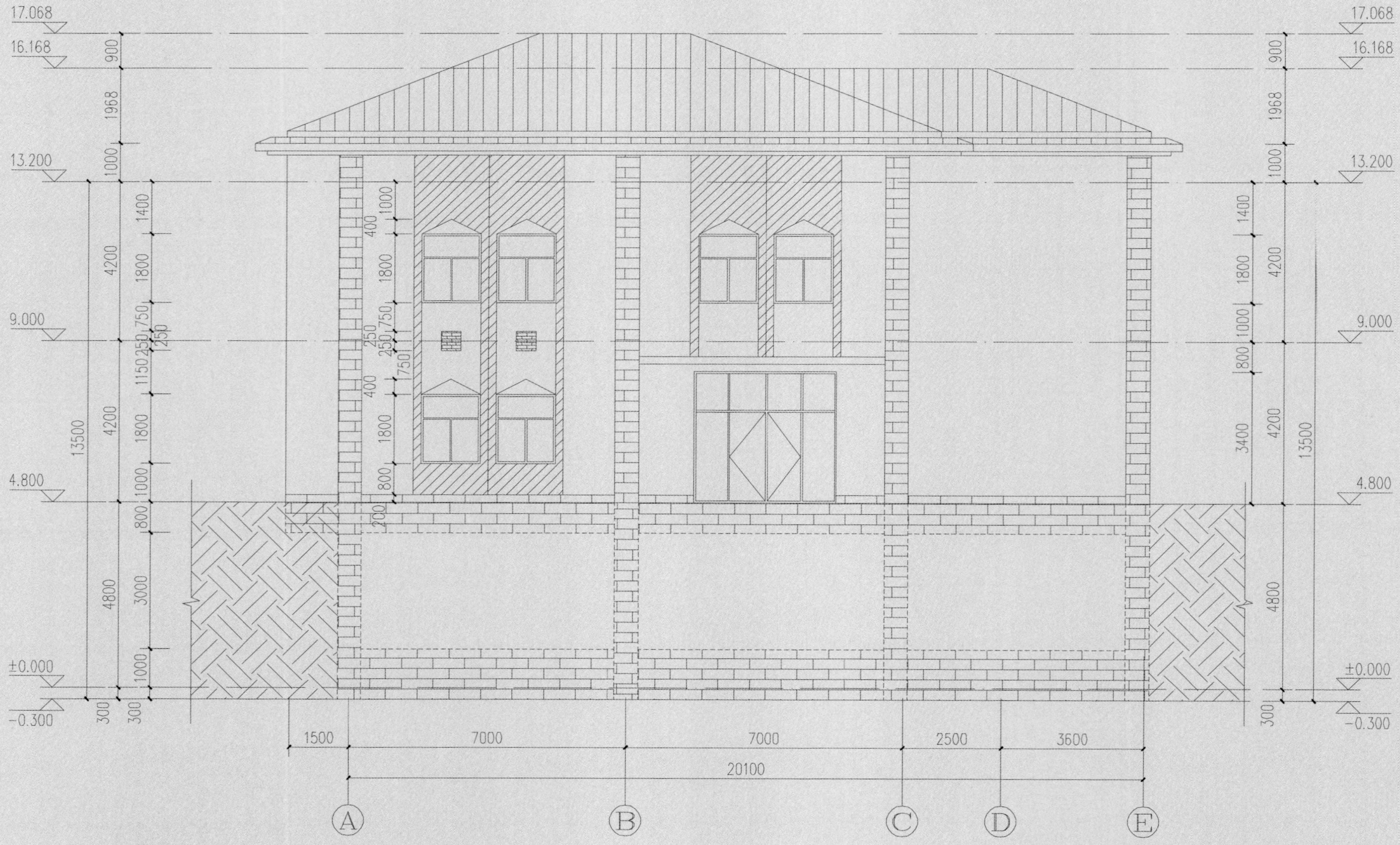

图D-4-6-2-13 原镇江工人疗养院（现桔子酒店）7号楼北立面图

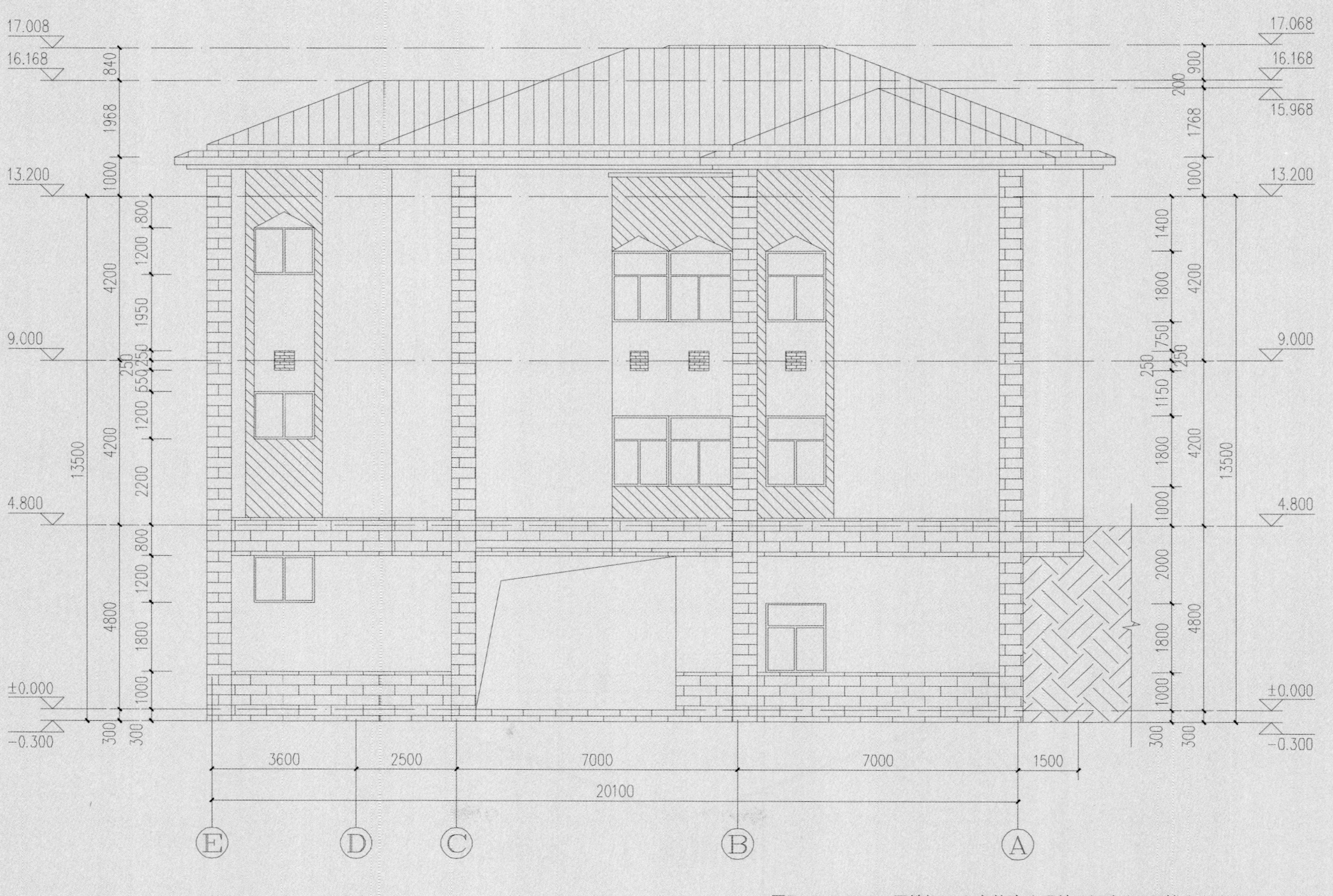

图D-4-6-2-14 原镇江工人疗养院（现桔子酒店）7号楼南立面图

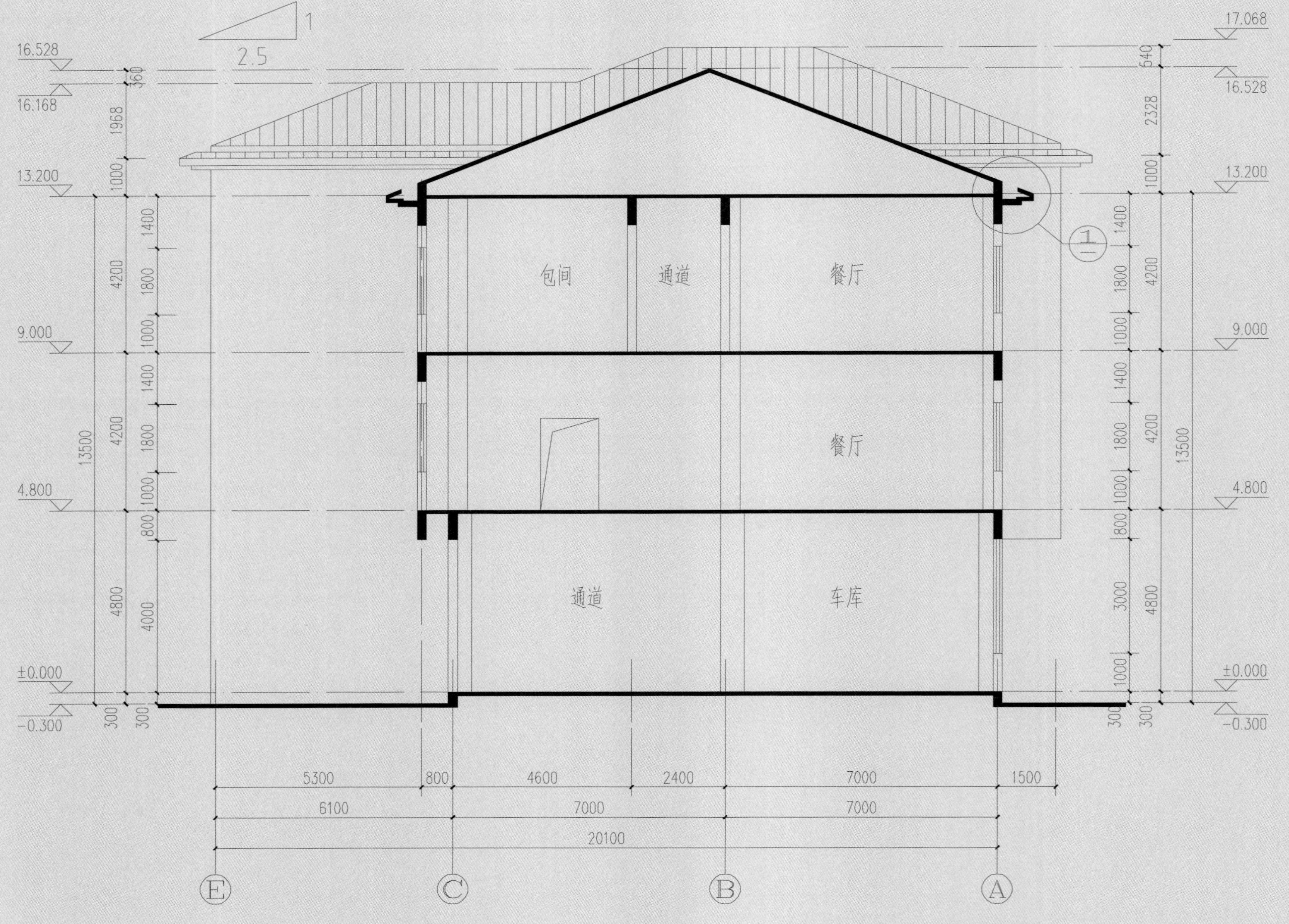

图D-4-6-2-15 原镇江工人疗养院（现桔子酒店）7号楼剖面图

5. 原镇江工人疗养院（现桔子酒店）服务中心大楼

原镇江工人疗养院（现桔子酒店）服务中心大楼位于云台山东南角，是本建筑群最高的建筑。这次修缮主要是对该建筑原址恢复性维修、更新，并确定了仿民国建筑风格为该建筑的主要风格，以与整体建筑群落风格一致。

服务中心大楼由两部分组成，第一部分坐西朝东，整个建筑依山而建，呈阶梯式；本建筑长11.41m，宽8.1m，层高三层，一层位于地下，高2.46m；二、三层露出地表，高6.2m；该建筑南端第一开间为一层平顶凉台，凉台三面有栏杆。第二部分与第一部分呈45°，坐西南朝东北，长27.9m、宽8.6m，高二层，高6.2m。该建筑西北端第一、二开间为高一层的平顶凉台，凉台三面用大理石围栏。西面屋面为四坡顶的盖金属瓦楞铝瓦；外窗采用铝合金材质的框料替换；室外楼梯采用西洋花式铁艺栏杆；由于该建筑依山退台而建，室外的主要交通通过台阶上下。整个建筑占地面积324.18m^2，建筑面积582.93m^2（图P-4-6-2-7 ~ 图P-4-6-2-10）。

图P-4-6-2-7 原镇江工人疗养院（现桔子酒店）服务中心南立面

图P-4-6-2-8 原镇江工人疗养院（现桔子酒店）服务中心东立面

图P-4-6-2-9 原镇江工人疗养院（现桔子酒店）服务中心东南立面

图P-4-6-2-10 原镇江工人疗养院（现桔子酒店）服务中心西立面

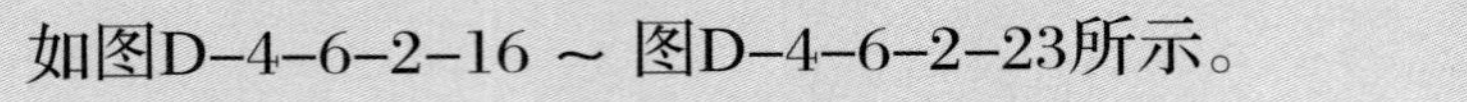

6. 原工人疗养院（现桔子酒店）服务中心图纸

如图D-4-6-2-16 ~ 图D-4-6-2-23所示。

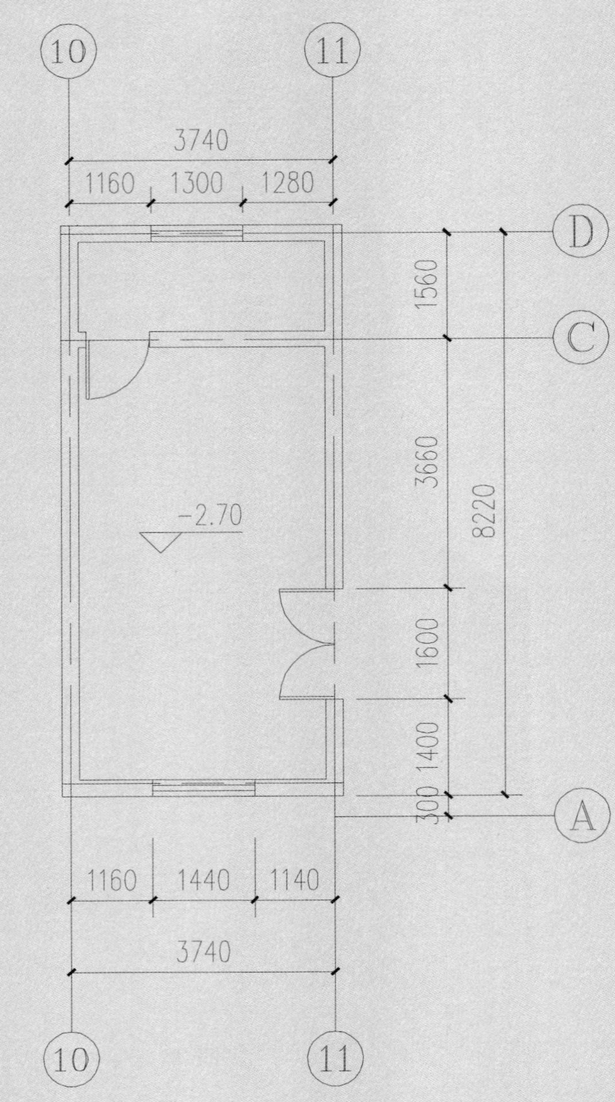

图D-4-6-2-16 原镇江工人疗养院（现桔子酒店）服务中心负一层平面图

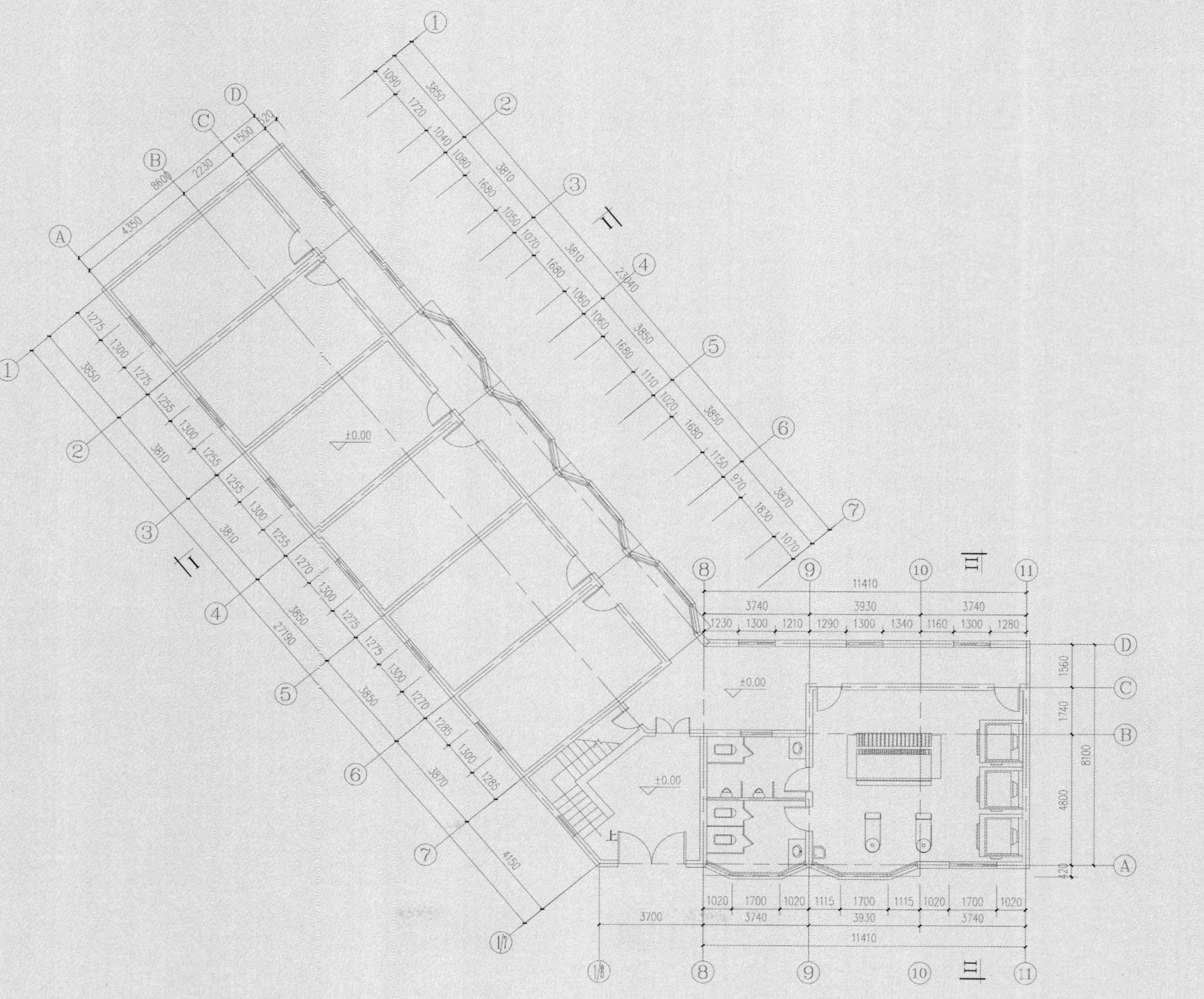

图D-4-6-2-17 原镇江工人疗养院（现桔子酒店）服务中心一层平面图

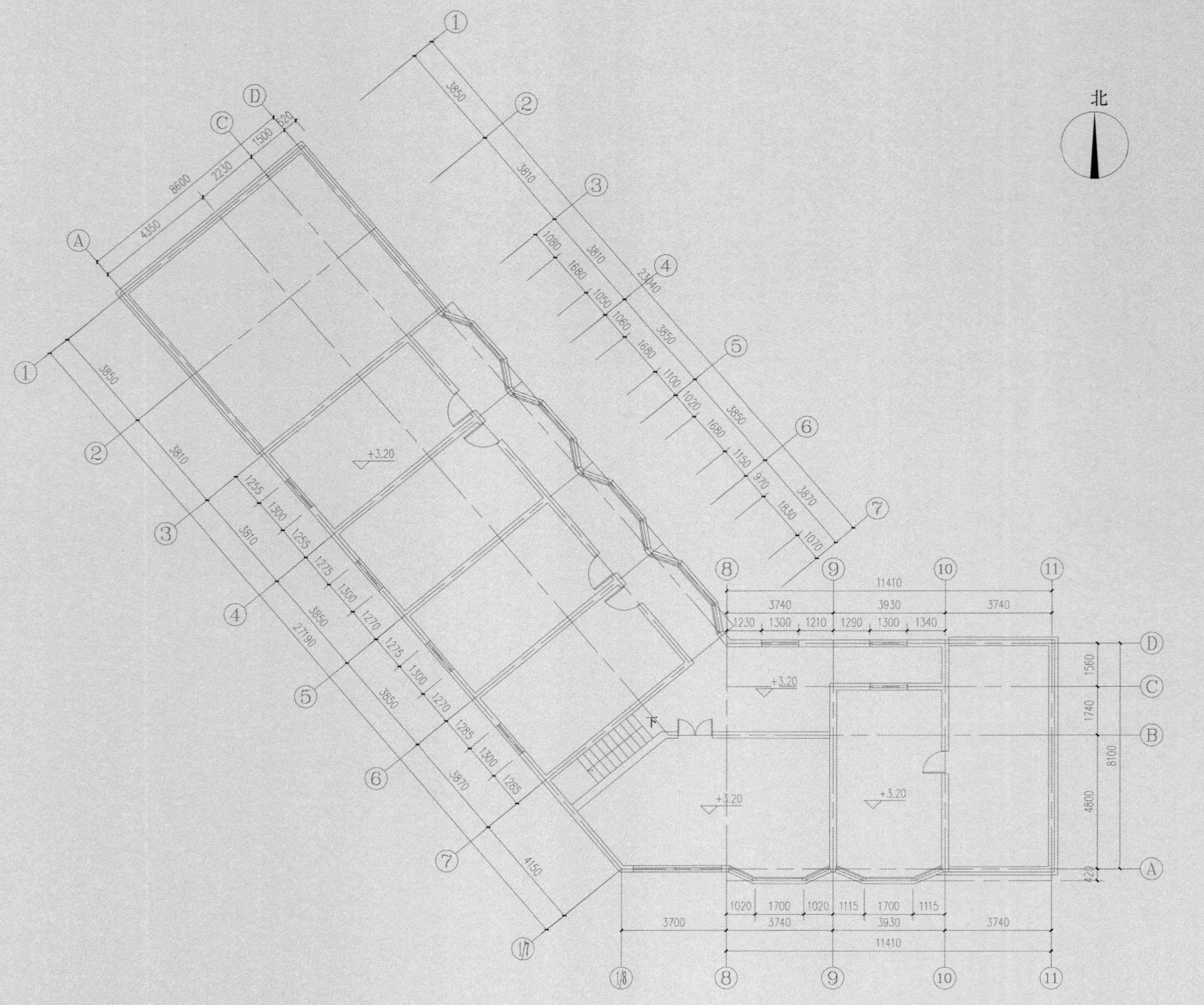

图D-4-6-2-18 原镇江工人疗养院（现桔子酒店）服务中心二层平面图

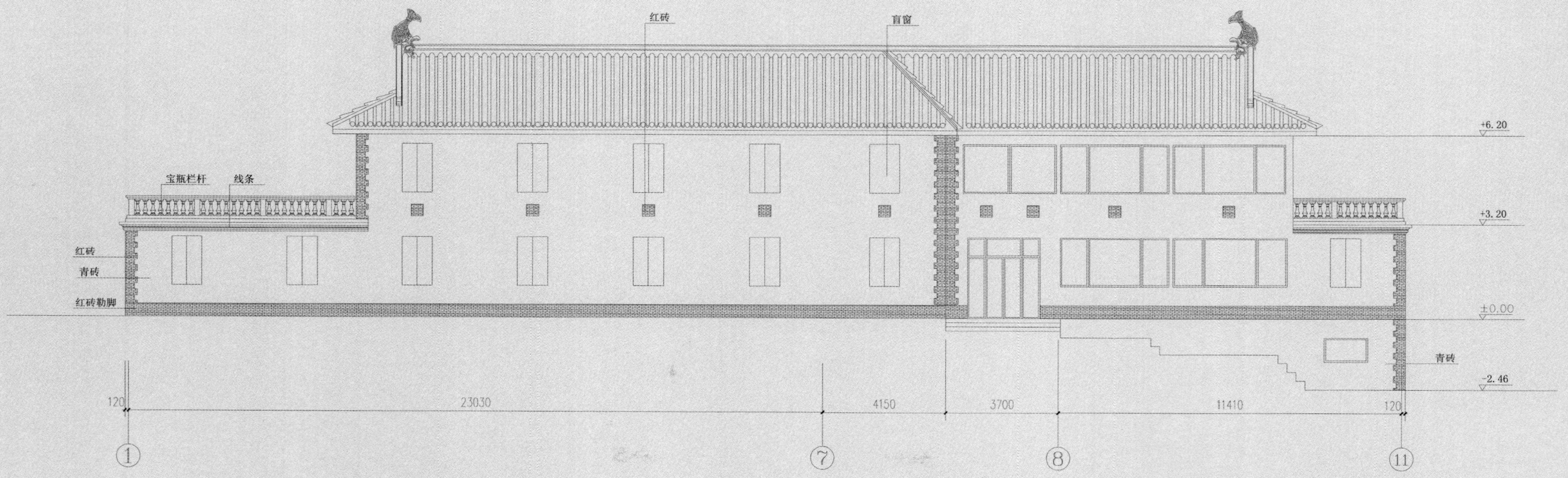

红砖
盲窗
宝瓶栏杆
线条
红砖
青砖
红砖勒脚
青砖
+6.20
+3.20
±0.00
-2.46
120
23030
4150
3700
11410
120
①
⑦
⑧
⑪

图D-4-6-2-19 原镇江工人疗养院（现桔子酒店）服务中心南立面图

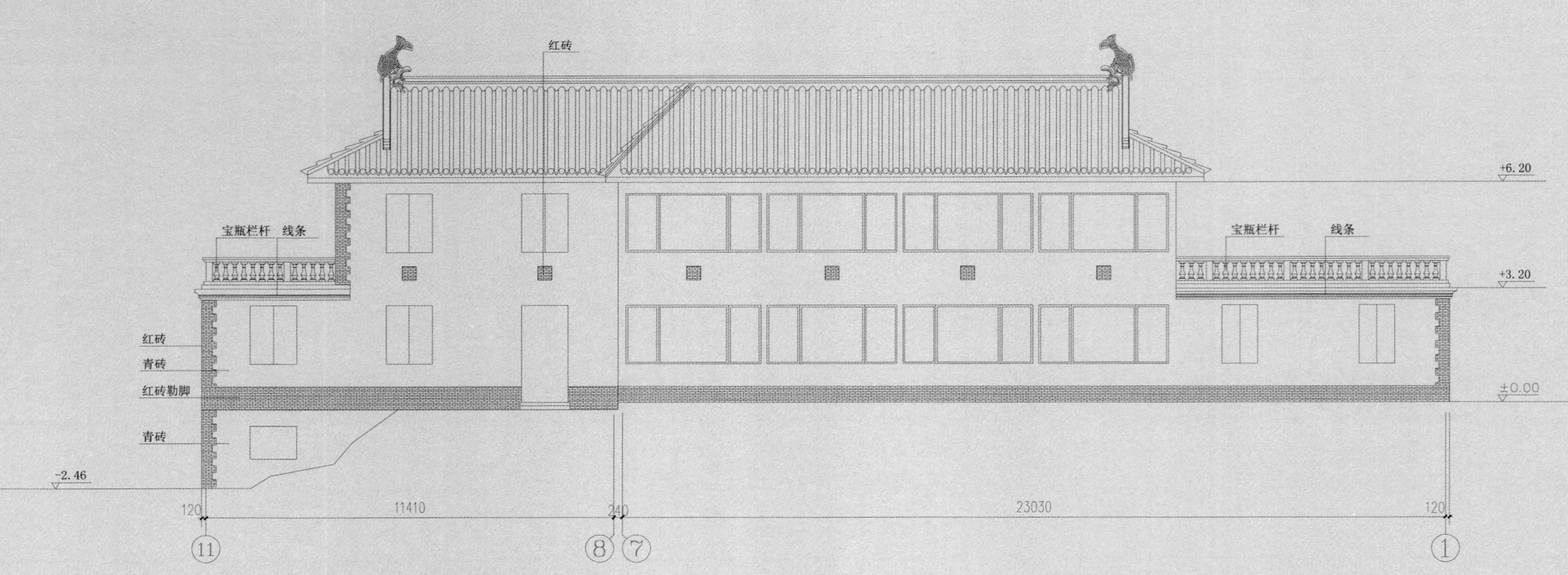

图D-4-6-2-20 原镇江工人疗养院（现桔子酒店）服务中心北立面图

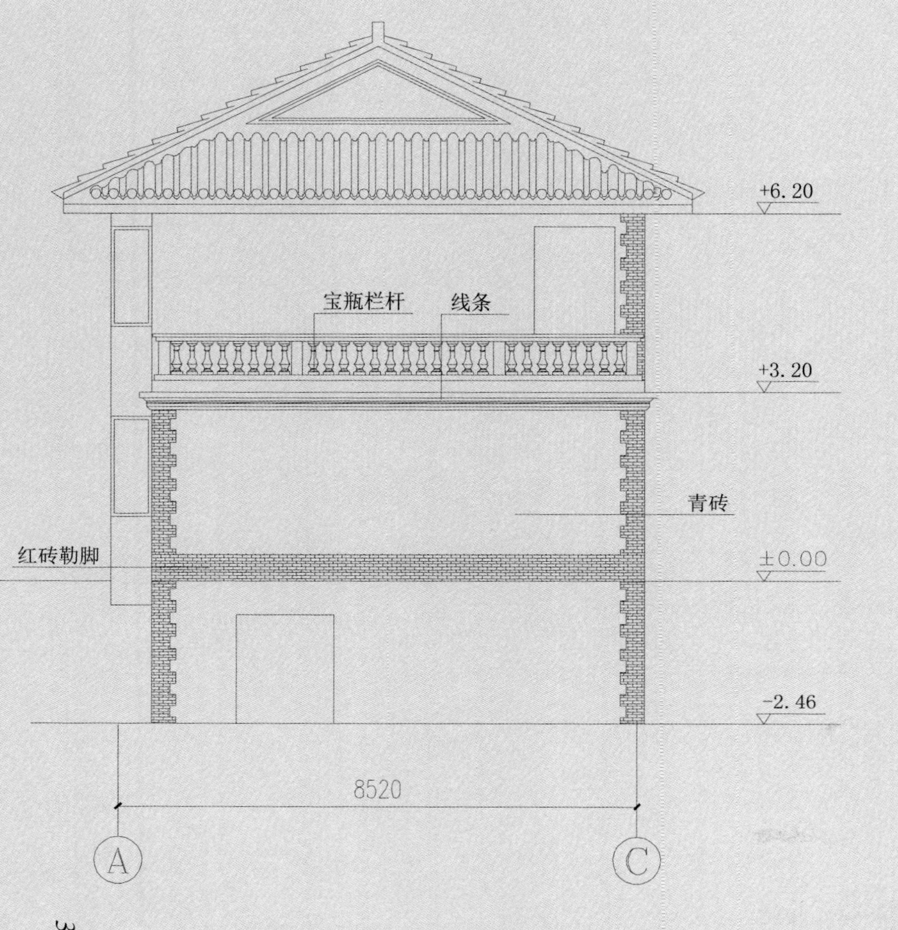

图D-4-6-2-21 原镇江工人疗养院（现桔子酒店）服务中心东立面图

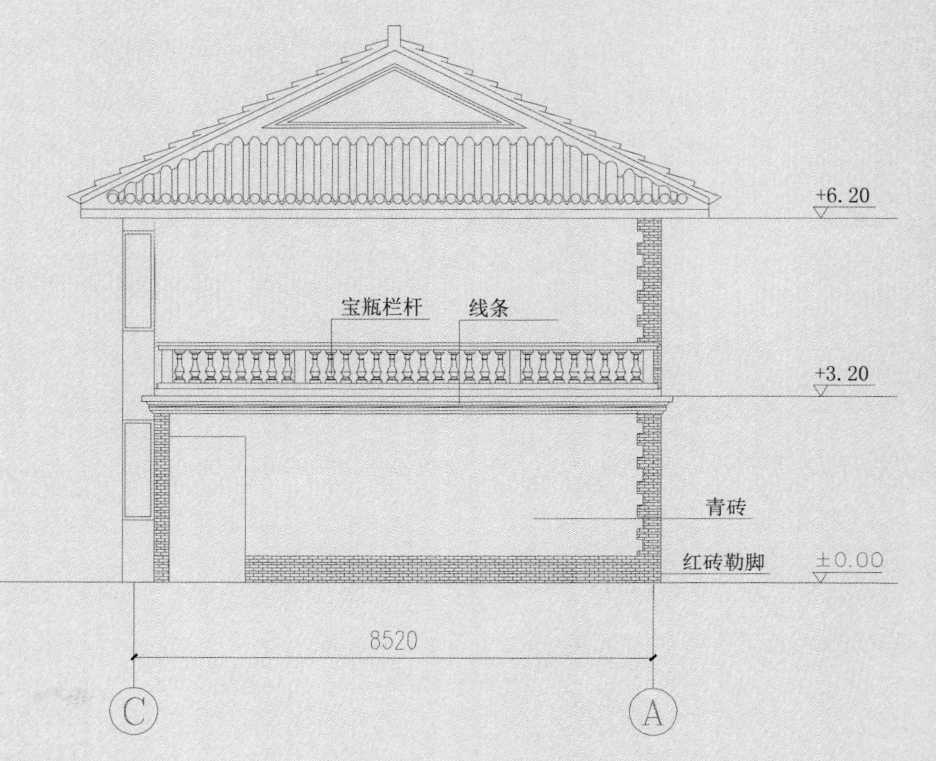

图D-4-6-2-22 原镇江工人疗养院（现桔子酒店）服务中心西立面图

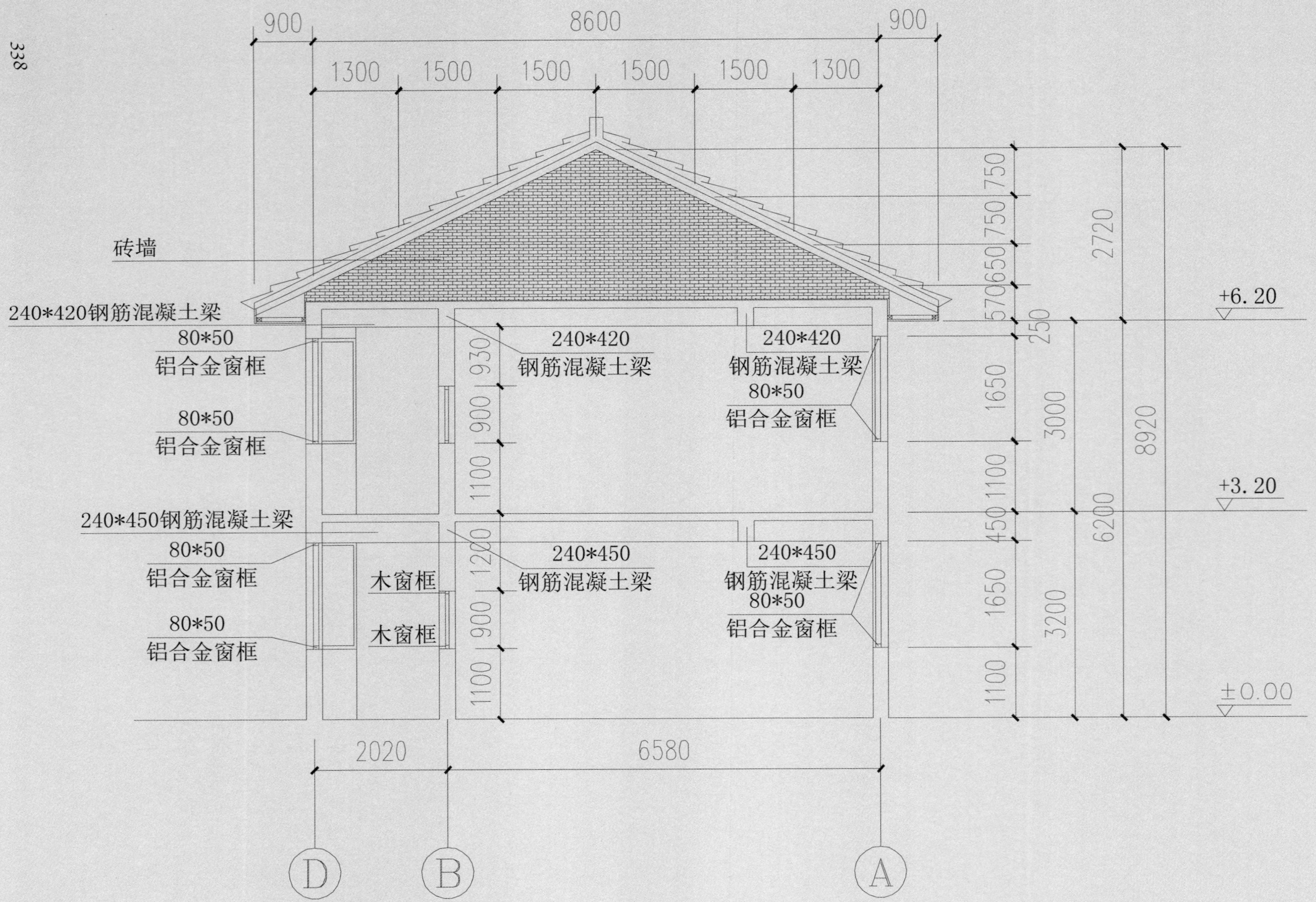

900 8600 900

1300 1500 1500 1500 1500 1300

砖墙

240*420钢筋混凝土梁

80*50
铝合金窗框

80*50
铝合金窗框

240*450钢筋混凝土梁

80*50
铝合金窗框

80*50
铝合金窗框

木窗框

木窗框

930 900 1100 1200 900 1100

240*420
钢筋混凝土梁

240*420
钢筋混凝土梁

80*50
铝合金窗框

240*450
钢筋混凝土梁

240*450
钢筋混凝土梁

80*50
铝合金窗框

750 750 650 570 250 1650 1100 450 1650 1100

3000 3200

2720 6200

8920

+6.20

+3.20

±0.00

2020 6580

D B A

图D-4-6-2-23 原镇江工人疗养院（现桔子酒店）服务中心剖面图

第七章
环云台山仿古建筑

环云台山仿古建筑包括西津渡历史文化街区、伯先路历史文化街区和云台山周边，为完善景区规划、改善景区环境而建设的仿古建筑，或仿传统古建，或仿民国建筑，其使用功能均为公共建筑。这些建筑的原址，有的属于西津渡或伯先路历史文化街区，有的属于云台山景区。这些建筑原址历史上均存在一些没有文化价值的破旧建筑，或原有街巷肌理在20世纪50年代之后基本破坏，如银山门南、北建筑；或者属于50—70年代搭建的简易建筑，如云台山南麓原鬼子坟被破坏后搭建的工厂库房和临时住宅。经过有关部门和专家考察论证之后决定拆除，并在原址重建与街区面貌相适应的仿古建筑。

应该承认，这些建筑由于过多考虑到旅游产业发展的需要，存在单体体量过大、仿古风格不到位、商业气息过度等问题，只有等待时间去纠正了。本书考虑到街区建筑资料的完整性，对于这些体量较大且影响到未来街区风貌的仿古建筑一并予以记录，留待后人置评。

第一节 银山门商住建筑（北楼）

一、概况

1．建筑形态。银山门北楼坐落于大西路北侧、五十三坡东侧、迎江路西侧，原前进印刷厂厂房南侧。该建筑仿传统中式建筑风格坐西朝东，为主体二层、局部三或四层围合式大型仿古庭院建筑；东西长73.2m、南北宽63m、主体高10m，局部高20.26m，总用地面积6447m^2（其中建筑用地4250m^2，道路广场用地847m^2，绿地总面积1350m^2），总建筑面积17869m^2（其中地上建筑面积11342m^2，地下停车场建筑面积6527m^2）（图P-4-7-1-1）。

2．历史沿革和遗存状态。该地块原是镇江著名的红灯区之一。20世纪50年代后繁华不再，房屋年久失修，逐步沦为棚户区，更有部分建筑改建为食品公司仓

图P-4-7-1-1 银山门北楼（谢 戎 航拍）

库等。街区房屋质量极差，设施落后，道路狭小弯曲，起伏较大，通行不畅；街巷肌理破坏严重，面目全非。2006年该片区居民搬迁后由西津渡公司实施拆迁改造。2010年，为满足保护和发展的需要，西津渡公司根据街区保护和风貌协调规划，请示镇江市规划局同意，对该地块的用地功能进行了必要的调整，委托东南大学建筑设计研究院对该地块进行了方案设计。按照镇江市国土局有关规定对该地块上市出让。镇江市城市建设投资集团所属江苏朱方房地产有限公司获得该地块开发建设权后，委托西津渡公司按规划方案实施建设。后经过产权转让，西津渡公司获得该楼所有权（图P-4-7-1-2）。

图P-4-7-1-2 银山门北楼东立面

二、主要改造建设方案

新建。开工前，西津渡公司邀请有关专家，对原址建筑遗存的拆除进行了实地勘察，对新的建设方案进行了论证，并报请镇江市规划局审查批准。

表B-4-7-1-1 总体规划指标

序号	名　称	单位	数量	备注
1	总用地面积	m^2	6447	
2	地上总建筑面积	m^2	11342	
3	容积率	%	1.76	
4	建筑密度	%	—	
5	绿地率	%	21%	绿地1350m^2
6	机动车停车位数（地上）	辆	10	
	机动车停车位数（地下）	辆	72	
7	地下建筑面积	m^2	6527	
8	总建筑面积	m^2	17869	

图P-4-7-1-3 银山门北楼西北立面

1. 主要规划指标（表B-4-7-1-1）

2. 主要建设技术方案

该建筑原按古玩市场的要求设计。传统建筑风格，钢混框架结构，清水青砖墙，蝴蝶瓦屋面，仿木铝合金门窗。设地下一层停车场；在屋面、外墙采用节能构造，绿色建筑标准。例如屋面由面层、细石混凝土（双向配筋、厚50mm）、石灰砂浆、聚氨酯保温（厚120mm）、防水卷材、水泥砂浆、钢筋混凝土层（厚120mm）构成。内部为现代化商贸结构，立面整体风格与周围街区建筑相协调（图P-4-7-1-3～图P-4-7-1-6）。

图P-4-7-1-4 银山门北楼南立

图P-4-7-1-5 银山门北楼上三层楼面入口

图P-4-7-1-6 银山门北楼2-4楼建筑

该工程四周均留有消防通道，并设有自来水灭火系统和自动火警灭火系统。

三、建筑物修缮责任表

建设单位：镇江市西津渡建设发展有限责任公司

项目负责人：于啸

测绘、设计单位：东南大学建筑设计研究院

设计人员：董卫 冷嘉伟 鲍莉

监理单位：镇江建科工程监理有限公司

监理人员：刘晓瑞 景宝富

施工单位：镇江建工建设集团有限公司

项目经理：朱远平

施工时间：2010.05—2012.08

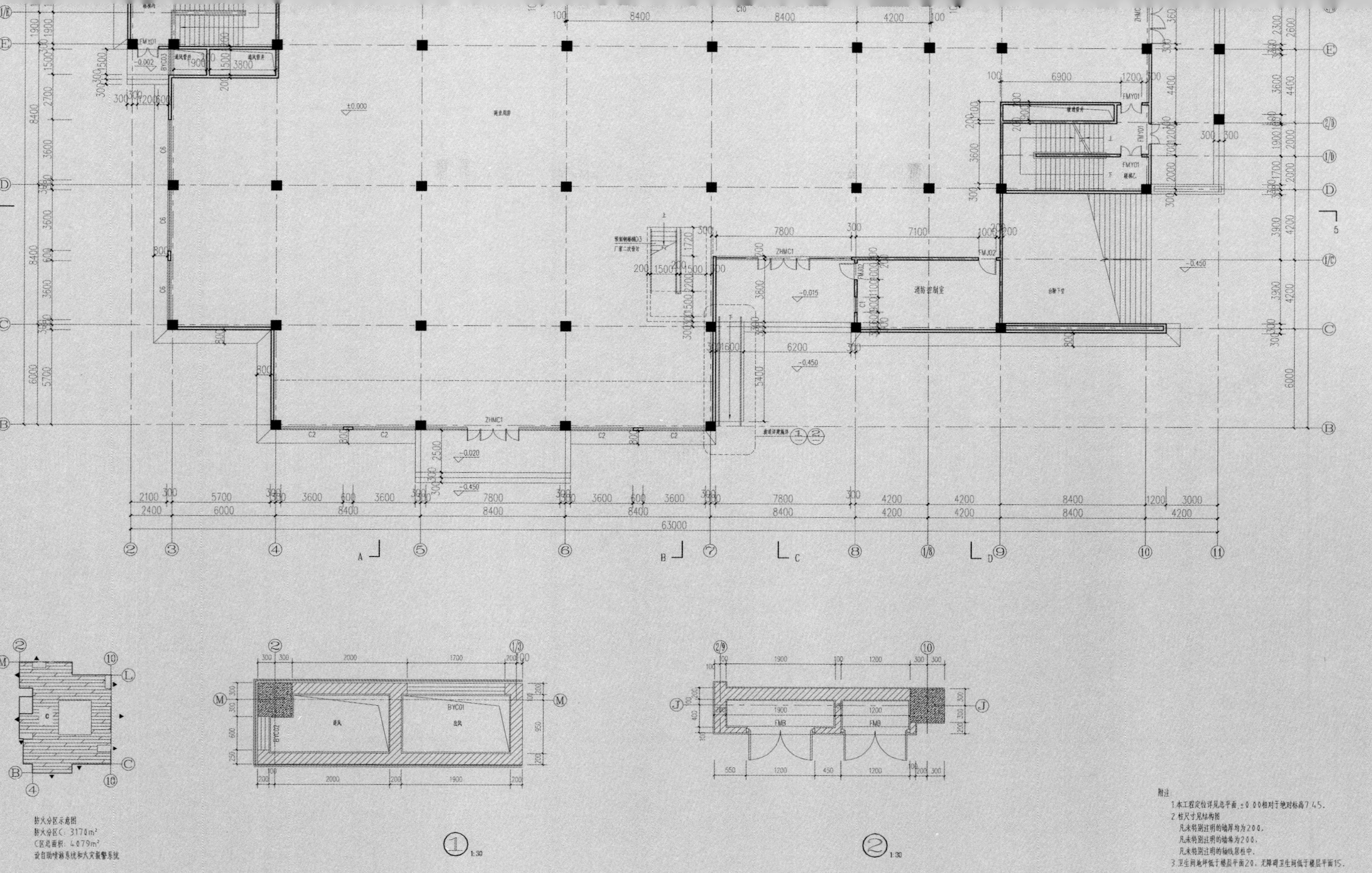
防火分区示意图
防火分区C：3170m²
C区总面积：4079m²
设自助喷淋系统和火灾报警系统
消防控制室
ZHMC1
① 1:30
② 1:30
附注
1.本工程定位详见总平面，±0.00相对于绝对标高7.45.
2.柱尺寸见结构图
凡未特别注明的墙厚均为200.
凡未特别注明的墙垛为200.
凡未特别注明的轴线居柱中.
3.卫生间地坪低于楼层平面20，无障碍卫生间低于楼层平面15.

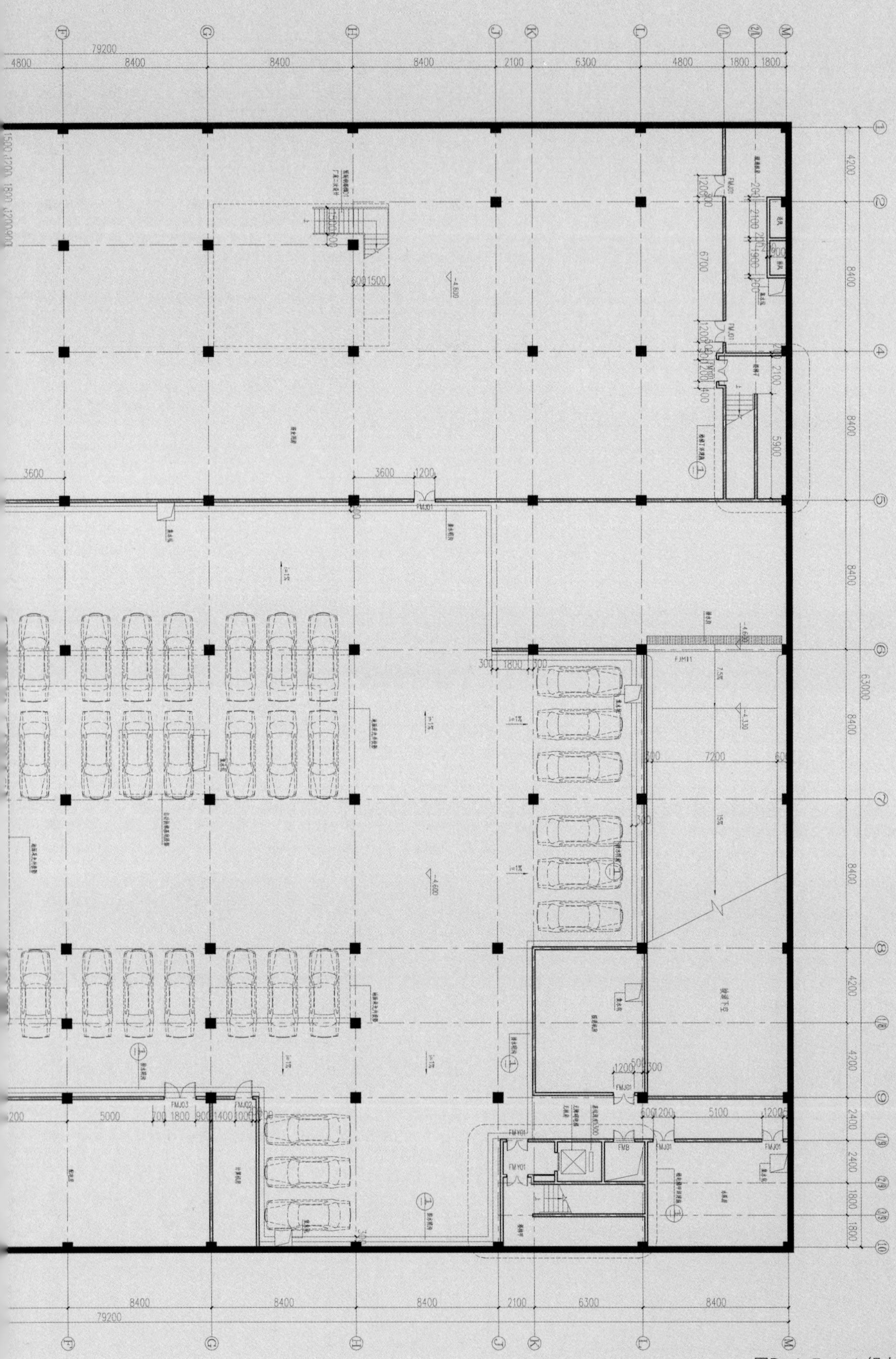

图D-4-7-1-1 银山门北楼地下层平面图

四、施工图

如图D-4-7-1-1 ~ 图D-4-7-1-8所示。

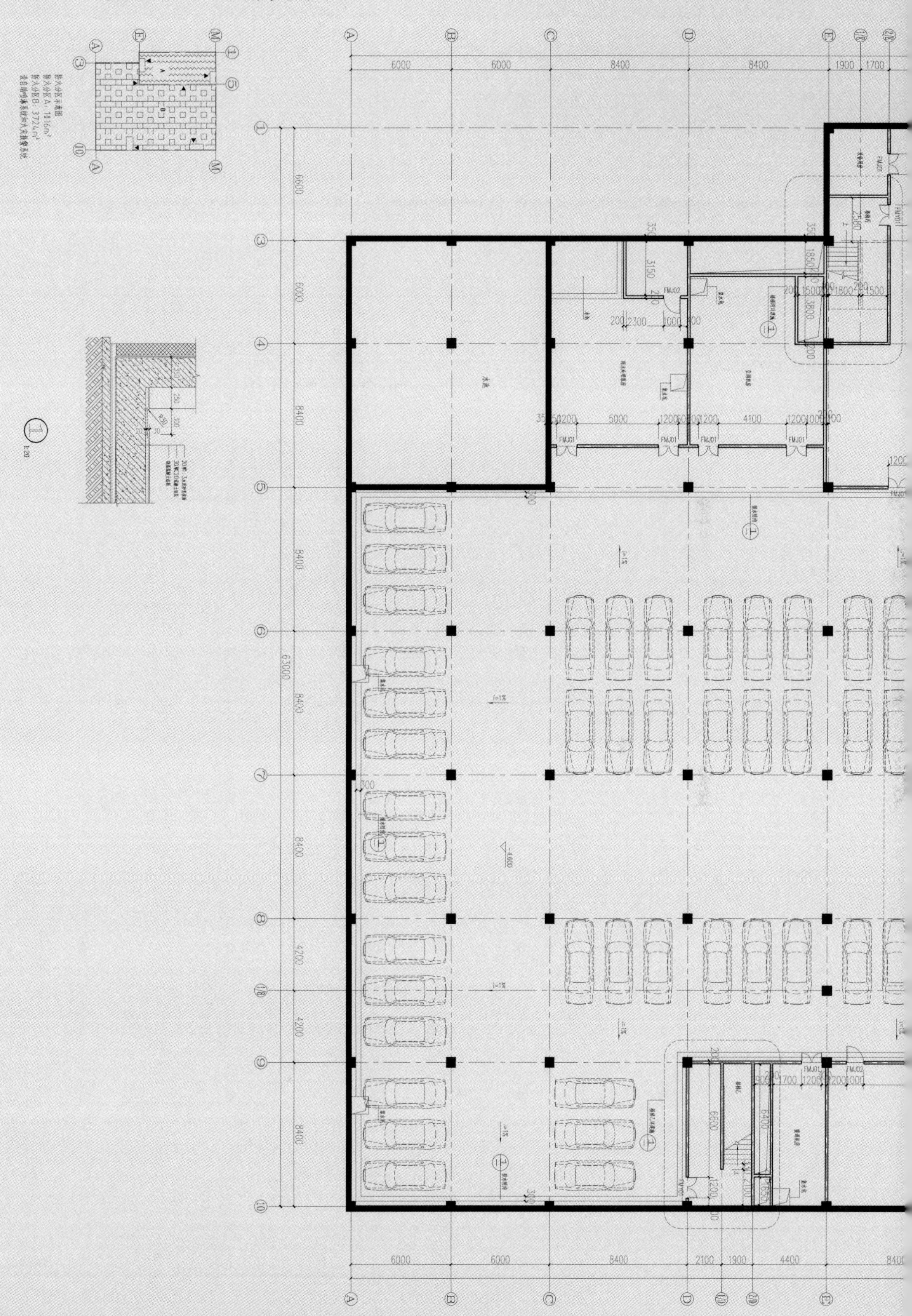

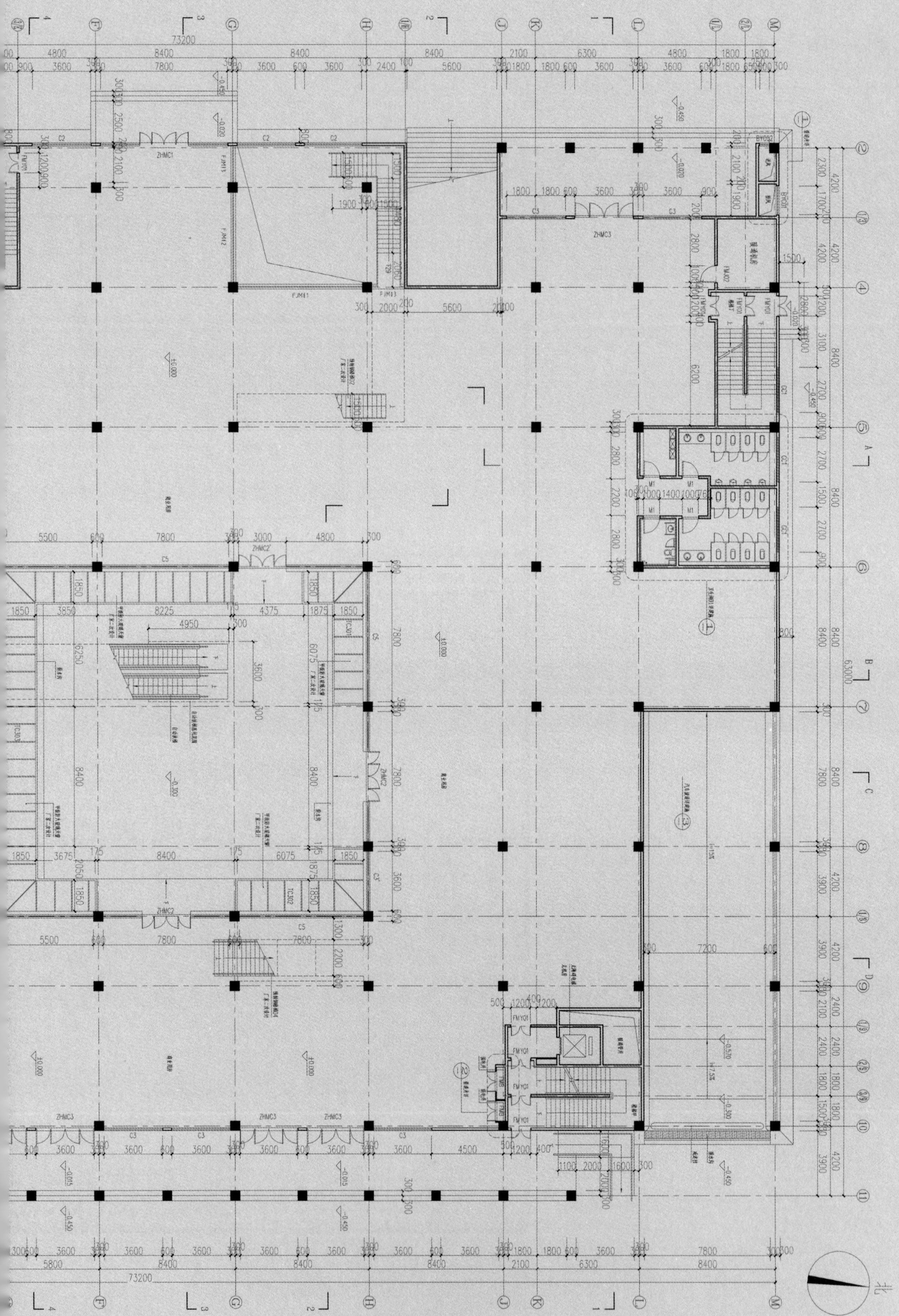

图D-4-7-1-2 银山门北楼一层平面图

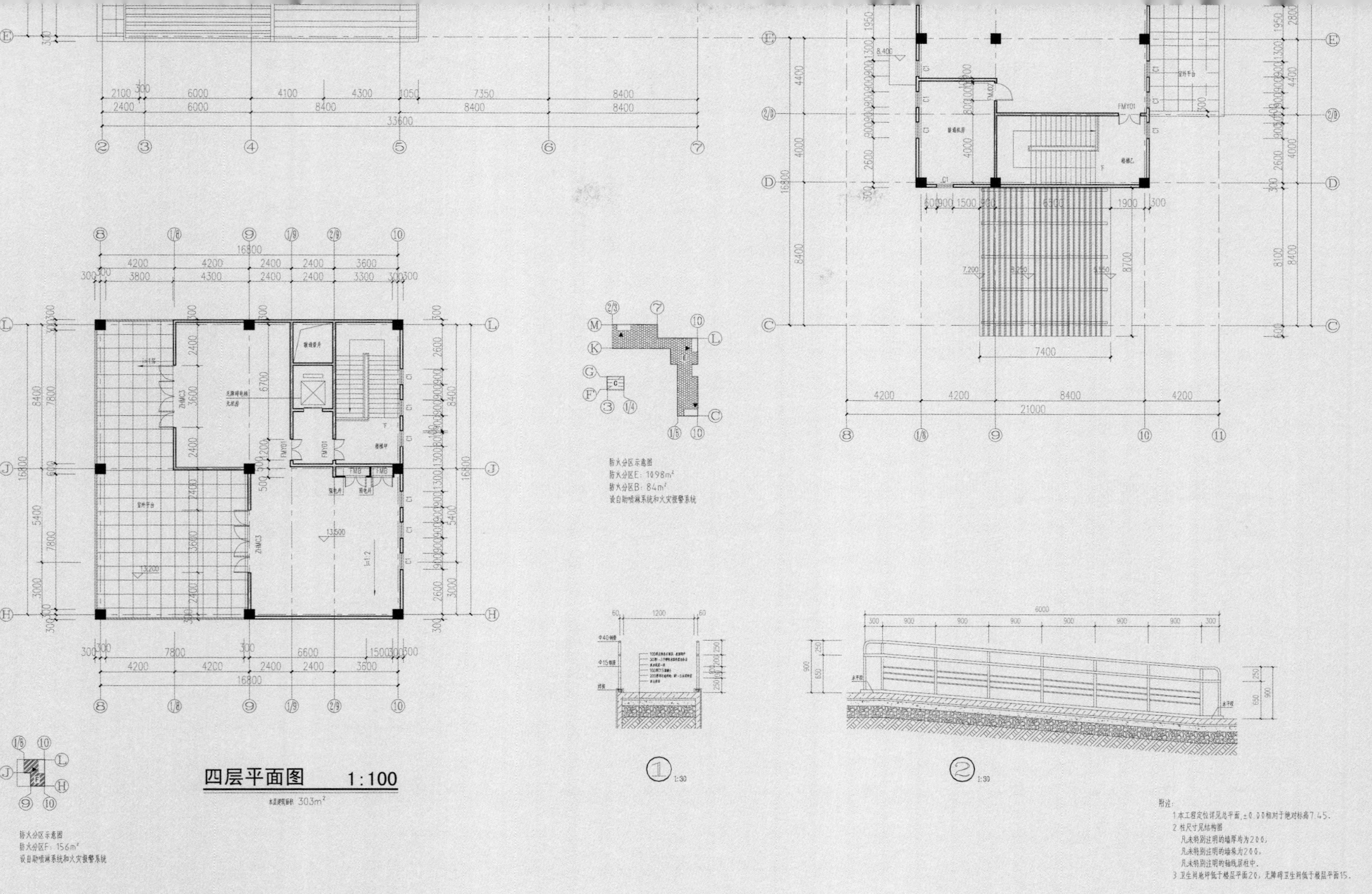

四层平面图 1:100
本层建筑面积 303m²
防火分区示意图
防火分区F：156m²
设自动喷淋系统和火灾报警系统
防火分区示意图
防火分区E：1098m²
防火分区B：84m²
设自动喷淋系统和火灾报警系统
附注：
1.本工程定位详见总平面，±0.00相对于绝对标高7.45。
2.柱尺寸见结构图
凡未特别注明的墙厚均为200。
凡未特别注明的墙垛为200。
凡未特别注明的轴线居柱中。
3.卫生间地坪低于楼层平面20，无障碍卫生间低于楼层平面15。

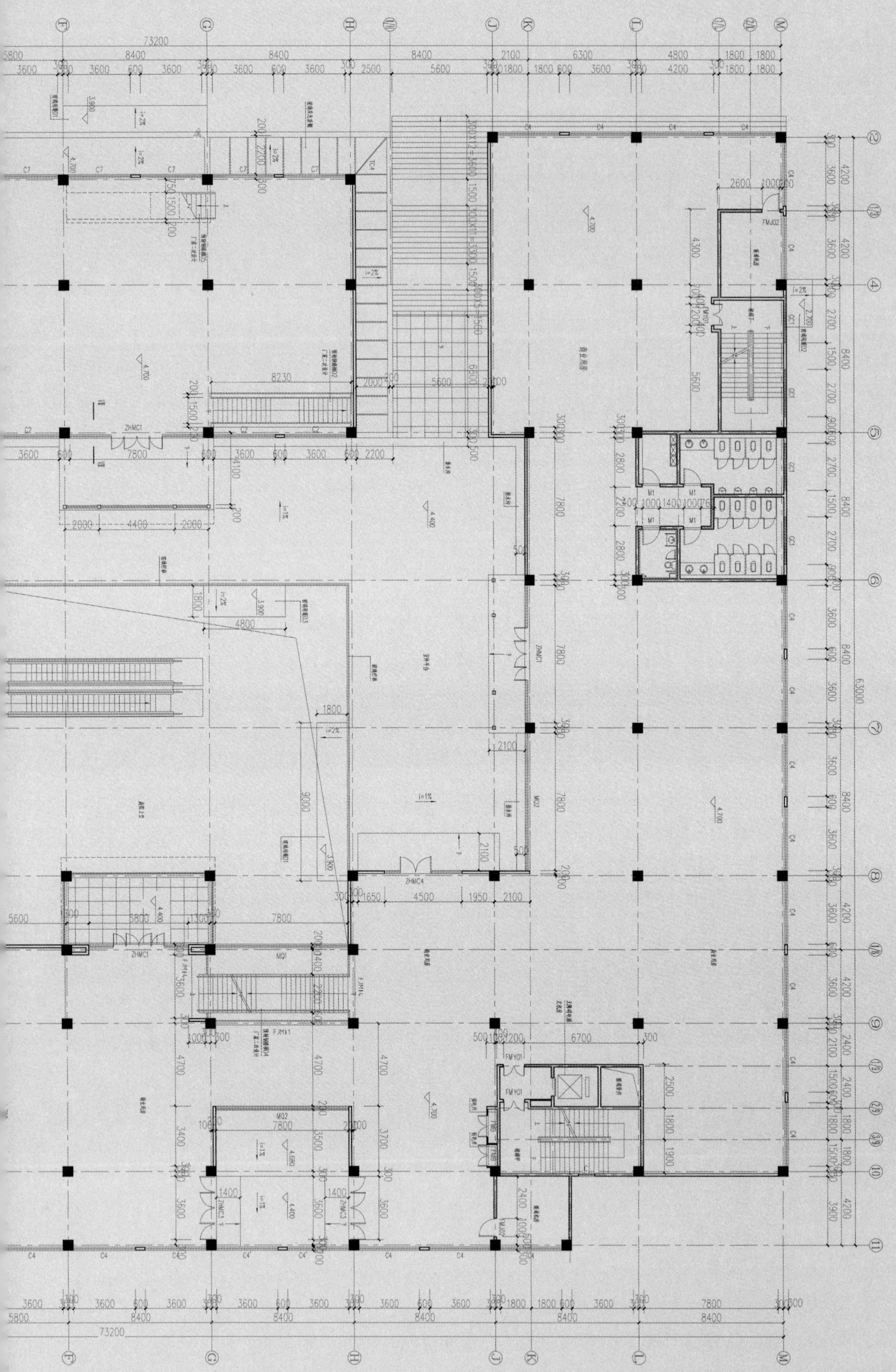

图D-4-7-1-3 银山门北楼二层平面图

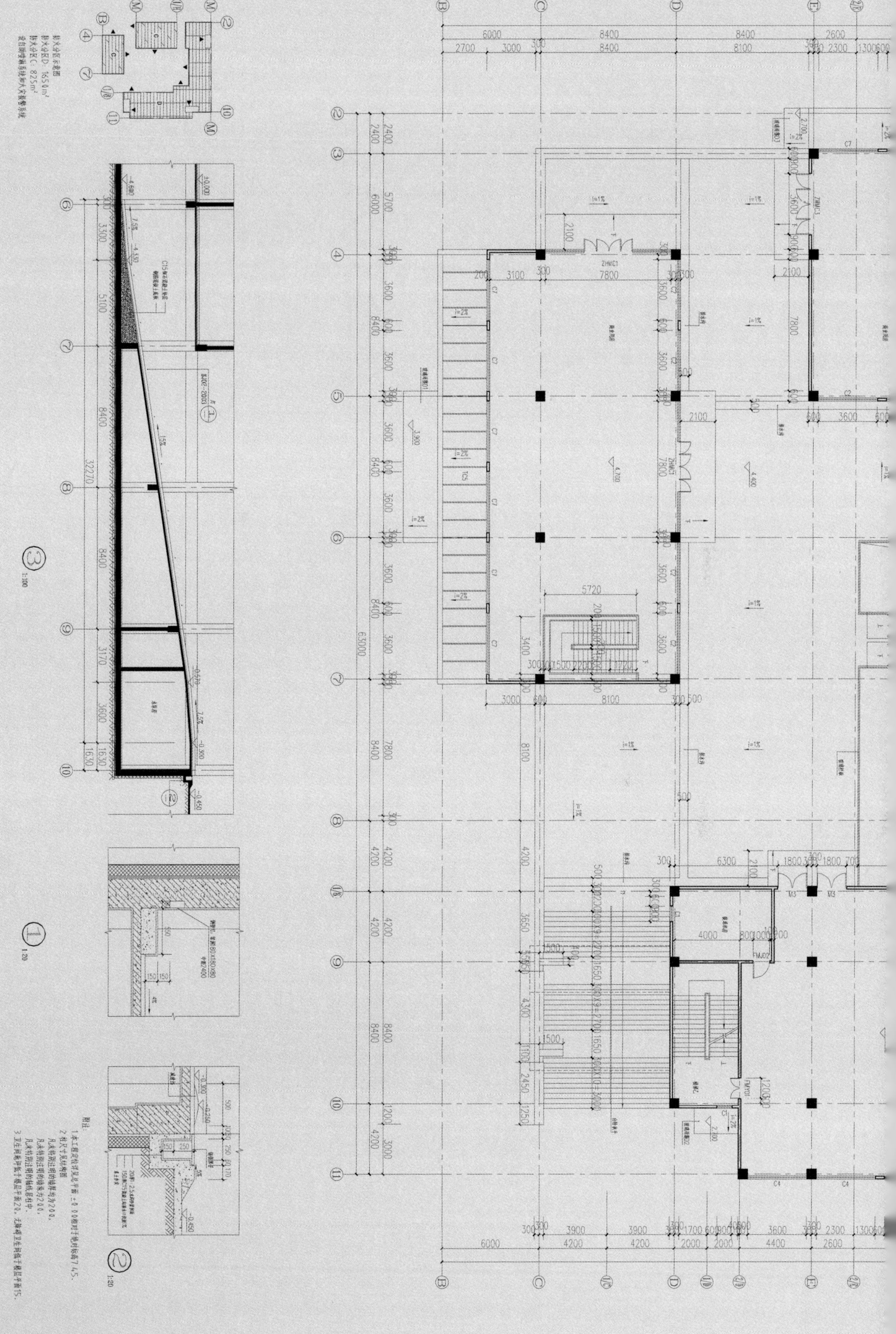

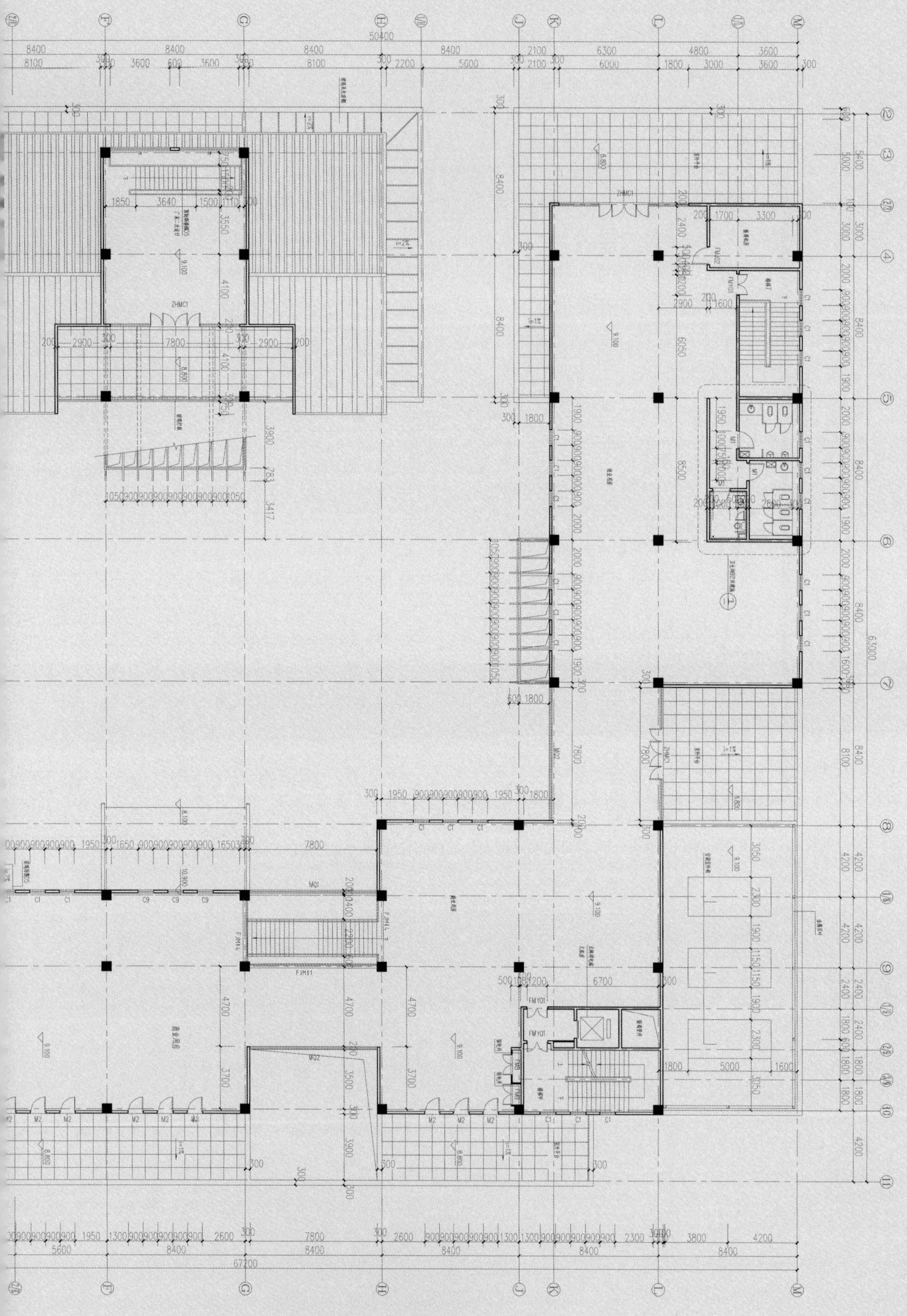

图D-4-7-1-4 银山门北楼三层平面图

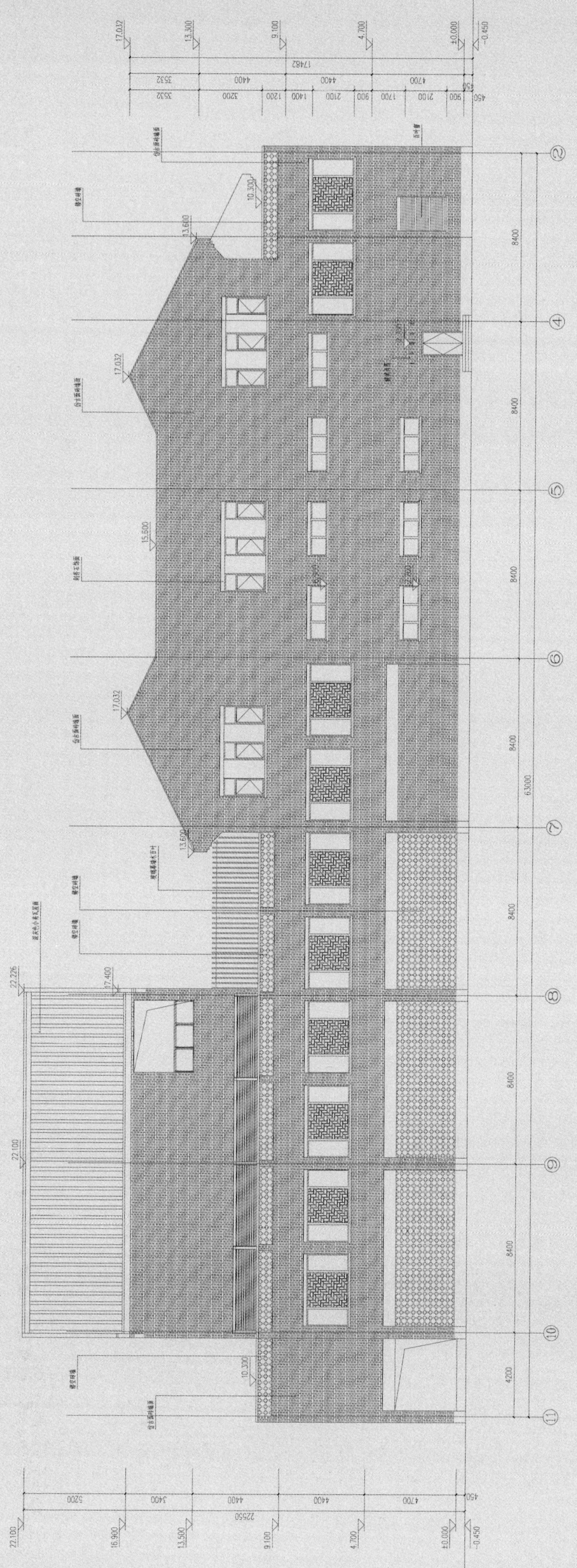

图D-4-7-1-5 银山门北楼北立面图

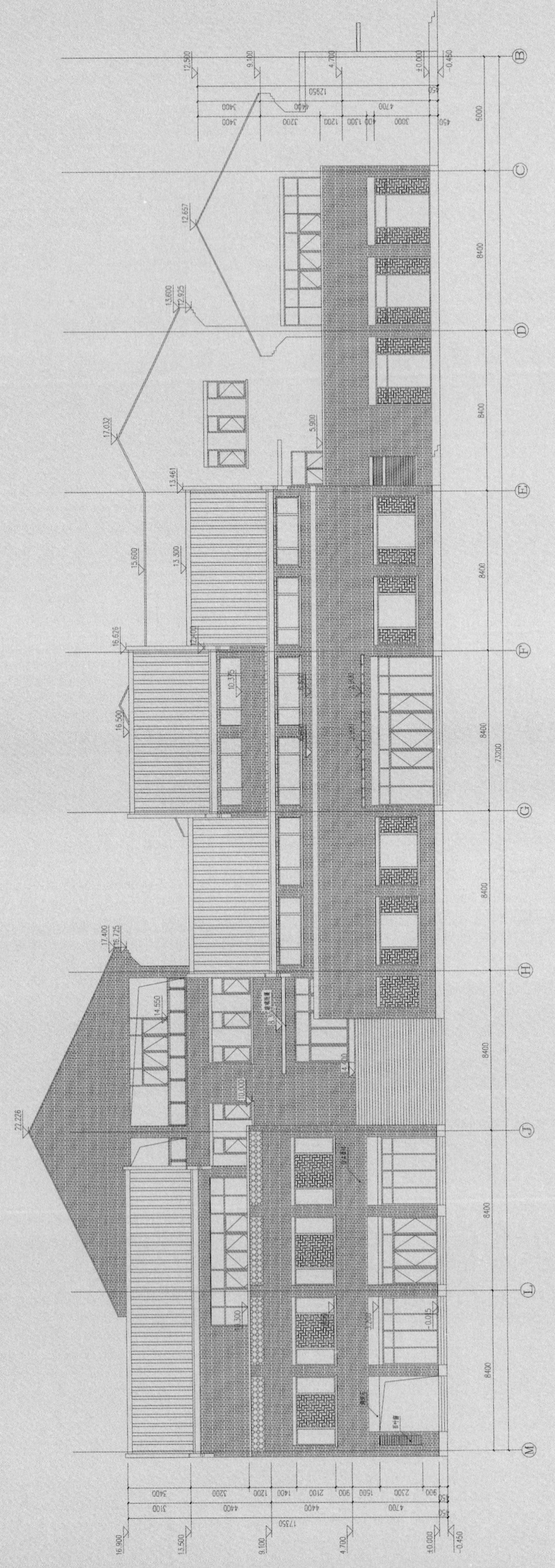

图D-4-7-1-6 银山门北楼南立面图

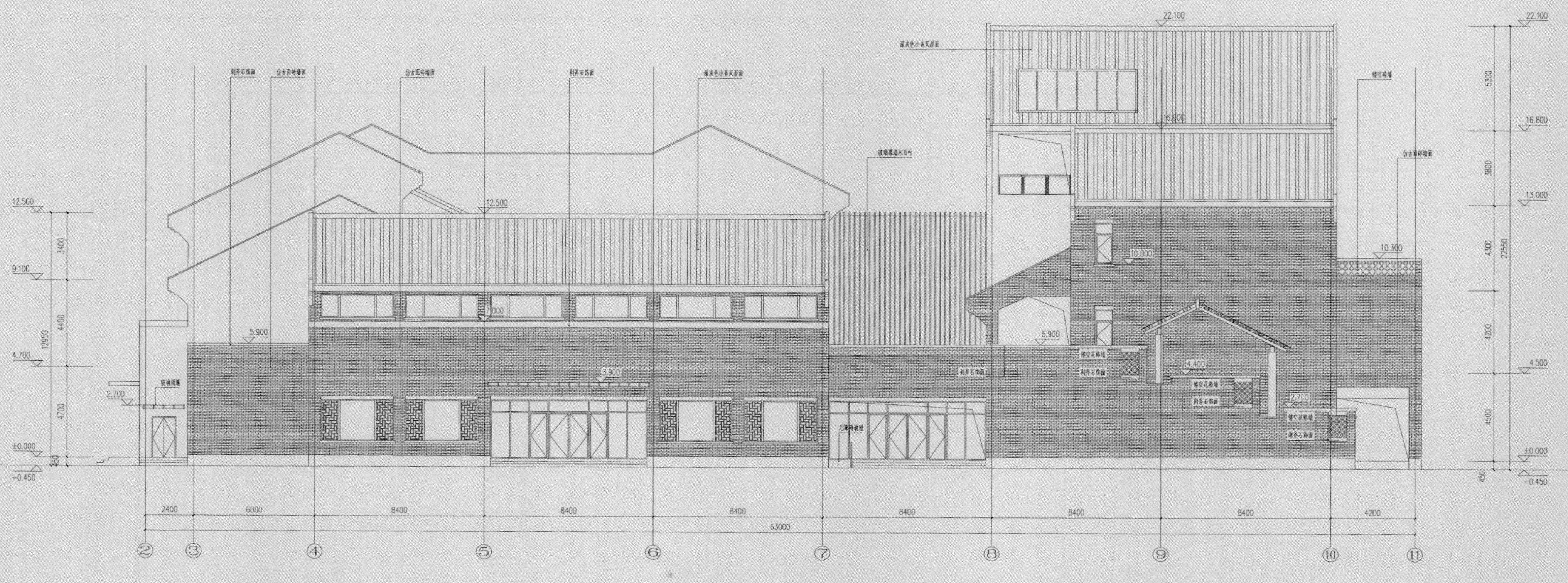

图D-4-7-1-7 银山门北楼东立面图

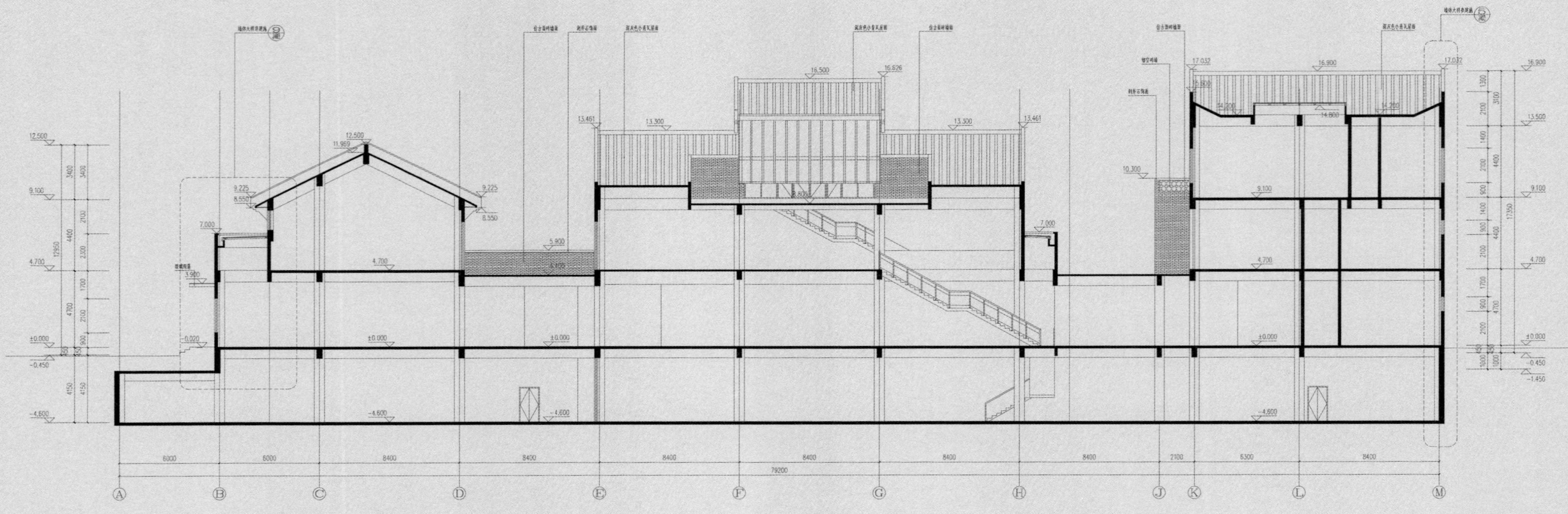

图D-4-7-1-8 银山门北楼剖面图

第二节 银山门商住建筑（南楼）

一、概况

1. 建筑形态。该建筑群为仿传统中式建筑风格。由1～7号七幢建筑单体组成，1号、7号楼为二层，2～6号楼为三层；地下室为大通间整体，总建筑面积3083m²。由于拆迁影响，3号、4号楼未建。总用地面积3769.82m²，总建筑面积11189m²，其中，地上总建筑面积8106m²。该工程结构形式为框架结构，建筑风格和形式融合了传统建筑与现代建筑特点（图P–4–7–2–1）。

图P–4–7–2–1 银山门南建筑群（谢 戎 航拍）

2．历史沿革和遗存状态。该地段地处小街，原为镇江老城区西部居民区。20世纪50年代后，原街区出现了不少单位如饭店、杂货店等，原建筑搭建诸多附属建筑，街巷肌理凌乱，房屋破旧不堪，难以重新修复，又缺少文脉传承。2006年，西津渡公司根据伯先路历史文化街区保护总体规划，对该区域居民及单位房屋实施拆迁改造。为满足保护和发展的需要，西津渡公司请示镇江市规划局同意，对该地块的用地功能进行了必要的调整，并委托东南大学建筑设计研究院对该地块进行规划方案设计，按照镇江市国土局有关规定对该地块上市出让。镇江市城市建设投资集团所属江苏朱方房地产有限公司获得该地块开发建设权后，委托西津渡公司按规划方案实施建设。后经过产权转让，西津渡公司获得该建筑群所有权。

二、主要建设方案。

新建。开工前，西津渡公司邀请有关专家，对原址建筑遗存的拆除进行了实地勘察，对新的建设方案进行了论证，并报请镇江市规划局审批。

1．主要规划指标

银山门南建筑群具体指标如表B 4-7-2-1所示。

表B 4-7-2-1 银山门南建筑群指标

项目地址和名称	基地面积（m^2）	建筑面积（m^2）	建筑层数	建筑高度（m）	备注
1号楼	568.84	878	2	7.6	有地下室
2号楼	634.93	1838	3	13.46	设四个玻璃顶棚
5号楼	1051.83	2164	3	13.36	
6号楼	1146.72	2542	3	13.45	有地下室
7楼	367.5	684	2	11.25	设一个玻璃顶棚
合计	3769.82	8106			设大型地下停车场

2．主要建设技术方案。

根据街区保护总体规划，该建筑设计为多进式钢混加砖木结构、商住一体的仿古建筑。清水青砖墙、仿木铝合金门窗、蝴蝶瓦屋面，较有特色的硬山墙造型及装饰。

（1）1号楼

该建筑位于大西路与小街交会点，坐西朝东，长33.54m、宽约16.96m（其中东端宽12.72m、西端宽21.18m）、高9.54m，占地面积约568.84m^2，建筑面积878m^2（其中一层454m^2、二层424m^2）（图P-4-7-1-2）。高二层，共享地下

图P-4-7-2-2 银山门南楼1号楼北立面（上）、东立面（下）

图P-4-7-2-3 银山门南楼2号楼南立面

图P-4-7-2-4 银山门南楼5号楼西北立面

室。地下层高4.4m；一层层高3.8m；二层层高3.8m；四排山“勾连搭”结构，东南角为圆形平台阳台，边上有栏杆。外围装饰两层窗之间用浅灰色仿古面砖45°斜向拼贴，其余为浅灰色仿古面砖错缝拼贴。蝴蝶瓦屋面。

（2）2号楼

位于1号楼东南侧，该建筑坐北朝南，长34.13m、宽18.60m、高13.46m,共3层，层高3.80m，占地面积634.93m^2，建筑面积1838m^2（其中一层677m^2，二层652m^2，三层509m^2）（图P-4-7-2-3）。外围装饰两层窗之间为浅灰色高级弹性涂料，其余为浅灰色仿古面砖错缝拼贴。有玻璃方格窗，格窗下口有栏杆。屋面为小青瓦，有一大三小四个玻璃采光顶棚。

（3）5号楼

位于大西路与伯先路交会点，1号楼西南侧，该建筑呈不规则形，坐南朝北，长40.1m、宽约26.23m（其中东端宽36.25m、西端宽16.20m）、高13.36m（高三层，层高3.8m），占地面积1051.83m^2，建筑面积2164m^2（图P-4-7-2-4）。有地下室。地下层高4.4m，外围装饰两层窗之间用浅灰色仿古面砖45°斜向拼贴，其余为浅灰色仿古面砖错缝拼贴。南立面连跨两个山，中间一过道廊，再连跨三个山。

图P-4-7-2-5 银山门6号楼东立面

（4）6号楼

位于5号楼南侧，该建筑坐北朝南，长47.78m、宽24m、高13.45m（三层，各层高3.8m），占地面积1146.72m^2，建筑面积2542m^2（其中一层866m^2、二层866m^2、三层810m^2）（图P-4-7-2-5）。高三层，有地下室。地下层高4.4m，外围装饰两层窗之间用浅灰色仿古面砖45°斜向拼贴，其余为浅灰色仿古面砖错缝拼贴。小青瓦屋面。

（5）7号楼

位于6号楼南侧，该建筑坐东朝西，长24.5m、宽15m、高11.25m（二层,层高3.8m），占地面积367.5m^2，建筑面积684m^2（其中一层365m^2，二层319m^2）（图P-4-7-2-6）。高二层，有地下室。地下层高4.4m；外围装饰两层窗之间用浅灰色仿古面砖45°斜向拼贴，其余为浅灰色仿古面砖错缝拼贴。小青瓦屋面，上有一个长方形玻璃天棚。

图P-4-7-2-6 银山门南7号楼东立面

三、建筑物修缮责任表

建设单位：镇江市西津渡建设发展有限责任公司

项目负责人：史美侬 王诚庆

测绘、设计单位：东南大学建筑设计研究院

设计人员：董卫 冷嘉伟 鲍莉

监理单位：镇江建科工程管理有限公司

监理人员：刘晓瑞 景宝富 任镇华

施工单位：镇江建工建设集团有限公司

项目经理：孟庆东

施工时间：2010.8

四、施工图

如图D-4-7-2-1 ~ 图D-4-7-2-31所示。

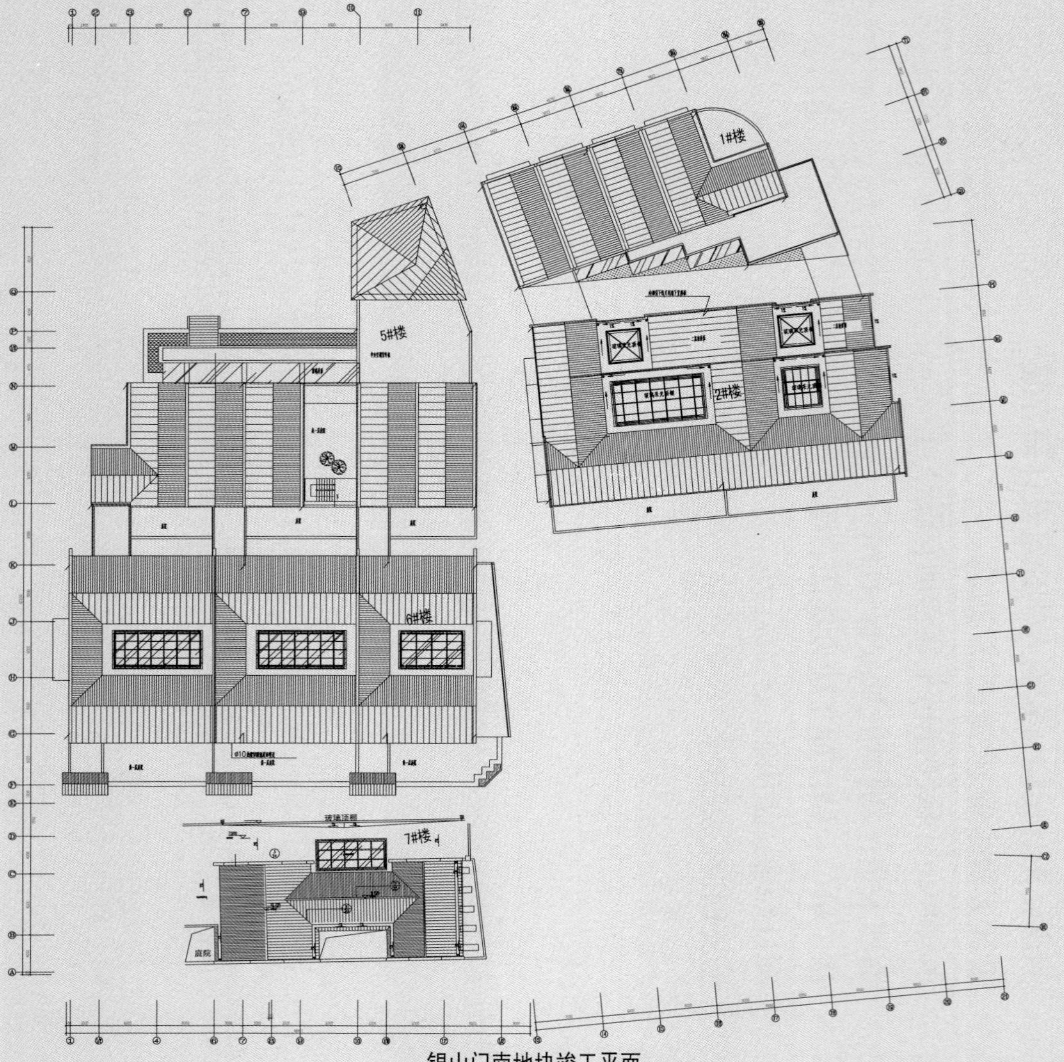

1#楼
2#楼
5#楼
6#楼
7#楼

银山门南地块竣工平面 1:150

图D-4-7-2-1 银山门南楼总平面图

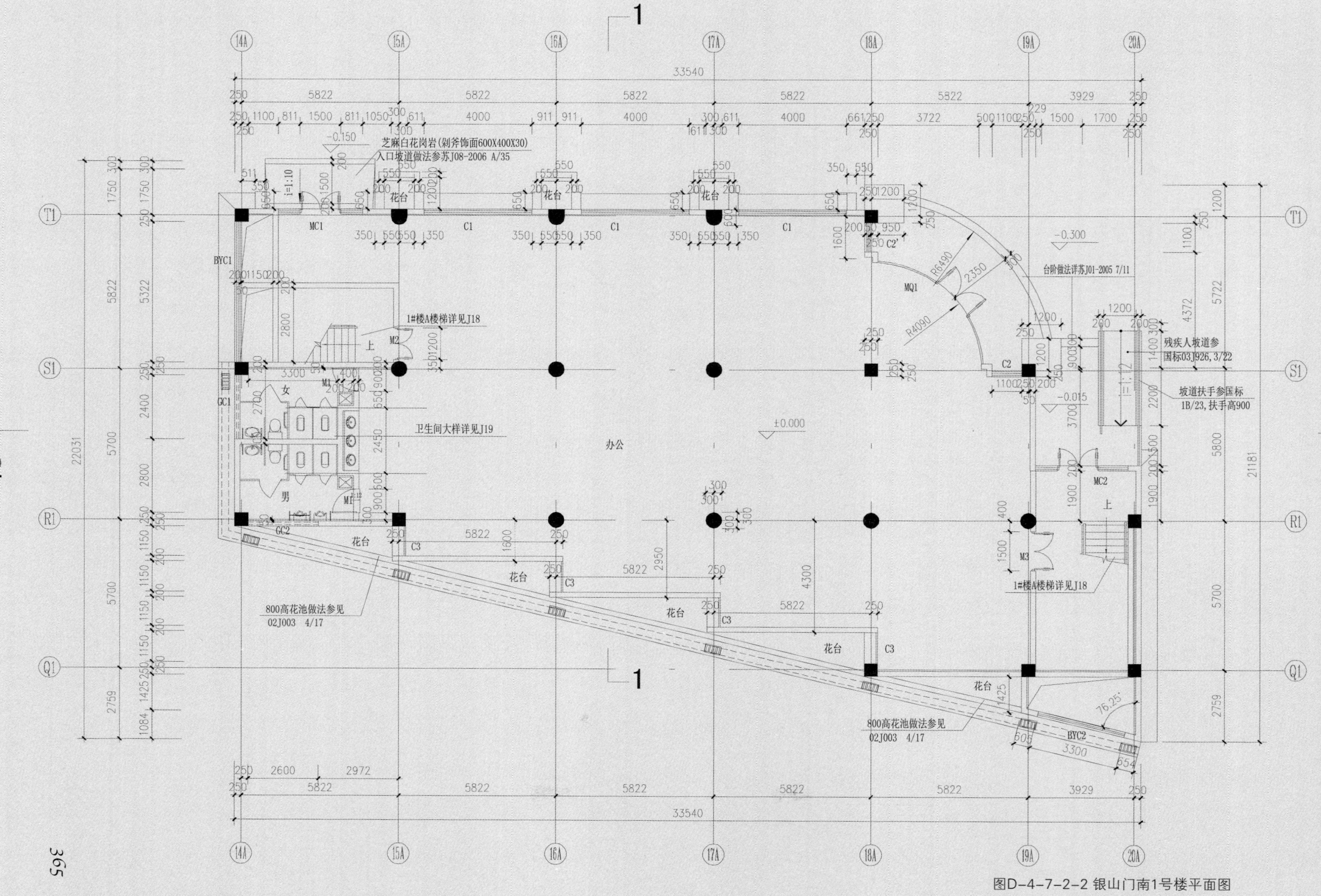

图D-4-7-2-2 银山门南1号楼平面图

图D-4-7-2-3 银山门南1号楼北立面图

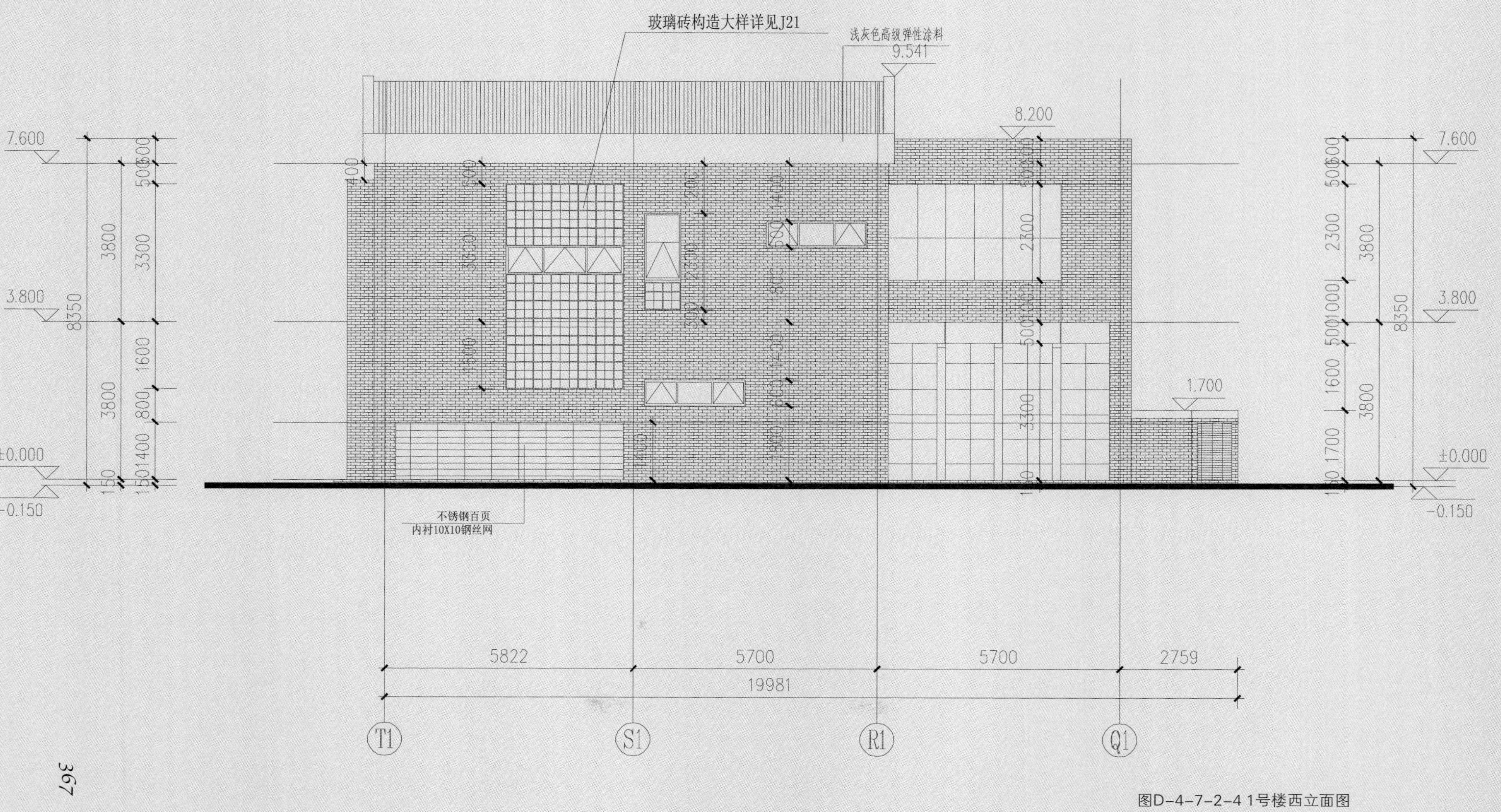

图D-4-7-2-4 1号楼西立面图

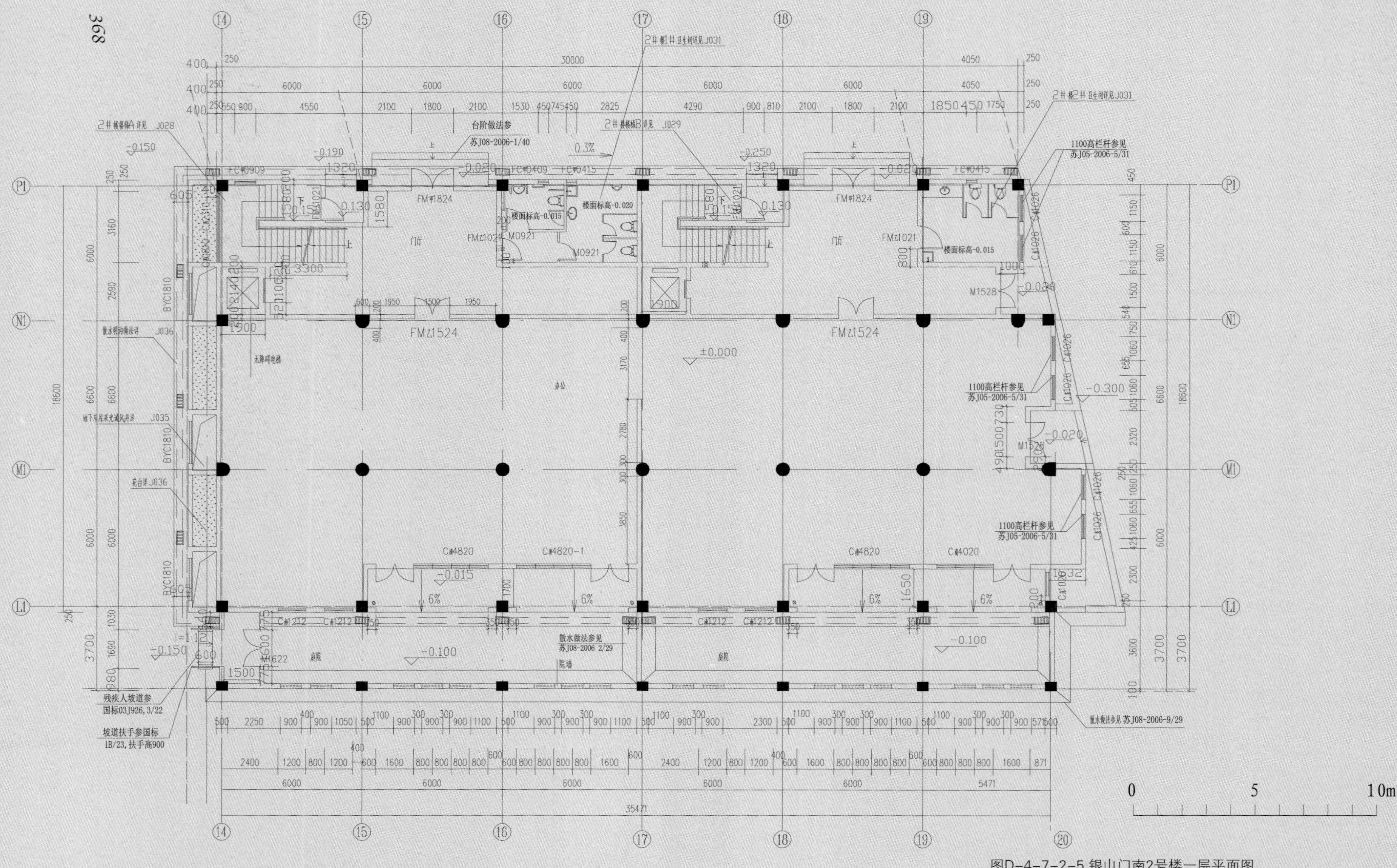

图D-4-7-2-5 银山门南2号楼一层平面图

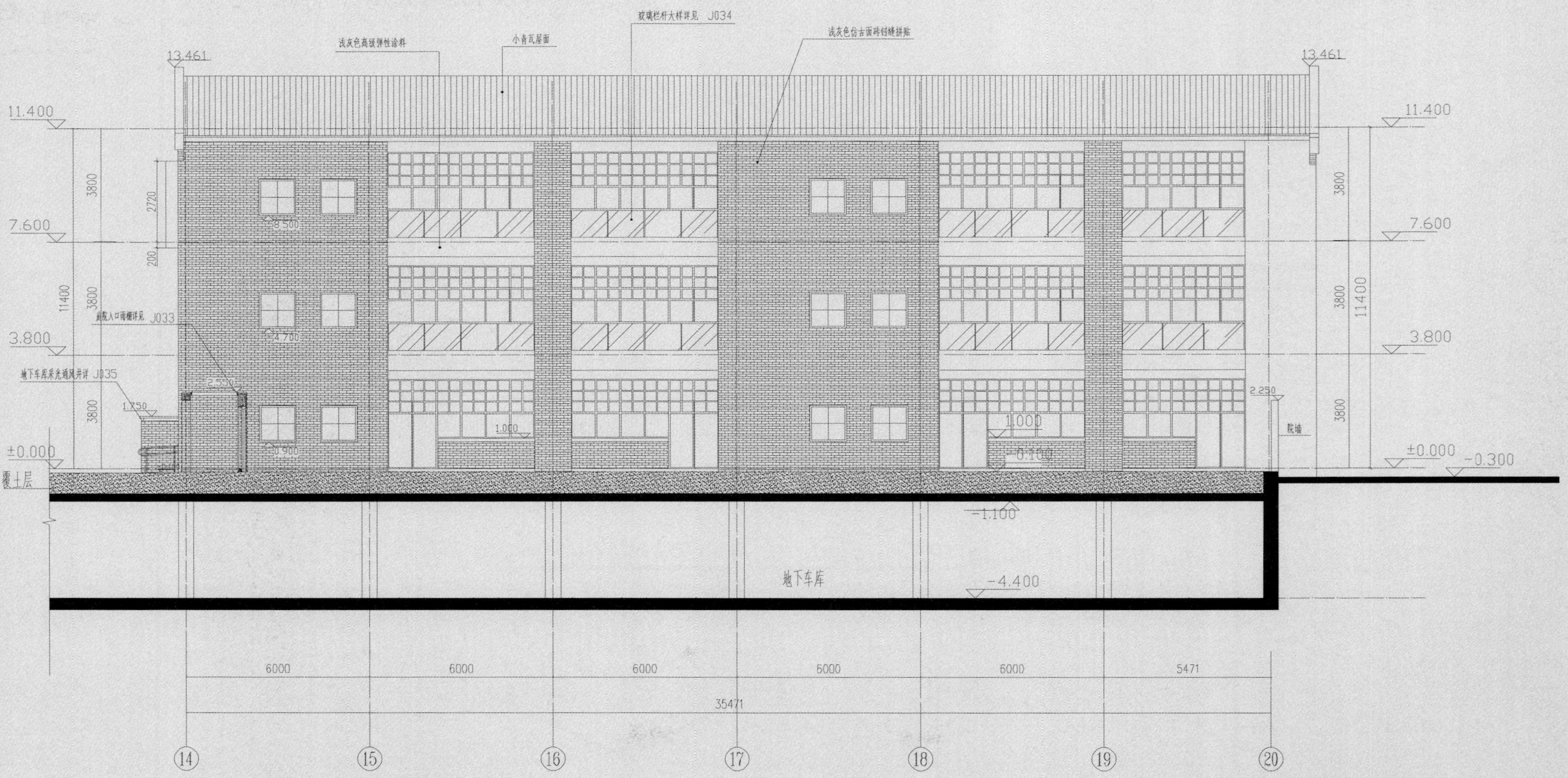

图D-4-7-2-6 银山门南2号楼南立面图

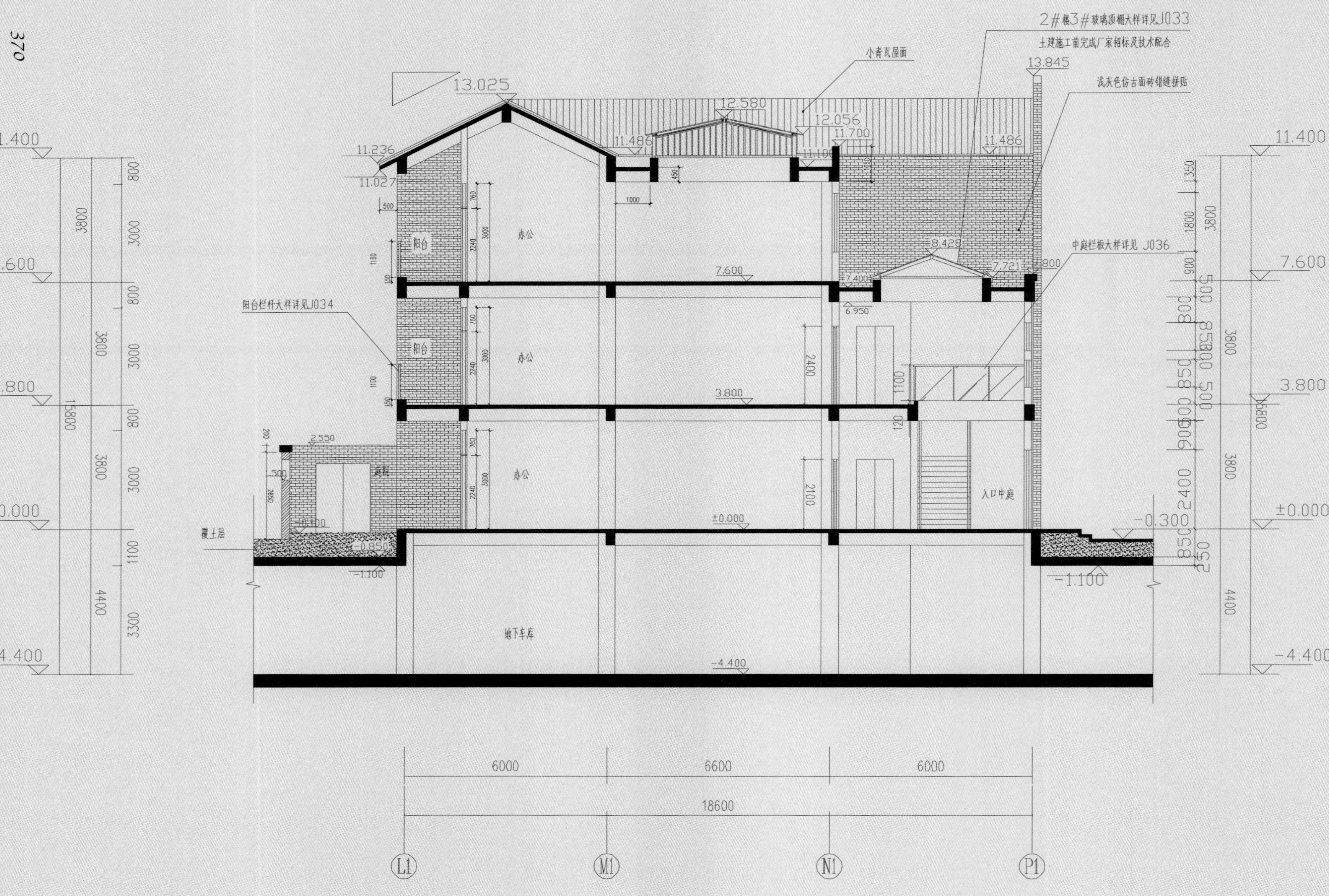

图D-4-7-2-7 银山门南2号楼东立面图

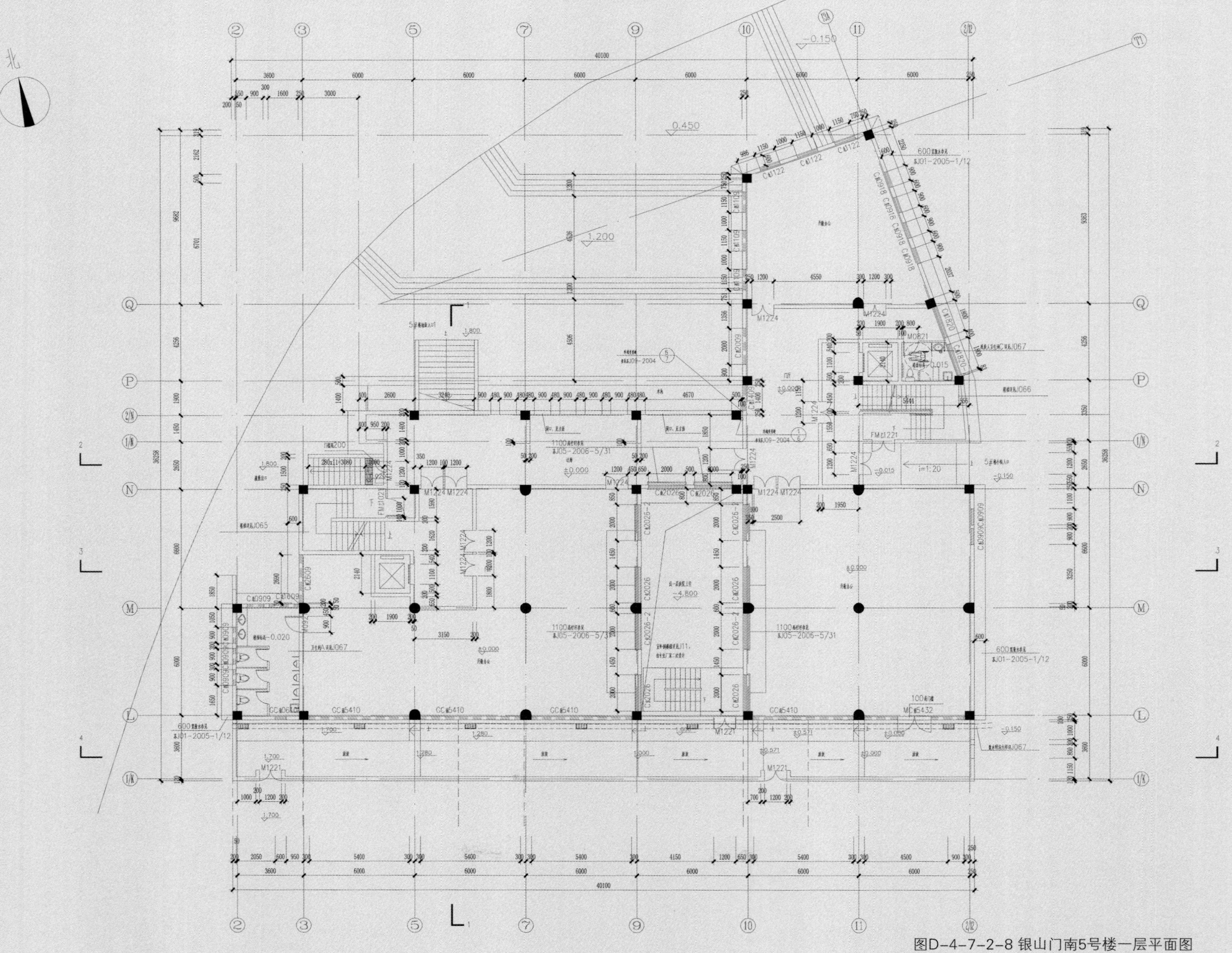

图D-4-7-2-8 银山门南5号楼一层平面图

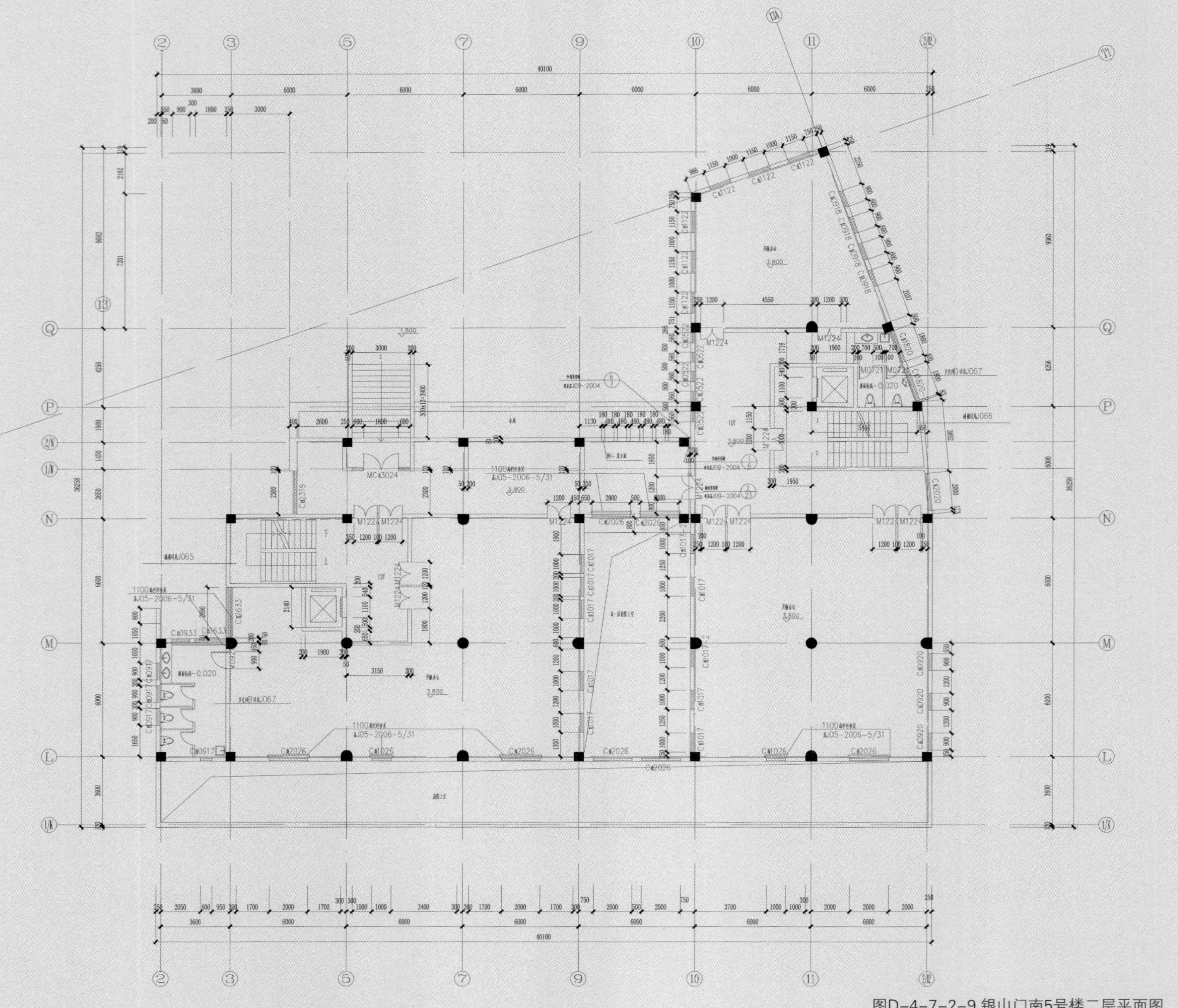

图D-4-7-2-9 银山门南5号楼二层平面图

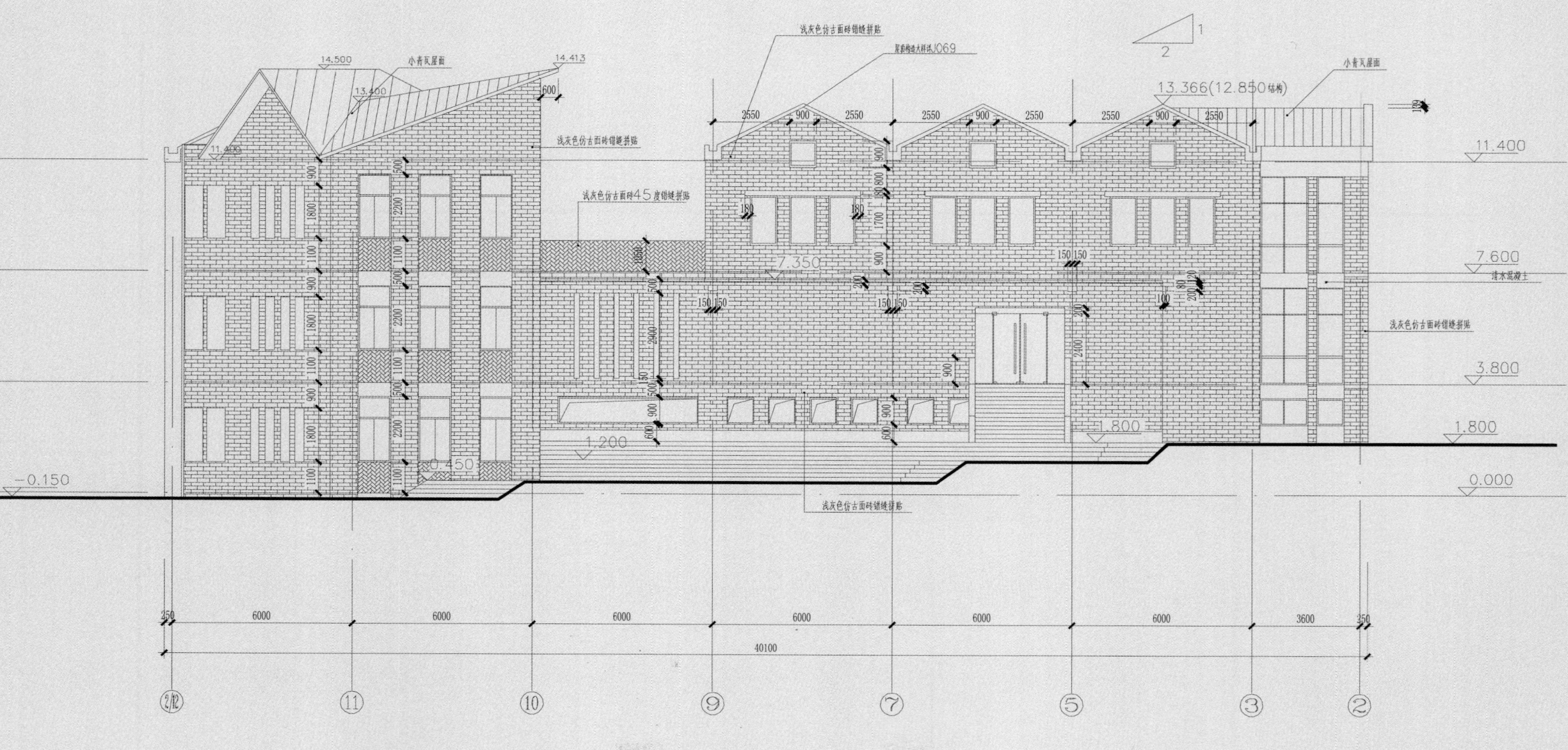

图D-4-7-2-10 银山门南5号楼北立面图

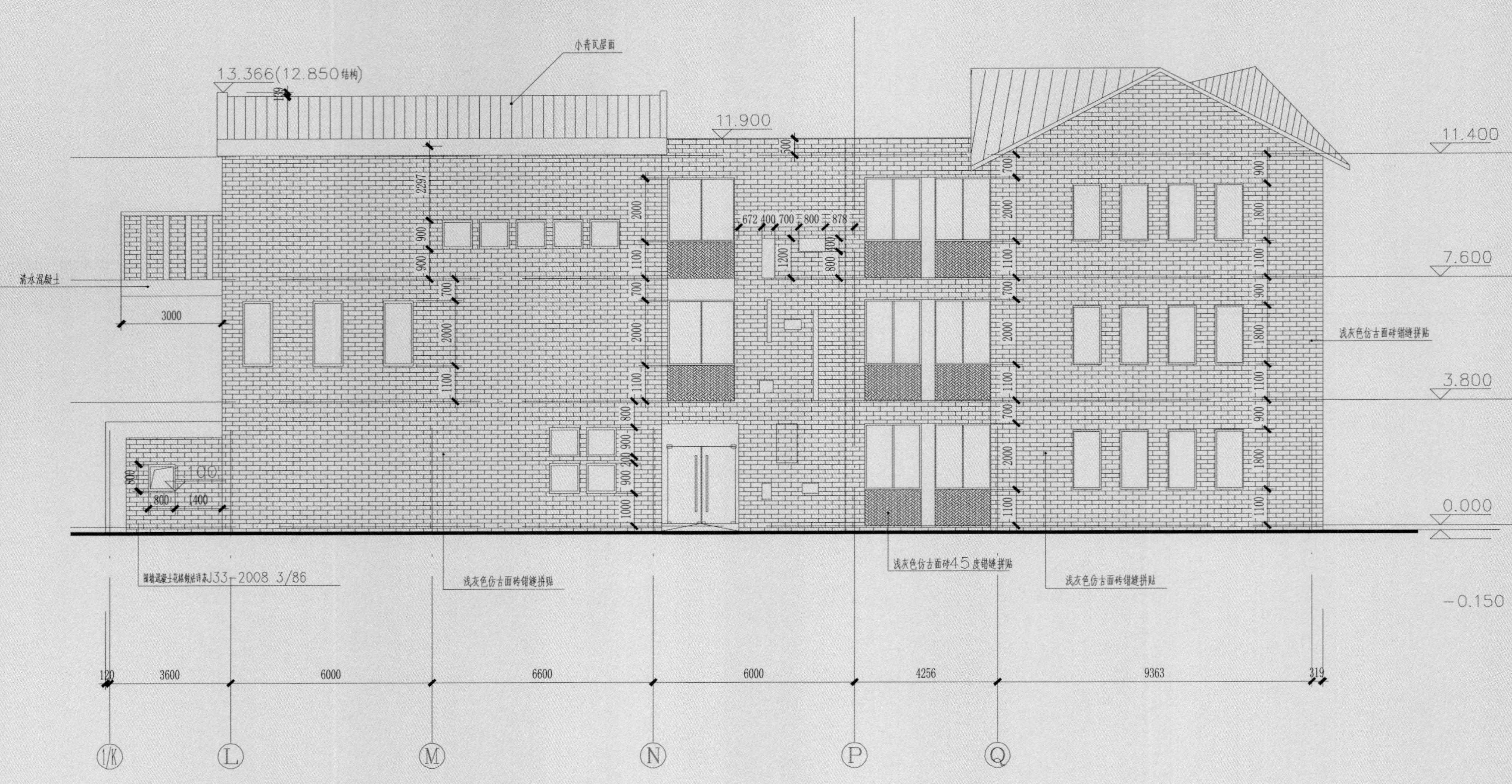

图D-4-7-2-11 银山门南5号楼东立面图

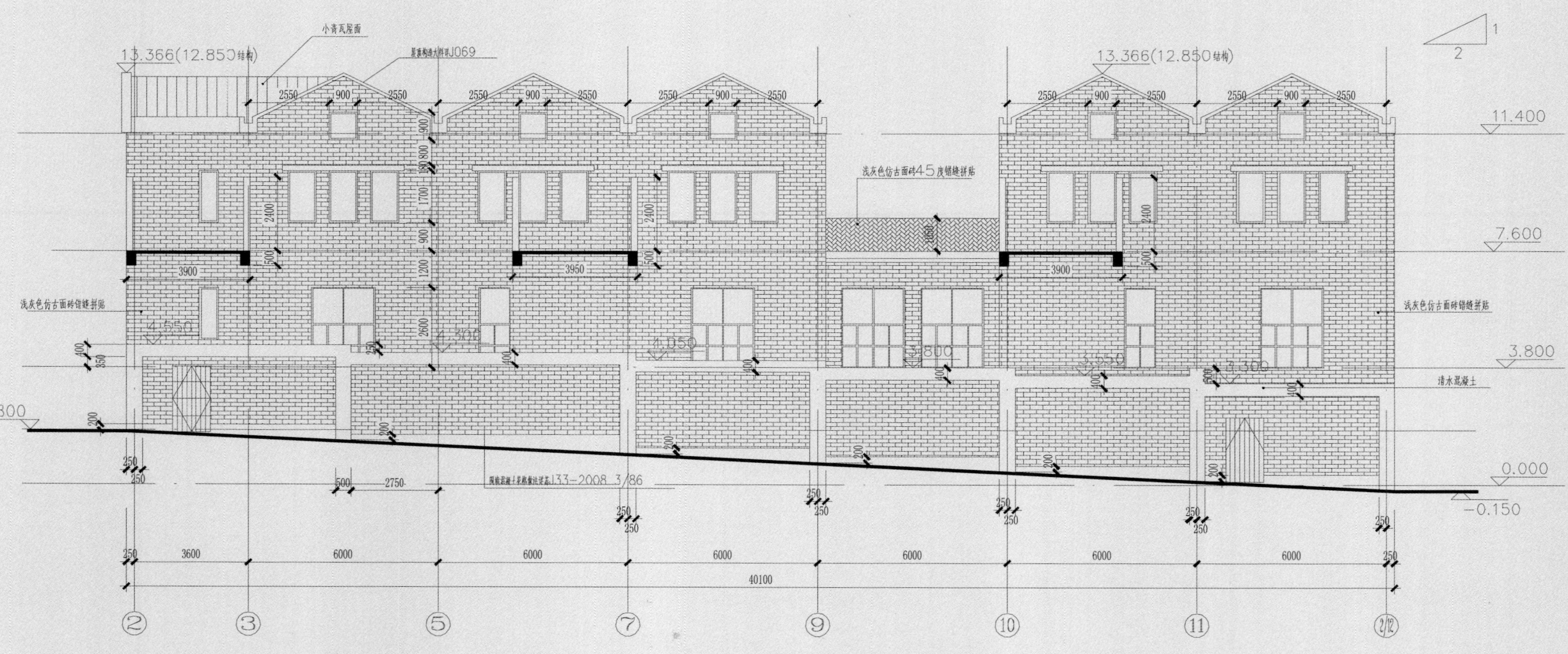

图D-4-7-2-12 银山门南5号楼南平面图

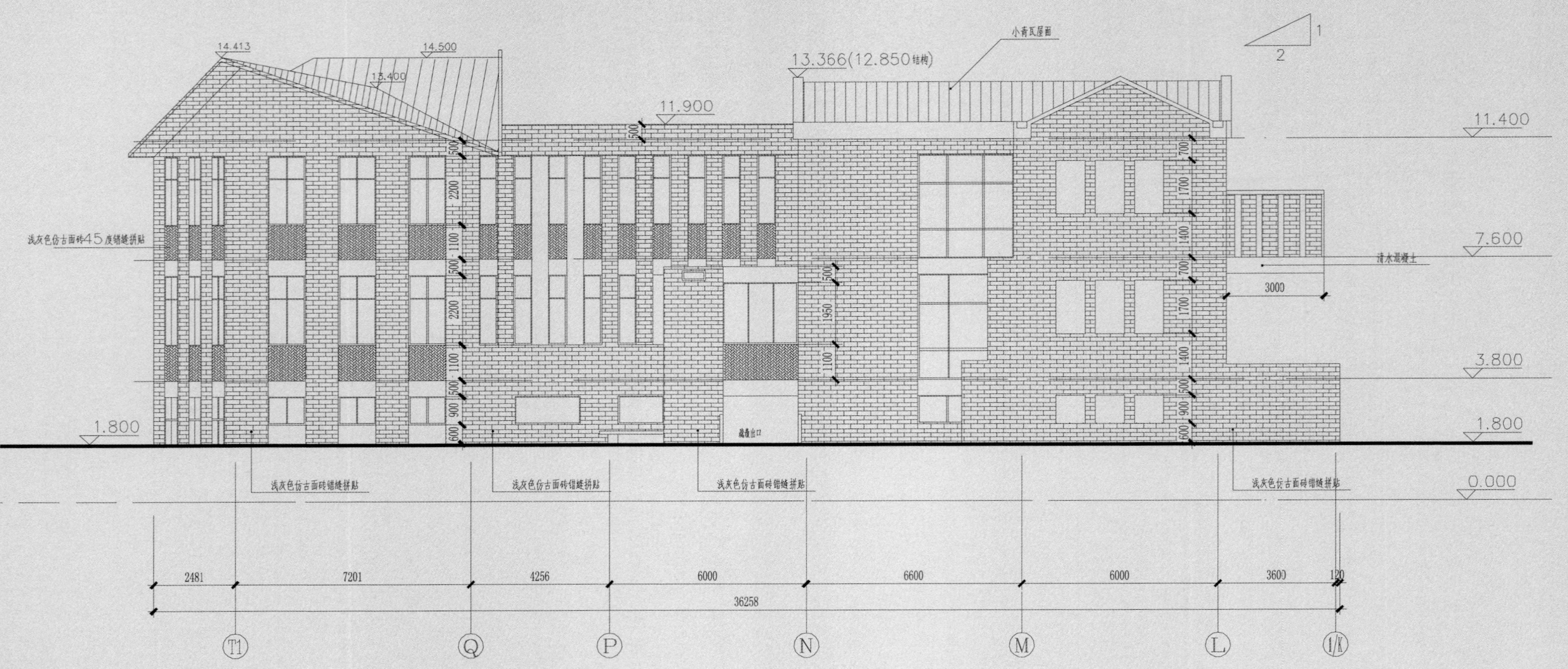

图D-4-7-2-13 银山门南5号楼西立面图

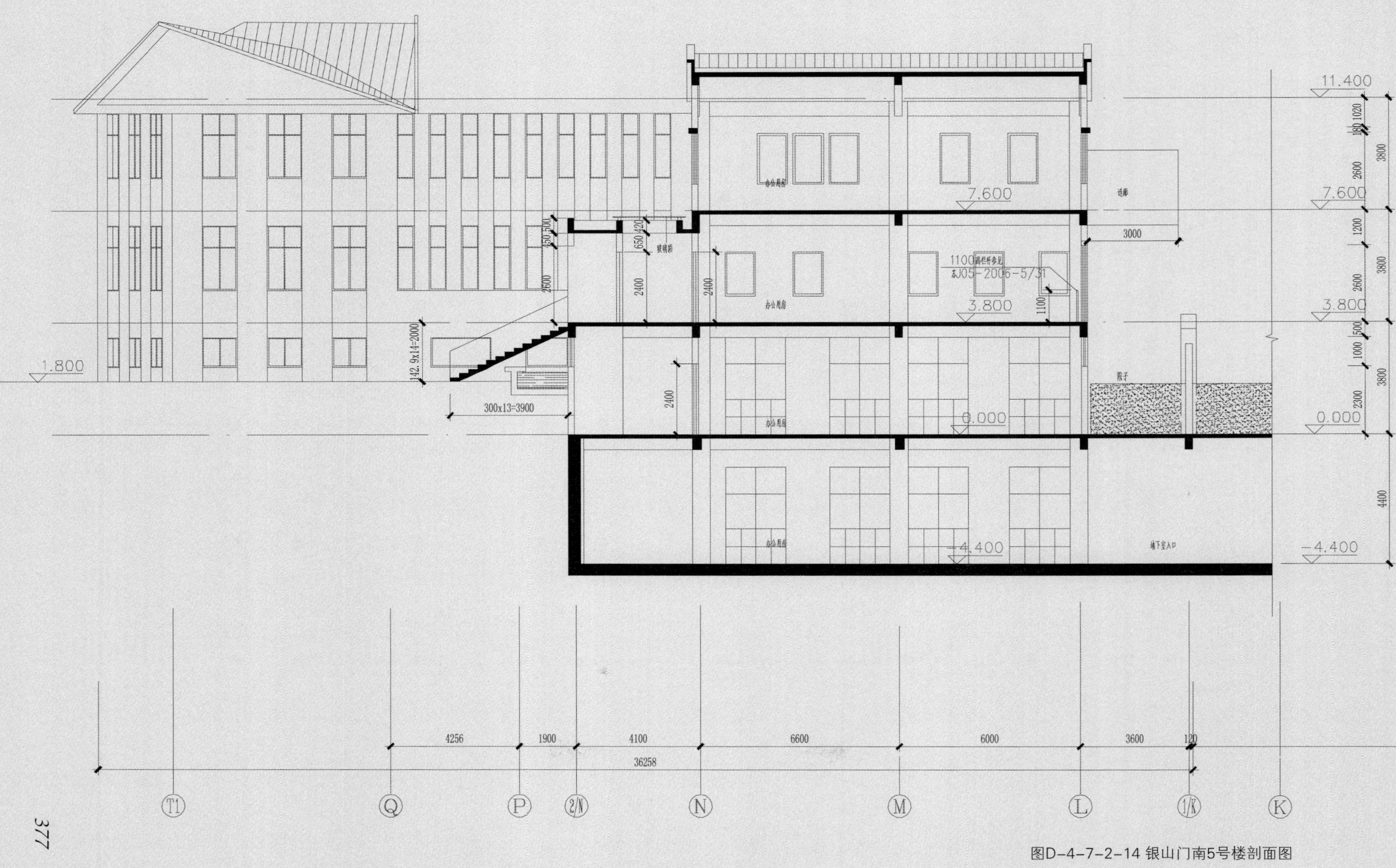

图D-4-7-2-14 银山门南5号楼剖面图

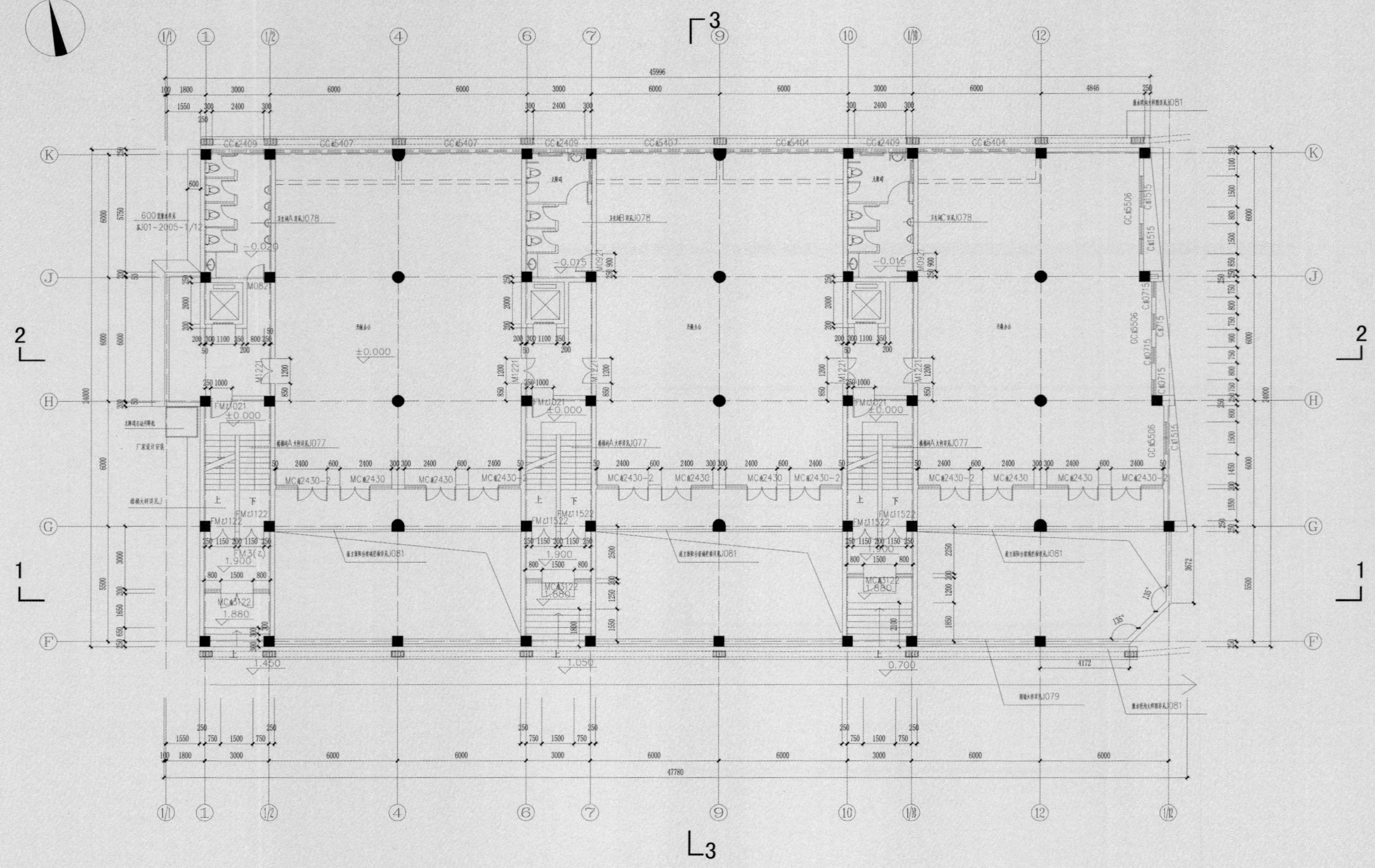

图D-4-7-2-15 银山门南6号楼一层平面图

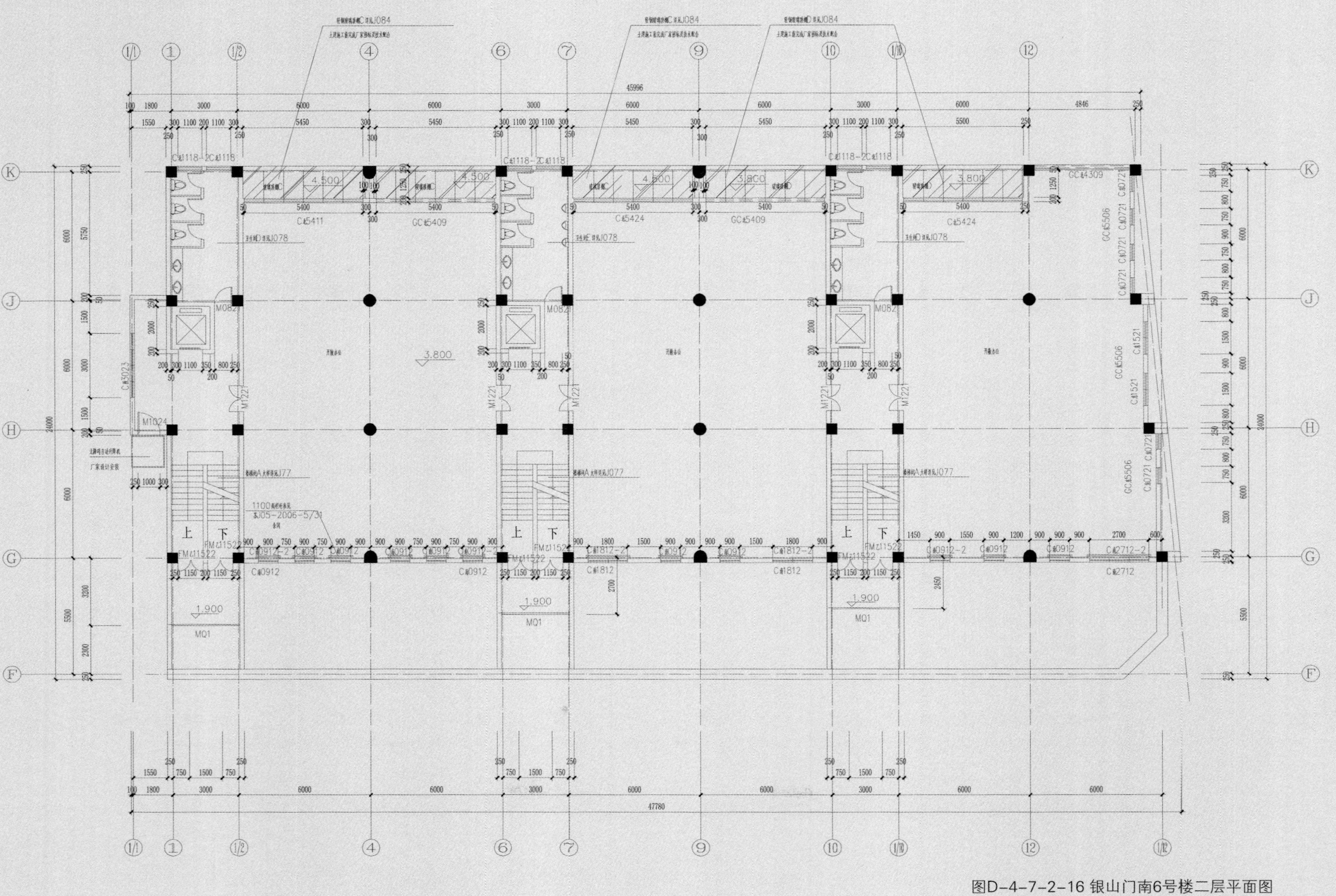

图D-4-7-2-16 银山门南6号楼二层平面图

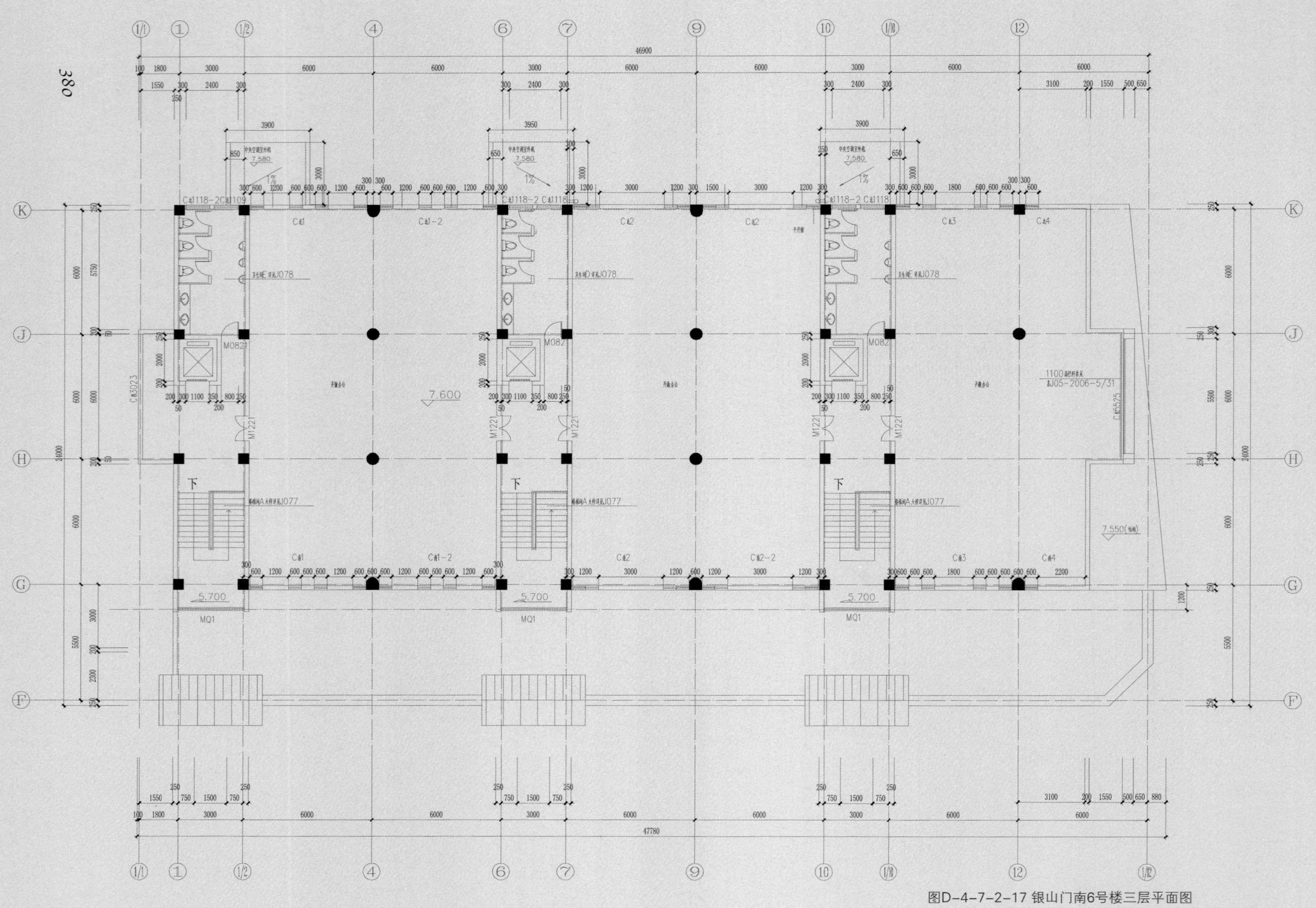

图D-4-7-2-17 银山门南6号楼三层平面图

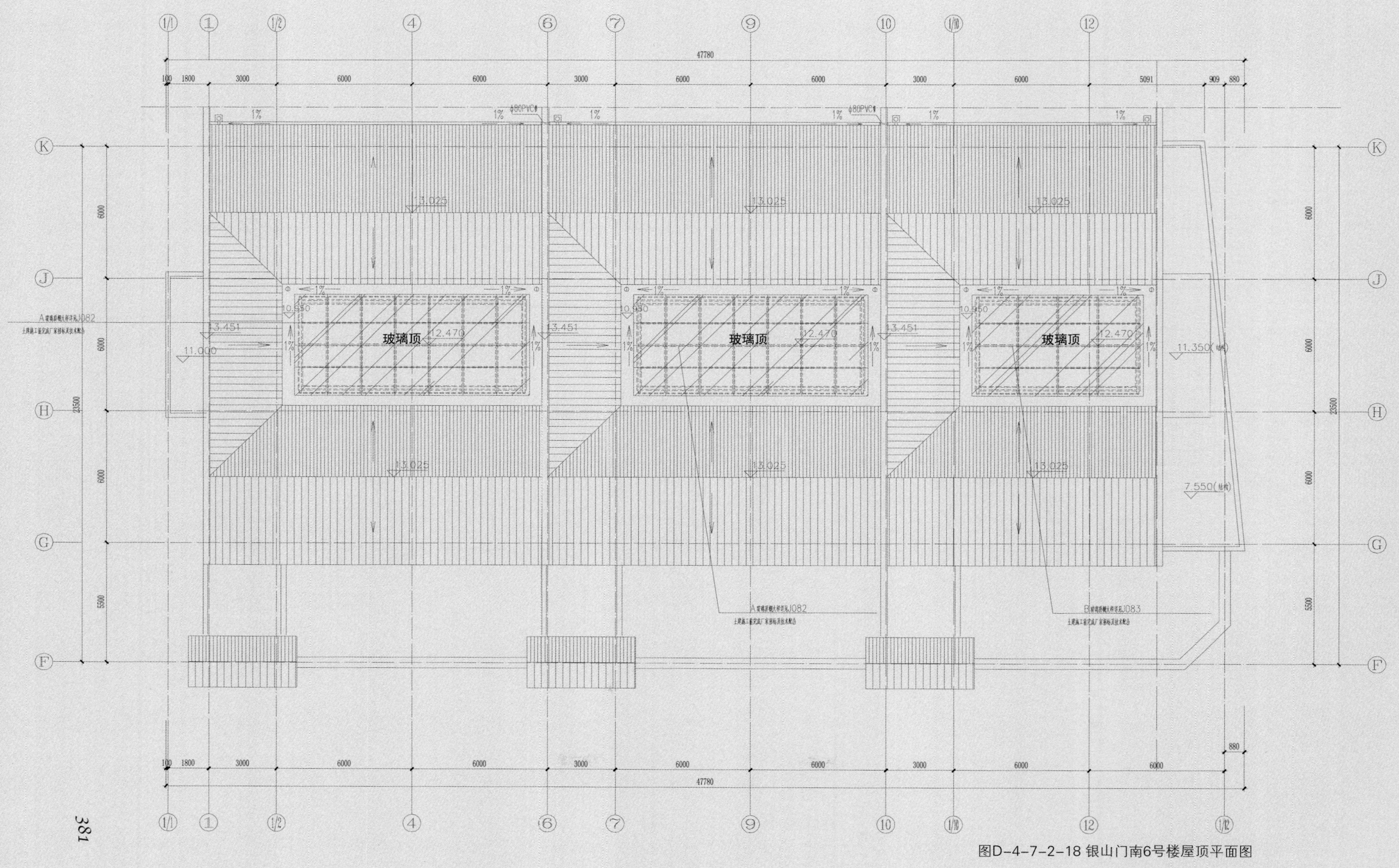

图D-4-7-2-18 银山门南6号楼屋顶平面图

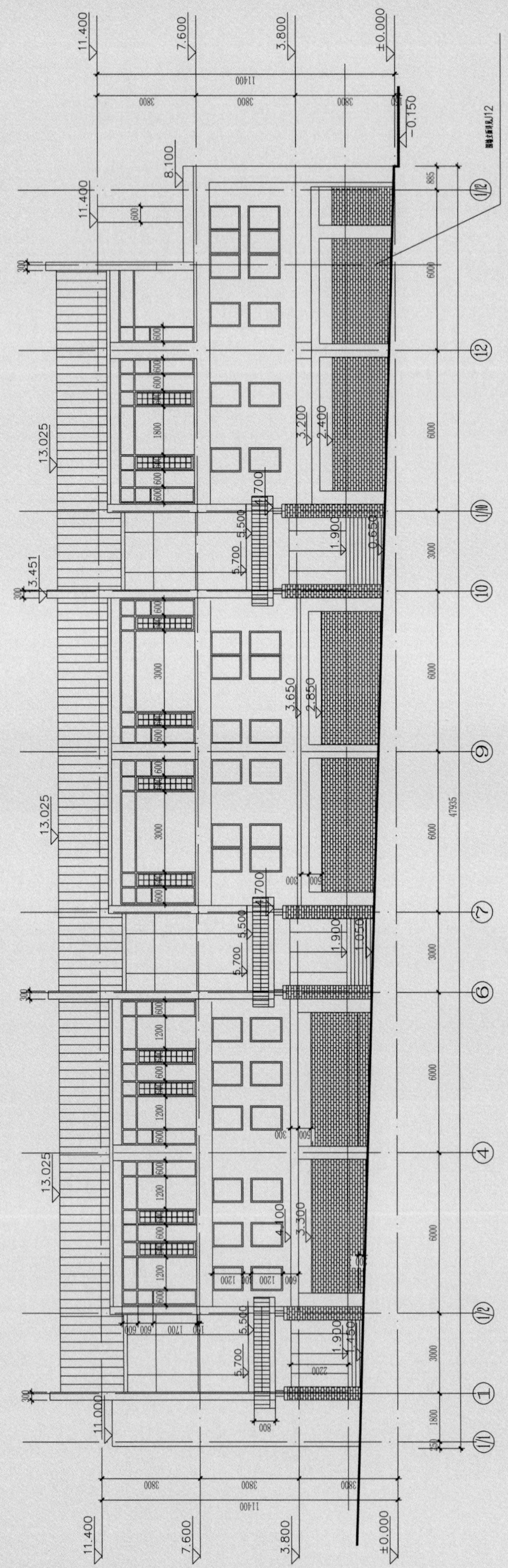

图D-4-7-2-19 银山门南6号楼南立面图

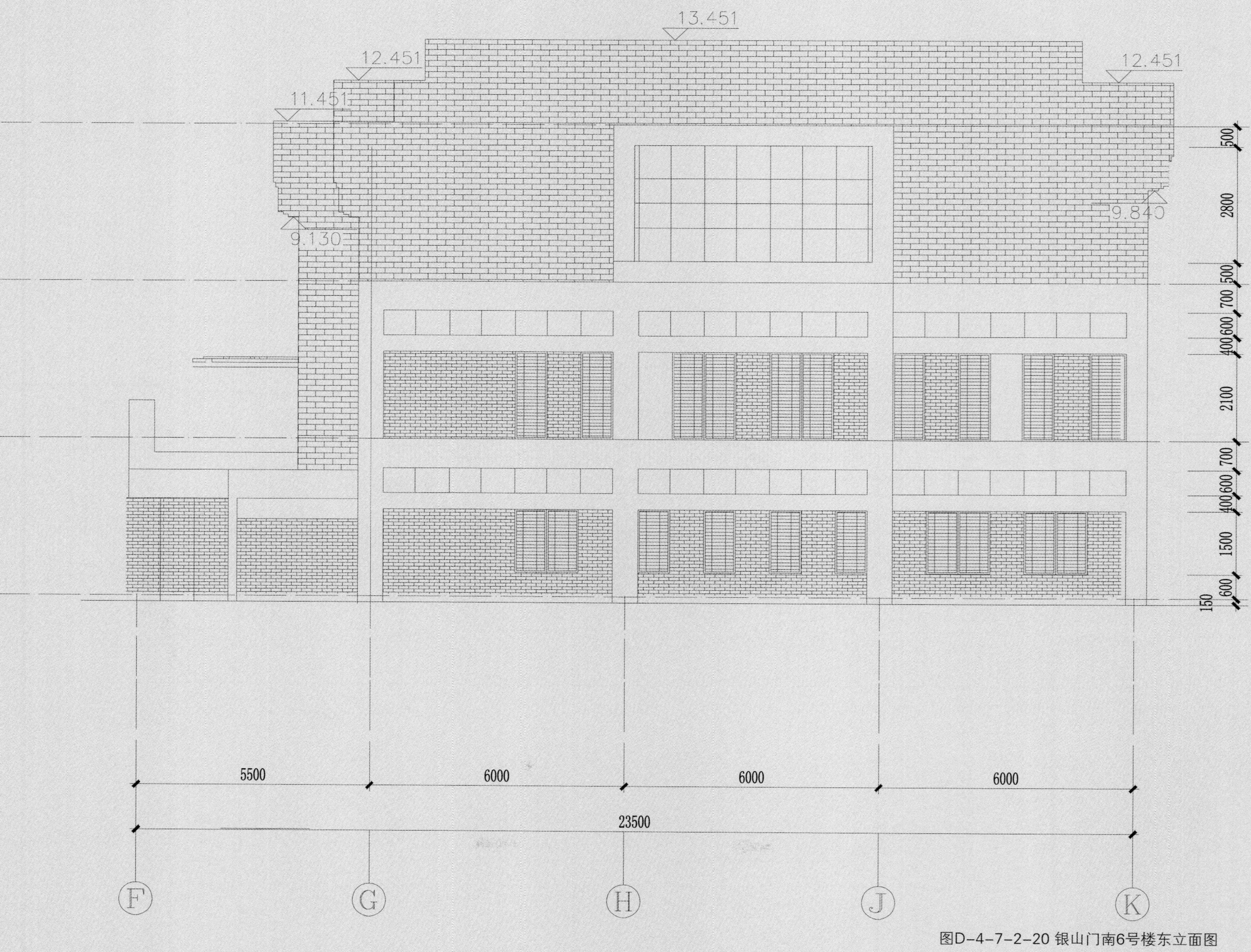

图D-4-7-2-20 银山门南6号楼东立面图

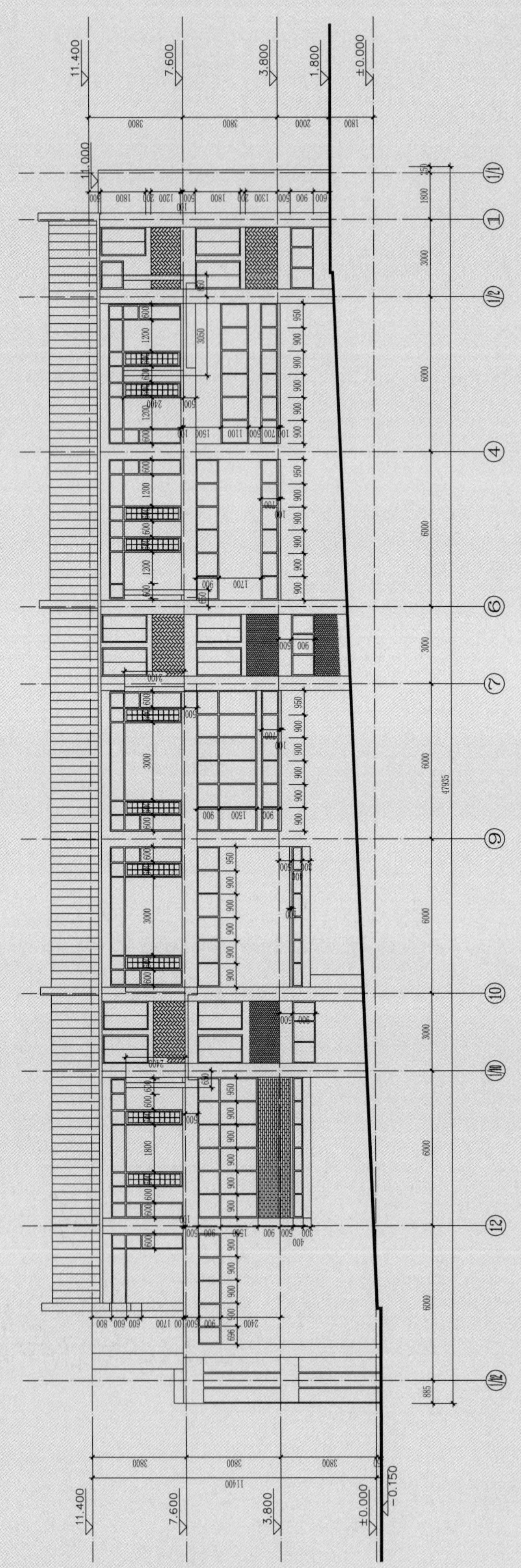

图D-4-7-2-21 银山门南6号楼北立面图

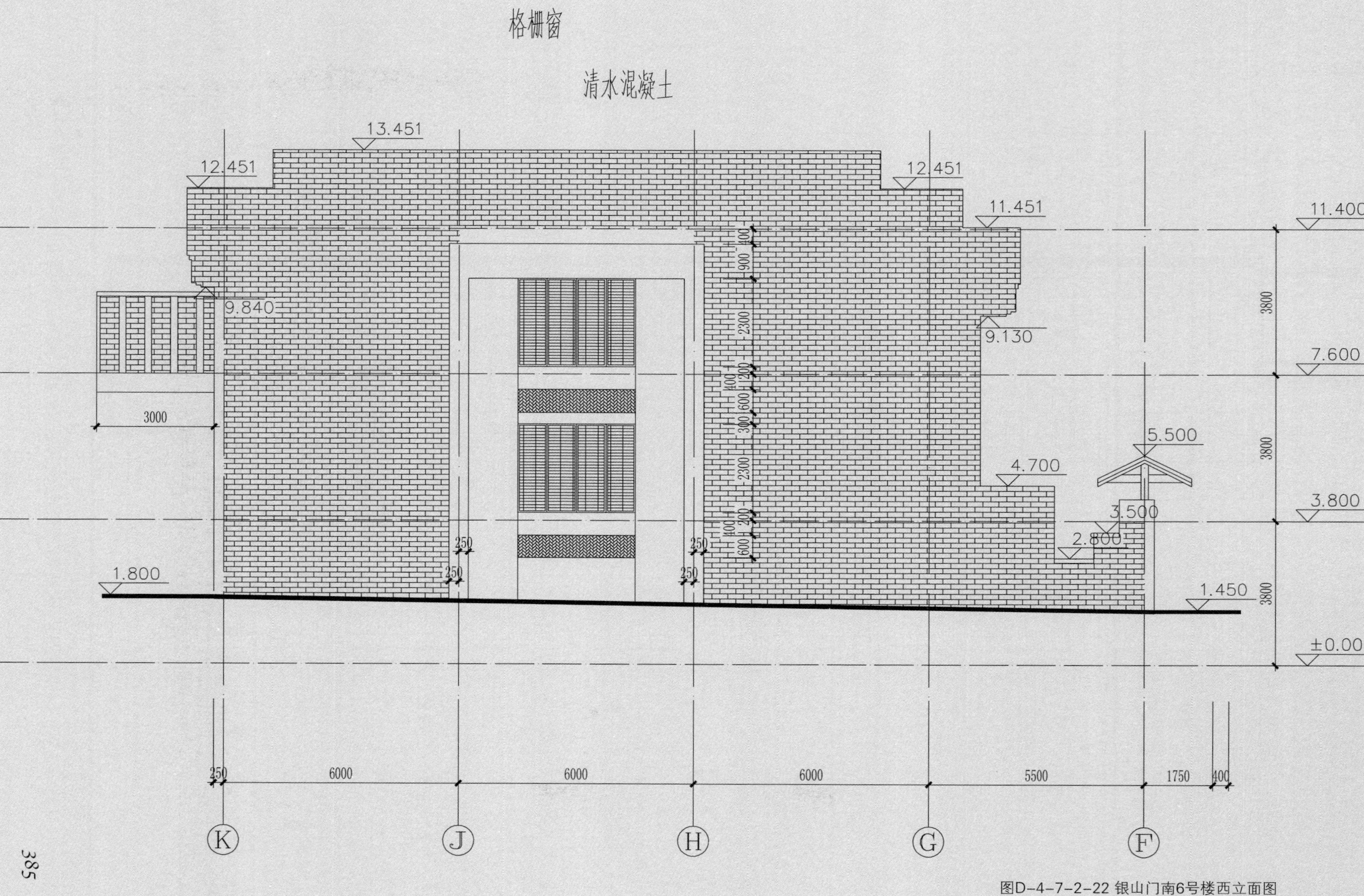

图D-4-7-2-22 银山门南6号楼西立面图

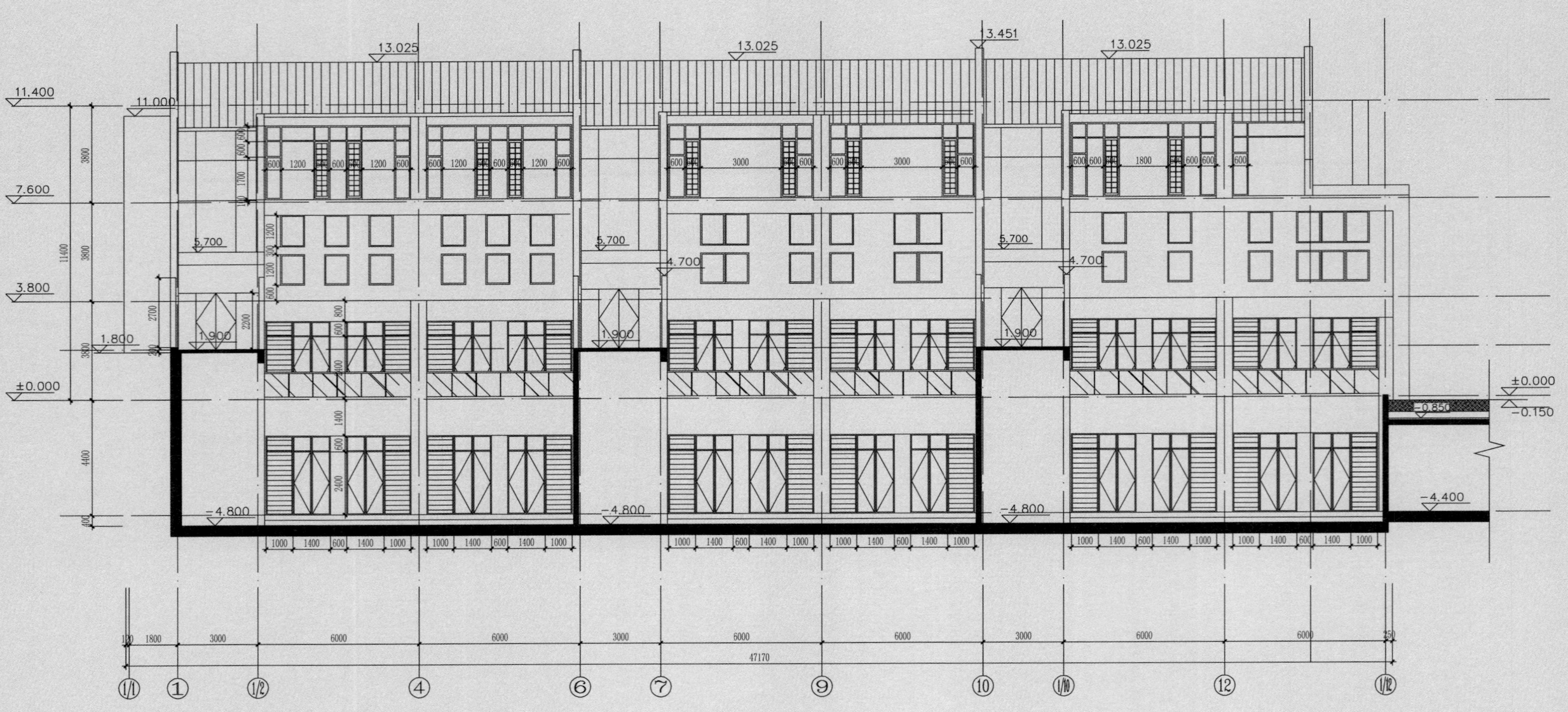

图D-4-7-2-23 银山门南6号楼剖面图

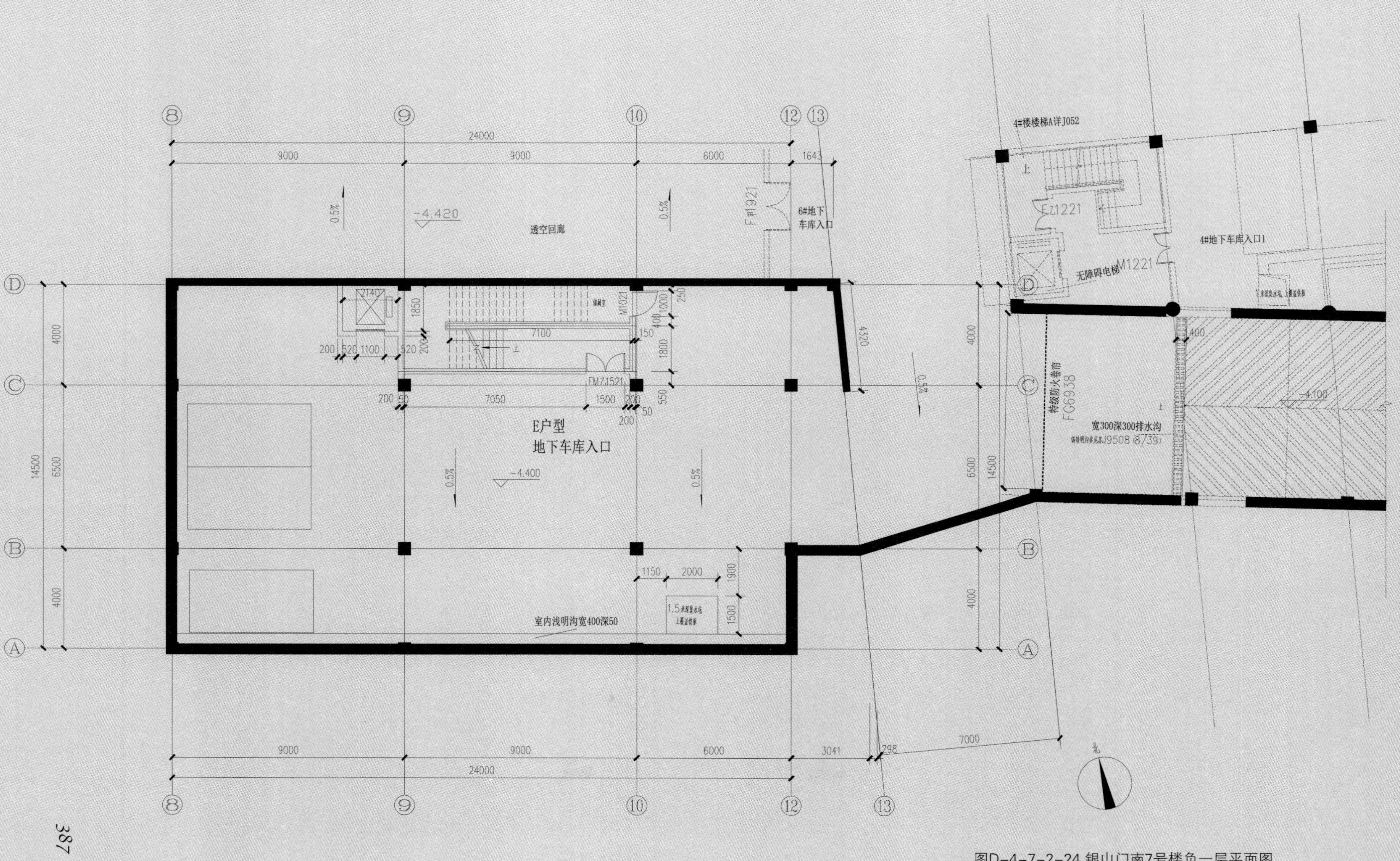

图D-4-7-2-24 银山门南7号楼负一层平面图

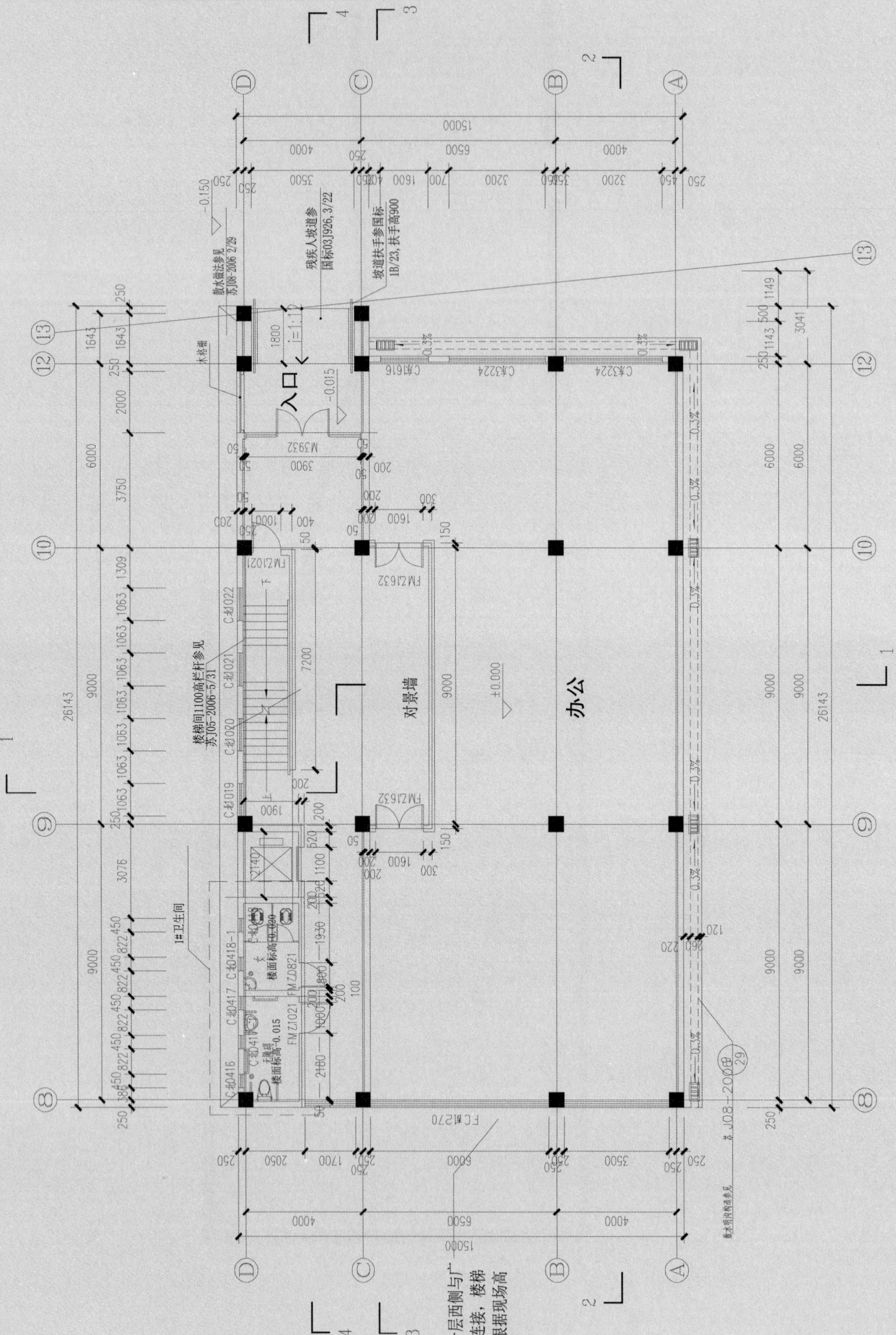

E户型一层西侧与广肇公所连接，楼梯由业主根据现场高差自理

图D-4-7-2-25 银山门南7号楼一层平面图

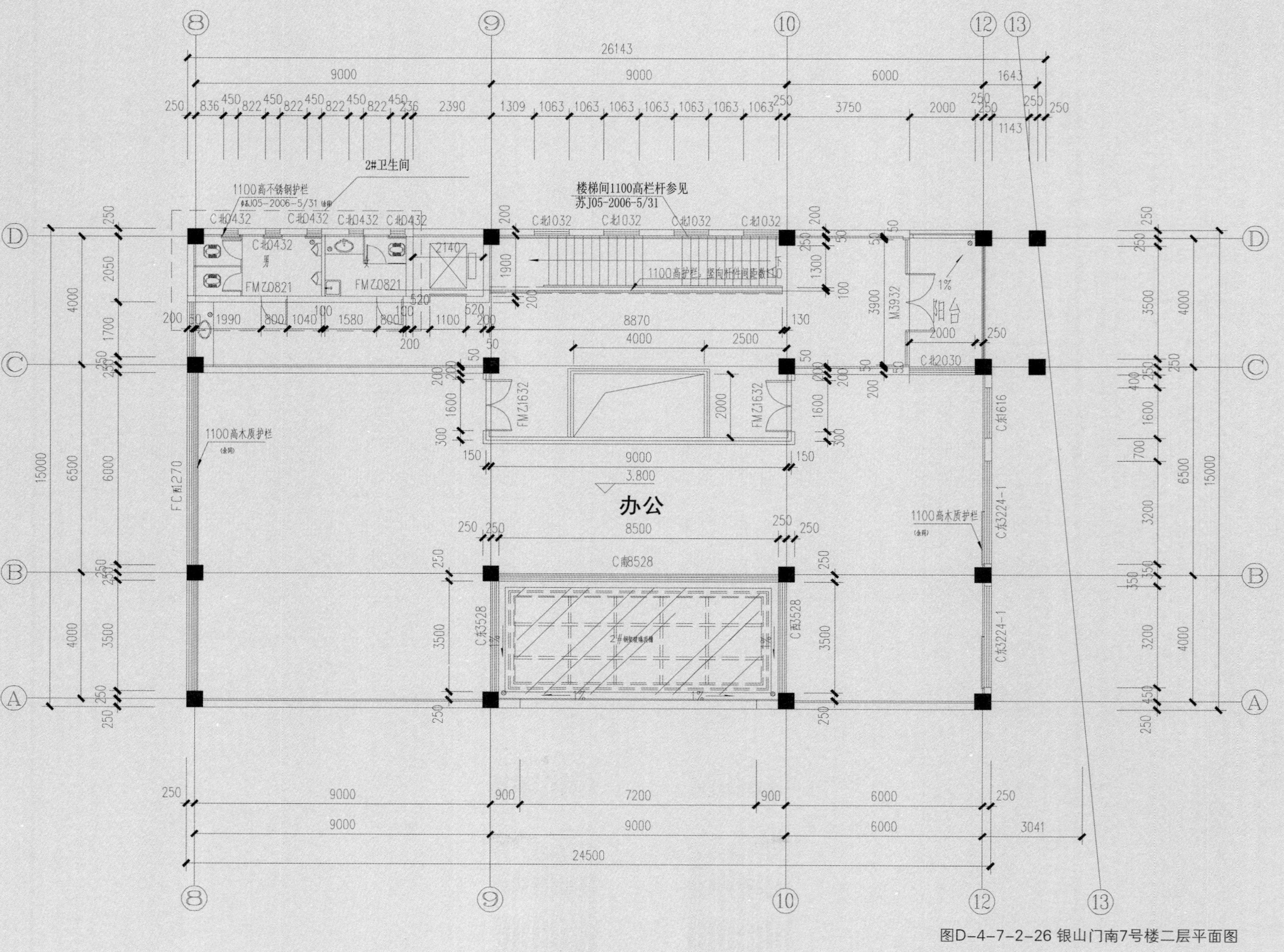

图D-4-7-2-26 银山门南7号楼二层平面图

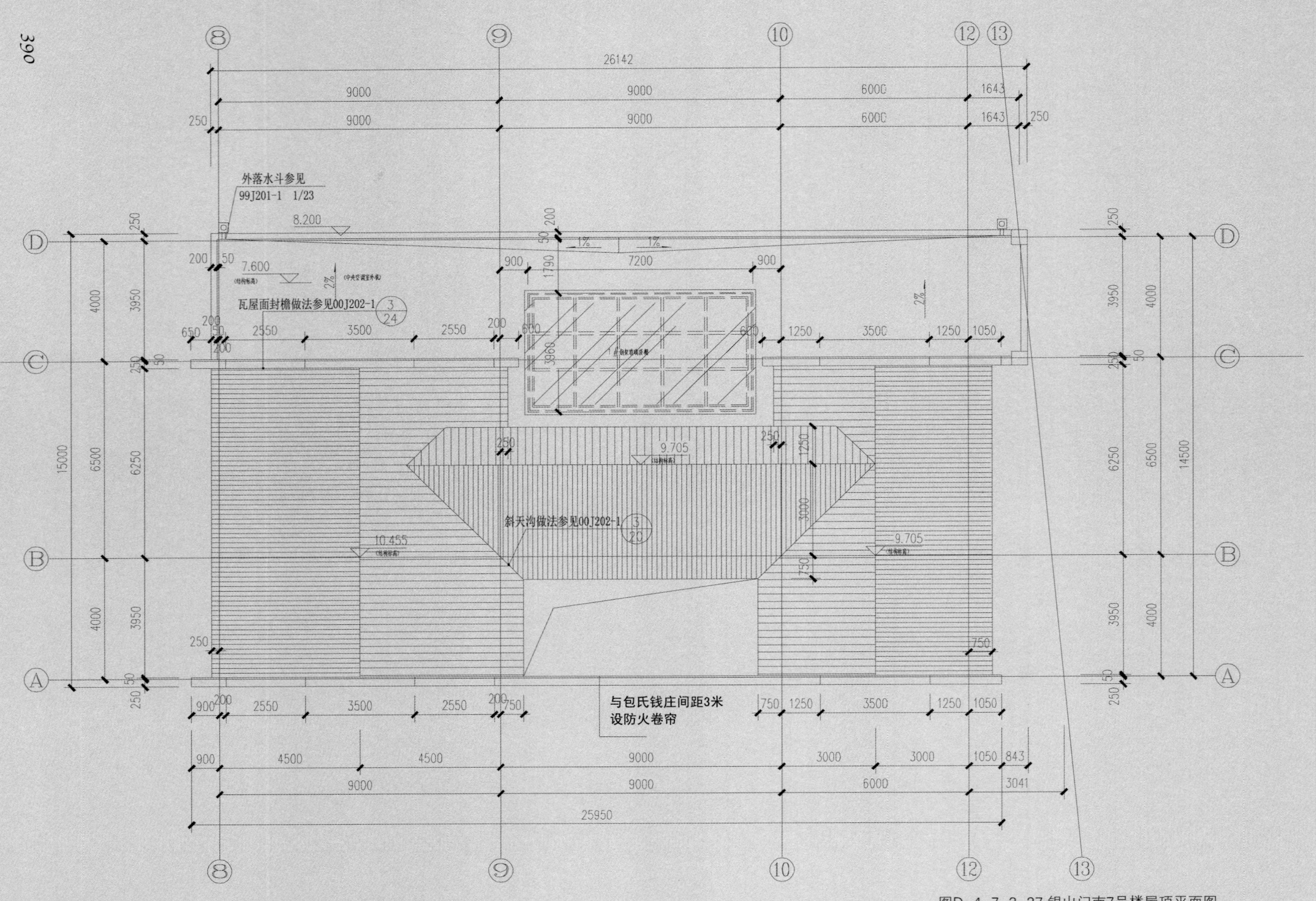

图D-4-7-2-27 银山门南7号楼屋顶平面图

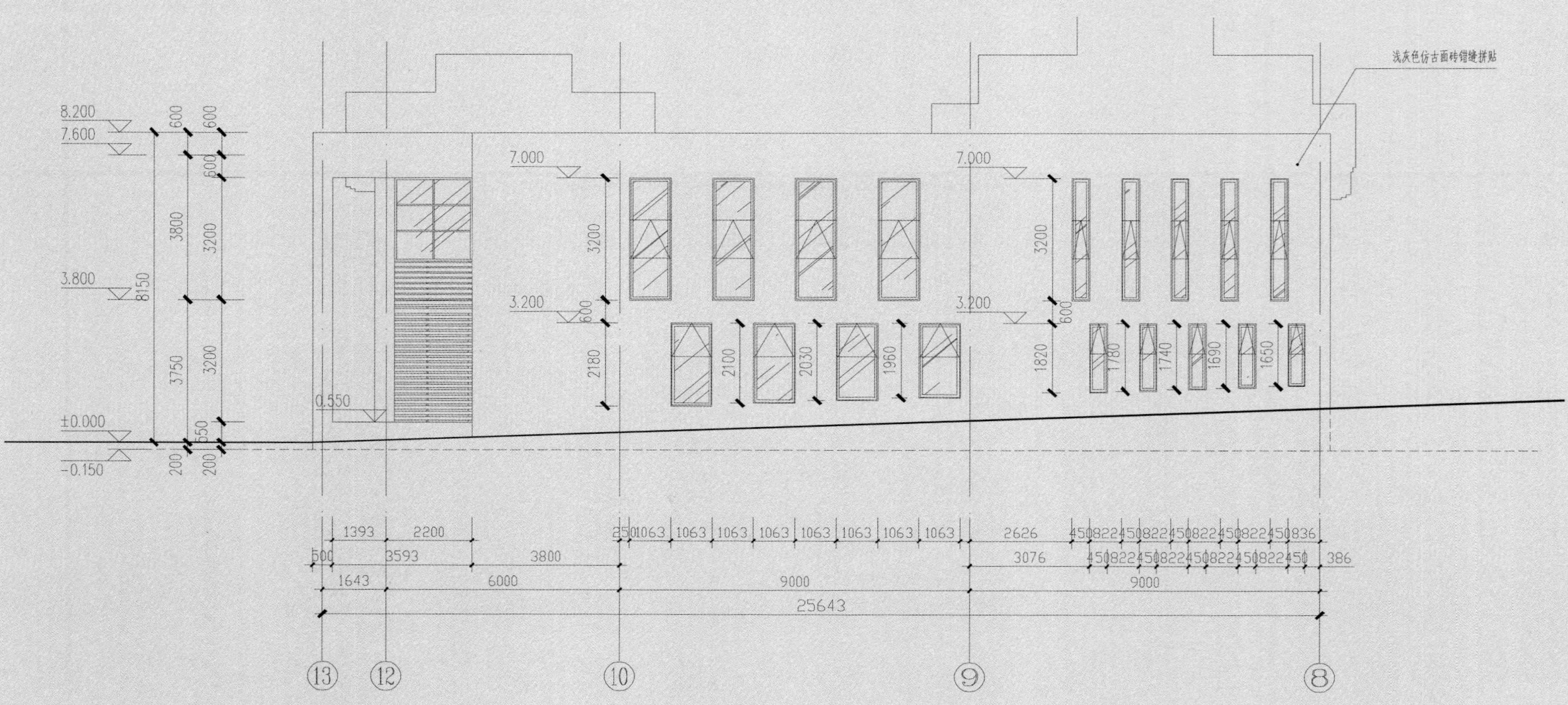

图D-4-7-2-28 银山门南7号楼北立面图

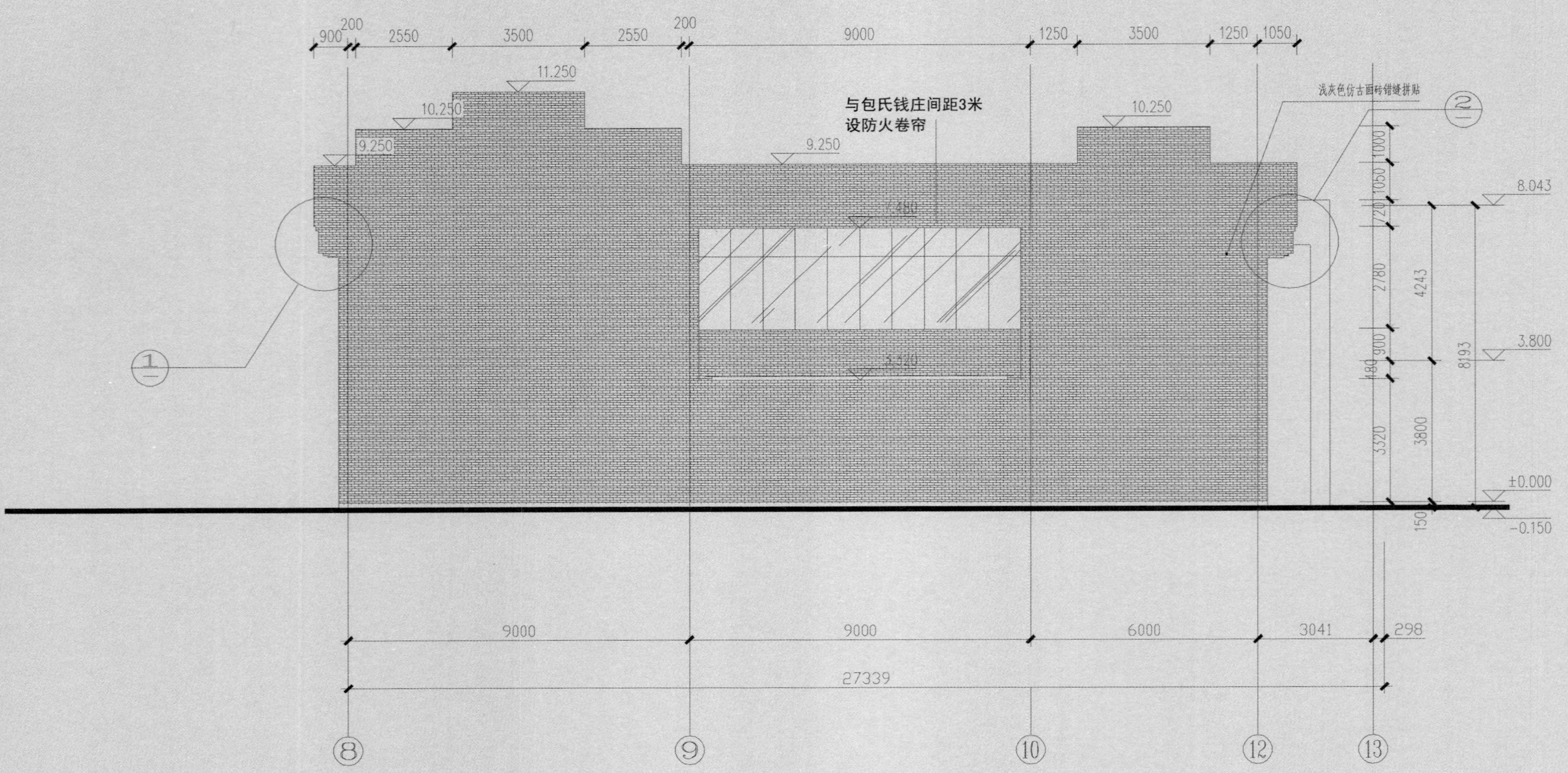

图D-4-7-2-29 银山门南7号楼南立面图

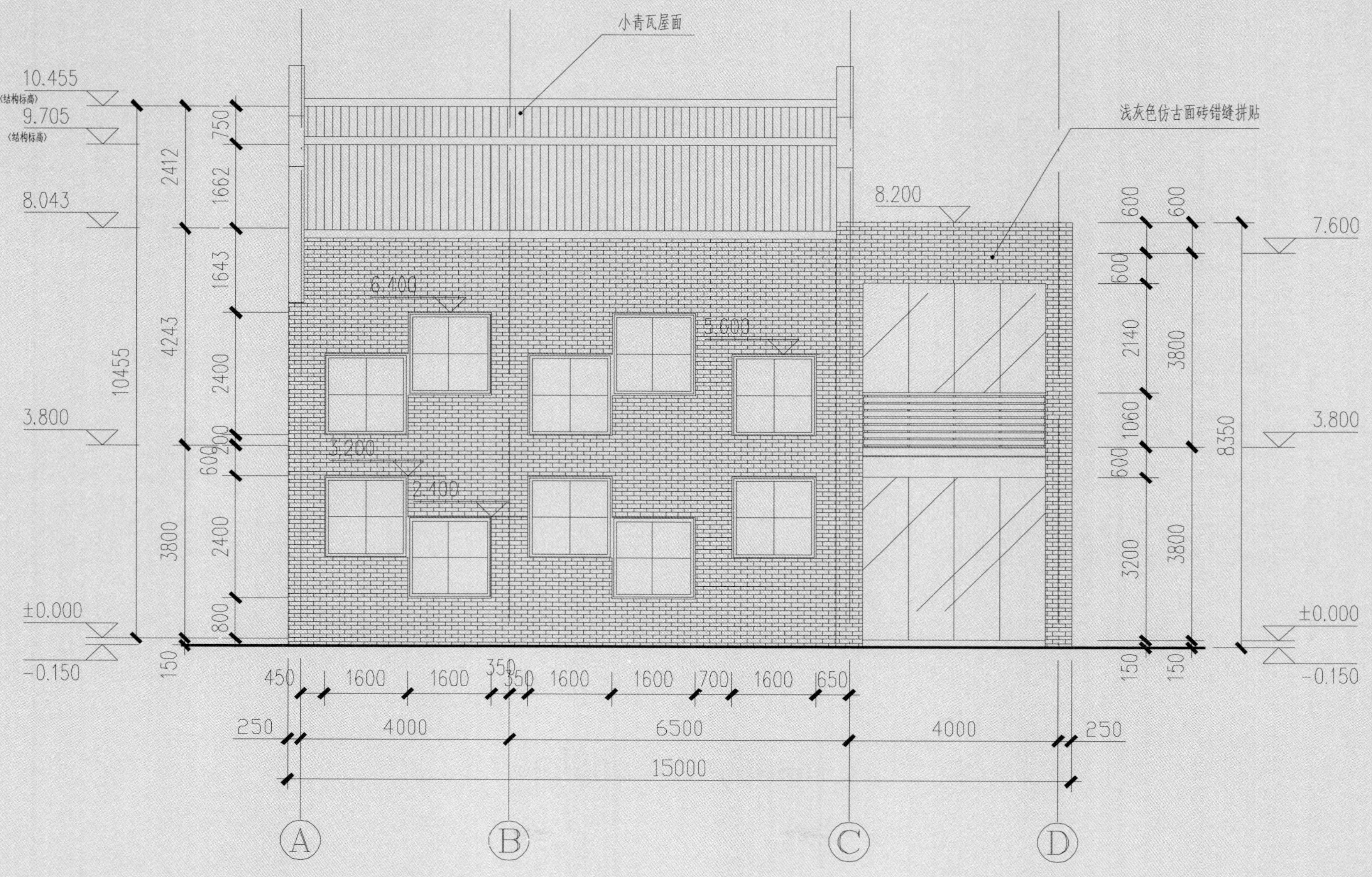

图D-4-7-2-30 银山门南7号楼东立面图

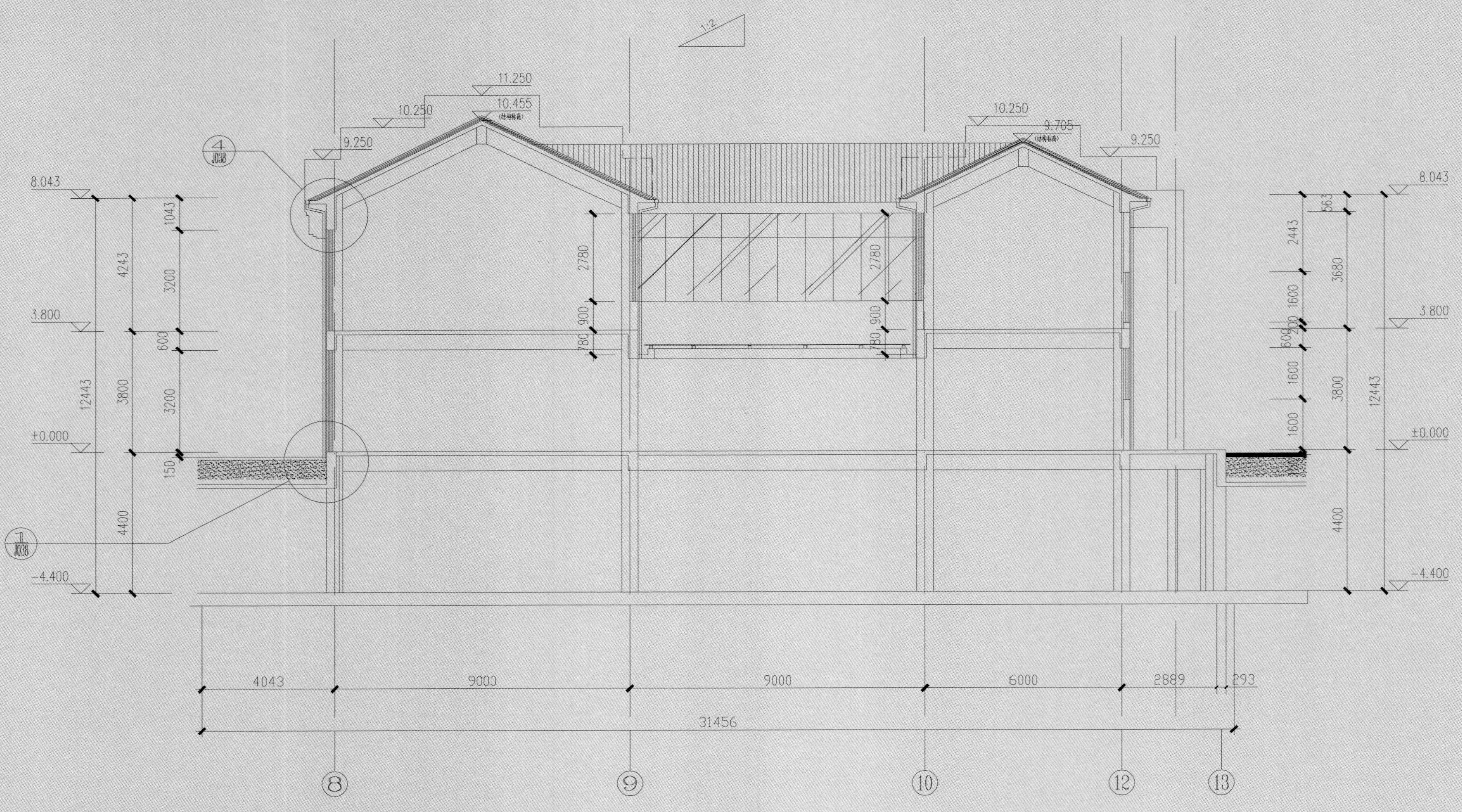

图D-4-7-2-31 银山门南7号楼剖面图

第三节 南星巷商务酒店建筑

一、概况

1. 建筑形态。南星巷商务酒店位于云台山西北麓山洼内，坐落于小码头街支巷——南星巷内。该建筑分为前后两楼，外立面为仿传统中式建筑风格。前楼位于南星巷南侧，坐南朝北，长87m、宽45.3m、高14.9m，占地面积3963.75m^2，建筑面积4671m^2；后楼位于半山腰，坐南朝北，长58m、宽32.6m、高16.49m，占地面积1890.8m^2，建筑面积4111m^2。两楼合计建筑面积8782m^2，并通过内设通道连接（图P-4-7-3-1、图P-4-7-3-2）。

图P-4-7-3-1 南星巷商务酒店（谢戎 航拍）

图P-4-7-3-2 南星巷商务酒店前、后楼南立面

图P-4-7-3-3 搬迁修缮前南星巷杂乱建筑

2．历史沿革和遗存状态。据古街老人们回忆，南星巷内曾有道教建筑斗佬宫。1949年后也曾做过小码头小学的校址，后成居民居住区。20世纪70年代末80年代初，伴随知青和下放居民回城，山洼里、山腰上又搭建了大量棚户房（图P-4-7-3-3）。由于山体地质不稳定，巷东侧曾多次发生山体滑坡，90年代洪涝期间，山体严重滑坡，部分居民失去家园，被迫迁出。山洼内建筑多为简陋结构住宅，且地势高低不平，公共设施条件极差。2008年，西津渡公司对该区域居民实施搬迁，并请有关专家实地踏勘，认定该区域原有建筑由于地质原因不宜居住，且没有保留修缮的价值，于是决定予以拆除。同时整治地质环境，打桩筑堤，治理滑坡。同时根

据街区保护和发展需要，报请规划部门批准调整了地块用地性质，委托东南大学建筑设计院根据街区规划设计配套酒店方案。

二、主要建设方案

新建。开工前，西津渡公司邀请有关专家，对原址建筑遗存的拆除进行了实地勘察，对新的建设方案进行了论证，并报请镇江市规划局审查批准。

1. 主要规划指标

见表B-4-7-3-1、表B-4-7-3-2。

表B-4-7-3-1 总体规划指标

序号	名 称	单位	数量
1	总用地面积	m^2	5854.55
2	地上总建筑面积	m^2	8782
3	容积率	%	1.5
4	建筑密度	%	0.9
5	总建筑面积	m^2	

表B-4-7-3-2 南星巷建筑群具体指标

项目地址和名称	基地面积（m^2）	建筑面积（m^2）	建筑层数	建筑高度（m）
一期建筑	1890.8	4111	3	16.49
二期建筑	3963.75	4671	3	14.9
合计	5854.55	8782		

2. 主要建设技术方案

经专家论证、规划批准，西津渡公司实施了滑坡治理工程，并按照风貌协调建筑的要求委托规划设计了南星巷商务酒店（仿传统中式建筑）。

根据设计方案，该建筑与街区青砖黛瓦马头墙风貌一致，内部为现代设施的商务酒店（图P-4-7-3-4、图P-4-7-3-5）。前楼建筑内部为会所结构，高三层，每层层高4.5m，西北端为该建筑入口。后楼建筑呈长方形，为二栋四合院式结构，内部为酒店客房结构，高三层（图P-4-7-3-6 ~ 图P-4-7-3-8）。前后楼建筑由一廊桥式过道连接。前楼西北角为该建筑入口，道路交通自大门前向北穿过小码头街连接利商街西段原老第二人民医院道路转向新河路，通云台山路。小型车辆可直接停驻该商务酒店建筑大门（图P-4-7-3-9）。

图P-4-7-3-4 南星巷商务酒店后楼（黄良清 摄）

图P-4-7-3-5 南星巷商务酒店后楼中庭

图P-4-7-3-6 南星巷商务酒店后楼南立面

图P-4-7-3-7 南星巷商务酒店前楼二楼阳台

图P-4-7-3-8 南星巷商务酒店前楼东北立面

图P-4-7-3-9 南星巷商务酒店前楼（大门）

三、建筑物修缮责任表

建设单位：镇江市西津渡建设发展有限责任公司

项目负责人：王诚庆 张晨雪

测绘、设计修缮单位：镇江市地景园林规划设计有限公司

设计人员：丁玉春 骆雁

监理单位：镇江建科工程管理有限公司

监理人员：刘晓瑞 景宝富 管培芝

施工单位：镇江市光大建筑工程有限公司

项目经理：包信才

施工时间：2013.9.10 — 2014.3.09

图D-4-7-3-1 南星巷商务酒店总图

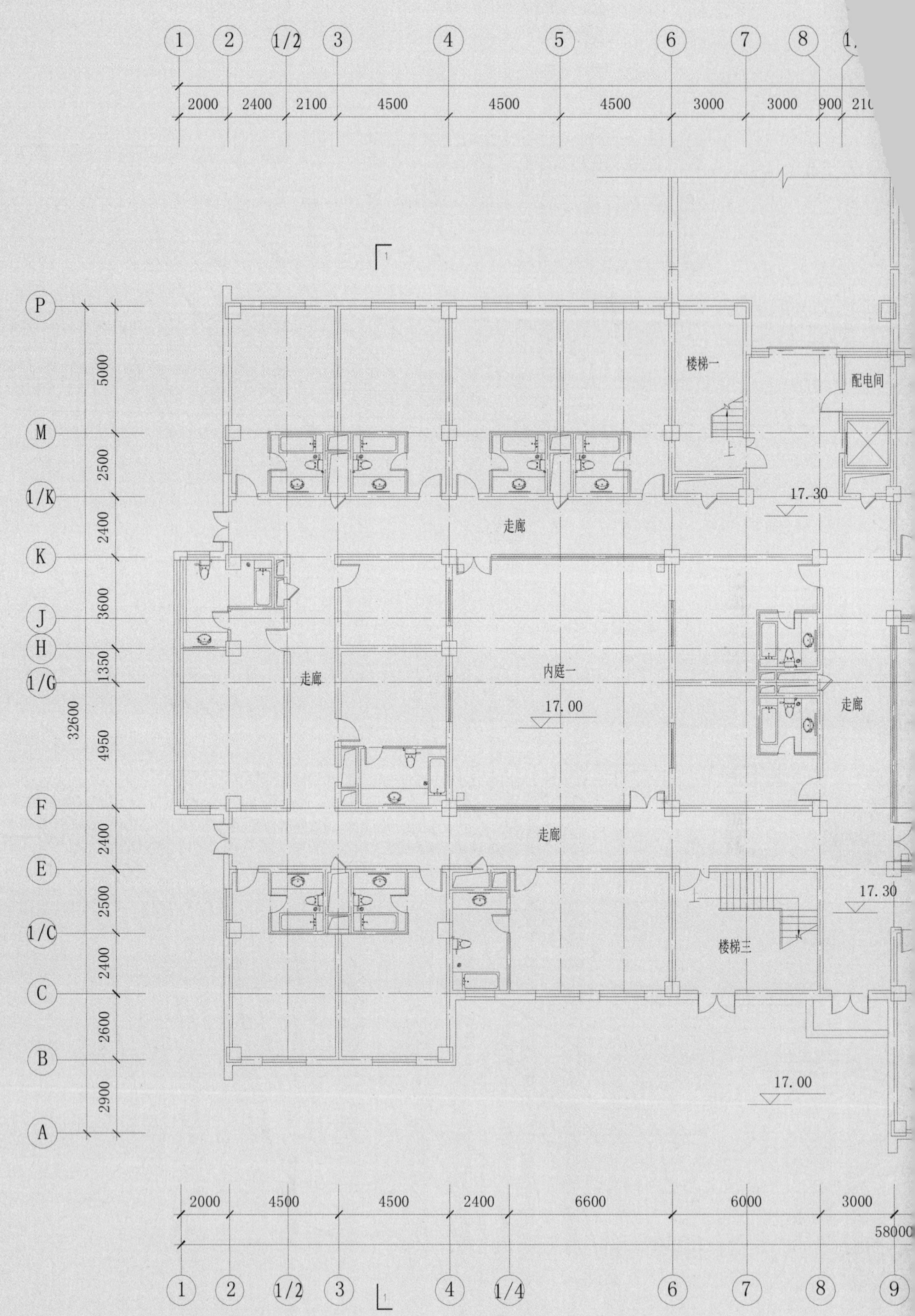

1
2
1/2
3
4
5
6
7
8
2000
2400
2100
4500
4500
4500
3000
3000
900
P
M
1/K
K
J
H
1/G
F
E
1/C
C
B
A
5000
2500
2400
3600
1350
4950
2400
2500
2400
2600
2900
32600
楼梯一
配电间
17.30
走廊
走廊
内庭一
17.00
走廊
走廊
17.30
楼梯三
17.00
2000
4500
4500
2400
6600
6000
3000
58000
1
2
1/2
3
4
1/4
6
7
8
9

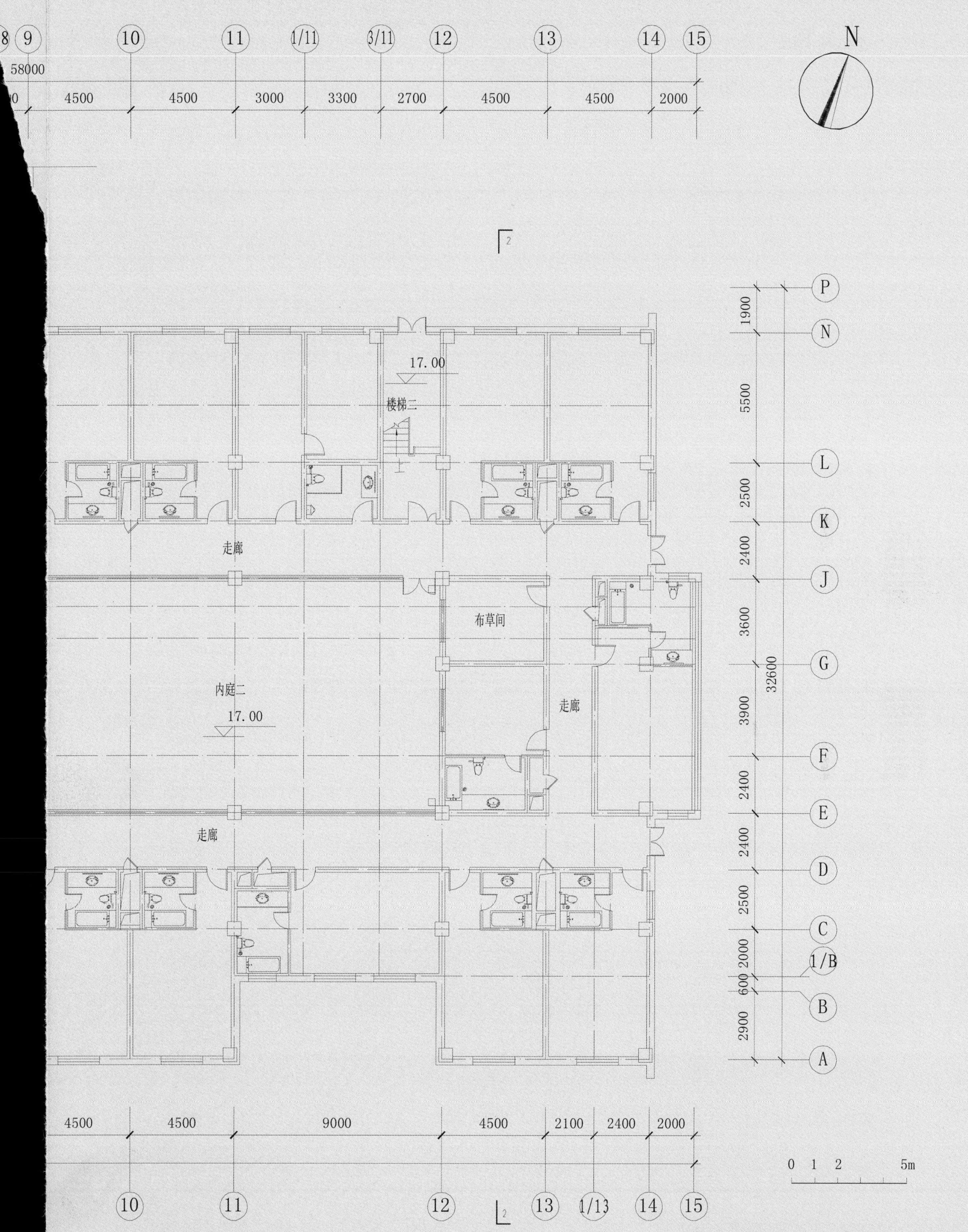

图D-4-7-3-2 南星巷商务酒店后楼一层平面图

四、施工图

如图D-4-7-3-1 ~ 图D-4-7-3-12所示。

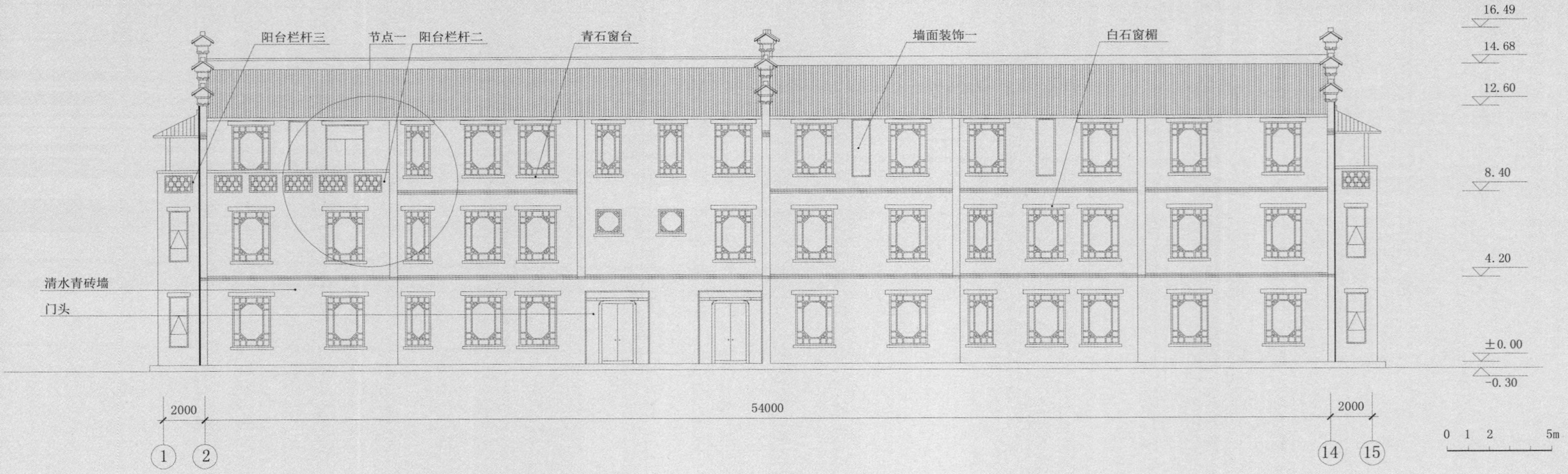

图D-4-7-3-4 南星巷商务酒店后楼北立面图

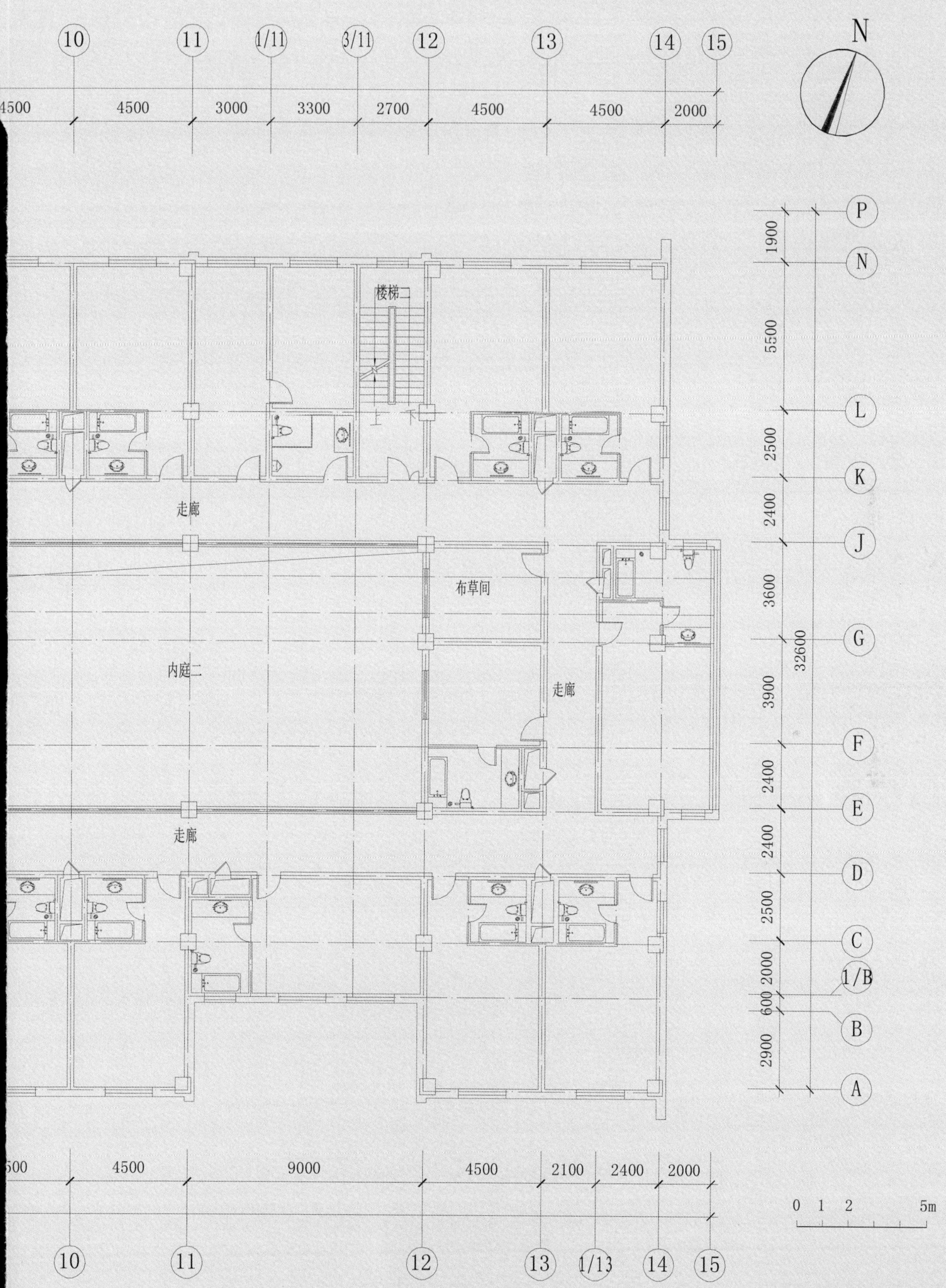

图D-4-7-3-3 南星巷商务酒店后楼二层平面图

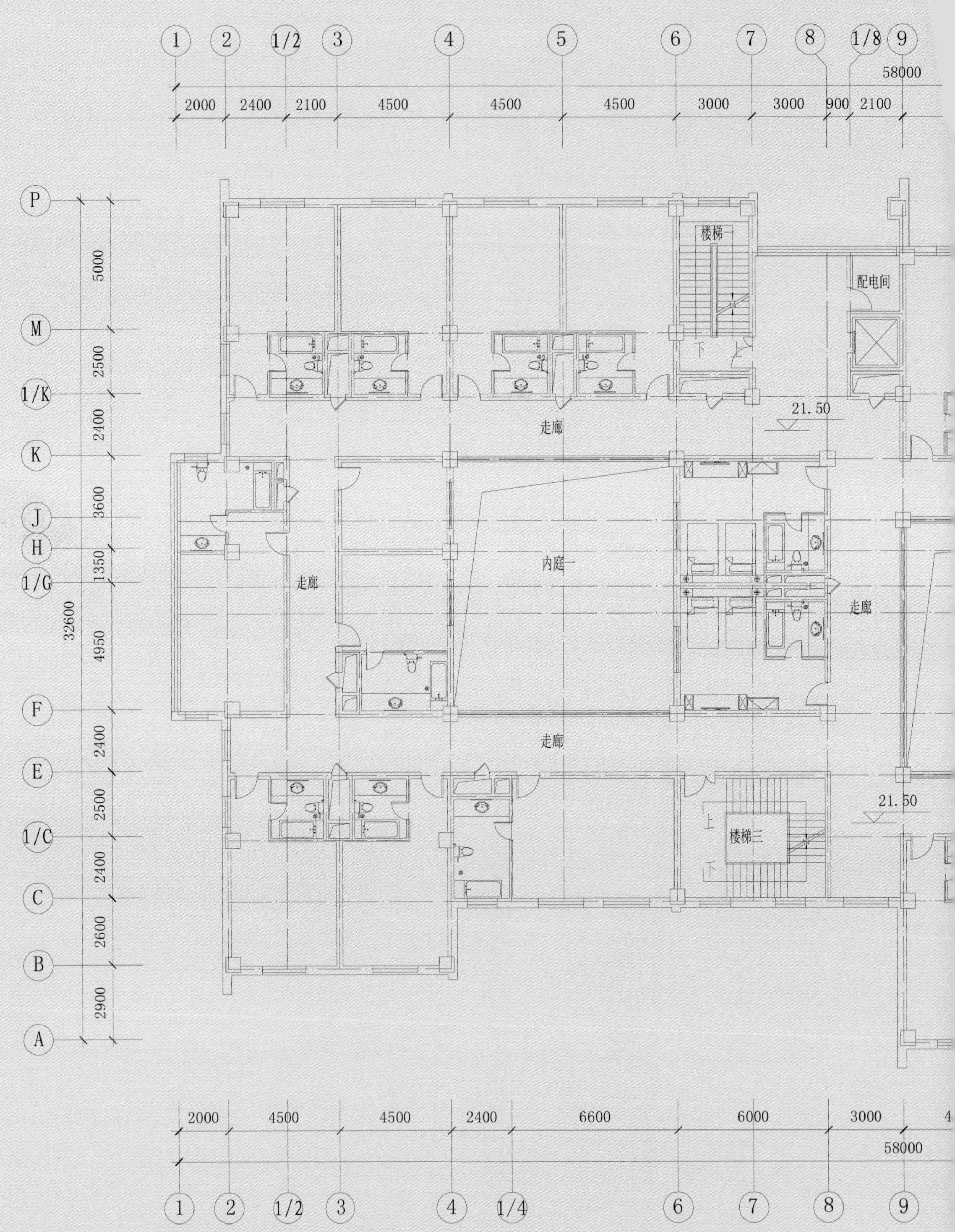

1
2
1/2
3
4
5
6
7
8
1/8
9
58000
2000
2400
2100
4500
4500
4500
3000
3000
900
2100
P
M
1/K
K
J
H
1/G
F
E
1/C
C
B
A
5000
2500
2400
3600
1350
4950
2400
2500
2400
2600
2900
32600
楼梯一
配电间
下
上
21.50
走廊
走廊
内庭一
走廊
走廊
21.50
楼梯三
上
下
2000
4500
4500
2400
6600
6000
3000
58000
1
2
1/2
3
4
1/4
6
7
8
9

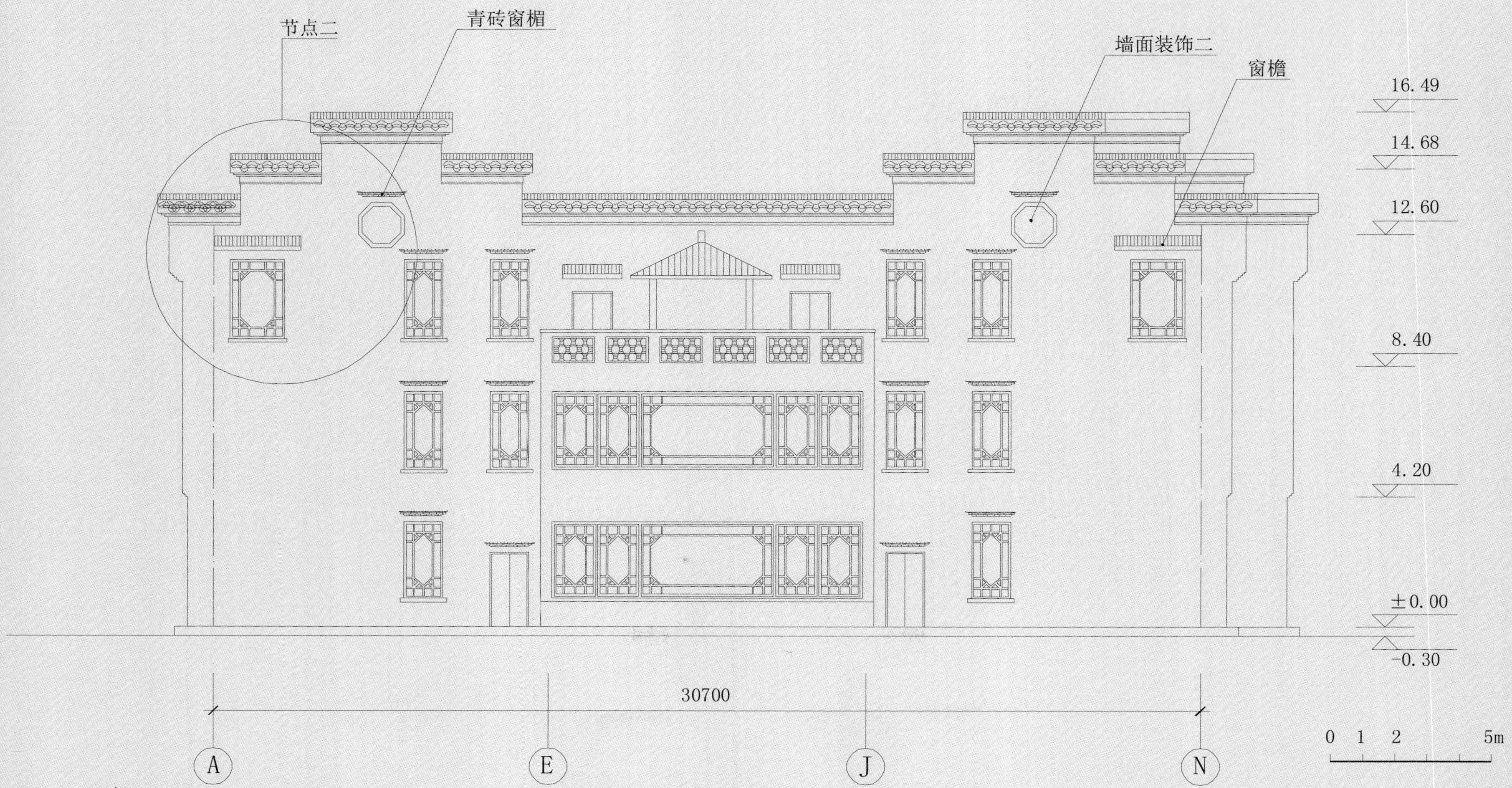

节点二
青砖窗楣
墙面装饰二
窗檐

16.49
14.68
12.60
8.40
4.20
±0.00
-0.30

30700

A E J N

0 1 2 5m

图D-4-7-3-5 南星巷商务酒店后楼东立面图

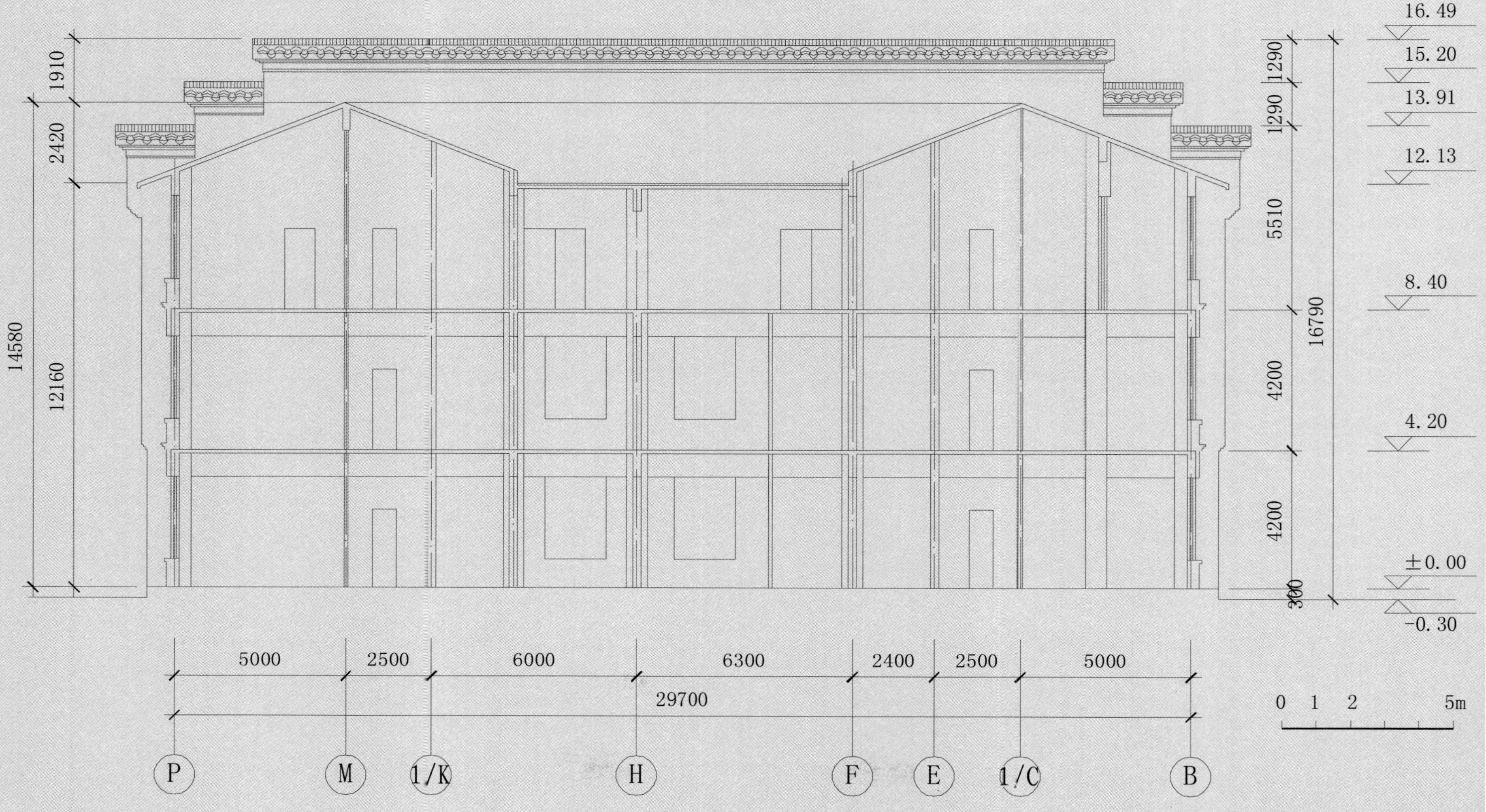

图D-4-7-3-6 南星巷商务酒店后楼剖面图

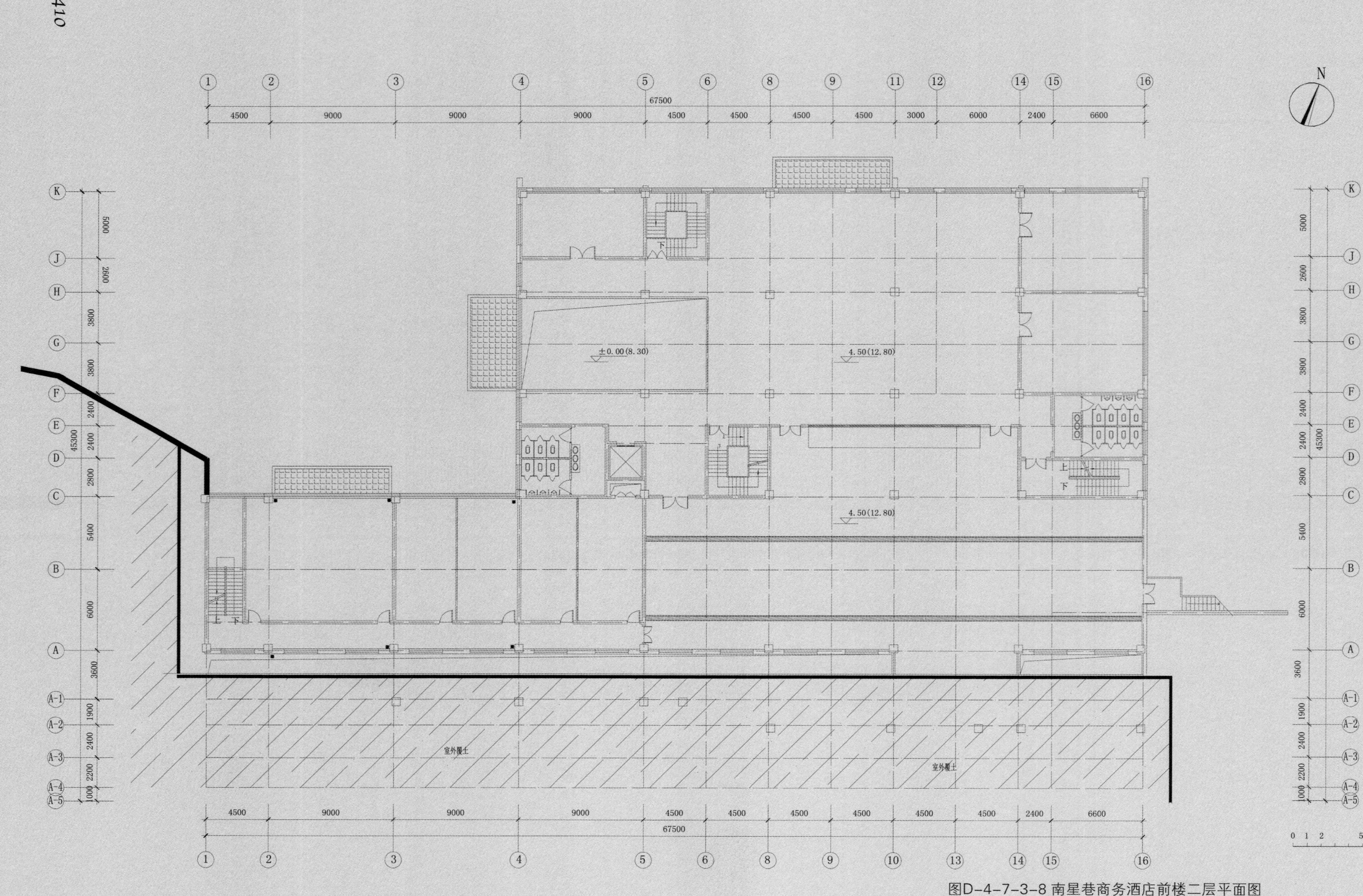

图D-4-7-3-8 南星巷商务酒店前楼二层平面图

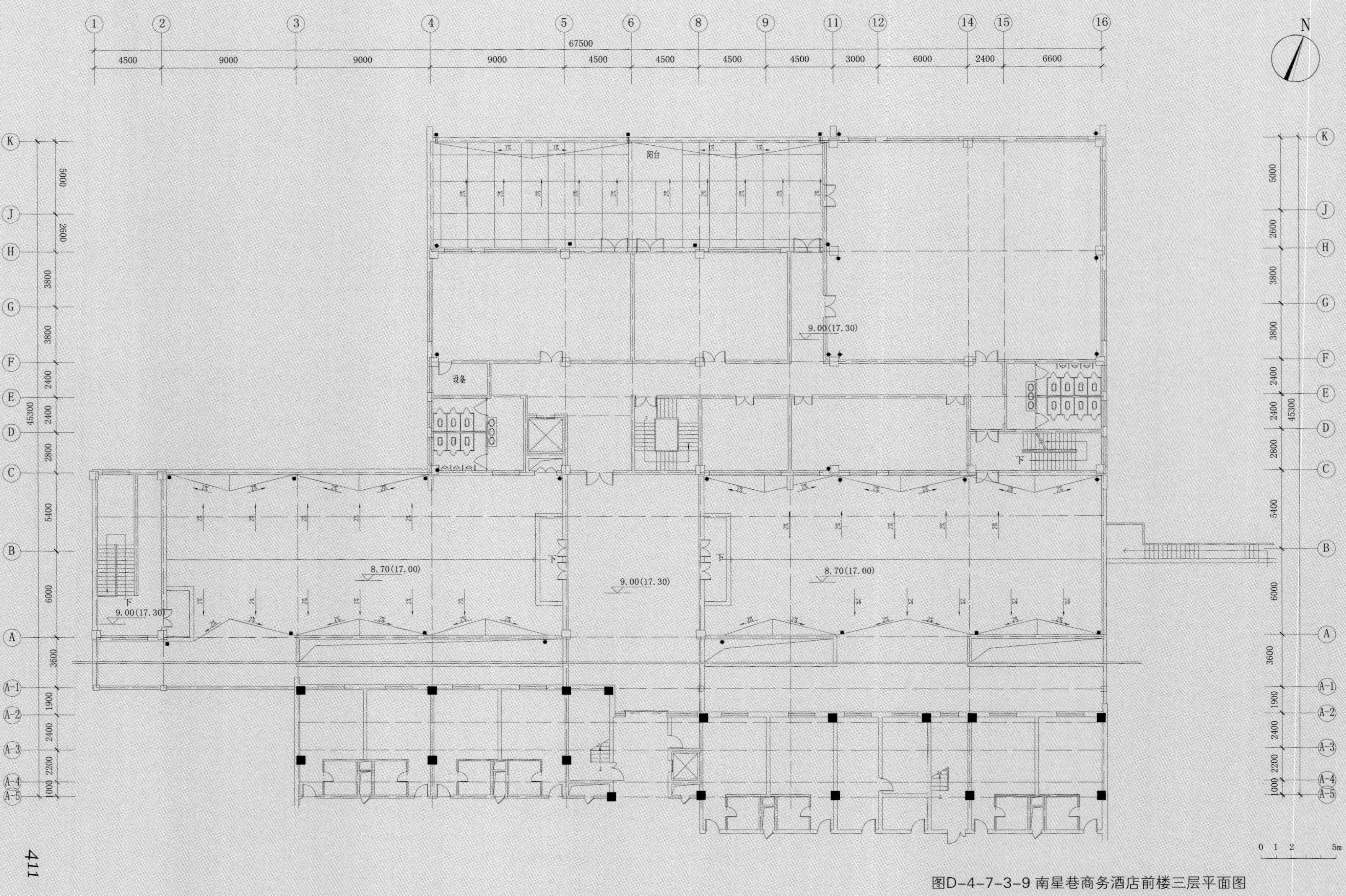

图D-4-7-3-9 南星巷商务酒店前楼三层平面图

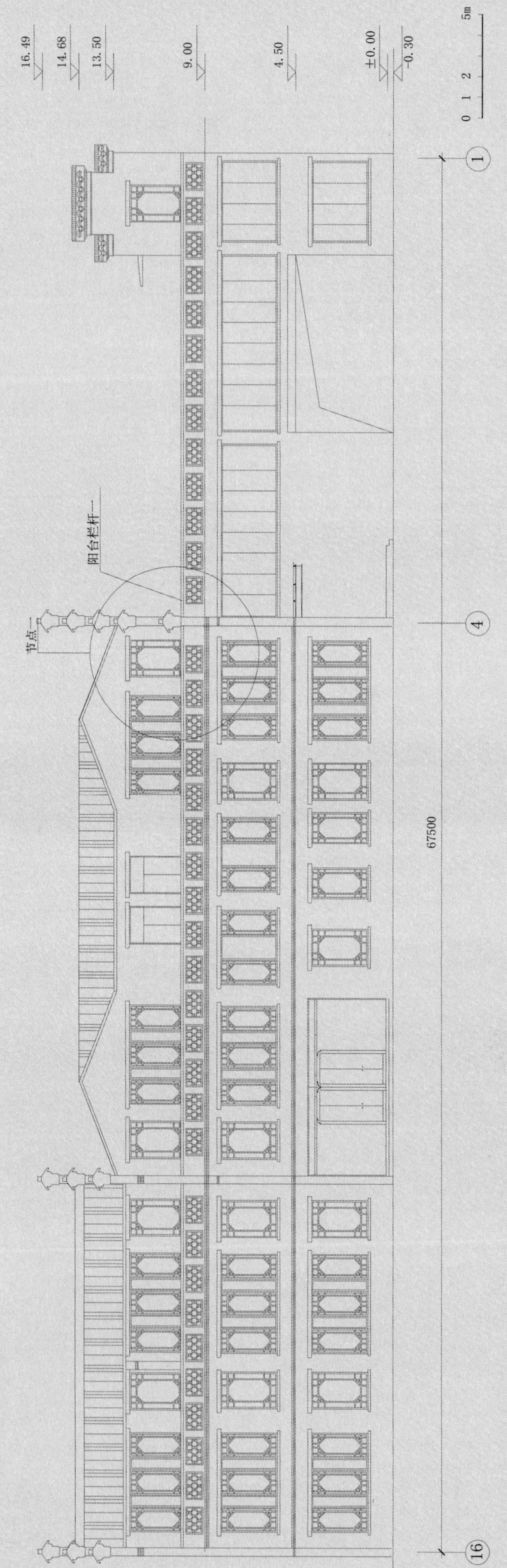

图D-4-7-3-10 南星巷商务酒店前楼北平面图

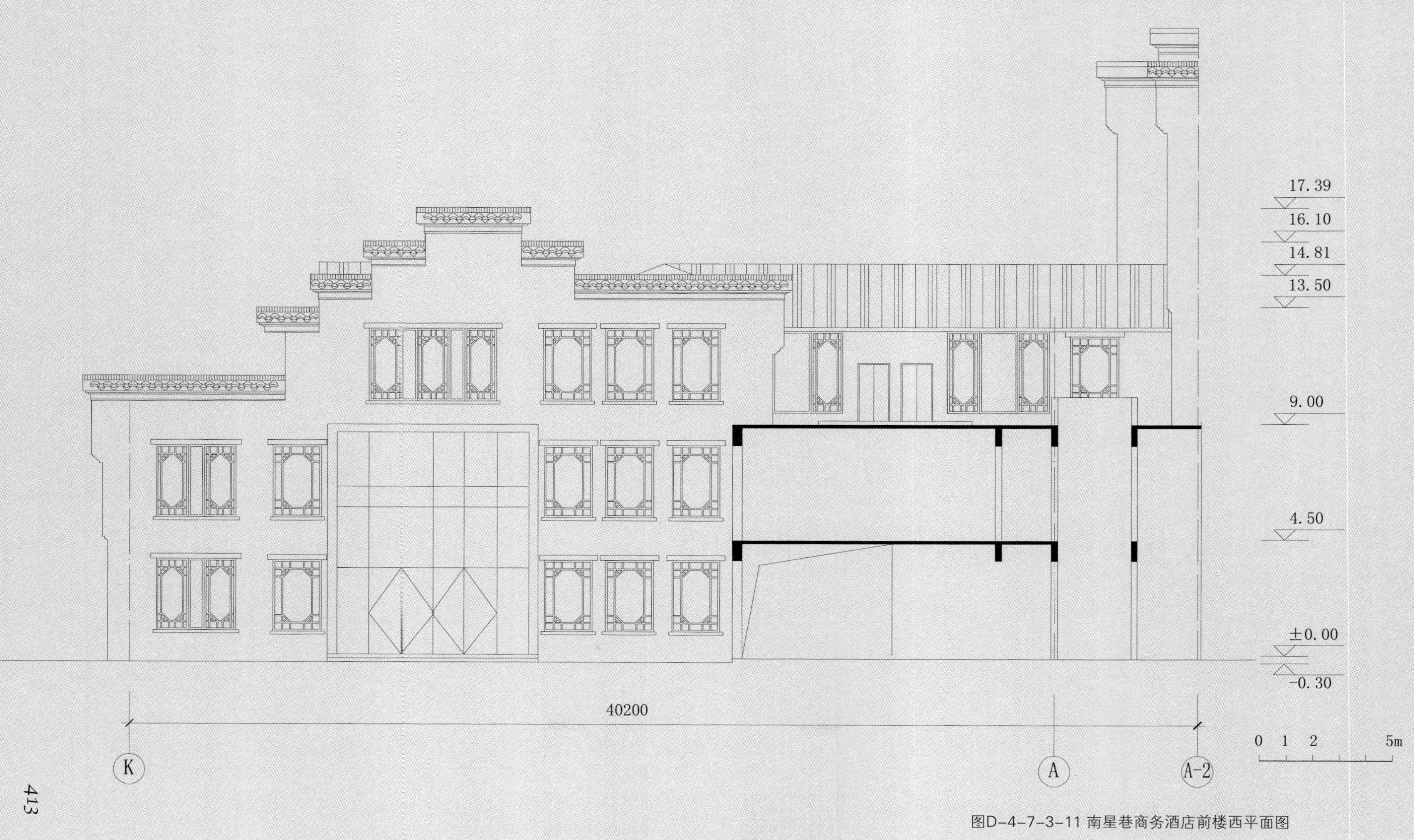

图D-4-7-3-11 南星巷商务酒店前楼西平面图

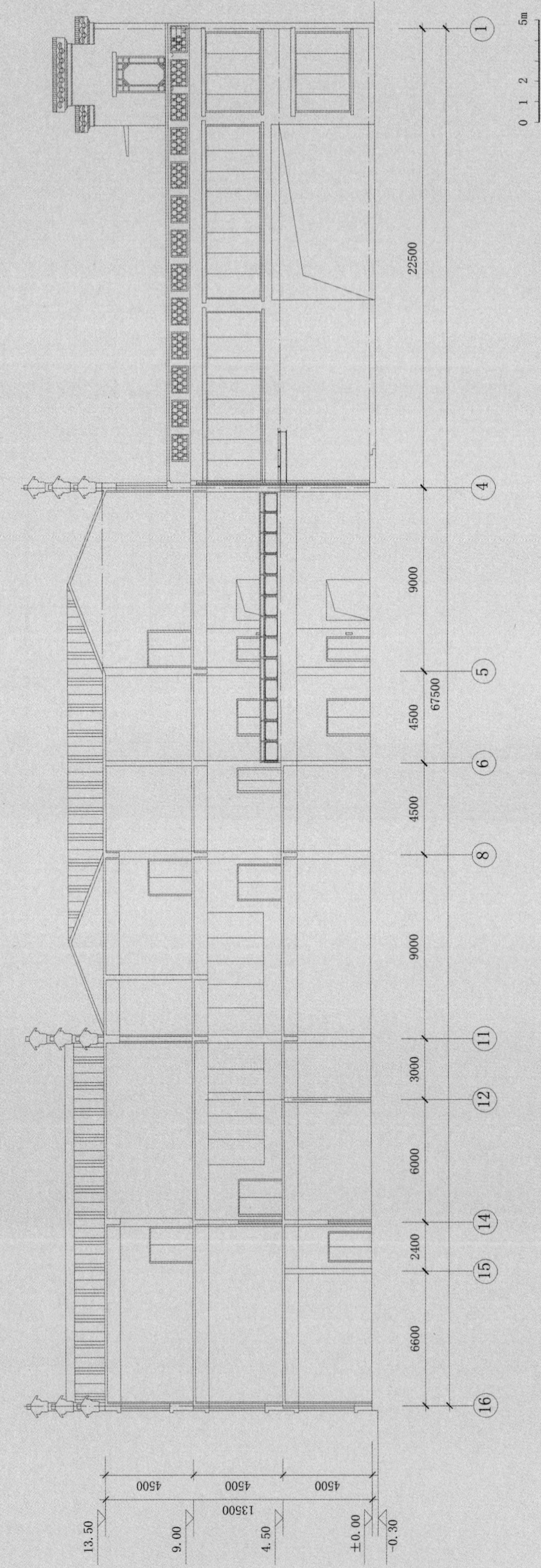

图D-4-7-3-12 南星巷商务酒店前楼剖面图

第四节 云台山雅阁璞邸酒店建筑群

一、概述

1. 建筑形态。位于云台山西南麓山脚下、京畿路与云台山路的交会处，镇江老地名称“牛皮坡”。 该建筑群有5幢独立的建筑构成，总占地面积15619.8m^2、总建筑面积17259.73m^2（其中地下建筑面积4588.02m^2）（图P-4-7-4-1）。

2. 历史沿革。据史料记载，这里在清末民国初为西方人士的墓地，叫“西侨公墓”，晚清的地图上标注为“洋人公墓”，老百姓又称“鬼子坟”。1958年“大跃进”期间，因大炼钢铁需要，墓园西侧围墙上的耐火砖被拆下来用于修建小高炉，墓园大门和墓园内坟墓上的金属饰物被拆卸下来用于炼钢铁。

图P-4-7-4-1云台山雅阁璞邸酒店（主立面）（李威 航拍）

图P-4-7-4-2 原镇江木材建材分公司仓库（原西侨公墓旧址，上下图为拆迁前后）

据有关资料："1965年8月17日，镇江市人民委员会第122号文件批复镇江木材建材分公司，'同意拨用小铁路巷东土地3.8亩（含外国人坟地0.773亩）建基建仓库'。"1965年下半年，因建镇江木材建材公司基建仓库，平掉了墓园内所有坟墓地表以上的部分，大型石碑和石雕共被运走四大卡车，其中大部分被运到镇江钢铁厂后面的旷野，小部分被运输公司运到长江路修建浴池，只有极少数被镇江博物馆抢救性地运到博物馆收藏，其中包括戴德生牧师的纪念碑。之后，该区域逐渐成为仓储和居民区（图P-4-7-4-2）。

2012年下半年由市西津渡公司收购了仓库、搬迁了居民。2013年1月15日至2月10日，委托镇江博物馆考古专家对"西侨公墓"地块进行考古勘探，据博物馆考古报告结论称："此次考古工作基本探明墓地位置、范围及格局。发现墓地中大部分墓葬都遭破坏，仅有少数墓葬保存略好；发现了戴德生之子、媳为其立的中文墓碑，可推测可能为戴德生墓；未发现赛珍珠母亲及亲人的墓葬，所以已在早年被破坏的可能性较大。"

有鉴于此，2013年8月，经与宗教部门协商一致，委托市博物馆承担了戴德生夫妇墓及周边5座墓葬的搬迁工作，将戴德生墓碑等迁至丹徒区基督新教堂已定好位置的墓穴里放置（地址在九华山南路西侧，靠近312国道南面）。有关部门同意西津渡公司对该区域重新规划建设，以协调街区风貌。考虑到伯先路、京畿路民国经典建筑的风格，拟建设为仿民国建筑风格的云台山养老中心。建成后因缺少创办养老中心的条件，3年后改为商务酒店，并与澳大利亚雅阁酒店管理集团（北京）达成合作意向，设立西津渡雅阁璞邸酒店，2018年正式开业。

二、主要建设方案

新建。

1. 主要规划建设指标。2013年，经镇江市规划局批准，西津渡公司对该地段实施风貌保护性改造工程，建设具有传统与西方元素结合的民国建筑风格的云台山养老中心（以下均称雅阁璞邸酒店）（图P-4-7-4-3、图P-4-7-4-4）。云台山雅阁璞邸酒店建筑群有五幢独立的建筑构成，它们分别是位于京畿路与云台山路交会的京畿路88号京畿楼（图P-4-7-4-5），其建筑形态为扇形，门朝南，门前为牛皮坡广场；其东侧为京畿路86号建筑听秋楼，其建筑形态为方形（图P-4-7-4-6），两幢楼由一过道连接（图P-4-7-4-7）；云台山路1号楼友山楼位于京畿路88号建筑西北侧后（图P-4-7-4-8～图P-4-7-4-11），建筑沿云台山路，是由一不规则形态组成，该楼最高，面积最大，其北侧为云台山2号楼晴佳楼（图P-4-7-4-

12）、友山楼与晴佳楼之间是公共花园（图P-4-7-4-13）北侧为云台山3号楼白华楼（图P-4-7-4-14）。酒店西侧中部和北部沿云台山路设有南、中、北三个出入口。雅阁璞邸酒店规划指标如表B-4-7-4-1、表B-4-7-4-2所示。

表B-4-7-4-1 总体规划指标

序号	名　称	单位	数量
1	总用地面积	m^2	15619.8
2	地上总建筑面积	m^2	12671.71
3	容积率	%	0.81
4	建筑密度	%	28.91
5	绿地率	%	30.1
6	机动车停车位数（地上）	辆	11
	机动车停车位数（地下）	辆	115
7	地下建筑面积	m^2	4588.02
8	总建筑面积	m^2	17259.73

表B-4-7-4-2 雅阁璞邸酒店建筑群具体指标一览表

项目地址和名称	基地面积（m^2）	建筑面积（m^2）	建筑层数	建筑高度（m）	备注
京畿路88号楼京畿楼	926.3	2612.63	3	17.6	有地下车库
京畿路86号楼听秋楼	702.03	1369.02	2	7.6	
云台山路1号楼友山楼	1825.2	5852.5	4	14.7	
云台山路2号楼晴佳楼	562.6	1497.8	3	10.2	
云台山路3号楼白华楼	499.82	1339.76	3	11.1	有地下车库
合计	4515.95	12671.68			

2. 主要技术方案。云台山养老中心建筑群为框架结构，建筑工程等级为三级，抗震预防烈度为7度，使用年限为50年。

建筑外立面为民国风格。外墙整体用青砖清水砌筑，门窗框券用红砖砌筑，铝合金仿木门窗，观音兜封火墙。京畿路86号、88号建筑，上口为仿西式“狮脊拱”发券式样，用红砖雕

图P-4-7-4-3 云台山雅阁璞邸酒店京畿楼（京畿路88号楼）（高卫东 摄）

图P-4-7-4-4 云台山雅阁璞邸酒店京畿楼（京畿路88号楼）东南立面及门前广场

图P-4-7-4-5 云台山雅阁璞邸酒店京畿楼（京畿路88号楼）东立面

图P-4-7-4-6 云台山雅阁璞邸酒店听秋楼（京畿路86号楼）

图P-4-7-4-7 云台山雅阁璞邸酒店听秋楼（京畿路86号楼）东立面门券

图P-4-7-4-8 云台山雅阁璞邸酒店友山楼西南立面一(云台山路东侧1号楼)

图P-4-7-4-9 建设中的云台山养老中心1号楼

图P-4-7-4-10 云台山雅阁璞邸酒店友山楼西南立面二（云台路东侧1号楼）

图P-4-7-4-11 云台山雅阁璞邸酒店友山楼西及北侧立面（1号楼）

图P-4-7-4-12 云台山雅阁璞邸酒店友山楼东南立面（1号楼）及晴佳楼西侧立面（2号楼）

图P-4-7-4-13 云台山雅阁璞邸酒店晴佳楼西立面（2号楼）

图P-4-7-4-14 云台山雅阁璞邸酒店白华楼西立面（3号楼）

图P-4-7-4-15 云台山雅阁璞邸酒店白华楼西北立面（3号楼）

饰花纹，两边有红砖西式柱子衬托；但屋面是传统做法，中式屋脊，蝴蝶瓦，观音兜防火山墙。建筑内部为现代酒店格局。总体建筑风格协调，与街区其他建筑融为一体（图P-4-7-4-15）。

各栋建筑之间设有广场、绿化、道路等配套设施。既美化了环境，又与云台山整体风貌相协调。云台山路设有入口连接内部道路，并向东沟通邮局巷道路，到达瑞芝里和东坡岭，优化了游览线路（图P-4-7-4-16、图P-4-7-4-17）。

图P-4-7-4-16 雅阁璞邸酒店云台山路中入口

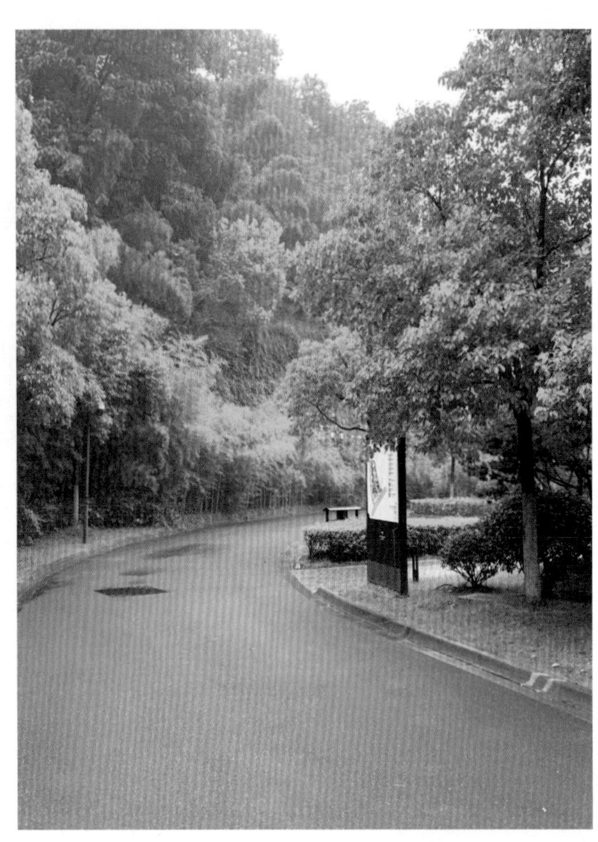

图P-4-7-4-17 雅阁璞邸酒店内部景观及北入口

三、建筑物修缮责任表

建设单位：镇江市西津渡建设发展有限责任公司

项目负责人：于啸

测绘、设计修缮单位：江苏省第二建筑设计研究院有限责任公司

设计人员：李竹

监理单位：镇江建科工程管理有限公司

监理人员：施彩霞

施工单位：南京市第六建筑安装工程有限公司

项目经理：王西川

施工时间：2013.7.1—2013.12.8

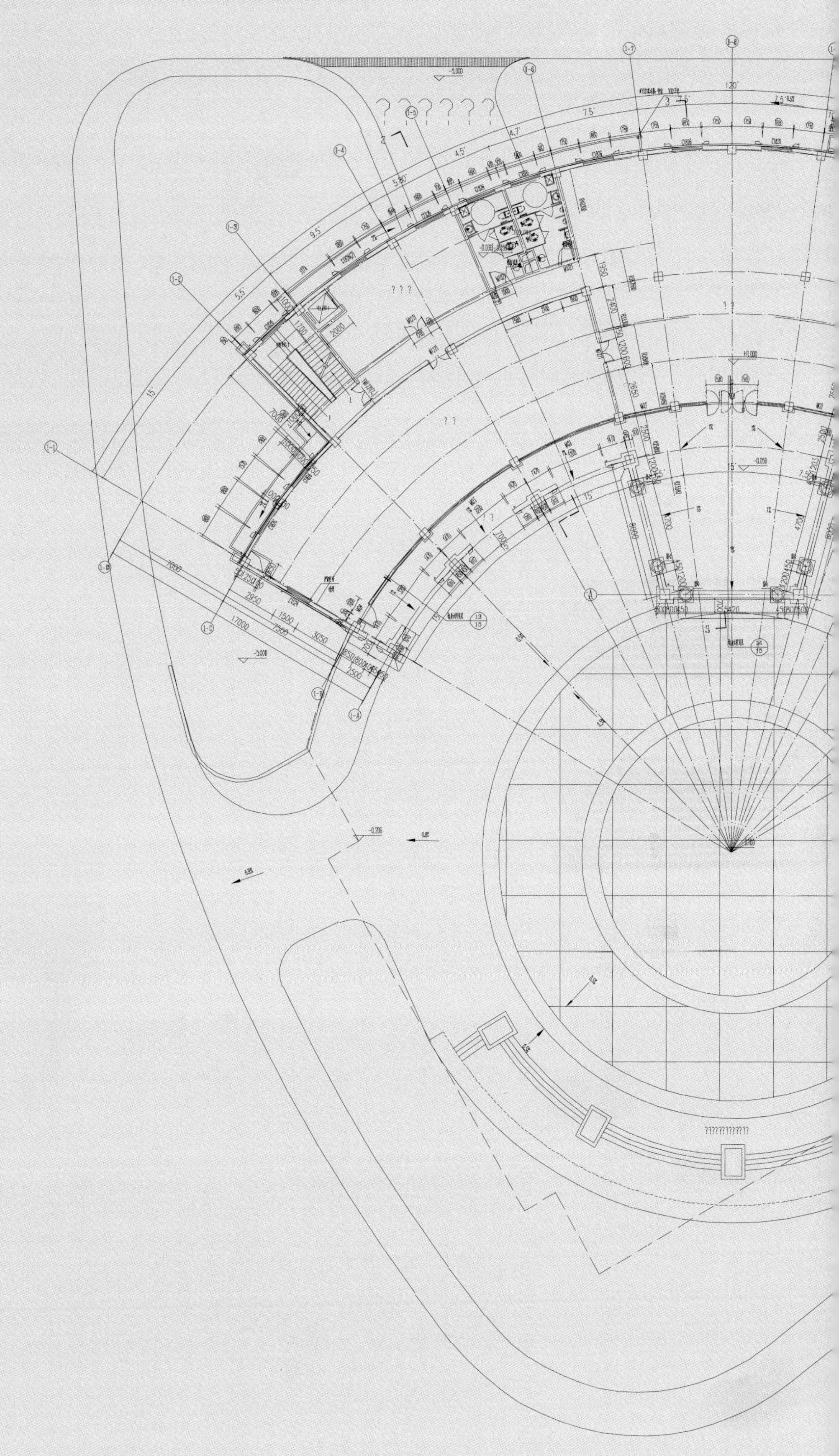

图D-4-7-4-1 云台山养老中心京畿路86～88号楼负一层平面图

四、施工图

如图D-4-7-4-1 ~ 图D-4-7-4-40所示。

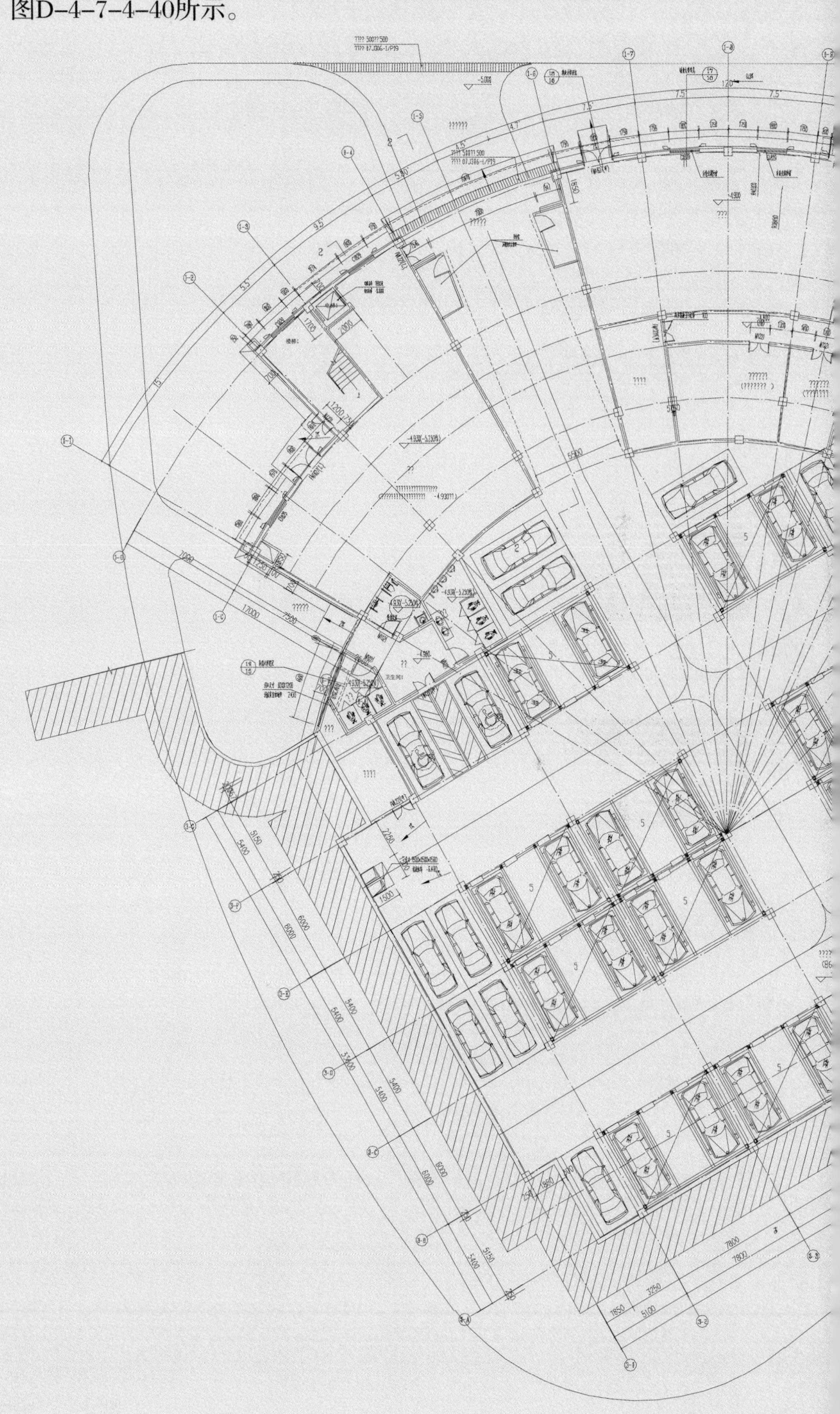

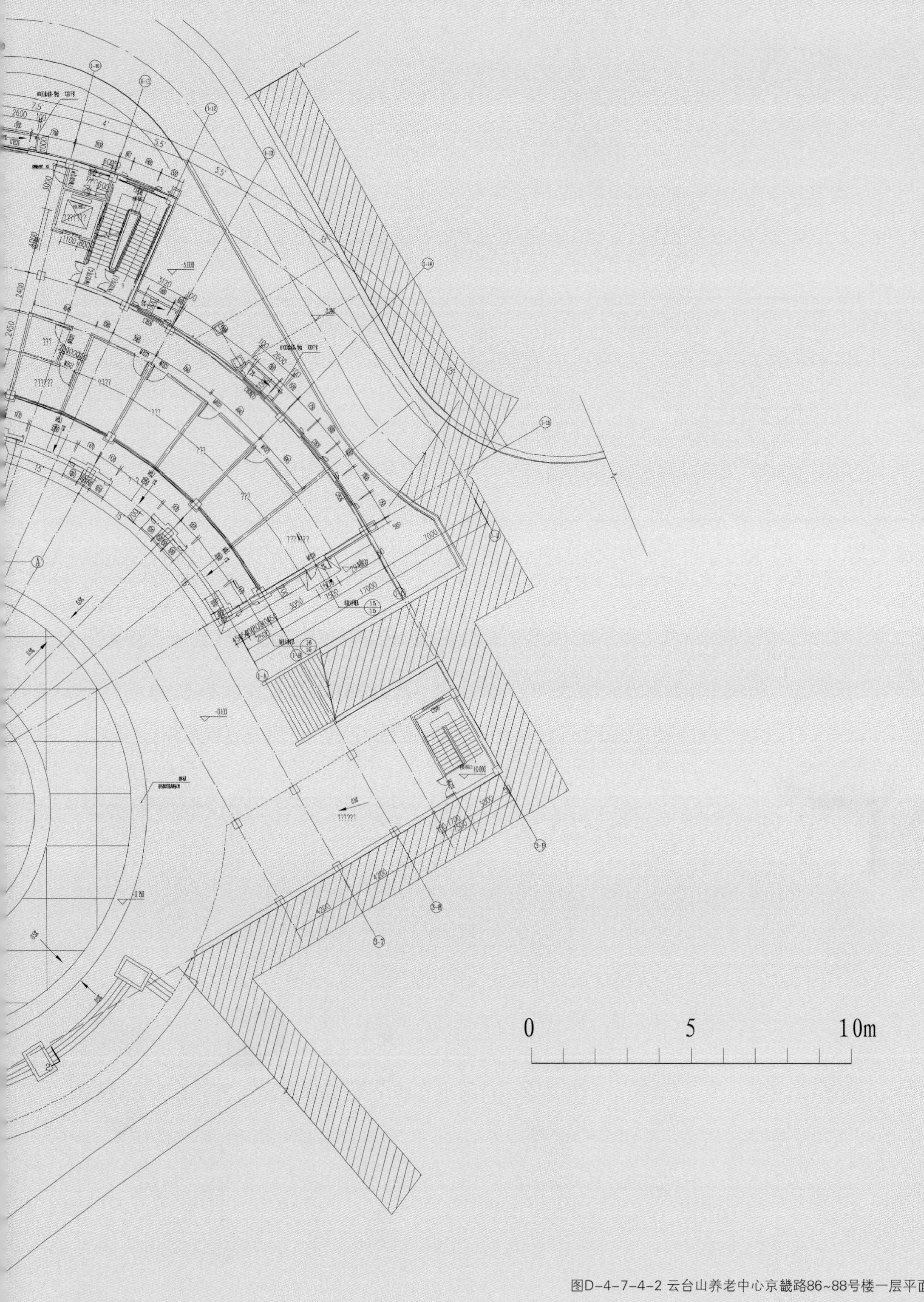

图D-4-7-4-2 云台山养老中心京畿路86~88号楼一层平面图

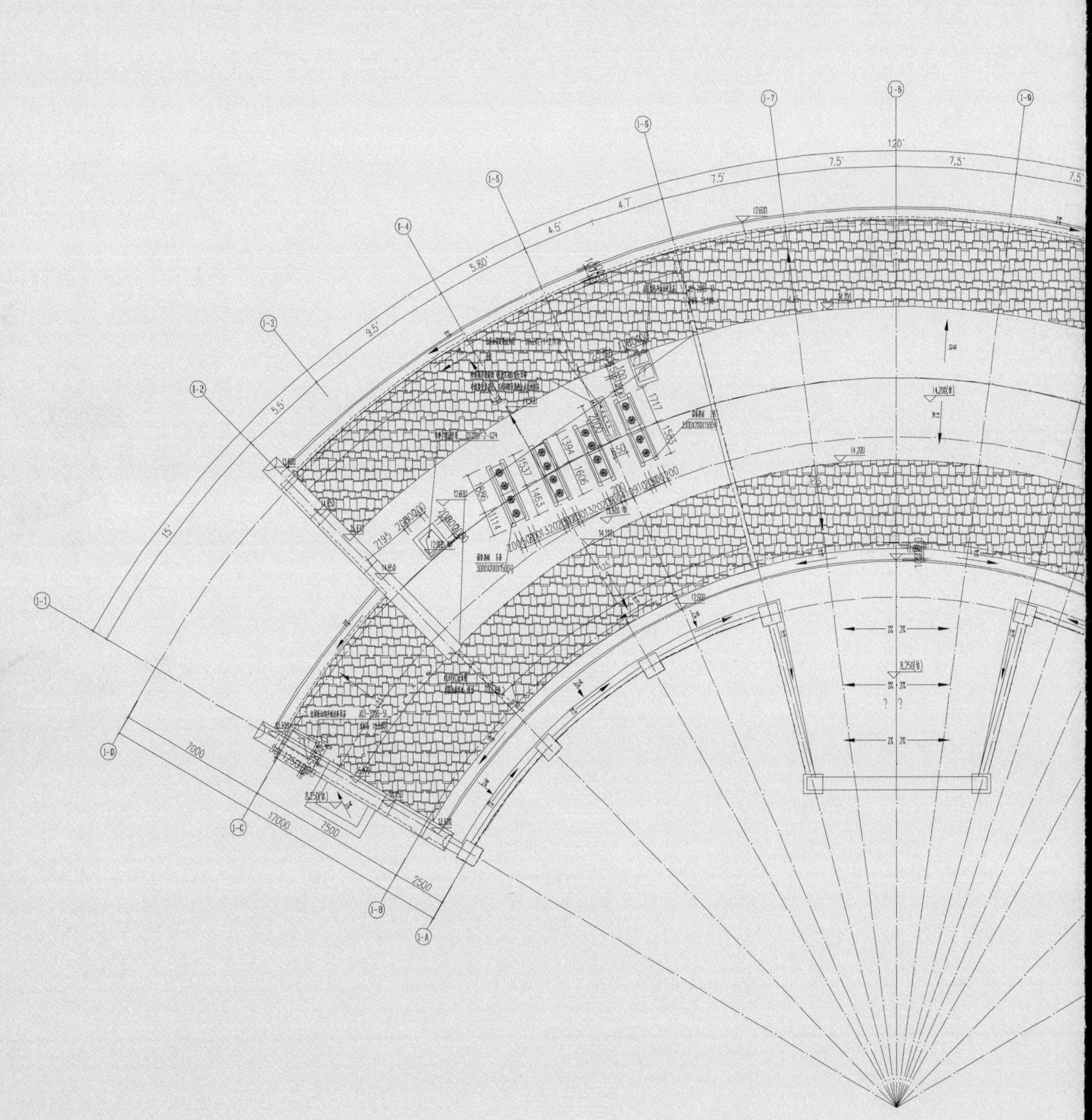

1-1
1-2
1-3
1-4
1-5
1-6
1-7
1-8
1-9
1-A
1-B
1-C
1-D
7.5°
7.5°
7.5°
4.7°
4.5°
5.80°
9.5°
5.5°
15°
120°
12.600
14.200
14.700
8.250
7000
17000
7500
2500
2195
1717
1563
1394
1606
1537
1463
1895
1114

图D-4-7-4-3 云台山养老中心京畿路86~88号楼二层平面图

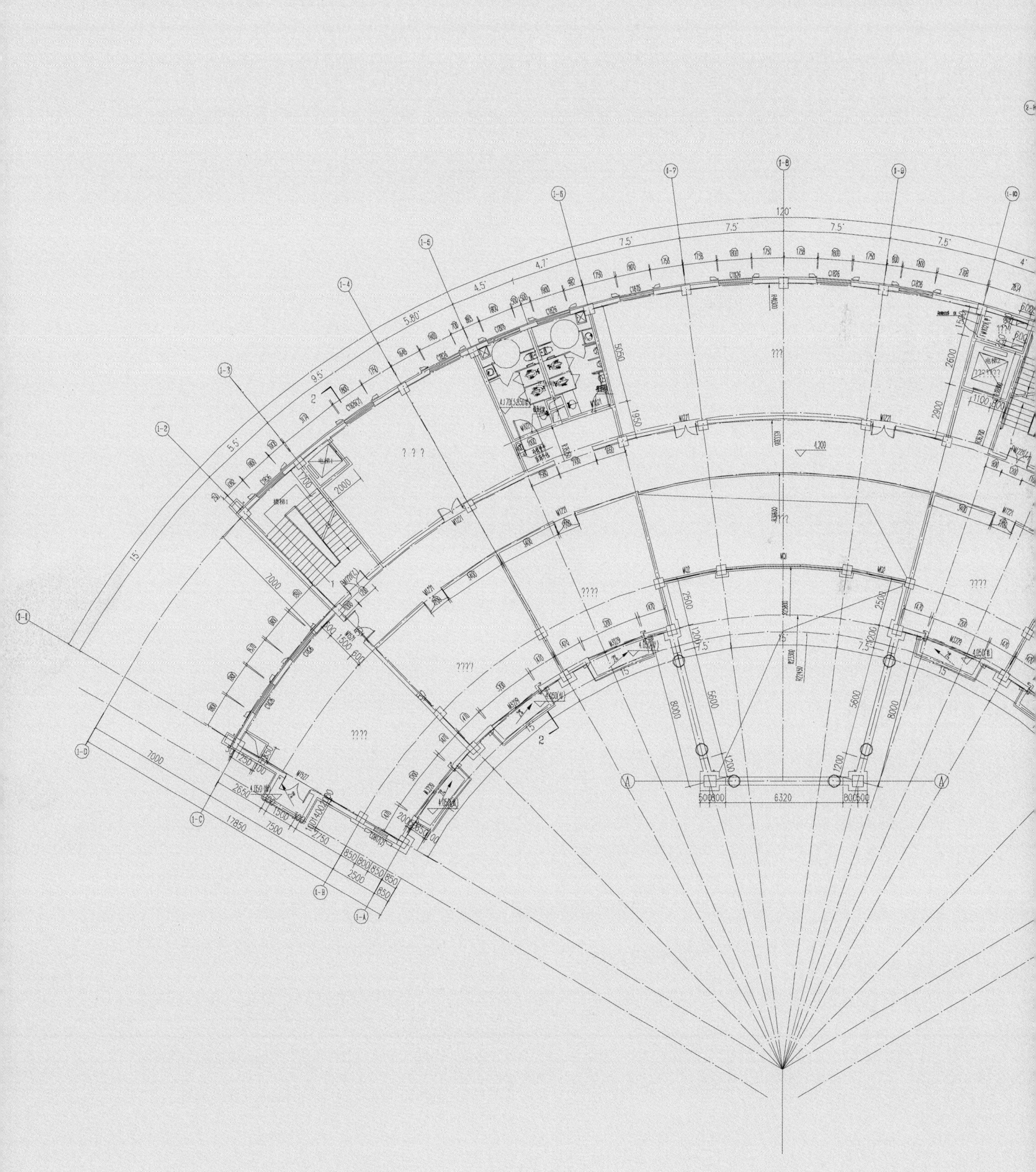

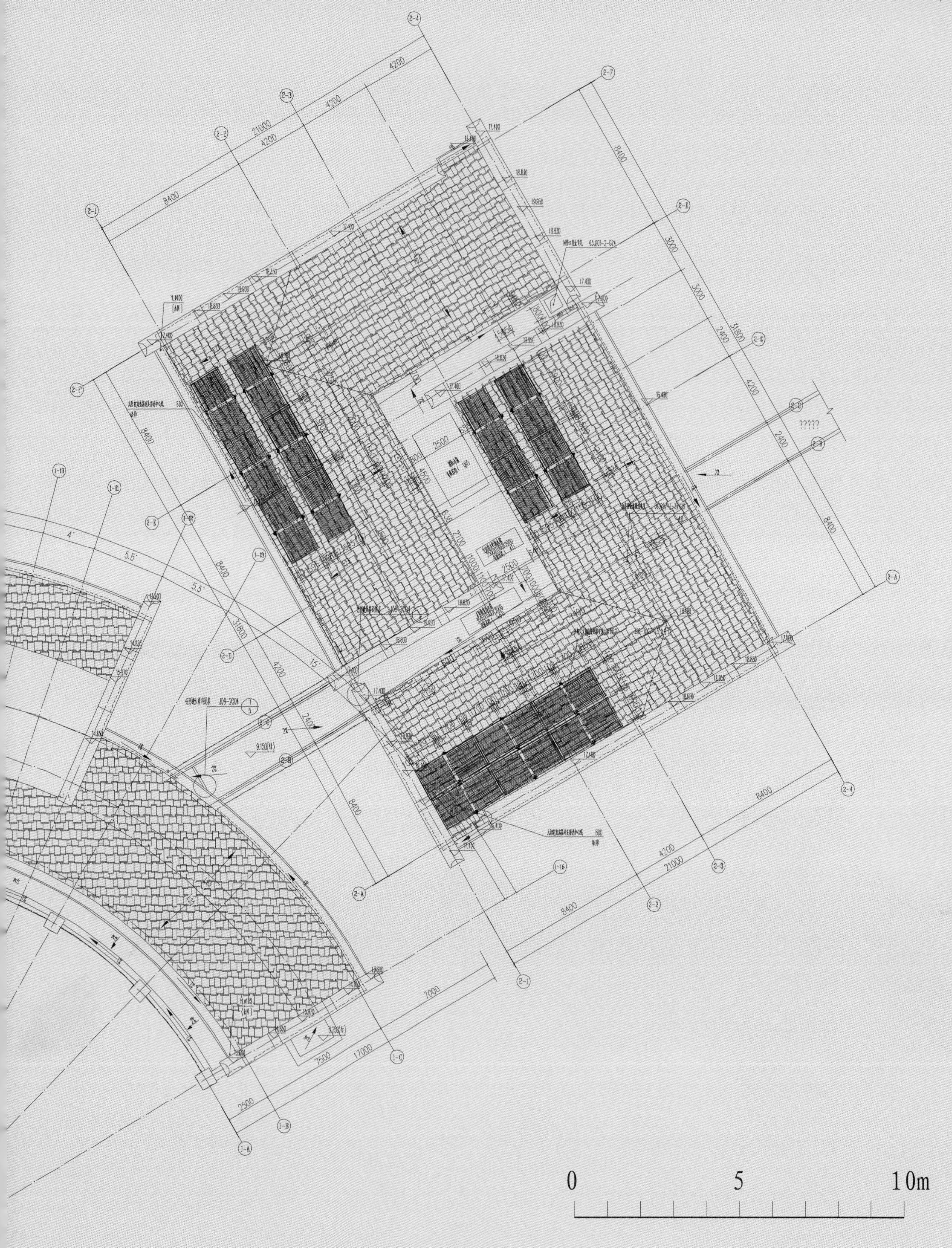

图D-4-7-4-4 云台山养老中心京畿路86~88号楼屋顶平面图

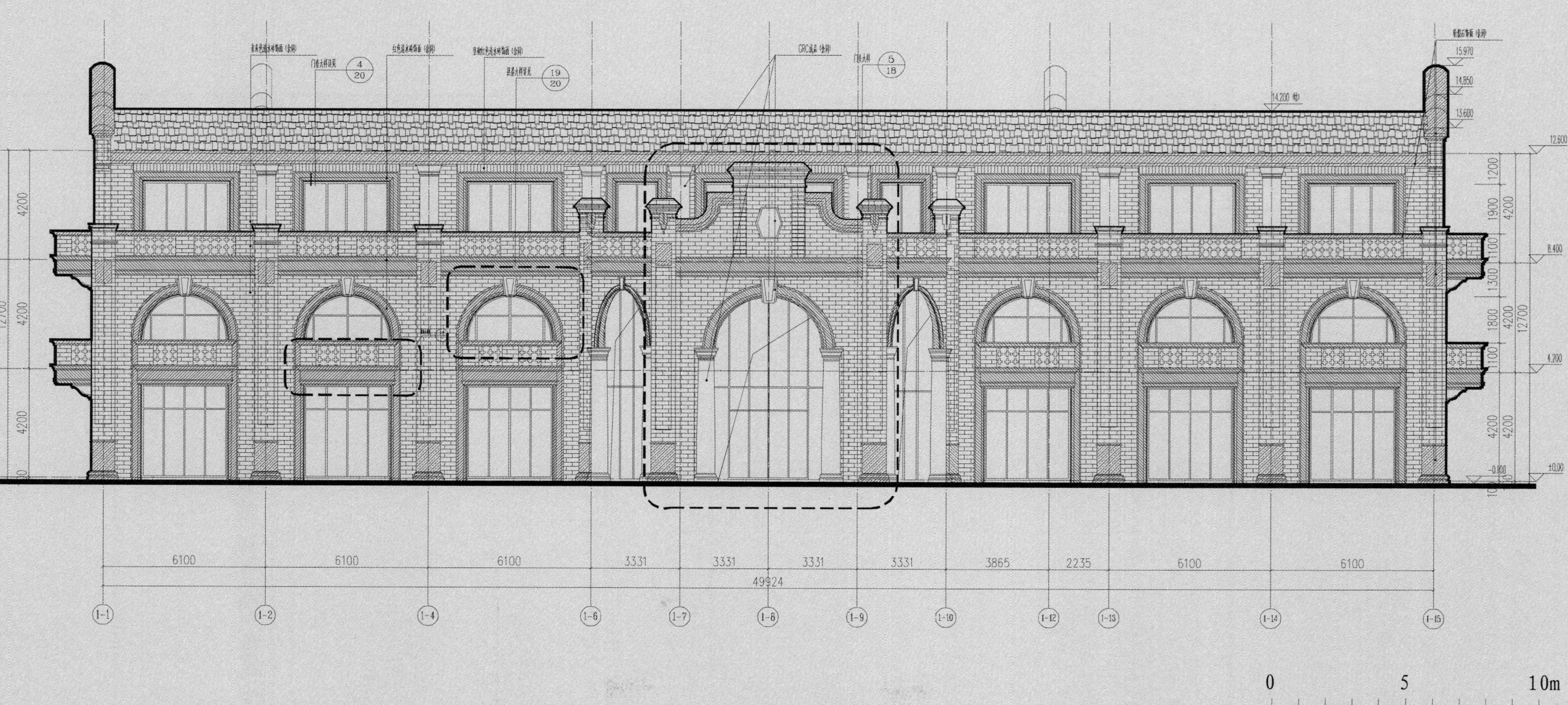

图D-4-7-4-5 云台山养老中心京畿路88号楼南立面图

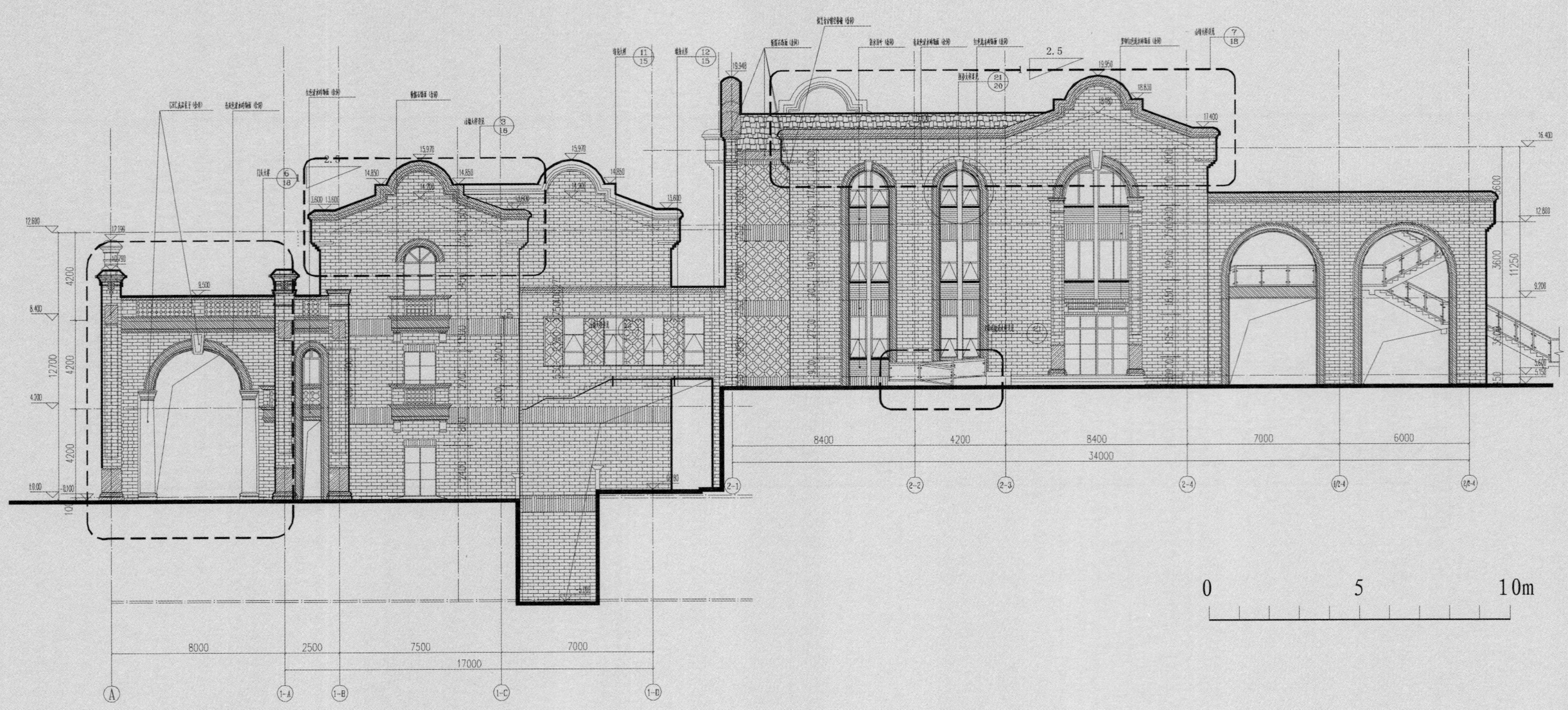

图D-4-7-4-7 云台山养老中心京畿路86~88号楼东立面图

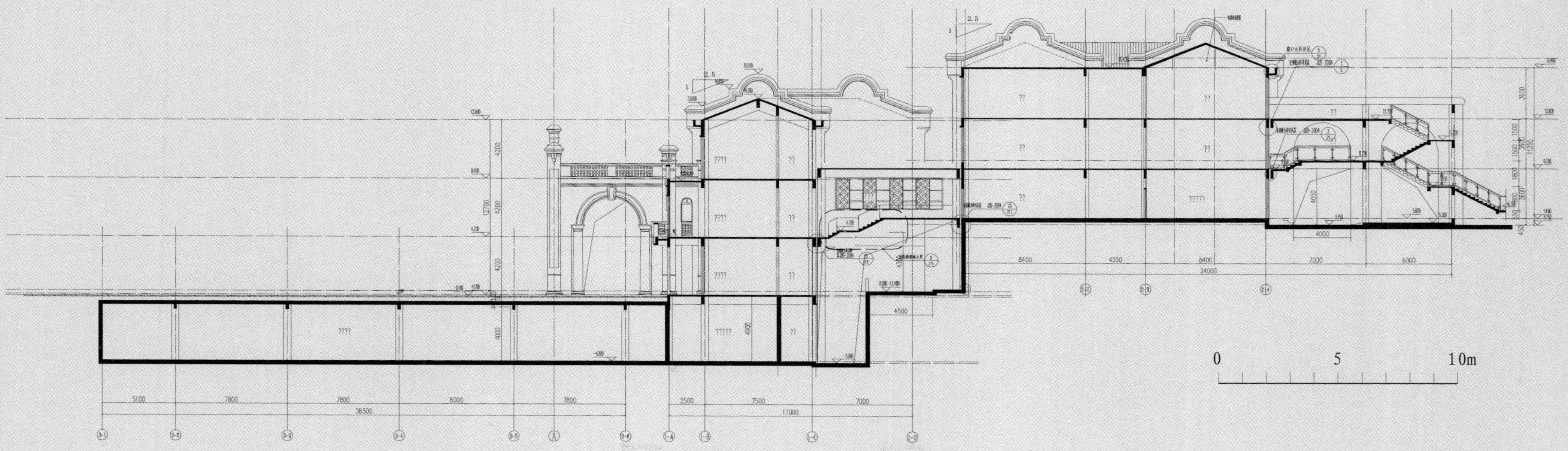

0 5 10m

图D-4-7-4-8 云台山养老中心京畿路86~88号楼剖面图

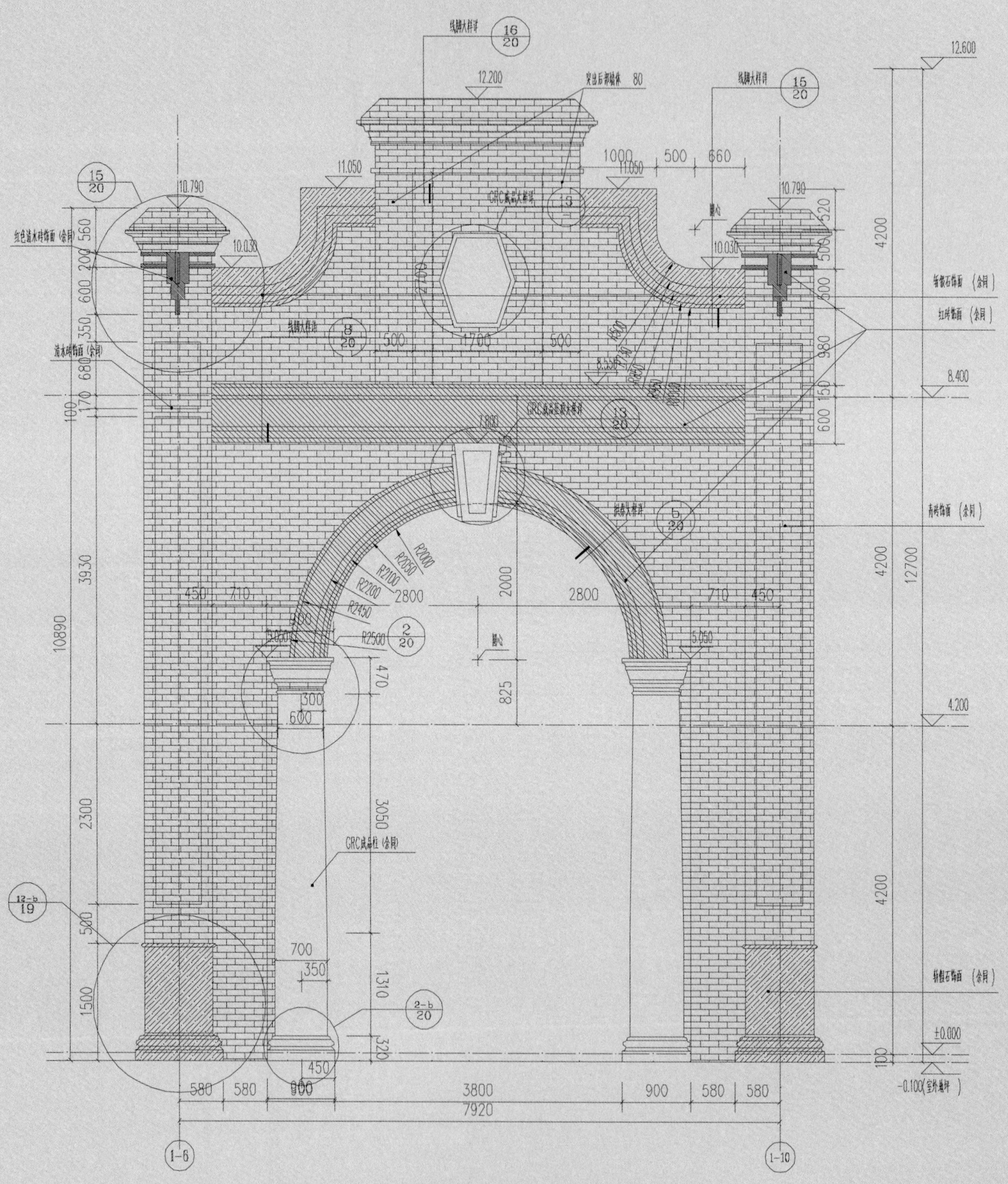

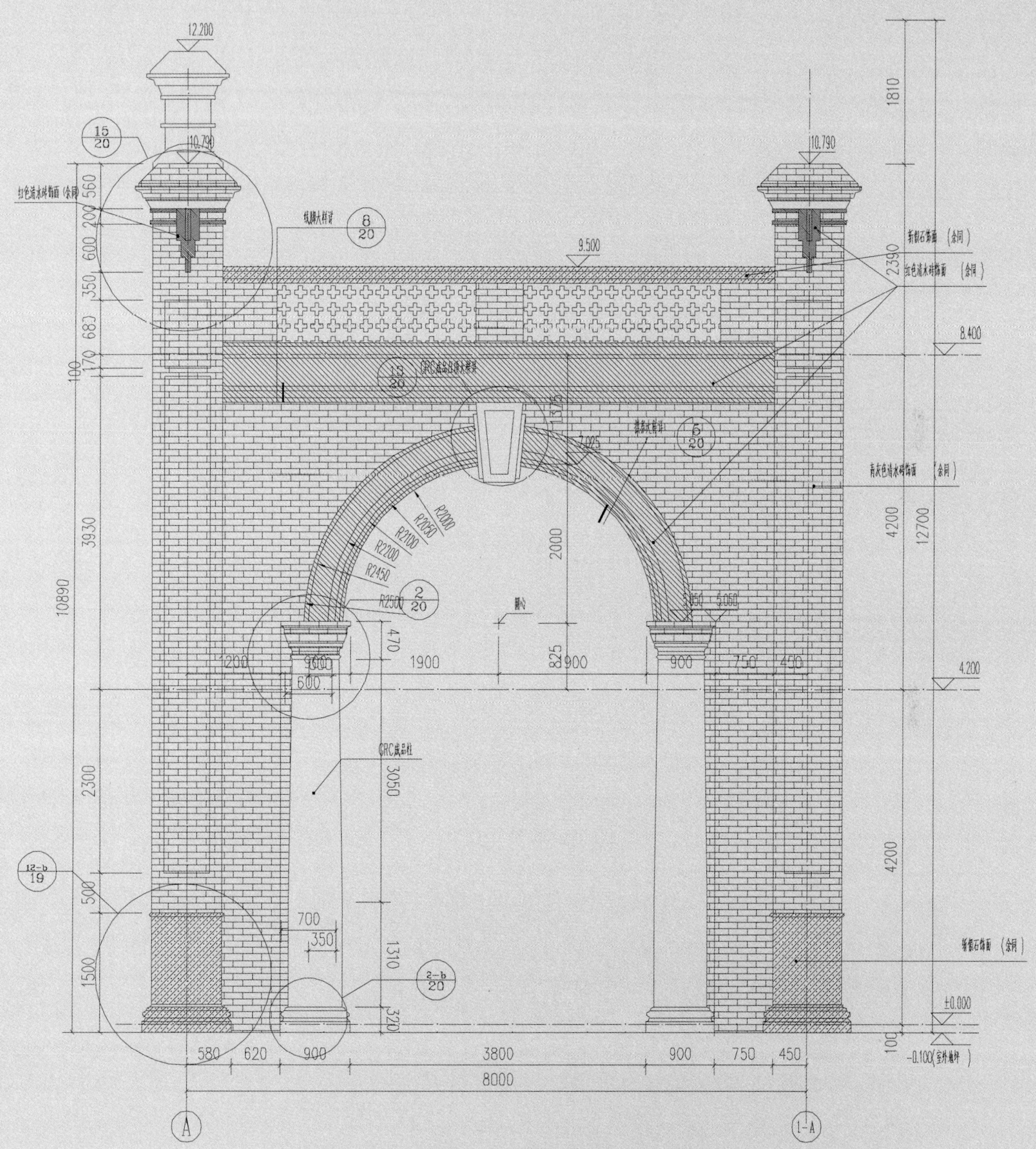

图D-4-7-4-9 云台山养老中心京畿路86~88号楼入口山墙大样图

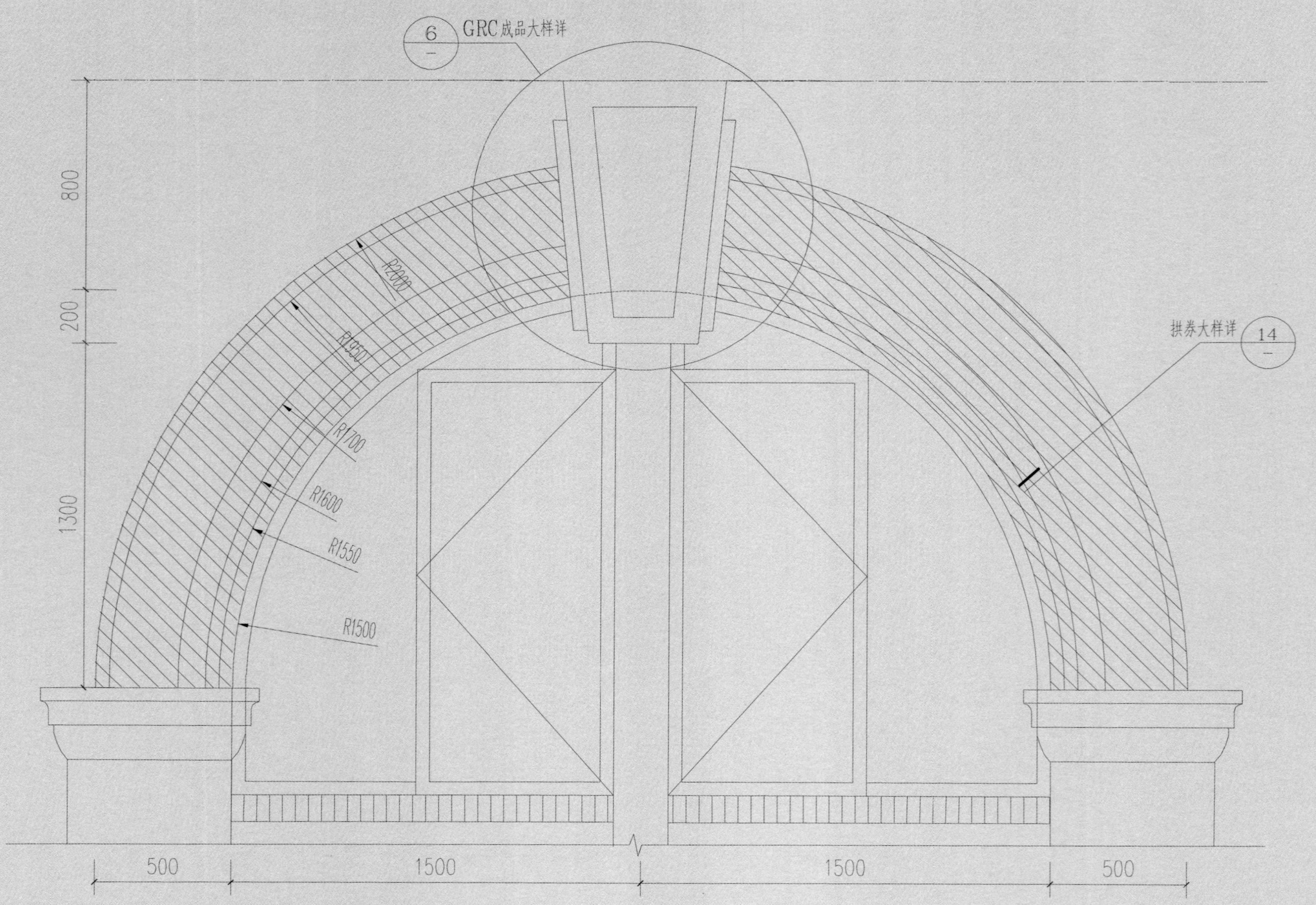

图D-4-7-4-10 云台山养老中心京畿路86~88号楼拱券大样图

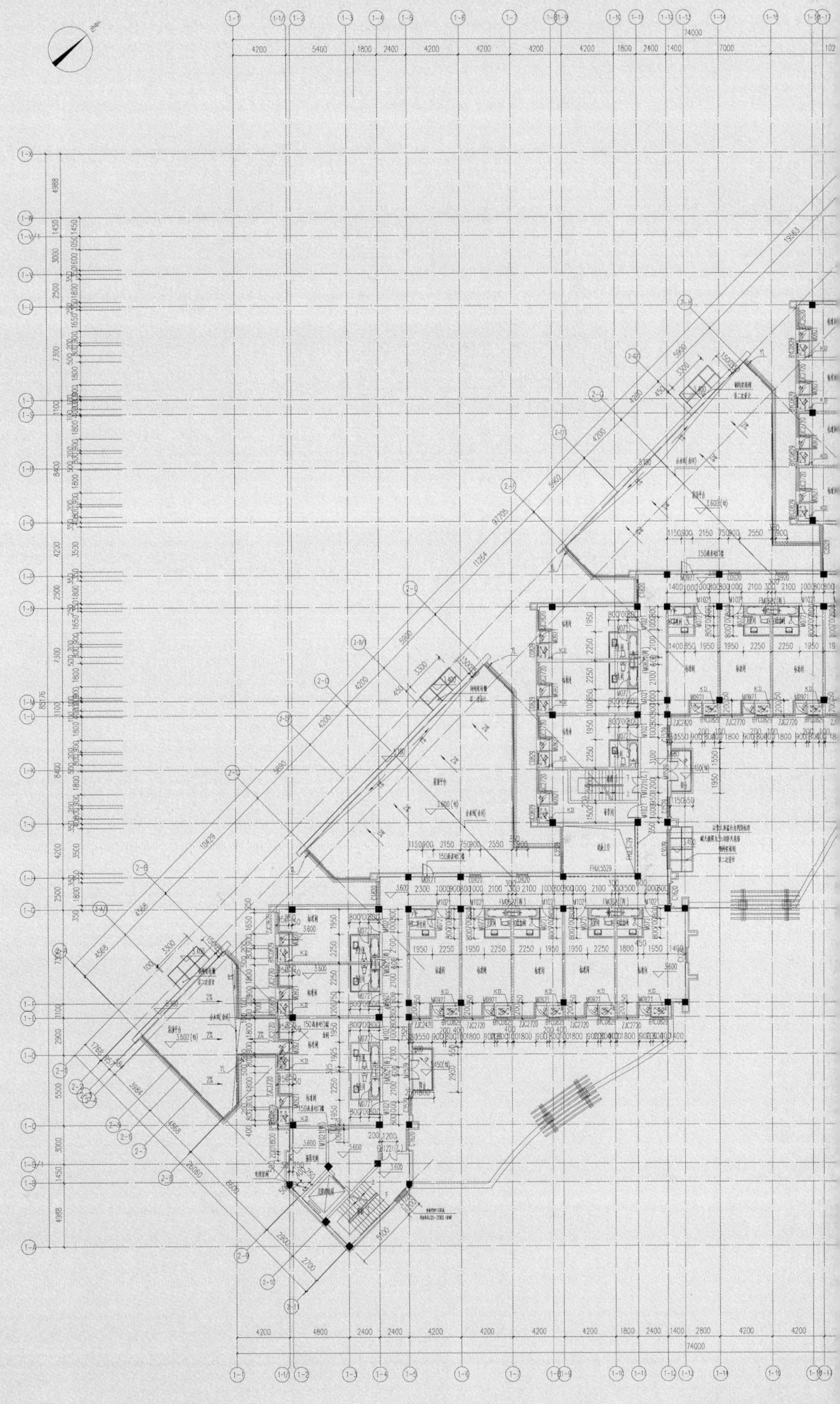

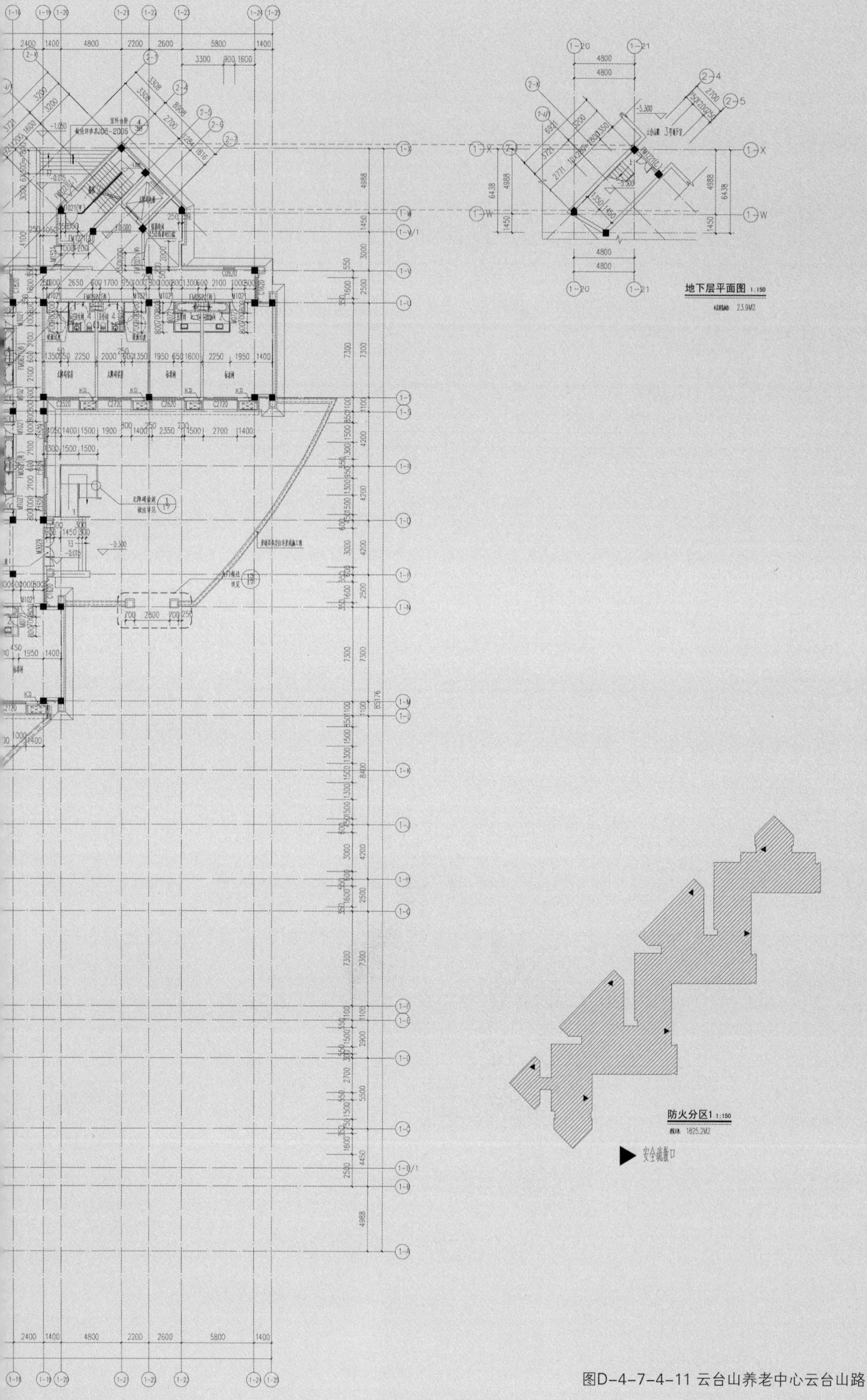

图D-4-7-4-11 云台山养老中心云台山路1号楼一层平面图

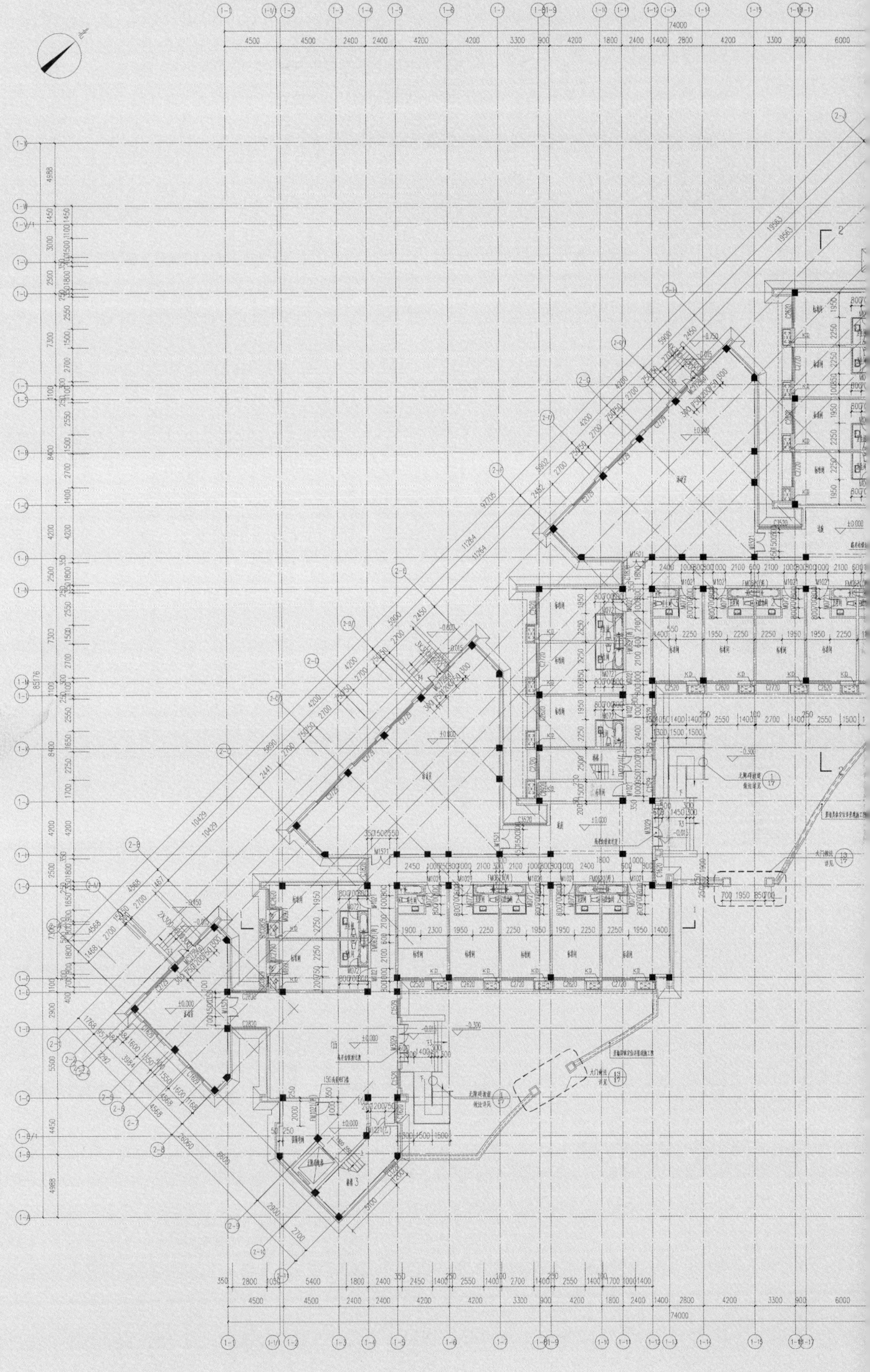

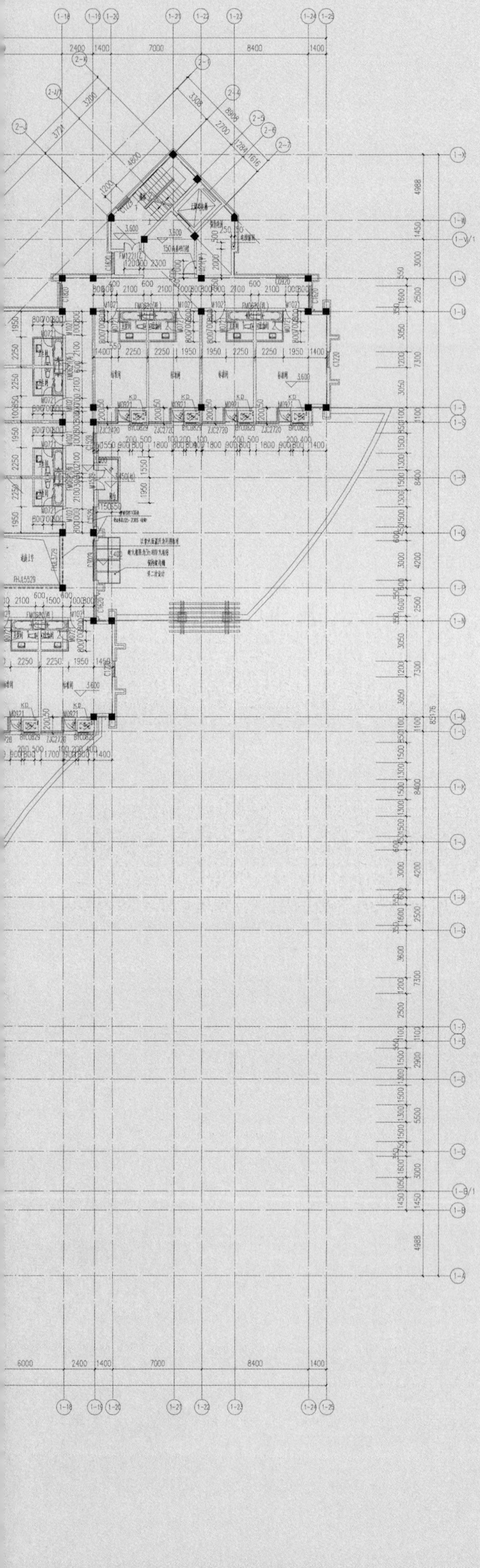

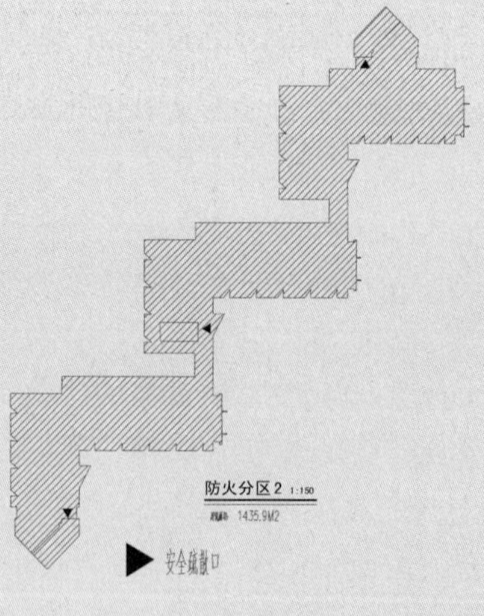

图D-4-7-4-12 云台山养老中心云台山路1号楼二层平面图

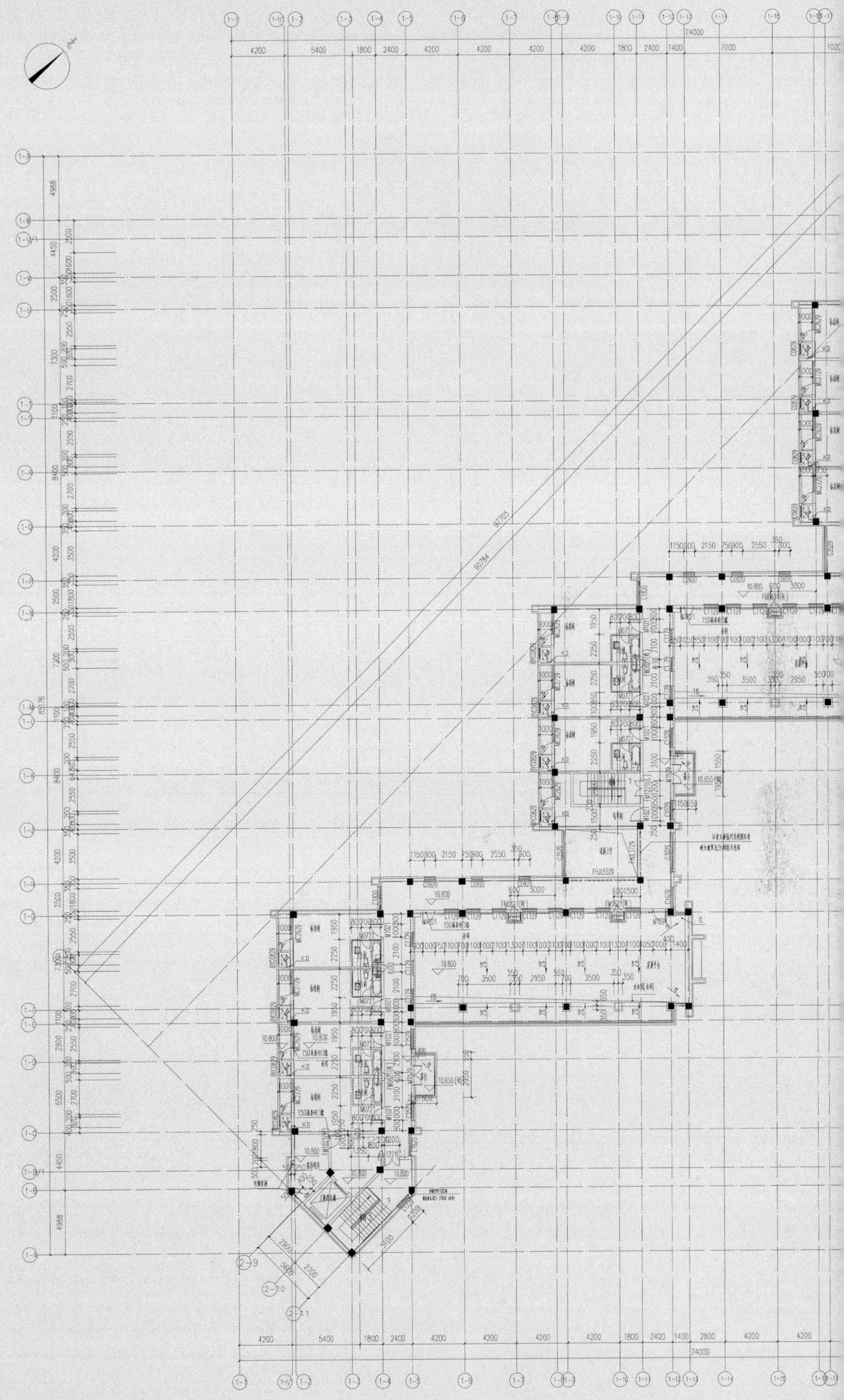

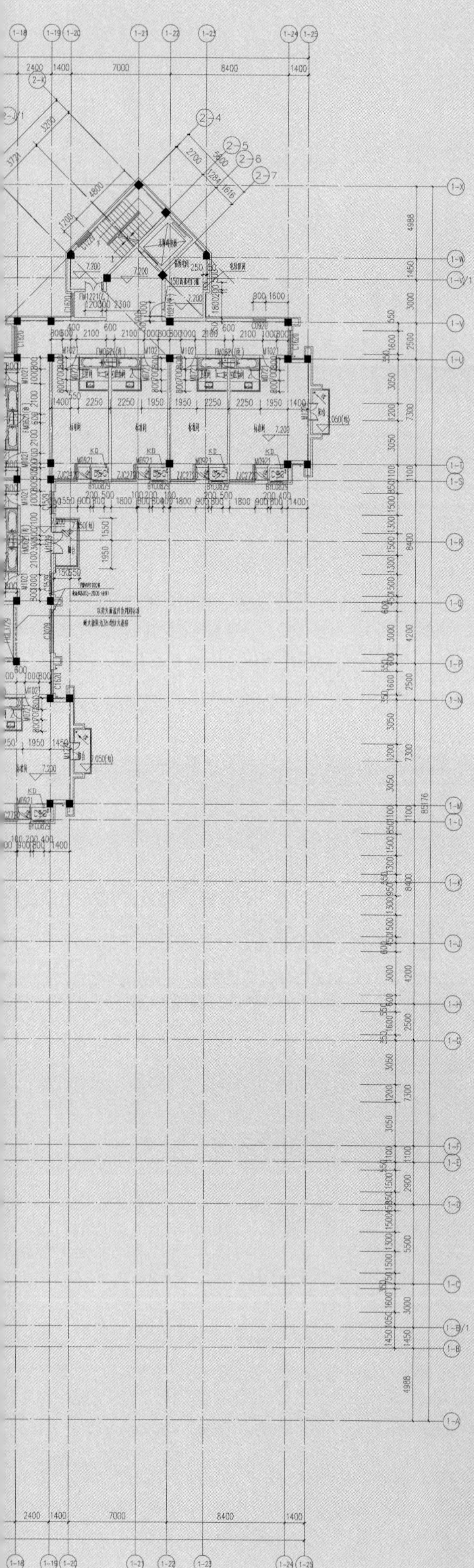

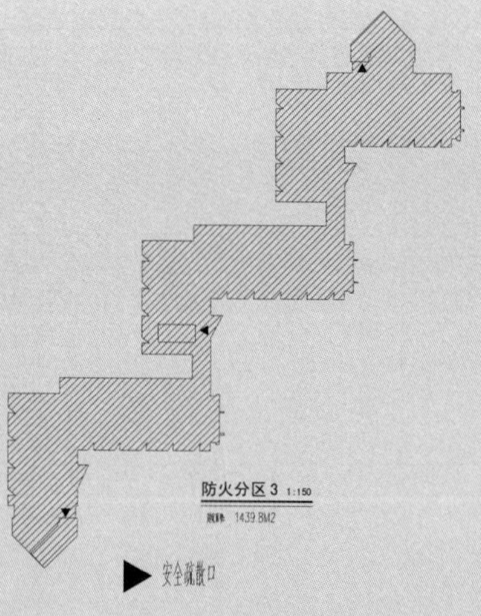

图D-4-7-4-13 云台山养老中心云台山路1号楼三层平面图

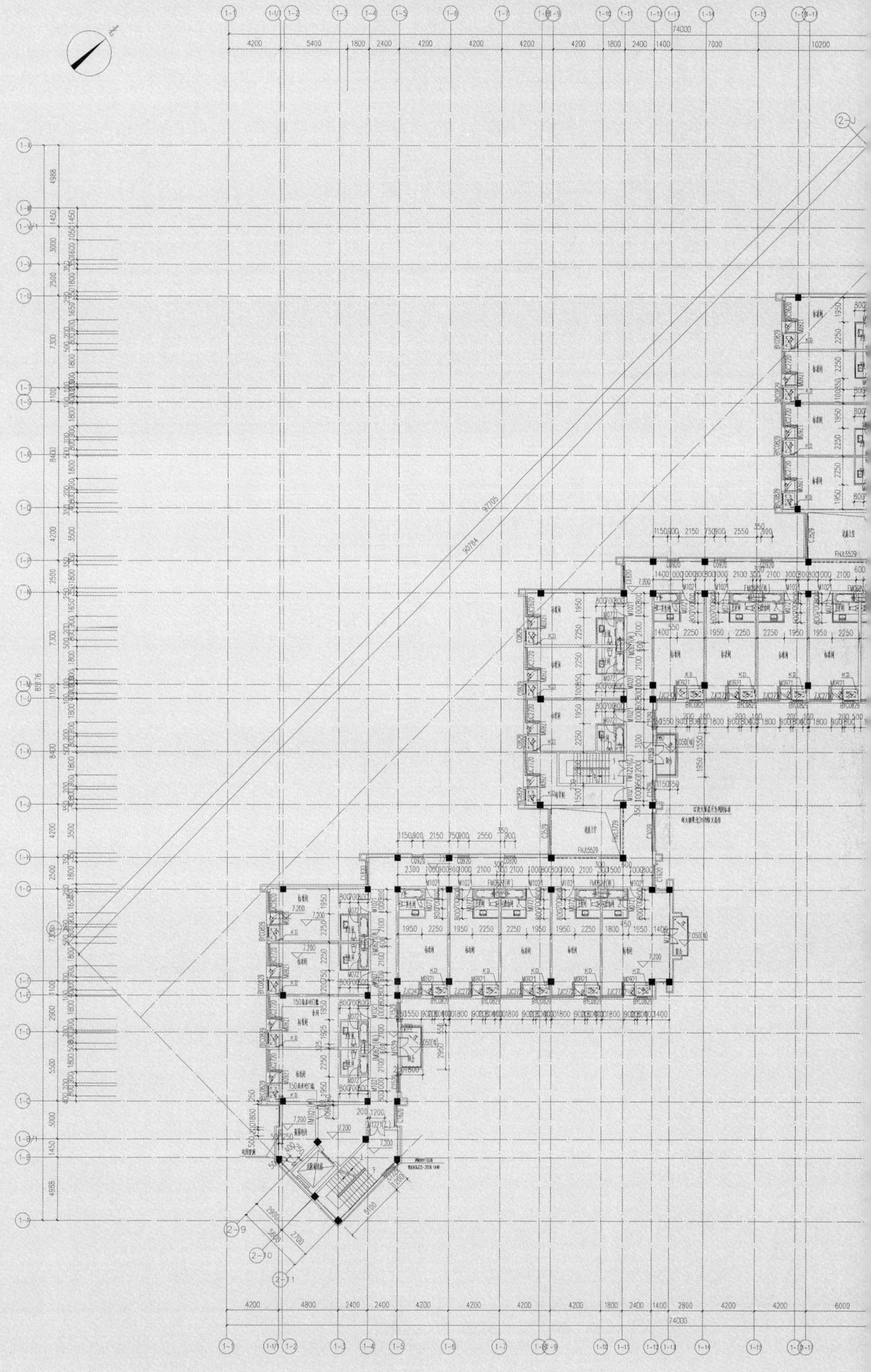

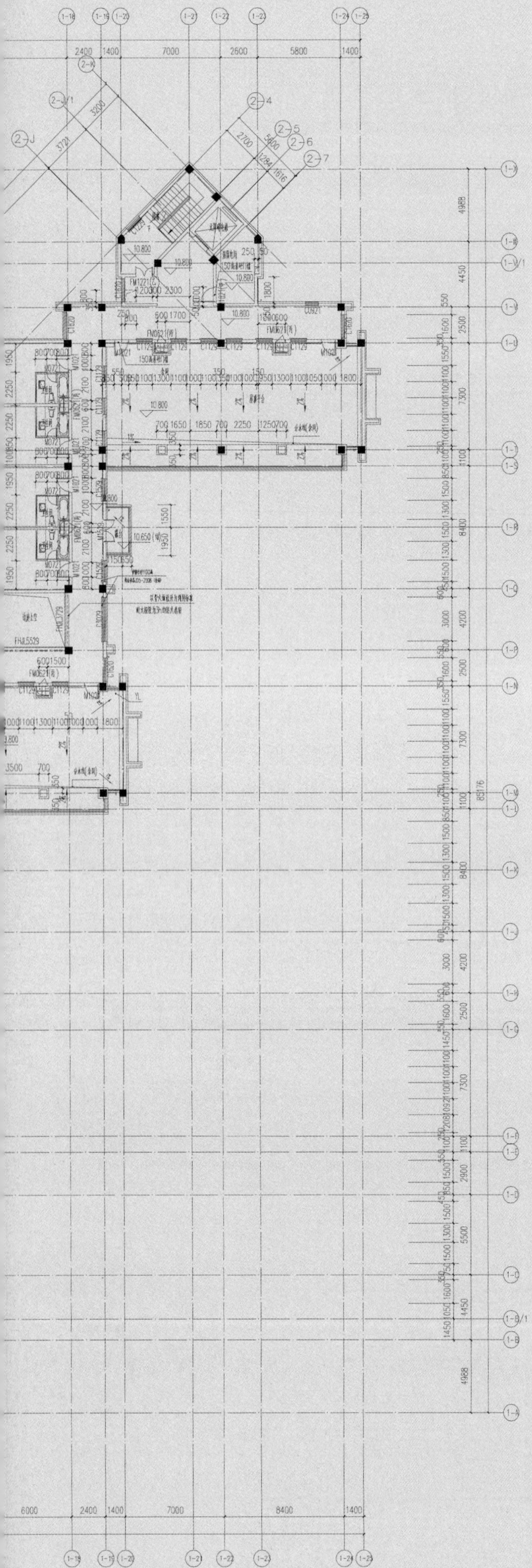

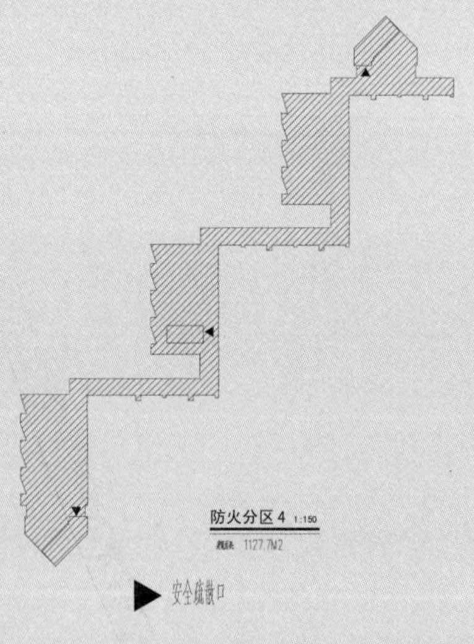

图D-4-7-4-14 云台山养老中心云台山路1号楼四层平面图

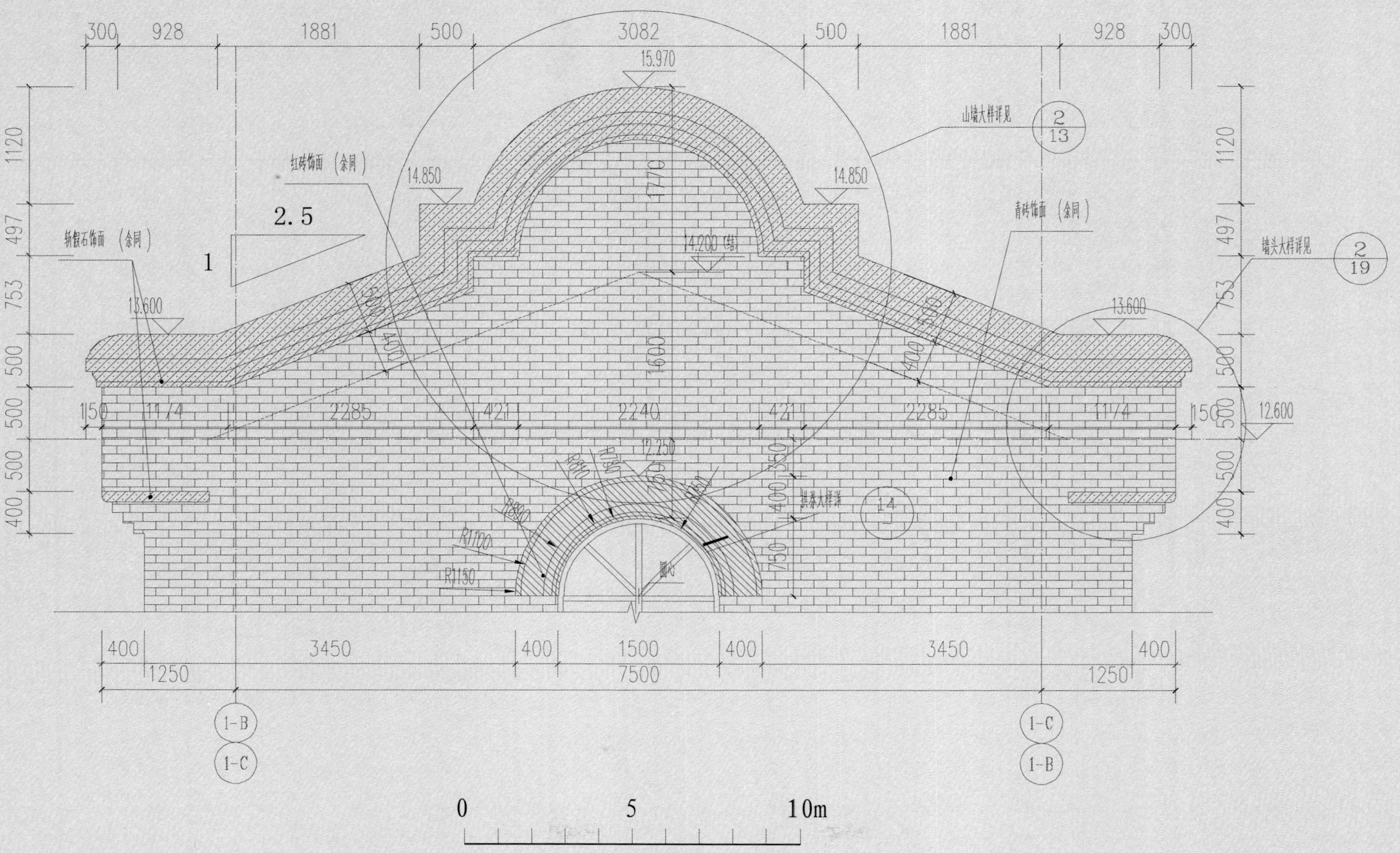

图D-4-7-4-15 云台山养老中心京畿路86~88号楼山墙大样图

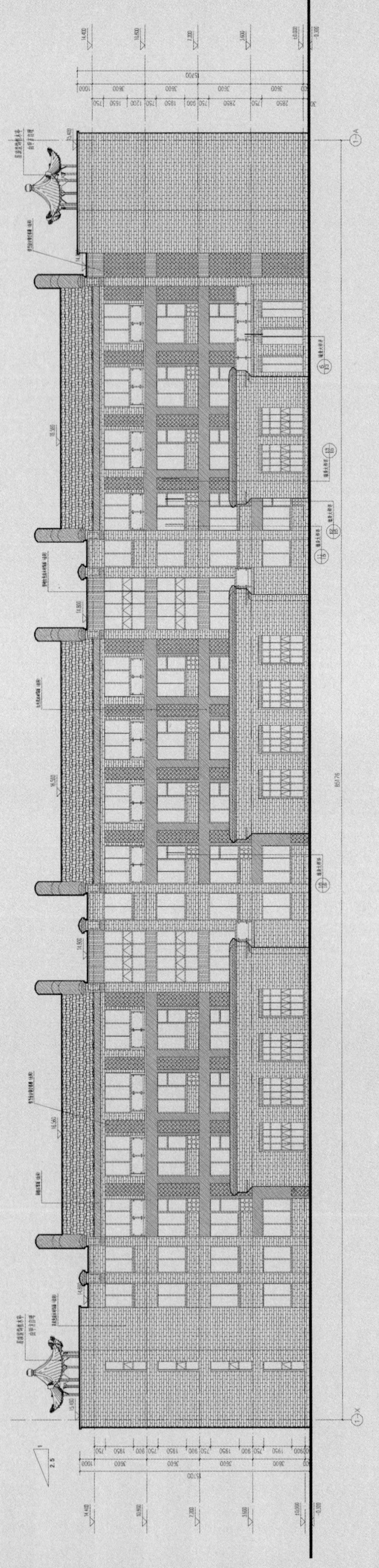

图D-4-7-4-16 云台山养老中心云台山路1号楼西立面图

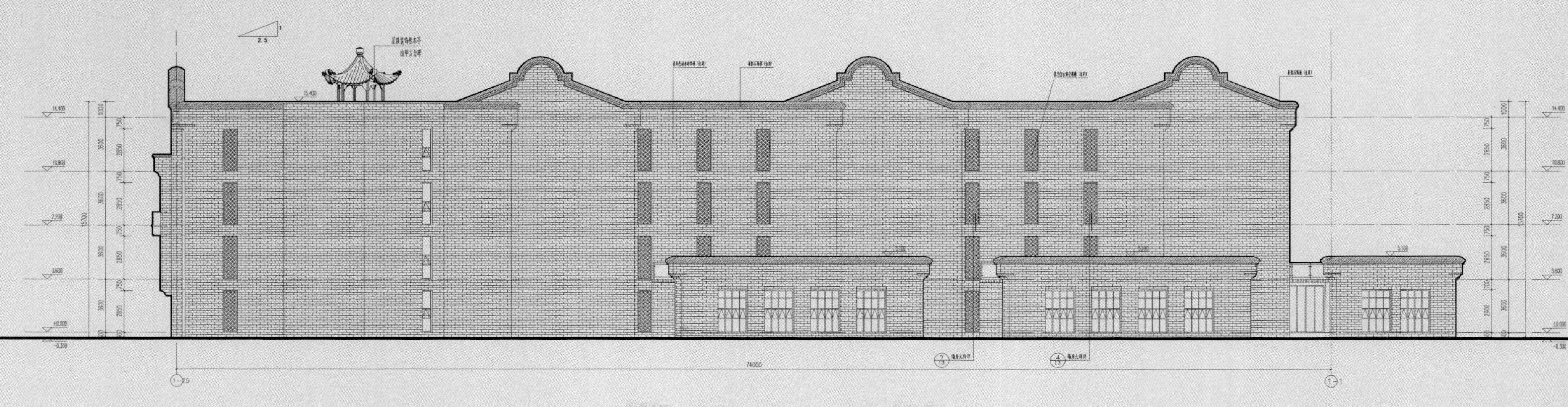

图D-4-7-4-17 云台山养老中心云台山路1号楼北立面图

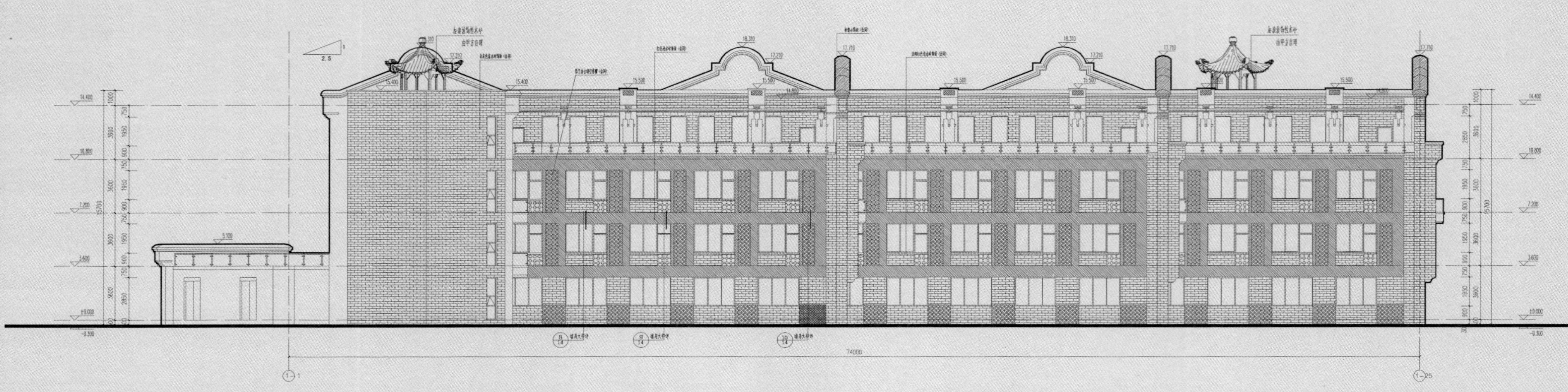

图D-4-7-4-18 云台山养老中心云台山路1号楼南立面图

图D-4-7-4-19 云台山养老中心云台山路1号楼一号剖面图

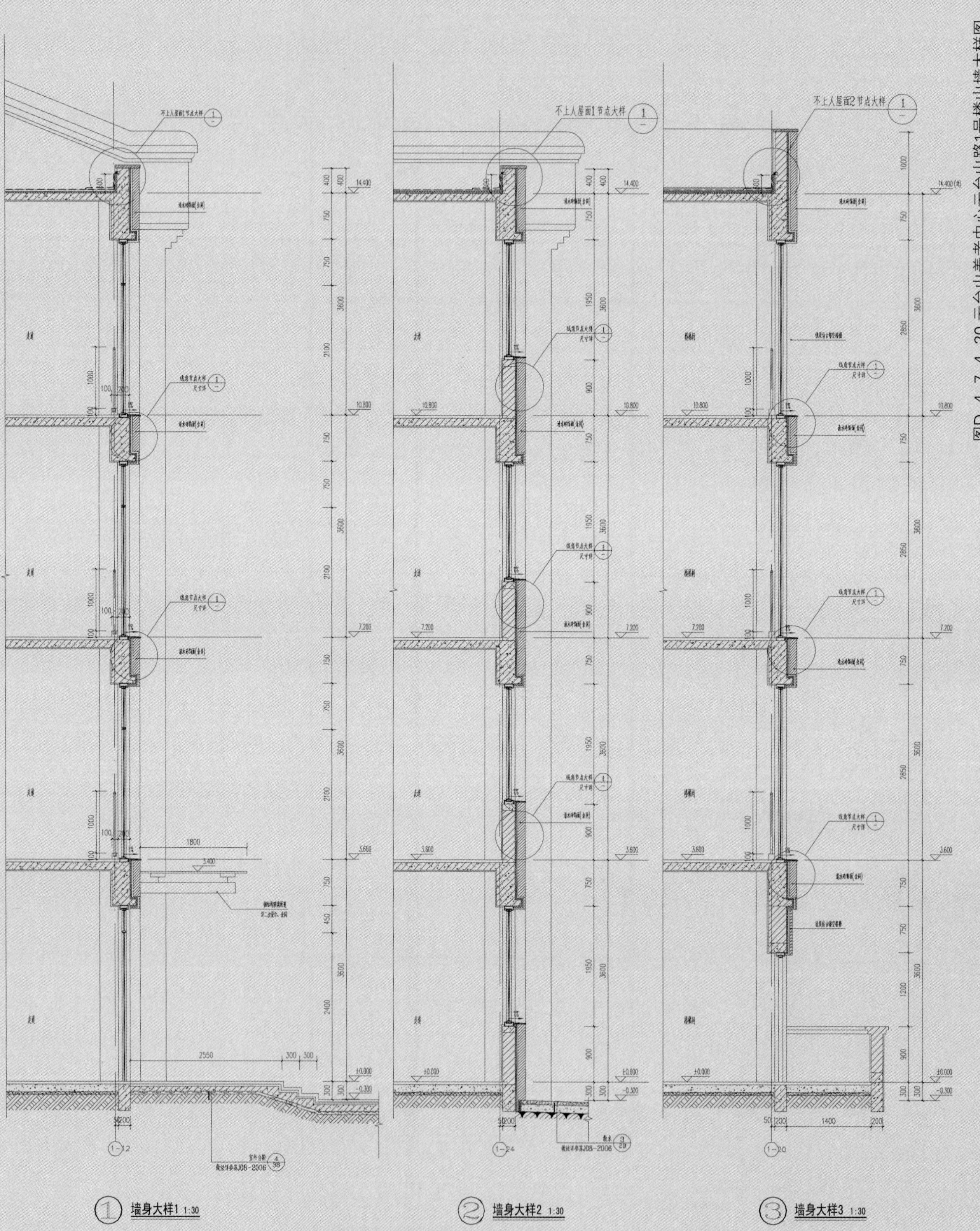

图D-4-7-4-20 云台山养老中心云台山路1号楼山墙大样图

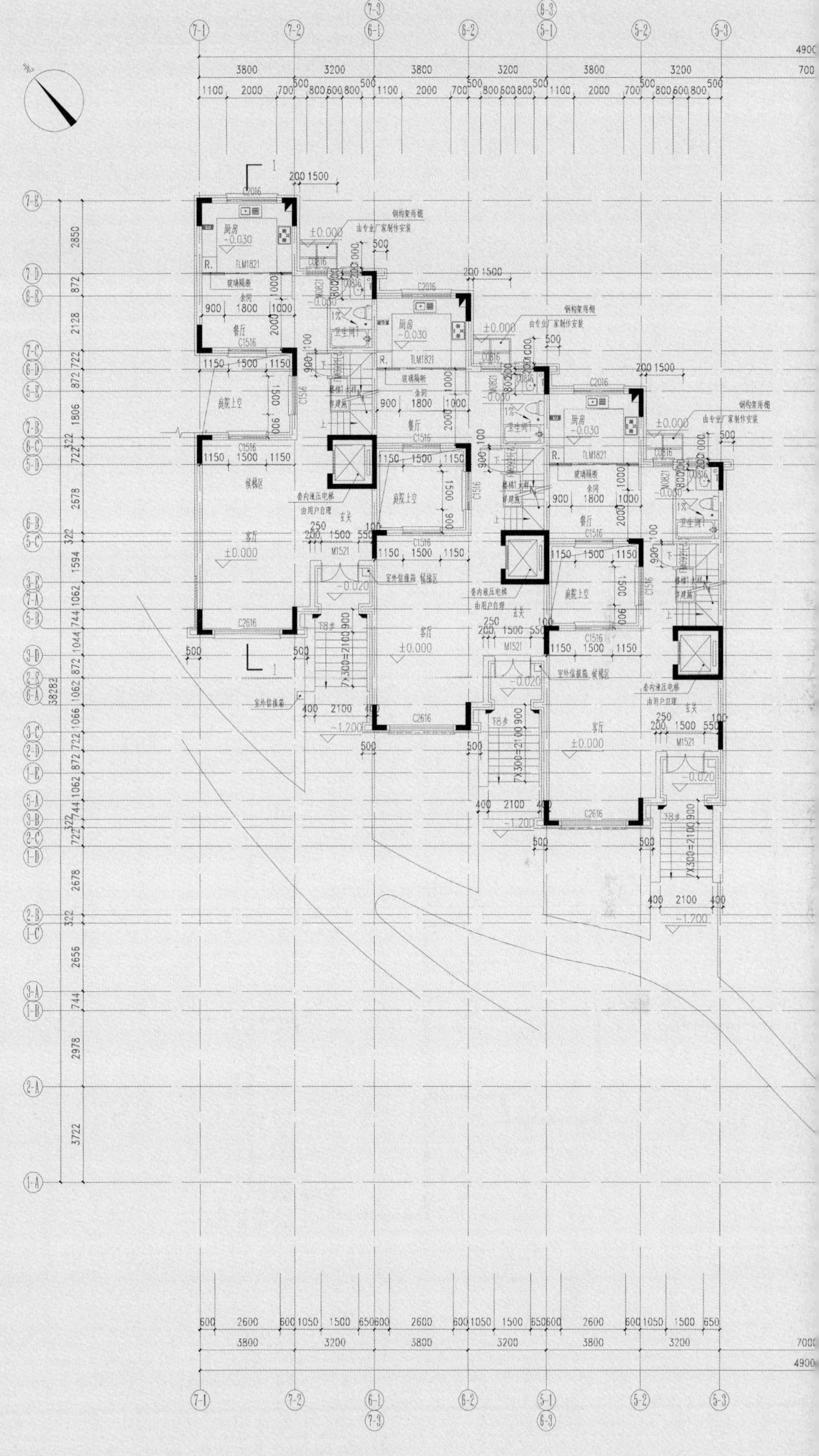

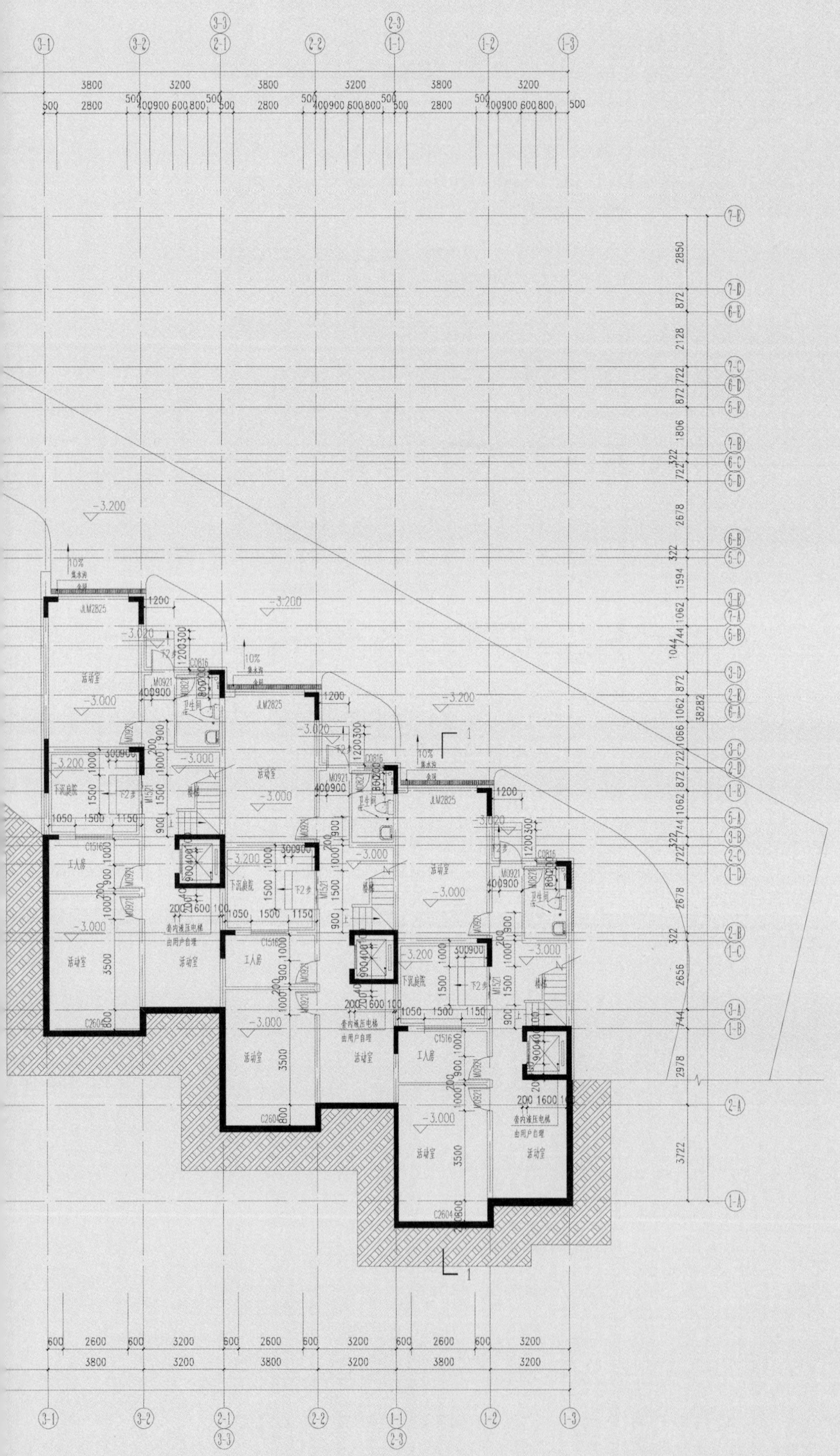

图D-4-7-4-21 云台山养老中心云台山路2号楼负一层平面图

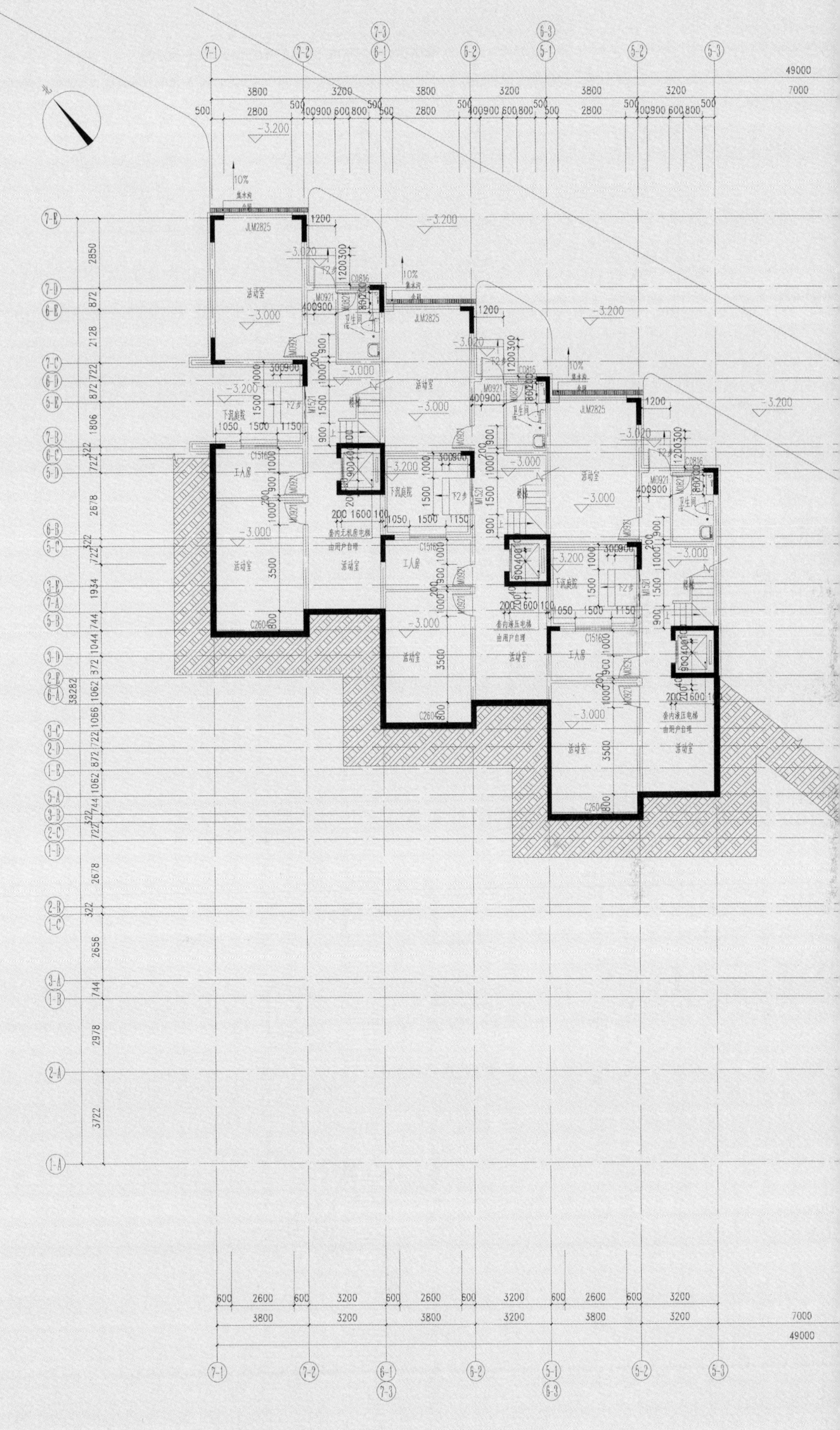

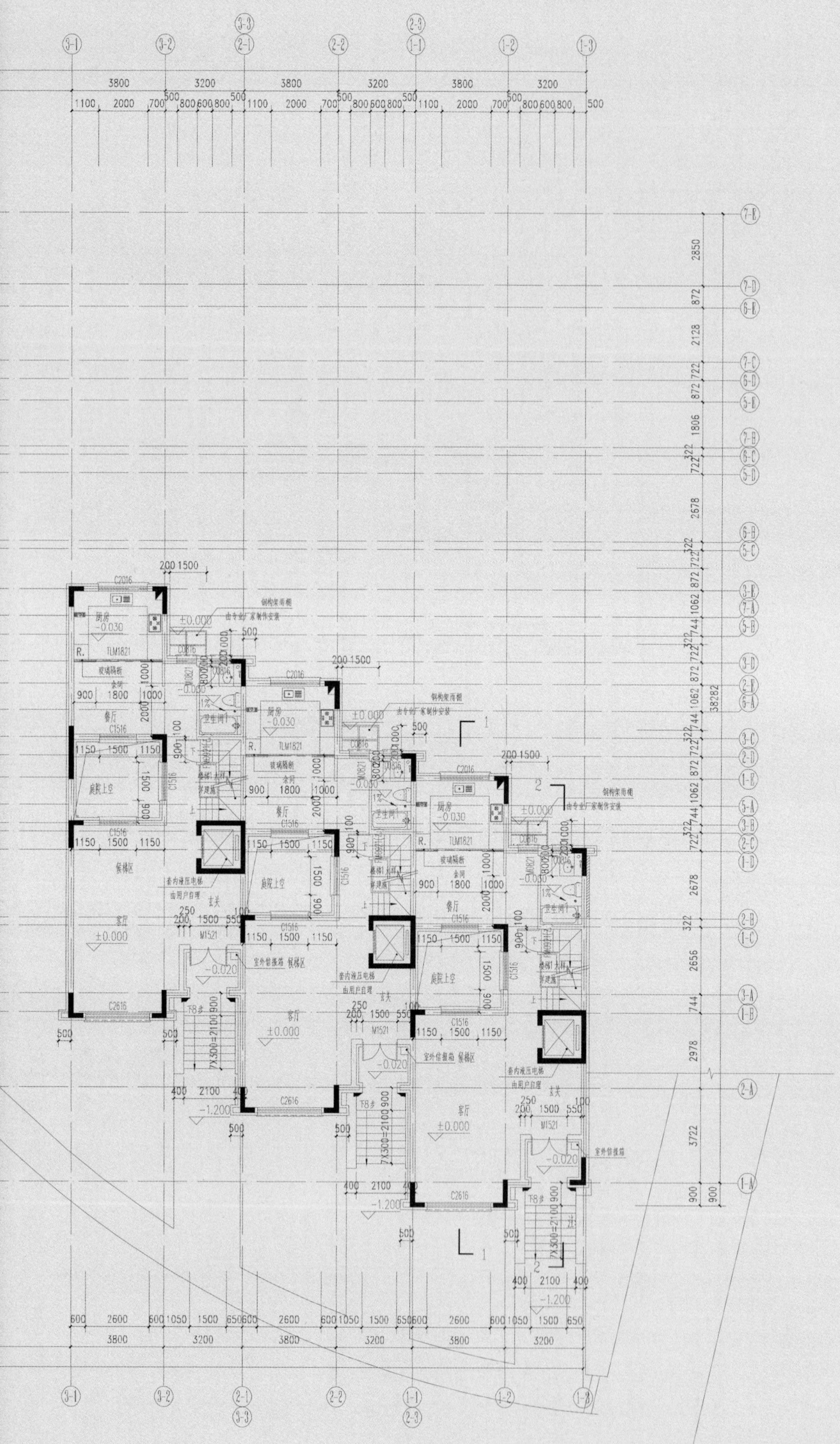

图D-4-7-4-22 云台山养老中心云台山路2号楼一层平面图

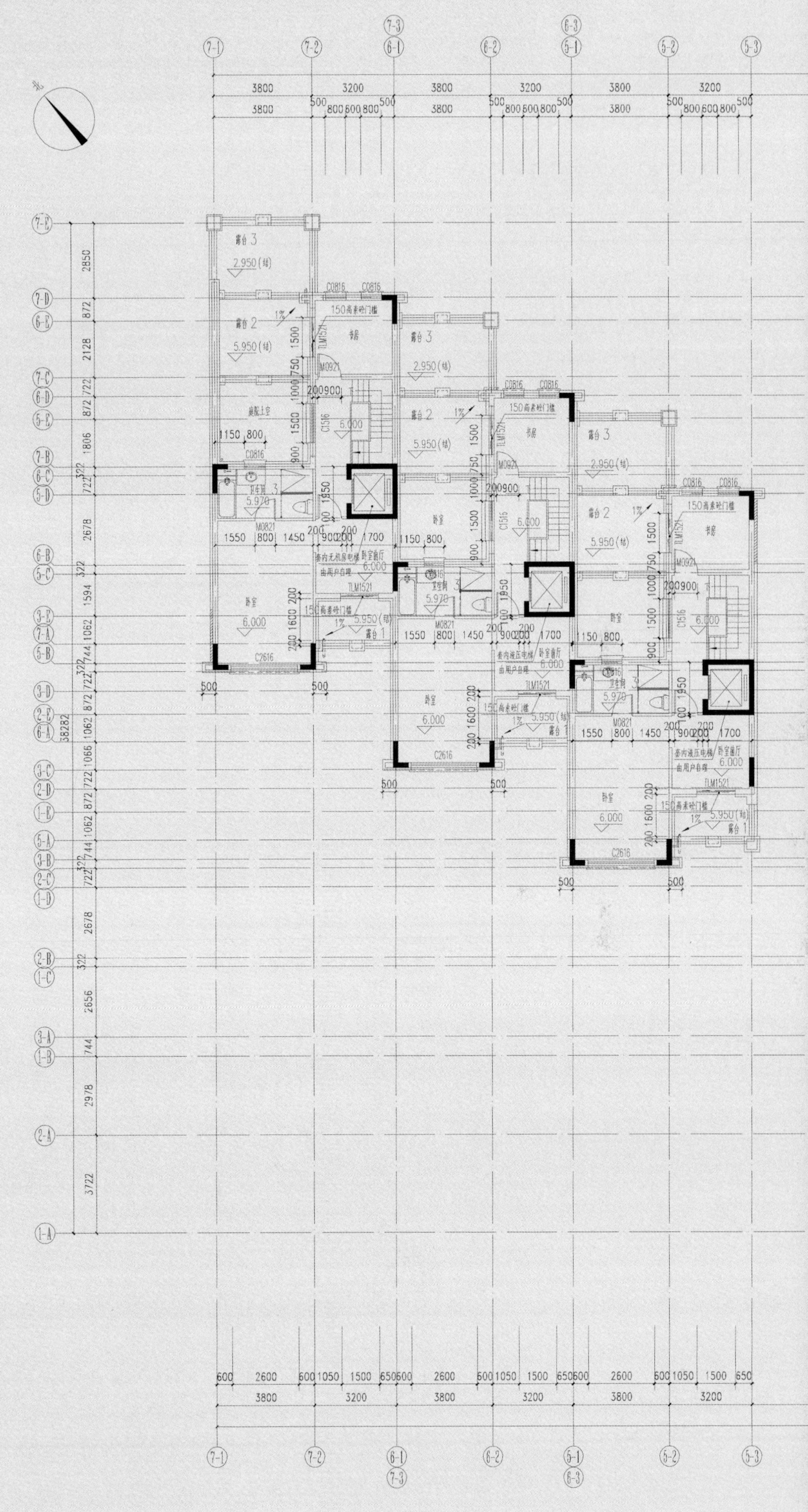

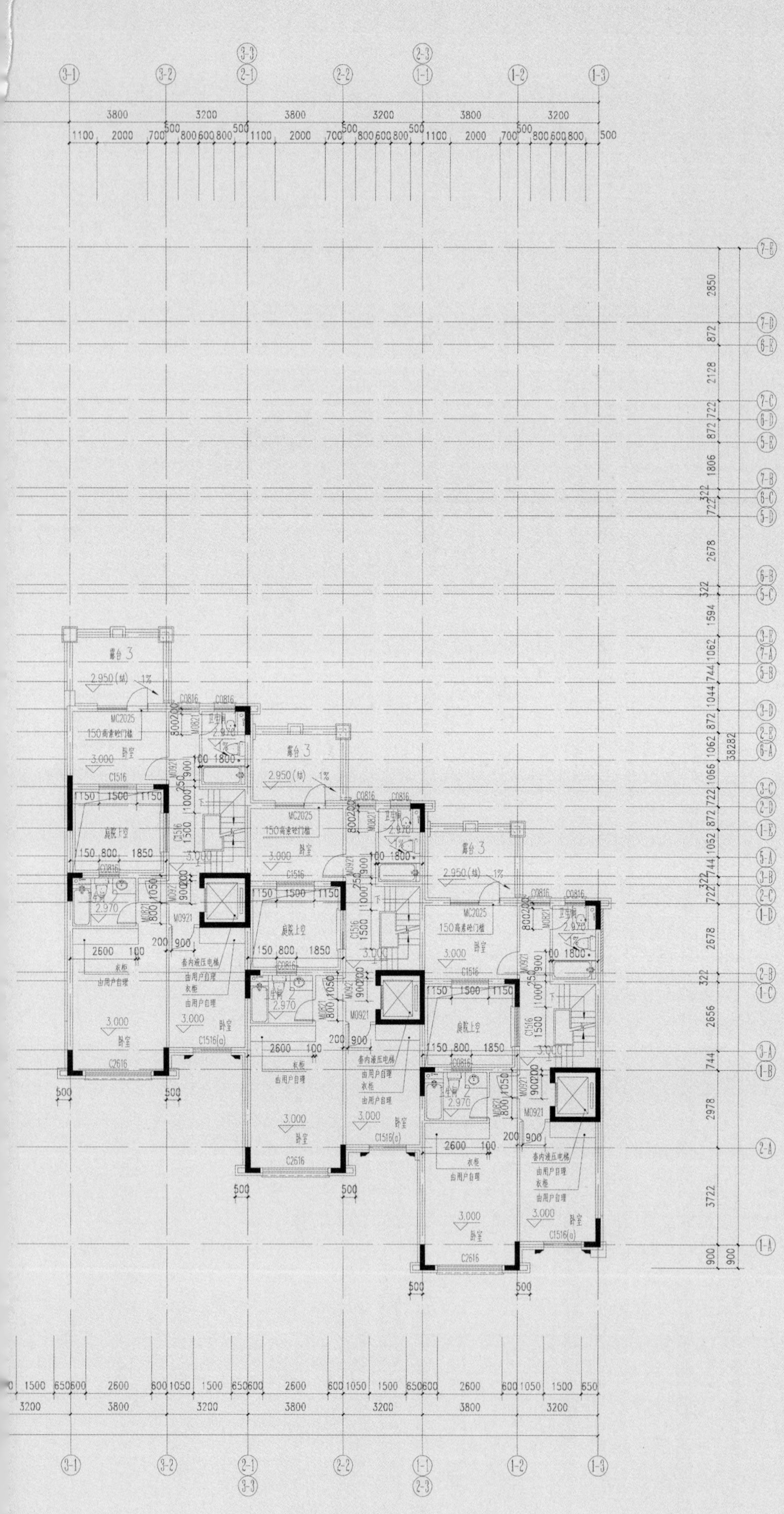

图D-4-7-4-23 云台山养老中心云台山路2号楼二层平面图

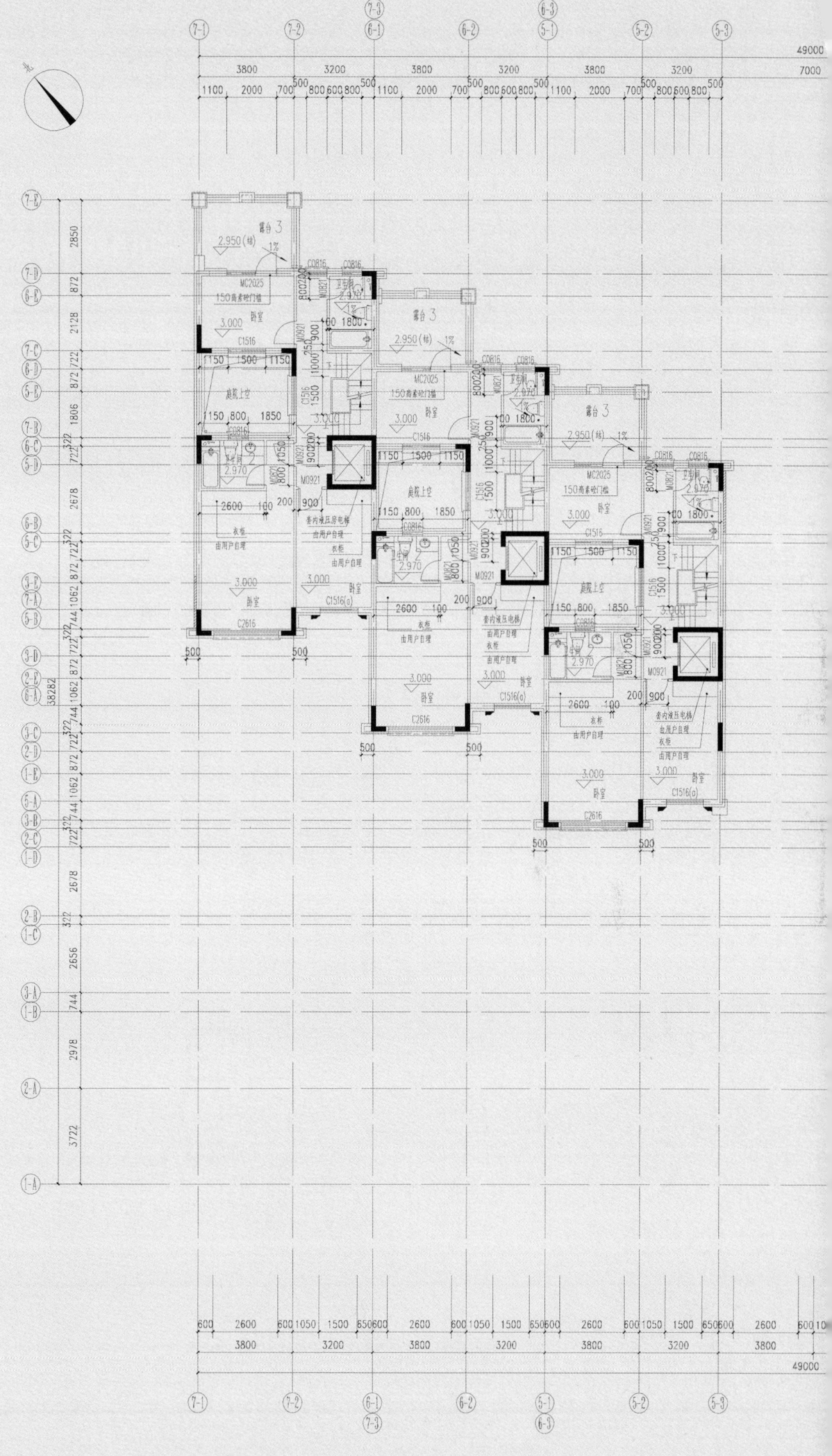

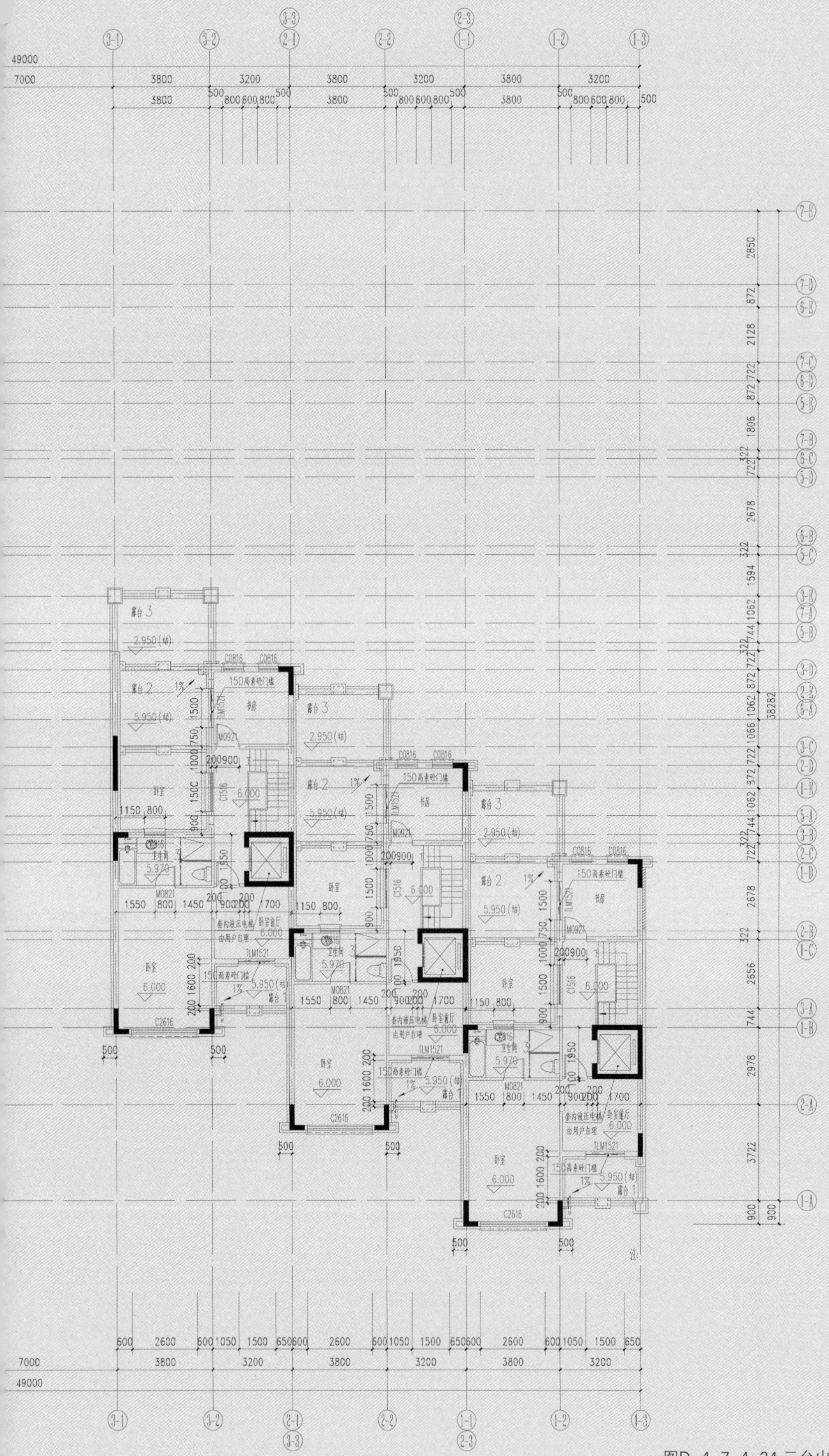

图D-4-7-4-24 云台山养老中心云台山路2号楼三层平面图

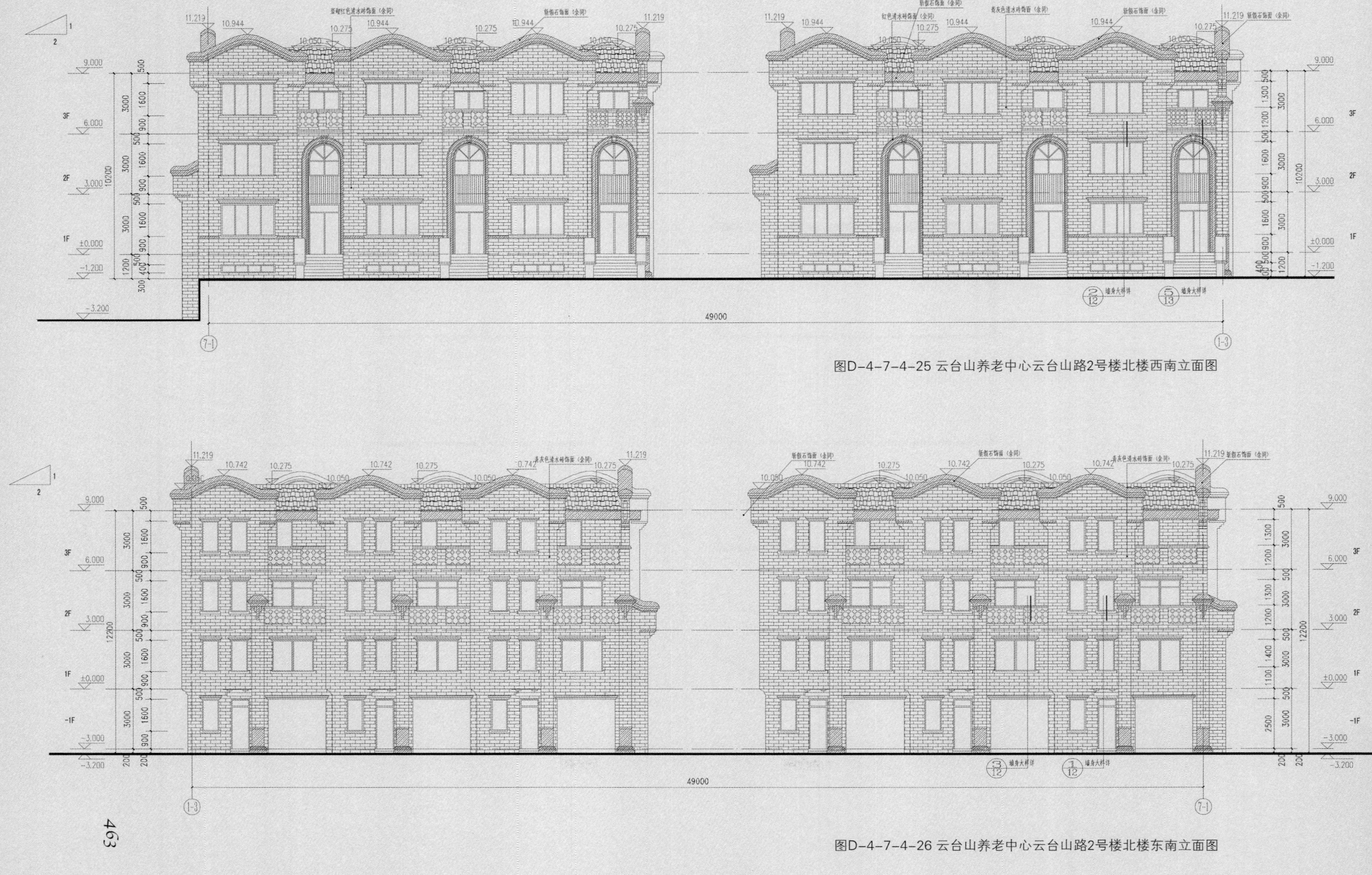

图D-4-7-4-25 云台山养老中心云台山路2号楼北楼西南立面图

图D-4-7-4-26 云台山养老中心云台山路2号楼北楼东南立面图

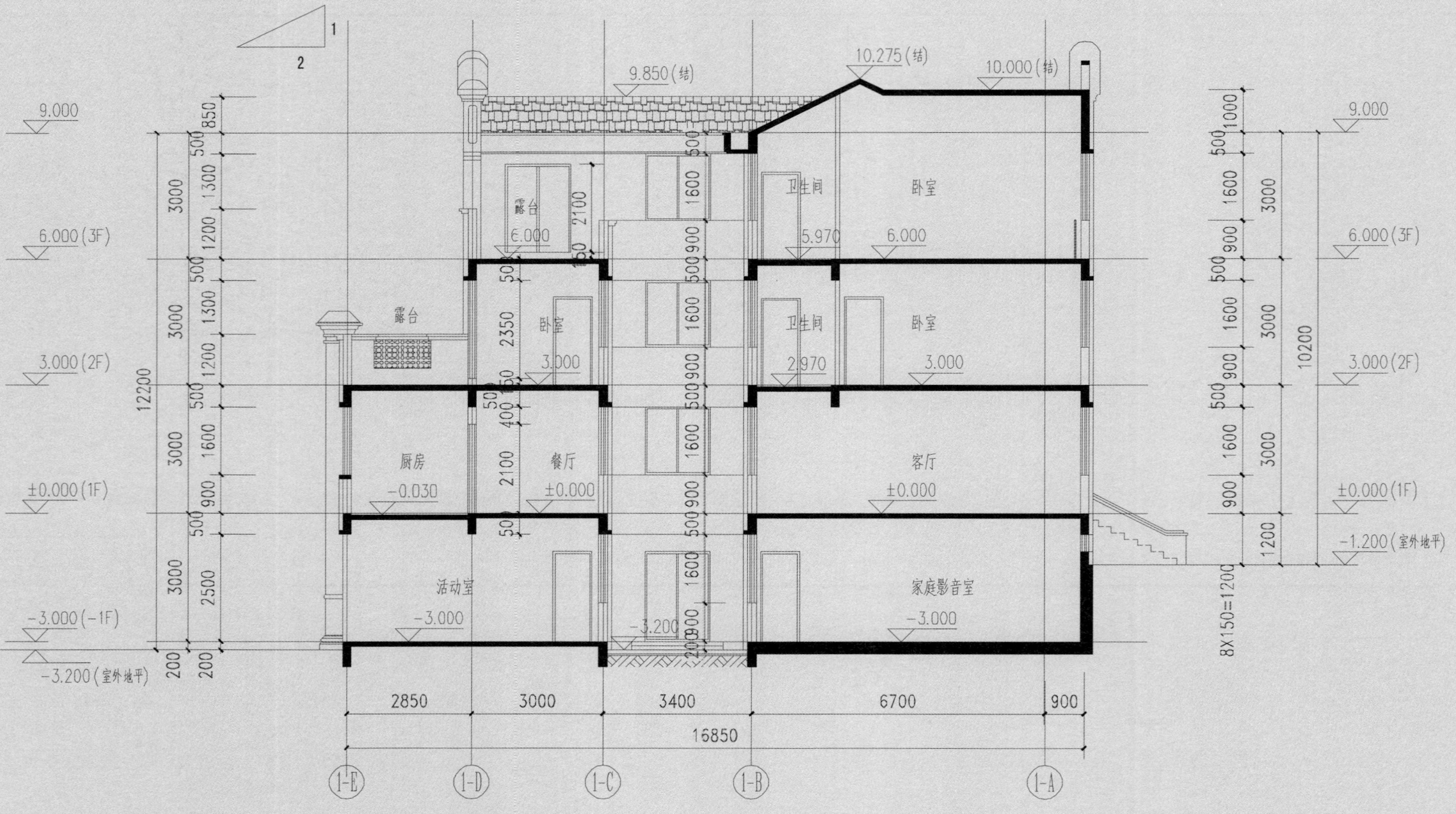

图D-4-7-4-27 云台山养老中心云台山路2号楼剖面图

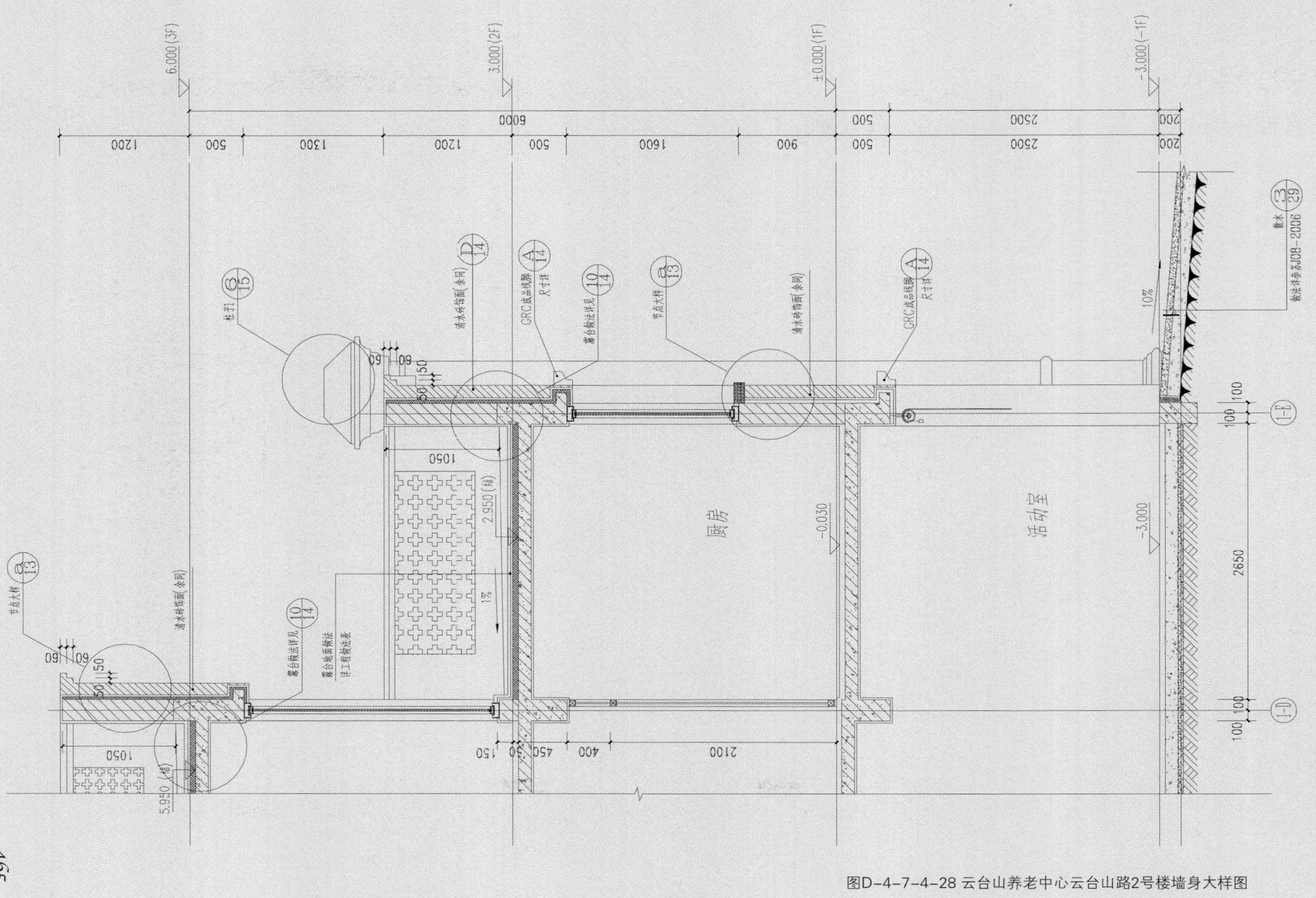

图D-4-7-4-28 云台山养老中心云台山路2号楼墙身大样图

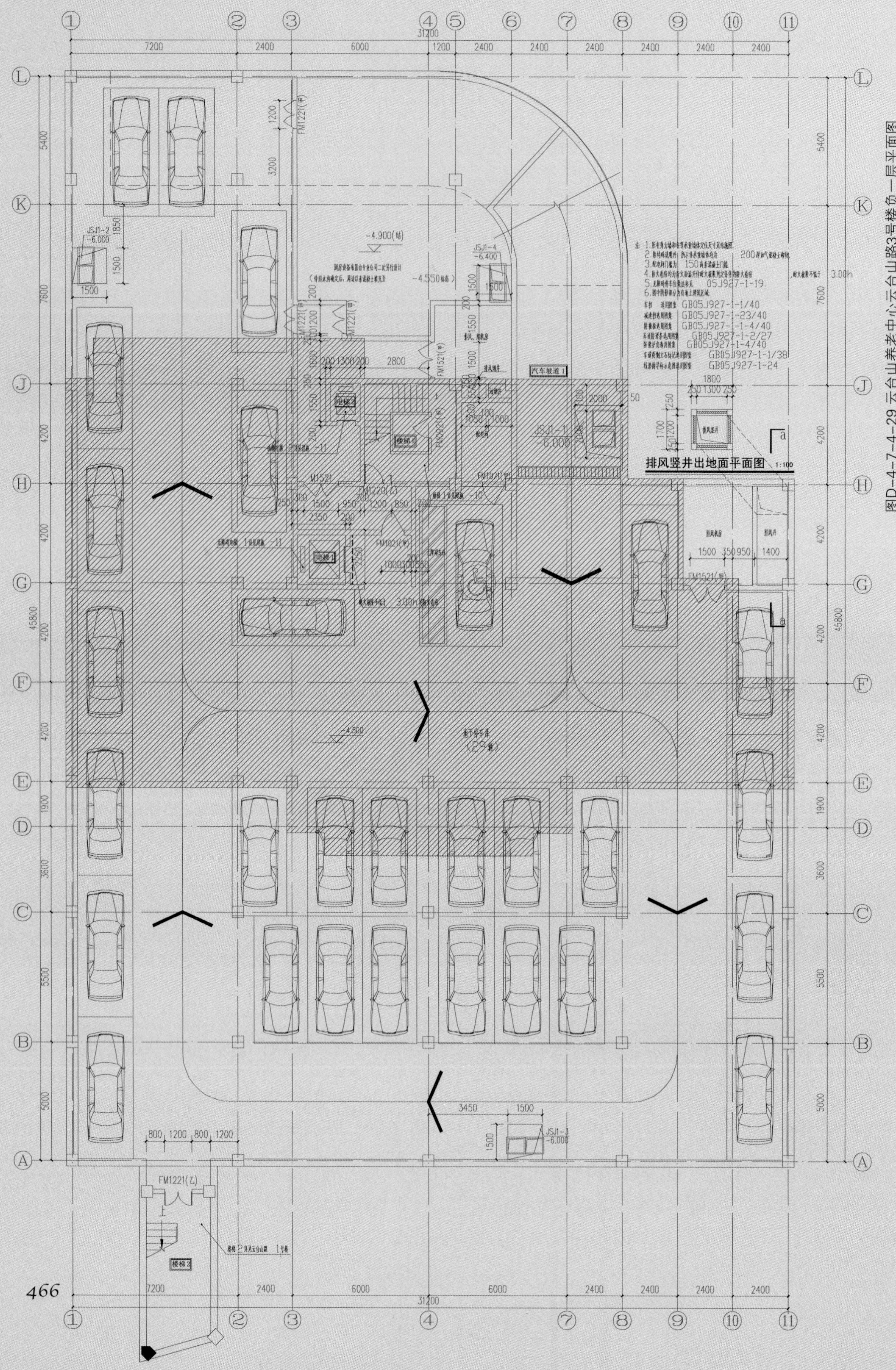

图D-4-7-4-29 云台山养老中心云台山路3号楼负一层平面图

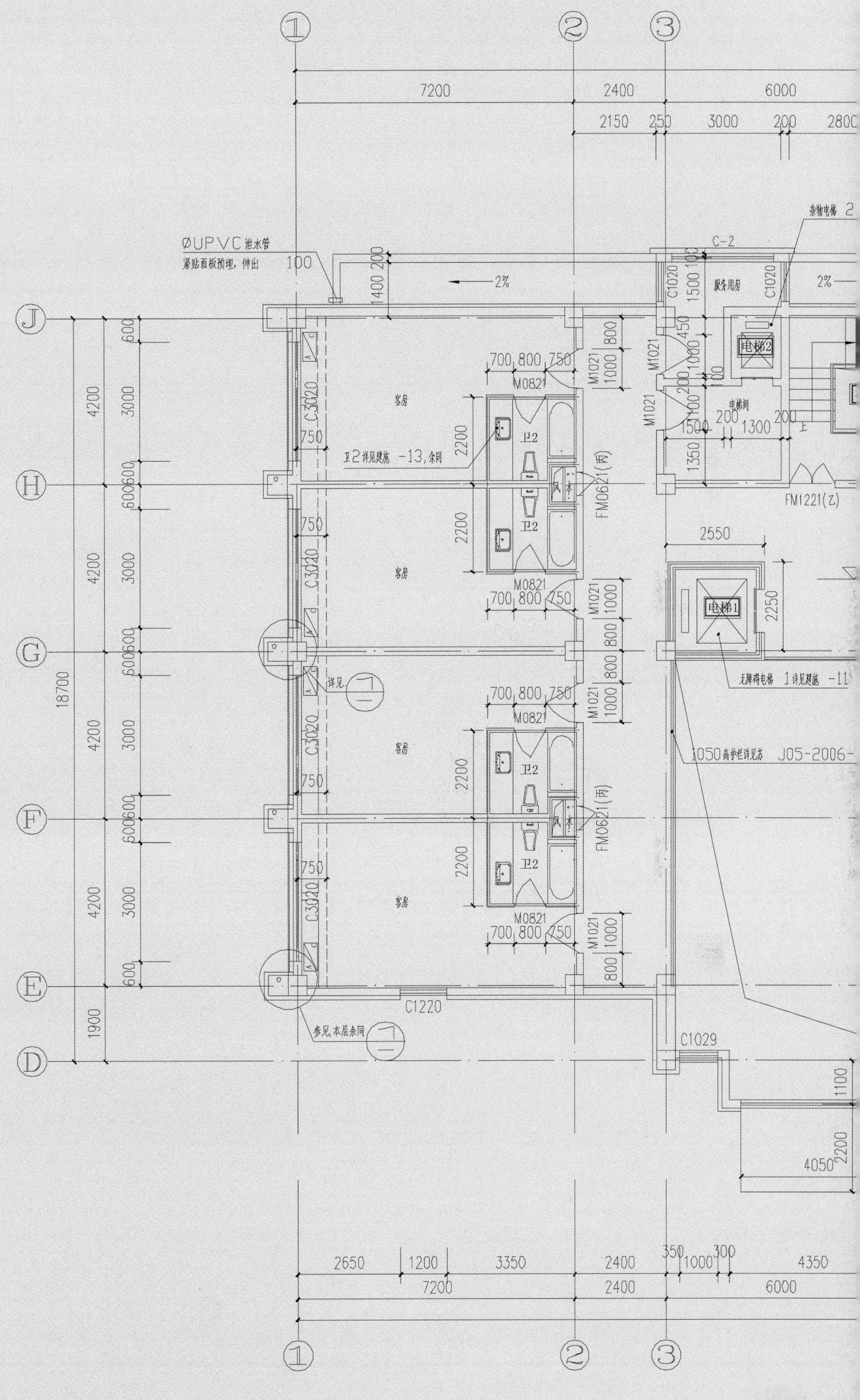

ØUPVC泄水管
紧贴面板预埋，伸出
100
2%
C-2
服务用房
杂物电梯 2
电梯2
电梯间
客房
卫2
卫2详见建施 -13,余同
M0821
M1021
FM0621(丙)
FM1221(乙)
电梯1
无障碍电梯 1详见建施 -11
1050高护栏详见苏 J05-2006-
详见
参见,本层余同
C3020
C1220
C1029
C1020
18700
7200
2400
6000
2150
250
3000
200
2800
2650
1200
3350
350
1000
300
4350
2550
2250
4050
2200
1100
1900

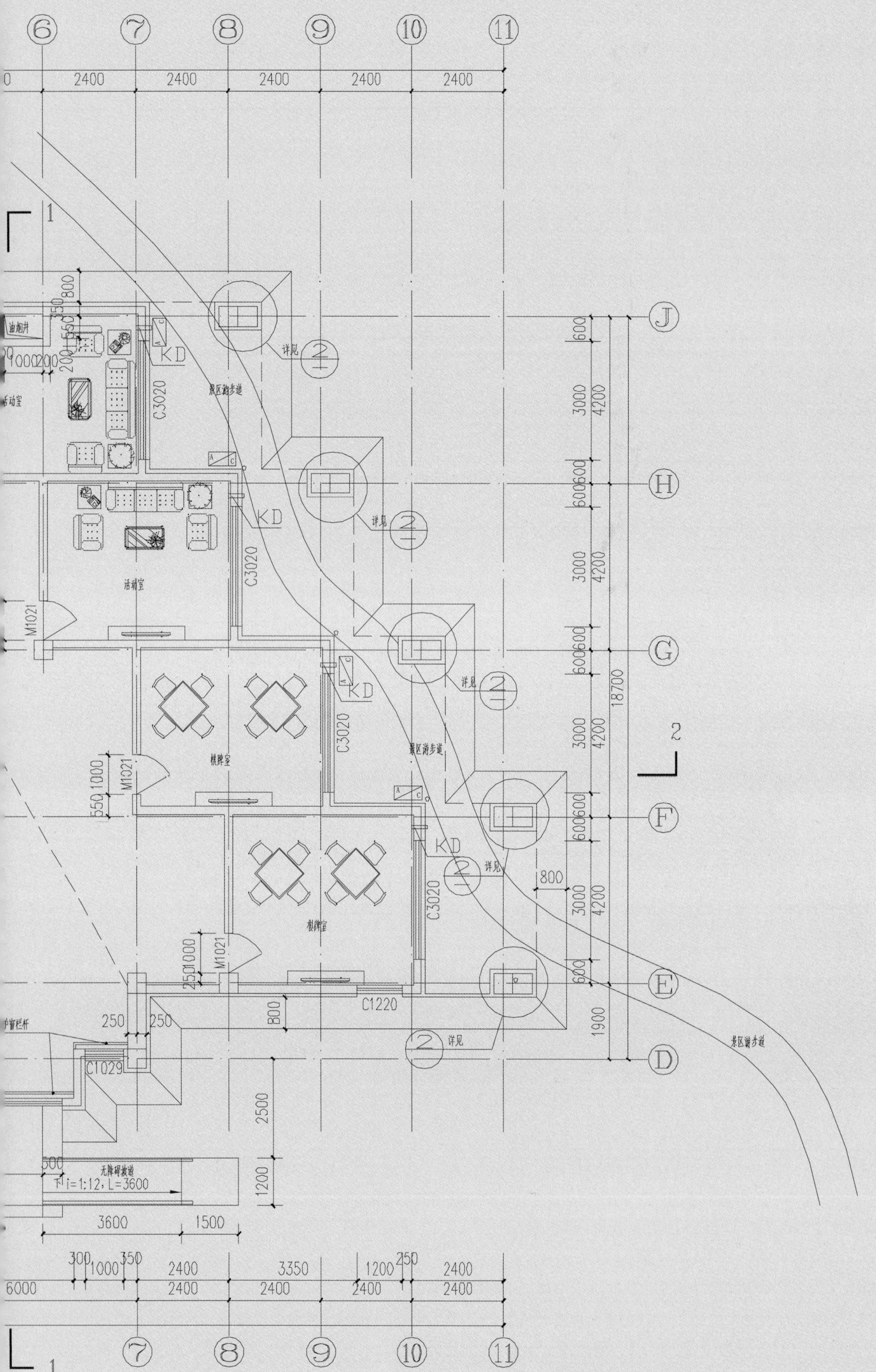

图D-4-7-4-30 云台山养老中心云台山路3号楼一层平面图

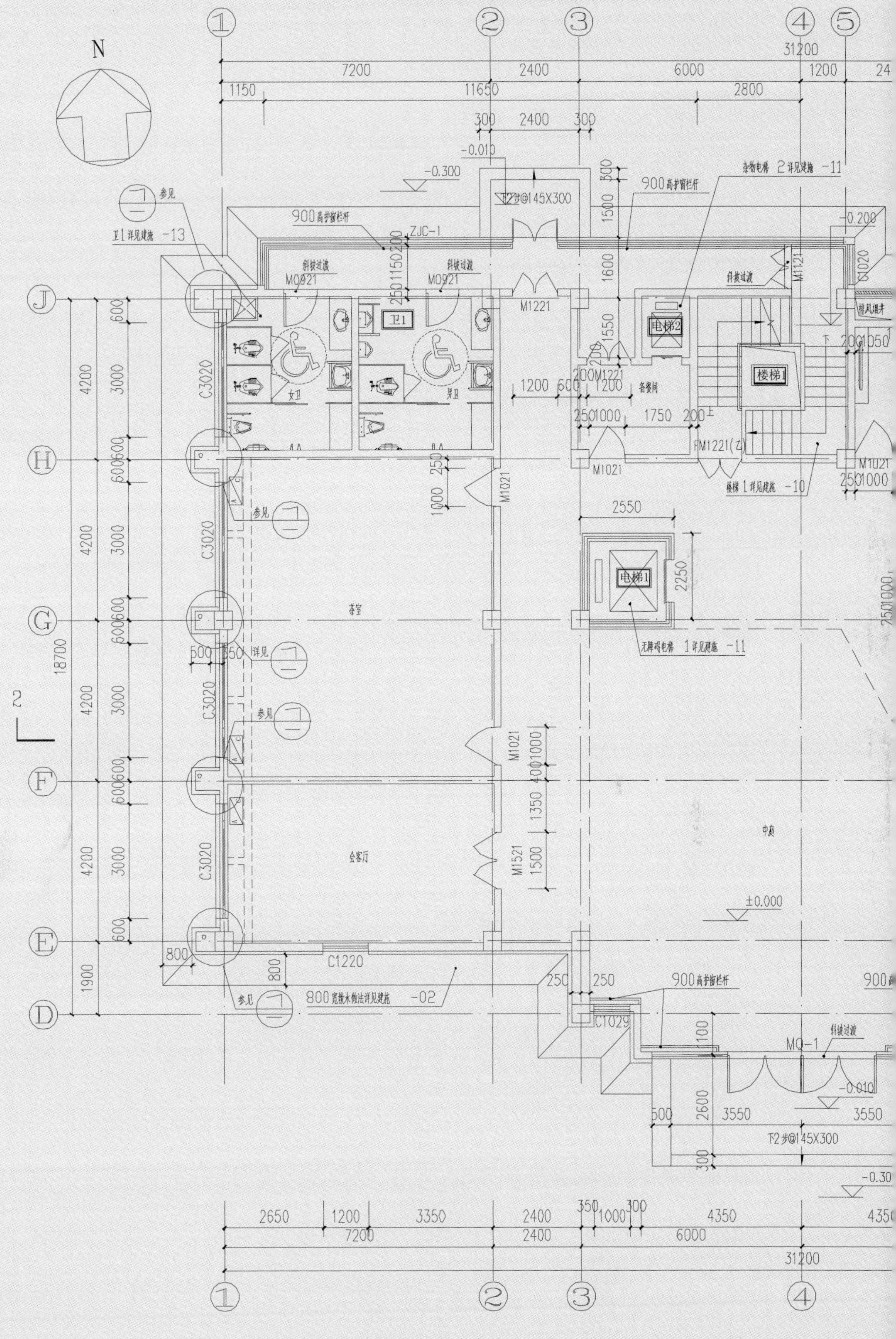

N
31200
7200
2400
6000
1200
11650
1150
2800
-0.010
-0.300
-0.200
T2步@145X300
900高护窗栏杆
ZJC-1
参见
卫1详见建施 -13
杂物电梯 2详见建施 -11
斜坡过渡
M0921
卫1
女卫
男卫
M1221
电梯2
楼梯1
备餐间
FM1221(乙)
M1021
M1121
C1020
楼梯1详见建施 -10
C3020
茶室
电梯1
无障碍电梯 1详见建施 -11
详见
会客厅
M1521
中庭
±0.000
C1220
800宽散水做法详见建施 -02
C1029
MQ-1
18700
4200
1900
2650
3350
4350

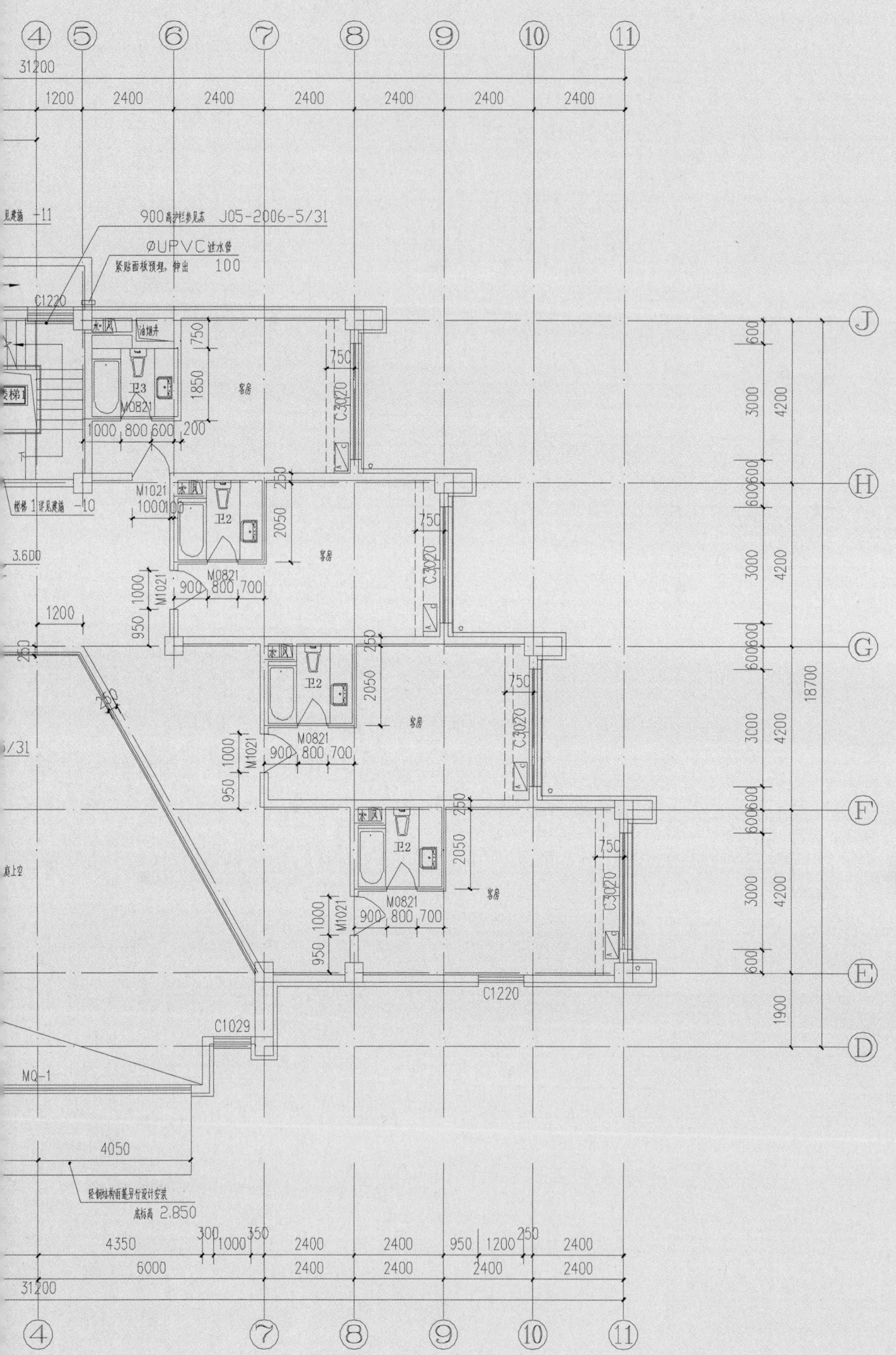

图D-4-7-4-31 云台山养老中心云台山路3号楼二层平面图

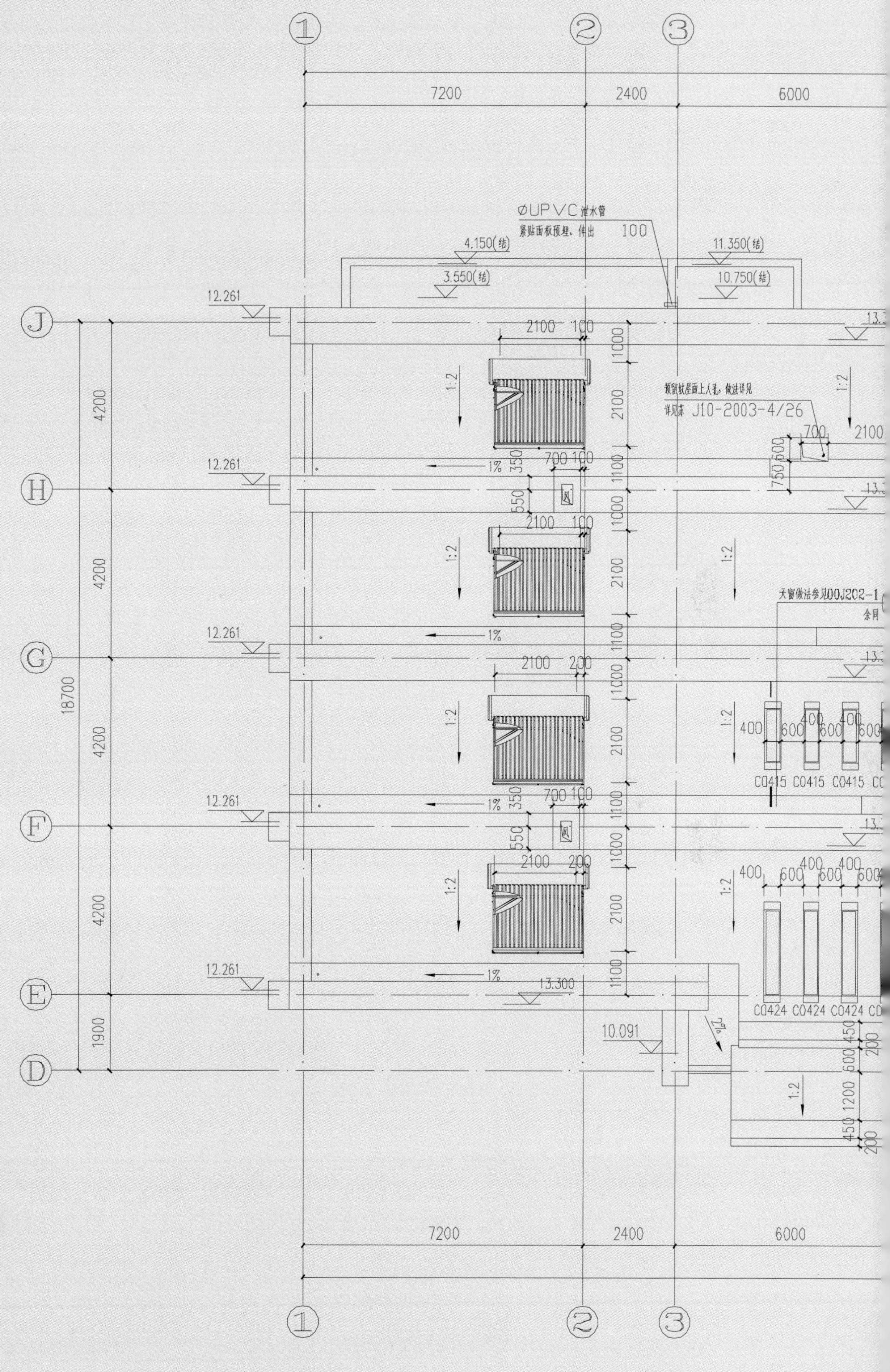

ØUPVC泄水管
紧贴面板预埋，伸出 100
4.150(结)
3.550(结)
11.350(结)
10.750(结)
12.261
13.300
10.091
7200
2400
6000
18700
4200
1900
2100
1100
700
100
200
350
550
1%
1:2
预留屋面上人孔，做法详见
详见标 J10-2003-4/26
天窗做法参见00J202-1
C0415
C0424
400
600
450
1200

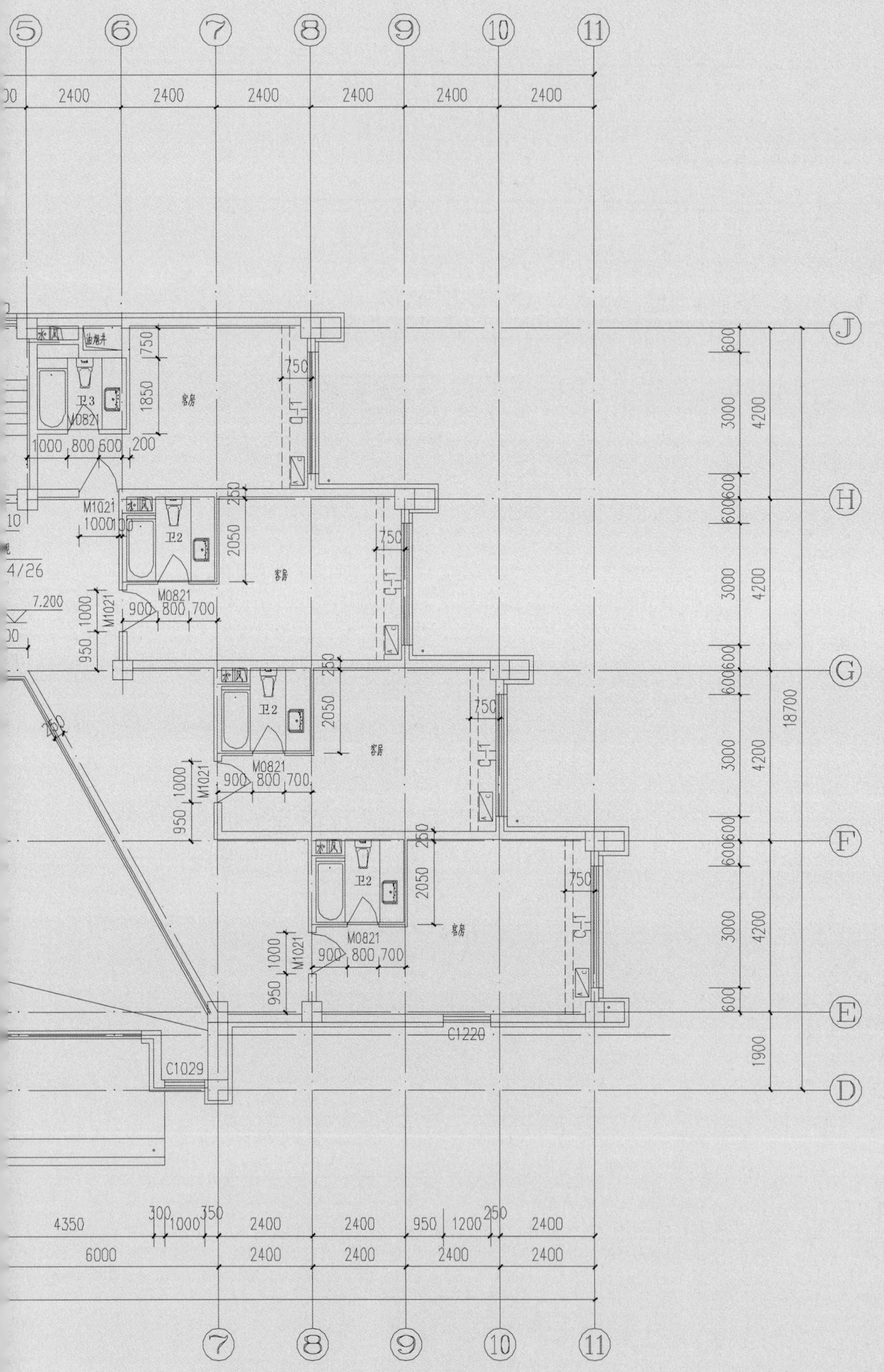

图D-4-7-4-32 云台山养老中心云台山路3号楼三层平面图

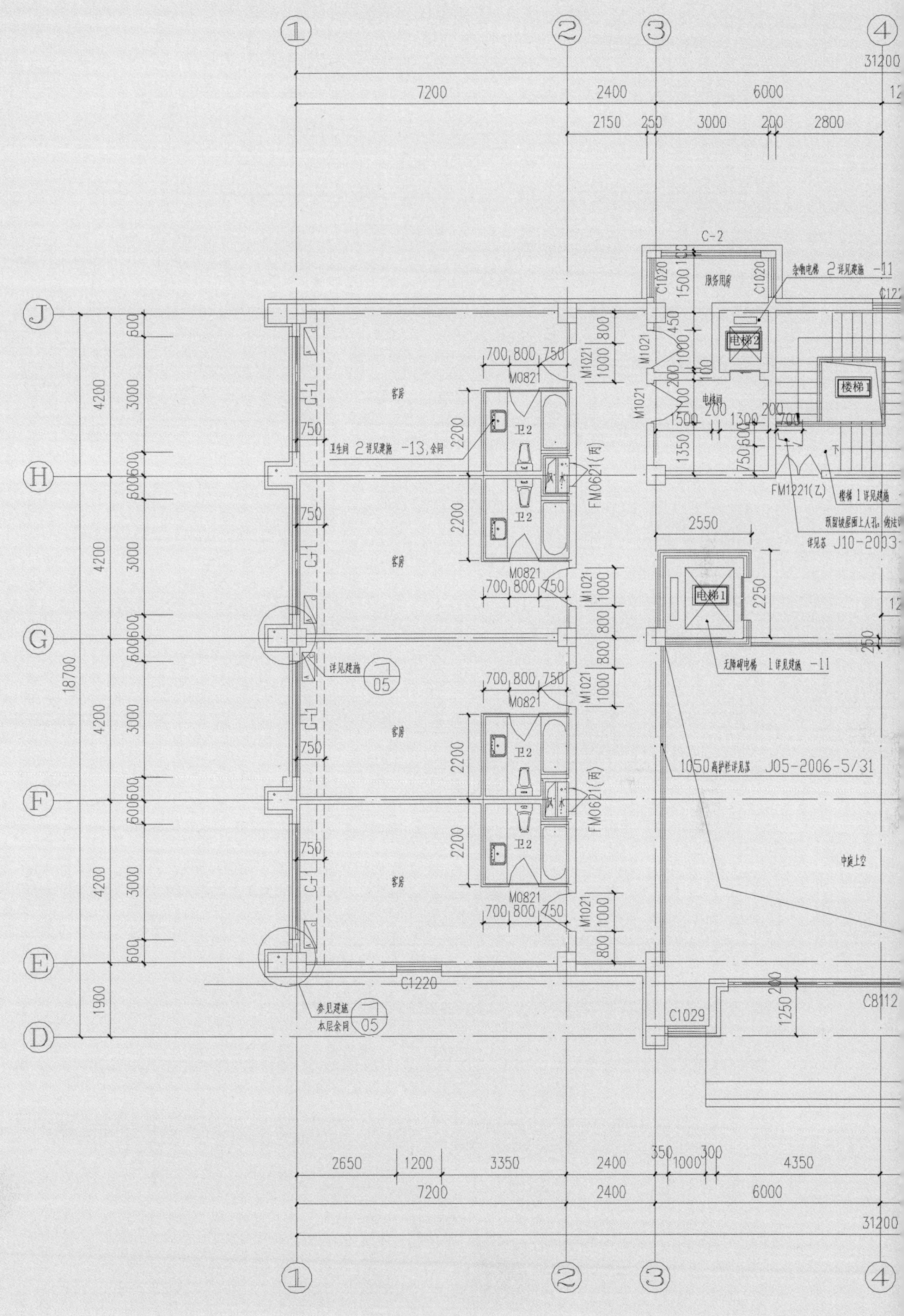

客房
卫2
卫生间 2 详见建施 -13,余同
服务用房
电梯2
楼梯1
电梯1
电梯间
杂物电梯 2 详见建施 -11
楼梯 1 详见建施
预留坡屋面上人孔,做法详见
详见苏 J10-2003
无障碍电梯 1 详见建施 -11
1050高护栏详见苏 J05-2006-5/31
中庭上空
详见建施
参见建施
本层余同
M0821
M1021
FM0621(丙)
FM1221(乙)
C-1
C-2
C1020
C1220
C1029
C8112
31200
7200
2400
6000
18700

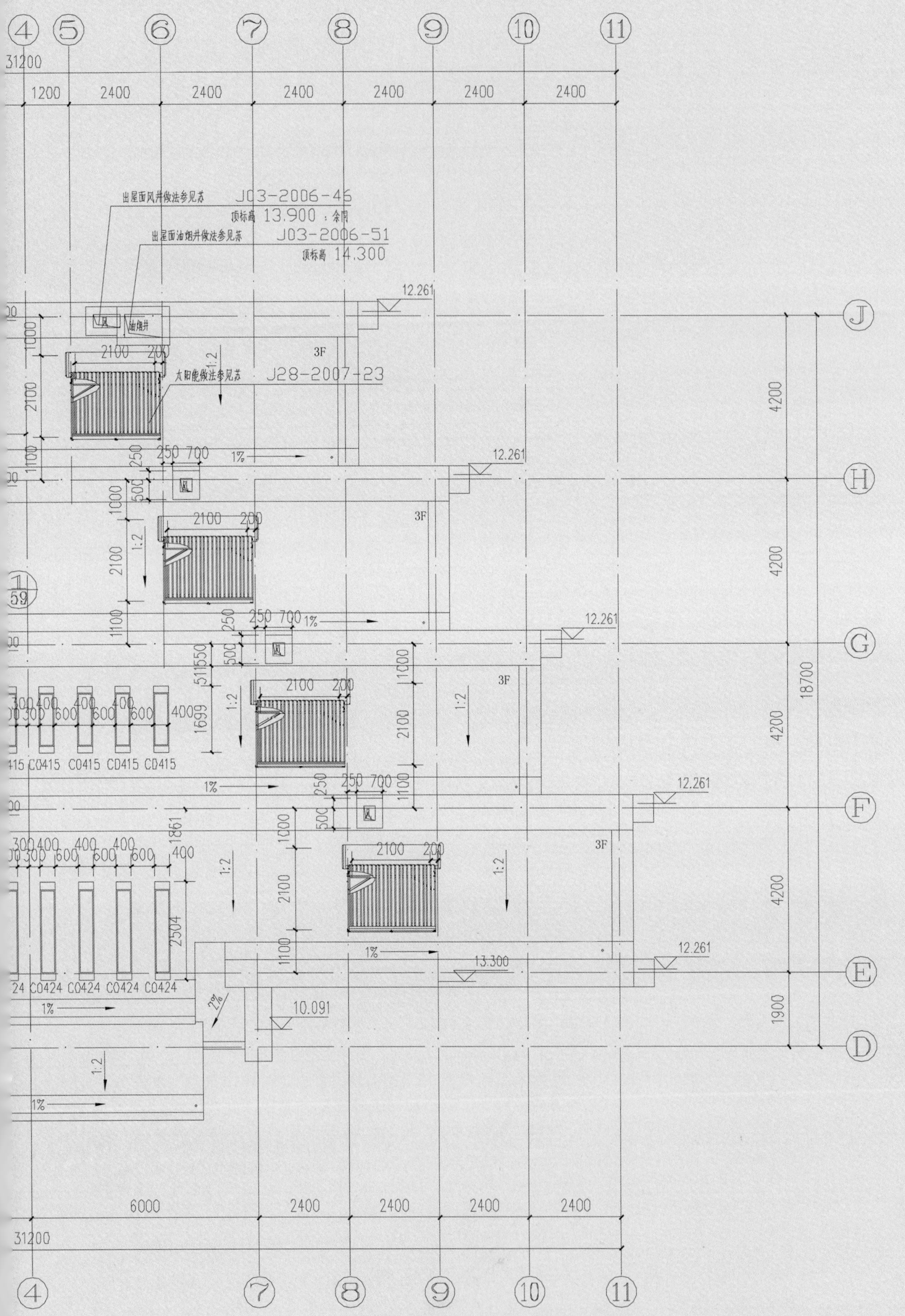

图D-4-7-4-33 云台山养老中心云台山路3号楼屋顶平面图

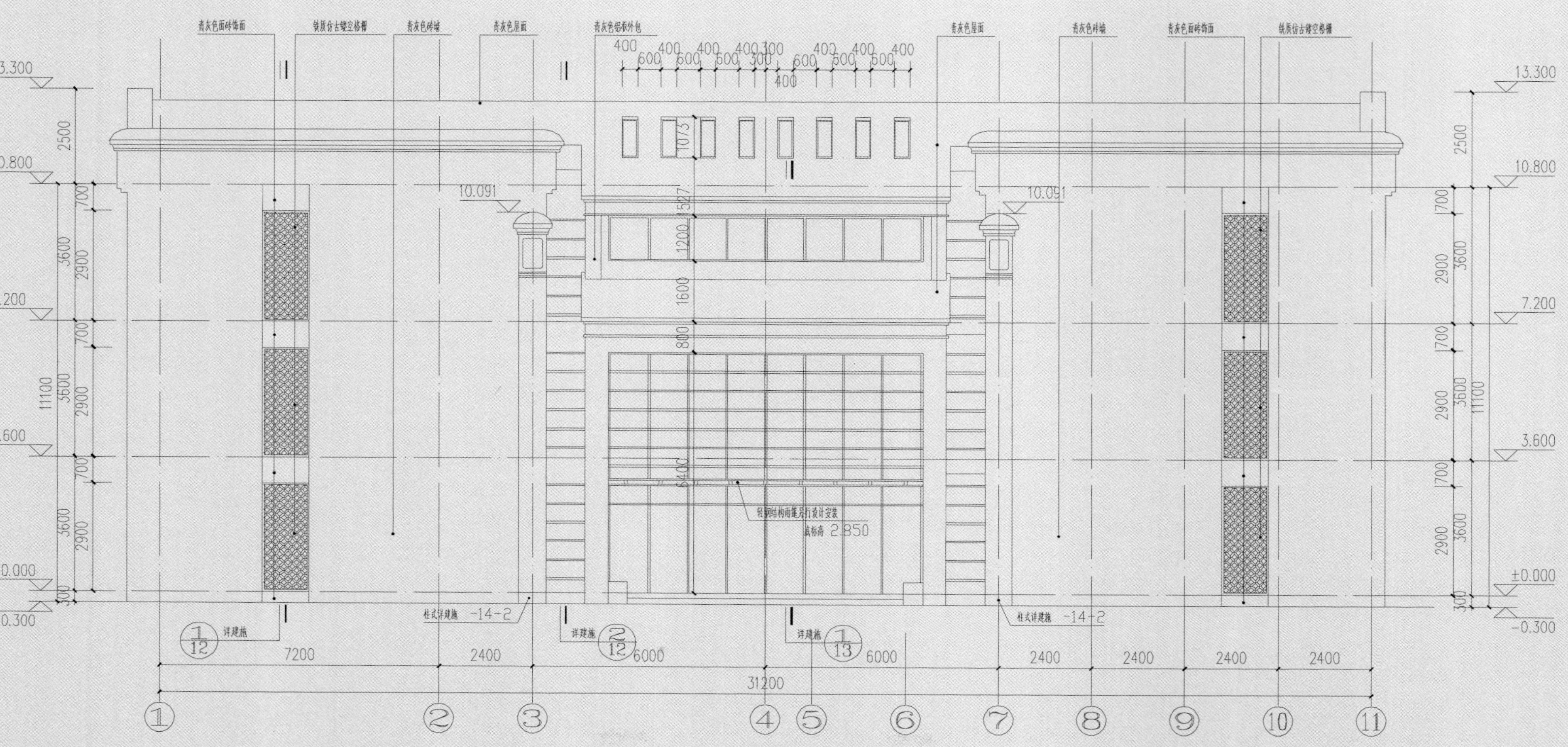

图D-4-7-4-34 云台山养老中心云台山路3号楼南立面图

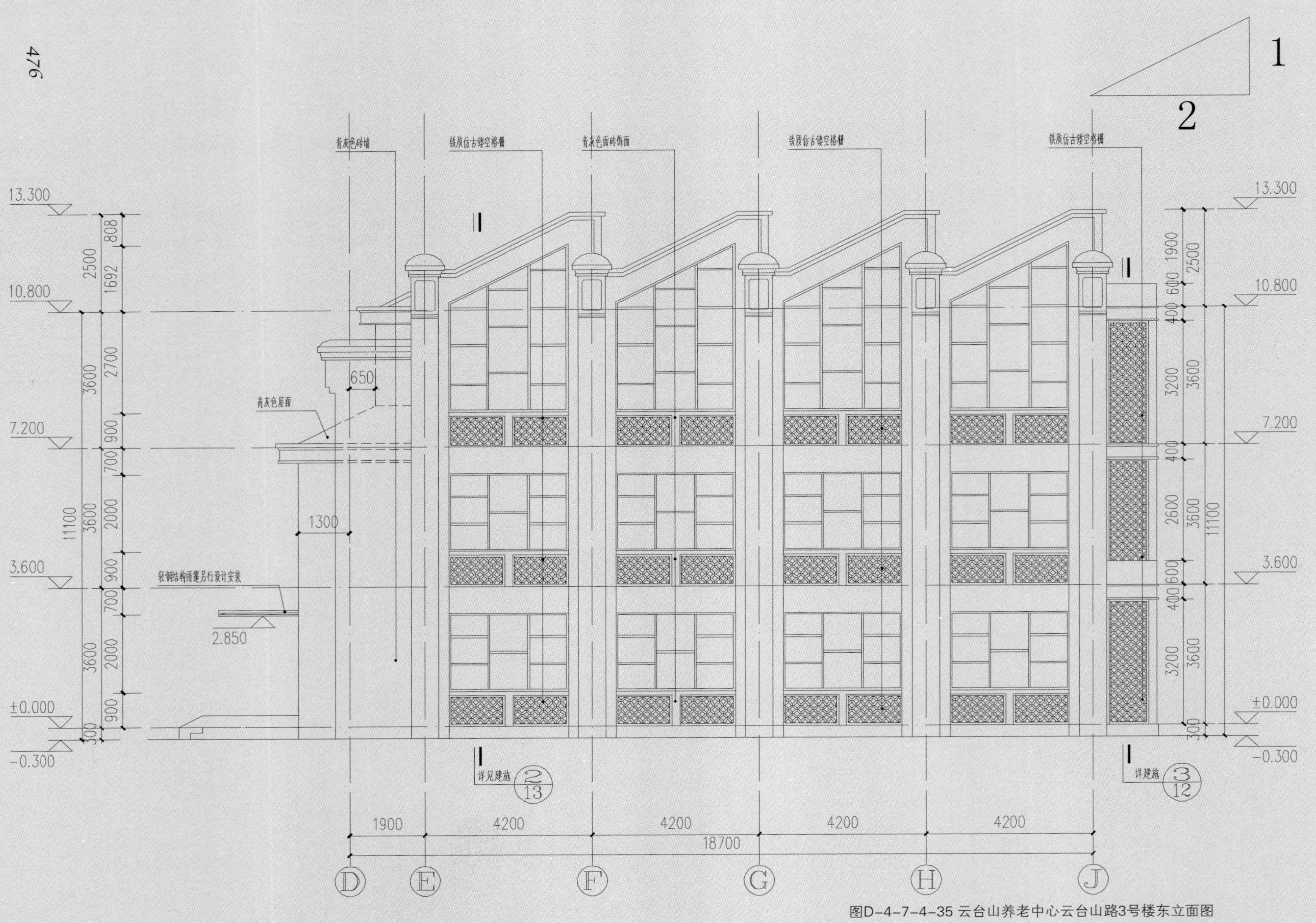

图D-4-7-4-35 云台山养老中心云台山路3号楼东立面图

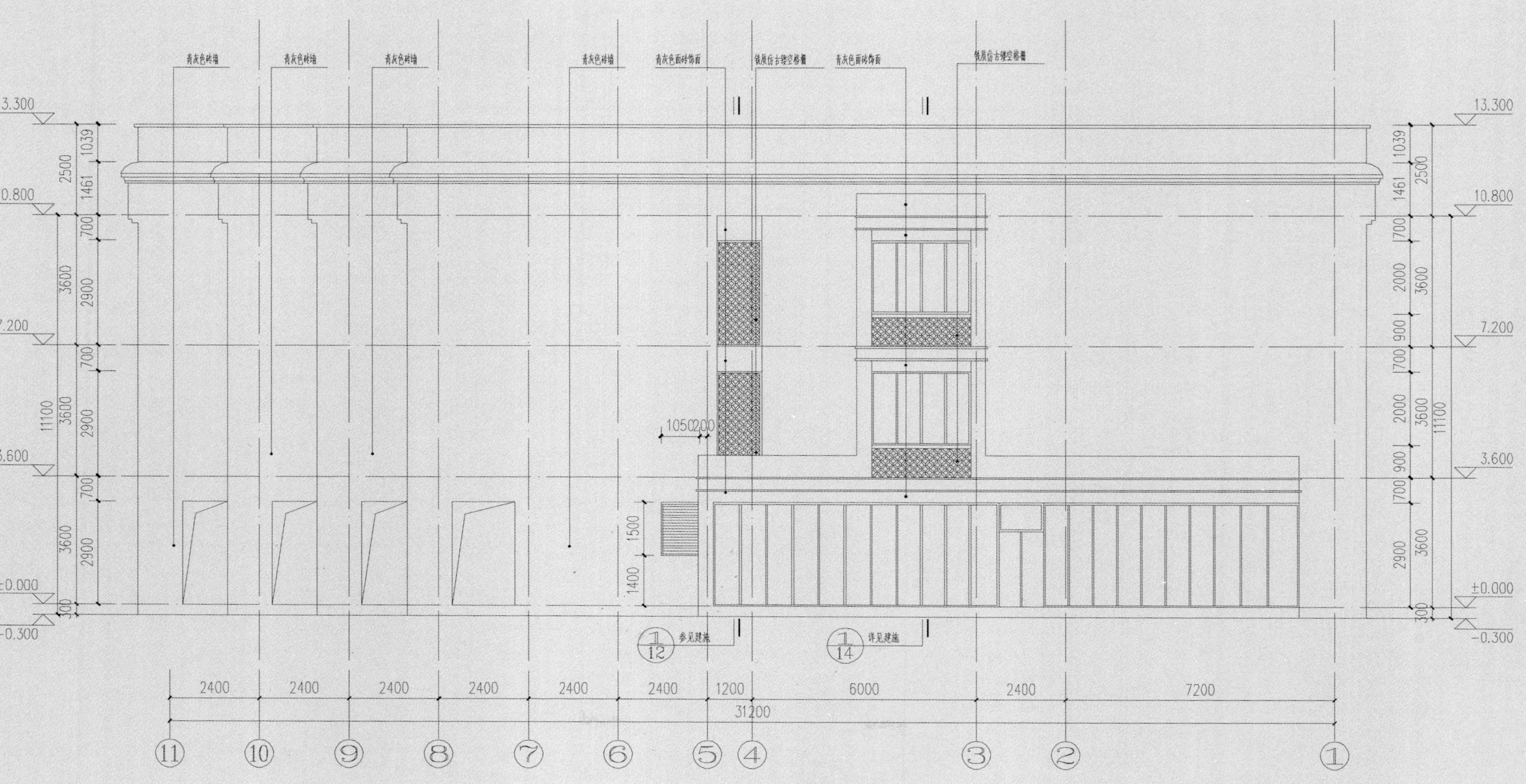

图D-4-7-4-36 云台山养老中心云台山路3号楼北立面图

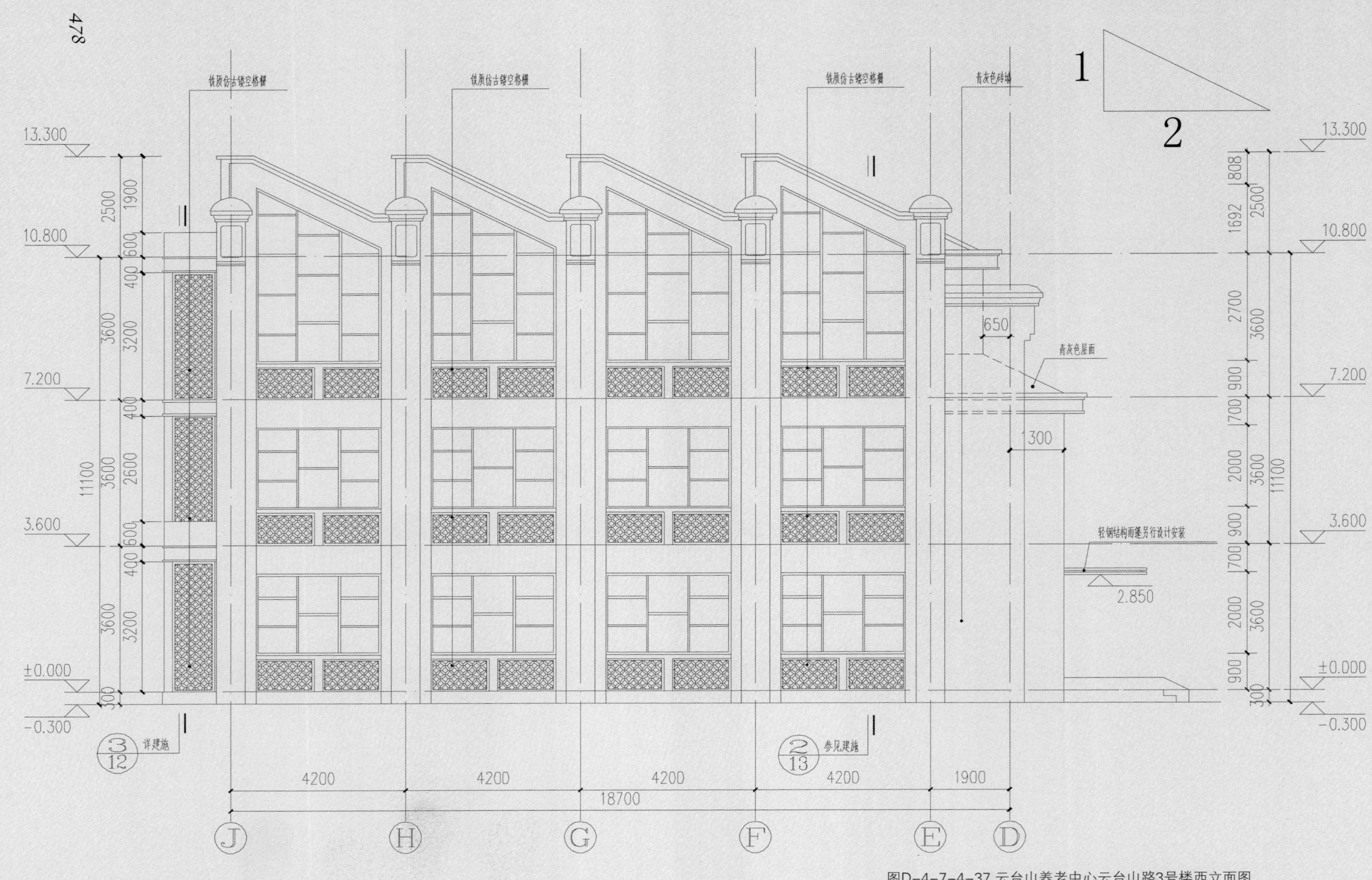

图D-4-7-4-37 云台山养老中心云台山路3号楼西立面图

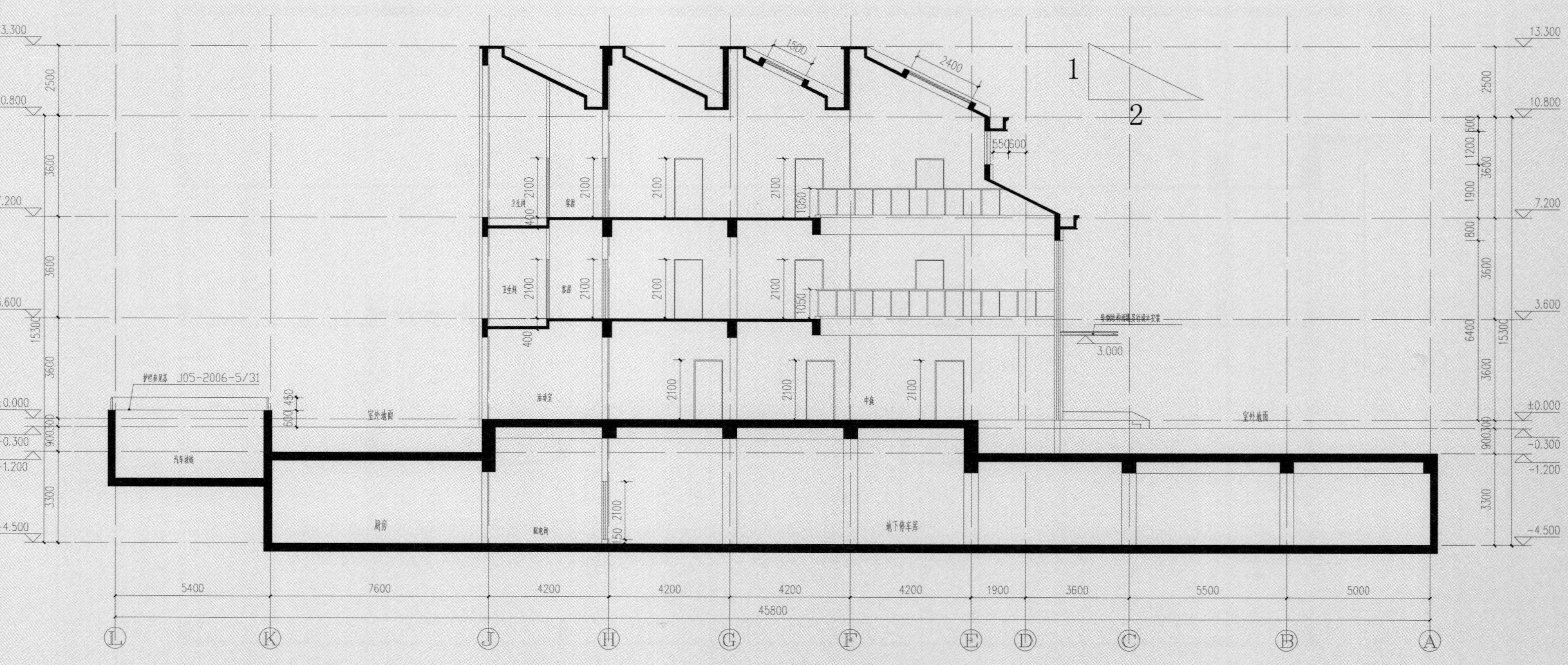

图D-4-7-4-38 云台山养老中心云台山路3号楼剖面图

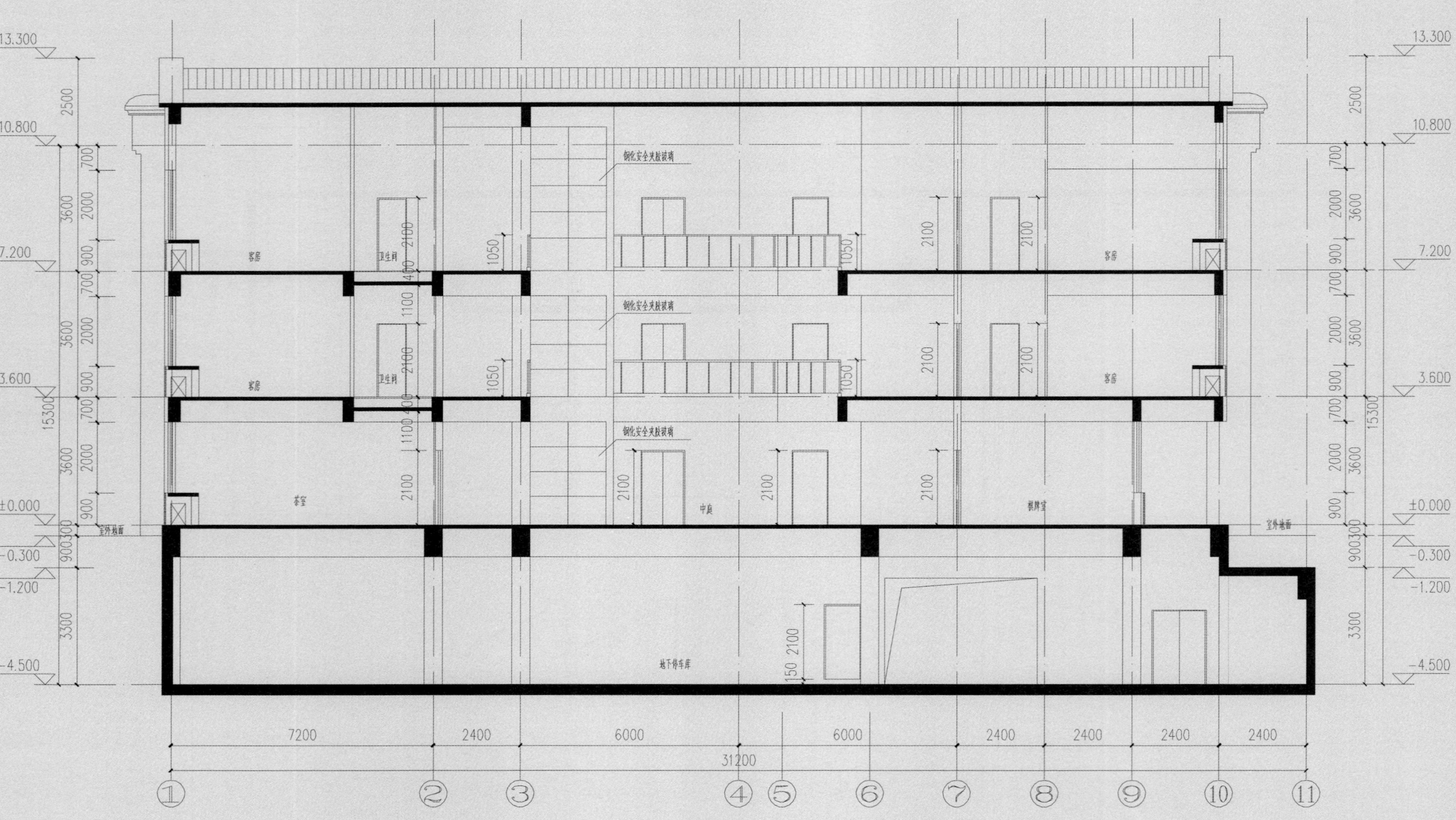

图D-4-7-4-39 云台山养老中心云台山路3号楼剖面图

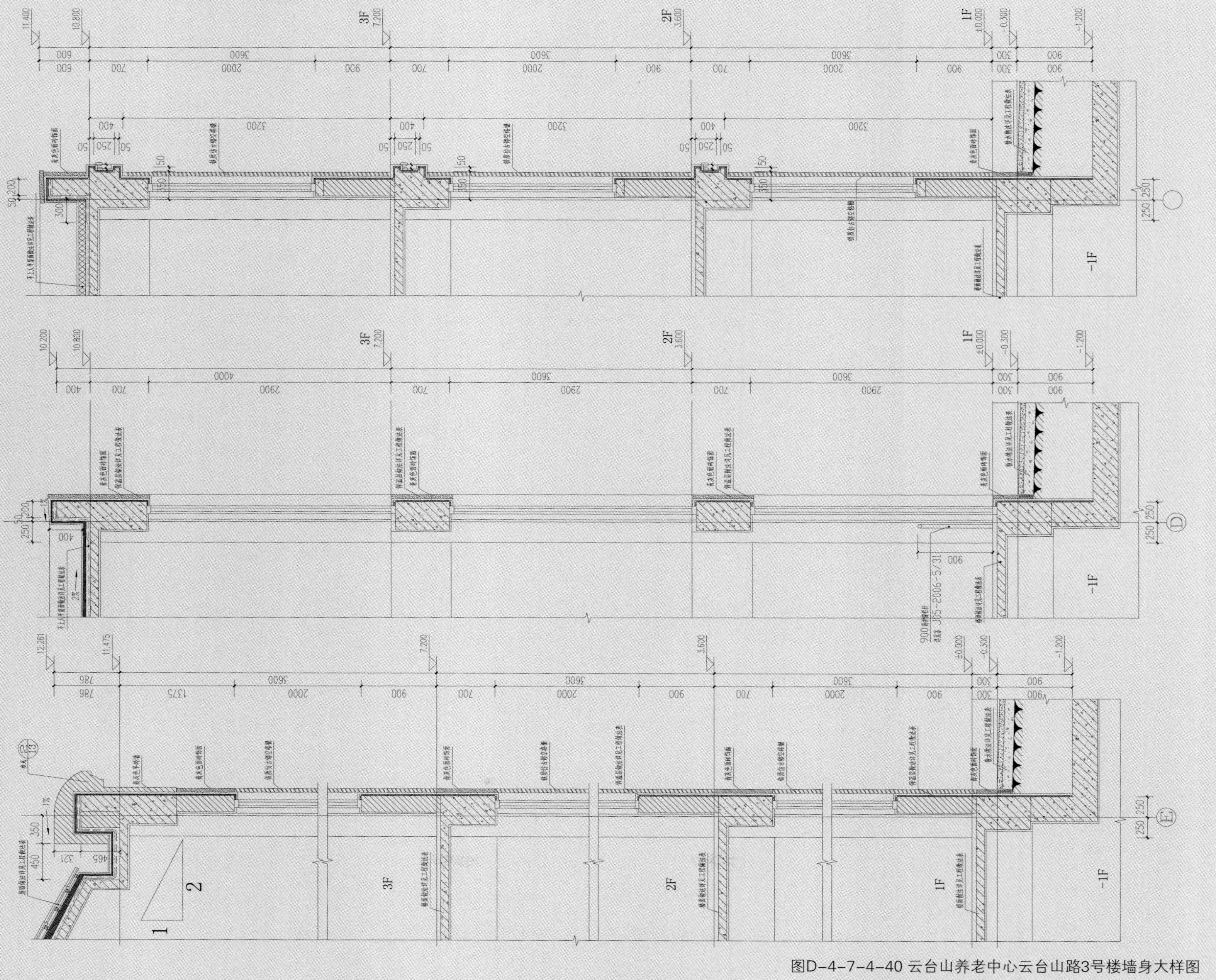

图D-4-7-4-40 云台山养老中心云台山路3号楼墙身大样图

第八章 迎江路东公共建筑

图P-4-8-0-1 修缮后的迎江路东建筑群（李威 航摄）

迎江路东公共建筑群位于迎江路东侧、镇屏山至同仁堂药房一线以西、北至长江路，南至大西路，自北向南为西津音乐厅、钟楼剧场、原民国交通银行旧址（参见第三卷第三章第四节）、美孚洋行旧址（参见第三卷第二章第四节）、西津剧场（工人电影院旧址）、招商局大楼、沈道台府（现镇江方志馆，参见第二卷第三章第二节）等7栋建筑，这些建筑以原怡和洋行、美孚洋行、招商局建筑和原民国交通银行旧址风格为历史依据，其他建筑或为仿西式建筑或为仿民国建筑风格，形成大体一致的街区风貌，以与西侧租界及云台山领事馆区域等建筑风格相协调（图P-4-8-0-1～图P-4-8-0-3）。本章只述及前卷未及之西津音乐厅、钟楼剧场2栋新建建筑，以及重建的西津剧场（原工人电影院）和异地复建的原招商局大楼。

图P-4-8-0-2 修缮后沈道台公馆西北立面

图P-4-8-0-3 修缮后西津剧场东南立面

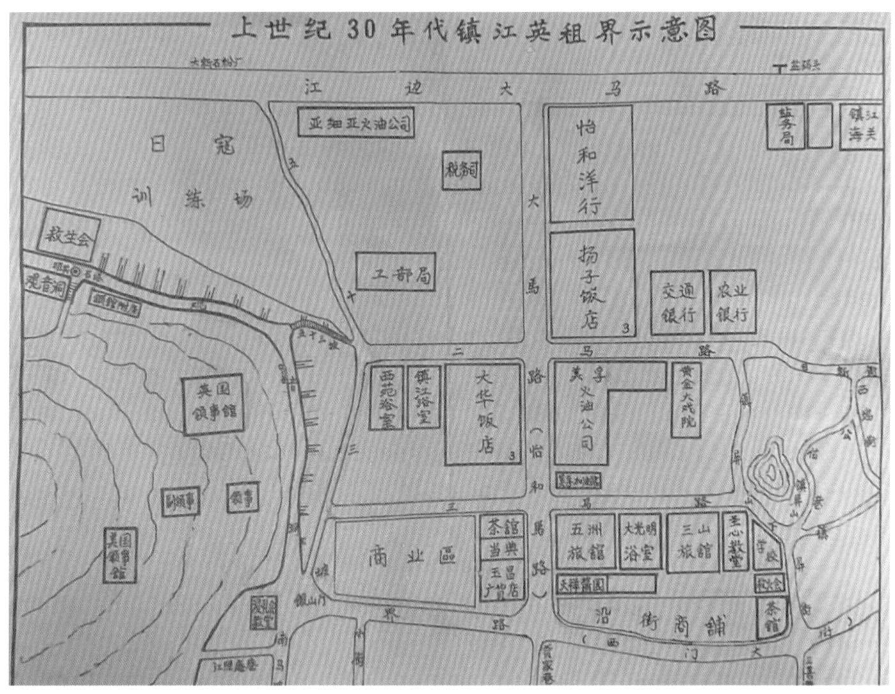

图P-4-8-0-5　20世纪30年代镇江英租界示意图（李厚吉老人回忆、许金龙绘）

图P-4-8-0-4 修缮后的迎江路东建筑群东部立面全景（左起：原美孚石油公司旧址、西津实验剧场-钟楼、原交通银行旧址、西津音乐厅）

第一节 原航运小学（现西津音乐厅）

一、概述

1. 建筑形态。西津音乐厅为仿西式建筑。该建筑位于长江路与迎江路交会处（图P-4-8-1-1），坐东朝西，长60.3m、宽30m、高20.6m，地下一层、地上三层，剧场部分为挑高空间。总占地面积1809m^2，总建筑面积8681m^2。整栋建筑庄重典雅，质量上乘，2019年获“国家优质工程奖”称号。室内装饰符合艺术空间特殊功能要求，特别是照明、声学方面的特殊要求，能保证所有的座位都有良好的音质和足够的视听强度。室内装饰细节处理纳入了设计范围，整个空间色彩和布局统一和谐，体现了建筑装饰技术与艺术有机统一。通过技术创新，以最简洁、环保、节能的材料组合，达到完美的光学和声学艺术表现和最佳视听效果。装饰工程获“江苏省装修行业科技创新成果奖”。

图P-4-8-1-1 西津音乐厅正立面（西立面）

镇江建工建设集团有限公司
你单位施工总承包的西津音乐厅及实验剧场工程 荣获
2018–2019年度国家优质工程奖。
特发此证。

图P-4-8-1-2 西津音乐厅工程获得“2018–2019年度国家优质工程奖”称号

中国建筑工程装饰奖
获奖证书
（公共建筑装饰类）
江苏四达装饰有限公司
你单位承建的 西津音乐厅及实验剧场室内装饰工程 工程
荣获二〇一九~二〇二〇年度中国建筑工程装饰奖。
特发此证
承建范围：音乐厅及实验剧场室内装饰部分，各装饰分项，灯具照明，室内给排水，洁具安装等

图P-4-8-1-3 西津音乐厅工程获得“2019–2020年度中国建筑工程装饰奖”称号

2. 历史沿革和遗存状态。

清末民国初时期，该地块是原英商怡和洋行旧址（图P-4-8-1-4）。原建筑为西洋风格，坐南朝北共计8间两层，为砖混结构建筑瓦楞铁皮屋顶，后改建为洋瓦。沿街搭建严重。因年久失修破旧不堪。

图P-4-8-1-4 原镇江英国怡和洋行（航运小学）旧址

1861年，镇江设立了英租界，各种洋行在此纷纷设立，多达18家。在这许许多多的洋行中间，英国的怡和洋行由于牌子老、规模大、交际广、手段辣，曾经被帝国主义尊称为洋行之王。它的正式名称是渣甸·地臣有限公司，简称渣甸洋行，怡和洋行（EWO）是它的华名。怡和洋行早年参与对中国贸易，主要从事鸦片及茶叶的买卖，怡和洋行最可耻、最有害的业务是从事鸦片进口。后来又利用不平等的条约将走私鸦片用“洋药”的名目成为正当贸易，从光绪十二年二月初八起至十三年十一月十七日止，镇江关进口鸦片6584石，在全国31个口岸中位

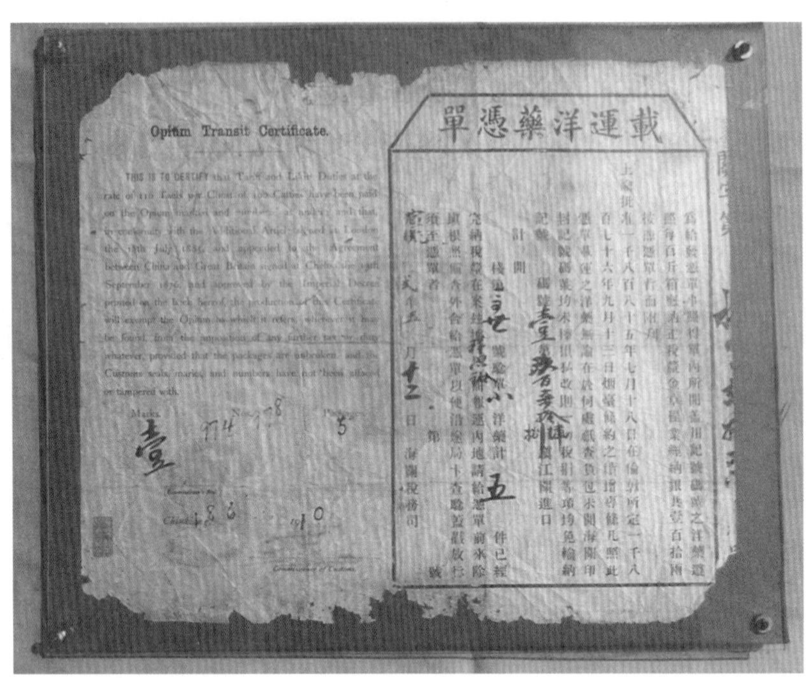

图P-4-8-1-5 原英国怡和洋行贩运“洋药”凭单

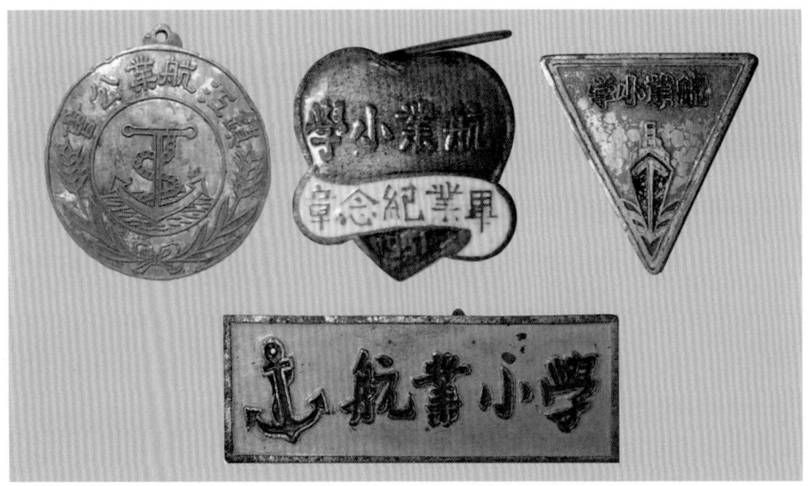

图P-4-8-1-6 原镇江航业工会徽章（闫佳收藏）、原航业小学徽章三枚（庄超 收藏）

居第三（第一上海，第二广州）（图P-4-8-1-5）。鸦片烟行成为镇江五大行业之首（其余四行为洋行、钱业、杂货、洋货）。除了早期的鸦片烟，中后期的棉织品以外，军火、机器、五金、路矿器材、木材以及日用消费品、奢侈品等也逐步成为怡和洋行进口的重要项目。

20世纪初，怡和洋行经常从国外各地向中国进口木材，主要是澳洲的硬木，美国的阿利岗松和泰国曼谷的麻粟木，这些木材主要供应铁路做枕木。这是因为怡和洋行和沪宁铁路与上海公共租界订有长期包销合同，把持着铁路枕木及路面硬木的供应特权。为了销售的需要，怡和洋行在上海杨树浦设立了怡和制材厂，并在镇江设立了怡和制材分厂。在镇江怡和洋行的北端江滨（马路对面），原镇江制材厂的前身，就是原英国怡和洋行镇江制材分厂的所在地。辛亥革命后，随着租界回归，洋行业务逐渐衰退。1929年前后镇江怡和洋行停止其业务，洋行建筑移交给地方航业公会并成为航业小学办学校址。

1929年，镇江市航业公会创办私立航业小学，由内河招商局卓瑞伯等人组成筹委会，1932年推举镇江师范校长曹刍担任校董。1933年航业小学开始招生，主要招收航运业子女上学（图P-4-8-1-6）。1937年学校毁于日寇战火，直至1947年在原怡和洋行旧址复校，校名更名为镇江市航运小学，校长法元生。20世纪50年代以后，学校为六年制完小。历任校长是吴韵久、汪岚、万觉、尹帮强、童本和、徐明、吴秀琴。1999年该校与伯先路小学合并为长江路小学，潘光平为校长。

21世纪初随着港口东迁生源锐减，恰逢镇江市教育规划和学校布局调整，镇江市航运小学停办空置。2009年由西津渡公司收购该校址，并委托江苏省建筑设计研究院根据规划重新设计为西津音乐厅。工程2013年年底开工、2016年8月竣工。西津音乐厅是镇江市第一座高规格高标准的专业音乐厅，拓展了西津渡的文脉和人气。西津音乐厅和钟楼剧场一起，共同构造出西津渡长江路一道风格独特的亮丽风景，是展示镇江魅力和津渡文化的重要窗口，成为西津渡的新地标建筑之一（图P-4-8-1-7～图P-4-8-1-10）。

图P-4-8-1-7 西津音乐厅东立面

图P-4-8-1-8 西津音乐厅南立面

图P-4-8-1-9 西津音乐厅和钟楼剧场全景

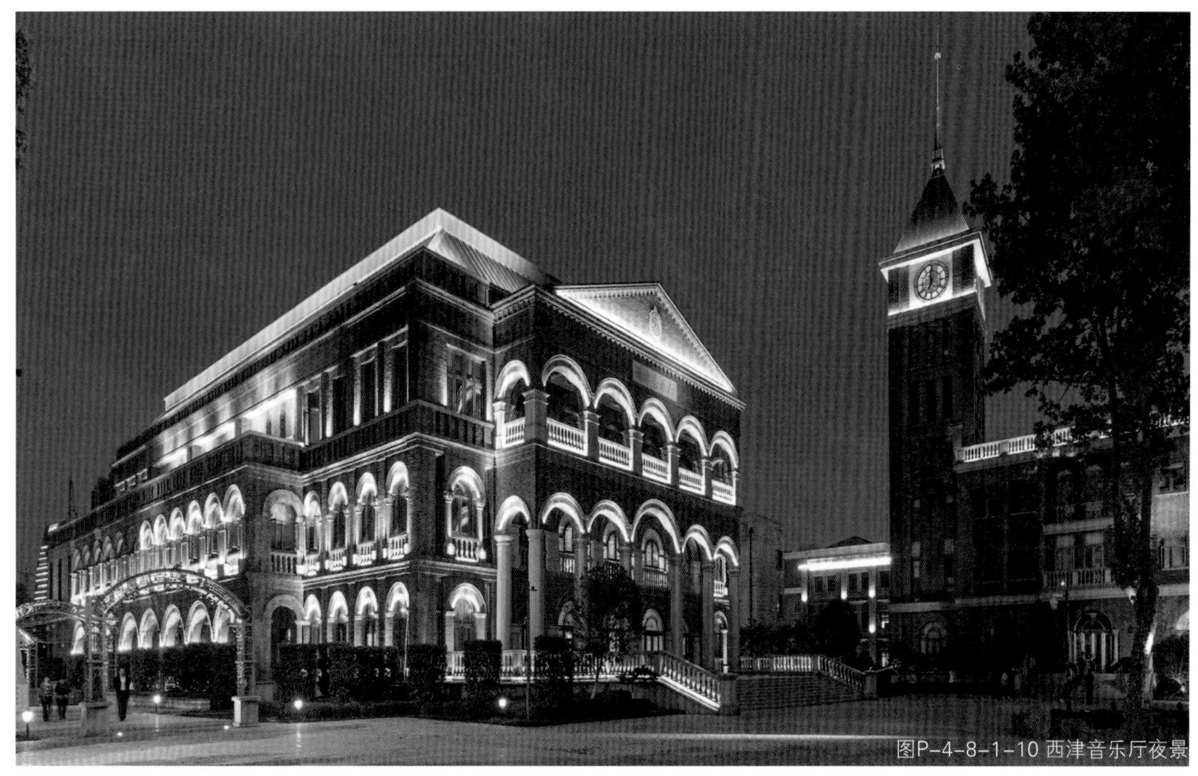
图P-4-8-1-10 西津音乐厅夜景

二、主要修缮技术方案

新建。建筑风格经典、独特建筑将中式元素与欧式风格完美结合，立面形式丰富多样，造型经典、独特。

在尊重历史的前提下力求体现其个性化印记，打造经典的欧式建筑，既勾起了市民心中的城市记忆，也与周边建筑完美融合，真正做到了显山露水、凸显文化；保留风格、彰显特色。桩基筏板基础、钢筋混凝土框架结构。工程外墙采用青砖和红砖夹花砌筑，连续的连廊和拱券结构，挑高的门楼罗马柱和窗边实心阳刻雕花装饰柱，红砖半圆拱券门厅，一楼设券廊、二楼设券窗，铜门铜窗，层层叠挑的磨边砖线条和石材线条。内外墙不同材料、不同模数混合搭砌和拉结工艺，山墙山花、砖砌墩堂、灯草缝处理青砖红砖清水墙。高大模板及异形模板施工弧形梁、弧形看台、旋转楼梯。屋面为双向平面管桁架结构。共设置9榀主桁架，主桁架之间通过次桁架连接成整体。如图P-4-8-1-11、图P-4-8-1-12所示。

临迎江路保留原有法国梧桐并结合道路法国梧桐形成小广场。

内饰按音乐厅专有技术规范实施，一楼门厅挑高两层，富丽堂皇。演出大厅设

图P-4-8-1-11 西津音乐厅外立面局部细节

图P-4-8-1-12 西津音乐厅钢结构屋面和高大及异形模板施工

图P-4-8-1-13 西津音乐厅内部布局（依次为门厅、休息厅、舞台、观众厅）

有观众席位423座，二楼挑出半圆形设贵宾席位。内外墙不同材料、不同模数混合搭砌和拉结工艺，既能满足结构抗震要求，又能满足节能要求，是现代框架结构体系与传统砌墙施工工艺相融合的经典。室内装饰设计明快、简洁、经典、高雅，准确地把握各个空间的功能特色（图P-4-8-1-13）。

整栋建筑采用先进的综合布线系统、智能控制系统及功能领先的设备设施，科技含量及智能化水平高。生活给水系统设由市政管网直接供水，充分利用了市政管网压力。屋面雨水采用虹吸雨水排水方式，排水快、无噪声。卫生设备采用节水型洁具及配件，系统中的所有设备及材料都优先选用能耗少、效率高的产品，系统控制按照经济、实用、可靠的原则设计。采用 LED 节能型光源，降低能耗，在总控室设置智能化能源监测系统，对设备运行数据进行采集，对今后高效运行减少能耗提供数据支持。在消防系统设计中，采用新一代智能火灾报警控制系统，具有模拟量智能型、全总线制、联动型、局域网络化等特点，极大提高报警的准确率和可靠性。演出大厅设有全自动跟踪定位消防水炮系统，能快速定位并准确扑灭着火点。如图P-4-8-1-14所示。

图P-4-8-1-14 西津音乐厅设施细节图(停车场、管网、楼梯、空调外机)

三、建筑物修缮责任表

建设单位：镇江市西津渡文化旅游有限责任公司

项目负责人：杨恒网 孙荣 徐波云

设计单位：江苏省建筑设计研究院有限公司

设计人员：彭伟

测绘单位：镇江市勘察测绘研究院

监理单位：镇江建科工程管理有限公司

监理人员：施彩霞

施工总承包单位：镇江建工建设集团有限公司

项目经理：张平 朱坚 黄俊

装饰单位：江苏四达装饰有限公司

项目经理： 王华喜 郁忠

施工时间：2013.12.18.—2016.8.25.

施工总承包单位：镇江建工建设集团有限公司

项目经理：张平

施工时间：2013.12.18—2016.8.25

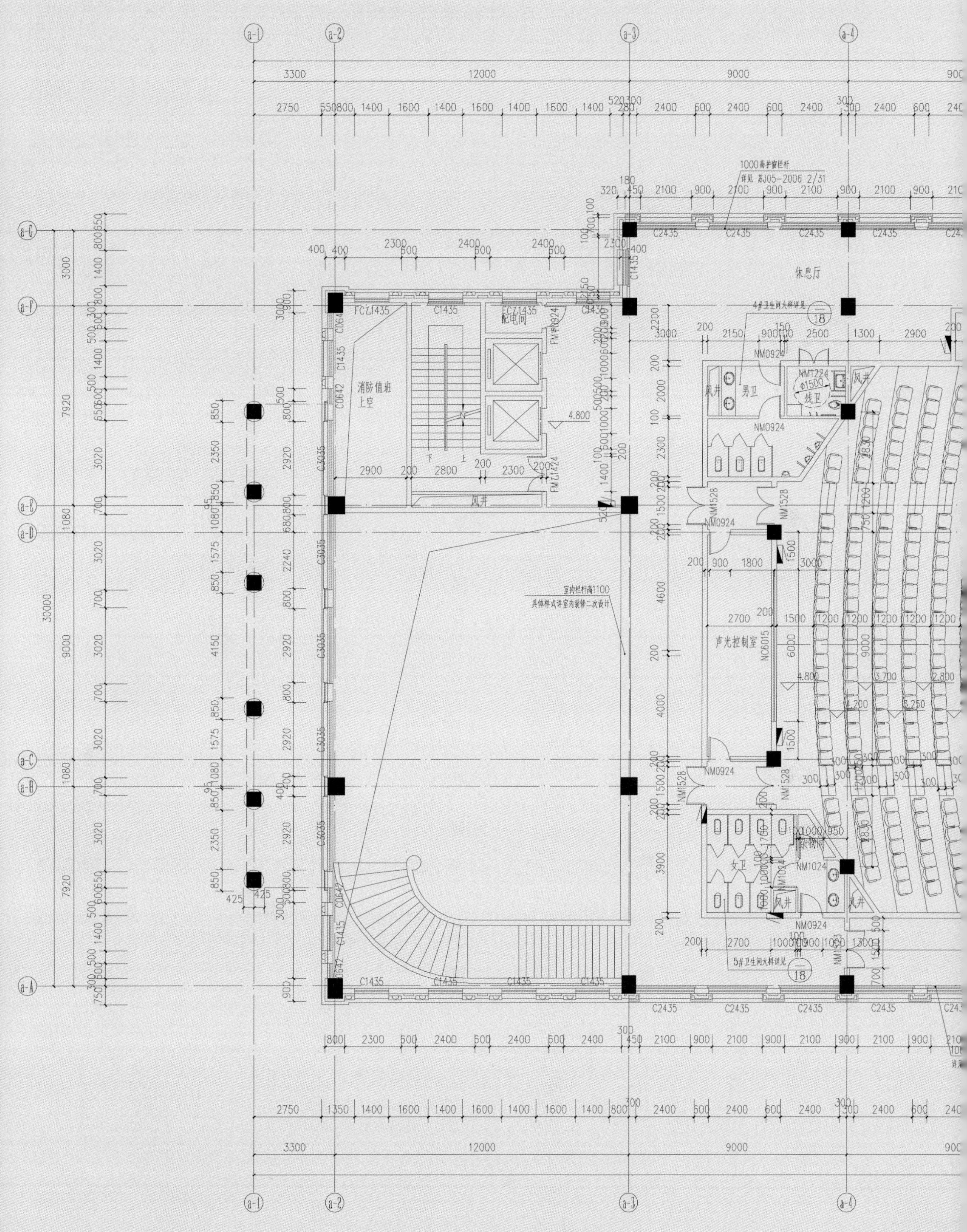

a-1
a-2
a-3
a-4
a-A
a-B
a-C
a-D
a-E
a-F
a-G
1000高护窗栏杆
详见 苏J05-2006 2/31
休息厅
4#卫生间大样详见
18
消防值班
上空
配电间
风井
男卫
残卫
女卫
声光控制室
室内栏杆高1100
具体样式详室内装修二次设计
5#卫生间大样详见
4.800
3.700
2.800
4.200
3.250
C2435
C1435
FCZ1435
FM甲0924
FMZ1424
NM0924
NM1528
NMT224
NM1024
NC6015
C3035
C0642

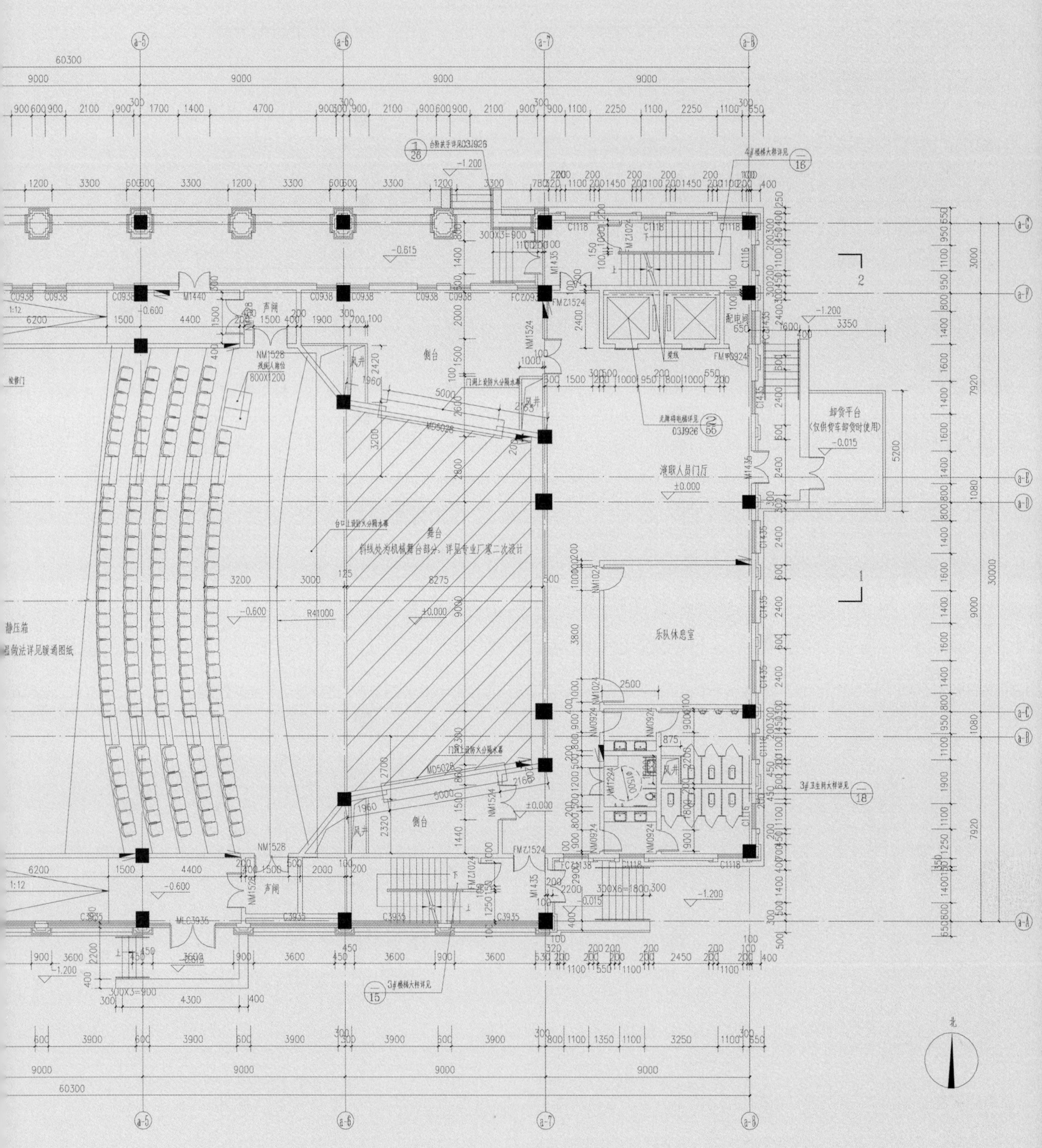

图D-4-8-1-1 西津音乐厅一层平面图

四、施工图

如图D-4-8-1-1 ~ 图D-4-8-1-9所示。

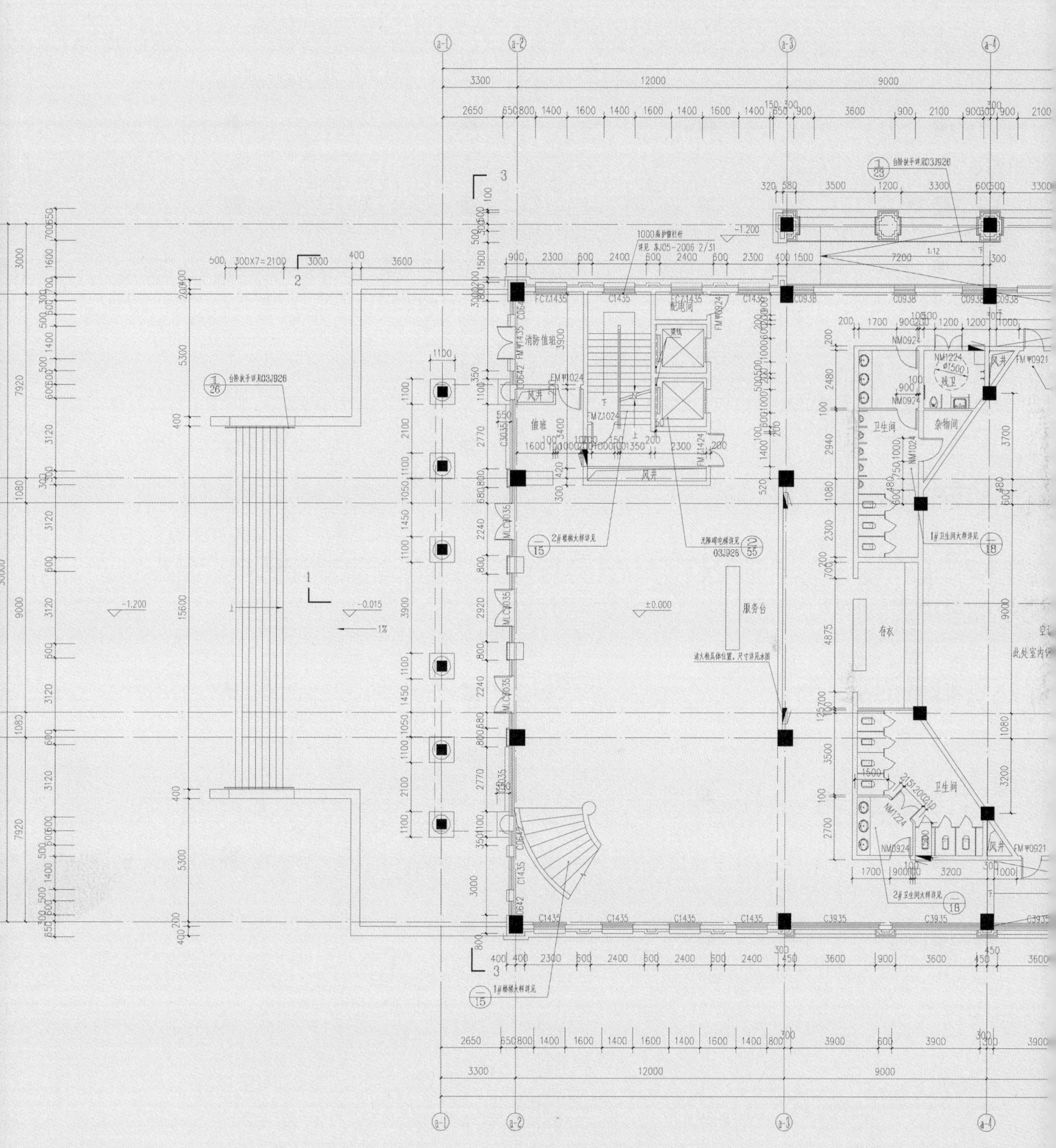

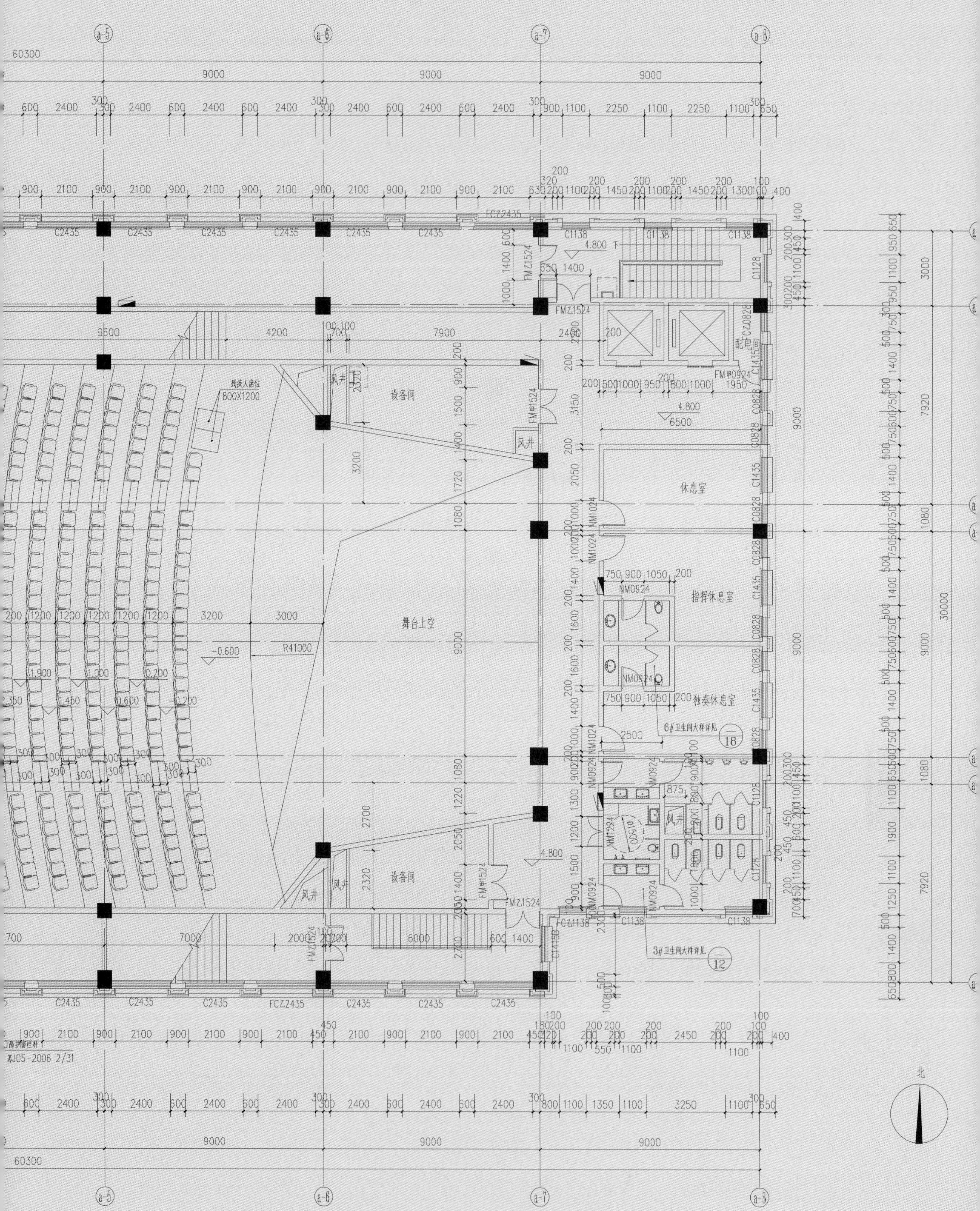

图D-4-8-1-2 西津音乐厅二层平面图

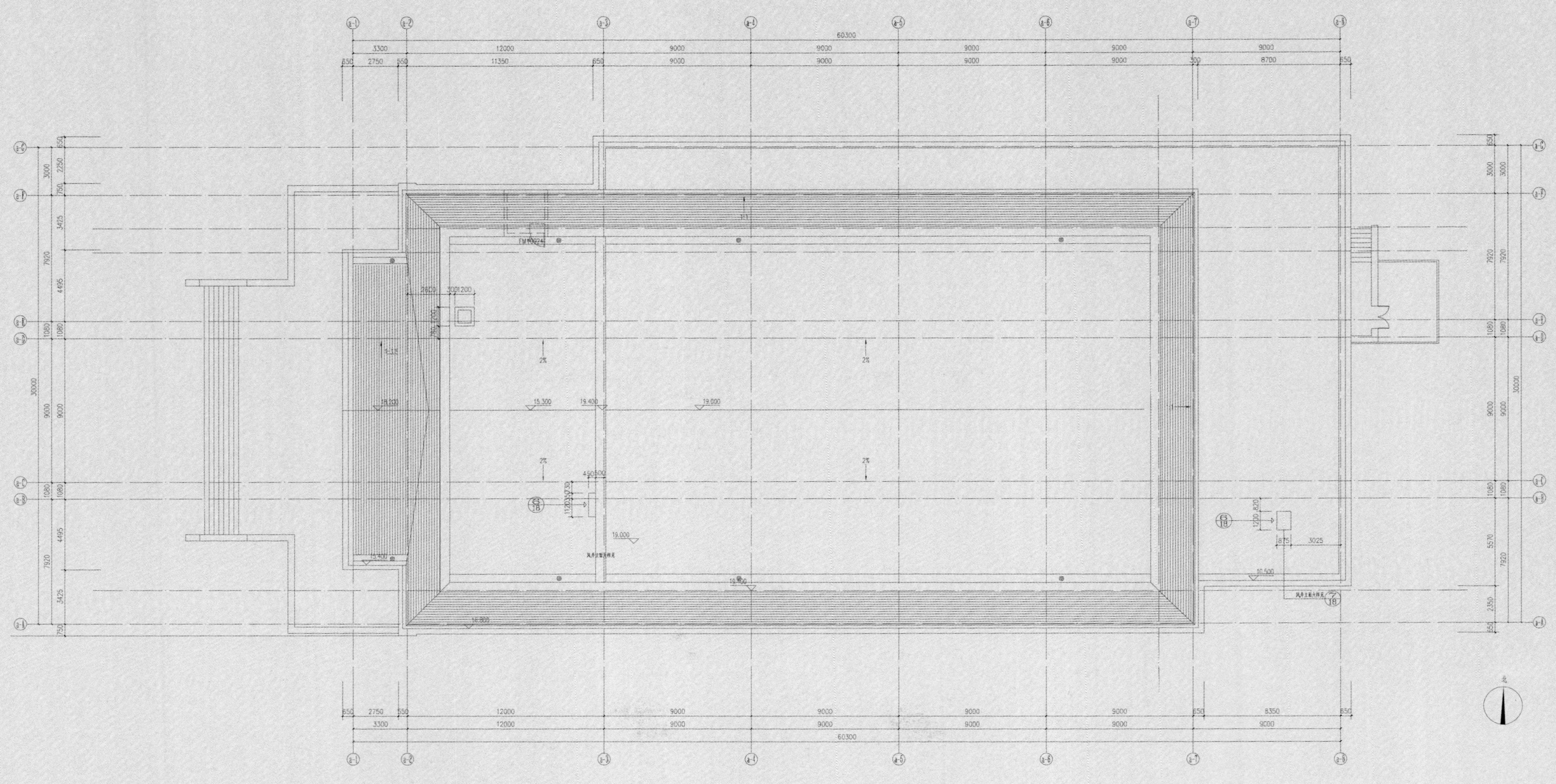

图D-4-8-1-4 西津音乐厅屋顶平面图

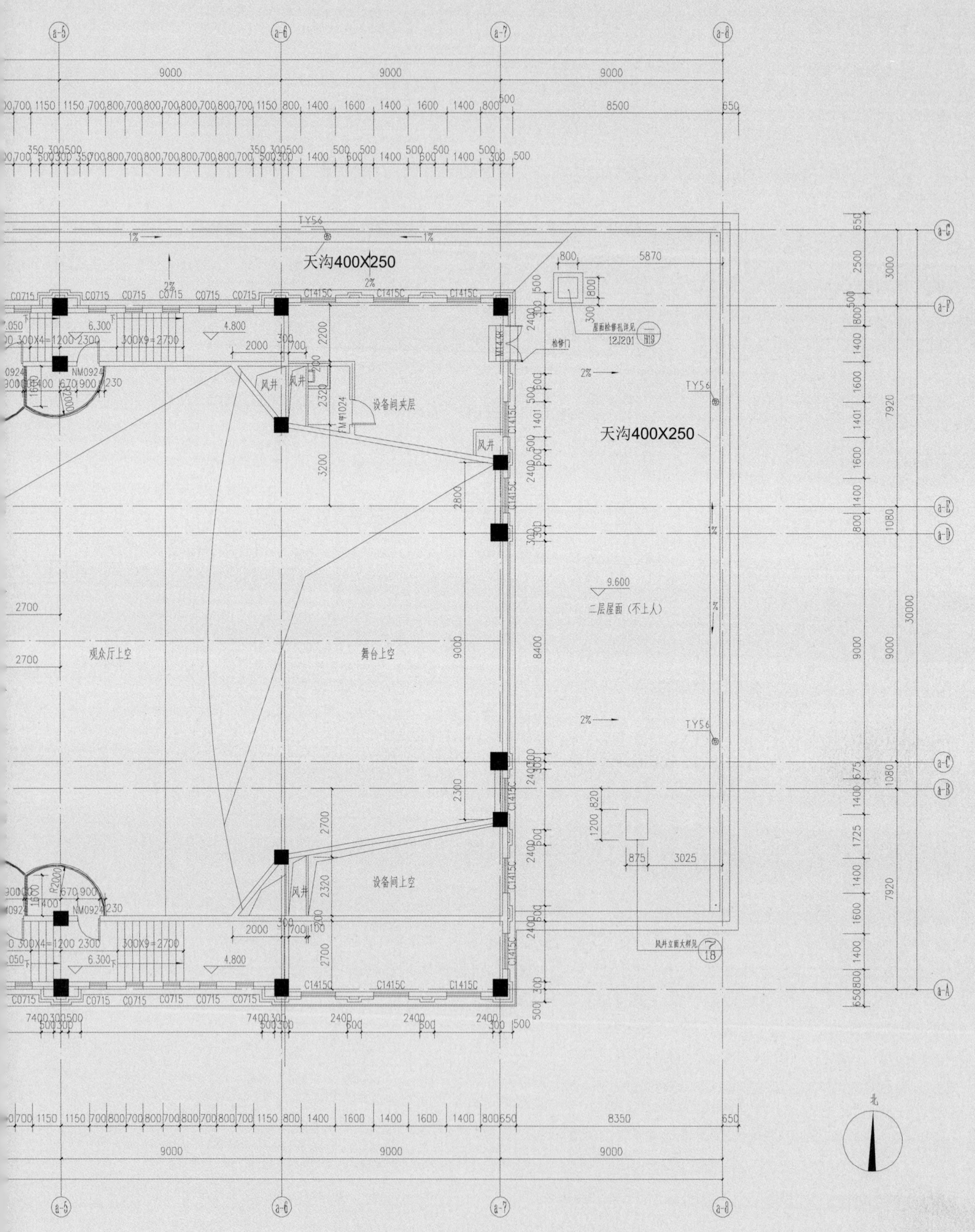

图D-4-8-1-3 西津音乐厅三层平面图

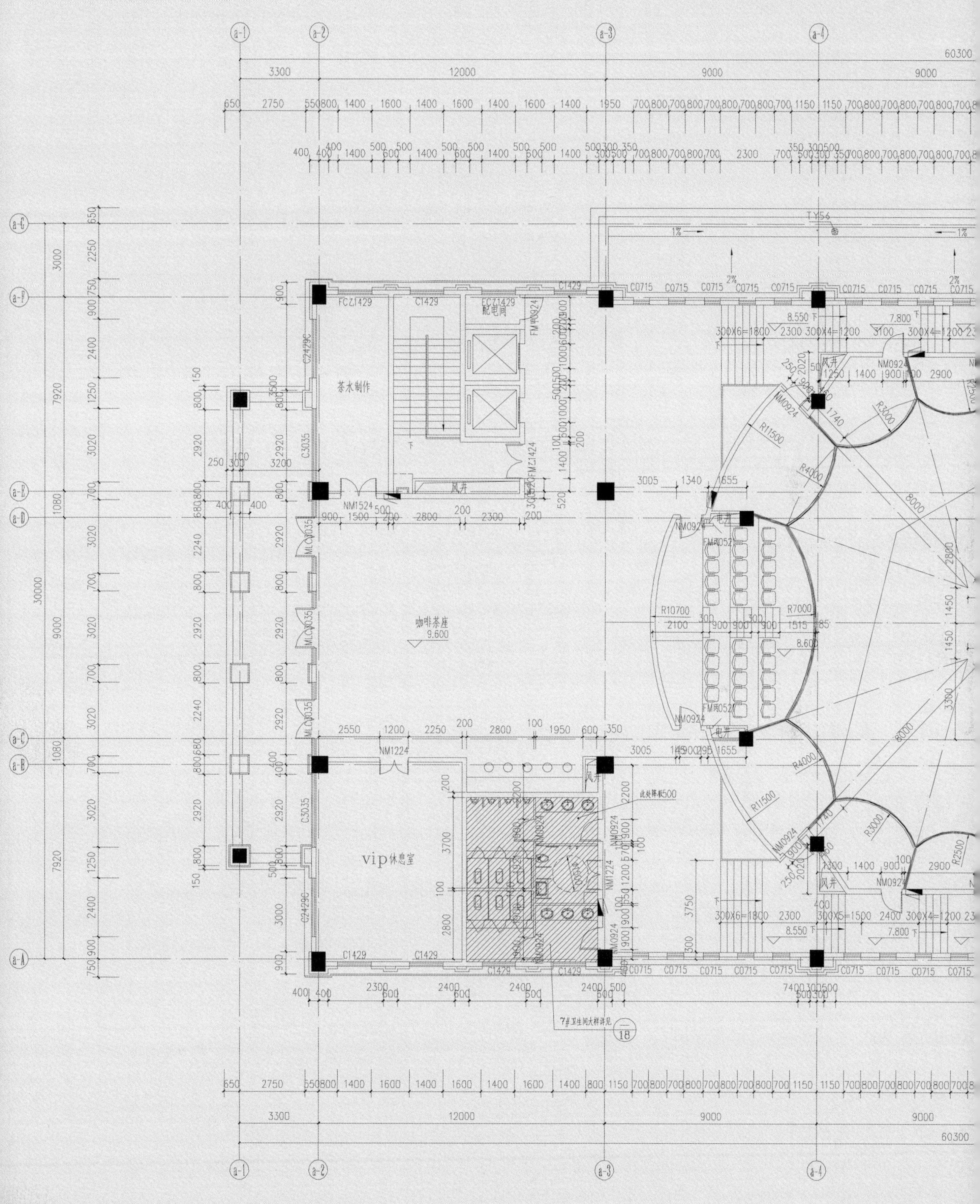

茶水制作
配电间
风井
咖啡茶座
9.600
vip休息室
电井
此处降板500
7#卫生间大样详见

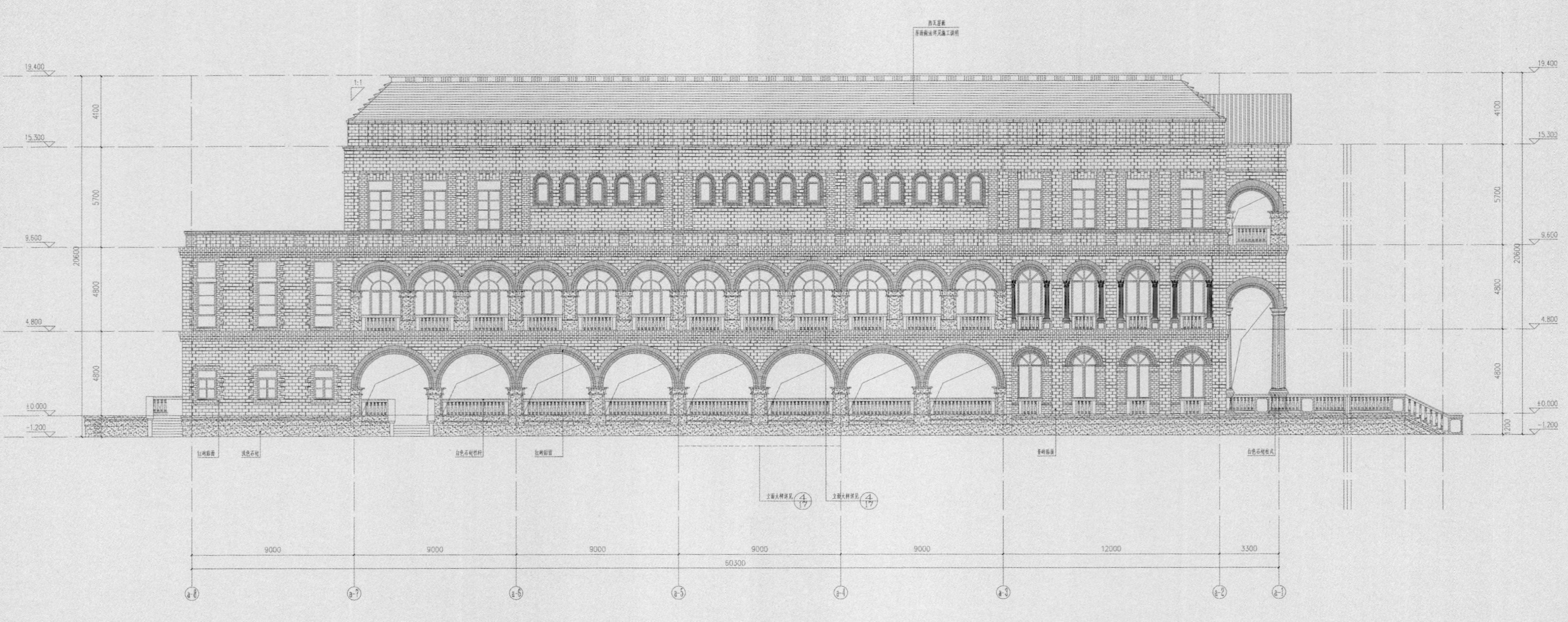

图D-4-8-1-5 西津音乐厅北立面图

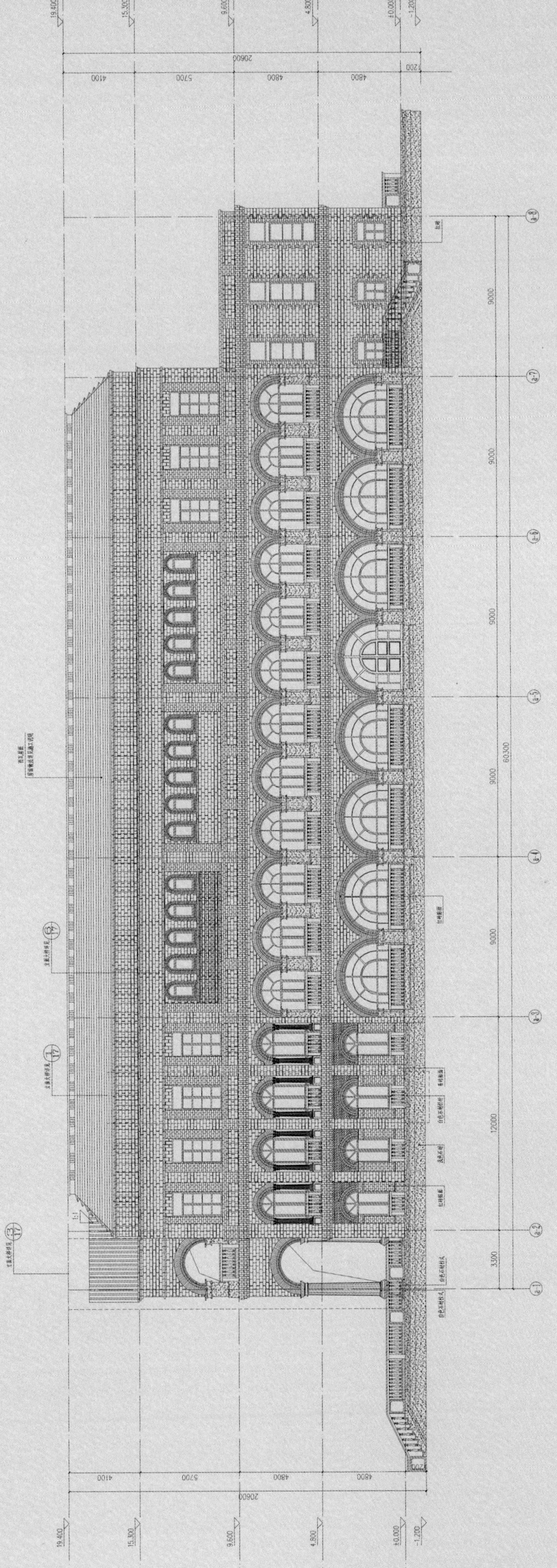

图D-4-8-1-6 西津音乐厅南立面图

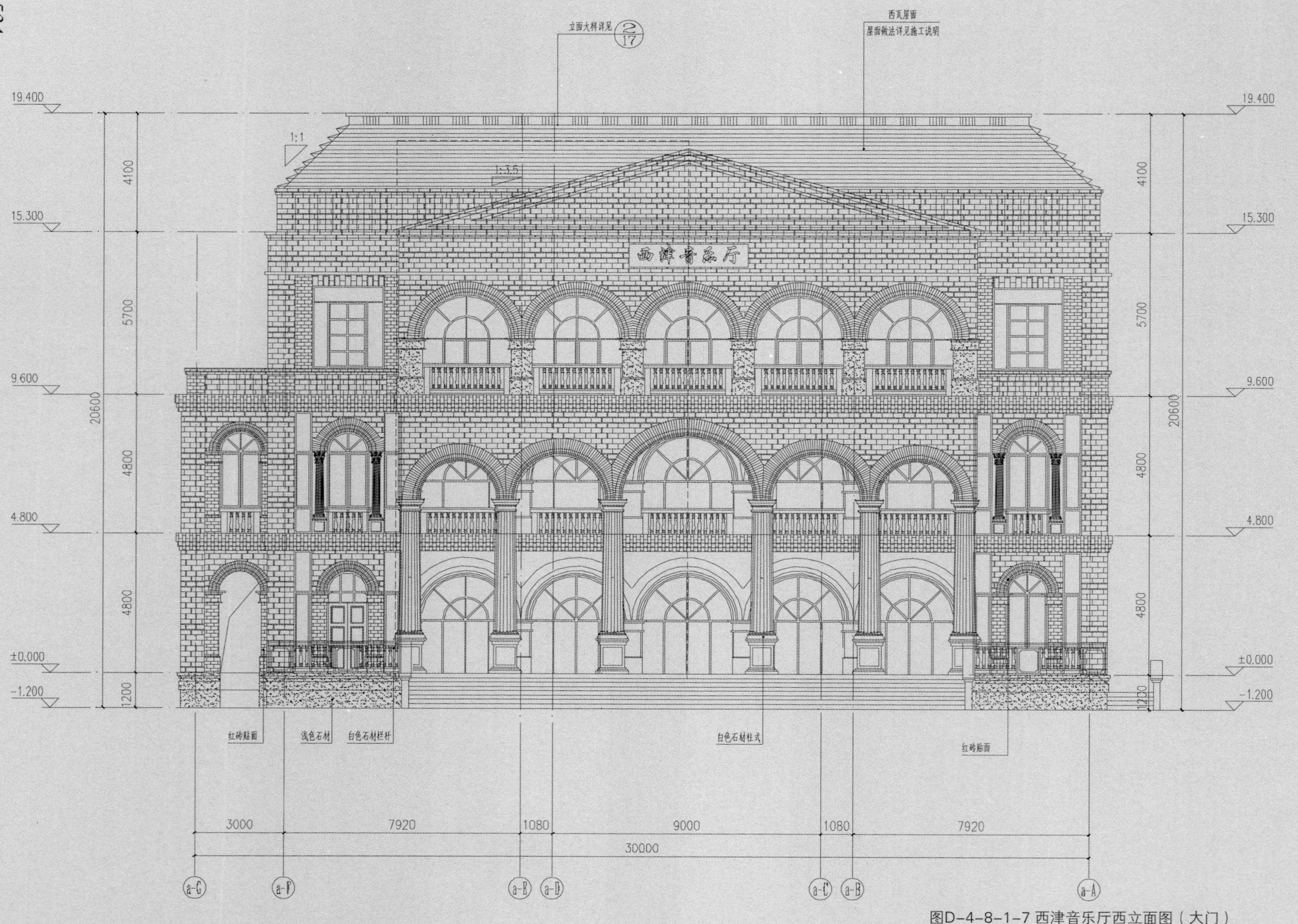

图D-4-8-1-7 西津音乐厅西立面图（大门）

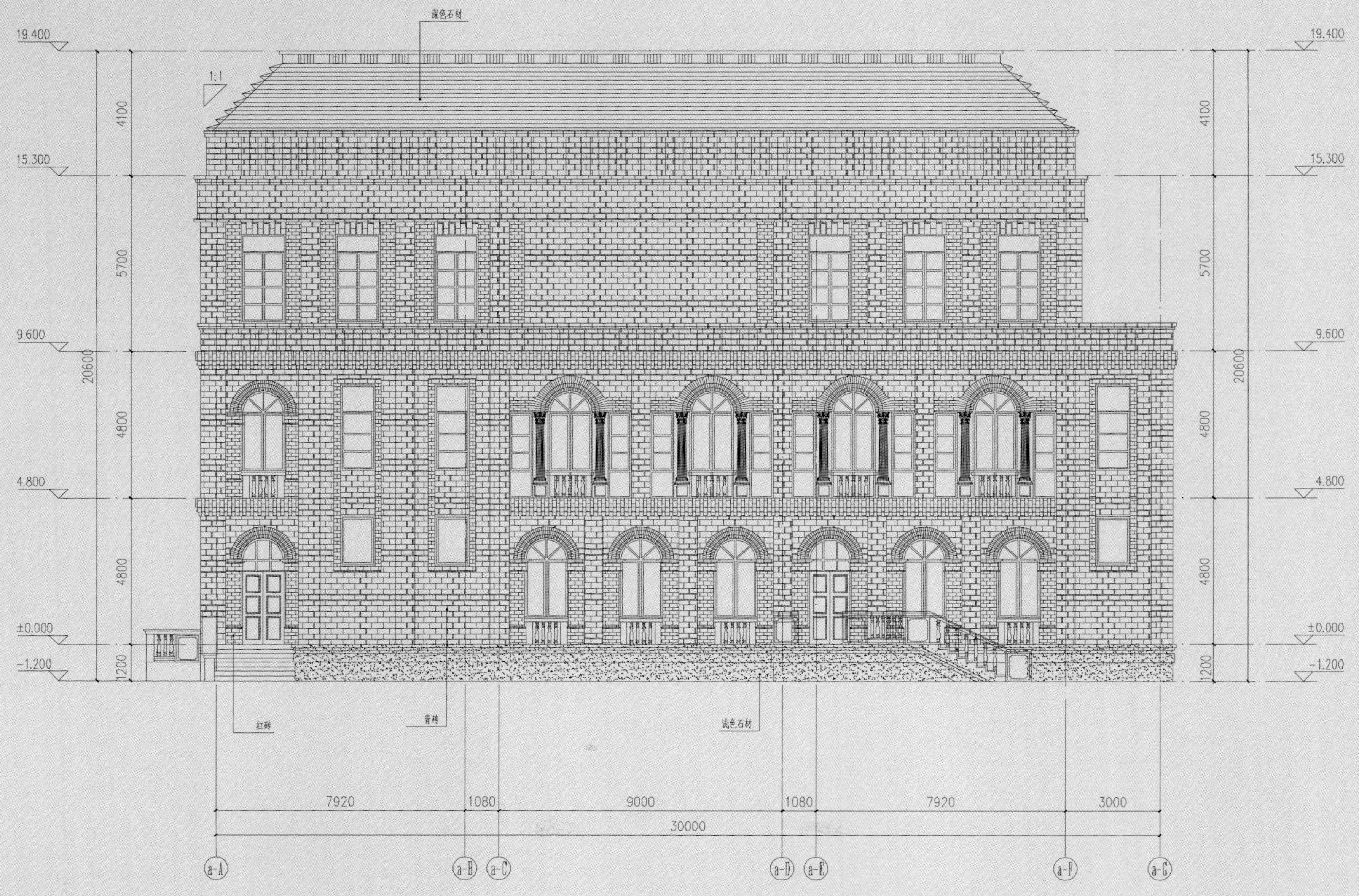

图D-4-8-1-8 西津音乐厅东立面图（大门）

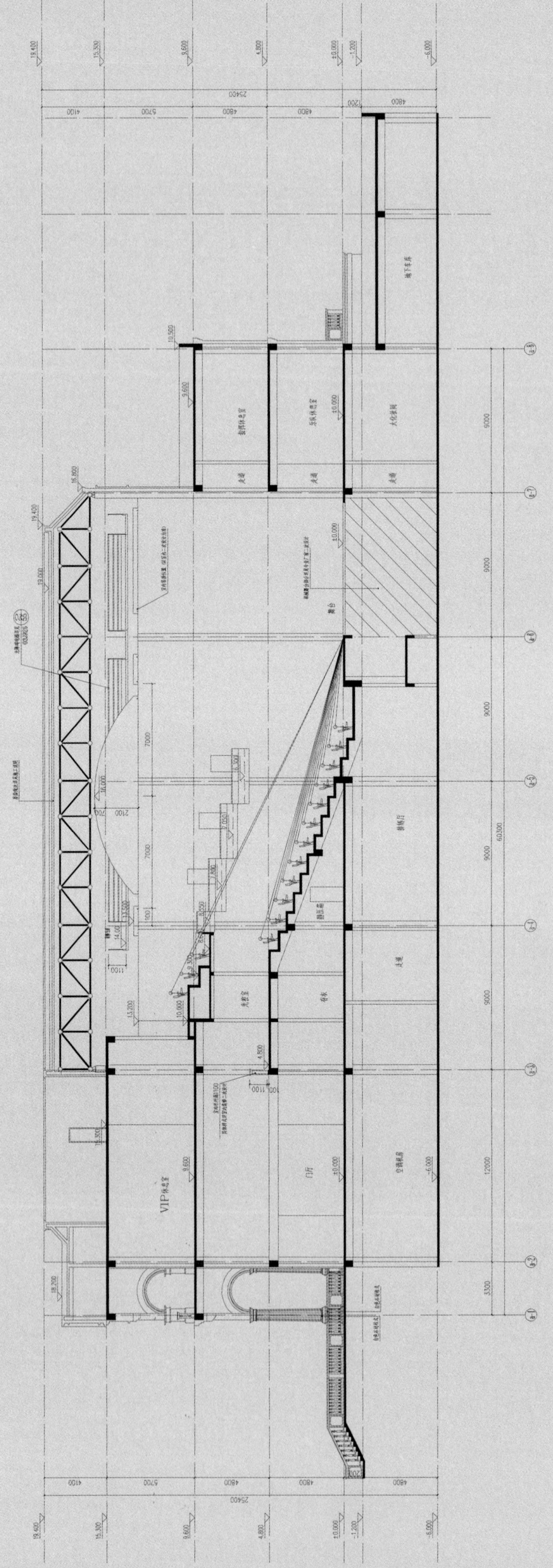

图D-4-8-1-9 西津音乐厅内部剖面图

第二节 原银山门商场（现钟楼剧场）

一、概述

1. 建筑形态。钟楼剧场位于西津音乐厅南侧、美孚火油公司旧址北侧（图P-4-8-2-1），坐南朝北，仿西式风格。该建筑主体西面长32.3m、东面长28m；宽24m、高3层为12.8m，钟楼高7层为28.8m；到塔尖高度33.5m。总占地面积723.6m^2，总建筑面积2019m^2。剧场内部设有多间小型电影放映室，共有座位112个，为不同规模人数提供影剧放映场地。

整栋建筑庄重典雅，质量上乘。钟楼剧场和西津音乐厅一起，2018年获“国家优质工程奖”称号。室内装饰符合艺术空间特殊功能要求，特别是照明、声学方面的特殊要求，能保证所有的座位都有良好的音质和足够的视听强度。室内装

图P-4-8-2-1 钟楼剧场主立面（北立面）

图P-4-8-2-2 钟楼剧场北立面（大门）

图P-4-8-2-3 钟楼剧场东南立面

图P-4-8-2-4 钟楼剧场之钟楼

饰细节处理纳入了设计范围，整个空间色彩和布局统一和谐，体现了建筑装饰技术与艺术有机统一。通过技术创新，以最简洁、环保、节能的材料组合，达到完美的光学和声学艺术表现和最佳视听效果。装饰工程获“江苏省装修行业科技创新成果奖”。

2．历史沿革和遗存状态。该地块在清末民国初为租界大马路与二马路交会处，民国时期曾是“扬子饭店”旧址。20世纪50年代后该处划归镇江市蔬菜公司，原为一层简易房屋开设迎江路菜场。改革开放后，镇江市蔬菜公司沿迎江路建设一栋二层楼房，其一楼设“银山门商场”，主要经营日用百货等商品。二楼开设银宫大酒店，内侧巷子设大棚为菜场。2009年该地块含建筑由西津渡公司收购拆迁。2013年经整体规划后开工建设西津音乐厅配套用房，为仿西式风格的钟楼剧场。工程于2013年年底开工、2016年8月竣工。西津音乐厅是镇江市第一座高规格高标准的专业音乐厅，拓展了西津渡的文脉和人气。钟楼剧场和西津音乐厅一起，共同构造出西津渡长江路一道风格独特的亮丽风景，是展示镇江魅力和津渡文化的重要窗口，成为西津渡的新地标建筑之一（图P-4-8-2-2～图P-4-8-2-4）。

二、主要技术方案

新建。建筑风格经典、独特建筑将中式元素与欧式风格完美结合，立面形式丰富，造型经典。与西津音乐厅相比，钟楼造型结构更加简洁挺拔，其钟楼的设计建造，突出体现了建筑地标特色。基础结构、外墙饰面、内部装修等项目技术标准与音乐厅相同（图P-4-8-2-5）。

西津渡在近代成为英租界的遗址，西式建筑是其独特的一道风景，为融合独特的历史文化和音乐厅实验剧场独有的城市功能，在实验剧场建筑上构建了具有西式风格的钟楼，内部安装了机械音乐铜钟。

钟楼在主体三层结构的基础上升高至七层，加上四坡塔式屋面和顶部铁塔，总

图P-4-8-2-5 钟楼剧场大厅、观影厅、休息厅、二层大厅

高33.5m。钟楼顶层建筑四面皆现大钟盘，盘面外观为欧式风格，钟楼刻度盘由52块白玉石拼接而成。这是整个走时器对外展示的窗口，其四面钟盘直径均为2.4348m，总面积18.61m^2，寓意镇江1861年被迫开埠，成为通商口岸。刻度盘中心莲花造型寓意平安、纯洁（图P-4-8-2-6）。重锤长度 3848mm，寓意镇江市3848km^{2}的占地面积。钟摆长度3500mm，寓意镇江3500年的悠久历史。可见该平安钟的设计是研精极虑。

图P-4-8-2-6 钟楼铜钟盘面

走时器分机械钟和铜乐钟两部分，机械钟机芯设计采用各部功能组块结合的整体结构；在机芯近处可直接看到机芯各部分功能实施的运转全过程（图P-4-8-2-7）。

内部设有五口铜乐钟，铜钟表面分别装饰有“共渡慈航”“江上救生”“利济行旅”“千帆入津”“西津晓渡”五幅与西津渡历史文化息息相关的图画（图P-4-8-2-8）。铜钟利用口径、壁厚的不同，打击产生不同音符，演奏出东方红乐曲等三种演奏模式进行报时，实现动、静艺术的完美结合。

西津渡平安钟是集功能性、观赏性、唯一性、传承性于一身的完美艺术品，承载了西津渡文化内涵，极具传承意义。

图P-4-8-2-7 钟楼大钟机械钟机芯内部装置图

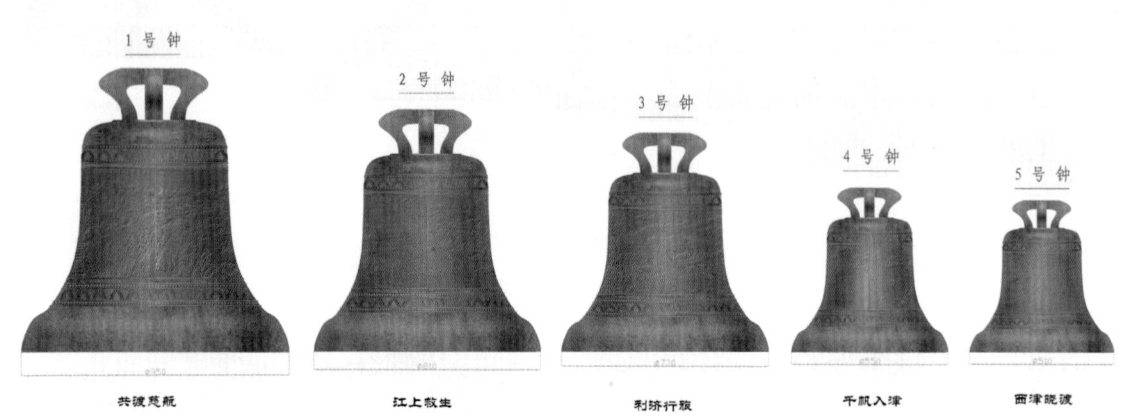

图P-4-8-2-8 五口铜钟正面图

三、建筑物修缮责任表

建设单位：镇江市西津渡文化旅游有限责任公司
项目负责人：杨恒网 孙荣 徐波云
设计单位：江苏省建筑设计研究院有限公司
设计人员：彭 伟
测绘单位：镇江市勘察测绘研究院
监理单位：镇江市建科工程管理有限公司
监理人员：施彩霞
施工总承包单位：镇江建工建设集团有限公司
项目经理：张平 朱坚 黄俊
装饰单位：江苏四达装饰有限公司
项目经理： 王华喜 郁忠
施工时间：2013.12.18—2016.8.25

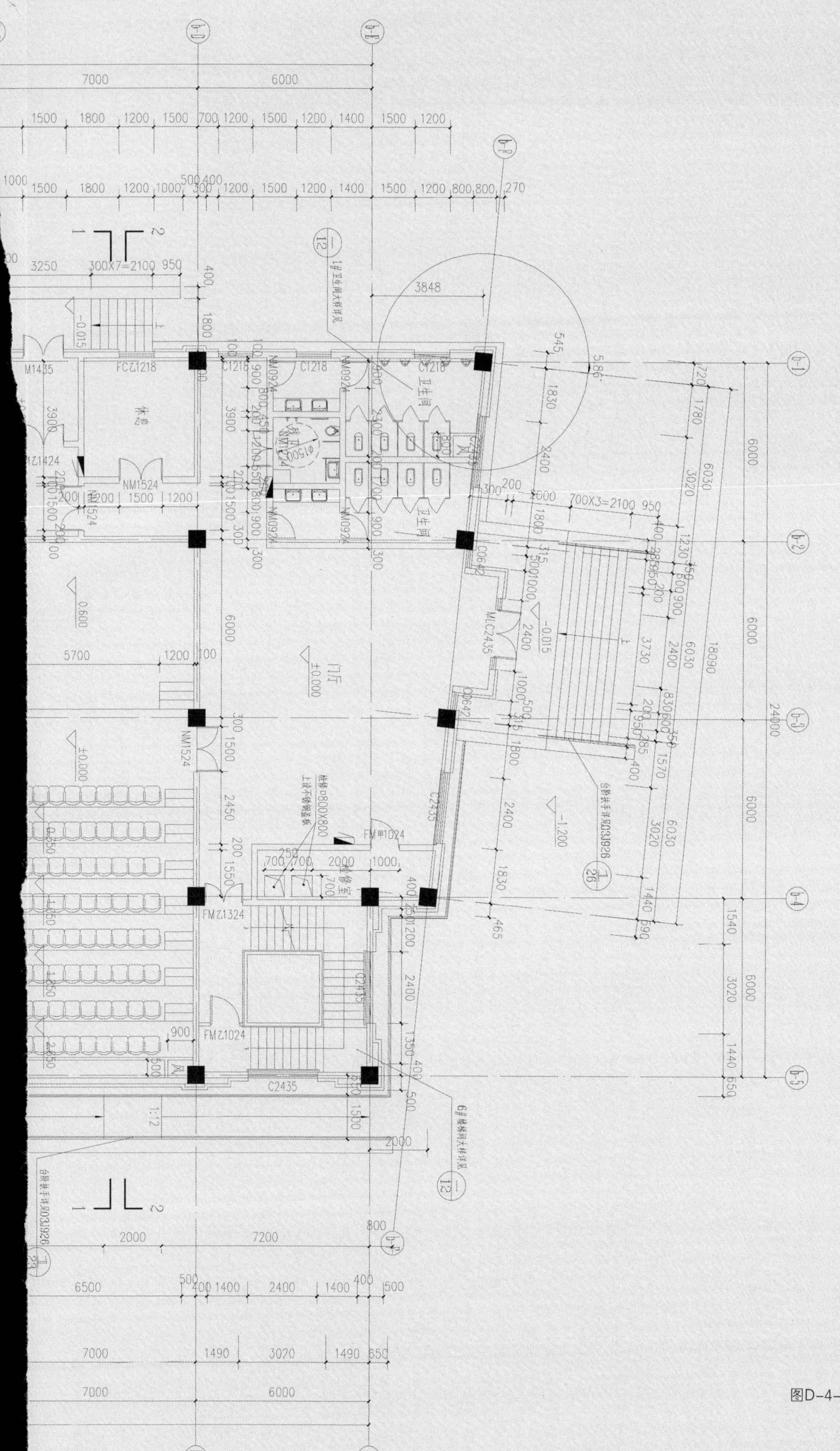

图D-4-8-2-1 钟楼一层平面图

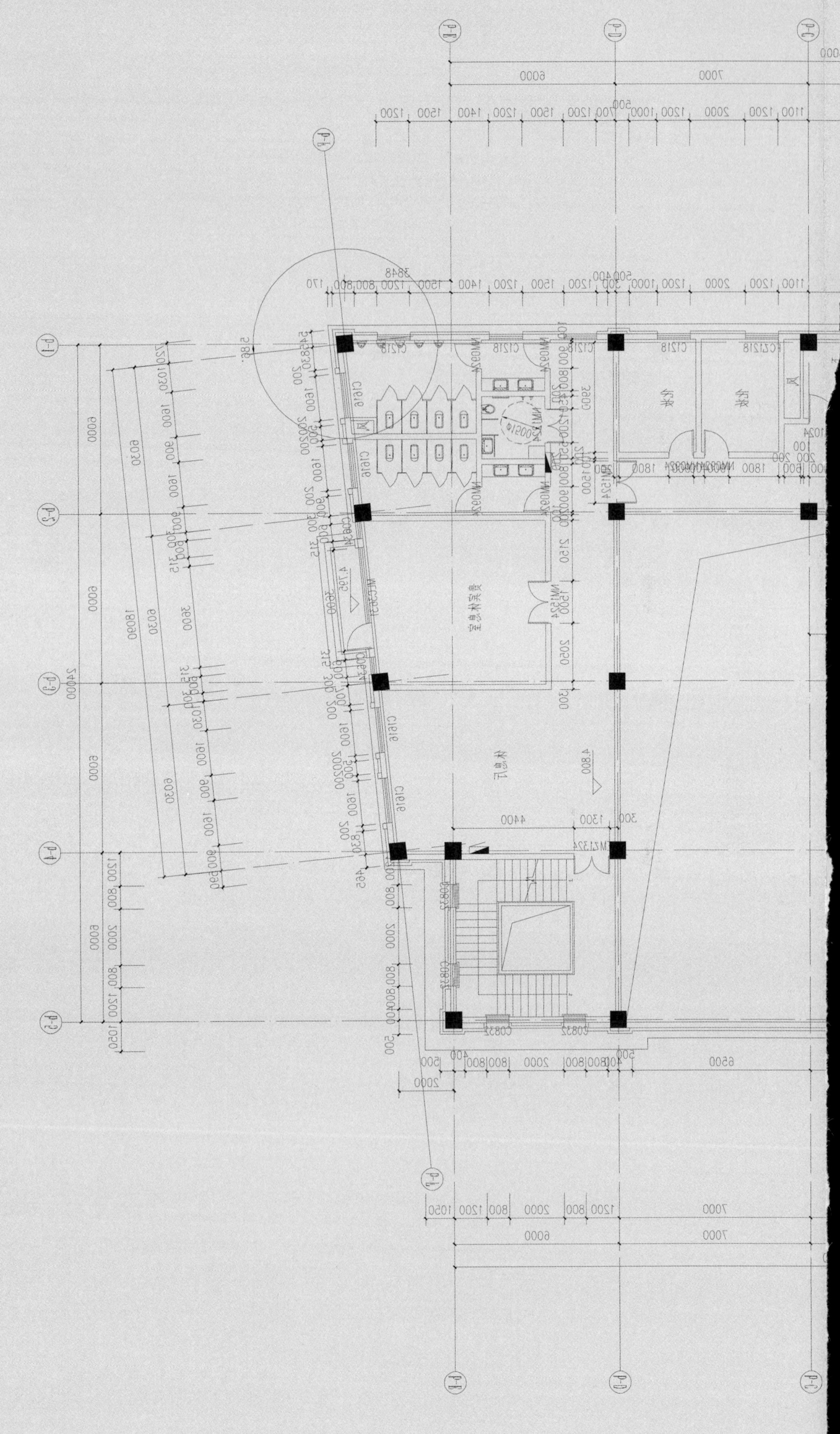

四、施工图

如图D-4-8-2-1 ~ 图D-4-8-2-10所示。

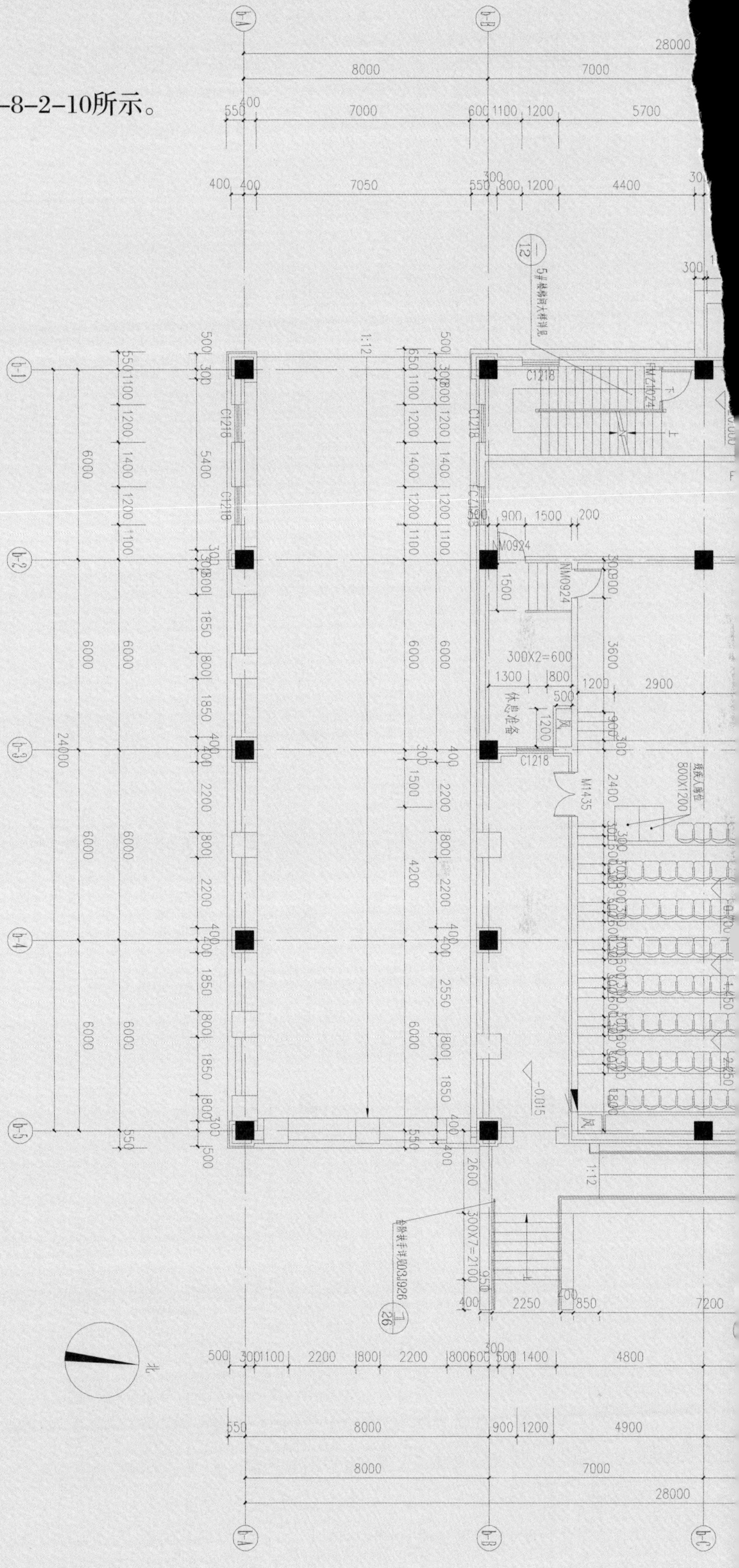

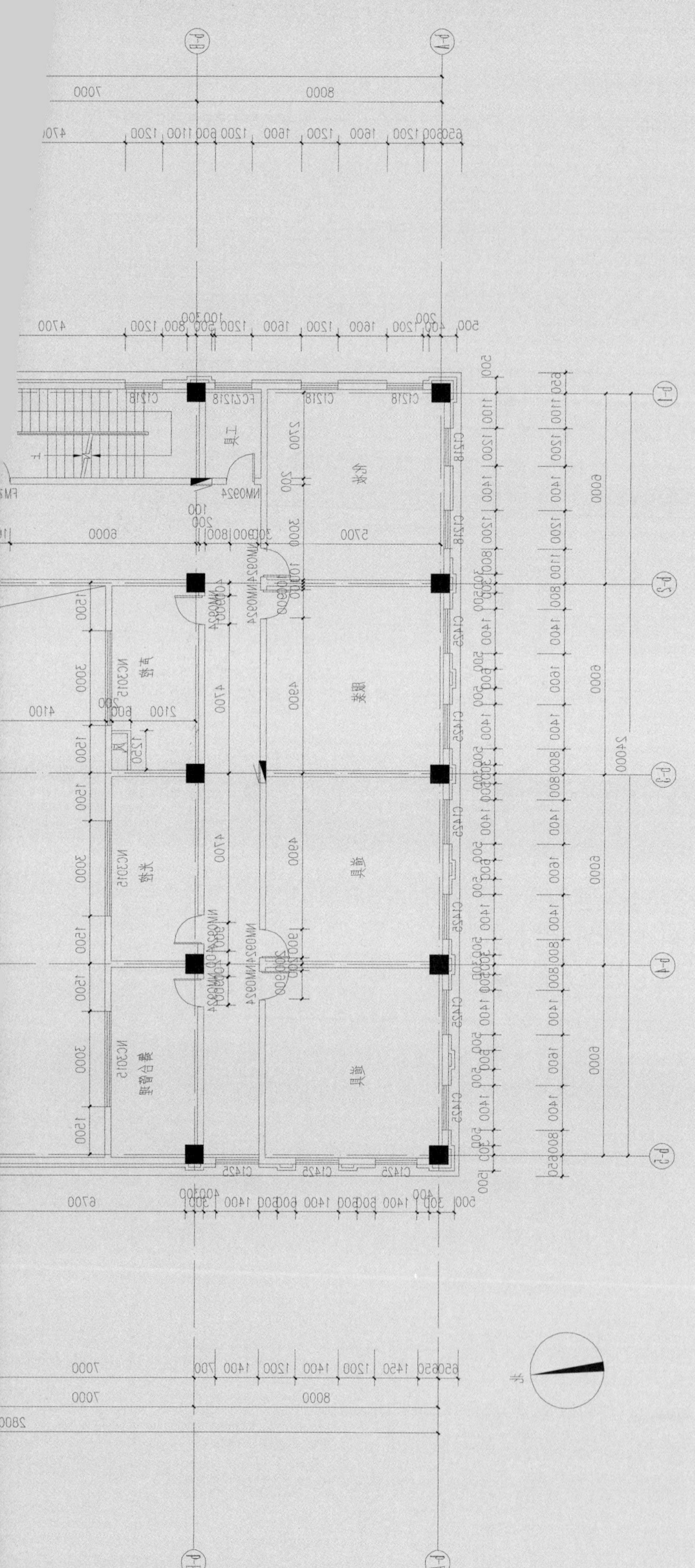

图D-4-8-2-2 钟楼二层平面图

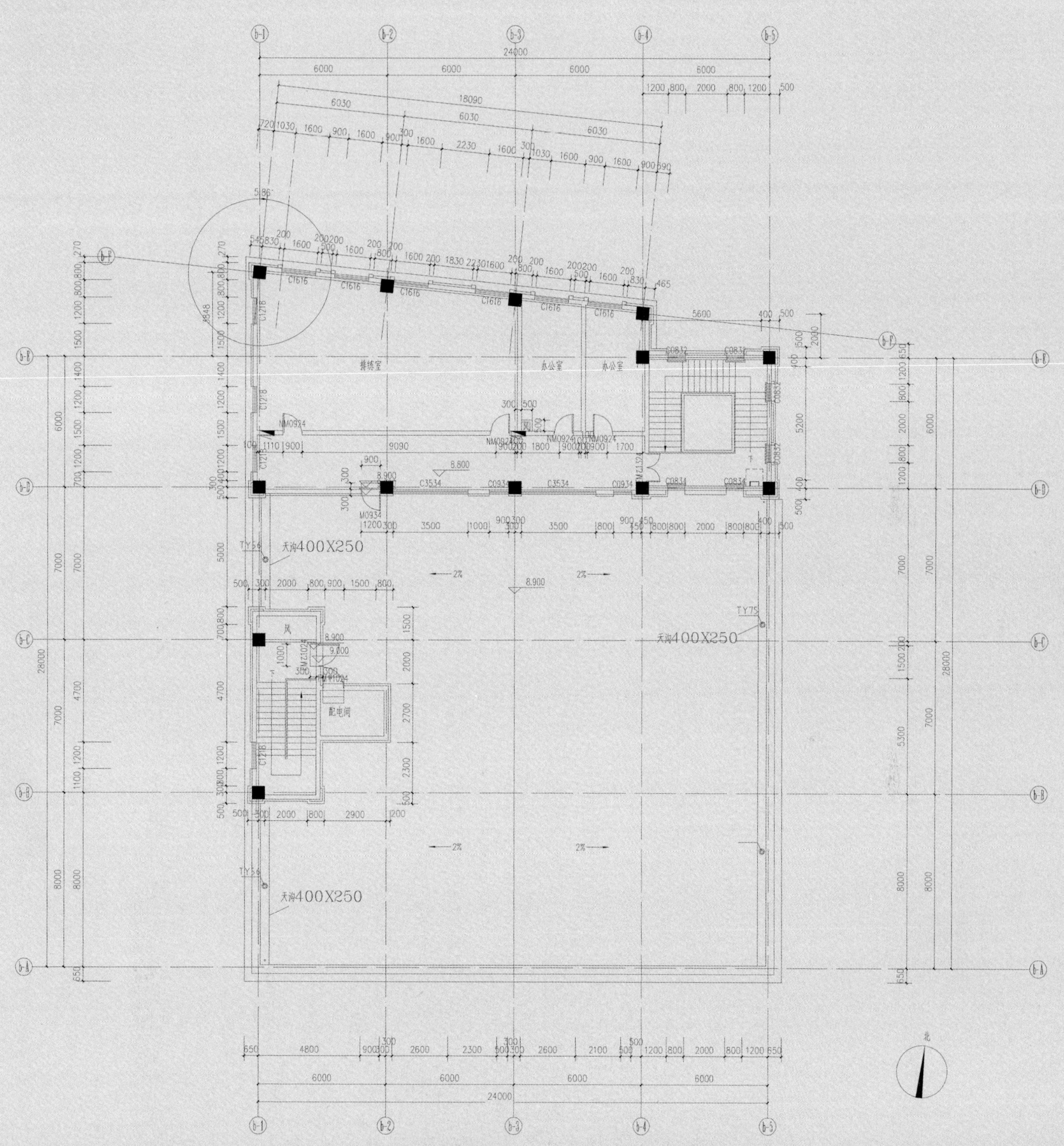

图D-4-8-2-3 钟楼三层平面图

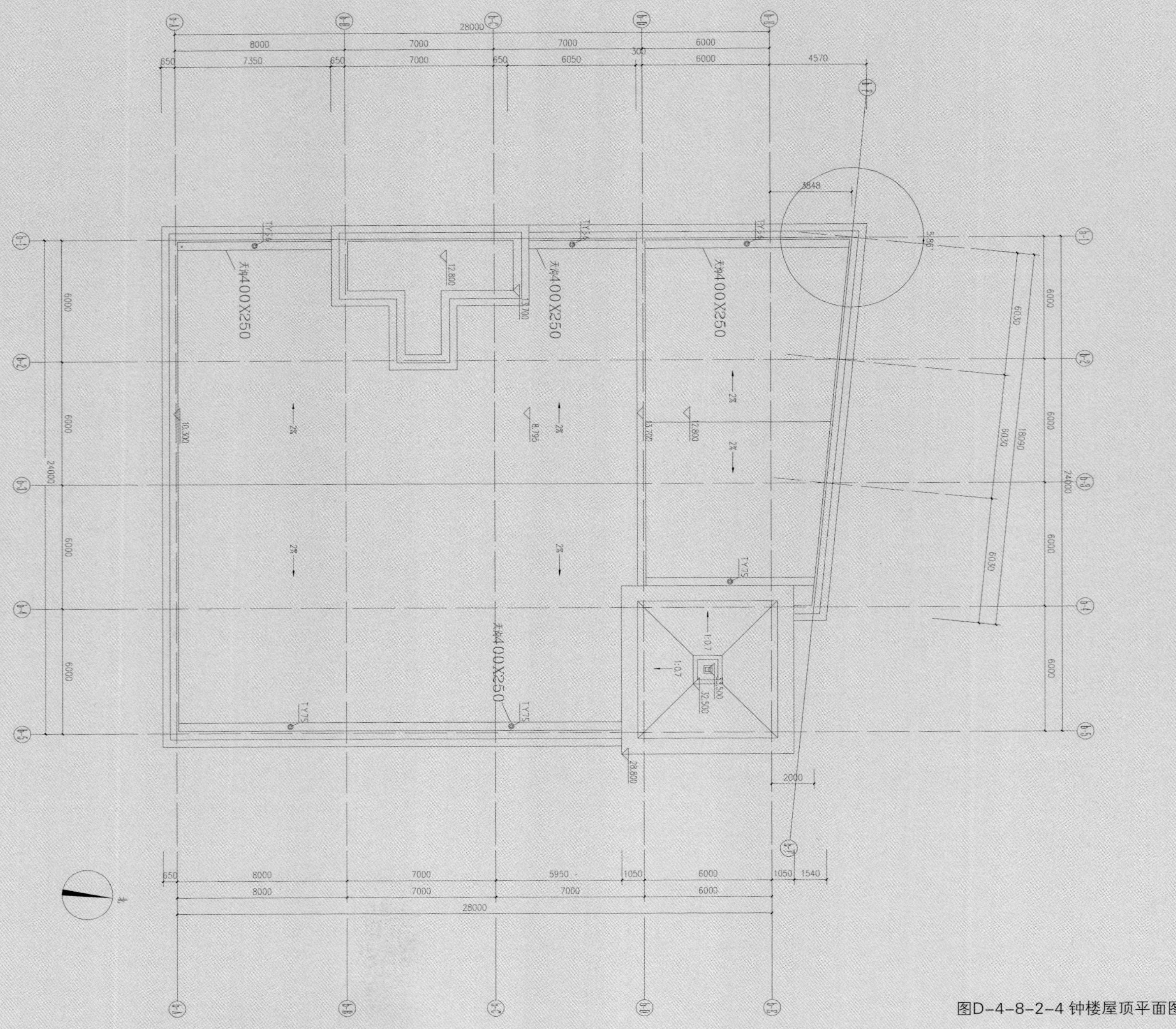

图D-4-8-2-4 钟楼屋顶平面图

图D-4-8-2-5 钟楼北立面图

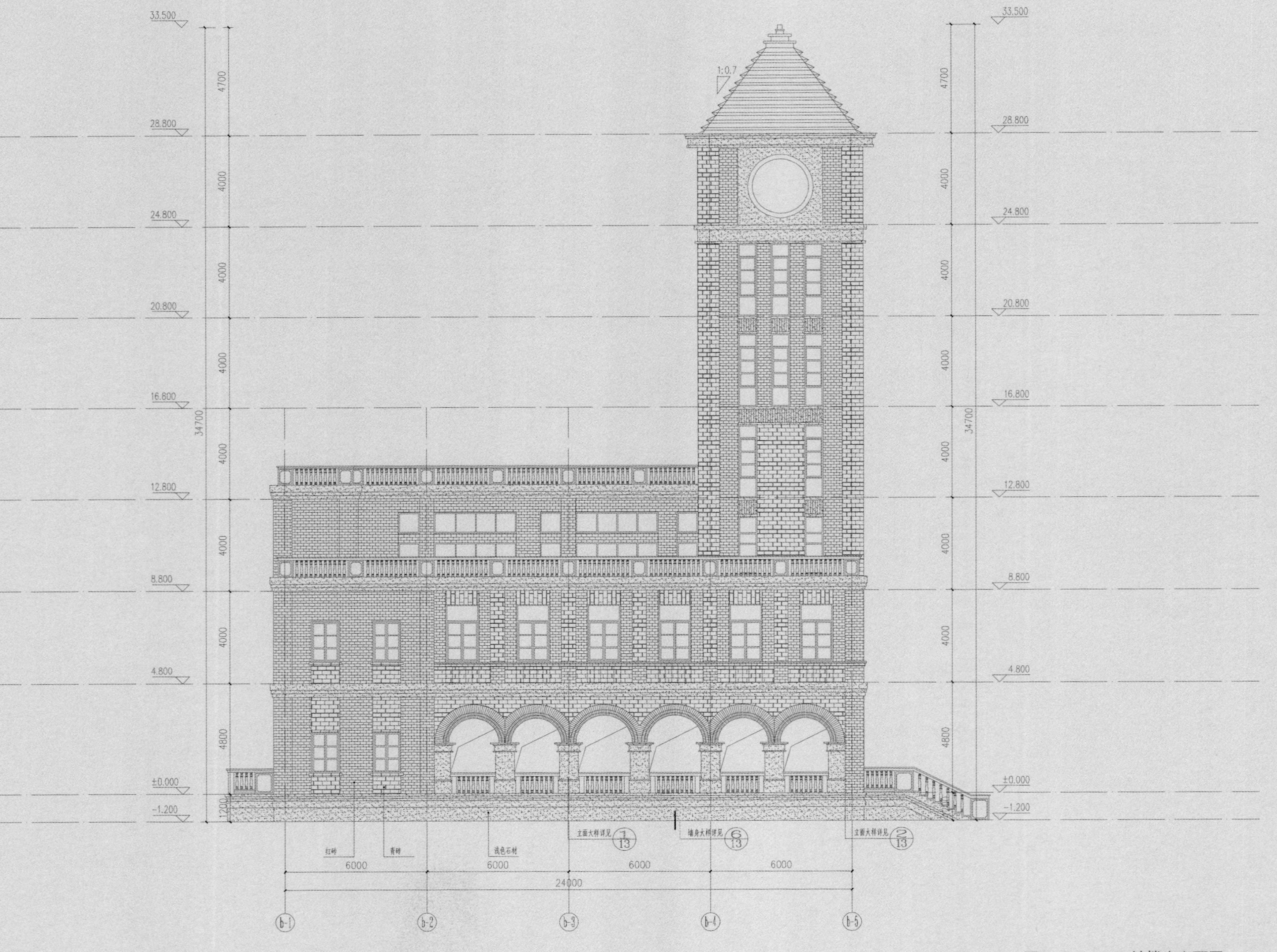
33.500
28.800
24.800
20.800
16.800
12.800
8.800
4.800
±0.000
-1.200
4700
4000
4000
4000
4000
4000
4000
4800
1200
34700
1:0.7
红砖
青砖
浅色石材
立面大样详见 1/13
墙身大样详见 6/13
立面大样详见 2/13
6000
6000
6000
6000
24000
b-1
b-2
b-3
b-4
b-5

图D-4-8-2-6 钟楼南立面图

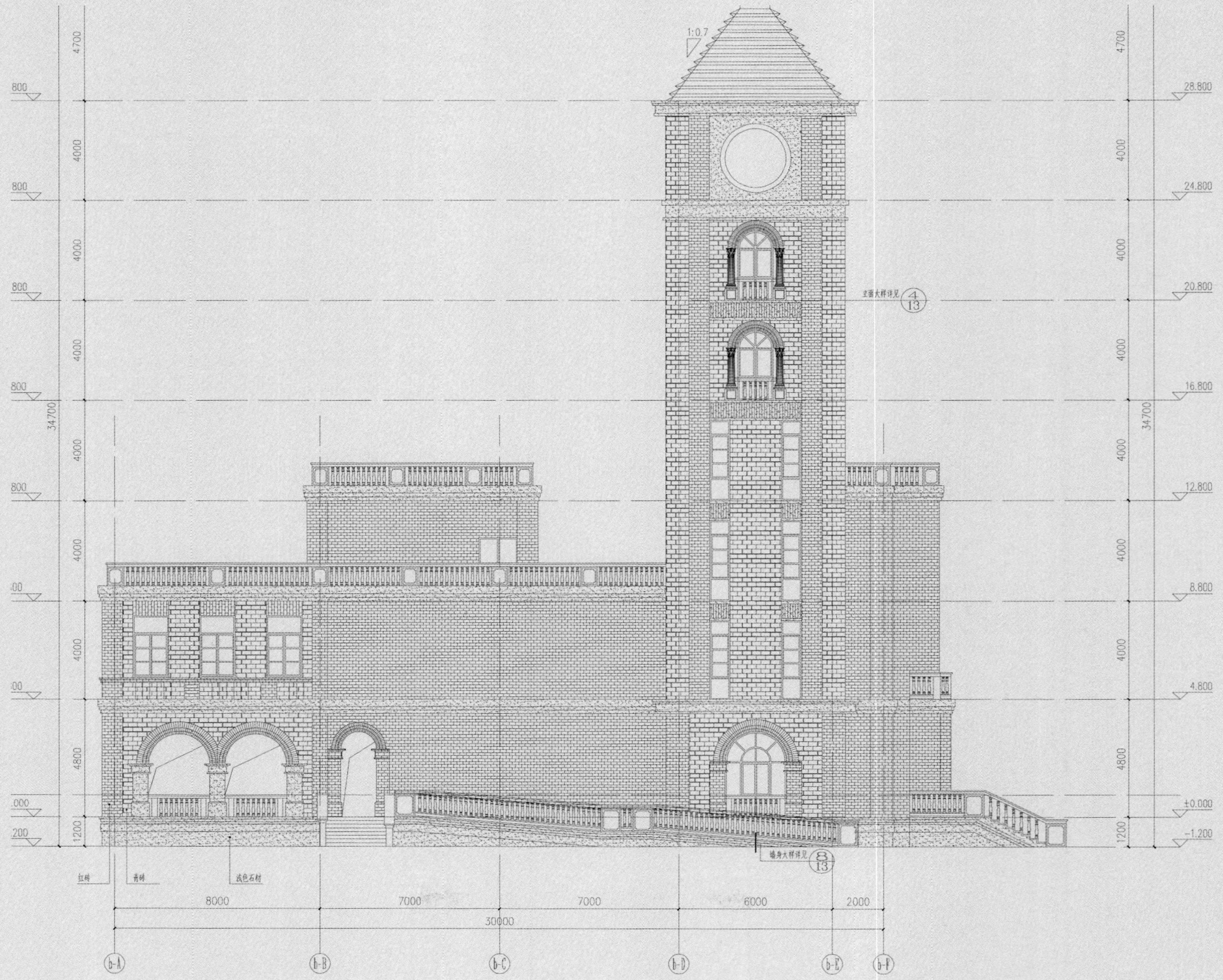

图D-4-8-2-7 钟楼西立面图

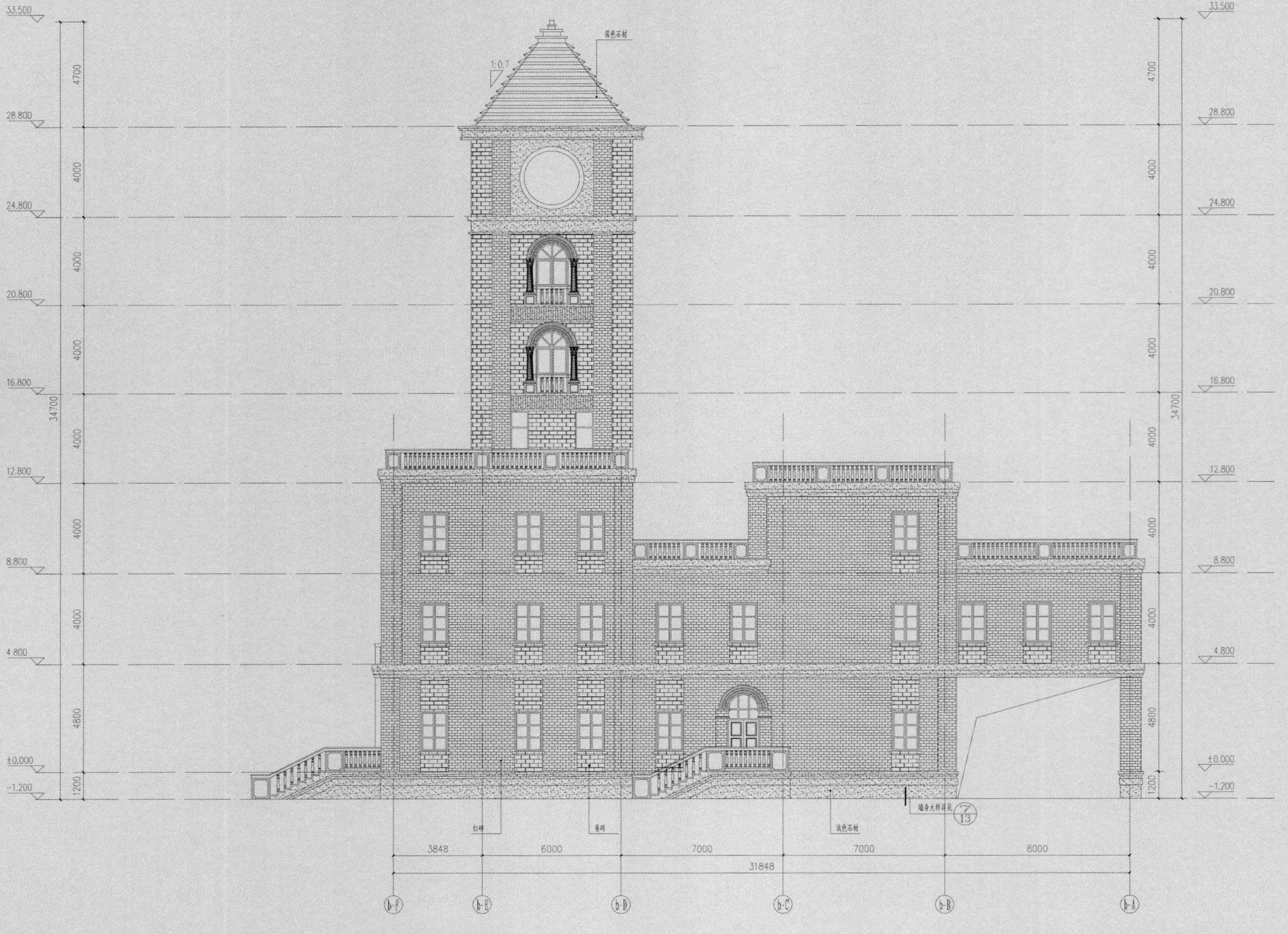
33.500
28.800
24.800
20.800
16.800
12.800
8.800
4.800
±0.000
-1.200
4700
4000
4000
4000
4000
4000
4800
1200
34700
1:0.7
3848
6000
7000
7000
8000
31848
b-F
b-E
b-D
b-C
b-B
b-A

图D-4-8-2-8 钟楼东立面图

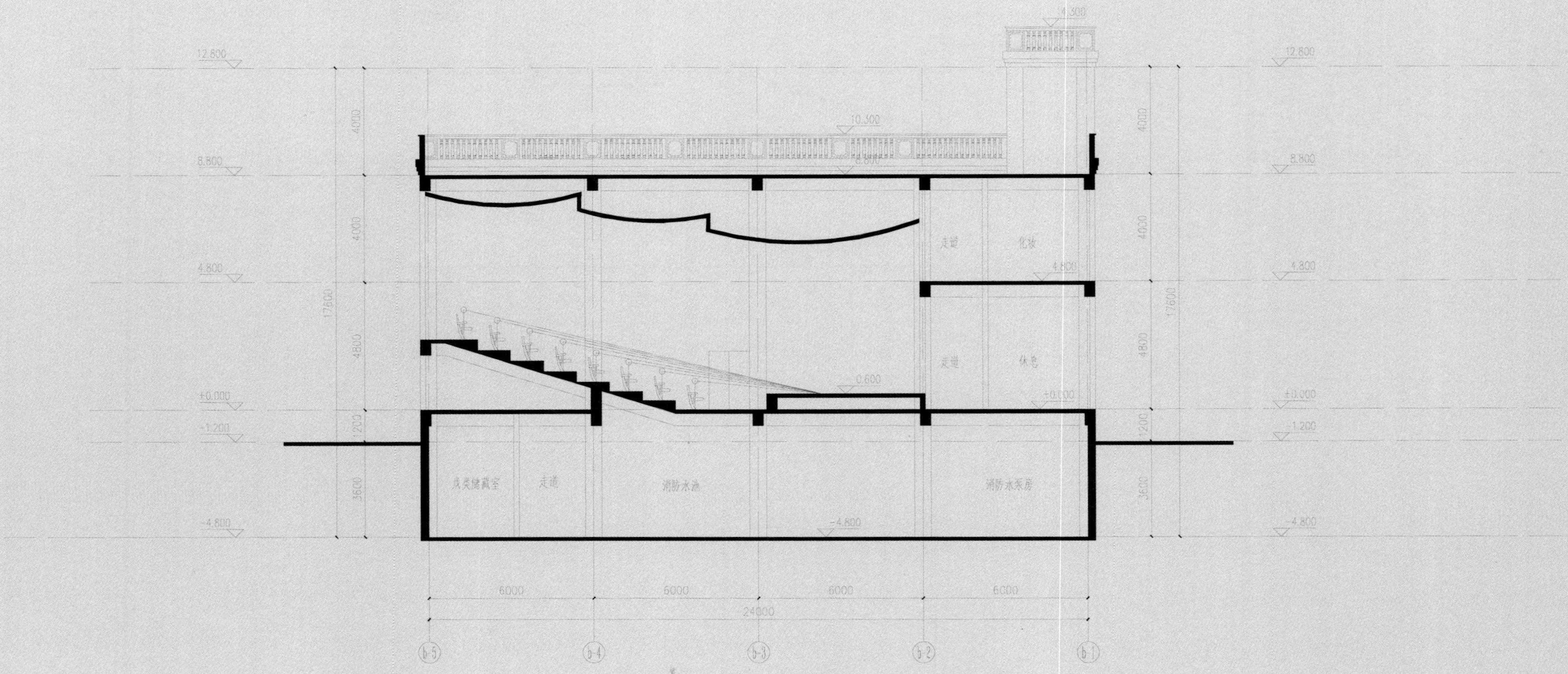

图D-4-8-2-9 钟楼内部剖面图（一）

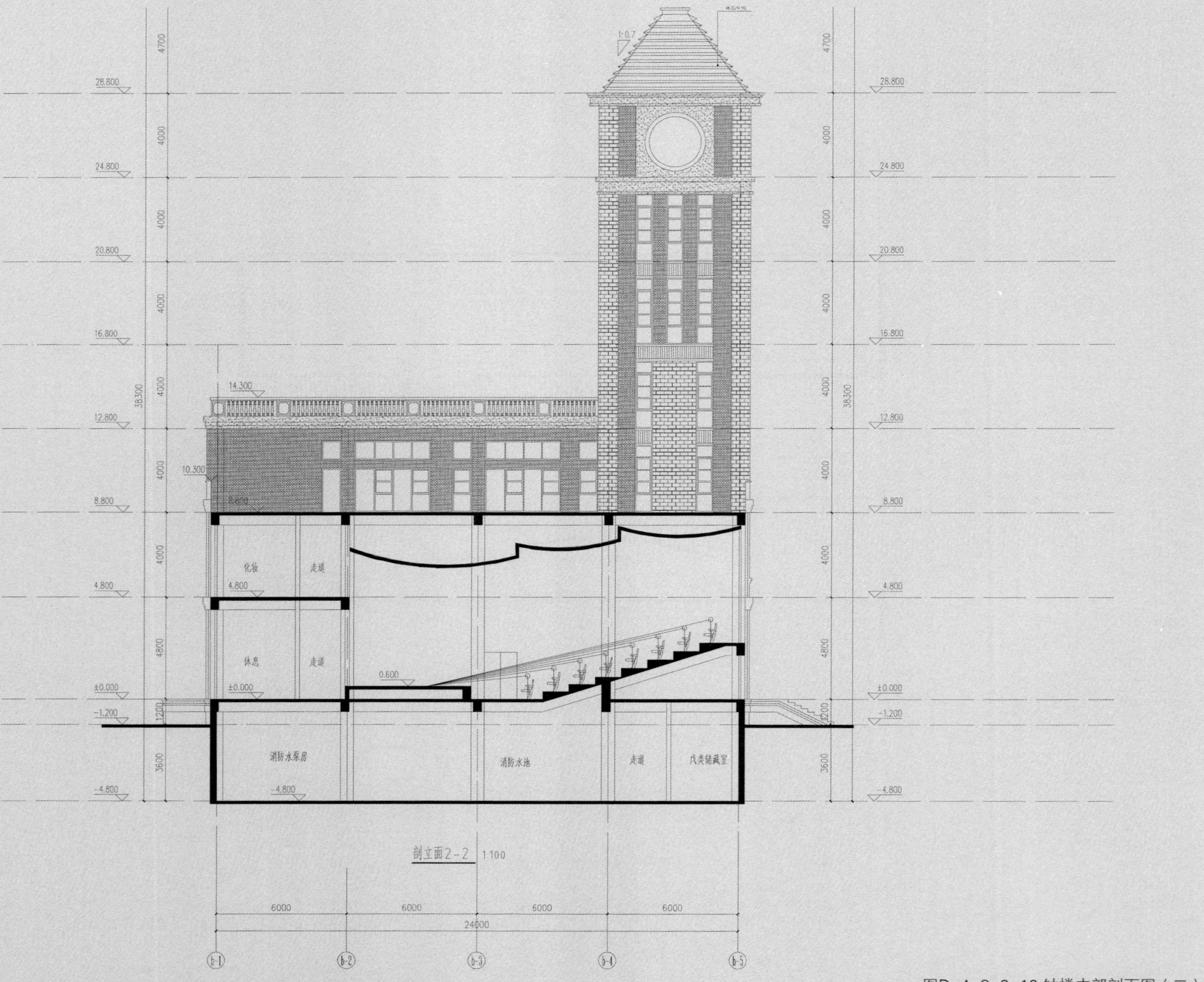

图D-4-8-2-10 钟楼内部剖面图（二）

第三节 原工人电影院（现西津剧场）

一、概述

1. 建筑形态。西津剧场建筑位于迎江路东侧、美孚火油公司南侧，坐东朝西（图P-4-8-3-1）。中西合璧式仿民国风格建筑。该建筑长68.13m、宽36.65m，主立面门楼三层, 高16.64m；东立面五层，高22.44 m，中间挑高空间为剧场演出大厅，总占地面积2497m^2，总建筑面积6031m^2。

图P-4-8-3-1 修缮后的西津剧场（原工人电影院旧址）大门楼

2. 历史沿革和遗存状态。该地块在清末民国初时期，原是租界大马路与三马路交会处，为了了解该地块民国时期的状况，本书编者请教了文史专家许金龙，许老师曾多次走访95岁老人李厚吉，李从小就居住在镇屏街，对迎江路这块地段比较熟悉。据老人回忆，该地块民国时期靠迎江路（原叫大马路）曾是“美孚火油公司加油站”，后面是“黄金大戏院”。“黄金大戏院”建于1947年，有784个座位、木条凳，设备简陋。1954年，原美孚火油公司旧址成为镇江工人俱乐部，由工人俱

图P-4-8-3-2 1982年翻建的原工人电影院（上为拆迁后、下为老照片）

乐部投资，在美孚火油公司南侧建造会堂，可容700多人，座位是活动条凳。开始由市总工会电影队不定期放映电影，1957年定名为“工人电影院”。1964年改名为迎江剧场，以演淮、扬剧为主，1966年改装固定翻板椅，600个座位。1966年“文革”开始歇业，部分房屋成为剧团团员居住用房。1982年2月，镇江市总工会决定翻建工人电影院，1983年元旦竣工使用，成为改革开放初期城西人民文化活动的重要场所（图P-4-8-3-2）。

1982年翻建后的“工人影剧院”面积为2417m²，前厅三层，设有通向楼座的楼梯；中部挑空空间为舞台、底厅和楼座，设有座位1354座，其中底厅852座，楼厅502座，有冷气设备；东部五层，设有演员宿舍1000m²，70个床位，为演戏和放电影两用场所。

20世纪初期，城市东进南扩，城西部随之衰落，原工人电影院难以为继，2009年被西津渡公司收购。鉴于原建筑结构不能满足现有安全标准，演出设施老化，

图P-4-8-3-3 修缮后的西津剧场（原工人电影院旧址）与怡和洋行、钟楼（实验剧场）和民国交通银行、西津音乐厅形成的东部立面

图P-4-8-3-4 修缮后的西津剧场（原工人电影院旧址）东南立面

外立面陈旧，屋面破漏，与街区风貌不合。2015年12月，西津渡公司拆除重建该建筑，2016年5月18日竣工，并以传扬津渡文化为价值取向更名为“西津剧场”（图P-4-8-3-3、图P-4-8-3-4）。

二、主要修缮技术方案

重建。2015年，西津渡公司委托江苏省建筑设计研究院有限公司对该建筑提出重建方案，并邀请有关专家对重建方案进行了评估，镇江市规划局批准了该重建方案。工人电影院重建方案的建筑风格是根据租界西式建筑和伯先路民国建筑相结合原则确定的混搭风格，建筑形式既有体现镇江特色与传统的青（红砖）砖清水墙，水磨石，又有古建形式的磨砖叠挑、拱券、腰线，还有欧式石柱、石栏杆等，其中门厅部分回归为传统仿古建筑形式，使整个建筑在历史和现实，建筑与环境之间建立一种文脉上的勾连。

工人电影院重建方案是在19世纪80年代初建的老工人电影院的原址上主体建

图P-4-8-3-5 建造中的西津剧场（原工人电影院旧址）

筑两侧各增加一层，南侧增宽2m，并延长至原东面的职工用房处，形成了中心对称平面布局。桩基础混凝土框架结构，主体3层，局部5层（图P-4-8-3-5）。迎江路西立面为主立面。大门中间设两根罗马柱至二层腰线，两侧各设三根通天方柱至屋顶，整体形成牌楼式门楼格局，镶嵌毛泽东所书“为人民服务”五个红字。东立面一层设门楼三券门，门楼顶部设四根通天罗马柱至屋面檐口。南立面设安全门。外墙主体结构采用复合墙体，内侧为200mm宽的煤矸石砌块，外叶墙以120mm宽青砖为主基色，拱券和窗边框以红砖搭配，周边为1200mm高的石材勒角，柱墩和腰线及压顶以水磨石为多，屋面为双坡顶直立锁边铝镁锰板复合体系，采用有组织的虹吸式内排水。内设八个放映厅其中一个电影大厅285座、两个中厅各133座、四个小厅各61座、一个VIP豪华包间30座，共有座位825座。

三、建筑物修缮责任表

建设单位：镇江市西津渡文化旅游有限责任公司

项目负责人：杨恒网 孙荣

勘察单位：镇江市八一四勘察测绘有限责任公司

项目负责人：陈文良

设计单位：江苏省建筑设计研究院有限公司

项目负责人：彭伟

监理单位：镇江市建科工程管理有限公司

总监理工程师：施彩霞

施工单位：江苏茅山建设有限公司

项目经理：方应燕

施工时间：2015.12.18—2016.5.18

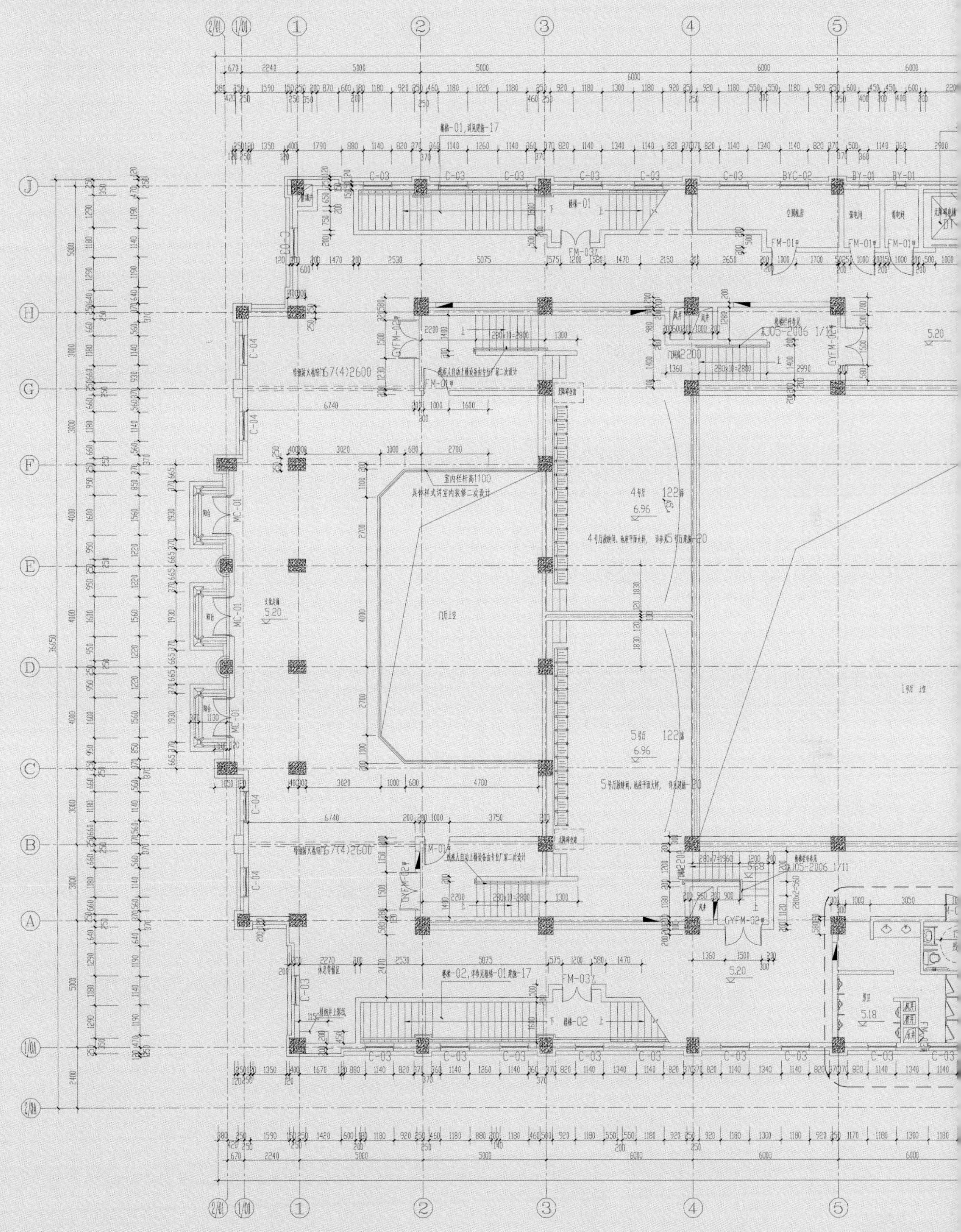

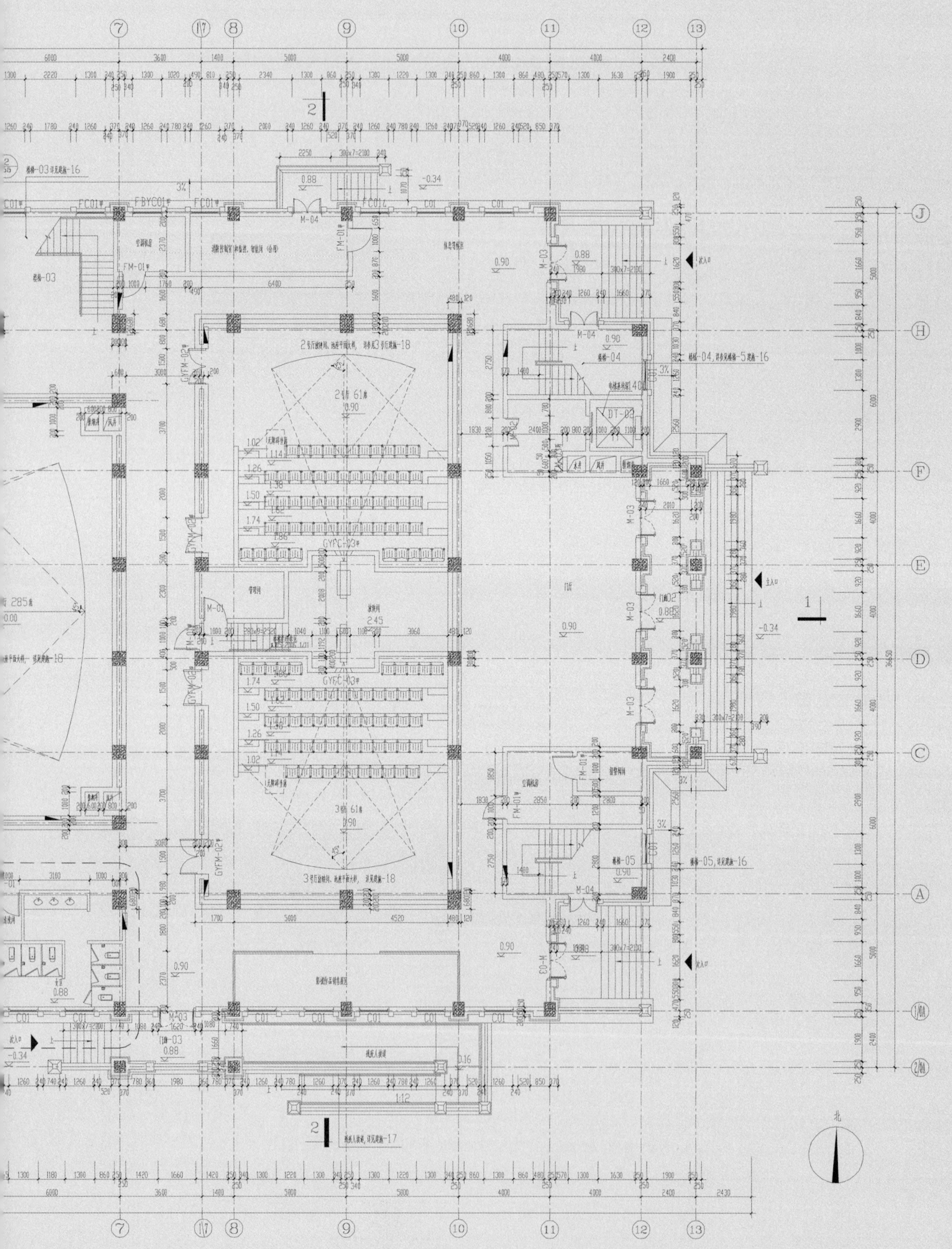

图D-4-8-3-1 西津剧场一层平面图

四、施工

如图D-4-8-3-1～图D-4-8-3-9所示。

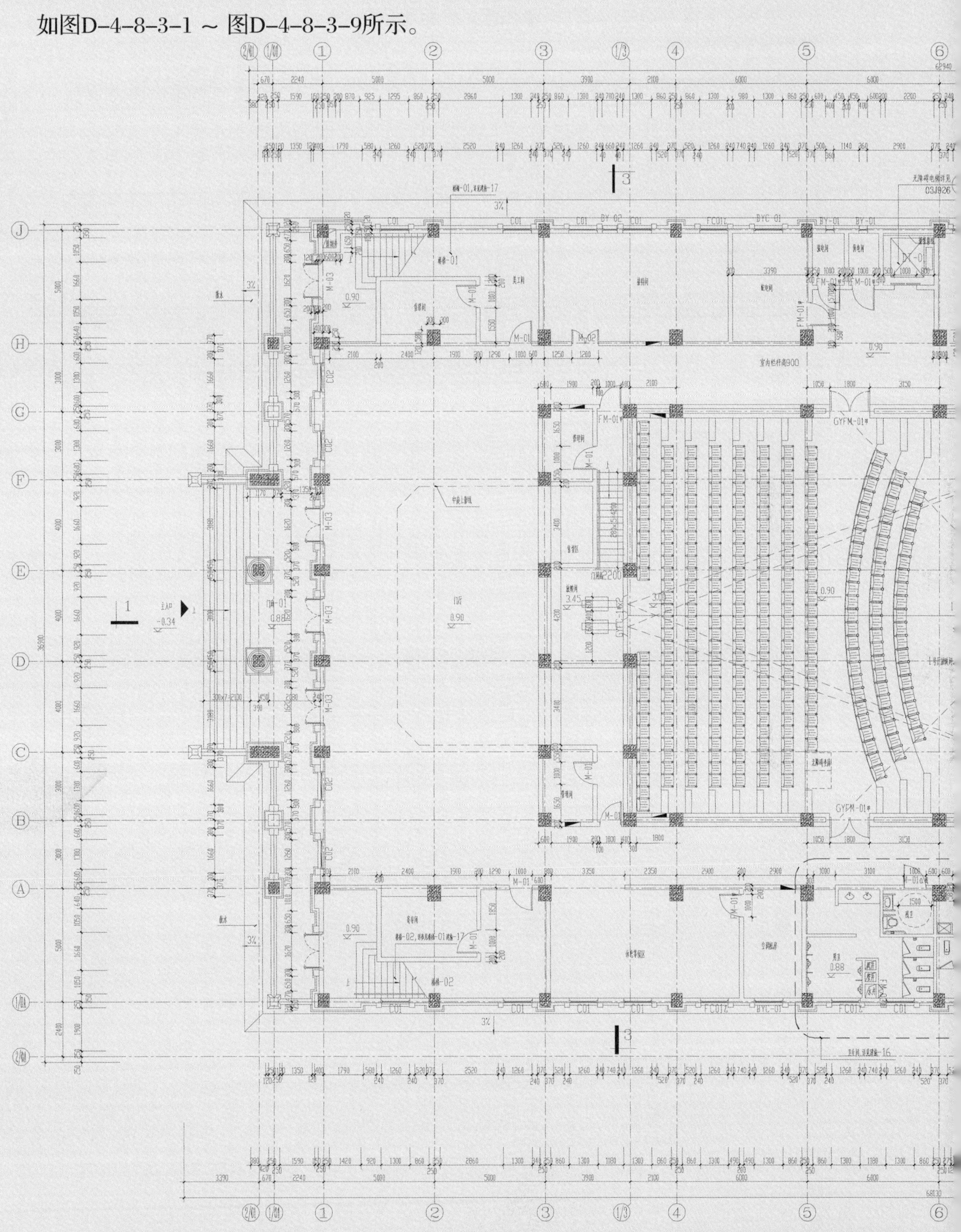

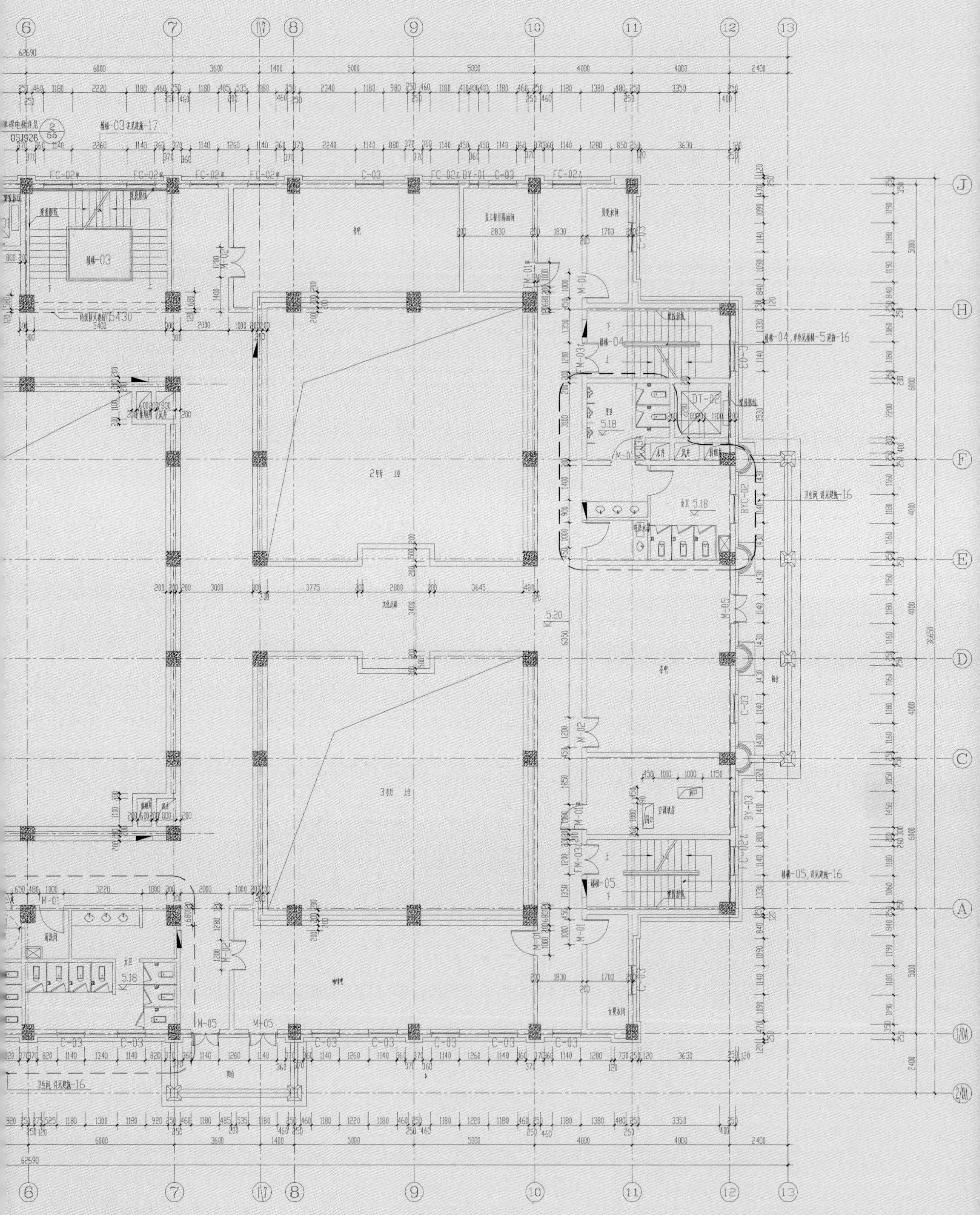

图D-4-8-3-2 西津剧场二层平面图

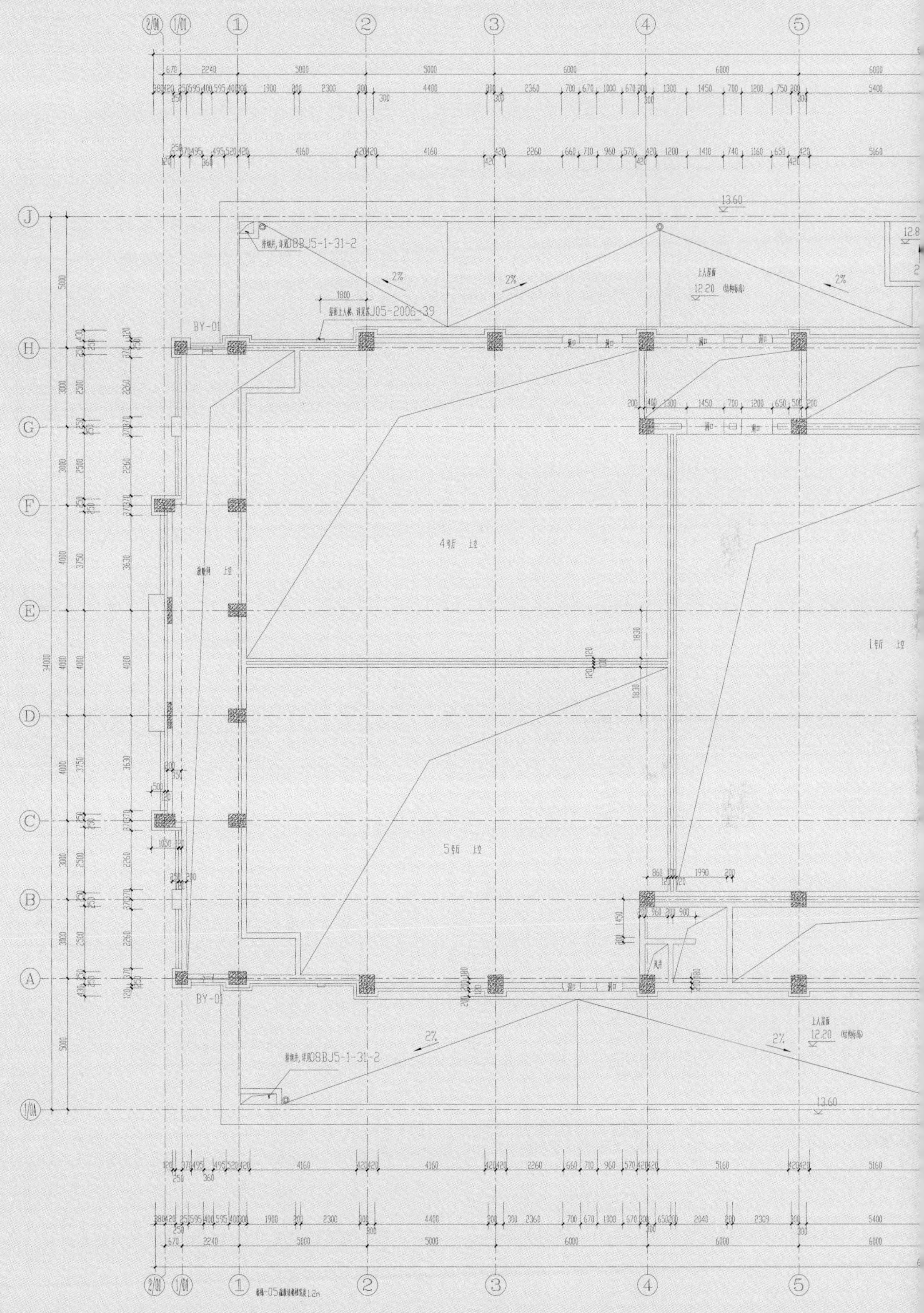

4号厅 上空
5号厅 上空
1号厅 上空
上人屋面
12.20 (结构标高)
13.60
2%
BY-01
08BJ5-1-31-2
J05-2006-39

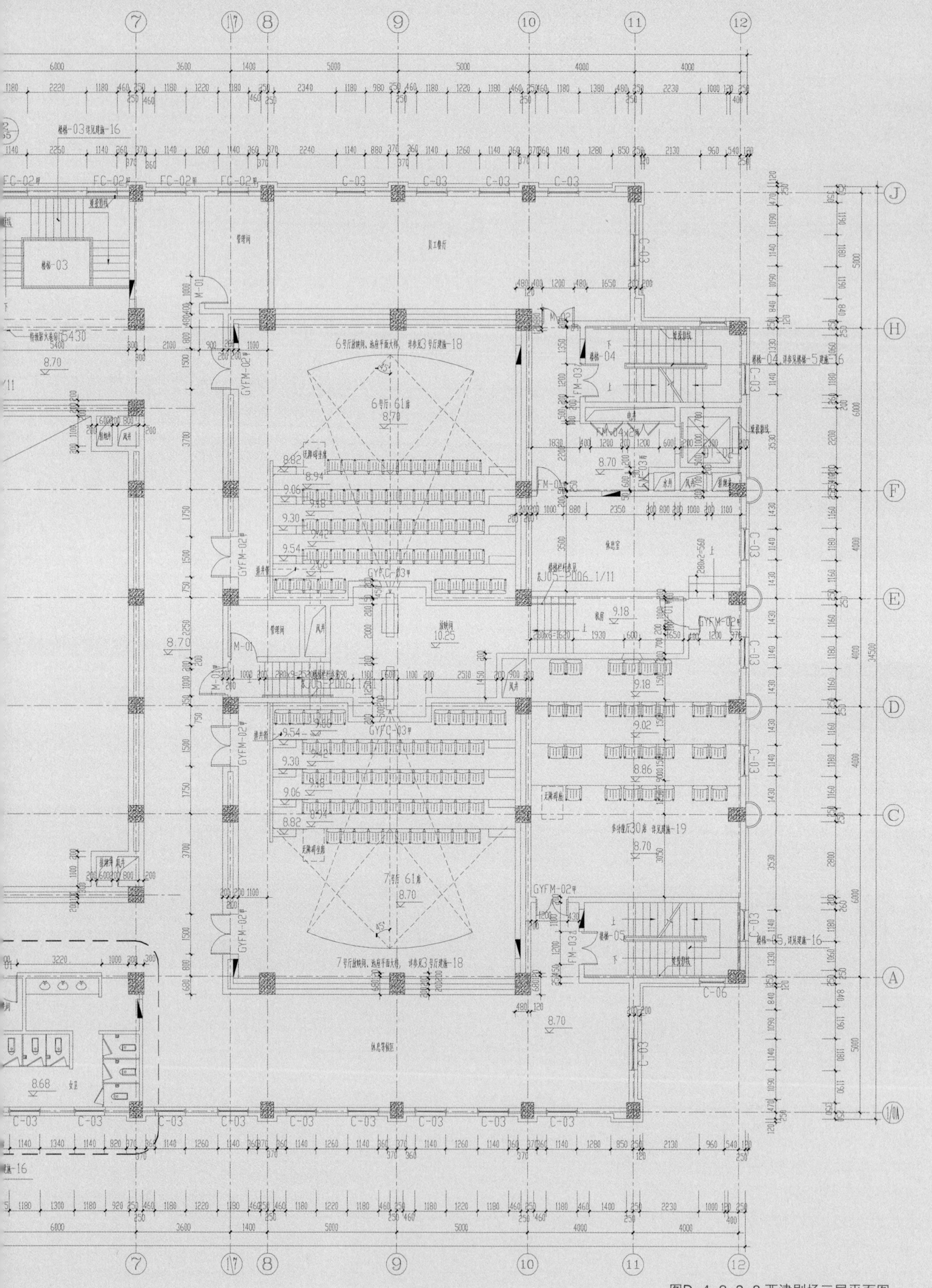

图D-4-8-3-3 西津剧场三层平面图

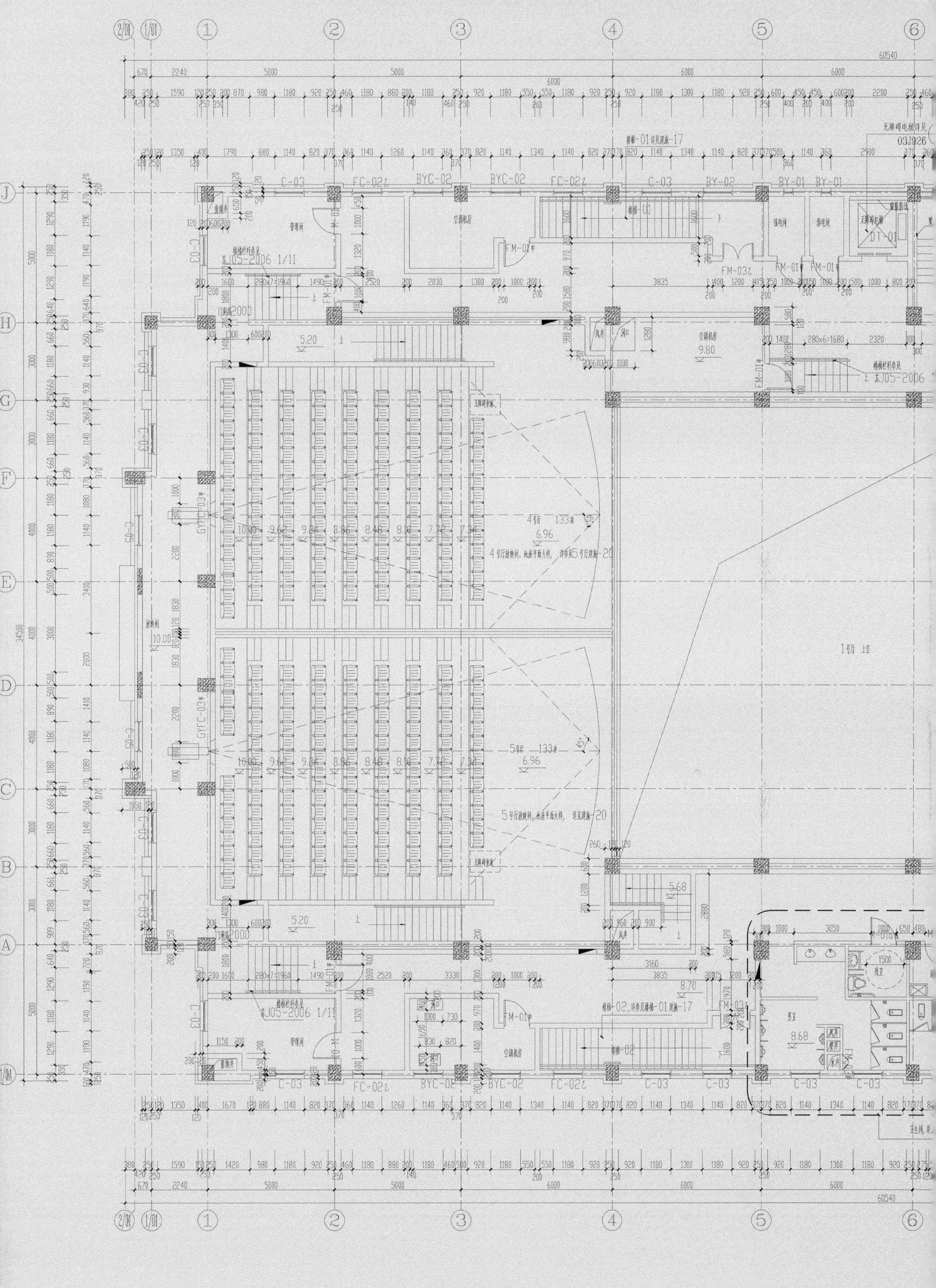

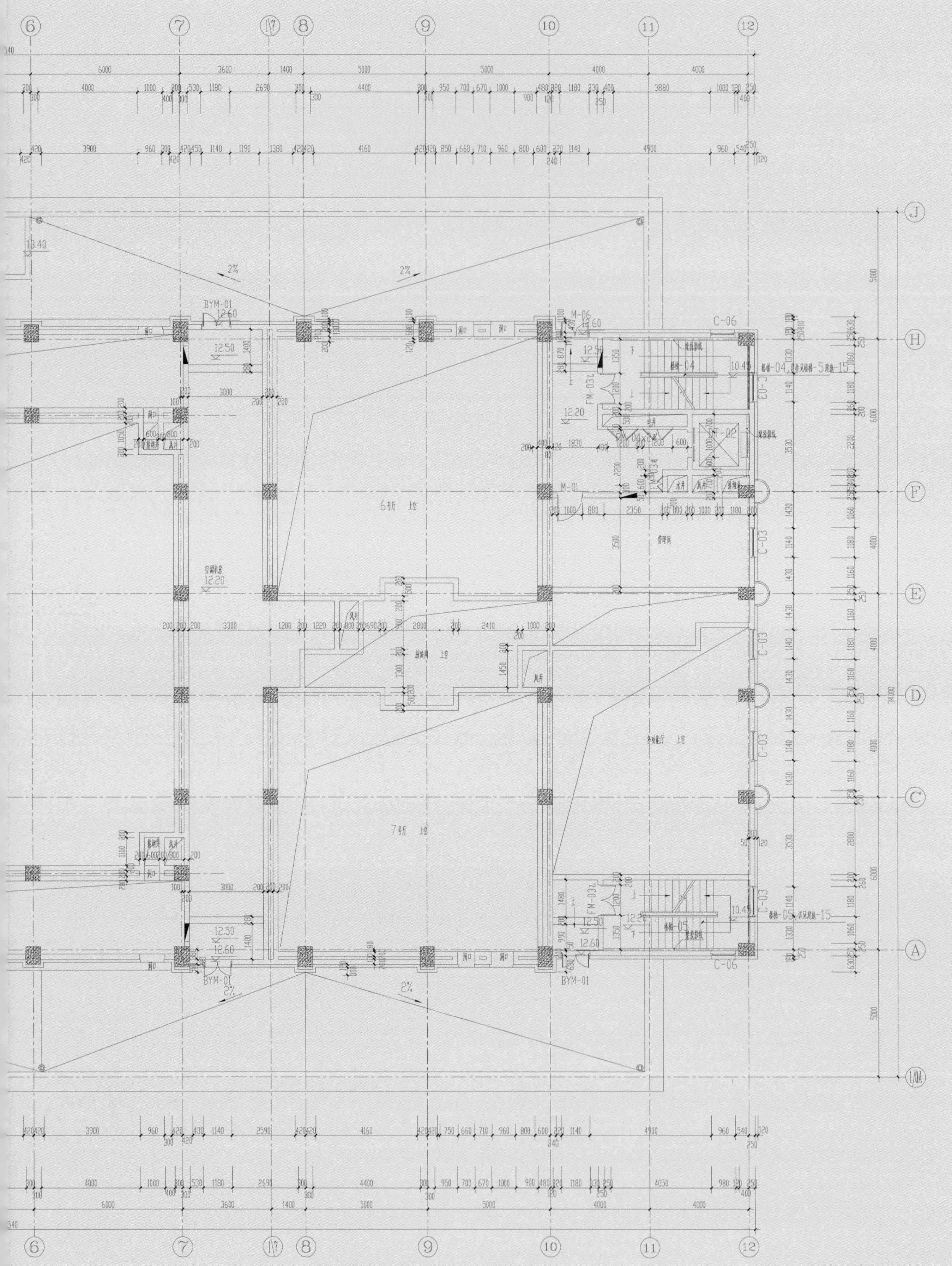

图D-4-8-3-4 西津剧场四层平面图

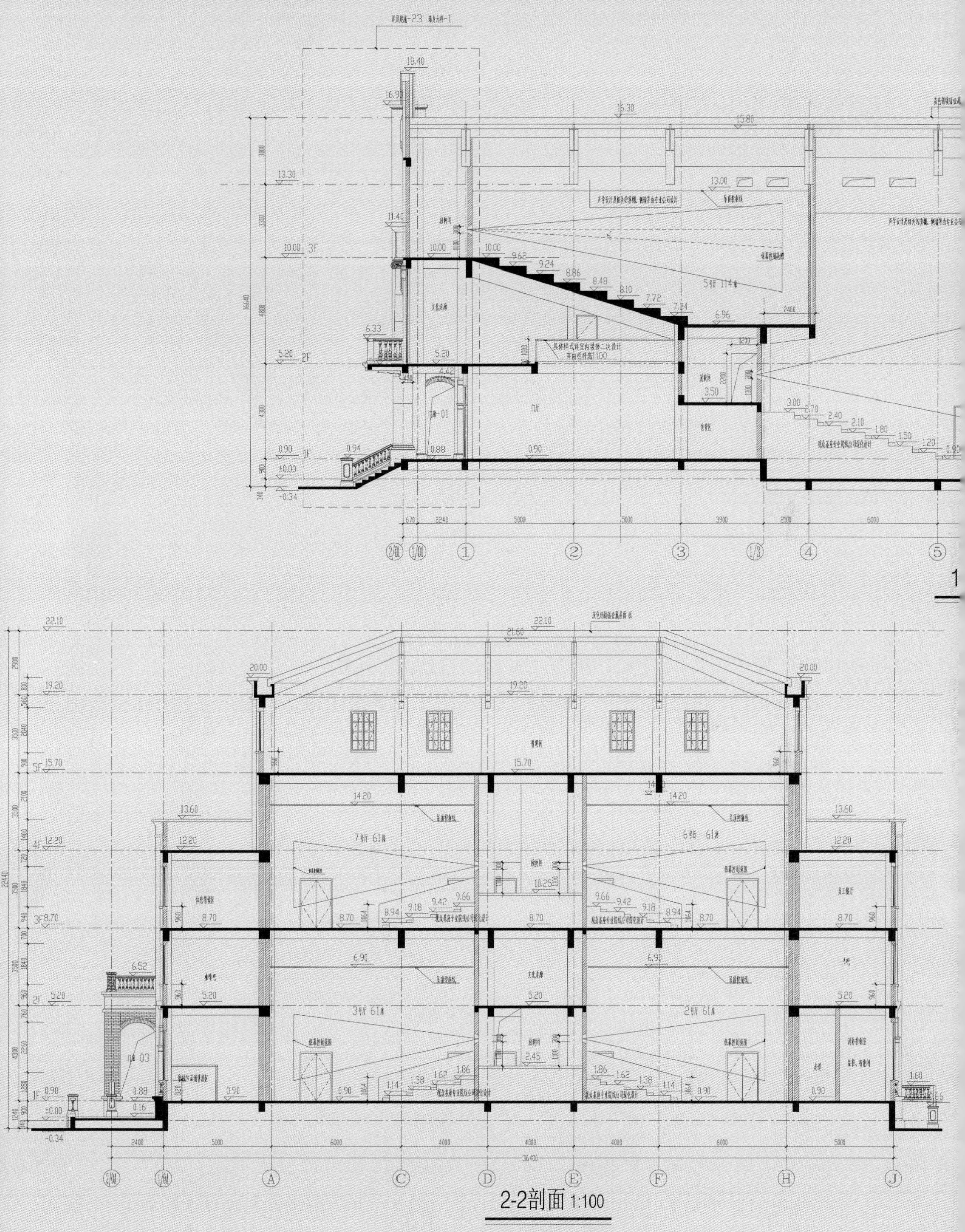

2-2剖面 1:100

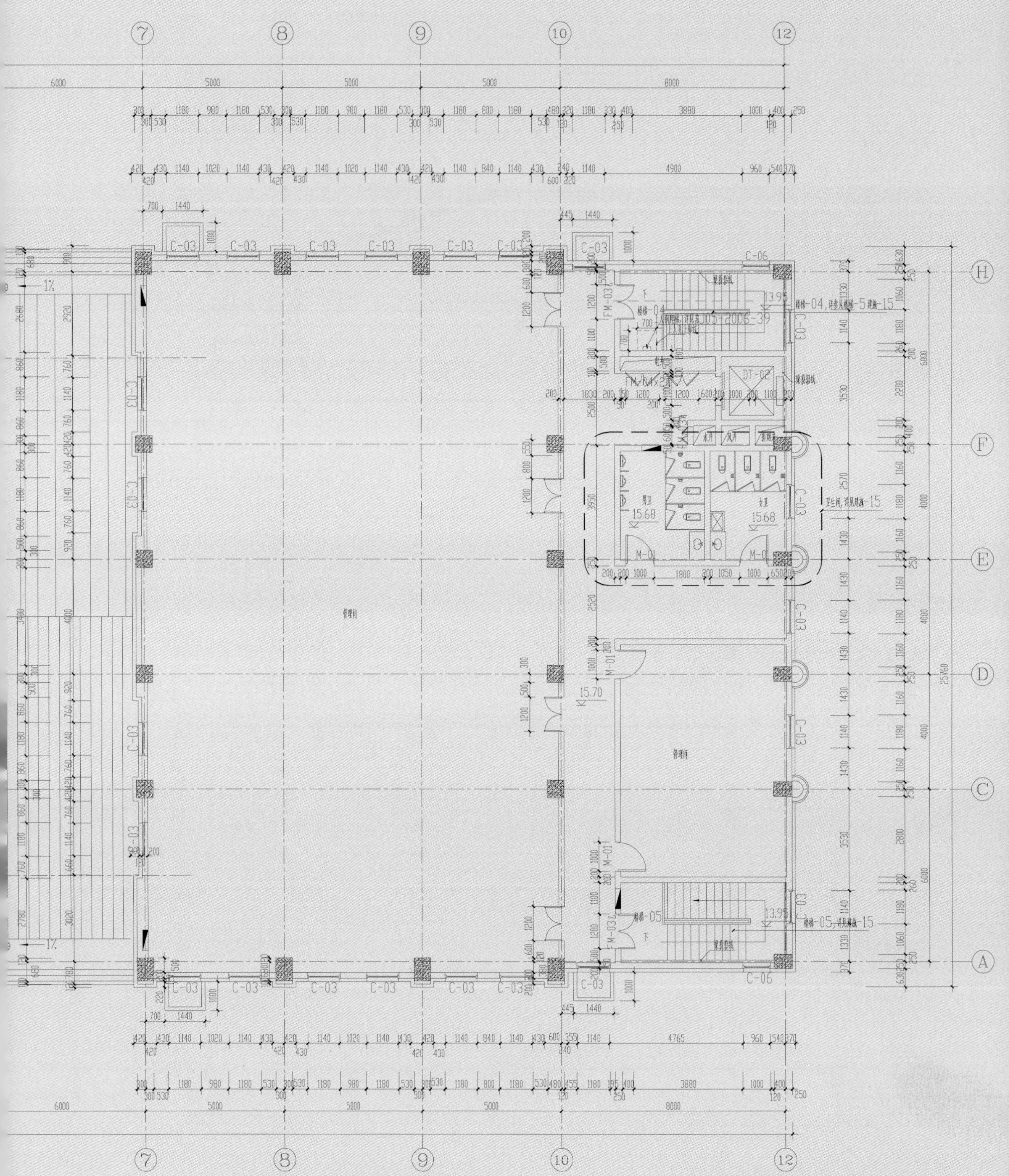

图D-4-8-3-5 西津剧场五层平面图

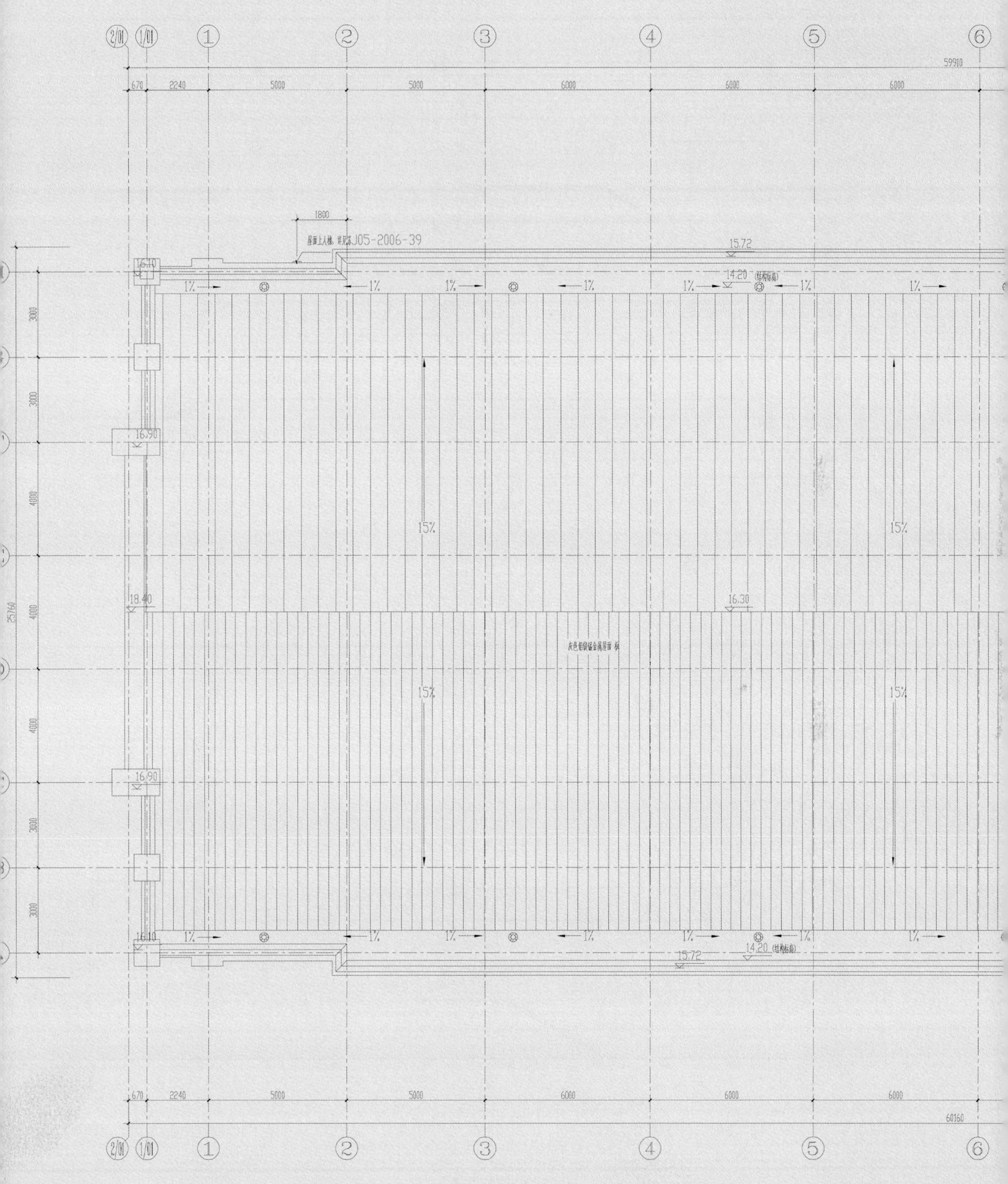

2/01
1/01
1
2
3
4
5
6
59910
670
2240
5000
5000
6000
6000
6000
1800
屋面上人梯，详见J05-2006-39
15.72
14.20 (结构标高)
16.10
1%
15%
16.90
18.40
16.30
灰色铝镁锰金属屋面 板
3000
4000
25760
60160

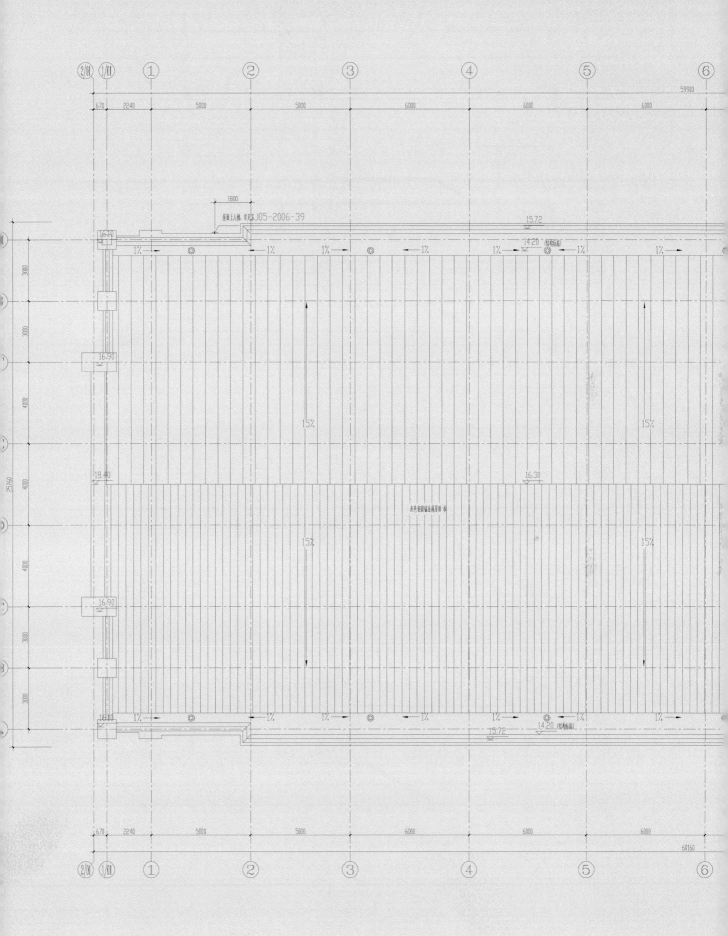

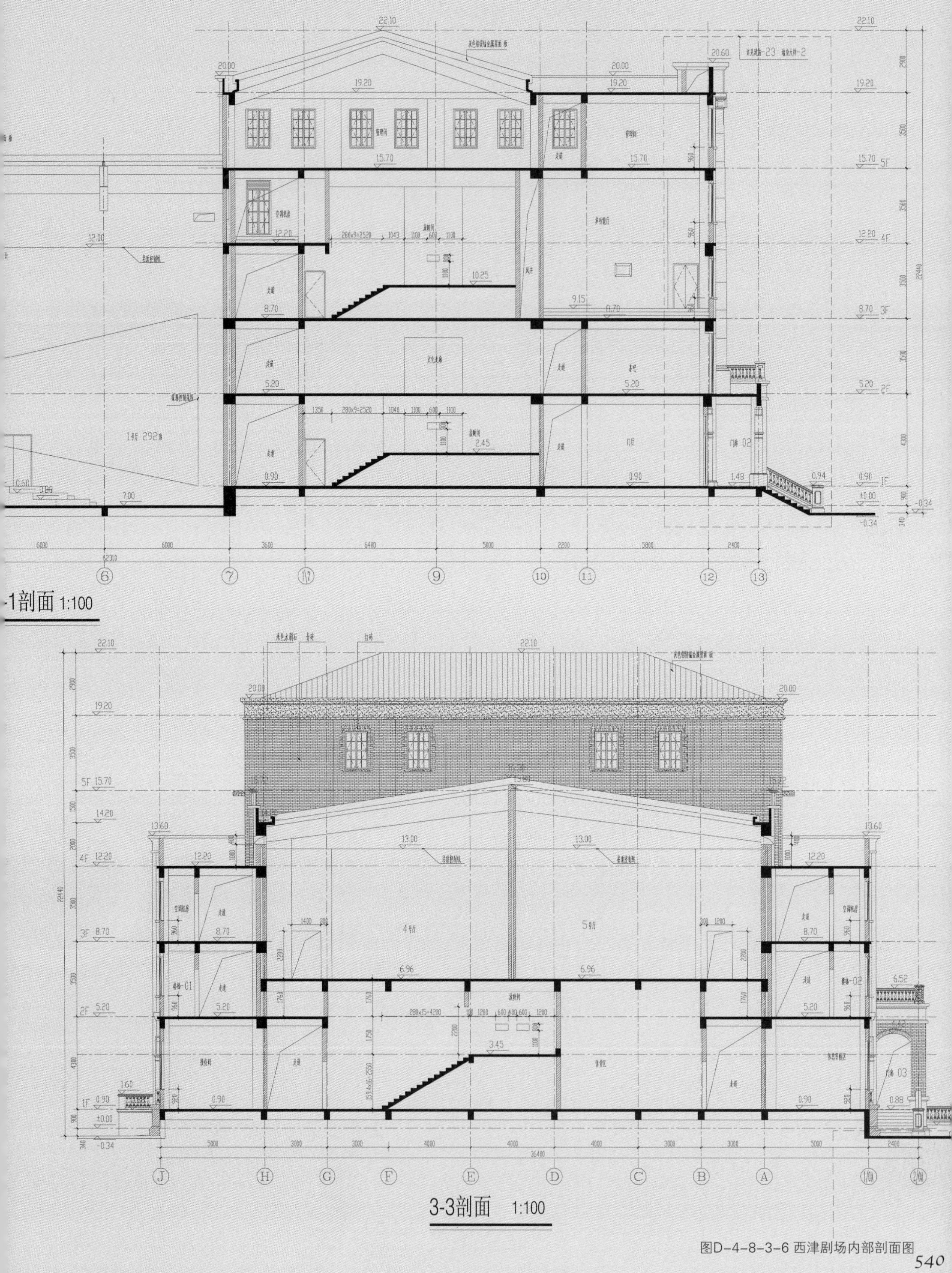

图D-4-8-3-6 西津剧场内部剖面图

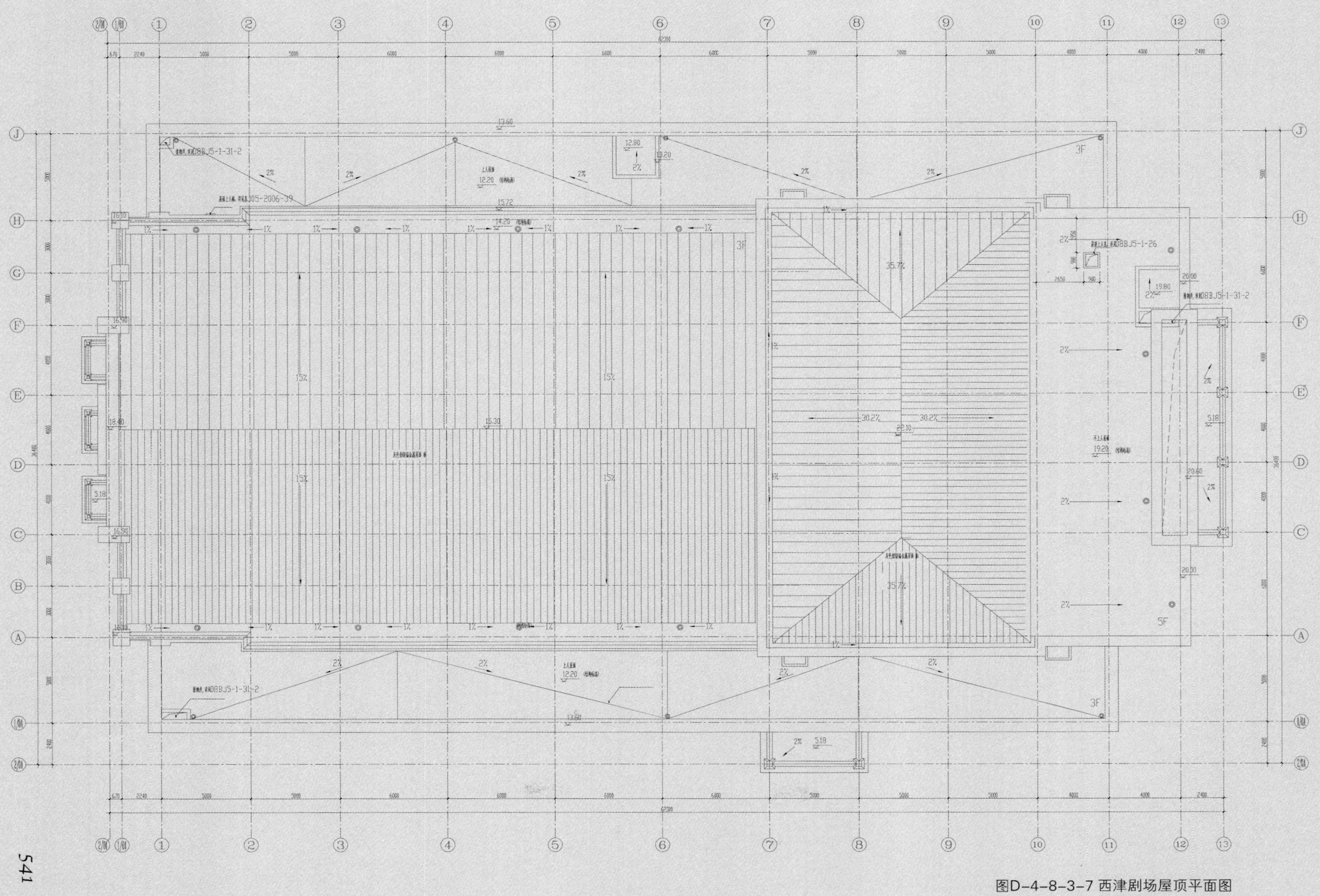

图D-4-8-3-7 西津剧场屋顶平面图

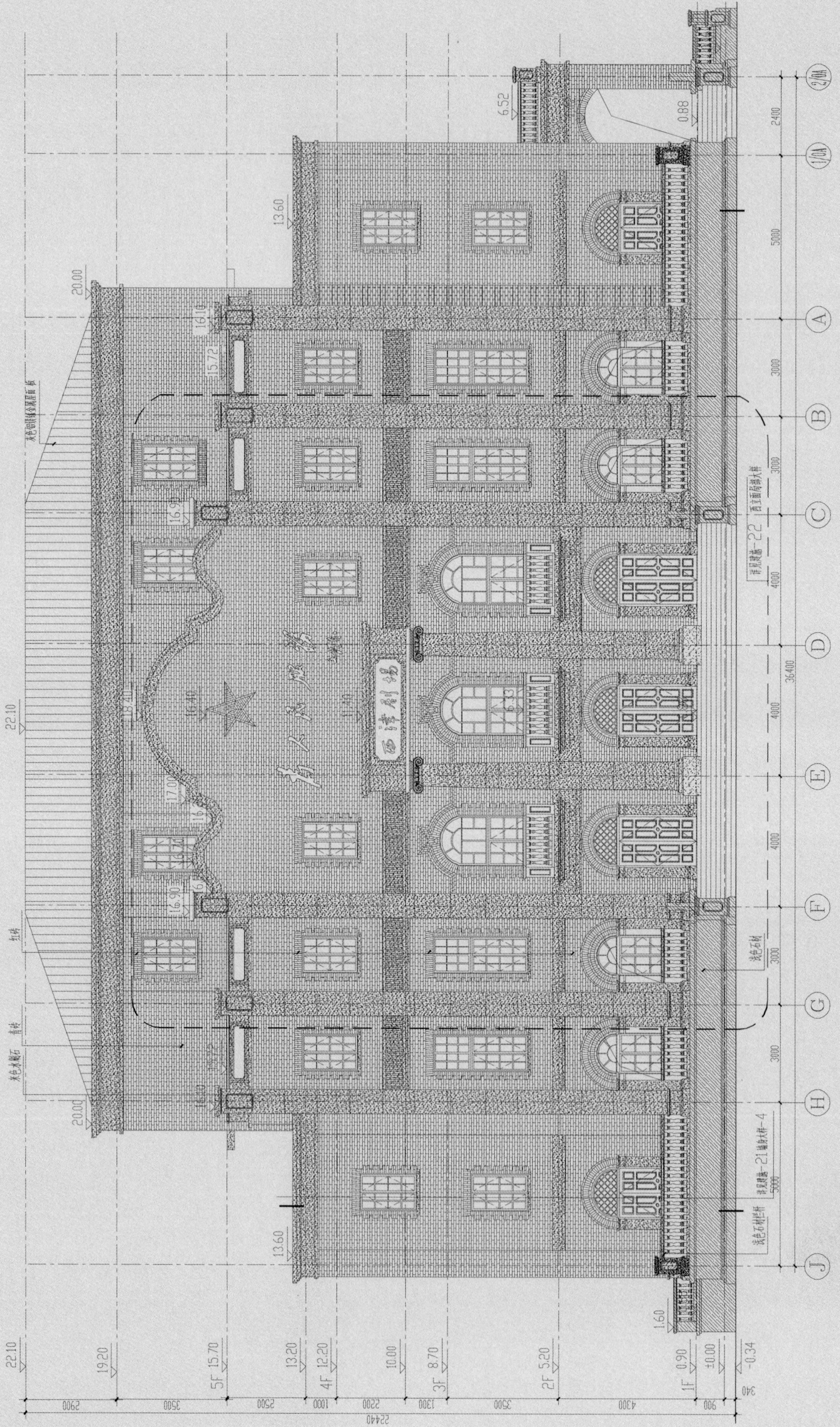

图D-4-8-3-8 西津剧场西立面图（大门）

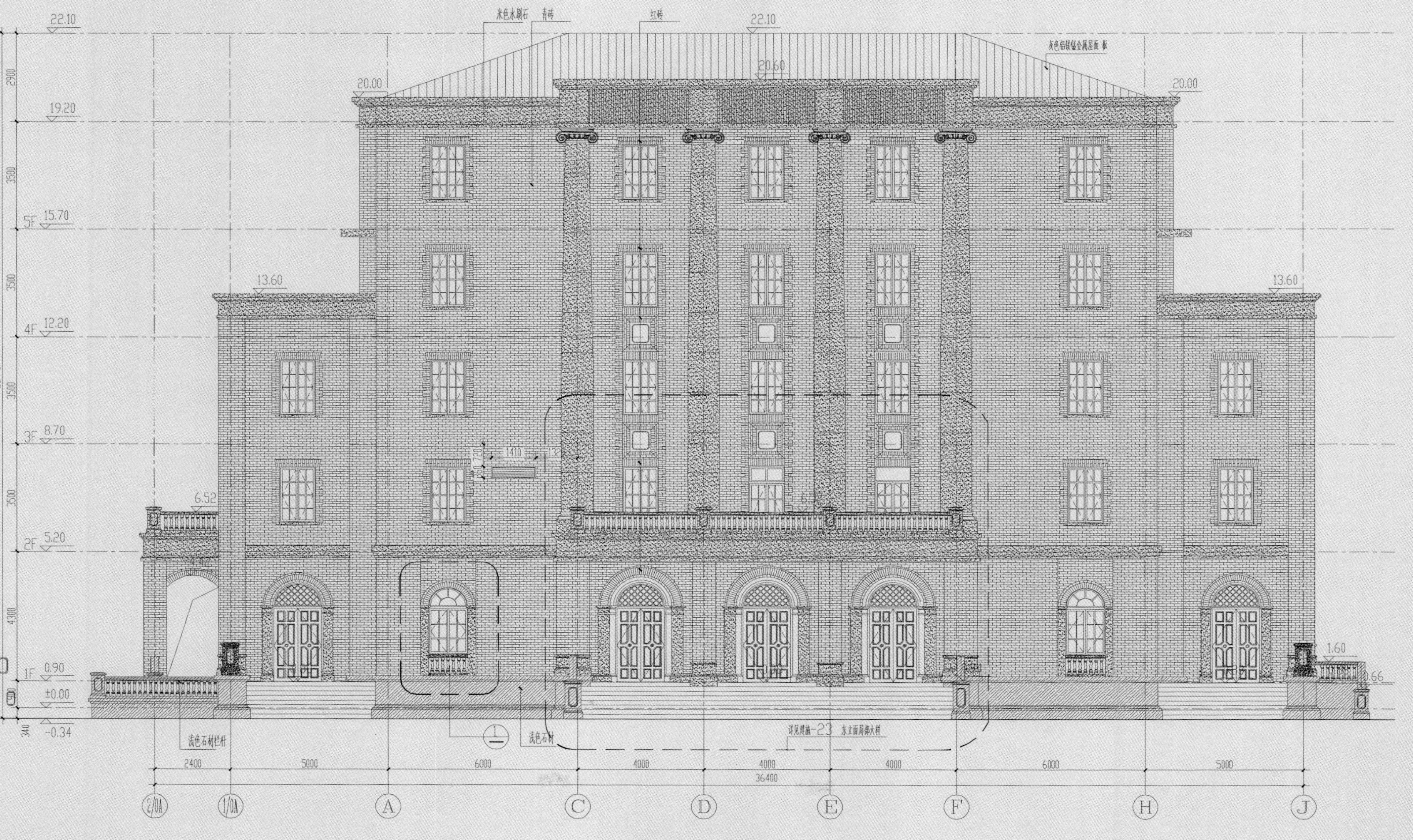

图D-4-8-3-9 西津剧场东立面图

第四节　原招商大楼（现迁建工程）

一、概述

1．建筑形态。原招商局大楼重建后位于大西路与迎江路交会处大西路北侧、迎江路东侧、西津剧场南侧，东邻异地复建的原沈道台府（现镇江市方志馆）（图P-4-8-4-1），仿西式建筑风格。坐东朝西，主体二层，局部三层，长47.2m、宽34.1m、高12.3m，不规则异形建筑基地，总占地面积1173m^2，总建筑面积2741m^2。

2．历史沿革和遗存状态。鸦片战争后，外轮垄断水运业务，致使清政府漕粮北运出现危机。为了改变现状，1872年，李鸿章奏准在上海开办轮船招商局，以漕运为主，兼揽客货。1873年，轮船招商局镇江分局在镇江成立，以银2400两，向唐慎记购买了镇江城西龙窝江边（今长江路平政桥以西一带）基地6亩，购料建造招商局大楼（图P-4-8-4-2），后又建有码头（图P-4-8-4-3）、栈房（图P-4-8-4-4）等建筑，房地产面积近140亩，房屋177间。初以漕运为主，兼揽客货。民国

图P-4-8-4-1 复建后原招商局大楼西立面

期间拥有江新、江孚、江华、江裕、江永、江天、江顺、江安轮八艘，成为长江汉申线航运中的实力派，与日本大阪局相抗衡。另辟有镇瓜轮渡和多条内河航线。成为当时镇江民族轮船业中历史最早、规模最大的企业。招商局在抗日战争中为日军占据，日本投降后复业，更名为招商局轮船股份公司镇江分公司。新中国成立后改为港务局。

原镇江招商局大楼位于长江路平政桥以西中华路以东之间，对面江滨是镇江招商局码头，高三层。坐南朝北，形式为民国复兴式建筑。东侧为“招商局东巷”，西侧为“招商局西巷”。20世纪70年代，因该处建设“镇江煤炭石油公司”（90年代为“湄兰饭店”）大楼被拆。

招商局大楼对过为“招商局1号码头”（图P-4-8-4-5），曾为“镇江开往六圩”的专用码头，在码头临江尽头设有5000吨位的1号“海定”铁趸船，供旅客登船及卸货之用。清同治末年，日军侵占台湾，镇江招商分局曾由此趸船上运兵万余人，并运送大量物

图P-4-8-4-2 1930年前的镇江招商局大楼

图P-4-8-4-3 原镇江招商局码头后改为镇江港务局1号码头

图P-4-8-4-4 1930年前的招商局栈房之一

图P-4-8-4-5 原招商局1号码头

资支援台湾我军与日军作战；抗日战争时期，该趸船被征做军用，沉堵江阴水线，封江以阻挡日军舰艇进犯。1949年后收归镇江港务局管理，1963年统一命名为“镇江港七号码头”。

在平政桥西有一处码头，原是美国旗昌洋行专用码头。民国初期，旗昌洋行在与招商局航运竞争中处于劣势，不得不将旗昌洋行的楼屋、栈房、码头以22万两白银卖给镇江招商局，码头改名为“国营招商局镇江第四码头”（图P-4-8-4-6）。从此，华商从洋人手中夺回了长江航运60%的业务。原栈桥码头为洋松木结构，长35m，宽5m。1963年，按长航统一命名，改招商局镇江第四码头为“镇江港6号码头”。栈桥1970年进行了改建。此码头为开往上海、苏州、无锡和两淮、盐城、南通等地的定期、定线的专用货运码头。

抗日战争胜利后，原设在平政桥西龙窝口的招商局1号码头，因淤积严重，大

图P-4-8-4-6 招商局镇江第四码头（1948年摄）

图P-4-8-4-7 招商局镇江第三码头（1948年摄）

吨位的轮船不能进港靠岸，故在平政桥东边荷花塘2号对面设立“国营招商局镇江第三码头”（图P-4-8-4-7）。抗日战争胜利后，将日本投降移交的“丹安号”铁趸船（容量3000t，长50.5m，现在改为游轮配套用船，停泊在老江边水厂游轮旁）移到该码头，作为上下船之用。此码头系“汉申线”轮船专用码头，镇江1949年后沿用。1963年按长航统一编号改名为“镇江港第3号码头”。

以上招商局镇江分局的三处老码头遗址，因水道淤积等各种原因先后退出历史舞台，除了“镇江港三号码头”在1994年11月被西迁至高资龙门港以外，江边江滩被改造成“长江路风光带绿色长廊”，成为镇江一道亮丽的风景。

原招商局镇江分局的历史在镇江近现代史航运和工商业发展史上具有重要的地位和文化价值。为了挖掘和保存历史记忆，丰富津渡文化内涵，西津渡公司经过慎重研究，委托东南大学建筑设计院根据原招商局大楼历史资料和图片样式设计，报请上级有关部门批准，决定在大西路与迎江路交会处选址复建该建筑。

根据李厚吉老人回忆，该地块1949年前曾有 “天祥酱园”“五洲旅馆”“大光明浴室”等商铺，1949年后虽商铺店号与经营行业有所改变，但也是商铺居多，也有少量居住用房，且多数为破旧建筑，没有修缮价值。2009年被西津渡公司拆迁收购，2018年成为异地复建的仿西式风格的“招商局大楼”基地。如图P-4-8-4-8～图P-4-8-4-10所示。

图P-4-8-4-8 复建后招商局大楼南立面

图P-4-8-4-9 复建后招商局大楼西北立面

二、主要修缮技术方案

复建。2018年，西津渡公司委托江苏省建筑园林设计院有限公司提出原招商局大楼异地复建方案，并邀请有关专家进行了评估后报市规划局审查批准。该方案建筑风格参照原招商局历史风格设计，为仿古欧式建筑，桩基础混凝土框架结构，主体三层，局部两层。外立面细节糅合了西津渡景区历史建筑特有的中式古建的做法。外墙采用极具街区特色的清水青砖砌墙、红砖起券，外墙柱采用传统的水磨石工艺制作，窗楣、门楣采用古建筑中常见的磨砖叠挑、拱券、腰线，屋

图P-4-8-4-10 复建后招商局大楼北立面东侧局部（上）、西侧局部（下）

面建有欧式造型的门楼和欧式石柱、石栏杆。屋面主体采用瓦楞铝屋面，屋面同时预留了后期设备安装空间。

这些元素的使用，使得这个建筑完全融入进西津渡景区的历史文化氛围中，工程完成后将作为景区历史文化展示及陈列室使用。

三、建筑物修缮责任表

建设单位：镇江市西津渡文化旅游有限责任公司

项目负责人：杨恒网 季榉

勘察单位：镇江市八一四勘察测绘有限公司

项目负责人：陈文良

设计单位：江苏省建筑设计研究院有限公司

项目负责人：彭伟

施工单位：江苏茅山建设有限公司

项目经理：方应燕

监理单位：镇江建科工程管理有限公司

总监理工程师：施彩霞

施工时间：2015.12.18—2016.5.18

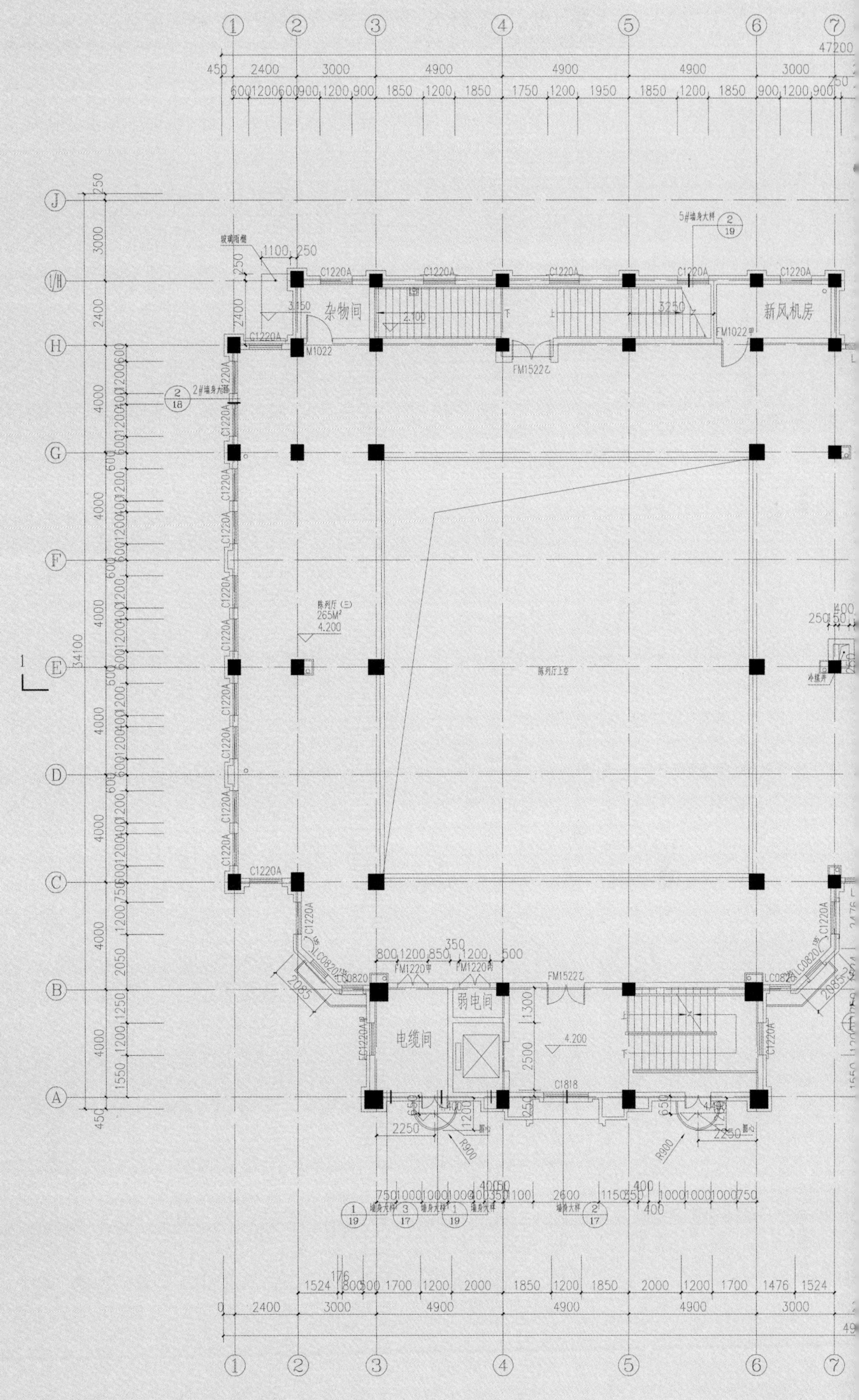

杂物间
新风机房
陈列厅(三)
265M²
陈列厅上空
电缆间
弱电间

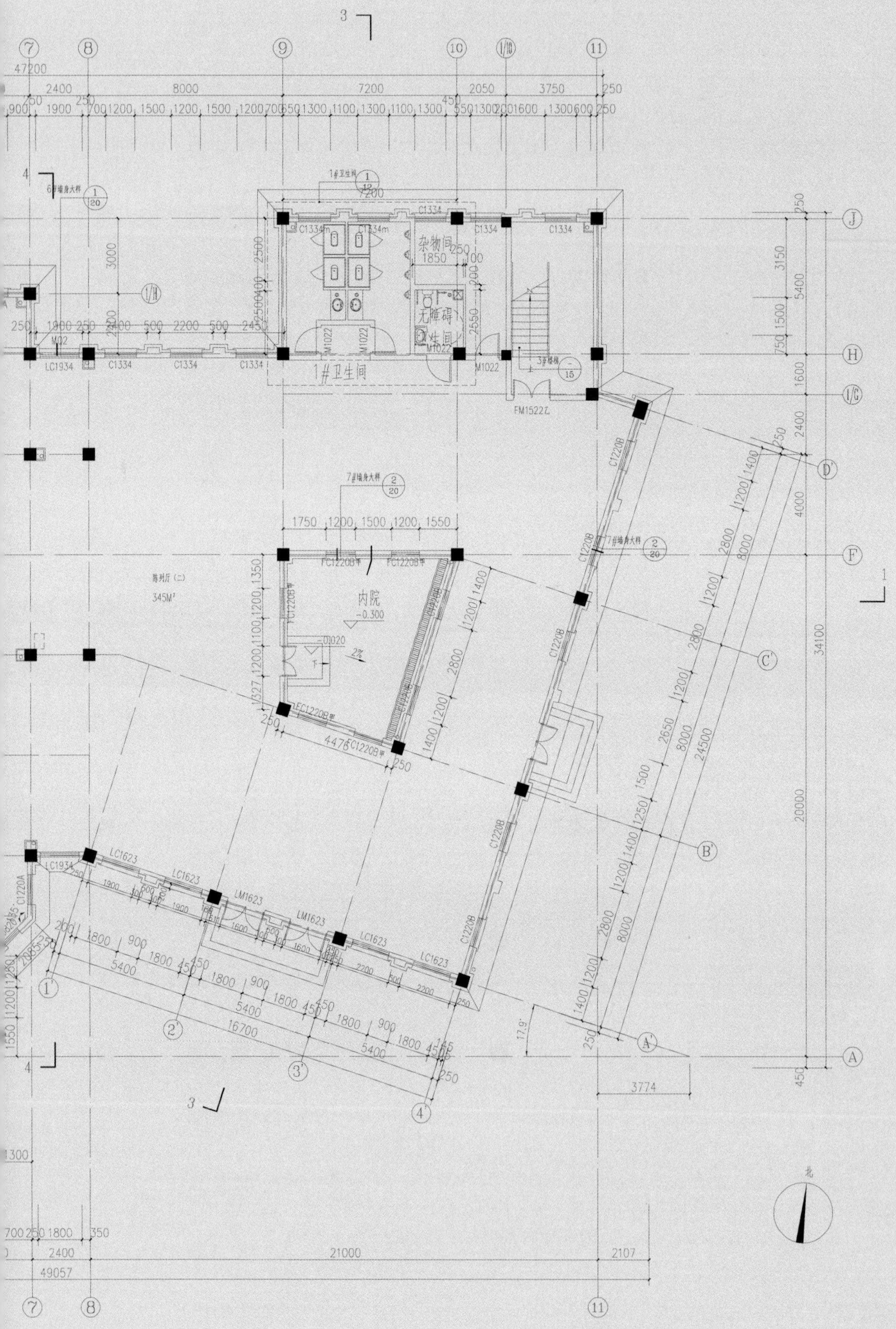

图D-4-8-4-1 招商局大楼一层平面图

四、施工图

如图D-4-8-4-1 ~ 图D-4-8-4-9所示。

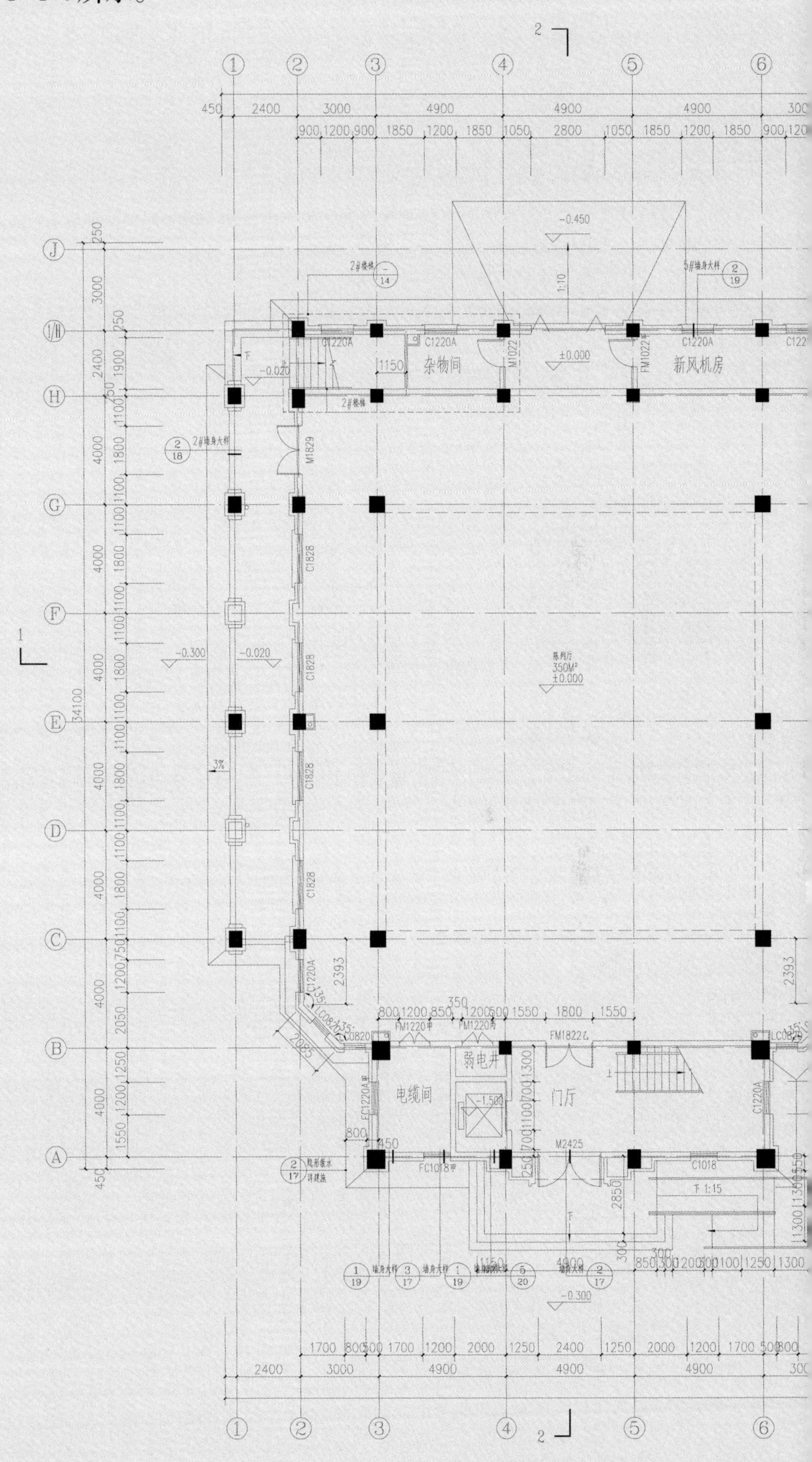

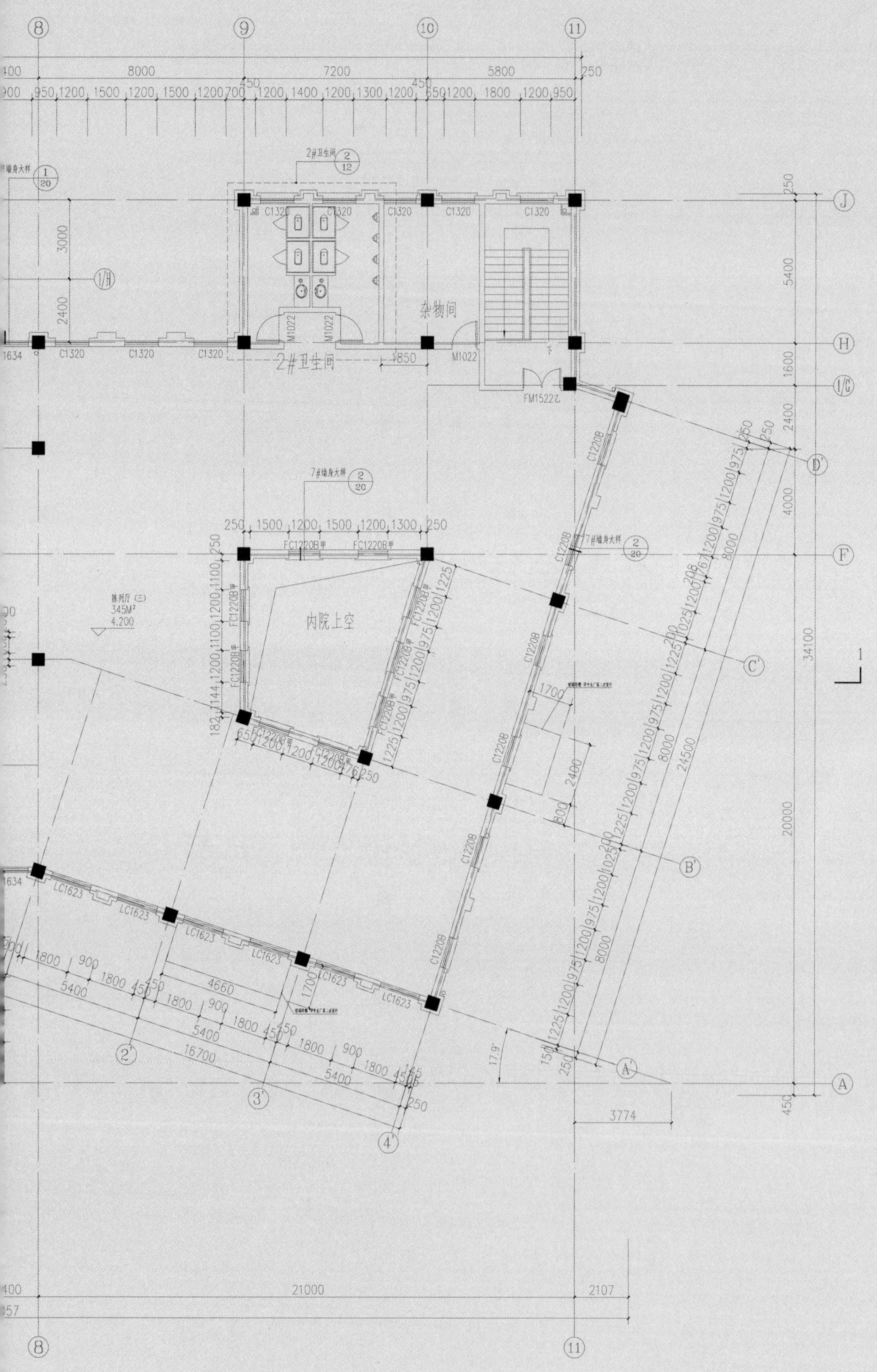

图D-4-8-4-2 招商局大楼二层平面图

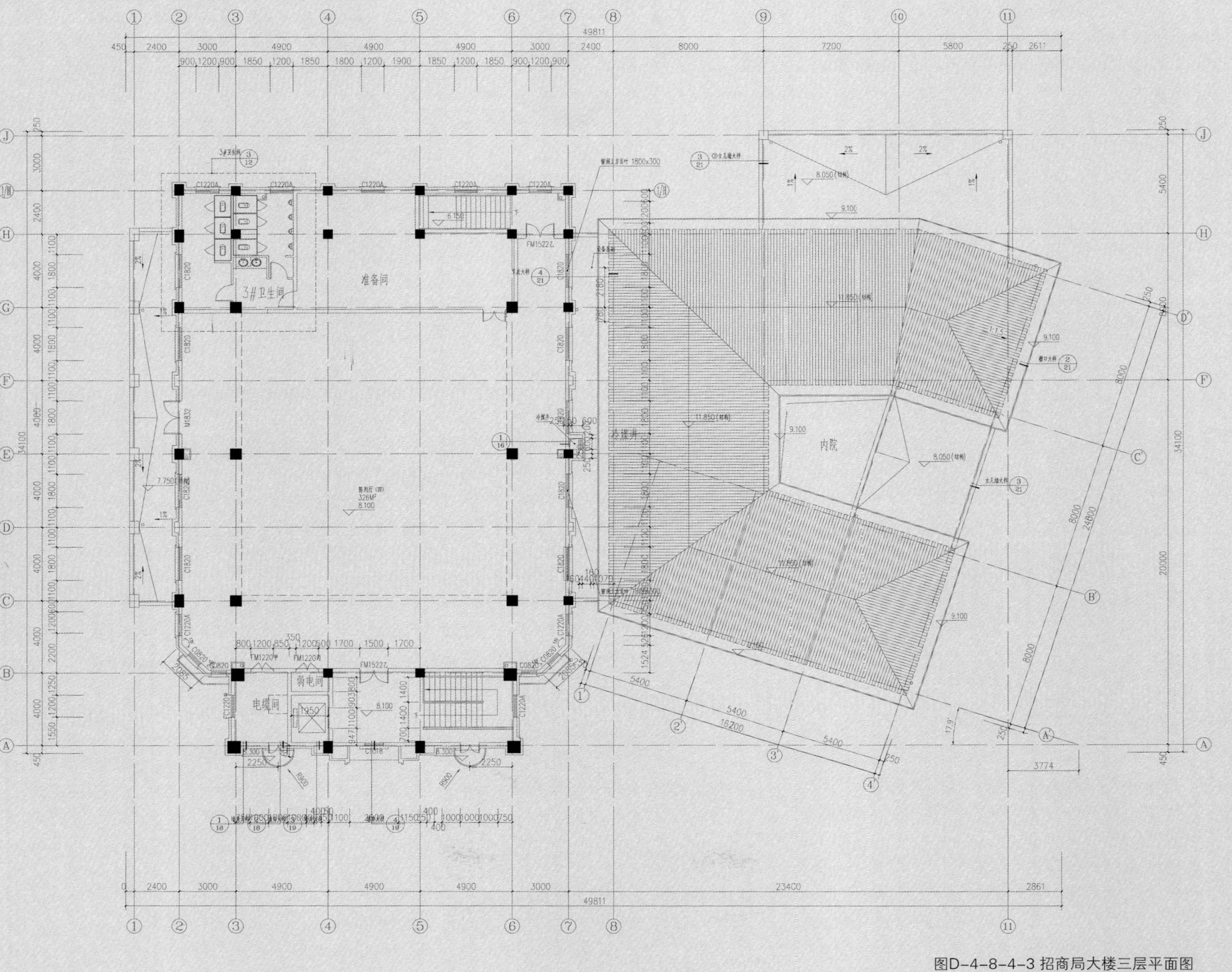

图D-4-8-4-3 招商局大楼三层平面图

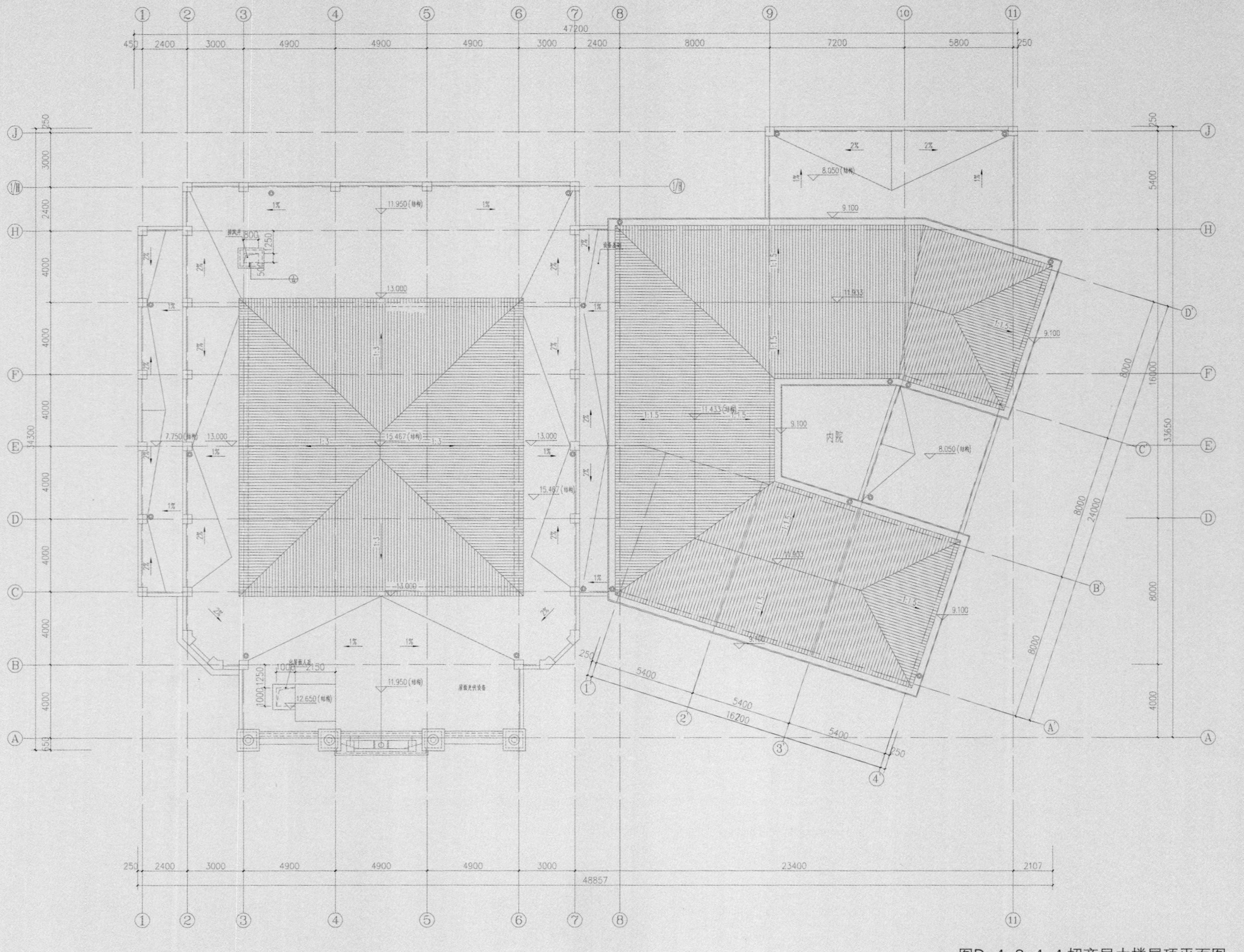

图D-4-8-4-4 招商局大楼屋顶平面图

图D-4-8-4-5 招商局大楼南立面图

图D-4-8-4-6 招商局大楼北立面图

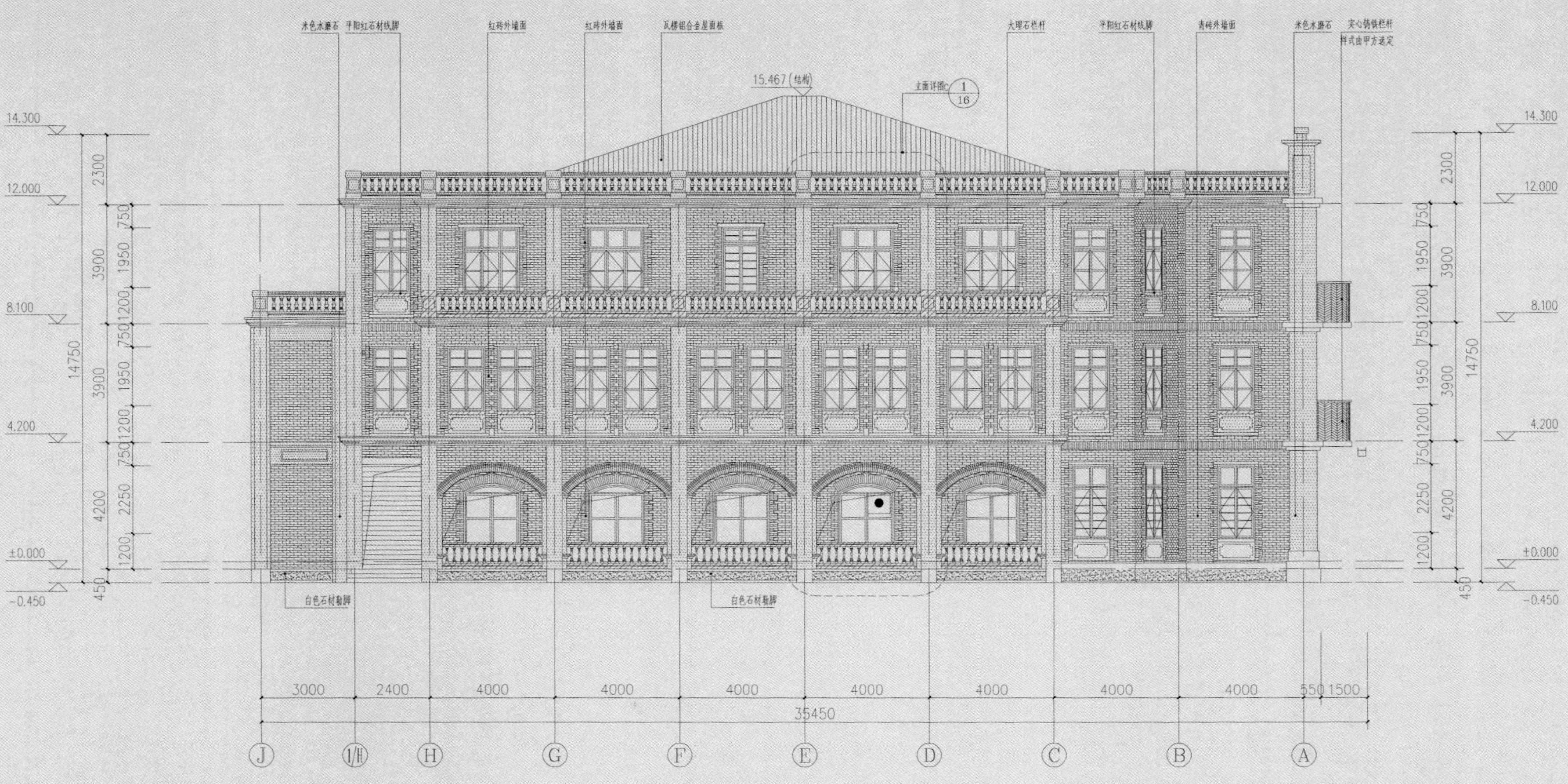

图D-4-8-4-7 招商局大楼东立面图

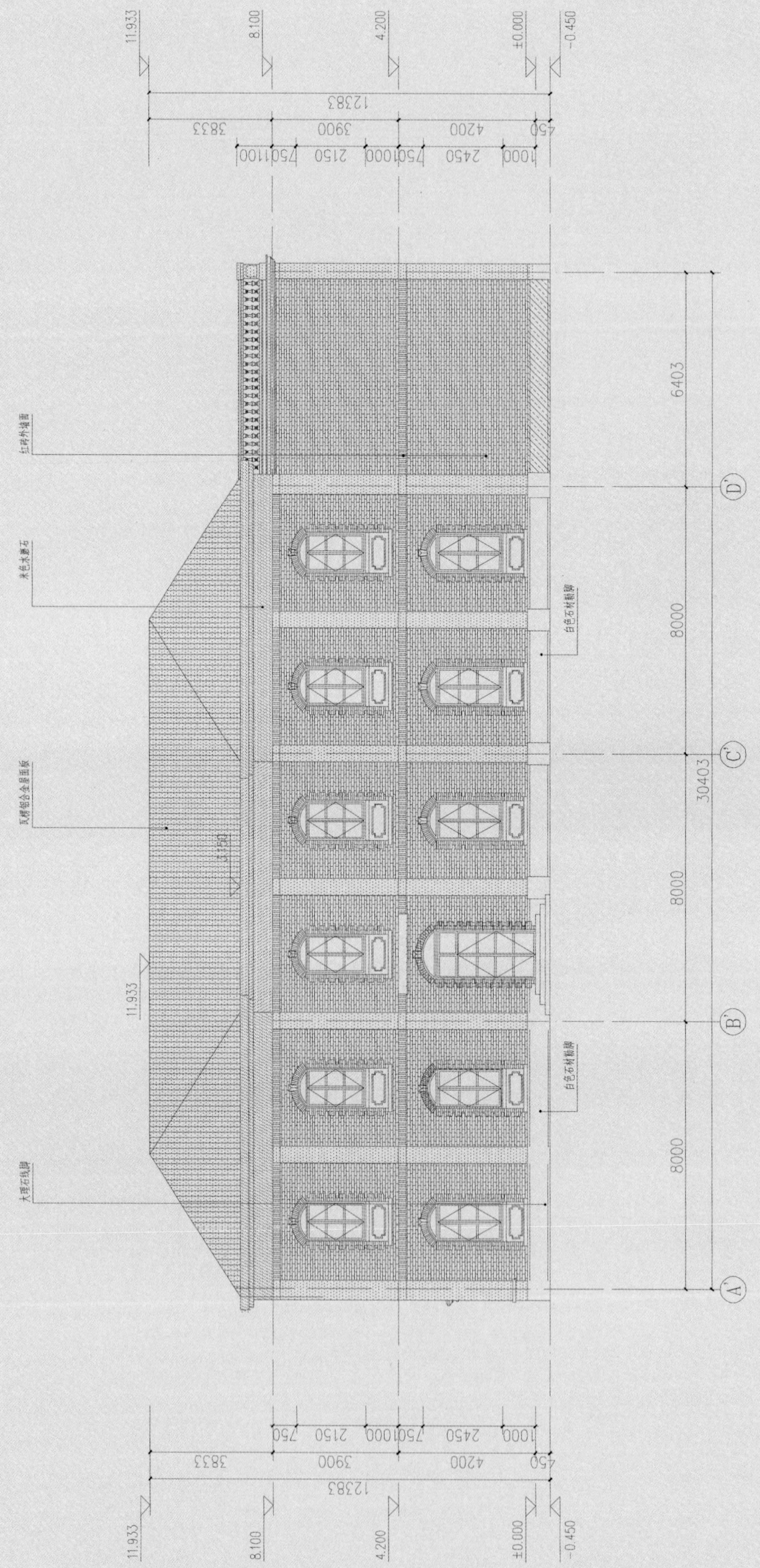

图D-4-8-4-8 招商局大楼西立面图

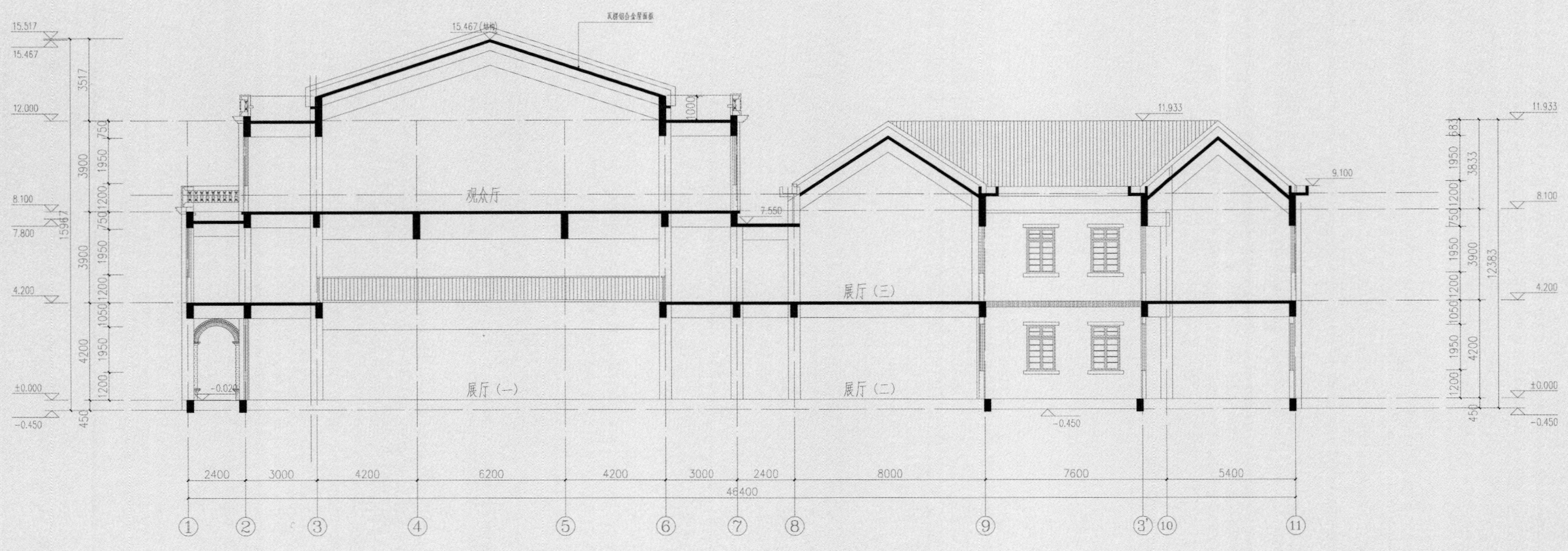

图D-4-8-4-9 招商局大楼内部剖面图

附录
历史文化街区风貌协调区工业和文教建筑

季桦

摘要

20世纪50—80年代工业经济成为西津渡口发展的引擎，更为衰退以后的港口留下了一批简陋粗鄙的厂房，以及与港口经济配套的学校医院。90年代开始，港口东迁、工业退城进区、学校医院区划调整，特别是历史文化街区的保护和利用，为街区这类建筑遗产带来新的发展机遇。通过实施降层改造、结构加固、风貌协调、景观配套、功能改造等“五大改造”，这些原本紧邻西津渡历史文化街区保护范围边缘地带的大体量建筑物，现已经成为体量适中、功能健全、风貌相宜、环境契合的港口城市发展演变和社会变迁的见证者，成为西津渡风貌及建筑文化和历史不可忽缺的重要组成部分。这些建筑遗产保护和利用的思路和做法，具有重要的研究意义和研究价值，对于西津渡街区的保护和津渡文化的传播具有倍增效应：扩大了街区保护的的空间范围，渲染了街区文化的古朴氛围，丰富了街区文化的内涵，拓展了街区文旅产业的配套能力。

关键词：西津渡、历史文化街区、工业和公共建筑、保护、利用

1．绪论

1.1 研究背景

西津渡街区的发展经历了三次重大历史发展机遇。

农业文明时期，西津渡凭借得天独厚的区位优势，南北通衢的航运枢纽功能凸显，这里曾是长江下游地区沟通中原和南方之间联系的主要渡口驿道，街区形成了独具特色的津渡文化。第二次鸦片战争后，镇江于1858年正式开埠通商，西津渡于1861年开启了长达68年的租界史，租界内的市政设施和公用事业的建设开启了镇江城市近代化的进程。1929年镇江成为民国江苏省省会。此后十余年西津渡作为城市的商业中心极尽繁华，其承担的港口贸易功能达到顶峰，这是西津渡的第一次历史转变。

清朝闭关锁国的政策以及之后的连年战乱令中国迟迟未能真正进入工业文明，直至1949年中华人民共和国成立后才开始大力发展工业经济。1953—1957年，镇江开始执行发展国民经济的“第一个五年计划”，其核心便是大力开展工业生产。滨江西津渡因为便捷的交通运输能力再次被历史选中，前进印刷厂、镇江农药厂、镇江五金厂（1966年改为镇江滤清器厂）等一大批的工业厂房以及港口单位库房在西津渡扎根，随之而来的是小码头小学、航运小学的扩编扩建，镇江市第二人民医院、工人疗养院等的扩建改造，学校、医院、商业等服务配套环绕周围，西津渡成功转型，成为镇江滨水工交商贸的代名词，这便是西津渡的第二次历史嬗变。

改革开放后，计划经济模式下的诸多国有企业逐步衰败，再加上镇江“东进南移”的整体城市规划，工业经济“退城进区”的整体趋势，导致西津渡的诸多工业和公共建筑人去楼空，失去人口支撑后的配套产业也不复往日繁华。2003年，市区铁路和江边车站被拆除，西津渡口丧失了仅剩的物流功能，伴随着长江路平政桥至新河桥段的拓宽改造，位于北侧滨江的十数家物流单位10多万平方米各类仓库全部被拆除，规划成滨江花园。西津渡历史文化街区和长江路之间的这些工业和公共建筑同样面临大拆大建的大环境，本应就此退出历史舞台。如何将这些镌刻着不同时代故事的建筑遗产进行保护再利用，让它们在西津渡历史文化街区以新的面貌重新焕发生机与活力，是我们亟需研究和解决的问题，也是西津渡面临的第三次历史机遇。

1.2 研究思路

（1）系统地梳理西津渡历史文化街区工业和公共建筑的类型，全面掌握这些近代建筑遗存的原状，为保护更新提供理论支撑。

（2）归纳总结对西津渡历史文化街区工业和公共建筑保护更新的整体思路和具体措施，并作出总体评价。

（3）对保护后重新利用的工业和公共建筑遗存现状进行分析与展望，以及对未来保护方向的预测建议。

2. 西津渡街区工业与公共建筑遗存状况分析

2.1 西津渡历史文化街区保护分区规划

在充分认识和尊重街区历史生态和现实生态的基础上，西津渡公司对街区制定了详细周密的保护规划，科学地确定保护范围、先后时序、保护方案及具体工艺，力求保护和修复的最终结果能够真实地还原或反映历史面貌。整个保护规划经历了一个逐步完善、深化和可持续性扩展的过程，1998年首先委托规划部门完成了《西津渡古街（区）保护规划》，将西津渡历史文化街区及其周边街区划分为核心保护区、建筑控制区和环境协调区三个部分，如图1所示。紫色区域为核心保护区，区域内的所有建筑全部必须在保持原有的建筑风貌的前提下以原有材料进行修缮或复建；黄色区域为建筑控制区，在保持与保留原民宅的道路结构、空间特点和基本风貌的前提下控制建筑高度和建筑形制，并通过维修、改造、重

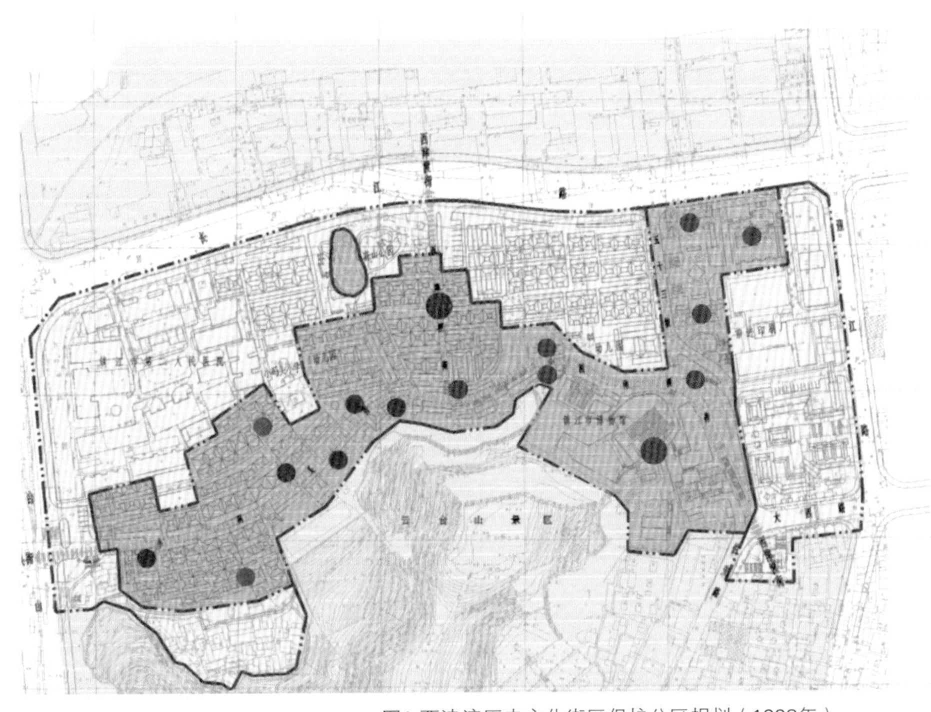

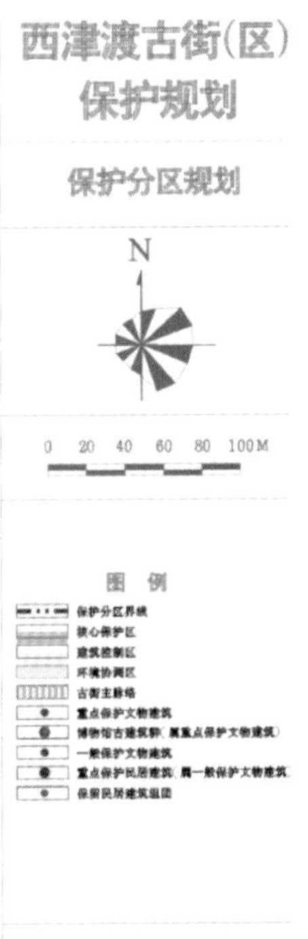

图1 西津渡历史文化街区保护分区规划（1998年）

建等方法使其与历史街区的整体风貌相协调，黄色区域中集聚了大量的工业与公共建筑遗存，这个区域也是本文探讨的工业与公共建筑保护与利用的实际发生区域；绿色区域为环境协调区， 这是为完整体现街区的“历史环境背景”或“视觉背景”而设立的外围区域，对该区域内的建设强度、建筑高度及形式等也提出了特定的控制要求。

2.2 西津渡工业与公共建筑概况

西津渡现代工业与公共建筑位于规划范围的建筑控制区内，基本处于核心保护区和长江路之间、东至迎江路、西至和平路的狭长地带。相对于传统建筑而言，这些建筑的类型更加丰富，按其使用功能可以划分为工业厂房、文教类建筑、医卫类建筑、商住类建筑、交通类建筑五大类（表1），总计有三座工厂（前

表1 工业与公共建筑分类

总建筑类型	分建筑类型	具体类型
工业建筑	工业厂房	生产车间、办公楼、仓库
公共建筑	文教类建筑	学校、影剧院
	医卫类建筑	医院
	商住类建筑	商场、商住楼
	交通类建筑	站房

表2 西津渡历史文化街区工业与公共建筑遗存明细

序号	建筑类别	具体类型	名称
1	工业建筑	生产车间	前进印刷厂排版车间
2			前进印刷厂装订车间
3			前进印刷厂印刷车间
4			镇江市滤清器厂总装车间
5			镇江市滤清器厂油漆车间
6		办公楼	镇江市前进印刷厂办公楼
7			镇江市农药厂办公楼
8			镇江市滤清器厂办公楼
9		仓库	前进印刷厂仓库
10			江苏省储运公司仓库
11			镇江市滤清器厂仓库
12			市医药公司仓库
13	公共建筑	学校	航业小学
14			小码头小学北教学楼
15			小码头小学南教学楼
16		影剧院	工人电影院
17		医院	镇江市第二人民医院门诊楼
18			镇江市第二人民医院住院部
19			镇江市第二人民医院手术大楼
20			镇江市第二人民医院检验科大楼
21			镇江市第二人民医院生活保障区
22		商场	银山门商场
23			轮船招商局镇江分局
24		商住楼	前进印刷厂商住楼
25		站房	小码头铁路中转站

进印刷厂、农药厂、滤清器厂）、两所学校（小码头小学、航业小学）、一座电影院（工人影剧院）、一座医院（第二人民医院）、一处火车站房、一个商场等9个单位共25栋房屋（表2）。

下面我们将按照类型划分，梳理这些建筑遗存的原状。

2.3 工业建筑

西津渡的工业建筑以工业厂房为主，附属用房为辅。1949年后交通便捷的西津渡成为发展工业经济的风水宝地，市前进印刷厂、市农药厂、市五金厂（后改为市滤清器厂）相继在此落户。

市前进印刷厂前身为抗战时期的新四军印刷厂，1949年后成为“《前进日报》印刷厂”，该厂除先后承印《前进日报》、《前进》党刊、《大众日报》和机关文件外，于1950年向社会承接印刷业务。1952年改名为“地方国营前进印刷厂”。“文革”期间，它还是江南地区印制《毛泽东选集》的主要工厂之一，现存的一些厂房即为20世纪60—70年代突击印刷《毛泽东选集》而扩建，也是江苏省内书刊印刷主要基地之一。改革开放后，该厂原有的计划经济模式已无法适应市场而濒临破产，2003年该厂被西津渡公司收购。该厂共有各类房屋6栋，包含工业厂房3栋，分别为印刷车间、排版车间和装订车间，办公楼、商住混合楼、仓库各1栋。

镇江市农药厂前身是成立于民国二十五年（1936年）的私营大新石粉厂，1954年实行公私合营，更名为镇江农药厂，并受农业部和全国合作总社委托，成为定点生产加工农药的专业厂。经过多年运营，到了1973年，该厂年产量达到9万吨，占全国农药总产量的十分之一。1983年我国停止使用高毒、高残留农药，且随着改革开放后进口农药对市场的冲击，农药厂不复往日荣光，2002年底农药厂改制为镇江农药厂有限公司，公司因环境污染实施“退城进区”，在镇江新区化工区建立新厂。原厂房在长江路拓宽改造工程中大部拆除，仅存厂部办公楼。

镇江市汽车滤清器厂的前身是镇江市五金机械厂，成立于20世纪50年代。60年代，为了配合南汽的汽车配套生产，该厂试制出南汽跃进牌机油粗、细滤清器和空气滤清器等主要产品后，获得省汽车配件公司投资13万元，添置了7台精密度较高的新设备，成为南汽配套厂家。1966年7月，工厂改名为镇江汽车滤清器厂，并持续扩大产能，到了1985年，该厂主要产品已达63个品种，年产值510万元。改革开放后，由于各种原因，滤清器厂的产品销路迟滞，陷入困境，濒临破产，2003年该厂被西津渡公司收购。该厂遗存厂房4栋，包含总装车间1栋，由5座单体厂房联排合体成一矩形建筑，也称作连跨厂房；油漆车间、办公楼和简易仓库各1栋。

2.4 公共建筑

西津渡的公共建筑种类较多，按其使用功能可划分为文教类、医卫类、商业类、交通类4类建筑，公共建筑较工业建筑来看，分布范围更为宽泛。

2.4.1 文教类建筑

小码头小学创立于民国十九年（1930年），为县立初级小学，民国三十六年改为中心国民学校。1949年后恢复小码头小学名，为中心小学，下辖伯先路小学、私立广肇小学、私立航业小学。学校共含两幢教学楼，分别为南侧三层教学楼，北侧二层教学楼兼办公楼，两幢教学楼之间原为学校操场，1953年共有9个班456名学生、15名教职工，1969年增设初中班，1978年又恢复为中心小学建制，1997年合并和平路小学，2002年与长江路小学合并，2005年小码头小学整体并入金山小学后学校停办，校舍一直处于闲置状态。

航业小学是民国时期镇江市航业工会于1929年创办的私立小学，由内河招商局卓瑞伯等人组成筹委会并于1933年开始招生，主要招收航运业子女。1937年学校部分建筑毁于日寇战火，直至1947年复校，校名更名为镇江市航运小学。随着港口东迁及镇江市教育规划和学校布局的调整，1999年该校与伯先路小学合并为长江路小学，航运小学停办空置并于 2009年被西津渡公司收购。

工人电影院前身为“黄金大戏院”，始建于1947年，1949年后由镇江市市总工会电影队不定期放映电影，并于1957年正式定名“工人电影院”，1964年改名为迎江剧场，以演淮、扬剧为主，1966年改装固定翻板椅，共有座位600个。1966年因“文革”歇业，部分房屋成为剧团团员的居住用房。1982年2月，镇江市总工会决定翻建工人电影院，1983年元旦竣工并使用。翻建后的工人电影院，面积达2417m^2，前厅三层，设有通向楼座的楼梯，中部挑空空间为舞台，底厅和楼座设有座位1354座；东部五层，设有演员宿舍，为演戏和放电影两用场所，建成后的工人电影院成为镇江城西市民文化活动的重要场所。

2.4.2 医卫类建筑

镇江市第二人民医院前身是民国江苏省立医院，成立于1929年7月，院内分设内科、外科、妇产科、五官科、牙科等临床科，以及药房、电疗、细菌化验等辅助科。1949年后，改组为苏南公立镇江医院，后改名为镇江市第二人民医院，随着医院事业发展，先后在原地及周边扩建了门诊楼、住院部和附属医技用房、员工宿舍楼等多建筑。由于城市东进南移，医院经营渐入困境。2010年，为协调西津渡街区建筑风貌，合理布局医疗资源，经市政府批准，第二人民医院迁建至南徐新城。

2.4.3 商业类建筑

前进印刷厂商住楼于20世纪90年代改造完成，作为前进印刷厂职工宿舍的同时含有部分商业用房出租，整体为七层商住混合型楼房，其中一、二层为框架结构，商业门店；三到七层是砖混结构，职工住宅。随着前进印刷厂的破败也一并萧条，于2003年被整体收购后进行改造。

银山门商场位于航业小学南侧，民国时期曾是“扬子饭店”旧址，1949年后划归蔬菜公司，成为蔬菜公司的仓库用房，改革开放后被蔬菜公司的职工承包成为商业用房，命名为“银山门商场”。该商场为一层简易房屋，于2009年拆迁后被西津渡公司收购。

2.4.4 交通类建筑

小码头铁路中转站始建于1908年，为清末沪宁铁路镇江西站的铁路航运中转点，供铁路和水上货物之接驳转运，也是当时沪宁线上唯一一座铁路航运中转货站。历经战火洗礼，小码头铁路中转站仅遗存江边码头月台，月台为二层砖混结构、木构架屋顶，建筑外观为青砖灰瓦双坡顶风格，2003年由西津渡公司在原址落地修缮。

由上述材料可以看出，由于年代较近，这些近代建筑遗存状况总体较好，但是大部分建筑，无论是工业建筑还是公共建筑，均由于使用活动的减少甚至消失而损毁破败，由此可见建筑必须适应社会、经济、文化的发展，满足时代赋予其的社会功能，否则它们的使用寿命将远远低于其物质寿命。

显然，西津渡的近代建筑类型较古典建筑已经大为丰富，公共建筑中出现了如医疗、学校等类型的建筑，在一定程度上满足了镇江地区近代社会发展要求。由于国家政策的鼓励和西津渡的独特区域优势，西津渡的工业建筑也获得了长足的发展，大量的厂房拔地而起。这些丰富的建筑类型反映了镇江社会在近代时期的一个转型过程，正是人们在生产、生活习惯上的改变使得这些新型的建筑类型得以出现，这也正是上文所提及的第二次历史转变在这些建筑上的物质体现。

3. 西津渡工业与公共建筑遗存保护的研究

3.1 研究现状

早在2003年，国际工业遗存保护协会发表了《下塔吉尔宪章》，其中对于工业建筑遗存进行了精准的定义：“工业遗产是指工业文明的遗存，它们具有历史的、科技的、社会的、建筑的或科学的价值。这些遗存包括建筑、机械、车间、工厂、选矿和冶炼的矿场和矿区、货栈仓库，能源生产、输送和利用的场所，运输及基础设施，以及与工业相关的社会活动场所，如住宅、宗教和教育设施等。”

工业遗产保护和研究活动源于英国。早在 19世纪末期，英国就出现了“工业考古学”，强调对工业革命与及其大发展遗迹和遗物加以记录和保存。20世纪二战以后的经济复苏引发了新的产业革命，人类社会由工业经济时代加速迈入了信息化时代，全球的产业结构发生了巨大改变。现代信息化产业兴起和新的城市现代化理念，使得发达国家传统工业向外转移，原处于城市中心地带的一些传统工厂空壳化，一些城市码头及其附属设施也逐步随着工厂的迁移而逐渐废弃。在这个转变的过程中，如何处理工业时代的工业建筑遗存，成为城市规划及建设的主要问题。欧洲先遇到此问题，其中又以英国、德国、法国转型较为成功。如英因铁桥峡谷原是采矿区、铸造厂、工厂和仓库聚集区，通过恢复生态环境和建设主题博物馆来发展旅游业；德国的鲁尔工业区二战后重建但是自20世纪70年代开始衰落，当地政府采取积极措施，把保护和利用相结合，促使鲁尔区产业转型。此外，与城市密切联系的英国伦敦泰晤士河道克兰码头区、都柏林禁庙区、伯明翰运河码头区、法国巴黎郊外马奈河畔的麦涅巧克力工厂等，都是著名的工业遗产改造范例。在工业遗产保护利用的实践的同时，相关的立法和规范文件也陆续出台。

我国工业体系的建立相对较晚，产业转型也稍慢于世界发达国家。直到20世纪末，才开始有工业建筑遗存的保护利用实践，相关方面的研究直到21世纪初年新一轮城市化浪潮才开始兴起。虽然有北京798工厂、广州中山岐江公园、上海八号桥等比较成功的范例，但是总体上仍处于自发阶段，实践中特别缺乏理论和政策支撑，一些城市早期大规模的开发建设甚至导致许多具有特色的工业建筑遗存遭到破坏，出现历史断层。因此，重视和抢救城市中心仅存的工业和废弃文教遗产，对于建设绿色城市、循环利用有效资源，对于现代文明史的实物保存和历史研究极为重要。因此，对西津渡街区周边的工业建筑及其与之相关的公共建筑遗存的实施保护与再利用具有双重的实践意义和示范意义：既能充分利用建筑原有资源，节约投资，发挥遗产的实用价值，又能有效发挥它们自身历史和人文价值，为以后的工业文化研究保留火种，还能有效地协调历史文化街区的周边环境，很符合延伸历史文化街区的文化内涵。

3.2 西津渡工业与公共建筑遗存保护与利用研究意义

3.2.1 沉淀历史，挖掘文化价值

由于年代相对较近，西津渡的工业与公共建筑遗存状况总体较好，建筑类型也比较丰富。工业建筑的厂房车间、公共建筑中的医疗、教育等类型建筑，在一定程度上满足了近代时期社会发展要求，折射出镇江社会在近代的一个转型过

程。如工业建筑，反映了镇江从最初的手工作坊型民族小工坊向大型专业机械厂房演变的工业化发展历程，而公共建筑，则反映了全新的社会文明体系下全新的城市需求，由此可见，经济、文化、制度等外界因素的改变对于建筑有着最直接的影响。在1998年的设计规划中，街区保护是要拆除滤清器厂等厂房以后建设一些仿古的联排别墅，可以进入市场销售以筹措保护资金。当时由于种种原因搁置了原方案。而在2003年以后，西津渡关于工业遗产保护思路发生了重大变化，由拆除重建民居转向了直接保护工业遗产。这是吸取国际国内经验和研究街区文史的重要成果和重大调整。

国家文物局古建筑专家组前组长罗哲文先生称赞西津渡为“中国古渡博物馆”，其内悠久而丰富多样的建筑是丰富多样的历史文化的综合表现，如果说西津渡历史文化街区是一本厚厚的历史书，那么街区内的一幢幢建筑就是这本书里的一页页历史，一个个故事，西津渡的工业与公共建筑亦不例外。它们是镇江城市记忆和镇江作为历史文化名城的诸多文化符号、文化遗产的重要组成部分，具有重要的历史文化价值，应当受到尊重和保护。

3.2.2 风貌协调，发扬建筑价值

西津渡的工业与公共建筑，均于20世纪30年代前后投入使用，工业建筑的空间、高度和跨度均按照工业产品生产工艺及流程来设计建造，多为砖混结构，屋面为平屋面或坡屋面，以红、灰色砖砌外墙主色调；公共建筑则是按照不同的使用功能和容积率来设计建造，屋面为平屋面，外墙颜色各异，有水泥本色，有白色瓷砖贴面，有红砖贴面等。我们对这些散落在西津渡历史文化街区内的各类建筑遗存进行了针对性的修缮改造，以使其与西津渡整体建筑风貌协调融合，如平屋面增加宝瓶栏杆装饰，坡屋面改为瓦楞铝覆盖，外立面均采用清水青砖或红砖外墙贴面，部分建筑加设外券廊以协调周边的租界建筑风，部分建筑降层处理后直接调整为仿古建筑，增加山墙立面等。

这些工业与公共建筑最直观地反映了西津渡乃至镇江，在不同历史时期的建筑水平和建筑特色，修缮好这些建筑并进行适当的风貌改造，使其与西津渡整体风貌相协调，使其融入整个历史文化街区当中，是充分挖掘并发挥其建筑价值的最好办法。

3.2.3 变废为宝，探寻绿色发展

工业建筑如原市滤清器厂，于20世纪50年代开始使用，公共建筑如原市第二人民医院，于20世纪30年代作为民国江苏省立医院开始投入使用，因为历史条件的转变，西津渡这些工业与公共建筑在还未达到其设计使用年限的时候便丧失了其原有的功能性。修缮保护的投入肯定要远低于拆除新建，而且可以减少拆除后大量的建筑垃圾对城市环境的二次污染。工业建筑的特点是大空间，建筑内部空间与使用功能没有严格的对应关系，这就为后期再利用提供了多样性的可能；公共建筑的特点是易改造，简单的加固及结构改造即可迅速投入二次使用，不同公共建筑的内部构造大同小异，后期再利用无需担心功能性的匹配问题。较小的经济投入，较短的时间成本，较快的收益回报使得保护再利用这一方式成为是当今发达国家对工业遗产保护更新的主要思路，这显然也是西津渡挖掘历史文化街区内的工业与公共建筑经济价值的最优选择。

3.2.4 扩展街区，拓展服务空间

西津渡历史文化街区按原规划只有10.67hm^2，仅仅局限于核心保护区的部分（如图1所示），空间相对狭小拥挤，休闲度假无法与之配套。西津渡开街最初几年游客实际观光时间一般在30min左右，不能形成旅游目的地概念。而周边工业和公共建筑占地面积26.72hm^2，这些建筑遗存若保持原状，不利于甚至会阻碍街区的可持续发展。现在通过“两协调一改造”，使其与原有街区浑然一体，无形中延长了观光线路、丰富了休闲内容、有效实现了街区倍增效应。

4．保护与利用的原则和思路

要探索对建筑遗存的保护利用，首先要明确保护和利用两者之间的关系，从西津渡历史文化街区保护更新开始，我们便始终坚持保护的第一性、根本性和决定性地位，所有的利用都是第二位、被决定的，所有的利用都是出于保护的目的，利用的本质即是保护。这是西津渡历史文化街区一切保护利用的总原则，这一原则同样适用于街区周边工业与公共建筑遗存的保护与利用。因此，“修旧如故”依然是街区周边工业和公共建筑遗产保护的基本要义。在此基础上，突出街区保护的主体地位，坚持周边协调配套为主的基本思路，根据多项规划详细指导意见，具体实施风貌协调、景观协调、结构改造的“两协调一改造”，实现街区和周边风貌一体化，街区空间界面的有效拓展、文史脉络的实质延伸，促使形成街区保护和游乐休闲的倍增效益。相关工业与公共建筑修缮情况汇总列表如表3所示。

表3 西津渡历史文化街区工业与公共建筑修缮情况汇总

名称	修缮方法	风貌协调			结构改造			景观协调		备注
	类别	原立面整治	立面调整	立面新建	降层改造	结构加固	功能改造	布局调整	景观整治	
前进印刷厂	办公楼	Y原立面				Y	水电气卫			原立面整治
	排版车间	Y原立面				Y	水电气卫			原立面整治
	印刷车间	Y原立面				Y	水电气卫	Y	Y	原立面整治；拆除西侧简易民居，设置西式广场，与巡捕房配套
	装订车间	Y原立面				Y	水电气卫			原立面整治
	仓库	Y原立面				Y	水电气卫			原立面整治
	商住楼		Y新立面		Y=7降4	Y	水电气卫			仿传统青砖贴面
滤清器厂	总装车间	Y原立面				Y	水电气卫	Y	Y	原立面整治；拆除东侧民居，设置券廊，鉴园广场
	油漆车间	Y原立面				Y	水电气卫	Y	Y	原立面整治；拆除南侧工棚，设置中式尚清戏台荷花池
	仓库			Y重建				Y	Y	拆除原建筑，重建西式建筑
	办公楼		Y新立面		Y=4降2	Y	水电气卫	Y	Y	重做传统中式立面；南侧设置水景和阳光房
农药厂	办公楼		Y新立面		Y=6降2	Y	水电气卫			重做传统中式立面，屋面细化为双屋面
第二人民医院	门诊楼		Y新立面		Y=7降4	Y	水电气卫	Y	Y	仿西式立面；拆除西侧建筑，设置广场
	住院部		Y新立面		Y=7降4	Y	水电气卫	Y	Y	仿西式立面；拆除北侧建筑，设置广场
	生活区			Y重建						传统中式立面，多屋面
	检验楼			Y重建						传统中式立面
	手术楼			Y重建						仿西式立面，多屋面
储运仓库	仓库			Y重建				Y	Y	传统中式立面；原址一分为二，东侧设置蒜山游园，南侧水景广场
小码头小学	流丹阁			Y重建						原建筑破旧拆除，重建传统中式建筑
	南教学楼		Y新立面			Y	水电气卫	Y	Y	重做传统中式立面；原操场改造成花园
	北教学楼		Y新立面			Y	水电气卫	Y	Y	重做传统中式立面；原操场改造成花园
航运小学	西津音乐厅			Y重建						原学校拆除，设置西式建筑西津音乐厅
	实验剧场			Y重建						原学校拆除，设置西式建筑实验剧场
工人电影院	工人电影院			Y重建						原建筑破旧拆除，重建整体建筑；仿民国建筑立面
西站库房	西站库房			Y重建						
招商局	招商局大楼			Y重建						原建筑复建 仿西式建筑风格
合计	25栋	7栋	7栋	11栋	4栋	14栋	14栋	10栋	10栋	7栋整治原立面；7栋改做立面，原均为现代建筑形式；10栋重建

4.1 风貌协调

根据我们建筑修缮施工“修旧如故”的基本要义，对于处在建筑控制区内的工业与公共建筑遗存，我们在施工过程中在保证其原有外立面完整性的基础上，通过维修改造使其与西津渡的整体街区风貌协调一致，让它们在街区中重新焕发生机与活力。风貌协调的方法主要分为原立面整治、立面调整两种。

4.1.1 原立面整治

即按照“修旧如故”的原则将建筑物按原装恢复，在此基础上通过清水红

图2 原前进印刷厂排版车间立面整治前后对比

砖、清水青砖作为外立面贴面，坡屋顶重新铺设瓦楞铝，平屋面加设宝瓶栏杆、外墙间隔用水泥砂浆粉刷形成规则线条等多种外部细节上的处理对原立面进行整治，使这些建筑的外部风貌与街区整体建筑风貌保持一致。原前进印刷厂及滤清器厂的7栋工业建筑均按照原立面整治的方法进行了风貌协调。具体见表3。

原前进印刷厂排版车间，为4层框架结构的厂房，平屋面，外墙以水泥砂浆粉刷线条分隔，南侧设旋转疏散楼梯。该楼按照原立面整治的方法进行修缮，外墙以1cm红砖贴面扫缝，沿口及窗台底部腰线以混凝土线条作为装饰，按照原样外墙每间间隔重新用水泥砂浆粉刷，形成有规则的粉刷线条，南侧设钢结构旋转疏散楼梯，罩灰漆，屋面四周加设宝瓶栏杆，安全性与美观性兼具。如图2所示，立面整治后的排版车间焕然一新。

4.1.2 立面调整

由于部分工业与公共建筑在建造之初只是满足一般的使用性需求，因此建筑本体较为普通，毫无特色，其建筑风格与街区风貌也极其不符，而这些建筑物本身又处于整个历史文化街区的外围沿街面上，单纯的“修旧如故”难以保证风貌协调，因此我们提出了“立面调整”的方法，对其外立面进行重大调整。位于西津渡街东侧沿街面的工业建筑和位于小码头街北侧沿街面的公共建筑，均按照仿古建筑的形制对建筑物进行立面调整，外墙均使用清水青砖墙，青瓦屋顶，增设清水青砖马头墙山墙立面，并通过多种细节处理让建筑更加立体；而原镇江市第二人民医院片区的公共建筑，基本按照民国建筑的型致对建筑物进行立面调整，外墙墙面及柱面均为清水青砖贴面，红砖造型窗台，屋面由平屋面改为坡屋面，

图3 立面调整后的原农药厂办公楼（现镇江菜馆）

以瓦楞铝屋面板敷设，部分建筑新增券廊造型及装饰券门，以青砖贴面，红砖拱券，平屋面及露台以宝瓶栏杆做装饰。共有7栋建筑进行了立面调整，具体见表3。

原镇江农药厂办公楼，为砖混结构的办公用房，平屋面，由于该建筑处于西津渡历史文化街区的主入口处，为了突出街区风貌，因此采用立面调整的方法进行修缮：将原有的平屋面改为小青瓦人字坡屋面，水泥外墙改为清水青砖外墙，并按照传统建筑型致增加清水青砖马头墙并在南北檐墙立面加设部分外廊，通过砖雕门头、磨砖门楣、白石窗台、花格窗扇、青石勒脚等细节处理让建筑更加精致，图3为立面调整后的原农药厂办公楼。

4.2 景观协调

对建筑遗存保护与利用的过程中不能仅仅保护建筑单体，作为诸多建筑遗存共同“生活居住”的环境空间，对它的再造也属于保护与利用的重要组成部分，这便是景观协调。我们对于街区巷道和开阔空间进行整体规划，主要街巷路面采用花岗岩条石铺砌，以云台山为整个景区的“绿化核心”向整个街区辐射形成背山、沿街、临江的立体绿化体系，结合建筑遗存携带的历史记忆形成具有鲜明特色的文化创意和景观节点，将街区内的不同时期、不同风格建筑串联起来，力求保持历史文脉的延续性，强化空间格局的可读性的同时保证空间环境的整体多样性并满足视觉感官的愉悦性。对于单体建筑周边强化了近人尺度的庭院绿化，根据镇江地区的气候特点栽植观赏价值、经济价值兼备的绿植，如桂花、山茶、银杏等，配以灌木和常绿草坪形成错落有致的绿色景观，有部分核心建筑物周边还栽种藤蔓类绿植（爬山虎、油麻藤），经过数年生长后形成了独特的垂直绿化景观特色。

图4 滤清器厂总装车间东立面改造和鉴园广场（一）

图4 滤清器厂总装车间东立面改造和鉴园广场（二）

原滤清器厂总装车间由5个单体厂房相连而成，建筑面积达到3200m^2，是西津渡历史文化街区面积最大的工业建筑遗存。总装车间东侧为原巡捕房、税务司公馆、亚细亚火油公司等具有显著西式建筑风格的租界建筑群。为了协调总装车间与其东侧租界建筑群的建筑风貌，建设者在厂房建筑东立面增设了西式券廊，在第二跨东面增设西式花岗石柱、券门门廊门厅，使厂房东立面与租界建筑风格保持一致；在两组建筑之间的拆除一批建议民房，空出场地打造中心广场，形成一定的疏散空间，并树立具有教育意义的“鉴园”铭牌，突出租界历史意象，与山上原英国领事馆景观（现镇江博物馆）相呼应，提醒游客和市民记住这段特殊的历史（图4）。滤清器厂总装车间东立面改造和鉴园广场实景图；而在厂房西侧下

图5 滤清器厂西侧尚清戏台

挖引水新建“尚清戏台”水景，戏台北侧紧邻昭关石塔、救生会，西侧与西津渡街衔接，画龙点睛的戏台建筑和水的清澈灵动，将工业建筑与仿古建筑的风格对比突出强化，强烈的视觉反差同样也达到了协调景观的目的，图5为滤清器厂西侧尚清戏台实景图。

蒜山游园，地处西津渡街入口西侧，原址是农药厂的仓库，破败不堪，相传西蜀诸葛亮与东吴周瑜就是在此山顶的算亭内共商破曹之策。通过景观协调，我们将此改造成了开放式的景观空间——蒜山游园。该园总建设面积5800m^2。以小蒜山为中心，分为东西两部分，含绿化、水系、雕塑、游步道、青石铺装、水榭、廊亭、灯光亮化等多种元素，强调了对于江南古典造园意境的继承和发扬，针对蒜山两侧地块不规则、面积小的特点，借鉴园林在功能上满足现代游览之需，同时又注意与西津渡古街在风格和文化内涵上的糅合衔接，在协调与对比之间找到平衡。整个游园由西津广场、京江秋女、翠叠算亭、月晓来烟、曲径通幽、闻妙香居等六大景点构成，宛如一幅典雅的水墨，抑或一帧婉约的工笔。景随人走，人随景移。只有弹丸之地的蒜山游园，仿佛处处皆景。图6为蒜山游园鸟瞰。

图6 蒜山游园鸟瞰

4.3 结构改造

结构改造，顾名思义指的是在保持原建筑整体框架不变的前提下对其进行内外部结构布局的更改。对于街区的工业与公共建筑遗存进行结构改造又分为结构加固、降层改造、功能提升三个方面。

4.3.1 结构加固

西津渡的工业与公共建筑遗存，有砖木结构，有砖混结构，也有钢混结构。由于年代久远，且在丧失了使用功能后无人过问，这些建筑早已破败不堪，岌岌可危，要对这些建筑遗存保护再利用，就必须保证它们的结构安全！所谓结构加固，就是在经过专业的设计论证可行后，通过对建筑本体的梁、柱等承重结构通过拉结筋，增设钢筋混凝土构造柱，增设钢筋混凝土腰梁、地梁，更换钢构预埋件并加涂防锈漆等多种方式对建筑本体进行结构加固，以提高建筑的抗震等级，同时屋面新增保温层和防水层，内墙在整体用钢筋网片粉水泥砂浆加固的同时，也加刷保温层，使其符合现行的抗震、节能标准。

原市滤清器厂办公楼，该建筑原为4层砖混结构平顶建筑，主要加固措施如下：在降层处理后首先对对原有的钢筋混凝土大梁柱加固，用∟100×8角钢，上下各两根，中间用80×6扁钢腰筋连接，原有的平顶改为和街区风貌协调的人字坡屋面，在二层顶大梁上新增钢筋混凝土人字三角梁，同时为了风貌协调新砌120清水青砖外墙，需扩大基础增加钢筋混凝土地梁，植钢筋与原钢筋混凝土地梁连接形成整体，内墙面清除原粉刷层后用铺设双向钢筋网片，植筋后锚结并用1∶2水泥砂浆分层粉刷加厚，加固内墙，同步楼板、楼梯采取了专业加固措施，新增钢结构室外疏散楼梯，满足消防规范要求。图7为滤清器厂办公楼保护更新前后对比图。

图7 原滤清器厂办公楼保护更新前后对比

4.3.2 降层改造

所谓降层改造，是指为体现山、水、城融为一体的空间尺度，保护西津渡特

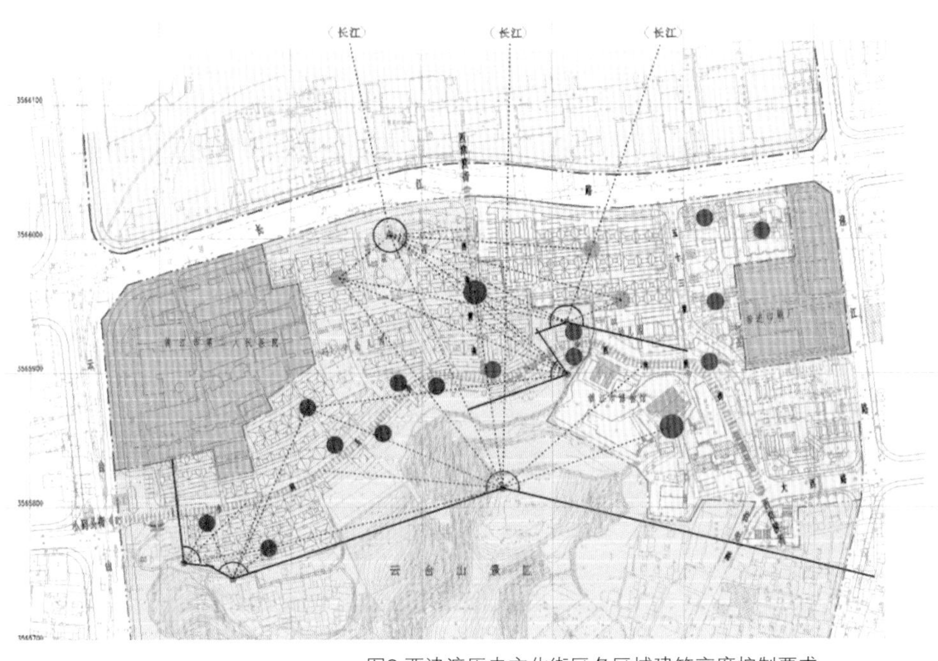

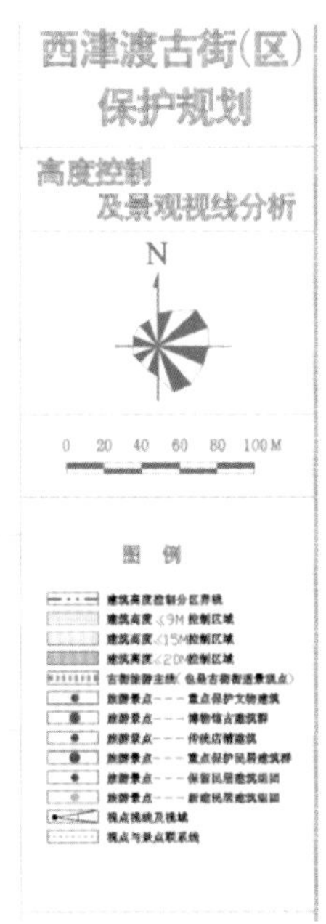

图8 西津渡历史文化街区各区域建筑高度控制要求

有的“山—街—江”的空间形式，对原有的部分遮挡视线的建筑遗存进行降层改造，不同区域的整体建筑高度需严格控制，其中核心保护区内的建筑高度控制为一至二层的坡顶传统建筑， 屋脊高度不超过9m；建筑控制区内建筑高度不得超过4层，屋脊高度不超过15m；环境影响区建筑高度控制在五层以下，屋脊高度不超过20m（图8）。同时严格控制单体建筑高度和体量，严格控制街道断面的建筑高度与街宽比例，保证街巷在平面和立面上的错落有致，确保街巷视线通道走廊的通畅。严格意义上来说，降层改造既属于结构改造的范畴，也属于风貌协调的范畴。

在规划意见的指导下我们对多幢建筑遗存进行了专项设计并实施降层：原市农药厂办公楼为主体6层，降层改造后降为2层；原市滤清器厂办公楼为主体4层，降层改造后降为2层；原市滤清器厂油漆车间为主体4层，降层改造后降为2 层；原镇江市第二人民医院门诊楼为主体7层，降层改造后降为4层；原镇江市第二人民医院住院部为主体7层，降层改造后降为主体4层，局部6层。

4.3.3 功能配套

我们对于西津渡历史文化街区的保护更新，是为了再现其始于唐、兴于宋元、繁盛于明清、民国时期发展到最高阶段的渡口商埠生活的状态，在整个街区保护规划开始便对建筑的功能调整和再利用提出了指导性意见，旨在使街区格局、建筑、环境和文化在利用活动的实践中保持原真性，做到活态保护、永续利用。街区内建筑的利用类型可分为展示型和功能型两类，展示型利用是指街区内的建筑和文化遗存作为观光对象的利用，功能型利用是指街区内的建筑遗存作为商务活动场所的利用。所谓功能配套，指的就是对建筑遗存内部进行适当改造以满足后期经营业态需求的行为。

连跨厂房，即上文提及的滤清器厂总装车间，其内部为单层大空间，高9.6m，功能改造过程中增设钢结构夹层，将空间一分为二，在保持原有建筑的外

图9 连跨厂房保护更新前后对比

形风貌不变的基础上增加了一倍的使用空间，改造后的连跨厂房以功能型利用方式对外出租，引入周家湾、柏龙、喜欢里等多个优质业态，为街区积累了大量人气；如独立厂房，原本为滤清器厂油漆车间，我们仅对厂房进行了结构加固，保留了建筑内部遗存的龙门架行车柱脚，改造后的独立厂房成为展示型利用的典范——“西津画院”，镇江市书画摄影和各类艺术文化布展活动在此举办，保留的行车柱脚也成为画院的展品之一，为游客们津津乐道。图9为连跨厂房保护更新前后对比，图10独立厂房保护更新前后对比。

图10 独立厂房保护更新前后对比

原镇江市第二人民医院门诊楼是“两协调一改造”的典型案例，该楼其位于建筑控制区镇江市第二人民医院片区内，原建筑主体7层，根据原来的使用功能，其外墙均以白色瓷砖作为贴面，与历史文化街区的整体风貌极度不协调。根据《镇江青山绿水——环云台山综合整治工程》规划要求，我们制定了专项修缮改造方案，对其进行“两协调一改造”，主要措施如下：“风貌协调”，进行立面调整，屋面由平屋面改为坡屋面，以瓦楞铝屋面板敷设，北屋面新增3扇木纹彩铝老虎窗，檐口为GRC（玻璃纤维增强混凝土）装饰线条，加喷青灰色真石漆，外墙墙面及柱面均为清水青砖贴面，红砖造型窗台，一层在保留框架柱的基础上将西、北侧外墙取消改为门洞，做券廊造型，并在西北侧附属3层建筑前新增装饰券门，青砖贴面，红砖拱券，附属建筑平屋面及东北侧露台以宝瓶栏杆做装饰；“景观协调”，整体考虑片区给排水、雨水收集、信息和消防管网系统，广场整体铺装以灰色为主基调，材质以花岗岩和青石等为主来体现历史街区氛围，利用片区内剩余空地，设置中心广场及景观水池两大硬质景观，绿化多为常绿植物，整体按按乔木、灌木及地表类植被的种植顺序以形成立体效果，个别区域以山茶、红枫点缀，狭窄地段和配电房外围种植淡竹、慈孝竹形成隔离的同时兼顾美

表4 西津渡历史文化街区工业与公共建筑遗存利用现状

西津渡历史文化街区工业与公共建筑遗存利用现状						
序号	组团名称	原名称	现业态	利用类型	层数	建筑面积（平米）
1	原镇江市前进印刷厂	原镇江市前进印刷厂办公楼	镇江市国画院	展示型	原2层，保持	938
2		原前进印刷厂排版车间	雅狮酒店1号楼	功能型	原4层，保持	1440
3		原前进印刷厂装订车间	雅狮酒店2号楼	功能型	原4层局部5层，保持	3200
4		原前进印刷厂印刷车间	雅狮酒店3号楼	功能型	原2层，保持	1180
5		原前进印刷厂仓库	雅狮酒店4号楼	功能型	原2层，保持	580
6		原前进印刷厂商住楼	雅狮酒店5号楼	功能型	原7层，现4层	5409
7	原镇江市农药厂	原镇江市农药厂办公楼	镇江菜馆	功能型	原6层，现2层	1140
8	原镇江市滤清器厂	原镇江市滤清器厂办公楼	八分饱	功能型	原4层，现2层	1240
9		原镇江市滤清器厂总装车间	品鉴馆、喜欢里、柏龙、周家湾等	功能型	单层	3204
10		原镇江市滤清器厂油漆车间	西津画院	展示型	原4层，现2层	620
11		原镇江市滤清器厂仓库	西津渡多功能厅	功能型	原1层，现1层	745
12	二院片区	原镇江市第二人民医院门诊楼	梦成缘酒店（暂定）	功能型	原7层，现4层	4800
13		原镇江市第二人民医院住院部	锦尚花酒店（暂定）	功能型	原5层，现4层局部3层	3600
14		原镇江市第二人民医院手术大楼	镇江市民间艺术馆	展示型	原3层局部4层，现3层	2426
15		原镇江市第二人民医院检验科大楼	三怪博物馆	展示型	原4层局部3层，现3层	2236
16		二院生活保障区	杨婆婆、诺园	功能型	原1层，现3层	2596
17		原江苏省储运公司仓库	味园	功能型	原1层，现2层	2541
18		小码头铁路中转站	亚夫在线	功能型	原2层，现2层	2200
19	小码头小学	原市医药公司仓库	流丹阁	功能型	原1层，现2层	1820
20		镇江市小码头小学南三层教学楼	集雅斋	功能型	原3层，现3层	1740
21		镇江市小码头小学北二层教学楼	三友堂	功能型	原2层，现2层	320
22	迎江路东公共建筑	原航业小学	音乐厅	功能型	原1层，现3层	8681
23		原银山门商场	实验剧场（功能型）	功能型	原1层，现3层，钟楼7层	2019
24		原工人电影院	西津剧场（功能型）	功能型	原5层，现5层	6031
25		原轮船招商局镇江分局	镇屏山一期6#（功能型）	功能型	主体3层，局部2层	2741
合计：6个组团25幢建筑，其中工业建筑11幢19696m²，公共建筑14幢43751m²						63447

观；“结构改造”，进行降层改造，将建筑主体由7层降为4层，进行结构加固，对该建筑的基柱和梁进行浇筑钢筋混凝乳构件的加固工作，提高抗震等级，屋面新增挤塑板保温层，内墙加刷保温层以达到节能标准，功能改造，原有医院布局基本不变，按照酒店业态的标准接入水电气，为后续招商打好基础。图11为第二人民医院门诊部保护更新前后对比图，很明显改造更新后的门诊部大楼完全融入了西津渡的整体风貌。

5. 结语

经过10余年的努力，西津渡已累计完成25幢工业与公共建筑的保护修缮，总建筑面积达到63447m^2。包括原市前进印刷厂、原市农药厂、原市滤清器厂3个组团10幢工业建筑，总建筑面积19696m^2；原镇江市第二人民医院、原小码头小学、迎江路东公共建筑3个组团13幢公共建筑（含新建），总建筑面积43751m^2，表4为这些建筑在保护更新后的实际利用情况。

建筑是文化的一部分，是文化的一个表现形式。文化泛指人类创造性活动的总和，只要是超越人类本能而有意识地作用于自然界与社会的一切活动都属于文化的范畴。建筑作为文化的表象之一，其发展与演变亦遵循了文化发展演变的规律。近代建筑反映了从传统社会向现代社会过渡中近代社会建筑发展的时代特征，是建筑文化发展历史中传统文化与现代文明的重要链条。

西津渡的这些近代工业与公共建筑，见证了镇江的社会文明和城市发展进程，折射出当时历史条件下的镇江的时代特征，这些建筑有珍贵的历史价值需要挖掘和研究，而相较于古代建筑，这些工业与公共建筑的空间尺度与现代建筑更接近，可利用性更强，通过对其进行更新再利用而实现保护目的显得更为可行，事实上，一直处于使用状态中的建筑往往能够更长久地保存下来。西津渡对于建筑遗存保护的一贯思路便是在以保护为第一位的前期下，经过前期的规划设计，对街区建筑在保持外部风貌的前提下对空间进行有限拓展，调整建筑的功能使街区的活态保护、永续利用成为可能。利用是为了保护，保护也是为了利用。为了使街区格局、建筑、环境和文化在利用活动的实践中永续保持原真性。

西津渡的工业与公共建筑遗存已经迈出了保护更新的第一步，我们对于这些建筑遗存的利用也取得了令人瞩目的成绩，但这离我们活态保护、永续利用的目标还相去甚远，下一步应当建立完善的建筑遗产保护与利用制度，让一切利用行为在规范的标准下实施，才能让这些历史文化遗产的永续传承成为真正的可能。